微纳系统系列译丛

U0176804

MEMS 系统级建模

System-level Modeling of MEMS

［德国］塔玛拉·贝克唐德（Tamara Bechtold）

加布里尔·施拉格（Gabriele Schrag） 著

冯丽红（Lihong Feng）

周再发　李伟华　黄庆安　译

东南大学出版社

·南京·

All Rights Reserved. Authorised translation from the English language edition published by John Wiley & Sons Limited. Responsibility for the accuracy of the translation rests solely with Southeast University Press and is not the responsibility of John Wiley & Sons Limited. No part of this book may be reproduced in any form without the written permission of the original copyright holder，John Wiley & Sons Limited.

图字:10-2016-353

图书在版编目(CIP)数据

MEMS 系统级建模/(德)塔玛拉·贝克唐德(Tamara Bechtold)，(德)加布里尔·施拉格(Gabriele Schrag),冯丽红著;周再发,李伟华,黄庆安译. —南京:东南大学出版社，2020.2

书名原文:System-level Modeling of MEMS

ISBN 978-7-5641-7263-3

I.①M… Ⅱ.①塔… ②加… ③冯… ④周… ⑤李… ⑥黄… Ⅲ.①微机电系统—系统建模 Ⅳ.①TH-39

中国版本图书馆 CIP 数据核字(2017)第 166549 号

MEMS 系统级建模

出版发行	东南大学出版社	
社　　址	南京市四牌楼 2 号　　邮编　210096	
出 版 人	江建中	
网　　址	http://www.seupress.com	
电子邮箱	press@seupress.com	
印　　刷	南京京新印刷有限公司	
开　　本	700mm×1000mm　1/16	
印　　张	30	
字　　数	506 千	
版　　次	2020 年 2 月第 1 版	
印　　次	2020 年 2 月第 1 次印刷	
书　　号	ISBN 978-7-5641-7263-3	
定　　价	89.00 元	

本社图书若有印装质量问题,请直接与营销部联系。电话:025-83791830

内 容 简 介

本书是目前国内外唯一叙述微机电系统(MEMS)系统级建模的专著。

MEMS 技术发展对快速、高效及合适的设计工具提出了迫切需求,以便优化包括 MEMS 元件、控制和读出电路以及封装在内的完整系统性能。针对系统设计及优化需求,本书全面论述了 MEMS 系统级建模技术,内容共分五部分。第一部分介绍了 MEMS 宏模型建模技术的理论基础,包括广义基尔霍夫网络理论基础,模型降阶技术的理论背景,系统级仿真算法以及协同仿真。第二部分介绍了基于集总单元的宏模型建模方法及其在电热执行器、RF MEMS 器件、封装效应、分布效应上的仿真应用。第三部分介绍了各种数学模型降阶技术,包括基于矩匹配的线性模型降阶技术及其在电热模型中的应用,基于投影的模型降阶技术及其在微流体、RF MEMS 开关等模型中的应用,基于模态叠加的非线性模型降阶技术及其在 MEMS 陀螺仪模型中的应用,静电执行器的线性与非线性模型降阶技术。第四部分介绍了完整系统的建模,包括含有压电换能器、电源管理和储能组件的能量收集模块的系统级模型,含有电路的 RF MEMS 开关和谐振器的系统级模型,含有加速度计、数字控制器、RF 收发器及电池的系统级模型,含有加速度计、陀螺仪及 $\Sigma\Delta$ 调制器的系统级模型。第五部分介绍了商用软件中的系统级建模与仿真环境,包括 Coventor 软件的 MEMS+, ANSYS 软件的 MOR for ANSYS, SUGAR, IntelliSuite 软件的 SYNPLE, MEMS Pro 软件的 SoftMEMS,以及网络共享的设计方法。

本书由来自 8 个国家的 44 名专家撰写,内容丰富,参考文献全面。适合微机电系统专业、微电子技术专业、半导体技术专业、传感器技术专业、机械工程专业、仪器仪表专业、物联网技术专业等领域的高年级本科生、研究生及工程技术人员阅读和参考。

丛 书 序

微机电系统(MEMS)出现于 20 世纪 80 年代中后期,是指可以批量制造的集微结构、微传感器、微执行器以及信号处理和控制电路等于一体的器件或系统。其特征尺寸一般在 0.1～100 μm。目前国际上通常将 MEMS 冠以 Inertial-,Optical-、Chemical-, Bio-, RF-, Power-等前缀以表示其不同的应用领域。MEMS 集约了当今科学技术的许多尖端成果,更重要的是它将敏感与信息处理及执行机构相结合,改变了人们感知和控制外部世界的方式。

MEMS 技术经过 20 多年的发展,诸如喷墨打印机中的喷嘴阵列,手机中的振荡器、陀螺、加速度传感器、磁场传感器,投影显示器中的微镜阵列等消费类电子产品以及汽车防撞气囊中的加速度传感器、胎压检测系统中的压力传感器等已经进入大规模生产阶段。近年来我国出现了不少 MEMS 高新技术企业,很多大学也开设了 MEMS 课程,因此,无论是 MEMS 教学或科学研究,还是工业化产品开发,都迫切需要 MEMS 技术方面的信息资料,而 MEMS 是一个快速发展的前沿技术领域,信息资料分散于期刊论文、专利以及会议文集中,缺乏系统的归纳、分析与整理,不成体系。因此,出于我国 MEMS 发展的需求,特别需要这方面的专著。虽然我国一些出版社已经购买版权并翻译出版了部分国外书籍,对我国 MEMS 技术的发展起到了积极推动作用,但这些书籍是零散的,缺乏整体规划,而发达国家的出版社在 MEMS 书籍方面进行了有效的组织和规划,例如:Springer 出版社 2005 年出版了《MEMS/NEMS Handbook:Techniques and Applications》(共 5 卷),2007年开始出版《MEMS Reference Shelf》系列(目前已经出版 9 本);Wiley-VCH 出版社 2004 年开始出版《Advanced Micro and Nanosystems》系列(目前已经出版7 本)。面对国外 MEMS 快速发展的形势和我国对 MEMS 书籍的迫切需求,及时系统地规划、遴选、组织并翻译出版国外 MEMS 书籍很有必要,东南大学出版社2005 年开始出版的《微纳系统》系列译丛就是这方面的尝试。

MEMS 设计、制造、封装、可靠性以及测试等共性技术推动了 MEMS 技术的发展,市场与应用需求则牵引了 MEMS 技术的进步,而微米与纳米技术的结合给MEMS 带来了许多新的机遇。

☞ 设计

　　MEMS工作过程涉及机械能、电能、磁能、热能和化学能等及其之间的耦合，工作原理复杂，因此理解其工作过程，提高或优化其性能，需要有效的设计工具。另一方面，MEMS制造工艺的建模与模拟可降低试制成本，优化工艺流程。总而言之，MEMS设计技术与工具的发展能够优化产品性能，降低产品研发成本，缩短产品研发周期。

　　MEMS设计通常包括：

　　（1）器件级设计

　　器件级设计是根据器件结构，建立器件工作的微分方程，利用有限元或边界元等数值方法，采用合适的边界条件，进行偏微分方程的求解，从而给出器件的性能，这是MEMS设计最早发展的技术，目前已经有商用软件Coventor和IntelliSense等可以使用。另一方面，由于MEMS器件特征尺寸通常在微米量级，宏观的物理规律仍可应用，因此如ANSYS、ABAQUS、CFDX等传统的偏微分方程求解器也在MEMS器件设计中广泛使用。器件级模拟计算量大、设计周期长，但是精度高。

　　（2）系统级设计

　　器件往往不能单独使用，必须与驱动、检测或控制电路一起工作。系统级设计的前提条件是建立能够与电路分析工具实现无缝连接的MEMS器件的宏模型。宏模型是根据器件结构，采用合适的近似或算法，将器件工作的偏微分方程降阶为常微分方程，进而对常微分方程求解，给出器件的终端特性。这种方法通常速度快，但精度低。系统级模型容易对器件进行优化设计，且可与电路一起进行分析和优化，为激励-响应-控制（反馈）的闭环系统设计提供有效手段。系统级模拟运行的平台包括SABER、SPICE、Simulink等。

　　（3）工艺级设计

　　根据器件级或系统级设计所确定的几何结构，就可选择合适的工艺进行制造，工艺级设计包括工艺流程设计和工艺模拟。工艺模拟是通过建立每一步制造工艺的物理模型，采用合适的数值算法，结合掩膜版图和工艺流程文件，模拟出MEMS器件的拓扑结构。目前Coventor、IntelliSense等设计工具的工艺模拟模块只能完成部分单步工艺模拟，尚不能提供由不同工艺次序所完成的器件结构及其分析，因此不能分析工艺偏差、材料参数偏差对MEMS结构或器件性能的影响。

目前,限于 MEMS 设计工具的能力,MEMS 设计主要依靠使用者的知识与专业水平。由于不同层次的设计过程存在着相互脱节的问题,还没有形成有机集成的设计环境,不能够完整地实现自上而下(Top-down)的 MEMS 设计过程,设计效率比较低。MEMS 设计者的目的是希望制造出性能符合要求的器件或系统。而制造过程中几何尺寸偏差、材料参数偏差等会使其偏离设计者的允许范围,因此"试差"的设计方法仍然占据主流。在高性能 MEMS 研制方面,设计者需要与制造工艺紧密结合。同时,由于目前的 MEMS 设计工具是从现有微电子设计工具或机械设计工具衍生而来,无论从市场角度看还是从工具性能看,都需要与大型设计工具集成。

(4) NEMS 设计

在 20 世纪 90 年代后期开始发展的纳机电系统(Nanoelectromechanical System,NEMS)是纳米科学技术的重要分支之一。NEMS 是指以纳米材料或结构所产生的量子效应、界面效应、局域效应和纳米尺度效应为工作特征的器件和系统,可实现超高灵敏度或选择性的敏感、探测与执行。

描述 MEMS 工作的模型是基于连续介质的理论,在物理上的连续意味着在数学上可采用微积分,因此 MEMS 模型、模拟及其设计方法主要是以有限元为代表的数值方法。固体、液体和气体都被分解为分子(或原子)的聚集体,而原子又被分解为原子核和电子,表面/界面上的分子(或原子)不同于内部,纳米材料独特的性质和优异的性能由其尺寸、表面结构及其粒子间的相互作用决定。例如长、宽、厚度分别为 100 nm、10 nm、10 nm 的硅纳米线,约有 10% 的原子在物体表面或者靠近物体表面,表征材料力学特性的杨氏模量、热学特性的热导率等与表面性质相关并出现尺寸依赖现象,而电学特性、磁学特性、光电特性等出现量子限制。

连续介质的描述忽略了粒子的个性,而微观粒子具有波粒二象性,就计算模型而言,经典粒子的运动由玻耳兹曼方程描述,而粒子的波动性由薛定谔方程描述。以纳米线为例,长度方向尺度远大于原子间距,可认为是连续介质,而截面尺度在纳米尺度范围,原子特性显现。在描述力学特性时,我们原则上可以用分子动力学方法计算每个原子与其他原子的相互作用行为,进而了解其力学性质,但是这种情况下的原子数太多以至于无法实现。因此,在处理这类问题时,需要原子模拟方法和连续介质的有限元方法相结合。在描述其电学特性时,在长度方向电子是自由的,因而能量是连续的,而在截面方向,由于尺度限制,能量是量子化的。对于纳米线结构,局部尺度是纳米,可以用原子模拟方法,而纳米线的两端与微米尺度结构相连,这种微米尺度区域需要连续介质理论描述。因此,在 NEMS 器件中,几何空间的多尺度导致使用不同的物理描述方法,如密度泛函、分子动力学、Monte Carlo 方法等。

☞ 制造

MEMS 所用材料主要有半导体硅、玻璃、聚合物、金属和陶瓷等。由于所用材料不同,习惯上,将 MEMS 制造分为 IC(集成电路)兼容的制造技术和非 IC 兼容的制造技术。IC 所完成的功能主要利用了硅单晶的电学特性,而硅单晶也有良好的机械特性,例如硅单晶的屈服强度比不锈钢的高,努氏硬度比不锈钢的强,弹性模量与不锈钢的接近,同时,硅单晶几乎不存在疲劳失效。硅单晶良好的机械特性以及微电子已经建立起来的强大工业基础设施,使其成为 MEMS 的主流材料。

(1) IC 兼容的微制造技术

由于微电子制造技术基本上是一种平面制造工艺,为在芯片上制造可动部件,需要微机械加工技术。

硅微机械加工技术主要包括硅表面微机械加工技术、硅体微机械加工技术、硅片直接键合技术以及这些技术的相互融合。

1965 年,美国 Westinghouse 电气公司的 H. C. Nathanson 等人提出硅表面微机械加工技术,在 20 世纪 80 年代中后期得到发展;20 世纪 90 年代出现的气相 HF 牺牲层释放技术大大提高了表面微机械加工技术的生产成品率和效率。利用表面微机械加工技术制造的典型产品有 ADI 公司的加速度传感器、TI 公司的微镜阵列投影显示器等等。

硅体微机械加工技术包括湿法刻蚀和干法刻蚀,KOH 湿法各向异性刻蚀于 1967 年由美国 Bell Lab 的 H. A. Waggener 等人提出,在 20 世纪 80 年代中后期得到发展;20 世纪 90 年代由日本京都大学 O. Tabata 等人发明的 TMAH 湿法各向异性刻蚀与 IC 工艺线兼容,进入工业化应用;反应离子刻蚀(RIE)是 IC 工艺,1994 年,德国 Bosch 公司采用电感耦合等离子(ICP)方法发明了 DRIE(深反应离子刻蚀)技术,它是硅体微机械加工的基本技术之一。利用体微机械加工技术制造的典型产品有 Freescale 公司的压力传感器、ST-microelectronics 公司的加速度传感器、Akustica 公司的麦克风、SiTime 公司和 Discera 公司的振荡器、HP 公司的喷墨打印机微喷嘴阵列等等。

1986 年,美国 IBM 公司的 J. B. Lasky 等人和日本东芝公司的 M. Shimbo 等

人分别独立开发出硅片直接键合技术,它是硅三维结构制造的主要技术之一。利用硅片直接键合技术制造的典型产品有 NovaSensor 公司的压力传感器等。

(2) 单片集成化制造技术

MEMS 微传感器需要信号放大、信号处理和校准,MEMS 微执行器需要驱动和控制。因此,在应用中,MEMS 器件需要和微电子专用集成电路(ASIC)集成,这种集成可以是单片集成也可以是多片集成,至于采用哪种方式集成,取决于系统要求和成本。单芯片集成是将传感器及执行器与处理电路及控制电路同时集成在一块芯片上,多片集成实际上涉及了封装技术。

CMOS MEMS 技术是一种单芯片集成技术,它利用集成电路的主流 CMOS 工艺制造 MEMS。MEMS 器件与电路单片集成的主要优点有:

① 可以实现高信噪比。一般而言,随着传感器的面积减小,其输出的信号也变小,对于输出信号变化在 nA(电流输出)、μV(电压输出)或 fF(电容输出)量级的传感器,敏感位置与外部仪器引线的寄生效应会严重影响测量,而单片集成可降低寄生效应和交叉影响。

② 可以制备大阵列的敏感单元。大阵列的单元信号连接到片外仪器时,互连线制备及可靠性是主要问题。对于较小阵列,引线键合等技术就可以满足要求,但对于较大阵列,互连问题会影响生产成本和器件成品率,甚至不可能实现大的阵列。因此,采用片上多路转换器串行读出,不仅降低了信号调理电路的复杂性,而且大大降低了键合引线的数量,提高了可靠性和成品率。

③ 可以实现智能化。除信号处理功能外,诸如校准、控制以及自测试等功能也可以在芯片上实现。单片集成方式已经促成了多种 MEMS 产品商业化,如加速度传感器、数字光处理器以及喷墨头。

但是,若使用 CMOS MEMS 技术,可用材料被限制到 CMOS 材料以及和 CMOS 工艺兼容的材料,其制备与封装工艺也有较多限制。

硅基 MEMS 的发展基本上是借鉴了 IC 工业的成功之处,即集中化批量制造,提供高性价比产品。但 MEMS 又与 IC 有较大的差别,IC 有一个基本单元,即晶体管,利用这个基本单元的组合并通过合适的连接,就可以形成功能齐全的 IC 产品;在 MEMS 中,不存在通用的 MEMS 单元,而产品种类繁多,因此 MEMS 加工不可能采用 IC 产业集中化制造的模式,而适合于分类集中制造。

(3) 非 IC 兼容的微制造技术

由于硅材料耐磨性差以及特殊环境的使用问题,非 IC 兼容加工技术的发展可满足 MEMS 不同材料和结构的需要以及特定应用(如生物化学环境和高温环境等)的需要,1985 年德国 W. Ehrfeld 小组开发出的 LIGA(光刻电铸成型)技术以及后来发展起来的 UV-LIGA(紫外光-光刻电铸成型)技术是非 IC 兼容的主要加工技术,此外还有激光三维加工技术、微细电火花加工技术、热压/注射成型加工技术、微纳米压印技术等。

(4) 纳米制造

纳米制造为 NEMS 发展提供支撑。目前,纳米制造的方式可分为由上而下和由下而上两大类。由上而下的技术路线是传统微制造工艺向纳米尺度延伸的必然产物;由下而上的方法则另辟蹊径,利用原子、分子组装构筑出复杂的结构。

光学光刻技术不但是微制造的主要技术,也是纳制造的主要手段。虽然光学光刻技术一度成为微纳结构加工的主要限制因素,但是随着短光波长技术的应用以及移相掩膜、光学临近校正、浸没式光刻、多重曝光等新技术的发展,光学光刻在大批量生产中已经达到 22 nm 的工艺水平。22 nm 工艺仍采用深紫外浸没式光刻技术,该技术结合多重曝光有望延伸到 16nm 甚至 11nm 技术节点,但是能否支撑足够高成本代价仍有待观察。此外,极紫外光刻、离子束光刻、电子束光刻、纳米压印等下一代光刻或光刻替代技术有望取代目前的光学光刻成为 10 nm 以下大批量加工的关键技术。其中,极紫外光刻技术甚至有可能在 16 nm 工艺中率先被采用。

电子束、离子束不但可以用来光刻,也可以直接将固体表面的原子溅射剥离,被更广泛地作为一种直写式加工工具;此外,与化学气体配合还可以在衬底材料表面直接沉积出相应结构,成为一种用途广泛的纳制造工具。无论是溅射剥离还是辅助沉积,加工精度与束斑尺寸直接相关。目前的电子束系统、离子束系统分别能够轻易获取 5 nm 的电子束、离子束,透射电子显微镜系统中甚至可以得到 0.5 nm 的电子束斑。尽管电子束加工已经能够普遍实现 2~6 nm 线宽的雕刻加工,10~20 nm 线宽的结构沉积,最小 2~3 nm 的量子点沉积,聚焦离子束加工能够实现 3~5 nm 的雕刻,但是该类加工方法受限于加工效率,仅适用于单个器件的加工,短期内还难以应用于大批量生产。电子束、离子束加工技术为更小尺寸结构加工提供了一种可能的发展方向。

由下而上的技术思想经历了近 20 年的发展,形成了一系列以分子自组装为基础的加工技术。当然,目前自组装技术作为纳加工手段还相当原始,大多数情况下还是与纳米光刻等传统技术相结合,以此进入主流纳加工技术领域。纳米球光刻就是由上而下和由下而上技术相结合的典型技术,它利用自组装技术形成的纳米球阵列作为掩膜进而加工高密度点阵图形。目前,通过纳米球光刻制作的阵列点最小可以达到 10 nm 左右。另外,蘸笔纳米光刻是两种加工思想相结合发展起来的又一种纳加工技术。该技术利用蘸有特殊液体的扫描探针直接书写出光刻图形,经历了 10 余年的发展,已经能够制作出最小线宽在 10~15 nm 的图形。尽管还不完善,但随着加工尺度的进一步缩小,由下而上的加工技术越来越显示出它的优越性,重新受到纳米加工界的关注。

此外,只有将纳米结构与微米结构互连后,才能与宏观世界联系起来,因此同时实现纳米尺度制造和微米尺度制造的跨尺度制造方法也是值得关注的方向。

☞ 封装

MEMS 封装的目的是为其提供物理支撑和散热,保护其不受环境的干扰与破坏,同时实现与外界信号、能源及接地的电气互连。MEMS 含有可动结构或与外界环境直接接触,因此 MEMS 封装比 IC 封装更复杂。一般来说,IC 制造中采用的低成本封装技术只能适用于一部分 MEMS,而大多数 MEMS 器件中含有可活动部件,往往需要采用特殊的技术和材料才能实现其电信号与非电信号的相互作用,而且器件种类繁多,大大增加了封装的难度和成本。MEMS 封装包括单芯片封装、多芯片封装、圆片级封装和系统封装(SiP)等封装技术,可实现非气密、气密和真空封装,封装过程需要考虑电性能、电磁性能、热性能(等物理场)、可靠性等问题。MEMS/NEMS 封装设计与模型、封装材料选择、封装工艺集成以及封装成本都是在开发新型 MEMS/NEMS 封装技术需要考虑的问题。

随着 MEMS/NEMS 技术在消费类电子产品、医疗以及无线传感网等中的广泛应用,为了实现低功耗和小体积,要求将完整的电子系统或子系统高密度地集成在只有封装尺寸的体积内,即 SiP 技术。封装内包含各种有源器件,如数字集成电路、射频集成电路、光电器件、传感器、执行器等,还包含各种无源器件,如电阻、电容、电感、无源滤波器、耦合器、天线等。未来电子产品将所有的功能集成在一个很小的体积内,因此非常窄节距的倒装芯片凸点、穿透硅片的互连技术、薄膜互连技术、三维芯片堆叠技术、封装堆叠技术、高性能的高密度有机衬底技术以及芯片、封装和衬底协同设计与测试技术等成为 SiP 的关键技术。

☞ 可靠性

MEMS 可靠性是指 MEMS 器件在实际环境中无故障工作的能力。MEMS 可靠性一般分为制造过程中的可靠性(包括制造过程、划片、超声键合引线、封装等)、工作过程中的可靠性以及环境影响可靠性。为了保证 MEMS 的可靠性,还需要对材料、工艺、器件、系统等的可靠性进行测试、表征和预测。MEMS 在工作过程中的可靠性可以分为 4 类:

① 没有可动的部件(例如压力传感器、微喷嘴等);

② 有可动但没有摩擦或表面相互作用的部件(例如谐振器、陀螺等);

③ 有可动和表面相互作用的部件(例如继电器、泵等);

④ 有可动并有摩擦和表面相互作用的部件(例如光开关、光栅等)。

在 MEMS 器件的设计过程中,为了避免失效从而提高器件的可靠性,往往根据器件的某些失效机理来改进设计方案。常见的可靠性设计包括:为了避免粘附引入凸点和防粘附层;为了避免断裂设计平滑过渡的变截面;为了避免介电层电荷注入而取消介电层或改变介电层的位置;为了避免可动结构的粘附和断裂而引入止档结构等。这些设计在很大程度上改善了相应的失效,从而提高了器件的可靠性。

MEMS 器件在制造过程中也会引入各种失效因素,进而影响器件的成品率以及使用中的隐患。这些因素主要包括:制造工艺中的各种残留污染、材料沉积或刻蚀中形成的各种缺陷、不同材料构成的 MEMS 结构中的残余应力、热失配引入的热应力、圆片切割和处理造成的碎屑污染和划痕、封装、微互连中的热机械效应以及气密性等引起的环境条件变化和污染。

机械装置的运动包括弹性运动和刚体运动(或整体运动),弹性装置借助柔性结构(如弹簧和扭转杆等)运动,而刚体装置借助铰链和轴承运动。刚体装置允许部件积累位移,而弹性装置将部件限制在固定点或固定轴附近运动。由于 MEMS 器件表面接触、滑动和摩擦引起的诸多问题还没有解决,因此目前 MEMS 产品均使用了柔性连接方式。

☞ **应用**

MEMS 具有微型化的特征以及可高精度批量制造,与其他科学技术结合,会产生新的应用领域,例如:

1970 年,美国 Kulite 公司研制出硅加速度传感器原型;1991 年,美国 Draper 实验室 P. Greiff 等人发明硅微机械陀螺。陀螺传感器与加速度传感器构成了惯性传感器及其系统,目前在电子类消费品、汽车、航空航天以及军事等领域有广泛应用。

1987 年，美国 UC Berkeley 的 R. S. Muller 小组和 Bell Lab 的 W. N. S. Trimmer 小组利用多晶硅表面微机械加工技术，研制出自由移动的微机械结构（微马达、微齿轮）；1991 年，美国 UC Berkeley 的 K. J. Pister 小组研制出多晶硅铰链结构。自此，微机械操作、微组装、微机器人成为新的研究分支。

1989 年，美国 UC Berkeley 的 R. T. Howe 小组研制出横向驱动梳状谐振器，它是目前微机械振荡器、微机械滤波器、加速度传感器、角速度传感器（陀螺）、电容式传感器等的基本结构。

1980 年，美国 IBM 公司的 K. E. Petersen 发明硅扭转扫描微镜，它是光学扫描仪、数字微镜器件、光学开关等的基本结构；1992 年，美国 Stanford 大学 O. Solgaard 等人发明 MEMS 光栅光调制器，实现了微机械对光的操作。自此，Optical MEMS（光微机电系统）分支出现。光微机电系统在光通信技术、显示技术、光谱分析技术等领域有广泛应用。

1990 年，美国 Hughes 实验室的 L. E. Larson 等人研制出微机械微波开关。自此，RF MEMS（射频/微波微机电系统）分支出现，用微机械加工技术制造芯片上无源元件（电容、电感、开关等）、组件（滤波器、移相器）以及单芯片微波系统研究进入热潮。RF MEMS 在雷达、通信等领域有广阔的应用前景。

1990 年，瑞士 Ciba-Geigy 制药公司的 A. Manz 等人研制出微全分析系统（μTAS）或称为芯片上实验室（Laboratory on a chip），这是目前微流控分析芯片的原型。自此，开始了微型泵、微型阀门、微型混合器、微型通道等对微尺度下的流体操作器件的研究。微流控在生物领域的应用是近年来 MEMS 最活跃的方向之一，具有降低分析成本、缩短反应时间、提高精度、多功能集成等优点，在分析化学、医疗、药物筛选等领域有广阔的应用前景。

1995 年，美国 MIT 的 J. H. Lang, A. H. Epstein 和 M. A. Schmidt 等人开始了微型气动涡轮发动机研究；2000 年，美国 Minnesota 大学 Kelley 小组研制出基于 MEMS 技术的微型直接甲醇燃料电池原型。另外，诸如压电振动能量收集、热电能量收集、电磁能量收集等技术的发展，促进了 Power-MEMS（动力微机电系统）分支出现。动力微机电系统在无线传感网、医疗、土木工程结构健康监测等领域有广阔的应用前景。

☞ 微米/纳米技术的结合

试验已经证实，硅基 NEMS 器件能够提供高达 10^9 Hz 的频率、10^5 的品质因数、10^{-24} N 的力感应灵敏度、低于 10^{-24} J/(kg·K) 的热容、小到 10^{-15} g 的质量以及 10^{-17} W 的功耗。由于纳米尺度材料或结构的量子效应、局域效应以及表面/界面效应所呈现的奇特性质，可以大幅度提高 MEMS/NEMS 的性能，也可能使以前不可能实现的器件或系统成为可能。例如，2004 年英国 Manchester 大学的 K. S. Novoselov 和 A. K. Geim 成功制备出可在外界环境中稳定存在的单层石墨烯 (Graphene)，其特异的性质如量子霍尔效应、超高迁移率、超高热导率和超高机械强度已经引起人们的广泛重视，是目前材料和凝聚态物理领域的研究热点之一，而当气体分子吸附在石墨烯表面时，吸附的分子会改变石墨烯中的载流子浓度，引起电阻突变，可实现单分子检测。但实际上，只有将纳米结构与微米结构互连后，才能与宏观世界联系起来，通过微米技术进行集成，可将基于纳效应的功能和特性转变成新的器件和系统，因此 MEMS 技术可作为纳米科学走向纳米技术的桥梁。例如，20 世纪 80 年代出现的隧道扫描显微镜、原子力显微镜以及近场显微镜等，它的探针最前面的部分是"纳"，后面就是"微"和"电"，三者集成在一起，协调工作。因此，微米纳米技术相互融合已成为趋势和发展主流。

☞ 市场

据有关咨询机构（例如 Yole, iSuppli, SPC, MANCEF, NEXUS, ITRS）的统计与预测分析，MEMS 产业在 2000 年全球销售总额约为 40 亿美元，2005 年约为 68 亿美元，2010 年约为 100 亿美元。目前的主要产品包括微型压力传感器、惯性测量器件、微流量系统、读写头、光学系统、打印机喷嘴等，其中汽车工业和信息产业的产品居主导地位，占总销售额的 80% 左右。

值得关注的是，2012 年 5 月由美国 MEPTEC（微电子封装和测试工程委员会）在 San Jose 举办的第 10 届国家 MEMS 技术讨论会中，研讨的主题是"Sensors：A Foundation for Accelerated MEMS Market Growth to \$1 Trillion"。这次研讨会聚集了来自学术界、工业界、咨询公司以及设备供应商的代表，他们认为以物联网为主要代表的市场的快速增长正对传感器提出巨大需求，估计在 2020 年左右其产业链达到 1 万亿美元，而且计算、通信和感知技术的融合有可能成为第三次工业革命。而目前 MEMS 制造、封装和测试缺乏工业标准，产品研发周期较长，是通向 1 万亿美元产业的瓶颈。

一方面，MEMS 前期开发的技术已经开始进入产业化；另一方面，MEMS 与纳米技术等其他新技术的交叉研究方兴未艾。面临这种发展趋势，无论是高等学校教学或科学研究,还是工业部门产品开发,都需要及时系统地学习并总结前人的知识和经验。

东南大学黄庆安教授长期从事 MEMS 教学和科研工作,经常关注国际微米/纳米技术的最新进展及有关 MEMS 技术信息,他带领的团队在 MEMS CAD、RF MEMS、CMOS MEMS、MEMS 可靠性、NEMS 以及微传感器等方面进行了长期研究,此次东南大学 MEMS 教育部重点实验室与东南大学出版社合作,组织翻译出版《微纳系统》系列译丛,将会促进我国 MEMS 教学、科研以及产业化的发展。《微纳系统》系列译丛涉及面广,从选题、翻译、校对到出版等工作量巨大,为此,向为翻译该书付出辛勤劳动的师生们表示敬意。

希望《微纳系统》系列译丛的出版对有志从事微米/纳米技术及 MEMS 研发的广大师生和科研人员有所帮助。

中国工程院院士　丁衡高

2010 年 10 月

译　者　序

自 MEMS 技术出现后,一直倡导、关心和支持我国 MEMS 发展的丁衡高院士在百忙之中为本套中文版丛书作序,并对翻译工作一直给予鼓励,使我们深受鼓舞。

从 2004 年开始,东南大学 MEMS 教育部重点实验室与东南大学出版社合作,组织出版《微纳系统》系列译丛,我们在选择国际上出版的书籍时,主要基于以下 4 点考虑:(1)书籍是国际知名专家所写,以保证内容的权威性;(2)书籍是近期出版的,以保证技术的先进性;(3)国内还没有同类书籍翻译,避免重复引进;(4)本实验室也在进行该方向的研究,以保证翻译质量。

《微纳系统》译丛将覆盖 MEMS 设计、制造、封装、可靠性及测试等共性的技术以及射频 MEMS、光 MEMS、动力 MEMS、惯性 MEMS 等各种应用的技术。

据我所知,本书是目前 MEMS 领域系统级建模技术的唯一专著,由德国弗莱堡大学的 Tamara Bechtold 博士、慕尼黑工业大学的 Gabriele Schrag 博士和 Max Planck 复杂技术系统动力学研究所的 Lihong Feng(冯丽红)博士组织 8 个国家的相关专家撰写,内容涉及 MEMS 系统级建模的物理与数学基础、MEMS 器件的集总单元建模方法、MEMS 器件的模型降阶建模方法、完整微系统的建模方法、MEMS 系统级模拟软件。对于 MEMS 设计者而言,MEMS 器件最终是在系统中应用,因此系统级建模与仿真非常重要,尤其对于闭环控制的器件而言,例如谐振式压力传感器、加速度传感器、微机械陀螺、热风速风向传感器等。对于闭环控制的器件而言,MEMS 器件以及驱动和检测电路协同仿真是必需的。非常高兴的是,东南大学 MEMS 教育部重点实验室在系统级建模方面的工作得到了国际同行的重视,应邀为本书撰写了两章(第 5、6 章)。

本书的翻译工作由周再发教授和我负责组织,东南大学 MEMS 教育部重点实验室相关课题组的研究生参加,具体翻译分工如下:周再发(第 1、21、22 章)、高适萱(第 2、3 章)、秦梅(第 4 章)、宋竞(第 5、6 章)、顾一帆(第 7、20 章)、董蕾(第 8 章)、李晓倩(第 9 章)、李伟华(第 10~13 章)、于骁(第 14 章)、李宁(第 15 章)、高莉莉(第 16 章)、黄慧(第 17 章)、许轩臻(第 18 章)、郭新格(第 19 章)。其中第 1~3、7、9、14、17~22 章由周再发校对,第 4、10~13、15、16 章由李伟华校对,第 8 章由王立峰校对,我和周再发教授对全书进行了统稿。在这里对参加翻译的研究生们表示感谢。

在翻译过程中,我们保留了原书的表达习惯,对书中专用名词、术语及相关问题进行定期讨论与商榷,但由于翻译水平有限,加之时间紧迫,译书中肯定有这样或那样的错译、误译或不恰当之处,恳请读者批评指正。

黄庆安
东南大学 MEMS 教育部重点实验室
2017 年 9 月
hqa@seu. edu. cn

原 书 序

在我的鼓励下,三位很有能力的年轻科学家:Tamara Bechtold 博士、Gabriele Schrag 博士和 Lihong Feng 博士,策划和编撰了本书。她们之中每一个人的工作都对该领域的发展产生了重要的影响,推动了基于物理和基于模型降阶(MOR)的宏模型建模技术在工程领域的应用,特别是在MEMS 方面的应用。三位作者中的任何一位都具有单独编撰本书的能力,而她们作为一个团队共同编撰本书是为了更好地服务我们的读者,我希望您在阅读本书内容时能够度过愉快的时光。

本书的编撰是非常及时的,因为在过去的十年里宏模型建模技术的很多领域已经成熟,解决了大量的具体应用问题。一方面,MOR 具有彻底改变科学计算的潜力,但是只有经过验证的实例和良好的经验得到广泛流传之后,人们才会具有这种意识;另一方面,基于物理的宏模型建模技术已经有比较稳固的基础,因而其应用前景能够充分地激发理论研究人员。对于该领域的初学者来说,本书将全面介绍该领域发展现状以及一些相关的文献;对于有经验的用户或者应用工程师来说,本书将展示来自相近领域的巧妙技术。因为书中描述的技术包括两个方面的内容,即显著加快方程的解法和创建高质量宏模型的方法,本书还将降低相关计算设计软件开发者的接受门槛。本着这种精神,本书不仅仅介绍理论知识,而且还解决实际应用和实现方面的问题。

Bechtold 博士、Feng 博士和 Schrag 博士收集了令人印象深刻的大量文章,这些文章大多出自从事 MEMS 宏模型建模技术的学术界、软件服务产业界和工业界的重要专家。文章的作者来自 8 个不同的国家,并且覆盖了非常广阔和有代表性的研究应用领域。

我想利用这个机会感谢各位作者的努力工作。

如今作者只发表期刊文献会有很大的压力。我认为,将高度专业期刊中的关键结果统一起来,时不时地为广大同行们写一些综述性材料是件非常好的事情。它有助于传播关键理念,使同行们意识到相关结果,并展示可能带来的有益效果。如果从事顶级研发的作者们没有挤出他们的宝贵时间来完成这项工作的话,本书不可能顺利完成。为此,我要衷心地感谢他们,并向他们保证本书的内容将会发挥重要作用。我也要感谢 Wiley 出版社的工作人员对我们写作过程的大力支持以及他们优秀的团队工作。所有这些使得我们的写作过程非常快乐。最终的出版结果证明了一切!

Jan G. Korvink

卡尔斯鲁厄

2012 年 10 月

原 书 前 言

MEMS 技术的快速发展及其应用领域的不断扩展,例如从汽车工业、打印头和数字光投影拓展到由消费类应用驱动的领域(例如图像稳定、智能手机、游戏机等),为 MEMS 器件开辟了新的市场。MEMS 在发展物联网过程中的广阔应用前景仍有待开发。而另一方面,它也同时提出了对快速、高效和适当的设计及优化工具的需求,不仅为分立器件,也为包括 MEMS 组件、控制和读出电路以及封装的整个微系统,同时还要考虑环境因素可能对系统功能造成的影响。

由于大多数 MEMS 器件为换能元件,它们的固有特征是涉及多个能域,并且通过不同能域的耦合使其工作。此外,MEMS 器件往往具有复杂的几何结构。对这些特征的建模使得每个器件都涉及耦合场以及大规模的常微分方程组。此外,考虑到微系统的最优性能一般是通过优化整个系统获得的(包括所有组件的相互作用),因此强烈需要降低器件模型的复杂度。各种宏模型建模方法可以大大减少自由度的数量,使得这些器件模型变得易于处理。

多年来在半导体器件和模块领域,自顶向下和自底向上设计的综合仿真环境和方法论已经比较完备,而且器件和系统的虚拟原型设计以及宏模型建模环境已经处于成熟阶段。相比之下,MEMS 领域中的这种变化在过去的二十年中才刚刚开始并且还在不断发展。在此期间,全世界范围内的同行已经提出了几种系统级建模方法并将其投入了实际应用,而且在一定程度上实现了商业化软件开发。

本书汇集了世界各地在这一领域的专家,以便对 MEMS 系统级建模的最新动态作出全面的概述,着重介绍宏模型建模技术的理论基础、不同建模方法在具体问题中的应用以及所提供方法在商业化软件环境中的已有实现途径。

为了能够充分地涵盖这个主题的众多方面,本书分为五个主要部分。

第一部分重点介绍了宏模型建模技术的理论基础。第1章全面介绍了微系统中的建模问题,然后在第2章中介绍了广义基尔霍夫(Kirchhoffian)网络理论的理论基础。采用两个典型的 MEMS 实例证明该方法可以由通用的热动力学描述推导出来,因而为系统级建模提供了一个通用框架。第3章介绍了基于各种投影技术的数学模型降阶(MOR)技术的理论背景,给出了线性以及更先进的降阶方法(例如非线性和参数化 MOR 方法)的基础。第4章侧重于系统级仿真的算法以及协同仿真方面的相关内容,对于 MEMS 系统方面特别有兴趣。

第二部分和第三部分专门介绍了基于物理或集总单元的宏模型以及 MOR 方法用于 MEMS 的具体实例和求解各种类型问题的情况。第二部分包含了应用于考虑到封装效应的电热执行器的宏模型建模方法、RF MEMS 器件和网络以及分布效应(例如粘滞阻尼)的混合级仿真方法。第三部分展示了线性 MOR 方法的应用及其在非线性系统和参数化问题方面的扩展。应用范围包括微流体通道中微热板系统的参数优化,以及如 MEMS 开关(在操作过程中涉及高度非线性)等电-机械执行器中的非线性传输线的参数优化。这部分最后介绍了基于模态叠加技术的 MEMS 陀螺仪的降阶模型并扩展到非线性现象。

第四部分完全集中在系统方面,即带有控制、读出和供电线路的换能器。它回答了"单个换能器的宏模型可用来干什么?"这个问题。首先,介绍了用于无线传感器网络的 MEMS 能量收集模块。这个模块包含有压电换能器、电源管理和储能组件。其次,展示并讨论了含有控制电路的 RF MEMS 开关和谐振器的系统模型。再次,以检测地震扰动的无线传感器网络为例,介绍了应用 SystemC 和 SystemC AMS 实现建模以完成系统级仿真。最后,加速度计和陀螺仪等惯性传感器的实例表明,为实现机械可动微结构的读取和稳定化,设计闭环及力反馈控制系统时,宏模型建模能发挥重要作用。

第五部分概述了近几年来一些著名的软件环境在微系统建模领域的发展情况。各软件供应商分别给出了他们对于以客户为导向思维所产生的需要和需求,每个软件工具背后的建模理念和方法论,以及这些工具针对某些示范系统的适用性的各自观点。

　　本书结束部分介绍了经验丰富的研究人员、来自工业界和大学的用户以及该领域的新手如何受益于基于网络的全球互动平台,该网络平台包括知识管理、论坛、在线仿真工具、模型库等。这样圆满地结束了本书的内容,鼓励所有专家把他们的知识集中在一起,以推动这个有趣并具有挑战性的领域不断向前发展。

　　编者的愿望和希望是通过广泛收集的专业知识,本书能够在促进专业发展方面发挥突出的作用。最后,我们要向所有的作者和合作者表达我们的感激之情,是他们对各自负责的主题进行了出色的调研才能完成本书的编撰。同时,我们也要感谢各自的家人,感谢他们在我们完成本书的过程中所给予的耐心。

2012 年 8 月

Tamara Bechtold

Gabriele Schrag

Lihong Feng

作者简介

塔玛拉·贝克唐德(Tamara Bechtold) 弗莱堡大学微系统仿真专业临时教授,2000 年在德国不莱梅大学获得微电子和微系统工程专业硕士学位,2005 年于德国弗莱堡大学获得微系统仿真专业的博士学位。2006—2010 年,作为资深研究员在位于荷兰埃因霍温的飞利浦研究实验室和思智浦半导体公司从事研究工作。她的研究工作的目标是通过模型降阶和优化模拟改进标准集成电路设计流程。2010—2011 年,加入位于德国斯图加特的 CAD-FEM GmbH 公司,从事支持产业和学术应用的先进建模和仿真工具研究,进行系统级仿真与电磁器件仿真方面的工作。已发表和合作发表 40 多篇微系统仿真领域的技术论文,她也是 Springer 出版社所出版的教科书《电-热 MEMS 快速仿真:高效的动态宏模型》(Fast Simulation of Electro-Thermal MEMS: Efficient Dynamic Compact Models)的主要作者。

她的研究兴趣包括模型降阶的先进数学方法应用、工程问题的拓扑优化以及系统级和器件级的多物理场建模。

加布里尔·施拉格(Gabriele Schrag) 目前在德国慕尼黑工业大学领导着一个 MEMS 建模方面的研究团队,研究重点是虚拟原型设计和预测仿真方法论、参数提取以及微器件和微系统的器件模型验证。她在斯图加特大学期间学习物理专业,2002 年在德国慕尼黑工业大学获得博士学位(以荣誉称号),她的博士论文涵盖“微系统的耦合效应建模”,重点研究了流体-结构的相互作用和粘滞阻尼效应。在技术期刊和会议论文集上发表和合作发表了超过 70 篇学术论文。

冯丽红(Lihong Feng) 德国马克斯·普朗克复杂技术系统动力学研究所(Max Planck Institute for Dynamics of Complex Technical Systems)由 Peter Benner 教授领导的系统和控制理论计算方法研究团队的课题组长。她在中国上海的复旦大学获得博士学位之后,加入了复旦大学专用集成电路(ASIC)国家重点实验室担任教师。2007—2008 年,她作为洪堡学者在德国开姆尼茨理工大学的工业和技术数学研究团队从事相关研究工作。2009—2010 年,她在德国弗莱堡大学微系统工程系的微系统仿真实验室从事研究工作。她的研究兴趣包括化学工程控制和优化的降阶建模与快速数值算法、MEMS 仿真以及电路仿真。

目　　录

第一部分　物理和数学基础

第三部分　MEMS 器件的数学模型降阶

第一部分

物理和数学基础

1 微系统建模概论

Gary K. Fedder, Tamal Mukherjee

1.1 微系统的系统级模型需求

工业界基于微机电系统(MEMS)技术创造出了大量的新产品,如加速度计、陀螺仪、谐振计时器、麦克风、射频(RF)开关、可调 RF 无源器件、微型光学显示器、微型阀和微流体全分析系统等,多物理场微系统技术对我们生活的影响与日俱增。系统级建模与仿真是复杂多物理场微系统设计过程中必不可少的基本工具。本书通过多位微系统专家从多个角度综述了系统级建模方法和工具,必将为希望在此技术领域奠定基础的研究人员提供有益的参考。

随着微系统技术的不断成熟,更加多样化、集成度更高的微系统产品不断地由探索性原型发展为市场化的系列新产品。这种高层次的商业行为极大地促进了高精度的多物理场系统级仿真方法研究,该方法可提供快速的迭代设计分析,实现设计知识的转化和分类。在多物理场方面取得这些进步的同时,越来越多的微系统产品含有大量与接口电路集成的器件。这样的集成微系统需要完成电路与 MEMS 的协同仿真,这进一步激发了对系统级建模的需求,以支持集成微系统技术的快速、高效发展。

业界有充足的动力去完善多物理场微系统的系统级建模方法并实现其自动化[1-3]。人们可以参考半导体产业,从而正确地认识到器件建模的复杂性。对于先进的互补金属氧化物半导体(CMOS)电子产品,在开始模拟和数字电路设计之前,必须为每个新技术节点建立复杂的晶体管模型。代工厂可以组织数以百计的工程师和技术人员在一个相对较短的时间内建立这些模型。然而,微系统技术领域没有能力利用这么巨大的资源来完成多物理场器件的建模。更为严峻的问题是,即使在一个固定的工艺流程中,MEMS 器件的多样性使得像晶体管那样投入巨大努力建立器件模型变得不切实际。相反,微系统的建模工作必须利用 CMOS 设计基础平台,同时继续推进自动化方法,以应对这些挑战。

近来一个特别重要的趋势是提供客户定制 MEMS 加工服务的代工厂数量不断增加,并且 CMOS 代工厂开始提供 CMOS MEMS 代工服务。在近二十年的MEMS 商业化发展过程中,大家都秉持着"一种工艺,一个产品"的理念。随着这些代工形式的不断成功,这种理念逐渐成为历史。工艺流程重复使用的主要问题是缺乏可使设计人员利用现有的 MEMS 工艺流程快速地设计新产品的通用建模方法。本书的核心任务就是为微系统研发人员全面总结系统级设计、建模工具和方法的发展现状。

本章介绍了耦合多物理场现象和微系统的多尺度建模与仿真,给出了系统级模型的简明术语表,简要介绍了模型降阶(MOR)方法。接着介绍了超大规模集成(VLSI)层次结构和视图,作为处理复杂微系统设计流程的一种手段。然后介绍了系统级模型实现所使用的现代模拟硬件描述语言(AHDL),并对 AHDL 模型属性和 AHDL 仿真器功能进行了总体讲述。最后分析了多物理场模型库对微系统设计的作用,以及建立可信模型对参数提取、模型校验和模型验证方面的需求。

1.2　耦合多物理场微系统

微系统体积通常不到 1 立方厘米,有一个或多个关键功能由微米级或更小尺寸的结构来完成。小尺寸使得微系统工艺和微系统器件存在极其紧密的多物理场耦合。这种紧密耦合使得微系统的设计与绝大多数宏观系统的设计有所不同,给建模工作带来了挑战。微系统带来的复杂问题很难利用连续场分析方法解决并且非常耗时。尤其是对于时间步进分析,即便利用性能最好的计算机运行现有的连续场分析软件都非常棘手。为了进行迭代设计,对这些问题分层需要多个连续参数分析。同样,支持复杂耦合物理系统的设计过程,实现快速时域分析需要建立系统级模型。

微系统中存在的耦合物理场实例不胜枚举,在此简要地给出几个重要实例来强调这一点。传感器和执行器中采用的电学材料和有源材料自身具有内在的能域耦合,例如机电、电热、磁致伸缩、压电、压阻和形状记忆(相变)效应。1986 年,Middlehoek 和 Hoogerwerf 在论文中将固态传感器的能域耦合分为六种信号域:辐射、机械、热、电、磁、化学[4]。这是根据输入信号、输出信号以及调制输出信号的辅助源所实现的物理传感效应来分类的。图 1.1 给出了微系统中重要物理能域子集之间的耦合关系示意图。本书第 5、6 和 11 章将给出执行器模型的实例,第 13 章将综述能量收集器的系统建模。封装过程中产生的应力效应是完整系统仿真的一个重要方面,第 6 章将概述其建模方法。

MEMS 惯性传感器和谐振器在不同能域之间发生着复杂的相互作用,例如惯性激励、弯曲结构的机械应力、移动壁面间的静电场、材料特性的相互热作用、周围环境产生的粘滞损耗以及结构材料的固有损耗等[5]。本书第 12、15 和 16 章将介绍惯性微系统的建模和仿真实例。

RF 微开关和可变电容器增加了阻抗匹配的相互作用、RF 频率下的导线和衬

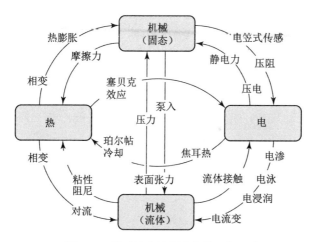

图 1.1　微系统中的耦合多物理场示意图。

底损耗、金属材料的长期蠕变、表面摩擦(包括电介质充电现象以及电接触物理现象)[6]。本书第 8、10 和 14 章将介绍带电路模块的 RF MEMS 建模和协同仿真。

　　基于光学和基于探针的微系统是未来可能取得成功商业化的两个新兴领域。光学微系统包括微镜阵列、透镜和波导组件[7]。此外,更复杂的情形还包括利用光、热和机械力的相互作用来创造光耦合微腔[8]、芯片级原子钟和传感器[9]。在纳米探针和纳米继电器系统中,当力学结构尺度减小到 50 纳米及以下时,需要针对原子尺度的力建立模型,如范德华力(van der Waals forces)和卡西米尔力(Casimir forces)[10]。

　　微流体系统涉及复杂的物理学内容,包括可压缩流动、扩散、对流、两相流、电渗、电泳力、表面张力、电浸润和流体-粒子相互作用[11,12]。本书第 10 章和第 11 章将介绍微流控器件的建模实例。本书第 7 章将介绍一种流体阻尼的建模方法。对于化学和生物微机电系统(bioMEMS)器件中利用的化学、生物和材料之间的相互作用[13],本书介绍的建模方法也适用。

1.3　多尺度建模与仿真

　　图 1.2 给出了多尺度建模与仿真的层次结构图。系统级仿真工具位于仿真层次结构的顶端,依靠行为模型来描述基本物理过程。系统的行为可以跨越很宽的空间和时间尺度进行模拟仿真,然而这需要以系统表示的粒度为代价。连续场仿真技术包括有限元法(FEM)、边界元法(BEM)和有限差分法(FDM),采用连续的偏微分方程来分析物理问题。分子动力学(MD)仿真表示最细粒度从头算(ab initio)方法中原子之间的相互作用。经典分子动力学方法表示分子之间的相互作用,粗粒化分子动力学涉及较大的分子单元的相互作用,例如多晶材料中的颗粒。

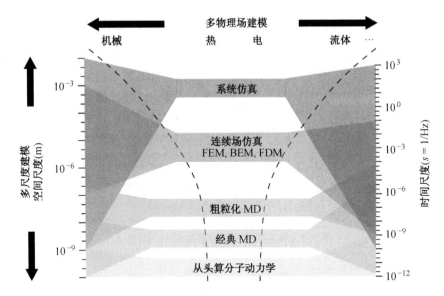

图 1.2   多尺度建模和仿真的层次结构图。

正如 1.2 节所讨论的,对于大多数微系统来说,如果用软件在连续场层次(或在分子动力学层次)求解所有物理场问题,那么一般来说要在理想时间尺度完成全系统仿真(如数十亿的时间步长)是不切实际的。理论上说,将器件连续场数值分析嵌入到系统仿真(这有时被称为混合模式的仿真)是可以实现的。然而,这样得到的仿真速度仍然无法满足微系统设计的需求。此外,连续场方法对于含有大量相互作用组件的复杂微系统显得不太实用,因为这样的微系统需要在多种空间尺度进行仿真。在系统级仿真中,多种时间和空间尺度下抽象行为的灵活性可用于分析极其复杂的耦合现象。

实现系统级仿真的一个关键步骤是将系统单元结构的物理行为从较细粒度的连续场层次转换为更抽象的粗粒度模型。在仿真层次结构中建立不同工具间的关系,每一工具在不同的空间和时间尺度具有可行性,称为多尺度建模。在层次结构中信息由细粒度的仿真传递到填充了物理参数值、材料特性函数或其他行为关系更粗粒度的模型。

系统级建模的重要挑战是如何保持细粒度仿真的合理精度。由于系统级仿真器的仿真时间需要在合理范围内,因此系统级模型应该只包含必要的相关物理量自由度(DOF)。在这个意义上,非常方便的是 MOR 的数学方法,它可在一定条件下高精度地使连续场仿真自动转换为行为模型,第 3 章将介绍这些方法,第 9 和 10 章将介绍具体实现过程的更多细节内容。第 11 章和 12 章将介绍非线性 MOR 的实例,第 18、20 和 21 章将介绍 MOR 的商业化成果。

1.4 系统级模型术语

理解器件或系统中相关的多尺度和多物理场耦合现象,恰当地编程并仿真它们之间的相互作用,通常是一个与应用相关的重大挑战。微系统仿真需要同时利用多种技术建立多物理场模型。此外,描述系统级模型及其建模过程会用到很多专业术语。

组件(component),在计算机辅助设计工具中,一般是指系统的一个功能部分,该部分通过结合系统级模型及其在系统级原理图中的符号来表示。

行为模型(behavioral model)通过数学方法整体或者部分地描述了模型端口和外部参数之间的关系。至少行为模型的某些部分是由微分和代数方程来定义的,但它也可以包含相互关联的子组件。最原始的行为模型(或原始模型)没有相互关联的子组件,是完全由微分和代数方程定义的模型。

结构化模型(structured model)仅仅由相互关联的子组件(如原理图)描述。在系统级建模层次结构中的最低层次,这些单元必须由原始模型来描述。

电路模型(circuit model)或网络模型(network model)是给各终端接线分配了势变量和流变量的结构化模型,该模型遵守传统的基尔霍夫网络定理。

信号流模型(signal-flow model)或框图模型(block-diagram model)是给各终端接线只定义了势变量而没有定义流变量的结构化模型。

基于物理的模型(physics-based model)包含了从问题的物理原理推导出来的公式。这与基于非物理基函数的大多数 MOR 技术不同。基于物理的模型的潜在优势是它们可用于定标研究(scaling study)和外推研究(extrapolative study)。

紧凑模型(compact model)是在原理图中用于表示和仿真精确晶体管器件模型。紧凑模型可通过基于物理的方程获得,或者由基函数拟合得到,或者由集总单元构建。这些建模方法的组合已用于先进技术节点晶体管的宏模型建模过程。该术语通常适用于复杂微系统的行为模型,并且在一般情况下既包括原始模型也包括结构化模型。

降阶模型(redcued-order model)是由高自由度模型降阶得到的行为模型,典型的实例是数值连续场仿真(例如,使用 MOR)降阶。

集总单元模型(lumped-element model)特指一类降阶建模方法,即空间分布的物理行为被“集总”为一组有限“单元”在空间离散点的近似行为。通常情况下,集总单元模型表示为包含“单元”且基于物理的原始模型的结构化模型。常见的微系统实例是 1 个自由度的质量块-弹簧-阻尼器模型。常见的电子学方面的实例是传输线的等效电感-电容网络。

宏模型(macro model)起源于 SPICE 电路建模,它用来描述“子电路”(即嵌入在 SPICE 代码中的结构化模型)，该"子电路"包含已有的原始模型，如晶体管、理想的受控源、电感、电容和电阻[14]。在 SPICE 中，所有的原始模型都构建到仿真器里面，从而限制了设计人员在有限原始模型的基础上创建结构化模型(即宏模型)。这个术语有时表达单纯由晶体管构建的电路与无晶体管的抽象模型之间的精度折中。常见的宏模型实例存在于运算放大器、比较器、计时器以及其他高层次的模拟电路组件。在 MEMS 领域，宏模型这一术语常常与降阶模型互换使用，然而这种关联并不一定与 SPICE 中的用法同义，所以不作推荐。

1.5　自动化模型降阶方法

连续场求解器是用于验证手动建立的系统级模型的重要工具。普通的器件级问题涉及的大量耦合多物理场计算可以利用商业软件在个人计算机或并行计算集群上完成。这些仿真工具也逐步用于自动生成系统级模型(见第 18、20 和 21 章)。目前在加快有限元与边界元计算速度的算法方面取得了很大进步，使其在商业化多物理场仿真工具中的应用变得简易，因此它们已在自动生成参数化模型方面得到了实际应用。

通常情况下，系统级模型是基于优化调整基函数系数得到的精细仿真结果建立的，该基函数可以是多项式或多项式有理函数。动态模型使用降阶后的系统基本微分方程。例如，通过提取仿真系统最低的 10 个本征模态，具有 10 000 个单元的连续场模型自由度数量可以减少到只有 10 个自由度。这种方法需要考虑的问题是：在何处截断矩阵，使所有重要的模态都包含进来，且同时能够尽可能多地排除影响不大的模态，以加快系统仿真。在静电传感器和执行器中应用的自谐振梳齿梁就是高阶模态很重要的一个实例。在梳状换能器上施加调制频率可以激发谐振，该频率可以是远高于系统本身的前 10 种模态频率。基本的自动建模算法没办法知道系统设计时必须要考虑的模态。同时，具有高非线性或动态参数影响的系统可能需要模式修改，如果没有人工干预，自动化建模算法难以有效地完成。由于这些原因，数学家们正在不断研发 Krylov 子空间方法、加速 Grammian 方法以及参数和非线性投影方法，工程师们也在不断地运用这些方法(第 9～12 章)。

1.6　复杂问题处理：参考 VLSI 范式

VLSI 设计范式采用层次结构和视图来处理复杂问题[15]。层次结构通过含有更小子组件的系统或组件来实现。通过将组件时变终端关系和外部参数的固定值整体来实现组件行为。这种行为包络使得组件能够在系统中任意位置实现其功能，而不是被简单地从零开始复制。系统层次结构可以不断地细分，直到子系统只包含原始的行为模型。例如,惯性微系统可以分为 MEMS 子组件和电路子组件。MEMS 子组件可以进一步细分为单个加速度传感器和陀螺仪组件。每个加速度传感器又可以进一步细分为质量块-弹簧-阻尼器子组件和静电换能子组件。作为层次结构的最低一层,质量块-弹簧-阻尼器组件可视为相互连接的梁和板来建模。此外,系统的力学和电学子组件可以采用降阶模型来表示。该模型可以利用数学的 MOR 方法获得并将其插入层次表里。例如,加速度传感器的弹簧就可以利用精确的降阶模型来表示。

然而,如果 VLSI 设计的唯一优点就是层次结构的话,那么 VLSI 设计与其他采用系统划分手段的诸多工程领域就没什么差别了。VLSI 设计的最大独特性在于并行模型视图层次结构的组合。视图是用来表示组件的,该组件可能是组件符号、版图或者任意模型形式,例如原始行为模型、信号流模型、结构化模型(如原理图)或者是含有从版图信息里提取出来的无源元件原理图。设计的丰富含义在于可以从任何视图的角度去探讨层次结构,如图 1.3 所示。特定组件的不同模型抽象(模型视图)可以相互替换以实现在任意层次结构进行评估,这就可以进行自上而下(top-down)的概念思维以及"what-if"实验。如果子组件由一个原始行为模型指定,那么该子组件在层次结构低层次上的详细实现方法就可以与系统其他部分

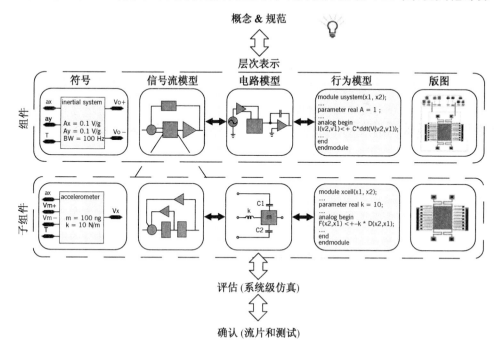

图 1.3   用于说明层次表示中的两层次 VLSI 设计方法,在此,每个组件具有多个视图。给出了几种可能的模型视图,虽然在仿真过程中只会使用每个组件的一个模型。

脱钩。并不是所有的视图都需完成填充才能评估其在各层次结构中的性能。这个特征使得模型和设计的细化过程可以同时进行,并且可以在任意层次结构上实现交互。

微系统设计可以直接从 VLSI 范式中受益,但是与模拟/数字电路系统相比,多物理场系统设计的基础设施还处于初级阶段。不断增加的能域相互作用复杂度使得同时利用层次结构和多模型视图完成微系统设计成为巨大需求。支持这种设计范式的关键基础包括快速、友好的模型生成工具以及可信系统级模型的综合库。

1.7   模拟硬件描述语言

目前有几种模拟硬件描述语言(AHDL)可以用于满足微分和代数方程组的物理系统模型。商业化电路设计仿真器支持 AHDL 语言,包括具有开源标准的 OpenMAST[16]、Verilog-AMS[17]、VHDL-AMS[18] 和 SystemC-AMS[19],其中,AMS 表示数模混合。AHDL 模型与仿真软件脱钩,它具有用户可以自己编写模型代码直接使用当前仿真器的算法能力。AHDL 编写的系统级模型与当前商业化电子设计框架结合,为所有设计的编码和记录提供了有效途径,如系统架构、器件形貌和尺寸、工艺设置、复杂交互的多物理场行为、信号同步以及外部激励的仿真应用。因为电路仿真器支持跨所有能域的系统级建模,所以能够进行互连电子器件和多物理场器件的协同仿真。

AHDL 允许用户创建模块,将组件模型编码成行为的或者数学的描述,同时通过连接不同组件以支持系统的结构化描述。图 1.4 给出了用于描述多物理场电路的多个术语。在该模型中,组件的每个终端或端口都关联着一个势变量和流变量(也可分别称为跨接变量和贯通变量)。AHDL 支持组件端口的守恒定义和信号流定义。对于信号流端口,模型中只定义和使用终端的势变量。守恒电路互连遵循广义基尔霍夫电压定律(KPL)和基尔霍夫电流定律(KFL)。这两个定律通常也被称为基尔霍夫网络定理和基尔霍夫节点定理。本书第 2 章和第 4 章将介绍利用基尔霍夫网络进行多物理场建模的详细过程。KPL 和 KFL 的定义跟广义电路中的节点和支路相关。节点一般是指两个或者更多组件端口之间的等电位连接(如导线)。支路是指从组件的一个端口到另一个端口之间的流动通路。根据 KPL,在一个闭合回路中,电动势的代数和恒等于零。根据 KFL,对于电路中任一个节点,流入和流出的电流代数和恒等于零。很多电路仿真器允许单个系统中同时存在守恒组件和信号流组件。在这类情况下,信号流输出将被视为受控电压源,而信号流输入将被视为电位控制(无限大输入阻抗)。如 1.6 节所述,在任何层次结构上,这种混合组件模型视图的灵活性非常有利于自顶向下设计,因为在该设计过程中组件的电势和电流的具体关系会被推迟到下个阶段。

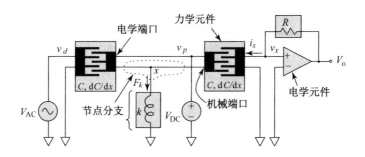

图 1.4 多物理场电路图实例：机械弹簧连接两个叉指梳电容器，电容器带有运动电流读出电路。元件用灰色符号表示。势变量包括 v_d，v_p，v_x，x；流变量包括 F_k 和 i_x。在所有能域中，接地节点表示零势。参数包括电压 V_{AC} 和 V_{DC}，电阻 R，弹簧常数 k，空气间隙电容 C，运动灵敏度 dC/dx。

1.8 系统级模型的一般属性

互用性是系统级模型的第一个重要属性，它使得模型可以同时使用其他模型以组成各种系统。势变量和流变量的定义及其关联参考方向必须一致。电路设计过程中模型的互用性已是理所当然的。电气终端标准已经广为人知，而且器件建模过程中需要遵循此标准，即电流视为流变量，电压视为势变量，关联参考方向为电流流入正电势端口表示能量传递给了组件。目前已经为 AHDL 建立了在不同能域的宏系统终端关系标准。但是，直到现在尚未建立特别适合微系统的多物理场终端关系标准。这方面标准迟迟不能出台的一个重要原因在于不同微系统设计者在符号和方法上存在显著差异。

将低层次的仿真结果转移到系统级模型依然存在着不少问题。微系统通常涉及不同能域之间的能量转化，如机械能转化为电能、热能转化为机械能等。因此，系统级模型的第二个重要属性是遵守能量守恒原理，以保持它们在模拟过程中的物理完整性。流入模型的能量与模型内部能量之和必须等于流出模型的能量与模型内部热力学损耗能量之和。

参数化是系统级模型的第三个重要属性，它使交互设计成为可能，同时也能被 AHDL 支持。在系统仿真过程中，可以通过设置材料参数和几何尺寸来创建外部参数。例如，可以针对某一微机械加工工艺过程设置杨氏模量和结构厚度参数值，然后修改参数值以探索工艺灵敏度。参数化模型中的全部规范包括设计约束（如几何设计规则）、加工工艺过程中薄膜层厚度和材料参数的标称值及变化值。CMOS 晶圆代工厂通过文档和文件提供这些信息，其中包含了定制计算机辅助设计环境的物理设计包。与此类似，系统级模型参数可用公式表示，以有利于与 MEMS 物理设计包兼容。通过 MEMS 设计规则设置的约束实例包括:加速度传感器中最大检测质量的大小、弯曲结构的最小梁宽以及静电执行器的最小间隙。

1.9　AHDL 的仿真能力

AHDL 中的 MEMS 模型可以利用包含有 DC(直流)、AC(交流)和瞬态分析功能的快速电路仿真器。一般来说,如果相应的行为模型是基于物理原理获得的,而且结构化模型遵循物理上可实现互连规则的话,仿真过程会收敛。仿真时间往往取决于模型代码的具体形式,因此可以优化代码以提高仿真速度。第 4 章将介绍不同的物理能域发生耦合时,要对其完成仿真,需要理解并解决系统级协同仿真的一些问题。

大多数商用电路仿真器支持多种额外分析,这些分析对评估基于 AHDL 的模型而设计的微系统非常有用。周期性 ac 分析和周期性稳态分析为高度非线性系统仿真提供了机会,这种非线性系统会导致由 ac 激励或内在的振荡行为所产生的非对称周期波形。与之相反,基本 ac 分析在工作点周围线性化且只包括了基波项。利用瞬态分析解决非线性问题可能需要很长时间才能获得稳态解,兆赫频率上显示出所有值得注意的频率成分。需要特别指出的是,对于利用调制和非线性共振条件的微系统仿真,周期性分析非常有用。例如,对利用斩波稳定或者兆赫频率上相关双采样方式的电容式加速度传感器系统,进行常规的瞬态分析非常具有挑战性,该仿真过程需在秒的数量级(捕获低频输入加速度信号响应的要求)进行。噪声分析可分析来自系统内部和外部随机干扰的影响。本构行为模型必须包含噪声的振幅和性质。在许多设计框架中,各种仿真分析会利用参数扫描的方法来自动探测设计空间,同时利用蒙特卡洛方法来估算参数和工艺偏差产生的统计分布。支持合并和考虑工艺偏差的模型能够充分利用蒙特卡洛方法的功能,这对于估计加工成品率是必不可少的。

1.10　可组合模型库

在 MEMS 以及其他大多数领域,系统级设计者依靠器件物理和材料加工方面的专家来创建行为模型。由于器件模型的建立者与系统设计者几乎没什么关联,因此时间和效率方面的瓶颈随之而来。缓解的方式是通过 MOR 利用细粒度仿真自动创建模型。另一种方法是创建低粒度的系统级模型,使它们能够在广阔的设计空间里重复使用。只要终端关系保持交互,这种方法与自动化 MOR 技术仍然兼容且可协同。

这种模型重用范式已在电路仿真领域成功使用了 40 多年(如 SPICE[20])。

SPICE 软件中不断改进的模型可广泛地免费使用,使其成为事实上的标准。SPICE 软件取得长期成功的原因在于:(1)开发了高保真的 CMOS 晶体管模型;(2)建立了从实验工艺和器件数据中提取模型参数的基本技术基础;(3)对使用这些模型的设计者进行培训;(4)对代工厂内的建模工作进行经济刺激,使其传递给外面的设计者;(5)随着 CMOS 技术的进步,发挥敬业精神和采取激励措施不断修改模型并加入新的器件物理原理。对于电路设计者来说,晶体管、电阻、电容和电感模型理所当然能够提供非常精确的预测,不管它们如何应用在电路中。这些原始的行为模型是可组合的,在本书中是指它们是可互操作的且具有基本单元的性质,在设计层次结构的较高层次上可以创建大量的、非常有用的结构化模型。

在 20 世纪 90 年代中期,利用基于物理学的手工技术,MEMS 设计中引入了一系列可组合、可参数化的原始模型。常见的机电可组合模型包括直梁和弯曲梁、各种几何特征的板、静电间隙和锚点。第 17、19、21 和 22 章给出了一些可组合模型库的实例,有些版本需要付费使用。

对于可组合模型来说,比较难于处理分布式效应的相关物理问题。例如,原则上来说静电场跟微系统中所有的导体组件和电介质组件的位置相关,除非该组件被完全屏蔽了。这就是为什么建立精确的通用机电"间隙"模型仍然是个巨大挑战的关键原因。对远场效应的近似或抽象必须合并到系统级模型中,这样才能避免需要对所有组件进行计算。建模过程中具有挑战性的其他分布式效应包括第 6 章介绍的应力作用以及第 7 章介绍的阻尼效应。阻尼效应的实例是采用"混合级"建模方法,这样可以利用结构化建模的分层特性带来的优势。

目前可组合模型库对 MEMS 是非常有用的,但该模型库还很不完备,大量的通用模型应该会加入模型库里。扩展和改进可组合模型需要投入很大的努力,因为目前这些模型都是人工创建的。通过结合更多的物理现象,例如压阻、压电、损耗和热性能,模型库会不断发展和改进。其他微系统设计领域,其中最值得注意的是微流控器件领域,也将从类似的可组合模型库中受益。

1.11 参数提取、模型验证和模型确认

只有纳入仿真的参数值真实反映制造工艺的实际结果,微系统模型才能确保精确。工艺参数包括材料特性、薄膜层厚度和相对版图的尺寸偏差。如何确定这些参数的精确值对 MEMS 来说是个特殊挑战。从实验测试数据获得这些参数值的过程统称为参数提取。目前通过煞费苦心的定制测试结构设计和测量来完成多物理场系统的参数提取。第 9 章给出了一个实例,根据实验测量结果拟合降阶模型得到材料的热学性能参数。标准化并简化这一过程将大大缩短新微系统技术的研发周期。

模型验证包括检查系统级模型的数学和结构形式。以 MOR 技术自动创建的模型需要通过构建进行验证,因为它们直接来源于连续场仿真。然而,手工创建的微系统模型会存在形式错误和物理假设错误。这类模型的行为必须通过使用系统级仿真"试验台",并在采用相同的边界条件、材料参数值和几何尺寸等仿真条件下,将系统级仿真结果与连续场仿真结果比较来进行验证。确定验证问题的合适方案,而涵盖模型形式的所有方面是非常有难度的。为了开展全面验证,问题设置必须涵盖所关心最大频率范围内的静态和动态行为,它必须覆盖输入激励所产生的动态范围,而且必须涵盖所有外部参数所对应的设计空间。另外,当比较仿真结果时,必须定义合适的标准。如果不确定性标准范围设定得过小,可能会得到跟模型形式毫不相关的数值误差。另一方面,如果不确定性标准范围设定得过大,则可能会掩盖建模错误。

模型确认描述了与实验结果的比较,检测了系统级模型精度。用于验证过程的模型仿真应该使用提取的参数值来完成。在工艺不确定范围内完成后续的实验验证过程是得到可信任模型必不可少的步骤。发生在模型验证过程中的类似问题,在选择合适的模型确认方案时也会发生。完成完整的模型确认也需要考虑相应的静态响应、频率响应、动态范围和外部参数空间。

超出验证和确认范围的工作区间时,微系统设计者应该谨慎地相信系统级模型提供的精确性能预测是否准确。然而,基于物理学原理的可组合模型在经过验证和确认范围内的工作,可为创建新结构化模型的精确预测行为提供基础。含有可组合组件结构模型的设计空间验证是开放的研究领域。验证单个的可组合模型是另一项挑战,因为可能需要通过组合多个组件才能够得到实际的测试结构。例如,在测试空气间隙中产生的静电力时,可能需要挠曲结构伸入到该间隙中。仿真和实验之间的差异可能是来源于挠曲结构而不是该间隙。

1.12 总结

系统级建模是支持微系统设计的一项核心工作。本书中各章节分别介绍了各种多物理场建模的实例及其在系统设计中的应用。利用 Verilog-AMS 等模拟硬件描述语言,多物理场耦合和多尺度行为很容易融入系统级模型中。系统级模型可以在快速的商业化电路设计仿真器中运行,这些仿真器支持 DC、AC、周期性、噪声以及蒙特卡洛分析。AHDL 允许模型的形式是数学和结构描述的任意组合方式,包括原始行为模型、信号流模型和电路宏模型(第 2 章和第 4 章)。最好通过模型降阶技术将连续场的仿真结果精确地转变成系统级模型(第 3、9、10、18、20 和 21 章)。非线性 MOR 技术的不断进步将扩大系统级建模自动化方法的影响(第 10～12 章)。为了保证可信度,完全利用或者部分利用手工技术建立的系统设计模型,必须通过与连续场仿真结果进行比较来完成验证。不论采用什么方式建立的模型,在认为其可信之前,必须通过与实验结果进行比较来确认。在此过程中需采用由实验测试结构提取出来的工艺参数。

利用 VLSI 设计层次结构,多物理场系统级建模和仿真具有处理微系统复杂度日益增加问题的内在能力。相对于细粒度的连续场仿真,仿真速度的加快,增强了交互设计,能够很好地折中系统架构与多物理场组件的拓扑结构和尺寸。随着微系统趋向于集成更多的多物理场组件并且包含有数字和模拟电路子系统,这些功能变得越来越重要。

用于多物理场系统的快速迭代设计模型必须是可互操作的和参数化的。虽然已有微系统设计的可互操作模型库(第 17、19 和 22 章),但还是需要投入大量的资源和人力建立可信任模型综合库,该模型库包括大量物理学原理。在全球范围内形成微系统建模社区,也许是用来解决培训、标准采纳、精确的通用模型、工艺参数提取以及模型验证和确认等主要问题的最实际的办法。

参考文献

1. Wachutka, G. (1995) Sensors and Actuators A: Physical, 47 (1-3), 603-612.

2. Senturia, S. (1998) Proceedings of the IEEE, 86, 1611-1626.

3. Mukherjee, T., Fedder, G. K., Ramaswamy, D., and White, J. (2000) IEEE Transactions on Computer-Aided Design of Integrated Circuits and Systems, 19 (12), 1572-1589.

4. Middelhoek, S. and Hoogerwerf, A. C. (1986) Sensors and Actuators, 10, 1-8.

5. Senturia, S. (2001) Microsystem Design, Springer, New York, NY.

6. Rebeiz, G. (2003) RF MEMS. Theory, Design, and Technology, John Wiley & Sons, Inc., Hoboken, NJ.

7. Solgaard, O. (2009) Photonic Microsystems: Micro and Nanotechnology Applied to Optical Devices and Systems, Springer, New York, NY.

8. Vahala, K. (2004) Optical Microcavities, World Scientific Publishing, Singapore.

9. Kitching, J., Knappe, S., and Donley, E. A. (2011) IEEE Sensors Journal, 11 (9), 1749-1758.

10. Lin, W. H. and Zhao, Y. P. (2005) Microsystem Technologies, 11 (2-3), 80-85.

11. Nguyen, N. T. and Wereley, S. (2002) Fundamentals and Applications of Microfluidics, Artech House, Norwood, MA.

12. Karniadakis, G., Beskok, A., and Aluru, N. (2002) Micro Flows: Fundamentals and Simulation, Springer, New York, NY.

13. Ferrari, M. (ed.) (2007) BioMEMS and Biomedical Nanotechnology (4 volume set), Springer, New York, NY.

14. Boyle, G. R., Cohn, B. M., Pederson, D. O., and Solomon, J. E. (1974) IEEE Journal of Solid-State Circuits, 9 (6), 353-364.

15. Weste, N. H. E. and Harris, D. M. (2011) CMOS VLSI Design: A Circuits and Systems Perspective, 4th edn, Chapter 14, Addison-Wesley, Boston.

16. Synopsys Open MAST Language Reference Manual, version 1.0, (2004) http://www.openmast.org/home.html (accessed 28 July 2012).

17. Accelera (2009) Verilog-AMS Language Reference Manual: Analog and Mixed-Signal Extensions to Verilog HDL, Version 2.3.1, http://www.eda.org/verilog-ams/htmlpages/public-docs/lrm/2.3.1/VAMS-LRM-2-3-1.pdf (accessed 28 July 2012).

18. IEEE (2011) Standard 1076.1.1 - 2011.

IEEE Standard for VHDL Analog and Mixed-Signal Extensions, http://ieeexplore. ieee. org/servlet/opac? punumber＝5752647 (accessed 28 July 2012).

19. Accelera and Open SystemC Initiative, (2005) SystemC Analog/Mixed-Signal Extensions, Release 1. 0. http://www. accellera. org/downloads/standards/systemc/ams (ac-cessed 28 July 2012).

20. Nagel, L. W. and Pederson, D. O. (1973) SPICE (Simulation Program with Integrated Circuit Emphasis), Memorandum No. ERL-M382, University of California, Berkeley, http://www. eecs. berkeley. edu/Pubs/TechRpts/1973/22871. html (accessed 28 July 2012).

2 利用广义基尔霍夫网络理论的 MEMS 系统级建模——基本原理

Gabriele Schrag , Gerhard Wachutka

2.1 引言

在第 1 章已经阐述过,由于微机电系统(MEMS)具有换能器的性质,因此不同物理能量域之间的耦合占据主导地位[1,2],而且在一般情况下,由于其集成到标准 IC 框架和封装中的缘故,微机械系统表现出了高度的物理和几何复杂度。为了获得最佳的性能,设计者需要将包括换能器、外围电路和封装的整个系统作为一个整体进行优化。尽管我们仍可以基于偏微分方程对单个换能器及其行为进行建模("器件级",连续场模型),例如进行有限元仿真,但是当考虑到器件的封装、外围电路和其他换能器对 MEMS 器件的影响,我们就不能只对单个器件进行建模[3]。因此,相比于连续场描述,通过更高层次抽象得到的复杂度很低的模型,即所谓"系统级模型"不可避免地出现了,它能将系统作为一个整体进行描述(参见第 1 章的图 1.2)。

在一般应用和本书中,专业术语"系统级模型"和"系统模型"是指基于整个系统的降阶模型(ROM),该系统包括电学元件和非电学元件部分,因而可以在相同的仿真环境中完成快速高效的协同仿真。一般来说,建立系统级模型首先需要将系统分解为易于处理的子系统,并针对子系统建立所谓的宏模型。与连续场模型相比,宏模型大大降低了自由度数目,该模型的复杂度介于下面两种模型之间:通过测量或计算曲线拟合得到的简单"行为模型"与包含大量设计参数且和内部及外部变量具有相关性的"基于物理的宏模型"(第 5~8 章)或"降阶模型"(通过利用数学投影技术对大规模动态系统进行离散化推导出来的,见第 3 章与第 9~12 章)。2.2.3 节将详细介绍建立宏模型的不同方法。

基尔霍夫网络理论提供了一种将子系统模型组装成为系统级模型并完成非电学元件和电学元件协同仿真的有效框架。这是公认的电路网络的数学表示方法,但它可以推广到其他能域[4]。该系统通过互连的分立组件来描述,连接分立组件各端口节点的互连线电阻可忽略(第 4 章)。能量通过终端节点在这些模块之间传递,并遵循基尔霍夫网络理论关于电流与驱动电势的平衡方程。

按时间顺序来说,将这个原属于电学领域的概念推广到其他能域的步骤如下:首先用电学网络元件(例如电阻、电感、电容)类比非电学网络元件(热、机械、流体问题)[5-9];下一步是将控制物理方程以及设计同外部参数的关系用硬件描述语言(HDL)直接进行描述,并将其作为功能模型模块导入到模拟网络仿真器中进行仿真[10,11]。这些基于物理的系统级模型应用请见参考文献[12]和[13]、本章的 2.3节和 2.4 节以及本书的第 5~8 章的内容。

接下来的章节我们将逐步介绍:

- 基尔霍夫网络理论如何扩展到非电学问题的仿真;
- 该方式如何使不同能域进行耦合,产生所谓的广义基尔霍夫网络,在该网络中不仅对电能进行交换;
- 该方式如何成功地应用到 MEMS 系统级建模中。

2.2.1 节基于不可逆热力学介绍了广义基尔霍夫网络理论的基础,2.2.2 节概述了从连续场仿真到基于宏模型仿真的方法。最后,在 2.3 节及 2.4 节我们将简短介绍不同的基于物理的宏模型建模方法及其优缺点,并且讲述两个基于物理的宏模型建模实例。

2.2　微系统特定系统级建模的广义基尔霍夫网络

在本节中,我们将介绍一种基于热力学模型对微系统进行建模的通用方法以及相应的子系统,这构成了利用广义基尔霍夫网络进行系统级宏模型建模的基本框架。同时,简要描述了如何利用该方法将连续场模型转换为集总模型。最后,简单介绍了一下宏模型建模的方法。

2.2.1　微器件及系统的通用建模方法

建立系统级模型的第一步通常是将系统分为可行的和易于处理的子系统。这需要根据给定的问题考虑功能、结构和行为各方面的情况。所导出的子系统模型通过正确的选择连接在一起,并需要考虑子系统在接口处的通量守恒情况(例如力、能量和电通量的平衡)。图 2.1 给出了示意图。

例如,根据器件工作时不同能域的耦合关系,2.4 节所描述的静电 RF MEMS开关可分解为四个子模型:一个由薄膜和四根悬空挂梁组成的机械模型、一个为RF MEMS 开关提供驱动的静电模型、一

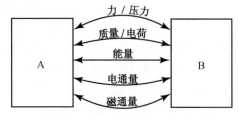

图 2.1　将系统分为两个子系统 **A** 和 **B**,在接口处,各个量(通量)以物理连续方式进行交换(遵循平衡方程)。

个考虑由环境空气引起阻尼力的流体模型和一个描述开关闭合的接触模型（如图2.16所示）。

对于 2.3 节所描述的微泵来说，将其分解为功能单元更加合适，比如分为驱动单元、阀门和管（如图 2.6 所示）。

应用热力学的基本原理[14-16]，每个定义的子系统可利用下列量和关系进行一般性描述：

（1）由强度状态变量 Y 构成的子集 $\mathcal{J} = \{Y_1, Y_2, \cdots, Y_M\}$，其有可能包含例如机械应力张量 σ、静水压力 p、电场 $\mathbf{E}$、温度 T、电化学势 ϕ_k、控制漂移和扩散的载流子 k 等量。对于具体的系统，我们需要选择合适的变量种类。

（2）热力学方程的状态子集，把通过材料特定关系得到的强度状态变量 $Y \in \mathcal{J}$ 和强度状态变量的共轭变量 $X \in \varepsilon$ 联系起来，其中 $\varepsilon = \{X_1, X_2, \cdots, X_M\}$，$\varepsilon$ 包含例如机械应力张量 ϵ、体积 V、介质位移场 $\mathbf{D}$、熵密度 s 或者是载流子 k 的密度 c_k 等量。

（3）在大多数情况下描述平衡方程通用结构的一组控制方程

$$\frac{\partial n_X}{\partial X} + \mathrm{div}\,\mathbf{j}_X = \Pi_X, \quad X \in \varepsilon \tag{2.1}$$

其中 n_X，$\mathbf{j}_X$，Π_X 分别代表密度、电流密度和各自的广延量 X 的产生率。

（4）作为一组基本的电流关系，根据不可逆热力学的翁萨格原理（Onsager's principles）[15][17]，电流密度（fluxes）$\mathbf{j}_X$ 和广义势的梯度（称为驱动力）有关：

$$\mathbf{j}_X = -\sum_{Y \in \mathcal{J}} \lambda_{XY} \nabla \varphi_Y, \quad x \in \varepsilon \tag{2.2}$$

其中广义势 $\varphi_Y(\vec{r}, t)$ 和相应的强度状态变量 Y 是一一对应的关系，例如温度 T、静水压力 p、电势 ϕ_d 和电化学势 Φ_k。

公式（2.2）描述了器件内粒子、电荷或者能量流的传递现象①。广义电导率矩阵 λ_{XY}（或传递系数）描述了各种换能器效应——直接效应如温度梯度导致的热通量，以及交叉换能效应如热电阻效应、热电效应、压阻效应、压电效应和电热磁效应。这些传输系数依次是各自状态变量的函数。特别需要指出的是，它们和温度、压力和磁场有关，因此公式（2.2）是一个伪线性方程。

让我们举例说明上述这类描述 MEMS 组件的方法是如何工作的。从一个简单的热电结构入手，它不仅会引入热导率和电导率，也会引入热电效应。表2.1简

---

① 电流的广延量，后文也称之为通量（through quantity）或广义流量（generalized flux），由强度状态变量（广义势）的梯度驱动，后文也称之为跨量（across quantity）。

要地介绍了其控制变量和相应的方程。采用公式(2.2)的耦合项(即非对角项 $\lambda_{X_k Y_l}, k \neq l$)拓展单个能域模型方程,可以获得不同能域之间的耦合关系。对于一个由 n 型或 p 型半导体构成的热电结构,其电流关系可以参见参考文献[15]和[16]:

$$\vec{j}_\alpha = -\sigma_\alpha(\nabla\Phi_\alpha + P_\alpha\nabla T_\alpha), \quad \text{其中 } \alpha = n, p \tag{2.3}$$

$$\vec{j}_{th} = -\kappa\nabla T + P_n T \vec{j}_n + P_p T \vec{j}_p \tag{2.4}$$

这里,$\vec{j}_\alpha$ 表示电子和空穴的电流密度,P_α 表示赛贝克系数(或热电势),它描述了由于导体的温度梯度产生的电压。

表 2.1 对电和热导体进行建模的基本关系(其中 E 是电场,j_{el},j_{th} 分别是电流密度、热电流密度,σ 是电导率,κ 是热导率,Π_{el},Π_{th} 是电/热产生项)

	电能域	热能域
内延量	电势 ϕ_{el}	温度 T
外延量	电荷 Q_{el}	热 Q_{th}
驱动力	$\mathbf{E} = -\nabla\phi_{el}$	$-\nabla T$
电流关系	$\mathbf{j}_{el} = \sigma\mathbf{E}$	$\mathbf{j}_{th} = -\kappa\nabla T$
平衡方程	$\dfrac{\partial p_{el}}{\partial t} + \mathrm{div}\,\mathbf{j}_{el} = \Pi_{el}$	$\dfrac{\partial Q_{th}}{\partial t} + \mathrm{div}\,\mathbf{j}_{th} = \Pi_{th}$

前面(1)到(4)项所描述系统中的各种关系,展现了微机电器件、系统和子系统的通用模型,该模型对于任何给定的能域耦合都遵循一般的通用配置原则。从数学角度来看,我们面临的大大小小系统都是耦合的偏微分代数方程,我们将会用最严格、最精确且代价巨大的方法对其进行求解,即通过运用数值方法(例如有限元法、有限网格法和有限网络法)在连续场将这些方程进行离散。正如后续章节所描述的那样,这样做可以确定通用模型的特定结构,这为系统级描述提供了一种天然的沟通渠道。

2.2.2 从连续场到宏模型

鉴于整个系统被恰当地分解为合适的子系统,例如上一节图 2.2 中所描述的系统被分为 A 和 B 两个子系统,那么上一节中给出的通用模型在一定情况和假设前提下能够具体化,可将分布的场变量集总并将其通过子系统的接口映射到终端(或节点)。通过这些终端交换,集总变量值可以描述这些器件的工作过程。

一般来说,我们通过有限盒法、有限体积法和有限网络法离散处理偏微分方程系统,将通量守恒方程系统转变(或映射)为宏模型的描述。同时,不断地集总状态变量,直到在迭代过程后子系统只需用少数几个集总变量来描述。这些集总变量将通过其节点值在子系统之间发生交换,如图 2.2 所示。

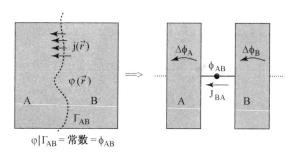

$\varphi|\Gamma_{AB} = 常数 = \phi_{AB}$

图 2.2 沿着公共边界 Γ_{AB} 将系统分为两个子系统 A 和 B 的示意图。假设 Φ_{AB} 在边界 Γ_{AB} 是常量的情况下,系统可被分离并且它们的相互作用可以用集总广义势 Φ_A 和 Φ_B 以及集总流量 J_{BA}(分支流量或者边界流量)来表示。

从技术上讲,我们可以将系统进行空间网格划分并且在每个网格点 K 处形成围绕其的"盒子",它的定义是由连接节点 K 和其最相邻节点 K' 的所有连线的垂直平分线(或垂直对称面)所包围的体积。这样,就可得到围绕节点 K 的多面体单元 B_K,如图 2.3 所示。

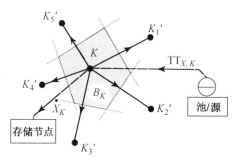

图 2.3 沿着网格节点 K 的有限盒离散化:将系统从连续场转变为集总单元系统描述。

B_K 内外延变量 $X \in \varepsilon$ 的总电流密度可以通过对公式(2.1)在该多面体单元 B_K 内积分得到:

$$\int_{B_K} \frac{\partial n_X}{\partial t} d^3 r + \int_{B_K} \nabla \vec{j}_X d^3 r = \int_{B_K} \Pi_X d^3 r \tag{2.5}$$

利用高斯散度定理(或高斯定理),第二项变为沿着边界 ∂B_K 上的通量积分。计算所有节点 K 和最相邻节点 K' 之间的多面体单元侧面 $S_{KK'}$ 贡献的分立流量之和,我们可以得到:

$$\int_{B_K} \frac{\partial n_X}{\partial t} d^3 r + \int_{\partial B_K} \vec{j}_X d\vec{a} = \int_{B_K} \Pi_X d^3 r \tag{2.6}$$

$$\int_{B_K} \frac{\partial n_X}{\partial t} d^3 r + \sum_{K'} \int_{S_{KK'}} \vec{j}_X d\vec{a} = \int_{B_K} \Pi_X d^3 r$$

最后,我们定义穿过多面体单元侧面 $S_{KK'}$ 的总电流方向为从 K 到 K' 的连接线("分支"或"边缘")$\overrightarrow{KK'}$ 的方向：

$$J_X(\overrightarrow{KK'}) := \int_{S_{KK'}} \vec{j}_x d\vec{a} \qquad (2.7)$$

并且我们定义存储在节点 K 中的广延量 X 的数量为

$$X_K := \int_{B_K} n_X d^3 r \qquad (2.8)$$

最后，我们定义节点 K 的电流源为

$$\Pi_{X,K} := \int_{B_K} \Pi_X d^3 r \qquad (2.9)$$

在这些定义下，公式(2.1)的盒子积分形式为

$$\frac{dX_K}{dt} + \sum_i J_X(\overrightarrow{KK'_i}) = \Pi_{X,K} \qquad (2.10)$$

在此必须指出，公式(2.7)～(2.9)构成了连续场模型到集总元件描述的映射，其最突出的优点是通量保持守恒。盒子积分方程式(2.10)可以看作基尔霍夫方程网络的描述：网格点 K 就是节点，K 和 K' 之间的连线就是有向支路(或边界)，分布在侧面 $S_{KK'}$ 上的恒向电流 $\mathbf{j}_X(\vec{r})$ 集中在流经这些边界的支路电流 $J_X(\overrightarrow{KK'})$。因此，方程式(2.10)在网络级上表现了平衡方程(2.1)的集总方程式，其表达了对于任意遵循平衡方程的广延量在节点 K 处的节点规则(广义的基尔霍夫电流定律，GKCL)。在特殊情况下，例如电学网络，方程式(2.10)表示了众所周知的电流 I 的节点规则(假设基尔霍夫电流定律，KCL)：

$$\sum_i I(\overrightarrow{KK'_i}) = I_{source} \qquad (2.11)$$

此处假设在节点处不存储电荷(即只考虑一个端口的电容元件)。

利用电流关系式(2.2)表达广义势 φ_Y 梯度驱动的广义模型中定义的电流或者通量 $\mathbf{j}_X$。如图 2.4 所示，梯度场 $\nabla \varphi_Y$ 沿着由 $N+1$ 个分支 $\overrightarrow{K_j K_{j+1}}$ $(j = 0, \cdots, N)$ 组成的闭环(或网格) $M = \{\overrightarrow{K_0 K_1},\ \overrightarrow{K_1 K_2},\ \cdots,\ \overrightarrow{K_{N-1} K_N},\ \overrightarrow{K_N K_0}\}$ 的积分结果为 0：

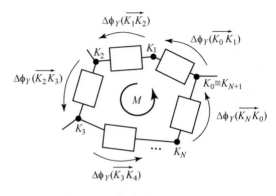

图 2.4　对广义势 $\nabla \varphi_Y$ 梯度的闭环积分产生广义基尔霍夫电压定律。

$$\oint_M \nabla \varphi_Y \mathrm{d}\vec{r} = 0 \qquad (2.12)$$

计算闭环的积分也就是计算连接两个相邻节点的不同分支之和,由此得到

$$0 = \oint_M \nabla \varphi_Y \mathrm{d}\vec{r} = \sum_{i=0}^N \int_{K_i}^{K_{i+1}} \nabla \varphi_Y \mathrm{d}\vec{r} = \sum_{i=0}^N (\varphi_Y(K_{i+1}) - \varphi_Y(K_i)) \qquad (2.13)$$

在此,令 $K_{N+1} \equiv K_0$。由此我们得出广义势降:

$$\Delta \Phi_Y(\overrightarrow{K_i K_{i+1}}) := \varphi_Y(K_i) - \varphi_Y(K_{i+1}) \qquad (2.14)$$

通过叠加得到

$$\sum_{i=0}^N \Delta \Phi_Y(K_i, K_{i+1}) = 0 \qquad (2.15)$$

公式(2.15)将基尔霍夫网络定理(或电压定理,KVL)一般化,从而使其适用于广义势降 $\Delta \Phi_Y$(以后也可以称之为跨量)。在基尔霍夫电压定律中,广义势降对应电压 U:

$$\sum_{i=0}^N U(\overrightarrow{K_i K_{i+1}}) = 0 \qquad (2.16)$$

因此,我们称公式(2.15)为广义基尔霍夫定律(GKVL)。相邻节点 K 和 K' 之间的相互影响现在可以用一对互为共轭的集总变量 $J_X(\overrightarrow{K_i K_{i+1}})$ 和 $\Delta \Phi_Y(\overrightarrow{K_i K_{i+1}})$ 来描述,这对共轭集总变量可以在广义基尔霍夫网络的分支上描述,由节点、分支有向图、集总变量共同将其定义为动态变量。和传统基尔霍夫网络不同的是,它可能含有不止一个广延量 $X \in \mathcal{E}$ 和与之对应的强度量 $Y \in \mathcal{J}$。这就使得我们可以通过 GKCL 节点上的相互作用(由公式(2.10)中的源项 $\Pi_{X,K} = \Pi_1(K), \cdots, \Pi_M(K)$,$\varphi_Y(K), \cdots, \varphi_M(K), \cdots$ 来表示)以及沿不同分支的相互作用(公式(2.2)中电流关系的离散集总形式,参考后面的公式(2.18)),对不同能域之间的耦合进行描述。我们可以将这样的网络想象成"彩色电路"(colored circuit),在这里对每个涉及的广延量 $X \in \mathcal{E}$(即各个涉及的能域)采用不同的颜色进行标注。这种电路可能会含有单色的子电路(带有颜色守恒集总元素)和单色的节点(例如纯电阻网络),但是也可能会含有颜色转换集总单元(例如一个热电单元,参见公式(2.3)和(2.4))以及网络所描述的代表 MEMS 组件的换能器性质的多颜色节点。所以,当前宏模型建模的目的是,通过不断去掉大量的网络节点以继续集总过程,直到整个系统被分解为有限的几个,可以高效地用很少(或者至少是比较好处理的)几个集总变量描述的子系统。这不仅可以通过网络理论的代数方法,还可以(或者说更好的方法是)通过建模者的直观视觉实现。可以将系统细分为一系列子系统,而且沿着相邻子系统界面的广义势 $\varphi_Y(\vec{r})$ 的空间分布对系统的运行没有影响,这是能用一些集

总参数来描述系统的首要前提。如图 2.2 所示,在连续场层次上沿着子系统 A 和 B 之间界面 Γ_{AB} 的势 $\varphi_Y(\vec{r})$ 必须满足以下条件:

$$\varphi_Y \mid \Gamma_{AB} \approx 常数 =: \Phi_{Y,AB} = 终端节点 "AB" 上的集总值 \qquad (2.17)$$

子系统 A 和 B 的功能行为受广义势降 $\Delta\Phi_{Y,A}$、$\Delta\Phi_{Y,B}$ 和/或通量 $J_{X,AB}$ 控制,$J_{X,AB}$ 可以通过对沿着界面 Γ_{AB} 的分布电流密度 $\mathbf{j}_X(\vec{r})$ 进行积分得到。前面我们已经推导得到 Φ_Y 和 J_X 是一组共轭集总变量,且在系统级上满足各自的平衡方程和守恒定律(GKCL 和 GKVL)。因此,广义"彩色"基尔霍夫网络描述的系统也遵循电路分析方法。这意味着所有基于上述物理原理的电路仿真器都可以用于仿真非电学器件和系统,例如 MEMS。为此,系统级建模需要采用广义流量(或"通量")和广义势(或"跨量"),从而使得模型具有可测量的物理量,例如能量、能量密度或类似物理量(而不是像原始热动力学方程那样采用熵产生的方式[15][16])。表 2.2 列出了典型能域中所使用的共轭变量对。

表 2.2　典型能域的共轭变量对(U 指电压,I_{el} 指电流,Q_{el} 指电荷,$\vec{v}$ 指速度,$\vec{F}$ 指机械力,$\vec{p}$ 指动量,p 指静压力,w 指体积流量,m 指质量,T 指温度,I_{th} 指热流量,Q_{th} 指热量)

能域	跨量 Φ	通量 J	守恒量
电	U	I_{el}	Q_{el}
机械	$\Delta\vec{v}$	$\vec{F}$	$\vec{p}$
流体	Δp	w	m
热	ΔT	I_{th}	Q_{th}

由此,需要利用集总变量支路电流 $J_X(\overrightarrow{KK'})$ 和势降 $\Delta\Phi_Y(\overrightarrow{KK'})$ 重新描述基本电流关系(方程式(2.2)):

$$J_X(\overrightarrow{KK'}) = \sum_{Y \in \mathcal{J}} L_{XY}(K, K') \Delta\Phi_Y(\overrightarrow{KK'}) \qquad (2.18)$$

式中 L_{XY} 对应公式(2.2)中的广义电导率矩阵 λ_{XY} 并描述了宏方程(即确定跨量和通量之间功能关系的宏模型)的传输性质。

图 2.5 采用原理图说明了广义基尔霍夫网络理论在电流体换能器(例如静电驱动微泵)中的应用。利用静压力 p 和体积流量 w 来描述流体能域,用电压 U 和电流 I 来描述电能域。电能域和流体能域可通过一个四端口换能器元件 B_1 实现耦合。电能域和流体能域之间的转换机制可以通过机械换能器来实现,例如,用一个静电驱动膜实现。膜受电压驱动发生形变,从而导致容积改变,驱动流体流量 w。基于广义基尔霍夫网络理论进行机电流体系统级建模的详细讨论参见 2.3 节。

基于广义基尔霍夫网络方程对微系统进行建模的优点如下：

• 它包含了系统的物理描述，因此可以直接从连续场方程导出。

• 它以自然、通用（基于热动力学）的方式（例如通过传输系数矩阵 L_{XY}，见公式（2.18））实现不同能域之间的耦合。通过在系统级仿真工具中实现微系统的广义基

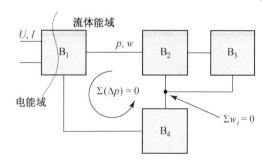

图 2.5　电流体基尔霍夫网络示意图。在节点上和沿着闭环的求和反映了体积流量 w 和静水压力 p 的守恒定律。

尔霍夫网络模型，可以在同一仿真环境中同时且兼容地计算耦合。

• 基尔霍夫网络模型可导入任意一个采用硬件描述语言（HDL，Verilog A，VHDL-AMS 等）完成建模的标准电路仿真器进行仿真。这种能力使其易于和电路进行协同仿真。此外，对于全耦合系统模型，系统仿真器中的所有分析选项（如静态、瞬态和小信号分析）都可以运用。最后，系统性能的整体优化，包括换能器和电路因可接受的计算量而变得可行。第 4 章将详细介绍协同仿真方面的内容及其所带来的数值问题。

系统级建模的真正挑战在于，为选定的子系统建立满足要求的宏模型，即如何填充图 2.5 中"盒子"的问题。在此，不能够确定出适用于任何 MEMS 结构和子系统的方法，因为建模方法的选择取决于具体的功能和应用、模型应用的前因后果、系统的体系结构、所要求的精度以及设计的可伸缩性即针对不同设计变化情况下模型的可重用性。总的来说，优先采用的建模方法应该具有下面的特点：建立的模型能够确保从连续场模型到宏模型的转变过程中保持物理透明度，从而使得模型保持物理意义并且包含一致的物理相关性。

在接下来的章节中，我们将简要综述微系统宏模型建模的不同方法。大多数的建模方法将在本书接下来的各章内容中进行详细论述。

2.2.3　宏模型推导方法

2.2.3.1　有限网络（FN）模型

有限网络是基于（广义）基尔霍夫网络对系统进行空间离散的描述。运用 2.2.2 节中的盒式离散法可以将物理方程组转换为一个有限网络。FN 本质上是分布式模型，而且考虑到其复杂度和自由度数目，在某种程度上可以等效为有限元模型。运用有限网络的优点在于它是一种通量守恒的离散化过程，这可以很容易地在模拟电路仿真器框架内实现，因此可以使用硬件描述语言（如 VHDL-AMS、Verilog A 和 Spectre HDL）直接对其进行编码，或者在问题是准线性的情况下，将

其转换为采用电网络组件描述的等效网络。因此,可以在相同的软件环境中将有限网络模型和集总单元模型结合起来(异构仿真方法和混合级模型,参见第7章)。

如果因为器件几何尺寸或底层物理过于复杂,以至于不能推导出基于物理的宏模型,或者在集总过程中的简化处理导致模型精度下降而不能满足求解问题或者实际应用的要求,使得我们不能获得某一子系统的集总宏模型,那么应该采用有限网络描述方法。尤其当物理效应是分布式的并且不能准确地用集总参数关系来描述时,有限网络方法是非常有用的。如后面所论述的,有限网络可以成功地与宏模型结合在一起形成一个基于物理的混合级模型,例如第7章将要讨论的开孔微结构的粘滞阻尼效应建模。此外,子系统的有限网络离散过程可作为采用某一映射技术(见第3章和第9~12章相应论述)对系统进行进一步模型降阶的起点。

2.2.3.2　MEMS宏模型

紧凑模型(集总单元模型,有时候也称为"macro model"(宏模型))是利用少数集中变量(集总变量,lumped variable)的小集合来描述器件和系统行为的模型。在已有的建立宏模型方法中有三种可以在MEMS仿真领域取得良好的效果:等效线性电网络模型、行为模型和基于物理的宏模型。接下来我们将简要讨论一下这三种模型以及它们各自的优缺点。

(1)等效网络模型:在等效网络方法中,我们用电阻、电感、电容等标准的电路元件形成一个RLC网络来类比非电学领域的行为。这个方法在工程领域已应用了很久,并成功用于机械或流体系统[7,20,21]。该方法的缺点是局限于线性效应,如果需要对非线性效应也能完成建模,需要加入新的网络单元。这就是我们为什么要采用下面两种方法之一的原因。

(2)行为宏模型:行为宏模型通过相对简单的数学关系,或者通过静态和动态的有限元仿真或对测量数据进行曲线拟合,提取出传输特性来重现原始系统的工作。通常会采用多项式的形式。该方法的优点是容易实现自动化,例如可以作为有限元仿真平台的一部分[22]。但是一般来说,由于模型本身不能正确地重现对相关设计、材料和环境参数的依赖关系,因此针对设计变量的可靠外推设计是不太现实的。因此,针对不同的器件参数需要重复建模过程,这就意味着要在设计和优化的过程中消耗较大的计算成本。克服这个问题的一种替代方法是基于物理的宏模型。

(3)基于物理的宏模型:基于物理的宏模型尽量地利用基于物理的解析表达式来描述器件工作,以便能够针对不同设计变量实现外推,从而实现器件工作的预测仿真。用于模型适用性和调试性的内部模型参数数量应该尽可能少,而且设计、材料和环境参数应该作为输入参数。理想情况下,不能采用任何的拟合参数。然而,由于现实器件的几何形貌和工作原理可能非常复杂,以至于它不能仅仅用理想化的解析表达式确切地再现出来,因此通常情况下必须引入拟合参数以考虑这些偏离实际行为的情况。为了维持对这些器件的预测能力,在这些拟合参数时选取要很好地理解这些参数对器件性能的影响,并且这些参数对器件功能的控制体现在具体、明确的特性方面。这样就可以确定从有限元仿真结果或测量结果提取系统参数的策略,在此也有可能利用半导体业内已有的参数提取工具[12][23]。2.3 节将给出这方面的一个实例。

基于物理的宏模型优点在于计算成本低、速度快以及可伸缩性,因此这种模型具有可外推到其他不同几何形貌器件的潜力。它们非常适用于设计和参数的研究以及优化过程。但是,自动模型推导方式不适用于这种模型。通常还是需要有经验的工程师或专家进行模型推导,这样才能得到适当、充分考虑了所有重要物理效应的模型。

2.2.3.3 混合级建模(MLM)

混合级建模(Mixed-Level Modeling,MLM)方法将宏模型和利用有限网络而分布离散的子系统结合起来。参考文献[24]和[25]采用此方法对开孔微结构的阻尼效应进行了仿真。在混合级模型中,系统的一部分被离散转换成有限网络形式,这个过程可以达到很高的自动化程度[26,27]。与此同时,系统的其他部分将利用宏模型通过少量的集中参数进行描述。这种方法结合了两种建模方法的优点,在某些区域进行参数集总会导致精度损失到不可接受的程度时,那么该方法可对系统的该区域建立离散模型,但是其他区域可以采用计算高效率的宏模型进行建模。这样,就可以根据实际要求对模型的复杂度进行合理地简化。应用硬件描述语言编码,混合级建模可以直接在标准的系统级仿真器中实现,并可以与其他的子系统模型和读出及控制电路结合起来。由于具有模块化的特点,混合级建模方法具有很强的功能和非常高的灵活性。因此,在 Nissner 等人撰写的第 7 章中对其进行了比较详细的综述,着重介绍了该种方法在粘滞阻尼效应建模方面的应用。

2.2.3.4 数学模型降阶(MOR)

另一种获得低自由度模型的方法是基于数值降阶方法。相关概念可以推广到任意的空间离散模型,能够通过特定的数学降阶算法降低基本方程组的阶数。所有方法利用映射方法来降低系统的复杂度,例如模态叠加法、Krylov 子空间法、矩匹配法和适当的正交分解法。其目的是将原系统映射到一个合适的子空间中,在该子空间中用于描述该系统工作的自由度数目可以大量减少,并且不会损失太多的精度。得到的降阶模型可以与广义的基尔霍夫网络兼容,因此可以很容易地实现与其他系统级模型的集成和结合。

由于降阶模型是基于直接和普遍适用的数学算法,因此在仿真框架中其推导过程可以标准化、自动化和集成化。集总单元模型通常是由有经验的工程师或物理学家所建立的,与之不同的是,模型降阶方法可以运用仿真平台中的标准工具推导出来,因此与解析的宏模型相比,模型降阶方法的应用可能更快、更容易。然而,该方法并不像基于物理的宏模型那样透明和直观,虽然该方法在一定程度上存在着改变参数的可能性(第9章)。在接下来的章节中将详细介绍模型降阶方法的基础知识,第9~12章将会给出具体的应用实例。

在实际应用过程中,选择上述哪一种建模方法主要取决于系统级建模的具体应用、系统级模型应用目的、所期望的精度、可以采用的仿真工具和平台,还包括用户以及用户的工作环境。不管采用何种方法,设计者应该牢记在心,即模型降阶方法是连续场模型(更精确)的映射,因此该模型本质上限制了其只在器件工作区域的一定范围内有效。因此,在用于具体问题分析之前,我们应详细检查模型是否符合给定的前提。考虑到这一基本面,建模者需要考虑到下面两点要求,即模型设计的透明度和物理一致性[15,16]。

2.3 应用1:基于物理的静电驱动泵的电流体宏模型

我们把静电驱动微泵作为基于物理的集总单元系统级建模的一个说明性和指导性实例。该微泵是由位于德国慕尼黑的 Fraunhofer 协会 EMFT(德国 Fraunhofer 协会可靠性和微集成研究所(IZM))在 20 世纪 90 年代末开发出来的[28-30]。目前该器件已经有了许多的应用。参考文献[31]和[32]中用压电结构替代了静电驱动单元。参考文献[12,33-35]推导了机电流体系统模型,获得了这类型器件的第一个基于基尔霍夫网络理论的系统级模型。这种模型不限于某个特定的仿真工具,而是采用硬件描述语言编码并可在标准的系统仿真器中完成仿真。

图2.6为微泵的示意图。它包含一个利用静电驱动膜作为驱动单元的泵室、被动入口阀和出口阀还有外置的连接管。空气隙和绝缘的氧化层将膜结构与固定电极分开,以防止膜和电极接触时发生短路。泵是通过将一些采用各向异性刻蚀形成图形结构的硅片键合在一起得到的[28,29]。当电压加载到驱动单元时,膜发生形变导致泵室负压,被动入口阀打开,从而使得液体流入泵室。当关闭电压时,静电驱动单元放电,膜被释放使泵室内压力变大,出口阀被打开,从而使液体流出泵室。然后膜上继续施加电压,周而复始重复这个工作过程。以上描述的泵循环表明微泵是一个复杂的系统,它的工作方式由各种物理能域的复杂耦合来控制,即机械能域、电能域和流体能域,与此同时,该系统具有大量的自由度。所以在整个系统的连续场层次进行计算,例如进行三维有限元分析的耦合,基本上都是不能完成的,即使我们深刻了解,但从本质上讲必须对微泵的工作原理进行瞬态建模。因此为了设计和优化这类器件,不可避免地提出了能大量降低自由度的系统级建模方法。由此,我们采用了上述方法并且将系统先分解为易于管理的几个部分。流体机械耦合准静态有限元分析揭示出,主要的压力下降点(即最大的液体流速点)是

在通过阀门的时候，此时泵室内的压力分布可以认为是空间均匀分布的。这证明了我们将系统沿着图 2.6(a)中虚线划分为"管""阀""膜驱动的泵室"等功能单元，并且通过界面的流速来描述系统部件的工作(即沿着界面对表面的流量密度的积分)是合理的。本组描述流体组件的共轭变量是静压力 p 和体积流量 w。图 2.6(b)给出了基于广义基尔霍夫网络以及代表其子系统的简单"盒子"。接下来，我们推导出各个基本功能单元的宏模型。严格按照基于物理的建模策略能够确保模型具有可伸缩性，能够进行预测性仿真，即可以应用于设计和优化研究。为了说明这点，接下来的几个小节将简要介绍子系统模型的推导过程。关于更详细的介绍，有兴趣的读者请参阅参考文献[12，33-35]，多数图片都引自这些论文。

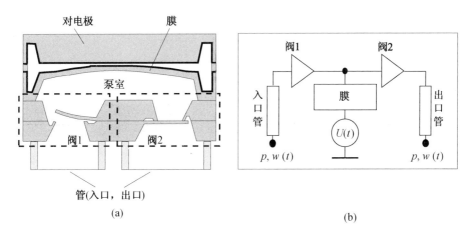

图 2.6　(a)静电驱动微泵的结构示意图。(b)为了推导出基尔霍夫网络模型而划分的功能模块。

2.3.1　膜驱动的宏模型

驱动单元包括一个柔性硅膜和一个刚性电极，为了避免短路，它们都覆盖了一层薄氧化硅层，如图 2.7 所示。

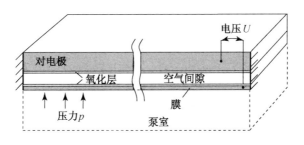

图 2.7　膜驱动示意图。

　　驱动单元的宏模型有四个端口，两个在流体能域，包括施加在膜上的静压力 p 和驱动流体体积流量 w；另外两个在电能域，包括电压 V 和电流 I。泵循环的体积流量 w 是由驱动膜运动导致的发生位移的流体。因此，将膜中心的位移 h_{mid} 和膜的等效横向长度 l_{eff} 作为模型的两个额外的内部参数，以计算膜的形变和施加压力的函数关系。在膜未接触到对电极（吸合，pull-in）之前，等效横向长度 l_{eff} 是常量且等于膜的横向长度 l_{m}。然后可以根据以下固定膜的解析式确定膜中心位移 h_{mid} 和膜上与位置相关的弯曲 $h(x,\ y)$ [37]：

$$h_{\mathrm{mid}} = 0.001\,26\,\frac{p \cdot l_{\mathrm{m}}^{4}}{D \cdot d_{\mathrm{m}}^{3}} \quad \text{其中} \quad D = \frac{E}{12(1-\nu)} \qquad (2.19)$$

$$h(x,\ y) = h_{\mathrm{mid}} \cdot \cos\left(\frac{\pi x}{l_{\mathrm{m}}}\right)\cos\left(\frac{\pi y}{l_{\mathrm{m}}}\right) \qquad (2.20)$$

在此 p 表示静压力，d_{m} 和 l_{m} 分别表示膜的厚度和横向长度，E 表示杨氏模量，ν 表示泊松比。

　　在膜发生吸合现象后，h_{mid} 仍然是常量，随着膜与对电极接触面积的增加，部分膜的自由长度 l_{eff} 相应变小，如图 2.8 所示。这样膜中心存在的近似正方形区域已经不满足力学平衡方程，而其他区域在靠近膜四边处构成矩形膜，其弯曲可以采用长矩形膜的 2D 近似来计算[37]：

$$h_{\mathrm{max}} = 0.001\,26\,\frac{p \cdot l_{\mathrm{eff}}^{4}}{D \cdot d_{\mathrm{m}}^{3}} \qquad (2.21)$$

$$h(x) = h_{\mathrm{mid}} \cdot \cos\left(\frac{\pi(x - x_{t})}{l_{\mathrm{eff/2}}}\right) \qquad (2.22)$$

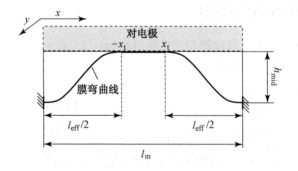

图 2.8　膜模型的几何结构。

与发生吸合现象前相比，由于膜和对电极相接触，现在的最大位移 h_{mid} 已经不再变化，但 l_{eff} 在不断变小。公式（2.21）中的几何逼近方式不能涵盖由膜的边角区域产生的影响,所以我们从 3D 有限元分析的结果提取出一个拟合参数来考虑该影响。

接着我们可以计算静电力,即由于施加了电压而在膜上产生的静电压力,可以将膜的弯曲线 $h(x, y)$ 代入如下公式来计算:

$$p_{el}(x, y) = \epsilon \cdot V^2 / (d_{gap} - h(x, y))^2 \tag{2.23}$$

p_{el} 是整个膜上的平均静电压力,需要折算为静压力。这样,就可以确定膜的弯曲形变和位移流体体积流量 w,并可将其视为基尔霍夫网络中流体部分各节点处的通量。图 2.9 给出了驱动膜的准静态特性。在膜上加 150 V 的电压并测量泵室中的压力变化。该膜表现出了典型静电驱动结构的吸合行为,当静电力超过机械恢复力时,发生突然的吸合。同时,从对电极释放只需要一个小得多的压力值(电机械迟滞)。该宏模型和有限元仿真在吸合处和膜释放点位置的结果高度吻合。

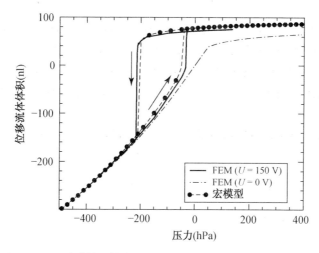

图 2.9 驱动膜的准静态特性:宏模型和有限元仿真的对比,
其中所施加电压为 150 V,泵室内的压力有变化。

2.3.2 阀的宏模型

被动阀是将三片不同的刻蚀出一定结构的硅片进行键合得到的[28,29],如图 2.6 (a)所示。阀瓣是由一个类矩形的悬臂梁结构组成,当它碰到阀座的时候关闭阀门。上面第三片硅片形成了泵室的上半部分结构,并与驱动单元相连。

阀的宏模型在流体能域含有两个端口,分别以静压力 p 和体积流量 w 作为跨量和通量。流经阀的流量取决于阀的开合度,即阀瓣和阀座的距离。静压力分布的耦合有限元仿真证明可将作用力集总到阀瓣的中间,从而可根据梁的数学解析式计算阀瓣中心位移 y_{mid}[37]:

$$y_{mid} = \frac{\Delta p \cdot A \cdot l_{mid}^3}{3D} \quad 其中 \quad D = \frac{Ed_{fl}^3}{12(1-\nu)} \tag{2.24}$$

其中 p 表示静压力，A 表示阀的横截面积，l_{mid} 表示阀瓣中心和阀瓣悬空端的距离，E 表示杨氏模量，d_{fl} 表示阀瓣的厚度，ν 表示泊松比。

机械量 y_{mid} 作为内部参数被引入到宏模型，以计算阀的开合度，因此可利用参考文献[38]中矩形缝的解析式来计算通过阀瓣的体积流量。图 2.10(a)和(b)展示出利用这个宏模型得到的通过阀的准静态流速和阀瓣的机械位移这两个参数与有限元仿真和实验测量结果十分吻合。

阀瓣的瞬态行为会进一步受到阻尼力和周围流体惯性的影响。此外，我们也要考虑位移流量，它是由于阀瓣排开的流体产生的，并构成了引起泵频率依赖特性的主要效应。

通过利用阀瓣的惯性力并考虑由阀瓣运动导致的周围流体层向阀瓣中心运动，可以将这些效应考虑进来。通过有限元仿真数据得出的拟合参数（通过对谐振频率的拟合）确定新增的流体层厚度，其值大概是阀瓣的 10 倍。与参考文献[39]中通过解析估计得到 1 020～2 360 倍相比，这个结果看起来似乎更加合理和接近事实的结果。

由于阀瓣运动导致的位移流量 w_d 可以采用公式(2.25)计算：

$$w_d = A \cdot \frac{dy_{mid}}{dt} \tag{2.25}$$

相应的流体电容定义为

$$C_f = \frac{dV}{d(\Delta p)} \tag{2.26}$$

如图 2.10(c)所示。

最后，将根据有限元仿真结果提取出来的阻尼力加到力平衡方程中。通过阀的整个流量等于准静态流速和位移流量 w_d 之和。该宏模型将通过阀的瞬时体积流量描述为静压力和阀瓣内部机械参数 y_{mid} 的函数，并且通过流体域的两个端口连接到微泵的其他子模型。

该模型建模的难点是它的不连续性，当压力从正转变为负的时候，阀瓣碰到阀座。这就使得在 $\Delta p = 0$ 时相应的流体电容的不连续性(图 2.10)，从而导致数值不稳定。为了避免这个问题，在 $\Delta p = 0$ 时采用了一个(实际的)为负值的阀瓣弯曲，从而可以存储处于关闭状态的阀瓣反向(刚度更高)弯曲的动能。这说明了基于物理的建模策略如何完成合适的(更稳定的)数值模型的另一个实例。

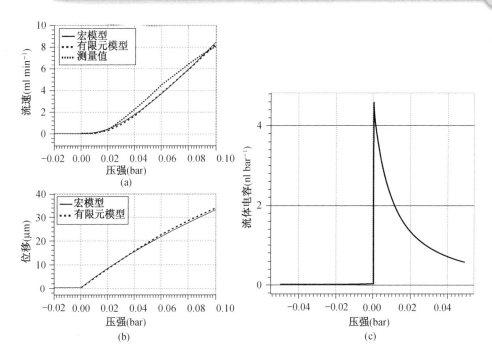

图 2.10 阀的静态特性: (a) 体积流量, (b) 阀瓣位移, (c) 流体电容和压力的关系。采用宏模型得到的仿真结果用实线表示。

2.3.3 管道的系统级模型

连接管对微流控系统的性能有着决定性的影响。当连接管是由弹性材料组成并与所考虑的微泵兼容时, 尤其如此。因此, 为了贴切地再现系统功能, 可靠的管道模型是必不可少的。

在其他领域(尤其是医学领域)已经有很多方法用于推导弹性管道的解析宏模型[20,40,41]。在参考文献[12]中, 推导出了一个基于基尔霍夫网络的管道模型, 其最终展现出了与电力传输线相同的结构。在本书中, 只回顾模型推导的基本步骤, 更详细的内容请读者参阅参考文献[12]。

从圆柱对称性结构的基本纳维叶-斯托克斯(Navier-Stokes)公式入手并考虑管道的弹性, 可以推导出管道内压力波的传播方程。在引入了一些具体的几何和问题假设以及简化后, 可以直接得到压力传播的表达式如下:

$$\frac{\partial^2 p}{\partial t^2} = \frac{\partial^2}{\partial x^2}\left(\frac{R_0 k}{2}p + \eta_k\frac{\partial p}{\partial t}\right) \qquad (2.27)$$

其中, R_0 表示管道的曲率半径, k 是一个有关管道弹性系数和流体密度的常量, η_k 表示运动粘度。这样, 公式(2.27)所描述的流体问题可以等效为图 2.11 中的电路图。每个电学单元表示具有一定长度的管道。通过将流体参数与电模拟参数关联起来，将一定数量的子网络串联起来可得到管道的一维有限网络模型。这样推导出来的电路模型和电力传输线非常相似，并且该模型可以直接在模拟网络仿真器中实现。

图 2.11   管道的有限网络模型。该模型实现为电
力传输线模型。

2.3.4   基于物理的微泵系统级模型

为了得到整个微泵的系统级模型，可以在标准的电路仿真器（本文应用 Spectre[36]）中用硬件描述语言实现以上推导出来的子模型，并且通过广义基尔霍夫网络将这些子模型连接起来，如图 2.6 所示。图 2.12 给出了与频率相关的泵送率的仿真和实验数据的比较结果。两者之间非常吻合，这不仅仅可以在泵的设计过程中用于模型校准和验证（图 2.12(a)），同时也可用于针对不同几何尺寸的二次设计（图 2.12(b)）。没有对实现的拟合参数进行任何调整就取得了良好的一致性，这种一致性表明了基于物理的宏模型的强大能力，即它们针对设计变量具有良好的外推能力，这是优化和设计研究的先决条件。

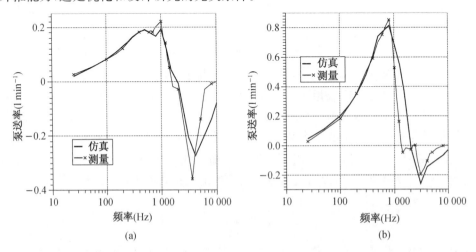

图 2.12   静电驱动微泵的频率相关泵送率：针对当前设计（(a)）和针对二次设计变量时
((b))的测量和仿真数据比较，其中针对第二个器件的仿真模型并没有重新校准。

基于物理的模型可以让我们深入地了解器件工作情况。例如,图2.13给出了阀瓣开和闭时得到的流速以及不同泵循环过程中的平均压降。当阀瓣碰到阀座时,作为瞬态和流体的机械耦合过程,这是非常复杂的,很难利用连续场层次三维仿真进行建模。利用系统级模型得到的结果表明,泵室内部压力和阀瓣位移之间的相移对泵流速和频率相关的泵特性起决定性作用。当频率低于阀瓣的谐振频率时,该泵向前方运转;当频率高于这个值时,压力和阀瓣位移之间的相移变大(图2.13(d)~(f)),从而使净流量值变为负值。这个结果可从物理角度解释频率相关泵特性(图2.12),因此我们可以通过专门的设计措施来调控频率相关的泵特性。

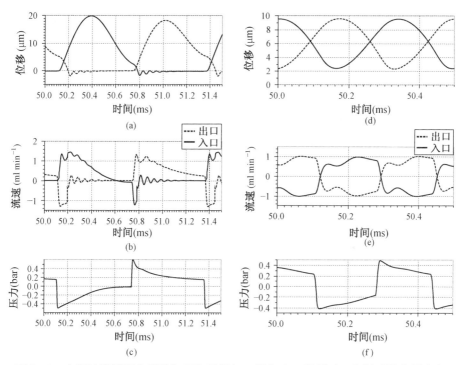

图 2.13   在基波谐振频率附近打开和关闭入口阀和出口阀((a)~(c))以及在更高频率打开和关闭出口阀和入口阀((d)~(f)):显示阀瓣位移、流速和泵室内的平均压力。

2.3.5　模型校准和参数提取

基于物理的宏模型基本特征是,其明确地包含所有的相关参数并且可以正确地再现它们的依赖关系。因此,通过测量或连续场仿真(例如有限元仿真)的数据,对这些参数可以直接进行参数提取和校准,这使得为预测仿真而推导出高可信的模型成为可能。

当然,解析方程通常都是抽象化的,在一定程度上理想化并且简化了物理效应。因此,大多数情况下,为了不仅能对器件进行定性仿真,而且能进行定量仿真,必须引入拟合参数以考虑到这些非理想效应。比较理想的情况是,相对于器件的工作原理来说,引入的拟合参数非常好理解,这样可以推导和应用专门的参数提取策略。例如,对于驱动膜结构的模型,我们大体介绍三个拟合参数。第一个拟合参数只影响线性区(即膜发生小形变的情况)并且考虑比如几何形貌和材料参数差别等工艺容差。第二个拟合参数为非线性大形变区域中的机械变形建模。最后,第三个拟合参数用于考虑角和边界填充效应,它在膜接触到对电极而泵压力达到最大值时发生作用。每个拟合参数在特定的工作区域内起主要的作用。因此,它们可以通过连续拟合过程来调整,这种情况对应于膜驱动结构的耦合机电有限元仿真[23]。由于能够很好地知道和理解这些拟合参数的作用,我们可以进一步确认在什么外推范围内其校准是有效的,并且可知道在什么情况下需要重新校准(读者可以参考图 2.12 以及相关文字内容)。

2.4 应用 2:静电驱动 RF MEMS 开关

第二个说明实例是一个 MEMS 开关,其在 Fondazione Bruno Kessler 加工并计划在射频(RF)方面应用[42,43]。在此,只对其做了比较简要的介绍,主要是为了说明有许多种方法可以实现器件的系统级建模。关于该演示器件和类似器件的更进一步和更多内容将在本书第 7 章和第 8 章中再做介绍。

该执行器的器件结构和工作原理见图 2.14。这个开关包括一个可动的开孔金膜,该膜由四根长梁支撑,悬空在固定接地电极上面。该固定接地电极充当开关的驱动电极,其含有多个平行相连的横向叉指。当对器件施加电压时,悬空膜就会在电压的作用下被固定电极吸引,接触到 12 个凸起的接触极板并关断欧姆接触,从而使 RF 信号线路也关断。更多的关于器件原理和工艺资料可以参见参考文献[42,43]。采用白光干涉仪分析开关的形貌。图 2.15 给出了开关的 3D 形貌和底层结构。

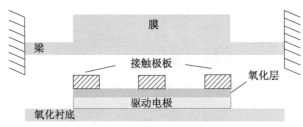

图 2.14   RF MEMS 开关结构的截面示意图。

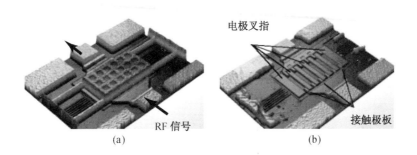

图 2.15　(a) 采用白光干涉仪得到的 RF MEMS 开关显微图。
　　　　(b) 为了更清晰地观测电极和接触电极而去掉了膜结构的开关。

如同 2.2.1 节中所提到的,根据起主导作用的力和能域,将该系统分为四个子系统(如图 2.16 所示):机械子系统反映了开孔膜和四个悬空梁的惯性力及弹性力;静电子系统反映了膜和驱动电极之间的电场;流体子系统反映了环境中气压对结构可动部分的阻尼力;接触模型描述了开关关断阶段以及膜和对电极之间的接触过程。

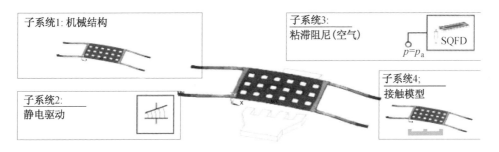

图 2.16　RF MEMS 开关的子系统,这些子系统的宏模型需要推导。

机械力 F_i 和机械形变分别作为系统中的通量和跨量。将所有单个能域的子模型互联而形成一个广义基尔霍夫网络,从而得到 RF MEMS 开关的系统级模型。机械能域的节点定律可以表示为:

$$F_{\text{mech}} + F_{\text{damp}} + F_{\text{electro}} + F_{\text{cont}} = 0 \qquad (2.28)$$

这里,F_{mech} 表示开关的机械力,F_{damp} 表示粘滞阻尼力,F_{electro} 表示静电驱动力,F_{cont} 表示当膜和底层结构接触时产生的力。

理论上讲,如何填充图 2.16 中的"盒子"有多种方法可供选择,即我们需要选择一种方法对单个子系统进行建模。最简单的一个方法是令 $F_{\text{mech}} = -M_{\text{pl}}\ddot{z} - Kz$ 和 $F_{\text{damp}} = -D\dot{z}$,其中参数 M_{pl} 代表开孔膜的等效质量,D 代表环境空气的阻尼系数,K 代表机械梁(弹簧)的刚度。这样,公式(2.28)可写成

$$M_{\text{pl}}\,\ddot{z} + D\dot{z} + Kz = F_{\text{elmech}} + F_{\text{contant}} = 0 \qquad (2.29)$$

这个关系式表示了在外力 F_{ext} 下的一维弹簧-质量-阻尼模型。可以通过解析方程得到方程系数。例如,可以通过一维梁的弯曲方程或者不同间隙下简单平板电容器的静电力计算得到:

$$F_{\text{elmech}} = \frac{1}{2}\,\varepsilon_0\,\varepsilon_r A_{\text{eff}}\,\frac{U^2}{(d(U))^2} \qquad (2.30)$$

其中,ε_0 和 ε_r 表示介电常数,U 表示电压,$d(U)$ 表示可移动平板和对电极之间的可变间隙的高度,A_{eff} 表示考虑结构开孔后的有效平板面积。通过引入开孔周围的边缘场效应,或者从三维有限元仿真结果中提取出开孔结构的拟合系数,模型可以进一步改进。阻尼常数 D 可以利用分布连续场模型计算得到,或者通过测试数据提取得到。公式(2.29)构成了开关的能量耦合宏模型,在该宏模型的广义基尔霍夫网络法中,机械力作为通量,机械质量块的位移 z 作为跨量。图2.17给出了这种简单的弹簧-质量块-阻尼器模型示意图。

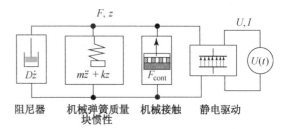

图 2.17　根据图 2.16 的系统分解得到 RF MEMS 开关的广义基尔霍夫网络模型。开关等效为一个简单、存在阻尼的一维弹簧-质量块系统,其中通量和跨量分别为力 F 和位移 z。

然而,如果需要更精确的模型并更好地表现其内在的物理机制,那么需要利用更复杂的方法来描述图 2.16 所示的子系统(例如,参考文献[24,44-46]中给出的实例),如图 2.18 所示。

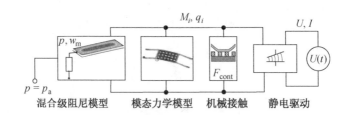

图 2.18　利用比图 2.17 更加详细的宏模型得到的 RF MEMS 广义基尔霍夫网络模型。模态矩 M 作为通量,模态振幅 q_i 作为跨量,采用混合级模型来描述阻尼,机械部分采用将在第 12 章中介绍的模态叠加技术建模。

如果要对粘滞阻尼力进行建模,可以采用参考文献[24]中的混合级方法,这样由有限元仿真或实验数据中提取一个简单的阻尼常数带入模型,就可以建立一个基于物理的模型。利用 Reynolds 方程的分布式网络模型(Navier-Stokes 方程的一种简单形式,可适用于大量的 MEMS 结构),结合包含了各种相关几何量以及环境参数(压力、粘度等)的解析宏模型(基本上是流体阻力)来计算阻尼力。在将流体混合级模型转换为基尔霍夫网络表示时,需要用到体积流量和周围空气的压力等参数。利用作用在可动膜上的阻尼力及可动结构下方不同高度的间隙,可实现机械和静电子模型的耦合(可参阅对此方法做了详细介绍的第 7 章)。

为了考虑悬空膜的柔性,即其弯曲程度,可以采用第 12 章或参考文献[47,78]中介绍的模态叠加技术。为此目的,悬空膜的本征模态和频率可以用一组基函数表示。位移向量 $\boldsymbol{u}$ 可以由 m 个加权并离散的本征形函数 $\boldsymbol{\Phi}_i$ 进行加权近似表示:

$$\boldsymbol{u}(t) \approx \boldsymbol{u}_0 + \sum_{i=1}^{m} q_i(t)\boldsymbol{\Phi}_i \tag{2.31}$$

$\boldsymbol{u}_0$ 表示平衡状态下的位移,$q_i(t)$ 表示可以与形函数 $\boldsymbol{\Phi}_i$ 相应的模态振幅。最重要的模态(对于所考虑的开关而言,是基本的和下一个更高的完全对称本征模态)可以确定并用于表达宏模型,对于每一个所包含的本征模态,在建立宏模型时模态幅度只含有一个二阶差分方程:

$$\ddot{q}_i + \omega^2 q_i = M_{\text{external}, i} \tag{2.32}$$

其中,ω_i 表示 i 阶本征模态的角频率,$M_{\text{external}, i}$ 表示外部模态矩,比如由静电驱动所导致的模态矩。这些方程构成了机械降阶模型,模态振幅 q_i 和模态矩 M_i 分别作为广义基尔霍夫网络的跨量和通量。

我们可以得到静电驱动子模型的更精确表示:首先,确定存储在单个静电叉指和膜之间且与模态振幅有关的静电能量,并推导出关于各种本征模态 i 的电容函数。然后,通过运用拉格朗日能量泛函以电容函数的形式计算出静电矩 $M_{\text{el}, i}$,并将其引入公式(2.32)的右侧,实现机械和静电能域的直接耦合。在电能域,利用可变电容(和模态振幅 q_i 相关)来表示静电子系统。由流过电极叉指组成的电容上的总电流 I(通变量)和施加在电极叉指上的电压 V(跨变量)之间关系来描述该可变电容(详见参考文献[46])。$M_{\text{contant}, i}$ 所表示的接触模型更加复杂,我们不在此对其展开讨论。详细内容请参阅参考文献[46]。

通过模态坐标,利用公式(2.32)将各个子模型组合起来就可以得到开关的整体宏模型

$$\ddot{q}_i + \omega^2 q_i = M_{\text{el}, i}(\underline{q}, P_0) + M_{\text{reynold}, i}(\underline{q}, \dot{\underline{q}}, P_0) + M_{\text{contact}, i}(\underline{q}) \tag{2.33}$$

在式(2.33)中,机械方程的模态形式不再彼此相互独立。其相互作用(意味着单个能域的耦合)表现在方程的右侧,包括了静电子模型、流体子模型和接触子模型。

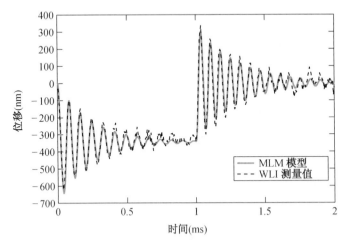

图 2.19　阶跃电压(电压值小于吸合电压)激励下 **RF MEMS** 开关的瞬态响应。比较了仿真和实验得到的位移值(来源于参考文献[**49**])。

利用一个基于模态叠加的更复杂机械模型和一个分布式混合级阻尼模型,代替如图 2.17 所示的简单质量-弹簧模型以及广义基尔霍夫网络中的阻尼常数,意味着在模型推导过程中要花费更高的成本。然而,站在模型准确性和可扩展性,即模型的预测能力和可复用性的角度来看,这是值得的。尤其是需要进行针对不同器件尺寸和环境条件进行实验验证时,其优势更是显而易见(参见第 7 章中给出的关于阻尼模型的结果)。

图 2.19 比较了在阶跃电压激励下 *RF MEMS* 开关频率响应的仿真结果和测量数据。开孔膜受到激励后,会到达一个新的平衡位置,然后释放回到原位置,在这个过程中伴随着阻尼震荡。我们可以看到静电梁(弹簧)软化和开关位移状态中间隙减小导致阻尼增大,从而使得频率发生漂移的现象可以精确地再现,因为所采用模型具有基于物理的特性。

2.5　总结

广义基尔霍夫网络为微器件和系统建模提供了一种通用和全面的框架。根据不可逆热力学的基本理论,最初为电路建立的广义基尔霍夫网络可以拓展到包含有电学和非电学元件以及相应能域的普通微系统。由此,可在统一、全面的仿真框架下,基于物理基础描述研究系统、用公式表示的子系统、计算相关的子系统同能域之间的耦合。

通过硬件描述语言（HDL，Verilog A，VHDL-AMS 等），基尔霍夫网络模型可以纳入任何标准的电路仿真器中执行仿真。因此，可以很简单地实现一个或多个换能器与相应附属电路的协同仿真，从而可以在相同的仿真环境中对整个微系统进行检测和优化（第4章）。由于广义基尔霍夫网络理论构成了系统级建模的基本理论框架，只要子模型是基于通量守恒公式推导出来的就支持任何系统模型的组合。图 2.20 总结了 2.2.3 节中叙述的不同宏模型建模方法，并指出了模型复杂度的不同层次。如前文所述，它取决于给定的应用，以及对精度、可扩展性和计算效率方面要求，从而决定哪个方法可行，模型简化到什么程度（或模型的复杂度）仍然可以接受。

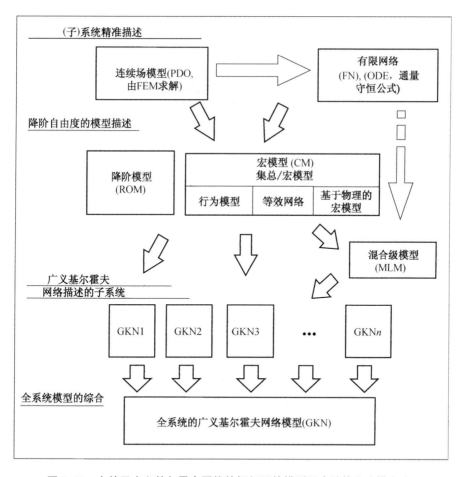

图 2.20　在基于广义基尔霍夫网络的框架下的模型层次结构和建模方法。

本章所给出的应用实例表明，基于物理的宏模型包含了相关材料和设计参数，相对于基于参数拟合或者一维弹簧-质量块-阻尼器模型来说,其物理相关性可以深入地分析所研究系统的工作原理和性能。然而,在一般情况下,推导基于物理的宏模型需要花费更多的精力,并需要更深入地了解器件和系统的功能(一般来说需要深入探索),因为它不能像基于数学的降阶模型或者为纯行为宏模型进行的参数拟合那样实现自动化。然而,在需要重复使用模型并在给定的设计空间外推设计和优化时,这种投入是非常值得的。因此,这取决于给定的问题、系统的工作情况、特定的应用范围以及设计工艺对模型提出的要求。哪种方法更合适或者选择哪一种方法由工程师或者设计者自己决定。但是,根据给定问题的性质和具体应用领域的需求,以上提到的这些方法提供了适当简化系统级模型的基础。

不管读者最终采用图 2.20 中描述的哪一种建模方法,广义基尔霍夫网络对微系统的系统级模型进行基于物理模型的简化提供了基本框架。本书接下来的章节将介绍大量实例来体现这种方法的能力和通用性。

参考文献

1. Middelhoek, S. and Hoogerwerf, A. C. (1986) Classifying Solid-State Sensors: the "Sensor Effect Cube". Sensors and Actuators, 10, 1–8.

2. Middelhoek, S. (1998) The Sensor Cube Revisited. Sensors and Materials, 10 (7), 397–404.

3. Schwarz, P. (1998) Microsystem CAD: From FEM to System Simulation, in Simulation of Semiconductor Processes and Devices (Sispad'98) (eds K. DeMeyer and S. Biesemans), Springer Verlag, Leuven, pp. 141–148.

4. Schwarz, P. (2000) Physically oriented modeling of heterogeneous systems. Proceedings of 3rd IMACS Symposium of Mathematical Modeling(MATHMOD), 2000, Wien, Austria, pp. 309–318.

5. Koenig, H. E. and Blackwell, W. A. (1961) Electromechanical System Theory, McGraw-Hill, New York.

6. Klein, A. and Gerlach, G. (1996) System modeling of Microsystems containing mechanical bending platesusing an advanced network description method. Proceedings of MICROSYSTEMS Technologies, 1996, Potsdam, Germany, pp. 299–304.

7. Lenk, A., Pfeiffer, G. and Werthschuetzky, R. (2000) Elektromechanische System. Mechanischeund akustische Netzwerke, deren Wechselwirkungund Anwendungen, SpringerVerlag, Berlin.

8. MacNeal, R. H. (1951) The solutionof elastic plate problems by electricalanalogies. Journal of Applied Mechanics,18, 59–67.

9. Tilmans, H. (1996) Equivalent circuitrepresentation of electromechanicaltransducers: I. Lumped-parameter systems. Journal of Micromechanics and Microengineering, 4, 157–176.

10. Fedder, G. and Jiang, Q. (1999) A hierarchical circuit-level design methodology microelectromechanical systems. IEEE Transaction on Circuitsand Systems II (TCAS), 46 (10), 1309–1315.

11. Jing, Q., Mukherjee, T., and Fedder, G. (2002) Schematic-based lumpedparameterized behavioral modeling for suspended MEMS. Techn. Digestof the ACM/IEEE International Conferenceon Computer Aided Design (ICCAD'02), 2002, San Jose, CA, pp. 367–373.

12. Voigt, P. (2003) Compact modeling of microsystems, in Selected Topics of Electronics

and Micromechatronics（eds G. Wachutka and D. Schmitt-Landsiedel），Shaker Verlag，Aachen，Germany.

13. Schrag，G.（2003）Modellierung gekoppeltereffekte in mikrosystemen auf kontinuierlicher feldebene und systemebene，in Selected Topics of Electronics and Micromechatronics（eds G.，Wachutka and D. Schmitt-Landsiedel），Shaker Verlag，Aachen，Germany.

14. Callen，H. B.（1985）Thermodynamics and an Introduction to Thermostatistics，John Wiley & Sons，New York.

15. Wachutka，G.（1994）Problem-oriented modeling of microtransducers: state of the art and future challenges. Sensors and Actuators A，41，279–283.

16. Wachutka，G.（1995）Tailored modeling: a way to the "virtual microtransducer fab"? Sensors and Actuators A，46–47，603–612.

17. Onsager，L.（1931）Reciprocal Relationsin Irreversible Processes. Physical Review，37，405–426.

18. Senturia，S. D.（1998）CAD Challenges for Microsensors，Microactuators and Microsystems. Proceedings of the IEEE，86，1611–1626.

19. Senturia，S. D.（2001）Microsystem Design，Kluwer Academic Press，Norwell，MA.

20. Womersley，J.（1957）Oscillatory flowin arteries: the constrained elastic tubeas a model of arterial flow and pulse transmission. Physics in Medicine and Biology，2，178–187.

21. Veijola，T.，Kuisma，H.，and Lahdenperä，J.（1998）Dynamic modelling and simulation of microelectromechanical devices with a circuit simulation program. Proceedings of 1st International Conference on Modeling and Simulation of Microsystems（MSM'98），1998，Santa Clara，CA. pp. 245–250.

22. Swart，N. R.，Bart，S. F.，Zaman，M. H.，Mariappan，M.，Gilbert，J. R.，and Murphy，D.（1998）AutoMM: automatic generation of dynamic macromodels for MEMS devices. Proceedings of MEMS'98，Heidelberg. pp. 178–183.

23. Voigt，P. and Wachutka，G.（2000）Compact MEMS modeling for design studies. Proceedings of 3rd International Conference on Modeling

and Simulation of Microsystems（MSM'00），2000 Mar 27 – 28，San Diego，CA. pp. 134–137.

24. Schrag，G. and Wachutka，G.（2002）Physically-based modeling of squeezefilm damping by mixed level simulation. Sensors and Actuators A，97–98，193–200.

25. Schrag，G. and Wachutka，G.（2004）Accurate system-level damping model for highly perforated micromechanical devices. Sensors and Actuators A，111，222–228.

26. Bedyk，W.，Niessner，M.，Schrag，G.，Wachutka，G.，Margesin，B.，and Faes，A.（2008）Automated extraction of multi-energy domain reduced-ordermodels demonstrated on capacitive MEMS microphones. Sensors andActuators A，145–146，263–270.

27. Niessner，M.，Schrag，G.，Iannacci，J.，and Wachutka1，G.（2011）COMSOL API based toolbox for the mixed-level modeling of squeeze-film damping in MEMS: simulation and experimentalvalidation. Proceedings of COMSOL Conference 2011，Stuttgart.

28. Zengerle，R.，Ulrich，J.，Kluge，S.，Richter，M.，and Richter，A.（1995）A bidirectional silicon micropump. Sensors and Actuators A，50，81–86.

29. Zengerle，R.（1994）Mikromembranpumpen als komponenten für Mikro-fluidsysteme. PhD thesis，Univ. der Bundeswehr，Verlag Shaker，Aachen.

30. Richter，M.，Linnemann，R.，and Woias，P.（1998）Robust design of gas and liquid micropumps. Sensors and Actuators A，68，480–486.

31. Herz，M.，Askamp，N.，and Richter，M.（2009）An industrialized silicon micropump for precise liquid dosing. Proceedings of European Meeting on Microflow Metrology，Braunschweig，PTB Braunschweig.

32. Richter，M.，Kruckow，J.，and Drost，A.（2003）A high performance silicon micropump for fuel handling in DMFC systems. Proceedings of Fuel Cell Seminar，Miami Beach，FL. pp. 272–275.

33. Voigt，P.，Schrag，G.，and Wachutka，G.（1996）Micropump macromodel for standard circuit simulators using HDL-A，in Proceed-

ings of the 10th European Conference on Sol-id-State Transducers (EuroSensors X) (eds R. Puers), Timshel BVBA, Leuven, pp. 1361–1364.

34. Voigt, P., Schrag, G., and Wachutka, G. (1998) Electrofluidic full-system modeling of a flap valve micropump based on Kirchhoffian network theory. Sensorsand Actuators A, 66, 9–14.

35. Voigt, P., Schrag, G., and Wachutka, G. (1998) Microfluidic system modeling using VHDL-AMS and circuit simulation. Microe-lectronics Journal, 29,791–797.

36. Cadence, San Jose, CA, http://www.ca-dence.com. Spectre HDL Reference manual.

37. Timoshenko, S. (1959) Theory of Plates and Shells, McGraw-Hill, New York.

38. Bohl, W. (1984) Technische Strömungslehre, VEB Fachbuchverlag Leipzig, Leipzig.

39. Ulrich, J. and Zengerle, R. (1996) Static and dynamic flow simulation of a KOH-etched microvalve using the finite-element method. Sensors and Actuators A, 53, 379–385.

40. Prud'homme, R., Chapman, T., and Bow-en, J. (1986) Laminar compressible flow in a tube. Applied Science Research,43, 67–74.

41. Atabek, H. and Lew, H. (1966) Wave propagation through a viscous incompressible fluid contained in an initially stressed elastic tube. Biophysical Journal,6, 481–503.

42. Rangra, K., Giacomozzi, F., Margesin,B., Lorenzellia, L., Mulloni, V., Collini, C., Marcelli, R., and Soncini, G. (2004) Mi-cromachined low actuation voltage RF MEMS capacitive switches, technology and charac-terization. Proceedings of the IEEE 2004 In-ternational Semiconductor Conference, Sina-ia, Romania. pages 165–168.

43. Mulloni, V., Giacomozzi, F., and Marge-sin, B. (2010) Controlling stress and stress gradient during the release process in gold suspendedmicro-structures. Sensors and Ac-tuators A, 162, 93–99.

44. Schrag, G., Niessner, M., and Wachutka, G. (2011) Reliable system-level models for e-lectrostatically actuated devices under varying ambient conditions: modeling and validation, in Proceedings of the Symposium on Design, Test, Integration &. Packaging of MEMS/MOEMS (DTIP 2011), Aix-en-Provence, France, pp. 8–13.

45. Niessner, M., Schrag, G., Wachutka, G., and Iannacci, J. (2010) Modeling and fast simulation of RF-MEMS switches within standard IC design framework. Proceedings of the 15th International Conference on Simu-lation of Semiconductor Processes and Devices (Sispad 2010), Bologna, Italy. pp. 317–320.

46. Niessner, M., Schrag, G., Iannacci, J., and Wachutka, G. (2011)Macromodel-based simulation and measurement of the dynamic pull-in of viscously damped RF-MEMS swit-ches. Sensors and Actuators A, 172, 269–279.

47. Gabbay, L. D. and Senturia, S. (1998)Auto-matic generation of dynamic macromodels using quasistatic simulations in combination with modal analysis. Proceedings Solid-State Sensor&. Actuator Workshop, Hilton Head, SC. pp. 197–220.

48. Gabbay, L. D., Mehner, J. E., and Sentu-ria, S. (2000) Computer-aided generation of nonlinear reduced-order dynamic macromod-els- I: non-stress stiffened case. Journal of Microelectromechanical Systems, 9 (2), 262–269.

49. Niessner, M., Schrag, G., Wachutka, G., Iannacci, J., and Margesin, B. (2009) Auto-matically generated and experimentally valida-ted system-level model of a microelectrome-chanical RF switch. Proceedings of NSTI Nanotechnology Conference and Trade Show, May 3–7 (NSTI Nanotech 2009), Houston, USA. pp. 655–658.

3 利用模型降阶法的 MEMS 系统级建模——数学背景

Lihong Feng，*Peter Benner*，*Jan G. Korvink*

3.1 引言

由于 MEMS 器件具有小型化和高复杂度的特点，MEMS 设计必须利用建模和数值仿真。MEMS 器件可以用偏微分方程（PDE）进行建模。要仿真这样的模型，需要进行空间离散化（例如有限元离散），得到常微分方程（ODE）和微分代数方程（DAE）描述的系统。

在空间离散化之后，系统的自由度一般会很高。因此，对这种微分方程（ODE）和微分代数方程（DAE）描述的大规模系统进行仿真非常耗时。由成熟的数学理论和强大的数值算法发展而来的模型降阶方法（MOR）在降低大规模系统的仿真时间方面非常有效。通过对模型进行降阶，得到了由较少数量常微分方程（降阶模型）描述的小系统。通过对降阶模型进行仿真，根据结果可以重建得到原系统的常微分方程或微分代数方程的解。这样，原始的大规模系统仿真时间可以缩短好几个数量级。在设计过程中，可以将降阶模型作为一个整体代替原系统，并且可以多次重复使用，从而可以节约大量时间。迄今为止，MOR 已经在 MEMS 仿真中得到了广泛的应用，并且在提高传统仿真工具能力方面取得了很大成功[1-3]。

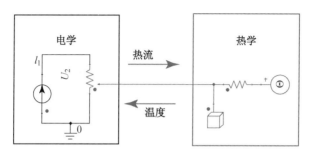

图 3.1 简单的电热仿真[4]。

作为一个实例，我们在图 3.1 中给出了电热仿真的过程。图 3.2 描述了 MOR 如何用于快速仿真。系统级电热仿真是系统的电学部分与热学部分的联合仿真

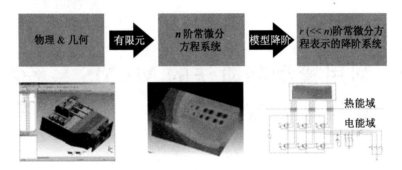

图 3.2   模型降阶用于电热仿真[4]。

（如图 3.1 所示）。电路产生功耗，热学子系统利用其评估温度；反过来，温度又影响电路参数，从而形成了双向的耦合。图 3.1 中的热学模型是一个简单的集总单元模型。对于普通的复杂几何形体来说，需要热传导偏微分方程形式的更精确物理模型：

$$\nabla \cdot (\kappa \nabla T) + Q - \rho c_p \frac{\partial T}{\partial t} = 0 \tag{3.1}$$

其中 $\kappa(r)$ 表示在 r 处的热导率，单位是 W/m・K；$c_p(r)$ 是指比热容，单位是 J /（kg・K）；$\rho(r)$ 是质量密度，单位是 kg/m³；$T(r, t)$ 是温度分布。对公式（3.1）进行空间离散化（例如有限元方法），可得到常微分方程（ODE）描述的大规模系统如下：

$$E \frac{\mathrm{d}T(t)}{\mathrm{d}t} + KT(t) = F \tag{3.2}$$

其中 E 是热容矩阵，K 是热导率矩阵，T 是随时间变化的节点温度向量。公式（3.2）描述的模型同样可被视为电路网络，其中向量 T 就等效为未知电压，矩阵 E 为电容矩阵，矩阵 K 是电阻矩阵。在这两种情况下，公式（3.1）都不适合系统级仿真，因为向量 T 通常包含了几十万个自由度。解决这个问题的方法是采用 MOR 技术，它能够将公式（3.2）进行变换，从而转换为一个具有相同形式但包含的方程更少的系统。在此，热能域的模型被降阶模型替代，从而能够在标准仿真工具中进行有效的系统级仿真。

3.2   概述

MOR 技术可以追溯到 20 世纪 80 年代[5,6]，甚至更早[7-13]。除了在 MEMS 仿真中的应用，MOR 也应用于很多其他研究领域。文献中报道了许多不同的模型降阶方法。模型截断法(modal truncation method)[7-9]是最早发展起来的模型降阶方法之一,其主要用于结构动力学方面。基于 Gramian 矩阵的模型降阶方法[5,14-16]主要用于电子工程和控制工程方面。缩减基法(reduced basis method)[12,17,18]主要用于机械工程、化学工程等方面。本征正交分解(POD)模型降阶方法主要用于流体动力学方面[19-23]。基于矩匹配的模型降阶方法[24-27]在集成电路(IC)设计和 MEMS 仿真方面应用广泛。随着不同领域科学家的交流日益增多,上面提到的各种模型降阶方法在多学科交叉方面的应用机会不断增多。同时,越来越多融合不同方法优点的混合方法正在不断发展,以满足解决更复杂问题时的新要求。

在本章中,我们考虑 MEMS 的系统级建模,重点是基于矩匹配的模型降阶方法。此外,我们还将介绍基于 Gramian 矩阵的模型降阶方法的基本原理,因为该方法在求解大规模 MEMS 模型方面越来越有潜力。

为了让本书自成体系,我们首先在3.3节中介绍基本的数学定义和概念,这对理解在3.6~3.9节中所介绍的模型降阶方法非常必要。一些数值算法是矩匹配 MOR 方法的核心,为了更好和更容易地应用矩匹配 MOR 方法,这些内容将在3.4节进行介绍。为了理解基于 Gramian 矩阵的 MOR 方法,我们需要一些有关系统理论的知识,这些将在3.5节进行简要介绍。然后,我们将在3.6节中介绍 MOR 的基本思想。各种 MOR 方法的动机和实现将分别在3.7和3.8节进行解释。更高级的计算相关问题,例如为矩匹配 MOR 方法选择合适的展开点或者为基于 Gramian 矩阵的 MOR 方法选择更有效的数值算法等,也将在相应的章节分别讲述。3.9节详细分析了降阶模型的误差估计、稳定性和无源性。3.10节将介绍非零初始状态问题,这个问题虽然在文献中少有涉及,但是它非常有趣并且很重要。能够处理复杂系统的 MOR 将在3.11节中简要提到,以便于在第三部分中介绍相关 MOR 方法。3.12节给出了总结和展望,提出一些重要的开放性问题并给出了一些可能的解决方案。

在此需要指出的是,3.3~3.5节是为接下来各章节介绍 MOR 方法进行的数学知识准备。对于熟悉这几节所讲内容的读者可以直接从3.6节开始阅读。然而,3.3~3.5节并不是对已有数学理论的简单复制,我们还增加了许多相关的解释和说明,讲述这些知识和接下来要讲的 MOR 方法的联系。

非线性或参数化系统的 MOR 方法将在第三部分进行讲述。本章只介绍矩匹配 MOR 方法和基于 Gramian 矩阵的 MOR 方法,它们适用于如公式(3.3)所描述的非参数化线性时不变(LTI)系统:

$$E\frac{\mathrm{d}x}{\mathrm{d}t} = Ax + Bu(t)$$
$$y(t) = Cx + Du(t) \qquad (3.3)$$

在此，$x(t)$通常被称为状态向量，它的元素叫做状态变量。公式(3.3)所描述的系统也被称为系统的状态空间表示。例如，$x(t)$表示公式(3.2)中节点温度T的向量。

对于大多数模型降阶方法，在模型降阶过程中$Du(t)$保持不变。因此，它不受降阶的影响。为了简单起见，我们假设$D=0$，即D是一个0矩阵。其中，$E \in \mathbb{R}^{n \times n}$，$A \in \mathbb{R}^{n \times n}$，$B \in \mathbb{R}^{n \times m_1}$，$C \in \mathbb{R}^{m_2 \times n}$是系统矩阵。这样就存在$m_1$个输入端口，$m_2$个输出端口。当$m_1 = m_2 = 1$时，系统叫做单输入单输出(SISO)系统；如果都大于1时，叫做多输入多输出(MIMO)系统；相应地，当只有$m_1 > 1$时，叫做多输入单输出系统；当只有$m_2 > 1$时，叫做单输入多输出系统。在此，"非参数化线性时不变"是指所有的系统矩阵是常数矩阵。这些矩阵与状态变量线性相关，而与时间相互独立，同时不包含物理、材料或者几何参数。

3.3　数学基础

为了让读者能够理解后面将要介绍的MOR方法，本节介绍一些数学概念。首先介绍标量、矢量和矩阵的符号，这些知识不止在本章经常用到，还会在接下来的章节尤其是第三部分用到。介绍向量之后，需要介绍子空间、线性无关、子空间基等概念，这些内容将在矩匹配MOR方法中用于构建降阶模型的投影矩阵W和V(见3.6节)。向量或矩阵范数、向量函数范数还有矩阵值函数范数可以用于估计MOR方法的精度。换而言之，根据原系统输出和降阶模型(降阶系统)输出之间的误差，或者两个系统的传递函数之间的误差，用来估计降阶模型的精度。特别需要指出的是，向量函数范数和矩阵值函数范数对于推断基于Gramian矩阵的MOR方法计算误差界是必不可少的，这种推断使得降阶模型方法能够实现自动化。

3.3.1　标量、矢量和矩阵

- 如果$x \in \mathbb{C}$，变量x是一个复数标量。当x的虚部为0时，即$Im(x)=0$，那么x就是一个实数，可以表示为$x \in \mathbb{R}$。
- 向量用粗体表示，$x \in \mathbb{C}^n$，这表示x是一个长度为n的复数向量。$x \in \mathbb{R}^n$表示x是长度为n的实数向量。通常，我们写为$x=(x_1, \cdots, x_n)$，其中x_i是在实数集$\mathbb{R}$或者复数集$\mathbb{C}$上的标量。
- 我们用$A \in \mathbb{C}^{m \times n}$表示矩阵$A$是一个$m$行$n$列的矩阵。如果$A$是实数矩阵，那么$A \in \mathbb{R}^{m \times n}$。$A$可写成为

$$A = \begin{bmatrix} a_{11} & \cdots & a_{1n} \\ \vdots & \ddots & \vdots \\ a_{m1} & \cdots & a_{mn} \end{bmatrix} \tag{3.4}$$

其中矩阵 $\boldsymbol{A}$ 中的元素 $a_{ij} \in \mathbb{R}$ 或 $\mathbb{C}$。由此我们看出公式(3.3)中包含标量、向量和矩阵。

注:

这里,$\mathbb{R}$ 表示实数集,$\mathbb{C}$ 表示复数集。

$$\boldsymbol{x} = (x_1,\ x_2,\ \cdots,\ x_n)^{\mathrm{T}} = \begin{bmatrix} x_1 \\ x_2 \\ \vdots \\ x_n \end{bmatrix} \tag{3.5}$$

表示对行向量 $\boldsymbol{x} = (x_1,\ \cdots,\ x_n)$ 的转置。

3.3.2   向量空间、子空间、线性无关和基

我们首先定义向量空间,然后再相应地定义子空间概念。子空间基的一个重要性质就是它们是线性无关的,子空间的任一元素都可以由基表示。这些都是 MOR 方法的基本数学理论。

定义:向量空间

$\mathbb{R}$ 中的一个向量空间 U 是指一个非空集合,并且其标量乘法和加法如下:

* $\mathbb{R} \times U \rightarrow U$,对于所有实数 a 和 U 中元素 $\boldsymbol{x}$ 表示为 $a \cdot \boldsymbol{x}$ 或 $a\boldsymbol{x}$,
* $U \times U \rightarrow U$,对于向量空间 U 中的所有元素 $\boldsymbol{x}$ 和 $\boldsymbol{y}$ 表示为 $\boldsymbol{x} + \boldsymbol{y}$,

按照以下规则进行定义:

*   如果 U 中有一个元素 $\boldsymbol{0}$,那么对于所有 $v \in U$ 有 $\boldsymbol{0} + \boldsymbol{x} = \boldsymbol{x}$;
*   对于任意 $\boldsymbol{x} \in U$,存在元素 $(-\boldsymbol{x}) \in V$,使得 $\boldsymbol{x} + (-\boldsymbol{x}) = \boldsymbol{0}$;
*   对于所有 $\boldsymbol{x},\ \boldsymbol{y} \in U$,$\boldsymbol{x} + \boldsymbol{y} = \boldsymbol{y} + \boldsymbol{x}$;
*   对于所有 $\boldsymbol{x},\ \boldsymbol{y},\ \boldsymbol{z} \in U$,$\boldsymbol{x} + (\boldsymbol{y} + \boldsymbol{z}) = (\boldsymbol{x} + \boldsymbol{y}) + \boldsymbol{z}$;
*   对于所有 $a \in \mathbb{R}$,$\boldsymbol{x},\ \boldsymbol{y} \in U$,$a(\boldsymbol{x} + \boldsymbol{y}) = a\boldsymbol{x} + a\boldsymbol{y}$;
*   对于所有 $a,\ b \in \mathbb{R}$,$\boldsymbol{x} \in U$,$a(b\boldsymbol{x}) = (ab)\boldsymbol{x}$;
*   对于所有 $a,\ b \in \mathbb{R}$,$\boldsymbol{x} \in U$,$(a + b)\boldsymbol{x} = a\boldsymbol{x} + b\boldsymbol{x}$;
*   对于所有 $\boldsymbol{x} \in U$,$1\boldsymbol{x} = \boldsymbol{x}$。

注:

举例,$\mathbb{R}^n$ 就是向量 $\boldsymbol{x} = (x_1,\ \cdots,\ x_n)^{\mathrm{T}}$ 的向量空间,$\boldsymbol{x}$ 中所有元素 $x_i \in \mathbb{R}$,$i = 1, 2, 3, \cdots, n$。如果 $x_i \in \mathbb{C}$,$i = 1, 2, 3, \cdots, n$,且两个标量 $a, b \in \mathbb{C}$,那么 $\mathbb{C}^n$ 为定义在 $\mathbb{C}$ 中的向量空间。这两个向量空间在工程仿真中经常用到。有时候,在数值线性代数中也将向量空间称为线性空间。

定义:子空间

如果 S 在加法及标量乘法下是封闭的,即 $\forall x, y \in S$, $\forall a \in \mathbb{R}$,存在 $x+y \in S$, $ax \in S$,那么向量空间 U 的一个非空子集 S 称为子空间。

定义:线性组合

U 中向量 $x_1, \cdots, x_m$ 所有可能的线性组合构成子空间 S,称其为 $x_1, \cdots, x_m$ 张成的子空间。线性组合定义如下:

$$\sum_{k=1}^{m} a_k x_k, \ a_k \in \mathbb{R} \quad \text{或} \quad \mathbb{C}, k = 1, 2, 3, \cdots, m \tag{3.6}$$

S 表示为 $S = \mathrm{span}\{x_1, \cdots, x_m\}$。

定义:线性无关

如果没有一个向量可以表示为其他向量的线性组合,那么向量 $x_1, \cdots, x_m \in U$ 就是线性无关的。也就是说,如果 $a_1 x_1 + a_2 x_2 + \cdots + a_m x_m = 0$,必有 $a_1 = a_2 = \cdots = a_m = 0$。

定义:向量正交

一组向量 $x_1, x_2, \cdots, x_n \in \mathbb{R}^n$,只要它们满足公式(3.7)就称其相互正交:

$$x_i^{\mathrm{T}} x_j = \begin{cases} 0, & \text{若 } i \neq j \\ \sigma_{ij}, & \text{若 } i = j, \ i, j = 1, 2, \cdots, m \end{cases} \tag{3.7}$$

注:

对于任意两个向量 $x, y \in \mathbb{R}$, $x^{\mathrm{T}} y$ 是两个向量的内积或者说是标量积,其定义为 $x^{\mathrm{T}} y = x_1 y_1 + x_2 y_2 + \cdots + x_n y_n$。两个向量之间的夹角 θ 的计算公式为 $\cos\theta = \dfrac{x^{\mathrm{T}} y}{\|x\|_2 \|y\|_2}$。若 x 和 y 相互正交,那么其夹角为 $90°$,因此有 $x^{\mathrm{T}} y = 0$。如果 $x_1, x_2, \cdots, x_m \in \mathbb{R}^n$ 是相互正交的,那么不难证明它们之间是线性无关的。如果 $\sigma_{ij} = 1$,我们称 $x_i(i = 1, 2, \cdots, m)$ 是相互正交的。

定义:基

如果对于向量子空间 S 中的任意向量 x,存在唯一的标量 $a_1, a_2, \cdots, a_m$ 使得 x 可以由向量 $x_1, x_2, \cdots, x_m$ 线性表示,即有 $x = a_1 x_1 + a_2 x_2 + \cdots + a_m x_m$,那么向量 $x_1, x_2, \cdots, x_m \in U$ 就构成了子空间 S 的一组基。

注:

本章中介绍的 MOR 方法想要从向量空间 $\mathbb{R}^n$ 或 $\mathbb{C}^n$ 的子空间中找到状态向量 x 的近似表示 $\tilde{x}$。如果我们找到了子空间 S 的基,例如 $v_1, v_2, \cdots, v_m$,那么 $\tilde{x} \in S$ 就可以用这组基线性表示,即 $\tilde{x} = z_1 v_1 + z_2 v_2 + \cdots + z_n v_n$。因此,MOR 方法的关键是找到合适的子空间 S 以及它的基。仅从它的定义来构建基似乎并不容易,但是我们有以下关于基的等价定义。

基的等价定义

如果一组向量 x_1，x_2，$\cdots$，x_m 张成子空间 S，并且它们是线性无关的，那么向量组 x_1，x_2，$\cdots$，x_m 构成了 S 的一组基。

注：

通过采用基的等效定义，更容易找到子空间的基。例如，如果我们已知 x_1，x_2，$\cdots$，x_m 张成了子空间 S，那么我们只要判定 x_1，x_2，$\cdots$，x_m 是否是线性无关的。通常判断它们是否是线性无关的也很难。然而，3.4 节中的改进 Gram-Schmidt 方法可以帮我们从一组初始向量 x_1，x_2，$\cdots$，x_m 推导出一组线性无关（正交）的向量 $\tilde{x}_1$，$\cdots$，$\tilde{x}_q$。这意味着，无论初始向量组 x_1，x_2，$\cdots$，x_m 如何（是否线性无关），我们都可以利用改进的 Gram-Schmidt 方法获得一组线性无关的向量，该向量就是由 x_1，x_2，$\cdots$，x_m 所张成子空间的一组基。

Krylov 子空间和块 Krylov 子空间

矩匹配 MOR 方法试图找出（块）Krylov 子空间的基，这和传递函数的矩密切相关（传递函数及其矩的概念将分别在 3.5 节和 3.7 节中介绍）。结果，得到的降阶模型和传递函数的矩是匹配的。因此匹配矩的数量能表示降阶模型的精度。因此，我们有必要介绍如下的 Krylov 子空间和块 Krylov 子空间。

定义：Krylov 子空间

如果一个子空间 $K_q(A, r)$ 是由向量 $r \neq 0 \in \mathbb{C}^n$ 和一个正方形矩阵 $A \in \mathbb{C}^{n \times n}$ 张成的，那么该子空间被称为 Krylov 子空间。即

$$K_q(A, r) = \text{span}\{r, Ar, A^2r, \cdots, A^{q-1}r\} \tag{3.8}$$

其中，q 是 Krylov 子空间的阶数。使得 r，Ar，A^2r，$\cdots$，$A^{q-1}r$ 线性无关的 q 最大值为 n。当 $q_0 \leqslant n$ 时，$A^{q_0}r$ 可能是 0，因此只有前 q_0 个向量有可能是线性无关的，而当 $q > q_0$ 时，$K_q(A, r) = K_{q_0}(A, r)$。

定义：块 Krylov 子空间

一个块 Krylov 子空间是由一组非零向量 r_1，r_2，$\cdots$，r_m 和一个正方形矩阵 $A \in \mathbb{C}^{n \times n}$ 张成的。如果我们将这一组向量用矩阵表示，即 $R = (r_1, r_2, \cdots, r_m) \in \mathbb{C}^{n \times m}$，那么块 Krylov 子空间可以定义为

$$K_q(A, R) = \text{span}\{R, AR, A^2R, \cdots, A^{q-1}R\} \tag{3.9}$$

一般来说，R，AR，A^2R，$\cdots$，$A^{q-1}R$ 很快变得线性相关。因此，子空间的维度通常小于向量总数 $m \times q$。

3.3.3　拉普拉斯变换

拉普拉斯变换在数学、物理和工程方面有着广泛的应用。它是一个积分变换，

把定义在实数域的函数 $f(t)$，$t \geq 0$（假设 $f(t)$ 是局部可积分的[28]）转变为定义在复数域上的函数。即

$$F(s) = \int_0^\infty \mathrm{e}^{-st} f(t) \mathrm{d}t \qquad (3.10)$$

这里，$t \in \mathbb{R}$ 是实数；$s = \sigma + j\omega \in \mathbb{C}$ 是复数，其中 σ 是实部，ω 是虚部，j 是虚部的单位 $j = \sqrt{-1}$；ω 是角频率，单位是弧度／单位时间。我们已知 $\omega = 2\pi f$，其中 f 是频率，单位是周期／秒，即赫兹（Hz）。在工程应用中，实数变量 t 一般表示时间。因此拉普拉斯变化一般可以看作从时域到频域的变换。

在接下来的 3.3.5.2 节将利用拉普拉斯变换来解释矩阵函数的范数 $\|\cdot\|_{\mathcal{H}_\infty}$。它也用于公式（3.3）所表示系统的传递函数（见 3.5 节），以及公式（3.3）中状态向量 $\boldsymbol{x}$ 的频域表达式（见 3.7.1 节）。传递函数可以用来测量降阶模型的精度（见 3.7.2 节的定理 4 和 3.9 节中的公式（3.44））。状态向量在频域中的表达式可以用来找到矩匹配模型降阶方法中的投影矩阵 $\boldsymbol{V}$。

3.3.4 有理函数

对于单变量 s 来说，一个有理函数 $R_{p,q}(s)$ 是维度为 q 的多项式 $P_p(s)$ 和维度为 q 的多项式 $Q_q(s)$ 的多项式商，即

$$R_{p,q}(s) = \frac{P_p(s)}{Q_q(s)}$$

注：

矩匹配 MOR 方法经常被视为 Pade 或者 Pade 型逼近。这可能是由于矩匹配 MOR 方法受公式（3.3）所表示系统的传递函数是有理函数的启发。对有理函数而言，比较好的近似方法是 Pade 逼近。一种早期的 MOR 方法，即渐进波形估计方法（AWE）[24, 29]，就是对公式（3.3）所表示系统的传递函数，采用了 Pade 逼近近似方法（将要在 3.3 节中介绍），作为降阶模型的传递函数，从而创建了状态空间的降阶模型。更多的信息可以参阅 3.7.4 节。

3.3.5 范数

3.3.5.1 向量范数和矩阵范数

向量范数和矩阵范数通常用来测量两个向量的距离或者数值解法的误差。用偏微分方程（PDE）来描述 MEMS 模型，然后进行空间离散（例如，通过有限元离散）从而推导出数值解。离散系统可以通过有关矩阵和向量的操作完成数值求解。因此，有必要了解如何计算和操作向量范数以及矩阵范数，这样可以估计数值解的

精度。下面的向量范数和矩阵范数定义引自参考文献[30]。

定义:向量范数

设 U 为向量空间,这里我们主要关心 $\mathbb{R}^n$(或者 $\mathbb{C}^n$)。如果存在函数 $\|\cdot\|:U \to \mathbb{R}$ 满足以下条件,那么该函数为范数:

(1) $\|x\| \geqslant 0$ 且仅当 $x = 0$ 时有 $\|x\| = 0$(非负性);

(2) $\|\alpha x\| = |\alpha| \cdot \|x\|$,其中 α 为任意实数或者复数标量(齐次性);

(3) $\|x + y\| \leqslant \|x\| + \|y\|$(三角不等式)。

注:

函数 $\|\cdot\|$ 为向量空间 U 中的每个向量分配一个实数值,例如,在 $\mathbb{R}^n$ 和 $\mathbb{C}^n$ 中。最常用的范数是 $\|x\|_p = \left(\sum_i |x_i|^p\right)^{1/p} (1 \leqslant p < \infty)$,我们称之为 p-范数。另外,还有 $\|x\|_\infty = \max_i |x_i|$,我们称之为 ∞-范数或者无穷范数。

定义:矩阵范数

如果 $\|\cdot\|$ 是 $m \cdot n$ 维空间的向量范数,那么 $\|\cdot\|$ 就是 $m \times n$ 矩阵空间的矩阵范数:

(1) $\|A\| \geqslant 0$ 当且仅当 $A = 0$ 时 $\|A\| = 0$。

(2) $\|\alpha A\| = |\alpha| \cdot \|A\|$。

(3) $\|A + B\| \leqslant \|A\| + \|B\|$。

注:

例如,$\max_{ij} |a_{ij}|$ 可被称为最大范数,而 $\|A\|_F = \left(\sum |a_{ij}|^2\right)^{1/2}$ 称为 Frobenius 范数。其中 a_{ij} 是 A 中第 i 行第 j 列的元素。如果 $m \times n$ 矩阵 A 可以看作向量空间 $\mathbb{R}^{mn}$ 中的一个向量,那么 Frobenius 范数就是在向量空间 $\mathbb{R}^{mn}$ 中的 p-范数 $(p = 2)$,这就是从向量范数到矩阵范数的自然拓展。

定义:诱导范数

若 A 为 $m \times n$ 矩阵,$\|\cdot\|$ 为向量空间 $\mathbb{R}^n$ 中的任一向量范数。那么

$$\|A\| = \max_{x \neq 0 \text{且} x \in \mathbb{R}^n} \frac{\|Ax\|}{\|x\|}$$

被称为算子范数(operator norm)、诱导范数(induced norm)或者从属矩阵范数(Subordinate matrix norm)。

注:

诱导矩阵范数是根据矩阵的算子行为来定义的,其将向量 x 拉伸了 $\|A\|$ 倍。

$\|A\|_p (p = 1, 2, \infty)$ 是经常用来对 PDE、ODE 以及像 $g(x) = f$ 这样的代数方程数值解进行误差估计的诱导范数。它们的定义如下:

$$\| \boldsymbol{A} \|_1 = \max_{x \neq 0 \text{且} x \in \mathbb{R}^n} \frac{\| \boldsymbol{Ax} \|_1}{\| \boldsymbol{x} \|_1} = \max_j \sum_i | a_{ij} | = \text{最大绝对列之和。}$$

$$\| \boldsymbol{A} \|_2 = \max_{x \neq 0 \text{且} x \in \mathbb{R}^n} \frac{\| \boldsymbol{Ax} \|_2}{\| \boldsymbol{x} \|_2} = \sqrt{\lambda_{\max}(\boldsymbol{A} * \boldsymbol{A})}, \text{其中} \lambda_{\max}(\boldsymbol{M}) \text{表示任意矩阵} \boldsymbol{M} \in$$

$\mathbb{R}^{n \times n}$ 的最大特征值。

$$\| \boldsymbol{A} \|_\infty = \max_{x \neq 0 \text{且} x \in \mathbb{R}^n} \frac{\| \boldsymbol{Ax} \|_\infty}{\| \boldsymbol{x} \|_\infty} = \max_j \sum_j | a_{ij} | = \text{最大绝对行之和。}$$

3.3.5.2 向量函数范数和矩阵值函数范数

为了得到降阶系统的偏差界,我们需要函数范数。这些范数用来计算两个不同系统的输出之间的误差(将在 3.5 节介绍)。例如,3.9 节将介绍用函数范数推导出用常微分方程(ODE)描述的初始系统输出和降阶模型输出之间偏差的误差界。通过控制可计算误差界,可以自动化地获得降阶模型。

在下面的公式中,跟参考文献[31]一样,我们定义实值向量函数 $f(t) = (f_1(t), f_2(t), \cdots, f_m(t))^\mathrm{T}$ 的 $\mathcal{L}_p$ 范数($\mathcal{I} \rightarrow \mathbb{R}^n$):

定义:实值向量函数范数的 $\mathcal{L}_p$ 范数

$$\| f \|_p = \left(\int_{t \in \mathcal{I}} \| f(t) \|_p^p \right)^{1/p} = \sqrt[p]{\sum_i \int_{t \in \mathcal{I}} | f_i(t) |^p \mathrm{d}t}, \ 1 \leqslant p < \infty$$

$$(3.11)$$

其中,$\mathcal{I} = \mathbb{R}$,$\mathbb{R}_+$,$\mathbb{R}_-$,或者是有限区间$[a, b]$。

设 $\mathbb{C}_+ \subset \mathbb{C}$ 表示复平面的右半侧:$s = \delta + jw$。考虑复矩阵值函数 $F: \mathbb{C}_+ \rightarrow \mathbb{C}^{m_1 \times m_2}$ 在 $\mathbb{C}_+$ 中是解析的。F 的 $\mathcal{H}_p$ 范数定义见参考文献[15]。

定义:$\mathcal{H}_p(p < \infty)$ 复矩阵值函数范数

$$\| F \|_{\mathcal{H}_p} = \left(\sup_{\delta > 0} \int_{-\infty}^{\infty} \| F(\delta + j\omega) \|_p^p d\omega \right)^{1/p}, \ 1 \leqslant p \leqslant \infty \qquad (3.12)$$

对于 s 的典型值,例如 s_0,$\boldsymbol{F}(s_0) \in \mathbb{C}^{m_1 \times m_2}$ 是一个矩阵。若我们定义 $\widetilde{\boldsymbol{F}} = \boldsymbol{F}(s_0)$,那么 $\| \boldsymbol{F}(s_0) \|_p = \| \widetilde{\boldsymbol{F}} \|_p = \left[\sum_{i=1}^{m_2} \sigma_i^p(\widetilde{\boldsymbol{F}}) \right]^{\frac{1}{p}}$ 也叫做矩阵 $\boldsymbol{F}(s_0)$ 的 Schatten p- 范数[15],其中 $\sigma_i(\widetilde{\boldsymbol{F}})$ 是 $\boldsymbol{F}(s_0)$ 的 i 阶奇异值。假设 $m_1 > m_2$,当 $m_2 = 1$ 时,前面的 $\mathcal{H}_p$ 范数也定义了复向量值函数 $f: \mathbb{C}_+ \rightarrow \mathbb{C}^{m_1}$ 的范数。当 $p = 2$ 时,相应的向量函数 f 的 $\mathcal{H}_2$ 范数可用来评估复矩阵值函数 F(下面定义)的 $\mathcal{H}_\infty$ 范数,其可以用来进行降阶模型的误差估计(参见 3.9.2 节的分析)。

定义:复矩阵值函数的 $\mathcal{H}_\infty$ 范数

$$\| F \|_{\mathcal{H}_\infty} = \sup_{w \in \mathbb{R}} \sigma_{\max}(F(j\omega)) \qquad (3.13)$$

其中，$\sigma_{\max}$ 是 $F(j\omega)$ 的最大奇异值。从中可以看出，$\mathscr{H}_\infty$ 范数是 $\mathscr{L}_2$ 诱导范数，也是 $\mathscr{H}_2$ 诱导范数[15]，即：

$$\| F \|_{\mathscr{H}_\infty} = \sup_{\boldsymbol{X} \neq 0} \frac{\| F\boldsymbol{X} \|_{\mathscr{H}_2}}{\| \boldsymbol{X} \|_{\mathscr{H}_2}} = \sup_{x \neq 0} \frac{\| \boldsymbol{f} * \boldsymbol{x} \|_2}{\| \boldsymbol{X} \|_2} \tag{3.14}$$

其中 $\boldsymbol{X}$ 是 x 的拉普拉斯变换：$\mathbb{R} \to \mathbb{R}^{m_2}$，$F$ 是 $\boldsymbol{f}$ 的拉普拉斯变换：$\mathbb{R} \to \mathbb{R}^{m_1 \times m_2}$。$\boldsymbol{f} * \boldsymbol{x}$ 表示 $\boldsymbol{f}$ 和 $\boldsymbol{x}$ 的卷积，即

$$\boldsymbol{f} * \boldsymbol{x}(t) = \int_{-\infty}^{\infty} \boldsymbol{f}(\tau) x(t-\tau) \mathrm{d}\tau \tag{3.15}$$

$\mathscr{H}_\infty$ 范数和 $\mathscr{L}_2$ 范数之间的关系以及 $\mathscr{H}_\infty$ 范数和 $\mathscr{H}_2$ 范数之间的关系，可以用于推导两个不同系统输出响应之间的偏差(3.5 节)，从而获得降阶系统输出响应的误差估计。

3.4 数值算法

本节我们将讨论一些众所周知的线性代数数值算法，其中有些是矩匹配 MOR 方法的核心算法。通过采用改进的 Gram-Schmidt 方法，可以得到由一组向量所张成的子空间的一组正交基，例如可得到 $\tilde{r}_1$，$\tilde{r}_2$，$\tilde{r}_3 \cdots$，$\tilde{r}_q$。基向量 $\tilde{r}_1$，$\tilde{r}_2$，$\cdots$，$\tilde{r}_q$ 不仅正交并线性无关，而且还相互正交(见 3.3.2 节的定义)。

改进的 Gram-Schmidt 方法(算法 1 和 2)有助于我们理解 Arnoldi 算法(算法 3)和块 Arnoldi 算法(算法 4)。这些算法可以直接用于计算 3.7 节中降阶模型的投影矩阵 $\boldsymbol{V}$。

算法 1 改进的 Gram-Schmidt 方法

输入：$\tilde{\boldsymbol{r}}_1$，$\tilde{\boldsymbol{r}}_2$，$\cdots$，$\tilde{\boldsymbol{r}}_q$

输出：$\boldsymbol{r}_1$，$\boldsymbol{r}_2$，$\cdots$，$\boldsymbol{r}_q$

1) For $i=1$ to q

2) 　　For $j=1$ to $i-1$

3) 　　　$\tilde{\boldsymbol{r}}_i = \tilde{\boldsymbol{r}}_i - \dfrac{\boldsymbol{r}_j^{\mathrm{T}} \boldsymbol{r}_i}{\boldsymbol{r}_j^{\mathrm{T}} \boldsymbol{r}_j} \boldsymbol{r}_j$

4) 　　end

5) 　$\boldsymbol{r}_i = \dfrac{\tilde{\boldsymbol{r}}_i}{\| \tilde{\boldsymbol{r}}_i \|_2}$

6) end

注意其中的向量 $\boldsymbol{r}_i$，$i = 1, 2, \cdots, q$ 是归一化的，即每个向量 $\boldsymbol{r}_i$ 的 2-范数是 1。因此，$\boldsymbol{r}_i$，$i = 1, 2, \cdots, q$ 是相互正交的。如果与前面所有的向量 $\boldsymbol{r}_j$ 进行正交

化之后,等效向量 $\tilde{r}_i$ 的 2-范数是 0 或者接近 0,那么表明 $\tilde{r}_i$ 可以用前面的向量线性表示,并且对子空间不产生影响。因此,一旦 r_i 满足 $\|r_i\|_2 < tol$,其中 tol 是一个很小的数,那么 r_i 就应该删掉。这是改进的 Gram-Schmidt 方法在具体实现过程中必做的一步,叫做缩减处理(deflation)。最终,上述改进的 Gram-Schmidt 方法变成了下面的算法 2,这是在实际应用过程中的一个具体实现方式。

算法 2   缩减的改进 Gram-Schmidt 方法

INPUT:$\tilde{r}_1$,$\tilde{r}_2$,…,$\tilde{r}_q$

OUTPUT:r_1,r_2,…,r_q(正交的)

1)   For $i=1$ to q

2)   For $j=1$ to $i-1$

3) $\tilde{r}_i = \tilde{r}_i - \dfrac{r_j^{\mathrm{T}} r_i}{r_j^{\mathrm{T}} r_j} r_j$

4)   end

5)   if $\|r_i\|_2 > tol$

6) $r_i = \dfrac{\tilde{r}_i}{\|\tilde{r}_i\|_2}$

7)   else

8)   delete r_i

9)   end

10) end

接下来我们介绍 Arnoldi 算法(算法 3),它和改进的 Gram-Schmidt 方法有着紧密的联系。Arnoldi 算法的一个特点是其会为 Krylov 子空间 $K_q(A, r)$ 产生一个正交基,即将向量 r,Ar,A^2r,…,A^qr 转换为一组正交向量,这组正交向量组成了 Krylov 子空间的基。因此,我们可以说 Arnoldi 算法就是将向量 r,Ar,A^2r,…,A^qr 正交化并且张成 Krylov 子空间 $K_q(A, r)$ 的一种改进的 Gram-Schmidt 方法。算法 3 的输出是一组正交向量 v_1,v_2,…,v_q,其构成了 Krylov 子空间 $K_q(A, r)$ 的基。

算法 3   Arnoldi 算法

输入:A,$\tilde{r}$。

输出:v_1,v_2,…,v_q 和一个 Hessenberg 矩阵 H。

1) $v_1 = \dfrac{\tilde{r}}{\|\tilde{r}\|_2}$

2)   For $i=1$ to $q-1$

3) $w = Av_i$

4)   For $j=1$ to i

5) $h_{ji} = v_j^{\mathrm{T}} w$

6) $w = w - h_{ji} v_j$

7)　　　end

8)　　　If $\| w \|_2 > tol$

9)　　　　$h_{i+1,i} = \| w \|_2$

9)　　　　$v_i = w/h_{i+1,i}$

10)　　else

11)　　　stop

12)　　end

13)　end

当公式(3.3)所描述的系统是一个多输入单输出(MISO)系统或多输入多输出(MIMO)系统时，Arnoldi算法就不能用了，反而需要利用块Arnoldi算法(block Arnoldi algorithm或所谓的Band Arnoldi process)来推导降阶模型。这是因为MISO或MIMO系统的输入矩阵B不是一个向量而是一个矩阵，所以我们要计算块Krylov子空间$K_q(A, B)$的基(3.3.2节)，而不是计算Krylov子空间的基。在3.7节中可以找到应用这种算法的详细内容。参考文献[32]中的块Arnoldi算法和参考文献[33]提出的Band Arnoldi算法可以用来产生块Krylov子空间的正交基。矩匹配MOR方法将用到这两种算法[26,34]。实际上，6.22节介绍的块Arnoldi算法，即参考文献[32]中含有块MGS的块Arnoldi算法已被用于MOR方法PRIMA中[26]，这是一种在电路仿真中非常流行的MOR方法。参考文献[33]中介绍的Band Arnoldi算法在MEMS仿真领域有着广泛的应用。因此，算法4将对其进行描述。除了Band Arnoldi算法，还有全局Arnoldi算法，可将其用于MIMO系统的MOR方法，除此之外，它也可以对某些系统进行有效的降阶[35,36]。由于篇幅的限制，我们在本书中不对其展开介绍。

算法4的输出是一组正交向量，其构成块Krylov子空间$K_q(A, R)$的基。通常，由于缩减的原因，数值q_B(正交向量的个数)远小于总的输入向量数$q \times m$。

算法4　块Arnoldi算法[33]。

输入：矩阵$A \in \mathbb{C}^{n \times n}$；

　　　m个右起始向量块$R = (r_1, r_2, \cdots, r_m) \in \mathbb{C}^{n \times m}$。

输出：$n \times n$ Arnoldi矩阵$G_{q_B}^{(pr)}$

　　　矩阵$V_{q_B} = [v_1, v_2, \cdots, v_{q_B}]$包含第一个$q_B$ Arnoldi向量，以及矩阵$\rho_{q_B}^{(pr)}$。

0) For $k = 1, 2, \cdots, m$, set $\hat{v}_k = r_k$.

　　Set $m_c = m$ and $\mathscr{I} = \emptyset$ (an empty set)

　　For $i = 1, 2, \cdots$, until convergence or $m_c = 0$ do:

1) (If necessary, deflate $\hat{v}_i$)

Compute $\| \hat{v}_i \|_2$ and check if the deflation criterion ($\| \hat{v}_i \|_2 < tol$) is fulfilled.

If yes, do the following：

Set $\hat{v}_{i-m_c}^{defl} = \hat{v}_i$ and store this vector. Set $\mathscr{I} = \mathscr{I} \bigcup \{i - m_c\}$

Set $m_c = m_c - 1$. If $m_c = 0$, set $i = i - 1$ and stop.

For $k = i$, $i + 1$, $\cdots$, $i + m_c - 1$ set $\hat{\boldsymbol{v}}_k = \hat{\boldsymbol{v}}_{k+1}$

Repeat all of step 1).

2) (Normalize $\hat{\boldsymbol{v}}_i$ to obtain $\boldsymbol{v}_i$)

Set $g_{i,\,i-m_c} = \parallel \hat{\boldsymbol{v}}_i \parallel_2$ and $\boldsymbol{v}_i = \dfrac{\hat{\boldsymbol{v}}_i}{g_{i,\,i-m_c}}$

3) (Orthogonalize the candidate vectors against $\boldsymbol{v}_i$)

For $k = i + 1$, $i + 2$, $\cdots$, $i + m_c - 1$, set:

Set $g_{i,\,k-m_c} = \boldsymbol{v}_i^H \hat{\boldsymbol{v}}_k$ and $\hat{\boldsymbol{v}}_k = \hat{\boldsymbol{v}}_k - \boldsymbol{v}_i g_{i,\,k-m_c}$.

4) (Advance the block Krylov subspace to get $\hat{\boldsymbol{v}}_{i+m_c}$)

(a) Set $\hat{\boldsymbol{v}}_{i+m_c} = A\boldsymbol{v}_i$

For $k = 1$, 2, $\cdots$, i set:

$g_{k,i} = \boldsymbol{v}_k^H \hat{\boldsymbol{v}}_{i+m_c}$ and $\hat{\boldsymbol{v}}_{i+m_c} = \hat{\boldsymbol{v}}_{i+m_c} - \boldsymbol{v}_k g_{k,i}$

5) (a) For $k \in \mathscr{F}$, set $g_{i,k} = \boldsymbol{v}_i^H \hat{\boldsymbol{v}}_k^{delf}$

(b) Set

$G_i^{(pr)} = [g_{j,k}]$, j, $k = 1$, 2, $\cdots$, i

$k_\rho = m + \min\{0, i - m_c\}$,

$\rho_i^{br} = [g_{j,k-m}]$, $j = 1$, 2, $\cdots$, i; $k = 1$, 2, $\cdots$, k_ρ,

6) Check if i is large enough. If yes, set $q_B = i$, stop

3.5 线性系统理论

本节我们将介绍线性系统理论的基本知识,这些知识对 MOR 方法的分析非常有必要。本节大部分内容是为 3.8 节将要介绍的基于 Gramian 矩阵的 MOR 方法进行知识储备。我们会给出线性时不变系统(LTI)稳定性和无源性的定义。通常降阶模型要能够保有原模型的稳定性和无源性才好,这样才可以对原系统完成正确的物理替代。

3.5.1 传递函数

公式(3.3)所描述系统的传递函数是系统在频域中的输入/输出关系。通过对公式(3.3)两边做拉普拉斯变化,我们可以得到:

$$sEX(s) - Ex(0) = AX(s) + BU(s) \tag{3.16}$$

$$Y(s) = CX(s)$$

其中, $X(s)$ 是 $\boldsymbol{x}(t)$ 的拉普拉斯变换, $\boldsymbol{x}(0)$ 是 $\boldsymbol{x}(t)$ 在 $t = 0$ 时的值。在系统理论中[37,38],状态向量 $\boldsymbol{x}(t)$ 定义为系统的状态, $\boldsymbol{x}(0)$ 为系统的初始状态。状态(state)

这个术语将在介绍平衡截断法的 3.8 节中频繁使用。

假设 $x(0) = 0$，我们可以得到系统的传递函数 $H(s)$：

$$H(s) = \frac{Y(s)}{U(s)} = C(sE - A)^{-1}B \tag{3.17}$$

许多降阶方法，例如矩匹配 MOR 方法和基于 Gramian 矩阵的 MOR 方法，都假设零初始状态 $x(0) = 0$。尽管对 $x(0) \neq 0$ 情况下的相关研究很少，但是 MOR 方法需要有效地处理一些非零初始状态的情形。我们将在 3.10 节中讨论 $x(0) \neq 0$ 时系统的模型降阶。

3.5.2 对任意两个不同 LTI 系统间偏差的测量

本节我们将介绍如何对任意两个不同 LTI 系统的输出响应偏差进行测量。基于该测量，3.9 节将建立基于 Gramian 矩阵的 MOR 方法的偏差界。由于推导偏差测量时并不是考虑单个 MOR 方法的，因此该测量方法与 MOR 方法是独立的。它也是其他 MOR 方法的误差估计基础，例如矩匹配 MOR 方法。

我们知道公式 (3.3) 所描述系统在时域中的输出响应 $y(t)$ 可被视为输入 $u(t)$ 和系统脉冲响应 $h(t)$ 的卷积[39]，即

$$y(t) = h * u = \iint_{-\infty}^{\infty} h(\tau)u(t-\tau)\mathrm{d}\tau$$

现在我们可以测量两个不同系统在相同输入信号 $u(t)$ 情况下的输出响应偏差。假设 $y_1(t)$ 和 $y_2(t)$ 分别为两个不同 LTI 系统的输出响应，我们可以得到：

$$\| y_1 - y_2 \|_2 = \| h_1 * u - h_2 * u \|_2 = \| (h_1 - h_2) * u \|_2$$

其中 $h_1(t)$ 和 $h_2(t)$ 分别是两个 LTI 系统的脉冲响应。我们也知道传输函数是每个脉冲响应 $h(t)$ 的拉普拉斯变换。因此，根据公式 (3.14) 我们马上可以得到：

$$\| y_1 - y_2 \|_2 \leqslant \| H_1 - H_2 \|_{\mathscr{H}_\infty} \| u \|_2 \tag{3.18}$$

同时可得到在频域中输出响应的偏差：

$$\| Y_1 - Y_2 \|_{\mathscr{H}_2} = \| H_1 U - H_2 U \|_2 \leqslant \| H_1 - H_2 \|_{\mathscr{H}_\infty} \| U \|_{\mathscr{H}_2} \tag{3.19}$$

从公式 (3.18) 和公式 (3.19) 我们可以看出，在相同的输入信号 $u(t)$ 激励下，两个不同系统输出响应的偏差界为 $\| H_1 - H_2 \|_{\mathscr{H}_\infty}$。模型降阶方法希望得到一个降阶系统，因此 $\| H - H_r \|_{\mathscr{H}_\infty}$ 很小，在此 H_r 是降阶系统的传递函数。如果 $\| H - H_r \|_{\mathscr{H}_\infty}$ 能够保持足够小，那么这就意味着 $\| Y - Y_r \|_{\mathscr{H}_2}$ 和 $\| y - y_r \|_{\mathscr{H}_2}$ 就会很小。这里，Y_r 和 y_r 分别是降阶系统在频域和时域中的输出响应。对于所有

$s \in \mathbb{C}_+$，可以通过基于 Gramian 矩阵的 MOR 方法得到 $\parallel H_1 - H_2 \parallel_{\mathscr{H}_\infty}$ 的可计算边界。通过这个全局偏差界，根据所要求精度可以自动计算得到降阶模型。

3.5.3　可控性和可观性

可控 Gramian 矩阵和可观 Gramian 矩阵是系统理论的基本概念，它们可以用来研究系统的许多重要性质，比如状态的可控性和可观性。它们在基于 Gramian 矩阵的 MOR 方法中起着重要作用。

定义：可控性（状态）

给定一个如公式（3.3）所示的 LTI 系统，如果存在着一个有限能量输入 $u(t)$ 使得系统状态在有限的时间 $\bar{t} < \infty$ 内从非零状态 x 变为 0 状态，则非零状态 x 是可控的。

注：

可控性用于衡量一个给定的非零状态如何被输入控制变为零状态。它描述了由输入控制状态的可能性。

定义：可观性（状态）

对于给定的任意输入 $u(t)$，如果从状态 x（如 $x(0) = x$）开始，在经过有限时间 $\bar{t} < \infty$ 后，x 可以由输出 $y(\bar{t})$ 唯一确定，则系统的状态 x 是可观的。

注：

可观性是衡量一个系统如何通过了解它的外部输出估计其内部状态。它描述了由外部输出估计内部状态的可能性。

可控 Gramian 矩阵　对于如公式（3.3）所表示的一个可控、可观、稳定的 LTI 系统，它的可控 Gramian 矩阵 P 定义为

$$P = \int_0^\infty e^{At} \boldsymbol{B} \boldsymbol{B}^{\mathrm{T}} e^{A^{\mathrm{T}} t} \mathrm{d}t \tag{3.20}$$

可观 Gramian 矩阵　对于如公式（3.3）所表示的一个可控、可观、稳定的 LTI 系统，它的可观 Gramian 矩阵 Q 定义为

$$Q = \int_0^\infty e^{A^{\mathrm{T}} t} \boldsymbol{C}^{\mathrm{T}} \boldsymbol{C} e^{At} \mathrm{d}t \tag{3.21}$$

注解：

可控 Gramian 矩阵和可观 Gramian 矩阵使得状态的可控性和可观性变得可测量，即可以通过这两个矩阵分析状态。这使得对状态的分析理论上精准、数值上可计算，并且使得在 MOR 方法中截断不重要的变量变得切实可行。在系统理论中，这些难于可控和可观的状态对于系统来讲并不重要，从而是可以忽略的。基于

Gramian 矩阵的 MOR 方法就是基于这个理论。

3.5.4 实现理论

实现   在系统理论中,一个 LTI 系统的实现就是对应于公式(3.3)的一组矩阵

$$(\boldsymbol{E},\boldsymbol{A},\boldsymbol{B},\boldsymbol{C})\in \mathbb{R}^{n\times n}\times \mathbb{R}^{n\times n}\times \mathbb{R}^{n\times m_1}\times \mathbb{R}^{m_2\times n}$$

一般来说,一个 LTI 系统有无限种实现方式。这是由于在状态-空间转换时其状态函数是不变的,或者换句话说,在坐标转换中是不变的。

其中,状态-空间转换方程定义如下:

$$\mathscr{T}:\begin{cases} \boldsymbol{x} & \boldsymbol{Tx} \\ (\boldsymbol{E},\boldsymbol{A},\boldsymbol{B},\boldsymbol{C}) & (\boldsymbol{TET}^{-1},\boldsymbol{TAT}^{-1},\boldsymbol{TB},\boldsymbol{CT}^{-1}) \end{cases} \quad (3.22)$$

这意味着如果用 $\tilde{\boldsymbol{x}}=\boldsymbol{Tx}$ 代替 $\boldsymbol{x}$,那么公式(3.3)所表示的系统就变成了如下系统:

$$\boldsymbol{TET}^{-1}\frac{\mathrm{d}\tilde{\boldsymbol{x}}}{\mathrm{d}t}=\boldsymbol{TAT}^{-1}\tilde{\boldsymbol{x}}+\boldsymbol{TB}u(t)$$

$$\boldsymbol{y}(t)=\boldsymbol{CT}^{-1}\tilde{\boldsymbol{x}} \quad (3.23)$$

可通过以下简单计算证明,状态-空间变换时传递函数的不变性:

$$\tilde{H}(s)=(\boldsymbol{CT}^{-1})(s\boldsymbol{TET}^{-1}-\boldsymbol{TAT}^{-1})^{-1}(\boldsymbol{TB})=\boldsymbol{C}(s\boldsymbol{E}-\boldsymbol{A})^{-1}\boldsymbol{B}=H(s)$$

$$(3.24)$$

这里 $\tilde{H}(s)$ 是公式(3.23)所表示的变换后系统的传递函数,而 $H(s)$ 是公式(3.3)所表示的原系统传递函数。

但关于 LTI 系统的表示并不是唯一的。任何状态变量的增加不会影响输入-输出关系,这意味着对于相同的输入 u 可以得到相同的输出 y,导致了相同的 LTI 系统实现[16]。因此在不改变输入-输出映射情况下,一个系统的阶数 n 可以随意放大。另一方面,对于每个系统,状态变量 $\hat{n}$ 存在着唯一的最小数目,即这是能够完全描述输入-输出行为所需的最小变量数目。这个数字叫做系统的 McMillan 度,n 阶系统实现 $(\hat{\boldsymbol{E}},\hat{\boldsymbol{A}},\hat{\boldsymbol{B}},\hat{\boldsymbol{C}})$ 叫做系统的最小实现。

需要指出的是,只有 McMillan 度是唯一的,任何状态-空间转换(公式 3.22)都会导致同一个系统的另一个最小实现。

注:
公式(3.22)所示的状态-空间转换表明,公式(3.23)所表示的转换后的系统和公式(3.3)所表示的原系统是同一个系统。它们是在一个状态-空间(坐标)转换中同一个系统的两种实现方式。基于 Gramian 矩阵的 MOR 方法利用了这个想法,

以得到如公式(3.3)所示系统的平衡转换方程(3.8.2节)。

平衡实现　通俗地说,一个平衡实现就是当可控 Gramians 矩阵和可观 Gramians 矩阵相等且对角化时的最小实现。

更正式地说:若 $(\hat{E},\hat{A},\hat{B},\hat{C})$ 作为线性时不变系统的最小实现,如果可控矩阵 P 和可观矩阵 Q 满足 $P=Q=\mathrm{diag}(\sigma_1,\sigma_2,\cdots,\sigma_n)\triangleq\Sigma$,则 $(\hat{E},\hat{A},\hat{B},\hat{C})$ 可称为平衡。参考文献[15]中引理 5.6 告诉我们,Σ 中的元素 σ_i 为

$$\sigma_i=\sqrt{\lambda_i(PQ)},\ i=1,2,\cdots,n$$

其中 $\lambda_i(PQ)$ 表示 Gramian 矩阵 PQ 的特征值,σ_i,$i=1,2,\cdots,n$ 称为 Hankel 奇异值(HSV),这可以给出基于 Gramian 的 MOR 方法(3.9 小节)得到的降阶系统的全局误差界。

在 3.8 节中,我们将讲述为了得到最终的降阶模型,原系统必须先平衡化。这就意味着要先找到系统的平衡实现,然后通过系统的平衡实现得到降阶模型,而不是直接通过原系统得到。这么做的动机是在降阶模型中保留那些既可控又可观的变量。只有这些状态在系统的表达中举足轻重,才在降阶过程中予以保留。

3.5.5　系统的稳定性和无源性

稳定性　以下关于稳定性的讨论源自参考文献[33]的 3.4 节。

公式(3.3)所表示的 LTI 系统,如果其自由响应即公式(3.25)的解 $x(t)(t\geqslant0)$,对于任何初始向量 x_0 在 $t\to\infty$ 范围内都保持有界,则其是稳定的:

$$E\frac{\mathrm{d}x}{\mathrm{d}t}=Ax \tag{3.25}$$

$$x(0)=x_0$$

需要指出的是,如果矩阵 E 是奇异矩阵,那么对初始向量 x_0 会有某些限制,更多相关解释请参阅参考文献[33]的 2.1 节。

如下所述,可以通过系统矩阵来证明系统的稳定性。

定理 1:当且仅当以下两种情况满足时,LTI 系统是稳定的:

(1) 矩阵束(matrix pencil)$A-sE$ 的所有有限特征值 $s\in\mathbb{C}$ 满足 $Re(s)\leqslant0$;

(2) 当 $Re(s)=0$ 时,矩阵束 $A-sE$ 的所有有限特征值是简单的。

接下来的定理讲述通过传递函数来验证稳定性。

定理 2:若传递函数 $H(s)$ 是公式(3.3)所表示系统的最小实现,则当且仅当 $H(s)$ 的所有有限极点 s_i 均满足 $Re(s_i)\leqslant0$,并且 $Re(s_i)=0$ 时任何一个极点都是简单的,系统 $\{A,B,C,D\}$ 是稳定的。

注：

在上述理论中，$Re(s)$ 是复数变量 s 的实部。系统的稳定性可以理解为状态变量 $x(t)$ 随着 t 的增长绝不会增长到无穷大。这里需指出，几乎所有的基于 Gramian 的 MOR 方法都需如公式(3.3)所表示的原始 LTI 系统是稳定的。

无源性　在此，我们引用参考文献[34，40]中的几句话来解释无源性在电路仿真中的重要性。粗略地讲，如果(线性或非线性)动态系统不会产生能量，那么它就是无源的。这个概念首先在电路领域中提出[41]。例如，一个只包含电阻、电感、电容的网络就是无源的。在电路仿真中，就经常对大型无源线性支路进行降阶处理，例如 RLC 网络。当这些子电路的降阶模型用于整个电路仿真时，只要这些降阶模型能够保留原子电路的无源性，那么就可以确保整个仿真的稳定性[42,43]。

从系统的角度看，LTI 系统的无源性可以通过传递函数来表达，如下所述。

定理 3：当且仅当相关传递函数 $H(s) = \boldsymbol{C}(s\boldsymbol{E} - \boldsymbol{A})^{-1}\boldsymbol{B}$ 是正实数性，则公式(3.3)所表示的 LTI 系统是无源的。

矩阵值函数正实数性的定义如下[41]：

定义　一个函数 $H: \mathbb{C} \to (\mathbb{C} \bigcup \infty)^{m \times m}$ 是正实数性的，则它满足下面三个条件：

(1) H 在 $\mathbb{C}_+$ 中没有极点；

(2) 对任意 $s \in \mathbb{C}$，有 $H(\bar{s}) = \overline{H(s)}$；

(3) 对任意 $s \in \mathbb{C}_+$ 和 $x \in \mathbb{C}^m$，有 $Re(\boldsymbol{x}^H H(s)\boldsymbol{x}) \geqslant 0$。

3.6　模型降阶方法的基本思想

在介绍了上面的基本数学知识、基本数学算法以及系统理论的背景之后，我们将正式介绍模型降阶方法。

几乎所有 MOR 方法的基本思想都是找到一个子空间 S_1 来近似驻留状态向量 $x(t)$ 的空间。然后，用 S_1 中的向量 $\tilde{x}(t)$ 来近似 $x(t)$。通过 Petrov-Galerkin 法映射到另外一个子空间 S_2 或者 Galerkin 法映射到相同的子空间 S_1，就能产生降阶模型。

我们用公式(3.3)所表示的系统作为一个实例讲述其基本思想。假设找到了子空间 S_1 的正交基 $\boldsymbol{V} = \{v_1, v_2, \cdots, v_q\}$，那么 S_1 中的近似 $\tilde{x}(t)$ 可以用正交基来表示，即 $\tilde{x}(t) = \boldsymbol{V}z(t)$。因此，$x(t)$ 可以由 $x(t) \approx \boldsymbol{V}z(t)$ 近似表示。在此，向量 z 的长度 $q \ll n$。

一旦我们算出 $z(t)$，就可以得到 $x(t)$ 的近似解 $\tilde{x}(t) = \boldsymbol{V}z(t)$。我们可以通过

以下两个步骤,利用降阶模型计算得到向量 $z(t)$。

1) 将公式(3.3)中的 x 替换为 $Vz(t)$,可得

$$E\frac{\mathrm{d}Vz}{\mathrm{d}t} \approx AVz + Bu(t) \tag{3.26}$$

$$y(t) \approx CVz$$

2) 注意公式(3.3)的等号不再成立。因此,我们在公式(3.26)中用的是"$\approx$"。为了得到公式(3.26)中的 z 的解,需要将公式(3.26)转换为等式。(Petrov-)Galerkin 投影法可以提供一种转换方法,其基本思想如下所述。既然公式(3.26)不是等式,那么方程式的左边和右边肯定存在差值。我们令差值为 $e = AVz + Bu(t) - E\frac{\mathrm{d}Vz}{\mathrm{d}t}$,称其为残余量。根据公式(3.26),我们可以看出在全部向量空间 $\mathbb{R}^n$ 中 $e \neq 0$。然而,我们能够在向量空间 $\mathbb{R}^n$ 中找到一个合适的实数子空间 S_2 使得 $e = 0$。如果我们计算出了一个矩阵 W,其列向量是 S_2 的基,那么在 S_2 中 $e = 0$,这意味着 e 和 W 的列向量正交,即 e 和 S_2 的基正交,$W^T e = 0$。这样我们得到了降阶模型:

$$W^T E \frac{\mathrm{d}Vz}{\mathrm{d}t} = W^T AVz + W^T Bu(t) \tag{3.27}$$

$$\hat{y}(t) = CVz$$

令 $\hat{E} = W^T EV$,$\hat{A} = W^T AV$,$\hat{B} = W^T B$,$\hat{C} = CV$,我们得到了最终的降阶模型:

$$\hat{E}\frac{\mathrm{d}z}{\mathrm{d}t} = \hat{A}z + \hat{B}u(t)$$

$$\hat{y}(t) = \hat{C}z \tag{3.28}$$

需要指出的是,可以通过求解公式(3.28)(跟公式(3.3)相比,等式数目减少了很多),可以由 $z(t)$ 算出 $x(t)$ 的近似 $\hat{x}(t) = Vz(t)$。因此,公式(3.28)可以更容易地解出,它就是所谓的降阶模型。为了减少求解公式(3.3)所需的仿真时间,可以用公式(3.28)代替公式(3.3)所表示的原始大系统,从而可以实现快速仿真。此外,两个系统的误差应该控制在可以接受的范围之内。我们可以利用两个系统的输出响应或传递函数的误差来测量两个系统之间的误差。

由以上内容可以看出,一旦得到了矩阵 W 和 V,就可以推导出降阶模型。然而基于 Gramian 的方法中所算出的 W 和 V 是不同的,但也有一些方法中 $W = V$,比如一些矩匹配 MOR 方法、缩减基法以及一些本征正交分解(POD)方法。当 $W = V$ 时,Petrov-Gramian 投影就变成了 Gramian 投影。MOR 方法对 W 和 V 矩阵

的计算方法并不相同。基于 Gramian 的 MOR 方法通过利用 3.5 节中定义的可控 Gramian 矩阵和可观 Gramian 矩阵来计算 W 和 V。缩减基法和 POD 方法通过不同时间步长的状态向量 x 的映射来计算 V(如果系统是参数化的也可以基于参数采样)。矩匹配 MOR 方法通过传递函数的矩向量来计算 V。所有这些方法的共同目标就是让降阶模型更有效地"接近"原始模型。例如,给定了两个系统的输入 $u(\cdot)$,降阶模型的输出响应 $\hat{y}(\cdot)$ 和原始模型的输出响应 $y(\cdot)$ 之间的误差应该足够小。通过公式(3.18)和公式(3.19),降阶模型和原始模型的传递函数之间的误差经常用于测量降阶模型的精度。

在接下来的 3.7 节和 3.8 节中将分别讲述矩匹配 MOR 方法和基于 Gramian 矩阵的 MOR 方法。

3.7 矩匹配模型降阶方法

矩匹配 MOR 方法试图推导出一个降阶模型,其传递方程和原系统的传递方程是矩匹配的。一般而言,匹配矩的数量越多,降阶模型就更精确。在接下来的一节,我们将首先介绍矩和矩向量的定义,然后讲述如何基于矩匹配计算矩阵 W 和 V。

3.7.1 矩和矩向量

如果我们将公式(3.17)定义的传递函数 $H(s)$ 在点 s_0 处作泰勒级数展开

$$
\begin{aligned}
H(s) &= C^{\mathrm{T}} \left[(s - s_0 + s_0) E - A \right]^{-1} B \\
&= C^{\mathrm{T}} \left[(s - s_0) E + (s_0 E - A) \right]^{-1} B \\
&= C^{\mathrm{T}} \left[I + (s_0 E - A)^{-1} E (s - s_0) \right]^{-1} (s_0 E - A)^{-1} B \\
&= \sum_{i=0}^{\infty} \underbrace{C^{\mathrm{T}} \left[-(s_0 E - A)^{-1} E \right]^i (s_0 E - A)^{-1} B}_{:= m_i(s_0)} (s - s_0)^i
\end{aligned} \tag{3.29}
$$

如果系统是 SISO 系统,则 $m_i(s_0)$,$i = 0, 1, 2, \cdots$ 被称为传递函数 $H(s)$ 的矩。如果系统是 MIMO、SIMO 或者 MISO 系统,那么 $m_i(s_0)$,$i = 0, 1, 2, \cdots$ 就是矩阵,被称为块矩(block moment)[26]。在电路设计领域,当端口 k 处的电压源是唯一非零电压源时,$m_i(s_0)$ 矩阵中第 j 行第 k 列的元素被称为流入端口 j 的电流的 i 阶矩。本章内容只将 $m_i(s_0)$ 作为一个整体考虑,并不单独讨论矩阵内的元素。这意味着当我们提到传递函数的矩时,我们是指 $m_i(s_0)$,$i = 0, 1, 2, \cdots$。

由公式(3.16)和公式(3.29),我们可以直接得到 $X(s)$ 的相应泰勒展开表达式:

$$X(s) = \sum_{i=0}^{\infty} \left[-\left(s_0 \boldsymbol{E} - \boldsymbol{A}\right)^{-1} \boldsymbol{E} \right]^i \left(s_0 \boldsymbol{E} - \boldsymbol{A}\right)^{-1} \boldsymbol{B} U(s)(s - s_0)^i \qquad (3.30)$$

其中,我们称 $\left[-\left(s_0 \boldsymbol{E} - \boldsymbol{A}\right)^{-1} \boldsymbol{E} \right]^i \left(s_0 \boldsymbol{E} - \boldsymbol{A}\right)^{-1} \boldsymbol{B}$, $i = 0, 1, 2, \cdots$ 为矩向量,其可以用来计算投影矩阵 $\boldsymbol{V}$。必须指出,当公式(3.3)表示 MISO 或者 MIMO 系统时,那么 $\left[-\left(s_0 \boldsymbol{E} - \boldsymbol{A}\right)^{-1} \boldsymbol{E} \right]^i \left(s_0 \boldsymbol{E} - \boldsymbol{A}\right)^{-1} \boldsymbol{B}$, $i = 0, 1, 2, \cdots$ 是一个矩阵而不是一个向量。不过为了简单起见,即便是在多输入的情况下,我们还是称之为矩向量。

3.7.2　投影矩阵 $\boldsymbol{W}$ 和 $\boldsymbol{V}$ 的计算

$\boldsymbol{V}$ 的计算　从公式(3.30)可以看出状态向量 $\boldsymbol{X}(s)$ 位于矩向量所生成的空间中。我们只用一部分矩向量而不是全部矩向量来生成一个小的子空间 S_1。那么,可以用 S_1 中的一个向量来近似 $\boldsymbol{X}(s)$,即 $\boldsymbol{X}(s) \approx \boldsymbol{V} \boldsymbol{Z}(s)$。其中 $\boldsymbol{V}$ 是 S_1 的正交基。经过逆拉普拉斯变换后,我们得到 S_1 中 $\boldsymbol{x}(t)$ 的相应近似,即 $\boldsymbol{x}(t) \approx \boldsymbol{V} \boldsymbol{z}(t)$,其中, $\boldsymbol{z}(t)$ 是 $\boldsymbol{Z}(s)$ 的逆拉普拉斯变换。这意味着,在时域中, $\boldsymbol{x}(t)$ 可以由 $\boldsymbol{V} \boldsymbol{z}(t)$ 近似。通常来讲,在 S_1 中包含的矩向量越多, $\boldsymbol{V} \boldsymbol{z}(t)$ 近似的精度就越高。然而,为了控制降阶模型的大小,一般选择从 $i = 0$ 开始的矩向量,即正交矩阵 $\boldsymbol{V}$ 的列向量生成的子空间:

$$\text{range}\{\boldsymbol{V}\} = \text{span}\{\widetilde{\boldsymbol{B}}(s_0), \widetilde{\boldsymbol{A}}(s_0)\, \widetilde{\boldsymbol{B}}(s_0), \cdots, \widetilde{\boldsymbol{A}}^{q-1}(s_0)\, \widetilde{\boldsymbol{B}}^{q-1}(s_0)\} \qquad (3.31)$$

其中, $\widetilde{\boldsymbol{A}}(s_0) = (s_0 \boldsymbol{E} - \boldsymbol{A})^{-1} \boldsymbol{E}$, $\widetilde{\boldsymbol{B}}(s_0) = (s_0 \boldsymbol{E} - \boldsymbol{A})^{-1} \boldsymbol{B}$,并且 $q \ll n$。

$\boldsymbol{W}$ 的计算　为了得到降阶模型,我们还需要得到(Petrov-) Galerkin 矩阵 $\boldsymbol{W}$。参考文献[25]中提出的方法利用非对称 Lanczos 方法来计算 $\boldsymbol{W}$ 和 $\boldsymbol{V}$,其中 $\boldsymbol{W} \neq \boldsymbol{V}$。矩阵 $\boldsymbol{W}$ 的列向量生成如下子空间:

$$\text{range}\{\boldsymbol{W}\} = \text{span}\{\boldsymbol{C}, \widetilde{\boldsymbol{A}}^{\mathrm{T}}(s_0)\boldsymbol{C}, \cdots, (\widetilde{\boldsymbol{A}}^{\mathrm{T}}(s_0))^{q-1}\boldsymbol{C}\} \qquad (3.32)$$

而且 $\boldsymbol{V}$ 满足公式(3.31)。由于篇幅限制,本书不再讲述参考文献[25]和[44]中的非对称 Lanczos 方法及其相应的算法。可以证明[25],如果利用上面提到的两个矩阵 $\boldsymbol{W}$ 和 $\boldsymbol{V}$ 获得公式(3.28)所示的降阶模型,那么该降阶模型的传递函数和原系统的传递函数在前 $2q$ 的矩是匹配的。我们在下面这个定理中总结上述内容:

定理 4:如果 $\boldsymbol{W}$ 和 $\boldsymbol{V}$ 生成公式(3.32)和公式(3.31)所示的子空间,那么公式(3.28)所表示降阶模型的传递函数 $\hat{H}(s) = \hat{\boldsymbol{C}} (s\hat{\boldsymbol{E}} + \hat{\boldsymbol{A}})^{-1} \hat{\boldsymbol{B}}$ 和公式(3.3)所表示原系统的传递函数的前 $2q$ 的矩是匹配的,即:

$$m_i(s_0) = \hat{m}_i(s_0), \quad i = 0, 1, 2, \cdots, 2q-1$$

其中, $\hat{m}_i(s_0) = \hat{\boldsymbol{C}} \left[-\left(s_0 \hat{\boldsymbol{E}} - \hat{\boldsymbol{A}}\right)^{-1} \hat{\boldsymbol{E}} \right]^{-i} \left(s_0 \hat{\boldsymbol{E}} - \hat{\boldsymbol{A}}\right)^{-1} \hat{\boldsymbol{B}}$, $i = 0, 1, 2, \cdots, 2q-1$ 是 $\hat{H}$ 的 i 阶矩。

矩匹配 MOR 方法 PRIMA[26]采用 $\boldsymbol{W} = \boldsymbol{V}$,这是利用参考文献[32]中的块

Arnoldi 算法 6.22 计算得到的。在这种情况下,只有传递函数的前 $q+1$ 的矩是匹配的。该方法的目的是计算出正交矩阵 V,V 是公式(3.31)所示 Krylov 子空间的正交基。因此,参考文献[32]中的块 Arnoldi 算法并不是唯一的选择。当公式(3.3)所示系统是一个单输入系统(SISO 或者 SIMO)时,其输入矩阵 B 其实是一个向量,即 $B=b$,那么可以通过算法 3 中描述的 Arnoldi 算法计算得到 V。Arnoldi 算法中的右起始向量 r 为 $r=\tilde{B}(s_0)$,并且矩阵 A 实际上是 $\tilde{A}(s_0)$。当原系统是一个多输入系统(MISO 或者 MIMO)时,可以用 Band Arnoldi 算法,即算法 4 代替来获得 V。算法的两个输入 A 和 R 分别为 $R=\tilde{B}(s_0)$ 和 $A=\tilde{A}(s_0)$。从中可以看出算法 4 包含单输入($B=b$)这一特殊情况,其相当于用于单输入系统的 Arnoldi 算法。只有矩阵向量乘法用于非对称 Laczos 方法、Arnoldi 或 Band Arnoldi 方法,这些算法才能易于实现并且所得到方法的复杂度只有 $O(nq^2)$。

3.7.3 展开点的不同选择

矩匹配方法的精度不仅与匹配矩的数量(或者说公式(3.31)和公式(3.32)所示 Krylov 子空间含有的向量数量)有关,还和泰勒展开点有关。如公式(3.29)所示的泰勒级数展开告诉我们,级数只在展开点 s_0 附近某一范围内保持精确,脱离该范围的话降阶模型会变得不精确。

如果选择展开点 $s_0=0$,那么矩就可以简化为 $m_i(s_0)=C^{T}/[A^{-1}E]^{i}$ $(-A)^{-1}B$,$i=0,1,2,\cdots$。若 $s_0=\infty$,该矩也被称为 Markov 系数[45],$m_i(s_0)=$ $C^{T}A^{i-1}B$,$i=0,1,2,\cdots$。为了提高单点展开时的精度,可以用多点展开并且为每个展开点匹配更多的矩。多点展开的矩匹配也被称为有理差值法[27]。例如,如果采用一个有 q 个不同展开点的集合 $\{s_1,\cdots,s_q\}$,由

$$\text{range}\{V\}=\text{span}\{\tilde{B}(s_1),\cdots,\tilde{B}(s_q)\}$$
$$\text{range}\{W\}=\text{span}\{\tilde{C}(s_1),\cdots,\tilde{C}(s_q)\}$$

得到的降阶系统在任意 s_i,$i=0,1,2,\cdots,q$ 处匹配前两个矩 $m_0(s_i)$ 和 $m_1(s_i)$[27]。在此,$\tilde{B}(s_i)=(s_iE-A)^{-1}B$,$\tilde{C}(s_i)=(s_iE-A)^{-T}C$,$i=1,\cdots,q$。在这种情况下,由于 W 或 V 生成的子空间不再是一个 Krylov 子空间,将不能采用标准 Lanczos 方法、Arnoldi 算法或 Band Arnoldi 算法。因此,参考文献[27]提出的有理 Krylov 方法(有理 Lanczos 算法和有理 Arnoldi 算法)将是合适的选择。

3.7.4 矩匹配 MOR 方法的发展

为了更深入地理解矩匹配 MOR 方法,我们简单回顾一下这类方法的发展历程,这样读者可以知道该方法在发展过程中每个阶段的动机。

在早期的矩匹配 MOR 方法中[24,29,46,47],AWE 方法[24,29]可以用来求解大规

模互连电路模型,这激发了对这类方法的广泛兴趣。AWE 方法试图找到传递函数 $H(s)$ 的 Padé 近似,这比得到 $H(s)$ 本身的速度更快。对于 SISO 系统,传递函数 $H(s)$ 是一个标量函数。标量函数的 Pade 近似的定义如下:

Padé 近似   函数 $H(s)$ 的 Padé 近似是有理函数 $H_{p,q}(s)$,其在 $s = 0$ 处的泰勒级数展开式与 $H(s)$ 在 $s = 0$ 处的泰勒级数展开式的至少前 $p+q+1$ 项一致。

对于一个 MIMO 系统,传递函数 $H(s)$ 是矩阵函数,矩阵的每个元素都可以进行上述的 Padé 近似。为了解释清楚,接下来我们用 SISO 系统作为实例简单介绍一下这种方法。

根据 Padé 近似的定义,我们知道如果 $H(s) = H_{p,q}(s_0 + \sigma) = \dfrac{P_p(\sigma)}{Q_q(\sigma)}$ 是传递函数 $H(s_0 + \sigma)$ 的 Padé 近似,那么我们可以得到:

$$H_{p,q}(s_0 + \sigma) = H(s_0 + \sigma) + O(\sigma^{p+q+1}) \qquad (3.33)$$

在此,我们引入了一个新变量 $\sigma = s - s_0$。因为一方面,我们对 $H(s)$ 进行 Padé 近似;另一方面,我们在 s_0 处采用 Padé 近似;而不是在 0 处。然而,Padé 近似定义为 $H(s)$ 在 0 处的导数,因此我们要进行变量转换 $H(s) = H(s_0 + \sigma)$,即我们寻找 $H(s_0 + \sigma)$ 在 σ 处的 Padé 近似。

$H(s_0 + \sigma)$ 在 $\sigma = 0$ 处的导数实际上就是 $H(s)$ 在 s_0 处的导数,它们也是传递函数的矩 $m_i(s_0)$,$i = 0, 1, 2, \cdots$。根据定义,Padé 近似 $H_{p,q}(s_0 + \sigma)$ 与传输函数的前 $p+q+1$ 个矩匹配。

如果 $H_{p,q}(s_0 + \sigma)$ 中两个多项式 $P_p(\sigma)$ 和 $Q_q(\sigma)$ 的系数可以计算出来,那么就可以得到 $H_{p,q}(s_0 + \sigma)$。这些系数可以通过解两组等式获得,而这两组等式可由公式(3.33)两边分别在 $\sigma = 0$ 处进行泰勒级数展开并令其各项系数相等得到。

既然矩 $m_i(s_0)$,$i = 0, 1, 2, \cdots$ 是 $H(s_0 + \sigma)$ 在 $\sigma = 0$ 处泰勒级数展开的系数,那么它们可以用来求解等式以得到 $P_p(\sigma)$ 和 $Q_q(\sigma)$。然而,在 AWE 方法中,矩计算得太精细会带来严重的数值不稳定性。问题在于用于计算矩的向量 $\boldsymbol{B}$,$\tilde{\boldsymbol{A}}(s_0)\boldsymbol{B}$,$\tilde{\boldsymbol{A}}(s_0)^2\boldsymbol{B}\cdots$ 和 $\boldsymbol{C}$,$\tilde{\boldsymbol{A}}^{\top}(s_0)\boldsymbol{C}$,$(\tilde{\boldsymbol{A}}(s_0)^{\top})^2\boldsymbol{C}$,$\cdots$ 很快收敛于对应于 $\boldsymbol{A}$ 的主要特征值的左右特征向量。这样一来,这些方程都是严重病态的,因此多项式的系数非常不精确。关于 AWE 更多的详细解释和更有说服力的结果请参阅参考文献[25, 33]。

为了克服 AWE 的数值不稳定性,参考文献[25, 44]提出了更强大的 Padé via Lanczos(PVL)方法。PVL 方法也可计算 $H(s) = H(s_0 + \sigma)$ 的 Padé 近似,但是 $H(s)$ 的矩并不需要计算得十分准确。相反的是,需要算出矩向量生成的子空间的正交基,其构成了公式(3.31)中的投影矩阵 $\boldsymbol{V}$,并且公式(3.32)中的投影矩阵 $\boldsymbol{W}$ 也被同时算出。它们都是由非对称 Lanczos 方法计算出来的。参考文献[25]中证明了 $\boldsymbol{W}$ 和 $\boldsymbol{V}$ 都是原系统的传递函数 $H(s)$ 的 Padé 近似。PVL 法避免了对矩的精确计算,因此避免了可能的数值不稳定性。

不幸的是,PVL 方法并没有保持原系统的无源性,因此在某些工程应用尤其是集成电路设计中是不可取的。为了解决这个问题,提出了 PRIMA 方法,即降阶模型仅由一个投影矩阵 $\boldsymbol{V}$ 算出。该降阶模型可以保持原系统的无源性,尤其是对于 3.9.1 节中满足定理 5 条件的系统。如果两种方法中的矩阵 $\boldsymbol{V}$ 扩展为相同的 Krylov 子空间(公式(3.31))时,我们可以看出 PRIMA 方法的缺陷,即相对于 PVL 方法,仅有一半数量的矩可以匹配。这种传递函数的近似方法被称为 Padé 型近似。很多其他矩匹配 MOR 方法也在同步发展或基于上述理论不断发展,其中参考文献[33]中提出的算法 4 中的 Band Arnoldi 方法已经在 MEMS 仿真中得到了广泛地应用[49]。更多关于矩匹配模型降阶的论文请参阅参考文献[15,27,33,50]。

3.8   基于 Gramian 矩阵的模型降阶方法

大多数的基于 Gramian 矩阵的 MOR 方法都是针对 $\boldsymbol{E} = \boldsymbol{I}$(即单位矩阵)的 LTI 系统提出的。尽管大多数方法可以扩展到 $\boldsymbol{E}$ 是非奇异矩阵的情况,但基于 Gramian 的方法不能直接用于 $\boldsymbol{E}$ 是奇异矩阵的情况,即系统是一个广义系统。最近,参考文献[51,52]提出了一些新的理论和算法来计算广义系统($\boldsymbol{E}$ 是奇异矩阵的情况)的降阶模型。此外,也提出更有效率的算法,可用于求解大规模的广义系统。针对大规模广义系统的基于 Gramian 的方法,超出了本章甚至本书的范围,相关的详细介绍请参阅参考文献[51,52]。既然其理论原本是为了 $\boldsymbol{E} = \boldsymbol{I}$ 的系统建立的,那么当介绍基于 Gramian 的方法时,我们仍然假设 $\boldsymbol{E} = \boldsymbol{I}$。本节的最后我们将讨论 $\boldsymbol{E} \neq \boldsymbol{I}$,但 $\boldsymbol{E}$ 是非奇异矩阵的情况。

我们首先要讲的基于 Gramian 矩阵的 MOR 方法是平衡截断法[5]。在此方法的基础上,又发展了很多方法,而且这些方法在很多方面比平衡截断法更有效率。所有的这些方法都是通过系统的 Gramian 矩阵来计算投影矩阵 $\boldsymbol{W}$ 和 $\boldsymbol{V}$,因此我们称其为基于 Gramian 的 MOR 方法。我们着重关注平衡截断法的基本思想和降阶模型的推导。对于其他更有效率的基于 Gramian 矩阵的方法,我们将根据参考文献给出简短的介绍。

3.8.1   平衡截断法的动机

平衡截断法,顾名思义是指在平衡化之后通过截断获得降阶模型。平衡截断法通过对平衡系统进行截断得到降阶模型,而平衡系统是通过平衡矩阵 $\boldsymbol{T}$ 对原 LTI 系统进行平衡化得到的(需要指出的是,在平衡截断计算过程中,平衡变换矩阵 $\boldsymbol{T}$ 并不需要计算得十分准确,但是在推导降阶模型过程中需要使用得非常精确。请参阅 3.8.4

节中的相关讨论)。想更详细地了解平衡截断法,读者可以参阅参考文献[53-55]。

平衡截断法的目标是获得只保留可观且可控的状态 $x(t)$ 降阶系统。那些既不可观又不可控的状态对系统并不重要,所以可以将其忽略和截断。通常情况下,降阶模型中的状态变量数目相对于原系统的状态变量数目要少得多。因而降阶模型的规模要远小于原系统的规模。

3.8.2　平衡变换

我们需要平衡变换且不能直接将原系统的状态截断,因为需要考虑原系统的状态 $x(t)$ 的可控性和可观性。实际上,在很多系统中,其状态是可控的但是并不可观,或者是可观的但是并不可控。这就表明,如果截断了原系统中那些很难可观的状态,我们有可能也截断了那些容易可控的状态。然而,我们需要留下那些可控的状态。对于那些不可控但可观的状态我们也有同样的矛盾。

如果我们从数学的角度看可控性和可观性程度,就有可能找到上述矛盾的解决办法。从参考文献[15]中关于稳定 LTI 系统的引理 4.27 可以推断,那些可控的状态可以用相应于最大特征值的可控 Gramian(矩阵)的特征向量来近似表示。同理,那些可观的状态可以用相应于最大特征值的可观 Gramian(矩阵)的特征向量来近似表示[15]。

大多数情况下,可控 Gramian 矩阵和可观 Gramian 矩阵的特征向量并不相同。甚至极端情况下,一个关于最大特征值的 Gramian 矩阵的特征向量生成的子空间和一个关于最小特征值的 Gramian 矩阵的特征向量生成的子空间是相同的。对于这些典型的情况,存在着可控但不可观或者可观但不可控的状态。因此,我们不知道如何保持那些既可控又可观的状态。

然而,我们可以用平衡实现方法来解决这个问题。这是因为平衡实现的两个相同的 Gramian 矩阵一定具有相同的特征向量。

现在我们已经清楚,对于平衡实现的系统,那些不可观的状态一定不可控。如果我们截断那些不可控的状态,我们也截断了那些不可观的。使得 Gramians 相同的系统实现被称为平衡的。将原始实现转换为平衡实现的转换过程被称为平衡变换。根据以上分析,我们可以看出为了在降阶模型中保留重要的状态(容易可控、可观的状态),平衡变换是很重要的一个步骤。

定义:平衡变换

平衡变换是一个非奇异矩阵 T,使得 $\tilde{P} = TPT^T$,$\tilde{Q} = T^{-T}QT$ 和 $\tilde{P} = \tilde{Q}$。其中,P 和 Q 由公式(3.20)和公式(3.21)给定。

注:

已经验证,$T = \Sigma^{\frac{1}{2}} K^T U^{-1}$ 是一个平衡变换并且其逆矩阵为 $T^{-1} = UK \Sigma^{-\frac{1}{2}}$。其中 $P = UU^T$ 为对 P 进行的 Cholesky 分解,$U^T QU = K\Sigma^2 K^T$ 为对 $U^T QU$ 进行的奇

异值分解(SVD),特征值 σ_i^2 在 $\boldsymbol{\Sigma}^2$ 的对角线非逐步有序。Gramians 是对称矩阵,因此 $\boldsymbol{U}^T \boldsymbol{Q} \boldsymbol{U}$ 也是对称矩阵。所以,在进行 $\boldsymbol{U}^T \boldsymbol{Q} \boldsymbol{U} = \boldsymbol{K} \boldsymbol{\Sigma}^2 \boldsymbol{K}^T$ 奇异值分解时,矩阵 $\boldsymbol{K}$ 是一个正交矩阵,即 $\boldsymbol{K}^T \boldsymbol{K} = \boldsymbol{I}$,$\boldsymbol{K}^{-1} = \boldsymbol{K}^T$。通过利用 $\boldsymbol{T} = \boldsymbol{\Sigma}^{\frac{1}{2}} \boldsymbol{K}^T \boldsymbol{U}^{-1}$,我们可得到两个对角 Gramian 矩阵,即 $\tilde{\boldsymbol{P}} = \boldsymbol{T} \boldsymbol{P} \boldsymbol{T}^T = \boldsymbol{\Sigma}$ 和 $\tilde{\boldsymbol{Q}} = \boldsymbol{T}^{-T} \boldsymbol{Q} \boldsymbol{T} = \boldsymbol{\Sigma}$。$\boldsymbol{\Sigma}$ 对角线上的元素是矩阵 $\boldsymbol{U}^T \boldsymbol{Q} \boldsymbol{U}$ 的特征值均方根。

定义:平衡系统

如果一个可控、可观和稳定的 LTI 系统的两个 Gramian 矩阵是相等的,即 $\boldsymbol{P} = \boldsymbol{Q} \in \mathbb{R}^{n \times n}$,则该系统是平衡的;如果 $\boldsymbol{P} = \boldsymbol{Q} = \mathrm{diag}(\sigma_1, \cdots, \sigma_n)$(对角矩阵),则该系统是主轴平衡的。

如果我们用 $\boldsymbol{T} = \boldsymbol{\Sigma}^{\frac{1}{2}} \boldsymbol{K}^T \boldsymbol{U}^{-1}$ 将 $\boldsymbol{P}$ 和 $\boldsymbol{Q}$ 转换为两个相同的 Gramian 矩阵,即 $\tilde{\boldsymbol{P}} = \boldsymbol{T} \boldsymbol{P} \boldsymbol{T}^T$,$\tilde{\boldsymbol{Q}} = \boldsymbol{T}^{-T} \boldsymbol{Q} \boldsymbol{T}^{-1}$ 并且 $\tilde{\boldsymbol{P}} = \tilde{\boldsymbol{Q}}$,那么就不难证明公式(3.3)相应的平衡系统为:

$$\frac{\mathrm{d} \tilde{\boldsymbol{x}}(t)}{\mathrm{d} t} = \boldsymbol{T} \boldsymbol{A} \boldsymbol{T}^{-1} \tilde{\boldsymbol{x}}(t) + \boldsymbol{T} \boldsymbol{B} \boldsymbol{u}(t) \tag{3.34}$$

$$\boldsymbol{y}(t) = \boldsymbol{C} \boldsymbol{T}^{-1} \boldsymbol{z}$$

注:

通过 $\boldsymbol{T} = \boldsymbol{\Sigma}^{\frac{1}{2}} \boldsymbol{K}^T \boldsymbol{U}^{-1}$,两个 Gramian 矩阵均转换为了相同的对角矩阵 $\boldsymbol{\Sigma}$,因此单位向量 $\boldsymbol{e}_i = \{0, \cdots, 0, 1, 0, \cdots, 0\}$($1$ 为 $\boldsymbol{e}_i$ 的第 i 个元素),$i = 1, 2, \cdots, n$ 是 $\boldsymbol{\Sigma}$ 的特征向量,$\boldsymbol{\Sigma}$ 的特征值为对角线上的元素。为了便于讨论,我们定义 $\tilde{\boldsymbol{A}} = \boldsymbol{T} \boldsymbol{A} \boldsymbol{T}^{-1}$,$\tilde{\boldsymbol{B}} = \boldsymbol{T} \boldsymbol{B}$ 和 $\tilde{\boldsymbol{C}} = \boldsymbol{C} \boldsymbol{T}^{-1}$。

3.8.3 截断

获得了平衡系统后,我们可以把既不可控又不可观的状态从系统中移除,从而得到降阶模型。对于平衡系统来说,如果状态 $\tilde{\boldsymbol{x}}$ 是易于可控和可观的,那么可用对应于最大特征值的 $\boldsymbol{\Sigma}$ 的特征向量来近似表示。

设 $\sigma_{q+1}, \cdots, \sigma_n$ 是 $\boldsymbol{\Sigma}$ 的最小特征值,并且 $\sigma_1, \cdots, \sigma_q$ 是 $\boldsymbol{\Sigma}$ 的最大特征值,如果 $\tilde{\boldsymbol{x}}$ 是平衡系统的可控、可观的状态,那么它一定在由对应于 $\boldsymbol{\Sigma}$ 的特征值 $\sigma_1, \cdots, \sigma_q$ 的特征向量 $\boldsymbol{e}_1, \cdots, \boldsymbol{e}_q$ 生成的子空间中,即:

$$\tilde{\boldsymbol{x}}(t) \approx \alpha_1(t) \boldsymbol{e}_1 + \cdots + \alpha_q(t) \boldsymbol{e}_q \tag{3.35}$$

这意味着 $\tilde{\boldsymbol{x}}$ 可以近似地由 $\boldsymbol{e}_1, \cdots, \boldsymbol{e}_q$ 线性表示。从公式(3.35)我们可以看出 $\tilde{\boldsymbol{x}}(t)$ 可以近似表示为:

$$\tilde{\boldsymbol{x}}(t) \approx [\alpha_1(t), \cdots, \alpha_q(t), 0, \cdots, 0]^T = [\boldsymbol{z}(t), \boldsymbol{0}]^T \tag{3.36}$$

其中，$z(t) = [\alpha_1(t), \cdots, \alpha_q(t)]^T$，$\mathbf{0} = [0, \cdots, 0]^T$。因此，如果我们只保留易于可控和可观的状态，我们可以用公式（3.36）的近似来替代平衡系统（公式（3.34））中的 $\tilde{x}$，从而得到

$$\begin{bmatrix} \dfrac{dz(t)}{dt} \\ \mathbf{0} \end{bmatrix} \approx \begin{bmatrix} \tilde{A}_{11} & \tilde{A}_{12} \\ \tilde{A}_{21} & \tilde{A}_{22} \end{bmatrix} \begin{bmatrix} z(t) \\ \mathbf{0} \end{bmatrix} + \begin{bmatrix} \tilde{B}_1 \\ \tilde{B}_2 \end{bmatrix} u(t) \tag{3.37}$$

$$\tilde{y}(t) \approx \begin{bmatrix} \tilde{C}_1 & \tilde{C}_2 \end{bmatrix} \begin{bmatrix} z(t) \\ \mathbf{0} \end{bmatrix}$$

其中，矩阵 $\tilde{A}$、$\tilde{B}$ 和 $\tilde{C}$ 根据公式（3.36）中的 $\tilde{x}(t)$ 的分解得到。对应于 $\mathbf{0}$ 的部分可以忽略，从而得到截断系统如下：

$$\frac{dz(t)}{dt} = \tilde{A}_{11} z(t) + \tilde{B}_1 u(t) \tag{3.38}$$

$$\tilde{y}(t) = \tilde{C}_1 z(t)$$

这就是我们寻找的降阶模型。

需要注意的是，公式（3.36）中对 $\tilde{x}$ 的近似实际上是由矩阵 $\mathbf{\Sigma}$ 分解出来的：

$$\mathbf{\Sigma} = \begin{bmatrix} \mathbf{\Sigma}_1 & \\ & \mathbf{\Sigma}_2 \end{bmatrix} \tag{3.39}$$

其中，$\mathbf{\Sigma}_1$ 包含着最大的特征值 $\sigma_1, \cdots, \sigma_q$，$\mathbf{\Sigma}_2$ 包含着最小的特征值 $\sigma_{q+1}, \cdots, \sigma_n$。因此，一旦我们得到公式（3.39）中的 $\mathbf{\Sigma}$ 的分解，就可以得到 $\tilde{A}_{11}$、$\tilde{B}_1$ 和 $\tilde{C}_1$，从而可以直接推导出降阶模型（公式 3.38）。

注：

分解 $\mathbf{\Sigma}$ 矩阵，也就是说，根据 3.9 节中介绍的降阶模型全局误差界以及降阶模型所要求的精度，可以得到合适的数目 q。

注：

显而易见，我们得到了平衡系统的降阶模型，而不是原系统的降阶模型。然而，公式（3.38）仍然是原系统（公式（3.3））的降阶模型。这是因为尽管我们把原系统转换为了平衡系统，由于实现理论（公式（3.22）和公式（3.24）），它们仍具有相同的传递函数，因此它们只是同一物理系统的不同实现。

3.8.4　平衡变换的计算

为了得到平衡系统，我们需要计算两个 Gramian 矩阵，通过定义很难计算出 Gramian 矩阵，但非常幸运的是，通过求解如下两个 Lyapunov 方程[5,15]可以等效

地获得 Gramian 矩阵：

$$AP + PA^{\mathrm{T}} + BB^{\mathrm{T}} = 0$$

$$A^{\mathrm{T}}Q + QA + C^{\mathrm{T}}C = 0 \qquad (3.40)$$

平衡变换矩阵 $T = \Sigma^{\frac{1}{2}}K^{\mathrm{T}}U^{-1}$ 和其逆矩阵 $T^{-1} = UK\Sigma^{\frac{1}{2}}$ 也需要计算出来。然而，这两个 Gramian 矩阵通常是病态的，这意味着 U 和 Σ 矩阵几乎是奇异的。因此，如果我们精确地计算 T 会导致数值不精确问题。为了避免这个问题，提出了平方根算法（SR 法）[14,56]，该算法不用精确计算变换矩阵 T 就可以得到平衡系统。

算法 5　SR 法

1）对两个 Gramian 矩阵做 Cholesky 分解：$P = Z_P Z_P^{\mathrm{T}}$, $Q = Z_Q Z_Q^{\mathrm{T}}$，其中 Z_P 和 Z_Q 均为下三角矩阵。

2）对矩阵 $Z_P^{\mathrm{T}} Z_Q$ 做奇异值分解（SVD），即存在两个正交矩阵 $\widetilde{U}$ 和 $\widetilde{V}$（$\widetilde{U}^{\mathrm{T}}\widetilde{U} = I$, $\widetilde{V}^{\mathrm{T}}\widetilde{V} = I$），使得

$$Z_P^{\mathrm{T}} Z_Q = \widetilde{U}\Sigma\widetilde{V}^{\mathrm{T}} = (\widetilde{U}_1, \widetilde{U}_2)\begin{bmatrix}\Sigma_1 & \\ & \Sigma_2\end{bmatrix}\begin{bmatrix}\widetilde{V}_1^{\mathrm{T}} \\ \widetilde{V}_2^{\mathrm{T}}\end{bmatrix}$$

3）令 $W = Z_Q \widetilde{V}_1 \Sigma^{\frac{1}{2}}$, $V = Z_P \widetilde{U}_1 \Sigma^{\frac{1}{2}}$。

4）从而得到的降阶模型如下：

$$\frac{\mathrm{d}z(t)}{\mathrm{d}t} = W^{\mathrm{T}}AVz(t) + W^{\mathrm{T}}Bu(t) \qquad (3.41)$$

$$\hat{y}(t) = CVz(t)$$

注：

我们只需要矩阵 W 和 V 来获得降阶模型，只需要用到 Σ_1 的逆矩阵。既然 Σ_1 只包含最大的奇异值，那么它就是非奇异并且非病态的。

可以证明，当 $T = \Sigma^{\frac{1}{2}}\widetilde{V}^{\mathrm{T}}Z_Q^{\mathrm{T}}$ 且 $T^{-1} = Z_P\widetilde{U}_1\Sigma^{\frac{1}{2}}$ 时，SR 法和平衡截断法是等效的，而且很容易看出算法 5 中的 Σ 矩阵和平衡截断法中的 Σ 矩阵是相同的。

从算法 5 我们可以看出，平衡截断法也属于基于 Petrov-Galerkin 投影的模型降阶方法。

注：

既然两个 Gramian 矩阵都接近奇异矩阵，那么算法 5 中的 Cholesky 分解就会存在问题。因为如果矩阵接近奇异矩阵，那么就不能进行 Cholesky 分解。在实际应用中，我们并不精确地计算 Gramian 矩阵，而是利用直接返回 Cholesky 因子的算法。参考文献[57-59]中可以找到这些算法。

3.8.5 计算 Gramian 矩阵的加速方法

以上所述的所有基于 Gramian 的降阶方法,都需要通过求解公式(3.40)中的两个 Lyapunov 方程来算出两个 Gramian 矩阵 P 和 Q。

求解 Lyapunov 方程的直接方法和标准迭代方法仅限于问题规模为 $n = O(1\,000)$,因此使用范围有限。使用 MATLAB R2007[60] 或者更新的版本,可以利用直接方法求解规模高达 $n = O(10^5)$ 的 Lyapunov 方程,前提是具有足够的可用内存。对于维度 $n > 1\,000$ 的系统,建议使用基于低秩逼近的实现方法去计算 Gramian 矩阵。这是受到大规模系统的 Gramian 矩阵有较低秩值的启发[61-64]。

近年来这个问题引起了大量数学家的兴趣。因此,目前已有很多利用低秩性质的迭代方法,特别是用于求解大规模稀疏 Lyapunov 方程,例如:

- Krylov 子空间法[65-71];
- 分解符号函数迭代法[72]和数据稀疏实现法[73-75];
- 基于低秩的交替方向隐式法(ADI)或 Smith 迭代法,如 Cholesky 因子-ADI(CF-ADI)算法[76-78]、循环低秩 Smith 法[78,79]、低秩 ADI 迭代并行计算法[80]。

大多数方法都对中型或者大型系统有效。由于一些迭代方法允许并行计算,对于 $n = O(10^5)$ 的大型稀疏问题可以在分布式内存架构的计算机上解决。利用更有效率的求解器求解大规模 Lyapunov 方程,也提高了平衡截断法的效率,读者可以参阅参考文献[16,74,82-86]。

3.8.6 扩展到更普遍的系统

在介绍基于 Gramian 矩阵的降阶方法时,我们都假定矩阵 E 是单位矩阵。很多方法可以扩展到更为普遍的系统($E \neq I$),但是 E 是非奇异矩阵。对于平衡截断法和 SR 法,系统(公式(3.3))在 $E \neq I$ 时,可以采用更为普遍的 Lyapunov 方程求解 Gramian 矩阵:

$$APE^{\mathrm{T}} + EPA^{\mathrm{T}} + BB^{\mathrm{T}} = 0$$

$$A^{\mathrm{T}}\tilde{Q}E + E^{\mathrm{T}}\tilde{Q}A + C^{\mathrm{T}}C = 0 \qquad (3.42)$$

对称的 Gramian 矩阵 Q 可以通过 $Q = E^{\mathrm{T}}\tilde{Q}E$ 恢复。因而通过 SR 法推导出来的降阶模型可以写为:

$$W^{\mathrm{T}}EV\frac{\mathrm{d}z(t)}{\mathrm{d}t} = W^{\mathrm{T}}AVz(t) + W^{\mathrm{T}}Bu(t) \qquad (3.43)$$

$$\hat{y}(t) = CVz(t)$$

相同的全局误差界(公式(3.45)和公式(3.46))应用于公式(3.43)[51,52]。

3.9 降阶模型的稳定性、无源性和误差估计

在 3.5 节中,我们介绍了稳定性和无源性的概念,在降阶模型中要保持原系统的这两个特性,以在整个系统仿真时保持稳定性。我们已经介绍了对于两个不同系统的输出间差值的测量。本节将讲述如何通过这种测量推导出利用基于 Gramian 矩阵的 MOR 方法产生的降阶模型的误差界。

3.9.1 矩匹配 MOR 方法的稳定性、无源性和误差界

一般来说,矩匹配方法并不能保持原系统的稳定性和无源性,例如基于 Petrov-Grlerkin 投影的矩匹配方法 ($W \neq V$ 时)[25]。对于某些降阶系统,可以用某些后处理方法来避免这个问题[87,88]。对 RLC 子电路,有很多基于 Galerkin 投影的方法可以保证降阶系统稳定和无源,读者可以参阅参考文献[26,89-94]。

用于 RLC 电路的 PRIMA 方法[26]的无源性保持,可以在数学上描述如下:

定理 5　如果系统矩阵 E 和 A 分别满足 $E^{\mathrm{T}} + E \geqslant 0$ 和 $A^{\mathrm{T}} + A \leqslant 0$,且如果 $C = B$,那么由 PRIMA 方法得到的降阶模型能保持原系统(公式 3.3)的无源性。

详细的证明可以参阅参考文献[26]。由于能够保持原系统的无源性,不仅在电路仿真,而且在 MEMS 仿真方面,PRIMA 方法以及类似方法(3.4 节的 Band Arnoldi 方法)成为广泛应用的 MOR 方法。

相对于基于 Gramian 矩阵的方法,矩匹配方法有更小的计算复杂度,但是对于降阶模型来说,它没有全局误差界,因此推导降阶模型的过程不能自适应地实现,这在某种意义上降低了该方法的效率。矩匹配 MOR 方法的误差界早期研究[95]只得到了其传递函数的局部误差界。该局部误差界只能用于估计传递函数在某些频率范围内的精度,但是不能给出全部频域内的全局误差界。参考文献[96]给出了通过有理插值法得到的降阶模型的 $\mathcal{H}_2$ 范数误差表达式(第一阶矩匹配)。至于如何通过矩匹配估计一般降阶模型的误差仍然是一个开放性问题。

3.9.2 基于 Gramian 矩阵的 MOR 方法的稳定性、无源性和误差界

如果不采用低秩逼近方法,而是采用直接方法或者标准迭代方法来计算两个 Gramian 矩阵,平衡截断法以及等效的 SR 法计算出的降阶模型能够保持原系统的稳定性。不幸的是,采用低秩逼近法计算出的 Gramian 矩阵不能保证由平衡截断后的降阶模型保持原系统的稳定性。然而,在实际应用中这些似乎可以忽略不计。一般而言,基于 Gramian 矩阵的 MOR 方法不能保持原系统的无源性,除了一些特别的系统,如 RLC 子电路[97-99]。

基于 Gramian 矩阵的方法最重要的一个特性就是,可以计算降阶模型的全局误差界,这使得降阶模型可以自动产生。对于 3.8 节中的平衡截断模型降阶方法,如公式(3.3)所示的原系统传递函数 $H(\cdot)$ 和降阶模型传递函数 $\hat{H}(\cdot)$ 之间的全局误差界如下:

$$\| H - \hat{H} \|_\infty \leqslant 2(\sigma_{q+1} + \sigma_{q+2} + \cdots \sigma_n) \tag{3.44}$$

其中,非增长阶数 σ_i, $i = 1, 2, \cdots, n$ 是 HSV。通过测量 3.5 节中两个不同系统(公式(3.18)和公式(3.20))之间的差值,我们可以看出原系统和降阶系统输出响应的误差界在时域内表达式如下:

$$\| y_1 - y_2 \|_2 \leqslant 2(\sum_{i=q+1}^{n} \sigma_i) \| u \|_2 \tag{3.45}$$

其在频域内的表达式为

$$\| Y_1 - Y_2 \|_{\mathscr{H}_2} \leqslant 2(\sum_{i=q+1}^{n} \sigma_i) \| u \|_{\mathscr{H}_2} \tag{3.46}$$

既然已经获得 HSV(参见 3.5.4 节),而且平衡变换矩阵 T 或者投影矩阵 W 和 V 可以通过算法 5 得到,那么就可以即时控制降阶模型的误差。只要给出降阶模型所要求的精度 *tol*,可以根据上述的全局误差界得到合适的 q(公式(3.44)),由此可以根据 q 分解平衡系统(公式(3.39))。最后,可以通过选择合理的降阶阶数 q 获得如公式(3.44)所示的误差界。

全局误差界(公式(3.44))是基于假设 MOR 方法的变换矩阵是由精确运算得到的。采用近似的低秩因子,希望误差界可以近似不变,请参阅参考文献[74,84]。此外,因为低秩方法只计算很少的 HSV,因此不能精确地算出如公式(3.44)所示的误差界。必须估计出其余的 HSV。

3.10 非零初始条件的处理

很多 MOR 方法的结果都是基于 $x(0) = 0$ 假设得到的,但是 $x(0) \neq 0$[100] 的情况也很重要和有趣。这个问题还有很大的研究空间,本节仅给出一些讨论。

在 $x(0) \neq 0$ 的情况下,我们对公式(3.3)采取变量转换 $\tilde{x} = x - x_0$,可以得到:

$$E \frac{\mathrm{d} \tilde{x}}{\mathrm{d}t} = A \tilde{x} + \tilde{B} \tilde{m} \tag{3.47}$$

$$\tilde{y}(t) \approx C \tilde{x}$$

其中,$\tilde{B} = [B, Ax_0]$,$\tilde{u} = [u(t), 1]^\mathrm{T}$。公式(3.47)具有零初始条件 $\tilde{x}_0 = 0$,因此

可以采用大多数的 MOR 方法进行模型降阶。通过求解公式(3.47)所示的降阶模型可以得到 $\tilde{x}$，然后代入 $x = \tilde{x} + x_0$ 得到原来的 x。类似地，公式(3.3)的输出响应可以通过 $y = Cx = C\tilde{x} + Cx_0 = \tilde{y} + Cx_0$ 得到。

通过以 $\tilde{B}$ 代替公式(3.17)中的 B，可以得到公式(3.47)的传递函数 $\tilde{H}(s)$，其和 $H(s)$ 有相同的形式：

$$H(s) = \frac{Y(s)}{U(s)} = C\left(sE - A\right)^{-1}\tilde{B} \tag{3.48}$$

不幸的是，当我们对初始条件变化时的系统响应感兴趣时，上面提到的方法并不灵活。当 x_0 的取值发生改变时，必须再进行一次模型降阶，因为 x_0 涉及输入矩阵 $\tilde{B}$。针对初始条件变化系统的模型降阶方法仍然有很大的研究空间。

3.11 二阶、非线性、参数化系统的模型降阶方法

关于更复杂系统的模型降阶，如二阶系统、非线性系统、参数化系统，已提出了很多 MOR 方法。这些模型和相应的 MOR 方法将在本书第三部分讨论。除了采用更多的数学工具，针对复杂系统的 MOR 方法的基本思想主要还是来源于矩匹配法或平衡截断法。本书第三部分第 12 章介绍的模态叠加法是一个例外，它是最早被提出的 MOR 方法，且与矩匹配法和平衡截断法并不相同。细节请读者自行参阅相关章节内容。

3.12 总结与展望

本章介绍了两种最基本的模型降阶方法：矩匹配 MOR 方法和基于 Gramian 矩阵的 MOR 方法。利用模型降阶方法，可以推导出规模更小的降阶模型。通过对降阶模型进行仿真，可以得到可接受误差范围内的原系统传递函数或者输出响应。这样，可以在各种分析过程中利用降阶模型代替原系统，从而可以在系统级分析时更有效率。

尽管仿真大规模动态系统的很多问题可以利用 MOR 来解决，但是还存在着很多开放性问题。几乎所有 MOR 方法都面临的一个瓶颈就是，求解多参数系统时都会有效率的损失，尤其当系统是非线性系统时。针对参数系统已经提出了很多模型降阶方法[101-110]，然而，其中大多数方法只适用于包含大约 10 个参数的系统。一些方法看似能够有效地求解含有很多参数的系统[111-113]，但它们或多或少都是启发性的，需要完成进一步的数学验证。

一些 MOR 方法已经应用于工程领域的设计分析，而且求解一些可以通过

LTI 系统建模的简单问题,这些方法已经很有效率。然而,对于很多 MOR 方法来说,实现真正转移到广泛应用的商业工具求解复杂问题(例如非线性系统和/或参数系统),仍然需要继续开展深入研究。即便对于 LTI 系统,MOR 方法仍面临着一些挑战。例如,矩匹配 MOR 方法的最大挑战是不能自动地产生降阶模型。这是因为在自适应选择合适的展开点、每个展开点矩的合适数量以及降阶模型的最优阶数等方面没有通用规则。在很多情况下,我们需要经过多次尝试才能获得具有可接受的阶数和精度的降级模型。为了实现这个目标,人们已经做出了很多努力[3,96,114-116],但是如何基于矩匹配方法全自动地产生理论和数值上都可靠的降阶模型仍然是一个开放性问题。

总而言之,需要更多更强大的数值算法来解决 MOR 方法中存在的数学问题。无论是对 MOR 方法改进还是提出新的 MOR 方法,都需要新的数学理论。

参 考 文 献

1. Rudnyi, E. B. and Korvink, J. G. (2002) Review: automatic model reduction for transient simulation of mems-based devices. Sensors Update, 11, 3-33.

2. Korvink, J. G., Rudnyi, E. B., Greiner, A., and Liu, Z. (2005) MEMS and NEMS simulation, in MEMS: A Practical Guide to Design, Analysis, and Applications (eds J. G. Korvink and O. Paul), William Andrew Publishing, Norwich, NY.

3. Bechtold, T., Rudnyi, E. B., and Korvink, J. G. (2005) Error indicators for fully automatic extraction of heat-transfer macromodels for mems. Journal of Micromechanics and Mountaineering, 15 (3), 430-440.

4. Bechtold, T., Hauck, T., Voss, L., and Rudnyi, E. B. (2011) Efficient electro-thermal simulation of power semiconductor devices via model order reduction, in Electronics Cooling a Electrical Magazine.

5. Moore, B. C. (1981) Principal component analysis in linear systems: controllability, observability, and model reduction. IEEE Transactions on Automatic Control, AC-26, 17-32.

6. Noor, A. K. and Peters, J. M. (1980) Reduced basis technique for nonlinear analysis of structures. AIAA Journal, 18(4), 455-462.

7. Davison, E. J. (1966) A method for simplifying linear dynamic systems. IEEE Transactions on Automatic Control, AC (11), 93-101.

8. Marschall, S. A. (1966) An approximate-method for reducing the order of a linear system. Control Engineering, 10, 642-648.

9. Craig, R. R. and Bampton, M. C. C. (1968) Coupling of substructures for dynamic analysis. AIAA Journal, 6 (7), 1313-1319.

10. Rissanen, J. (1971) Recursive identification of linear systems. SIAM Journal on Control, 9 (3), 420-430.

11. Wilson, D. A. (1970) Optimum solution of model-reduction problem. Proceedings of the Institution of Electrical Engineers (London), 117 (6), 1161-1165.

12. Fox, R. L. and Miura, H. (1971) Anapproximate analysis technique fordesign calculations. AIAA Journal, 9(1), 177-179.

13. Nickell, R. E. (1976) Nonlinear dynamics by mode superposition. Computer Methods in Applied Mechanics and Engineering, 7, 107-129.

14. Laub, A. J., Heath, M. T., Paige, C. C., and Ward, R. C. (1987) Computation of system balancing transformations and other applications of simultaneous diagonalization algorithms. IEEE Transactions on Automatic Control, 34, 115-122.

15. Antoulas, A. C. (2005) Approximation of Large-Scale Dynamical Systems, SIAMPublications, Philadelphia, PA.

16. Benner, P. and Quintana-Orti, E. S. (2005) Model reduction based on spectral projection methods, in Chapter 1, (pages 5 – 48) of [117].

17. Patera, A. T. and Rozza, G. (2007) Reduced basis approximation and a posteriorierror estimation for parametrized partial differential equations, to appear in (tentative rubric) MIT Pappalar do Graduate Monographs in Mechanical Engineering, Version 1. 0, Copyright MIT 2006.

18. Rozza, G., Huynh, D. B. P., and Patera, A. T. (2008) Reduced basis approximation and a posteriori error estimation for affinely parametrized elliptic coercive partial differential equations. Archives of Computational Methods in Engineering, 15, 229-275.

19. Rowley, C. W., Colonius, T., and Murray, R. M. (2004) Model reduction for compressible flow using POD and Galerkin projection. Physica D, 189, (1-2), 115-129.

20. Colonius, T. and Freund, J. B.. POD analysis of sound generation by a turbulent jet. AIAA Journal, 2002-0072, 2002.

21. Smith, T. R. (2003) Low-dimensional models of plane Couette flow using the proper orthogonal decomposition. PhD thesis, Princeton Univ.

22. Ravindran, S. S. (2000) A reduced-order approach for optimal control of fluids using proper orthogonal decomposition. International Journal for Numerical Methods in Fluids, 34 (5), 425-448.

23. Rathinam, M. and Petzold, L. R. (2002) Dynamic iteration using reduced order models: a method for simulation of large scale modular systems. SIAM Journal on Numerical Analysis, 40 (4), 1446-1474.

24. Pillage, L. T. and Rohrer, R. A. (1990) Asymptotic waveform evaluation for timing analysis. IEEE Transactions on Computer-Aided Design, 9 (4), 352-366.

25. Feldmann, P. and Freund, R. W. (1995) Efficient linear circuit analysis by Pade approximation via the Lanczos process. IEEE Transactions on Computer-Aided Design of Integrated Circuits and Systems, 14 (5), 639-649.

26. Odabasioglu, A., Celik, M., and Pileggi, L. T. (1998) PRIMA: passive reduced-order interconnect macromodeling algorithm. IEEE Transactions on Computer-Aided Design of Integrated Circuits and Systems, 17 (8), 645-654.

27. Grimme, E. J. (1997) Krylov projection methods for model reduction. PhD thesis, Univ. Illinois, Urbana-Champaign.

28. Saks, S. (1952) Theory of the integral, Hafner.

29. Chiprout, E. and Nakhla, M. S. (1994) Asymptotic Waveform Evaluation and Moment Matching for Interconnect Analysis, Kluwer Academic Publishers, Norwell, MA.

30. Demmel, J. W. (1997) Applied Numerical-Linear Algebra, SIAM Publications, Philadelphia, PA.

31. Skogestad, S. and Postlethwaite, I. (1997) Multivariable Feedback Control, Analysis and Design, John Wiley&-Sons, Ltd, Chichester.

32. Saad, Y. (1996) Iterative Methods for Sparse Linear Systems, PWS PublishingCompany, Boston, MA.

33. Freund, R. W. (2003) Model reduction methods based on Krylov subspaces. Acta Numerica, 12, 267-319.

34. Freund, R. W. (2000) Krylov-subspace methods for reduced-order modeling in circuit simulation. Journal of Computational and Applied Mathematics, 123, (1-2), 395-421.

35. Chu, C.-C., Lai, M., and Feng, W. (2006) MIMO interconnect order reductions by using multiple point adaptive-order rational global Arnoldi algorithm. IEICE Transactions on Electronics, E89-C (5), 792-802.

36. Chu, C.-C., Lai, M., and Feng, W. (2008) Model-order reductions for MIMO systems using global Krylov subspace methods. Mathematics and Computers in Simulation, 79, 1153-1164.

37. Zadeh, L. A. and Polak, E. (1969) System-Theory, McGRAW-Hill Publishing Company Ltd., Bombay, New Delhi.

38. Chen, C.-T. (1999) Linear System Theo-

ryand Design, Oxford University Press, New York, Oxford.

39. Oppenheim, A. V., Willsky, A. S., and Nawab, S. H. (1996) Signals &. Systems, Prentice-Hall, Upper Saddle River, NJ.

40. Freund, R. W. (2000) Passive Reduced Order Modeling Via Krylov Subspace Methods, Numerical Analysis Manuscript No. 00-3-02, Bell Laboratories, Murray Hill, NJ.

41. Anderson, B. D. O. and Vongpanitlerd, S. (1973 d) Network Analysis and Synthesis, Prentice-Hall, Englewood Cliffs, NJ.

42. Rohrer, R. A. and Nosrati, H. (1981) Passivity considerations in stability studies of numerical integration algorithms. IEEE Transactions on Circuitsand Systems, 28, 857-866.

43. Chirlian, P. M. (1967) Integrated and Active Network Analysis and Synthesis, Prentice-Hall, Englewood Cliffs, NJ.

44. Gallivan, K., Grimme, E., and Van Dooren, P. (1994) Asymptotic waveform evaluation via a Lanczos method. Applied Mathematics Letters, 7(5), 75-80.

45. Gragg, W. B. and Lindquist, A. (1983) On the partial-realization problem. Linear Algebra and its Applications, 50, (APR), 277-319.

46. Shamash, Y. (1975) Linear system reductionusing pade approximation to allow retention of dominant modes. International Journal of Control, 21, 257-272.

47. Bultheel, A. and Van Barel, M. (1986) Pade techniques for model reduction in linear system theory: a survey. Journal of Computational and AppliedMathematics, 14, 401-438.

48. Baker, G. A. (1975) Essentials of Padeapproximations, Academic Press, NewYork.

49. Bechtold, T., Rudnyi, E. B., and Korvink, J. G. (2006) Fast Simulation of Electro-thermal MEMS: Efficient Dynamic Compact Models, Springer, Berlin.

50. Bai, Z. (2002) Krylov subspace techniquesfor reduced-order modeling of large-scale dynamical systems. AppliedNumerical Mathematics, 43, (1-2), 9-44.

51. Stykel, T. (2004) Gramian-based model reduction for descriptor systems. Mathematics of Control Signals and Systems, 16 (4), 297-319.

52. Mehrmann, V. and Stykel, T. (2005) Balanced truncation model reduction for large-scale systems in descriptor form, in Chapter 3, (pages 83-115) of [117].

53. Antoulas, A. C. and Sorensen, D. C. (2001) Approximation of large-scale dynamical systems: an overview. International Journal of Applied Mathematics and Computer Science, 11 (5), 1093-1121.

54. Antoulas, A. C., Sorensen, D. C., and Gugercin, S. (2001) A survey of model reduction methods for large-scale systems. Contemporary Mathematics, 280, 193-219.

55. Benner, P. (2009) System-theoretic methods for model reduction of large-scale systems: Simulation, control, and inverse problems, Proceedings of Math Mod 2009, pp. 126-145.

56. Tombs, M. S. and Postlethwaite, I. (1987) Truncated balanced realization of a stable non-minimal state-space system. International Journal of Control, 46 (4), 1319-1330.

57. Hammarling, S. J. (1982) Numerical solution of the stable, non-negative definite Lypunov equation. IMA Journal of Numerical Analysis, 2, 303-323.

58. Safonov, M. G. and Chiang, R. Y. (1989) A Schur method for balanced truncation model reduction. IEEE Transactions on Automatic Control, 34(7), 729-733.

59. Benner, P., Quintana-Orti, E. S., and Quintana-Orti, G. (1999) Solving linear and quadratic matrix equations on distributed memory parallel computers. Proceedings IEEE International Symposiumon Computer Aided Control System Design, pp. 46-51.

60. The Math Works, Inc., http://www.matlab.com. MATLAB.

61. Antoulas, A. C., Sorensen, D. C., and Zhou, Y. (2002) On the decay rate of Hankel singular values and related issues. Systems &. Control Letters, 46 (5), 323-342.

62. Grasedyck, L. (2004) Existence of a low rank or H-matrix approximant to the solution of a Sylvester equation. Numerical Linear Algebra with Applications, 11 (4), 371-389.

63. Penzl, T. (2000) Eigenvalue decay bounds for solutions of Lyapunov equations: the symmetric case. Systems & Control Letters, 40 (2), 139-144.

64. Sorensen, D. C. and Zhou, Y. (2002) Bounds on eigenvalue decay rates and sensitivity of solutions to Lyapunov equations. Technical Report TR02-07, Department of Computer Application in Mathematics, Rice University, Houston, TX.

65. Hochbruck, M. and Starke, G. (1995) Preconditioned Krylov subspace methods for Lyapunov matrix equations. SIAM Journal on Matrix Analysis and Applications, 16 (1), 156-171.

66. Hodel, A. S., Tenison, B., and Poolla, K. R. (1996) Numerical solution of the Lyapunov equation by approximate power iteration. Linear Algebra and its Applications, 236, 205-230.

67. Hu, D. Y. and Reichel, L. (1992) Krylov-subspace methods for the Sylvester equation. Linear Algebra and its Applications, 172, 283-313.

68. Jaimoukha, I. M. and Kasenally, E. M. (1994) Krylov subspace methods for solving large Lyapunov equations. SIAM Journal on Numerical Analysis, 31(1), 227-251.

69. Jbilou, K. and Riquet, A. J. (2006) Projection methods for large Lyapunov matrix equations. Linear Algebra and its Applications, 415 (2-3), 344-358.

70. Saad, Y. (1990) Numerical solution of large Lyapunov equations, in Signal Processing, Scattering, Operator Theory and Numerical Methods (eds M. A. Kaashoek, J. H. van Schuppen, and A. C. M. Ran), Birkhäuser, pp. 503-511.

71. Simoncini, V. (2007) A new iterative method for solving large-scale Lyapunov matrix equations. SIAM Journal on Scientific Computing, 29 (3), 1268-1288.

72. Benner, P., Claver, J. M., and Quintana-Orti, E. S. (1998) Efficient solution of coupled Lyapunov equations via matrix sign function iteration. Proceedings 3rd Portuguese Conference on Automatic Control CONTROLO'98, Coimbra, pp. 205-210.

73. Baur, U. and Benner, P. (2006) Factorized solution of Lyapunov equations based on hierarchical matrix arithmetic. Computing, 78 (3), 211-234.

74. Baur, U. and Benner, P. (2008) Gramian-based model reduction for data-sparse systems. SIAM Journal on Scientific Computing, 31 (1), 776-798.

75. Grasedyck, L., Hackbusch, W., and Khoromskij, B. N. (2003) Solution of large scale algebraic matrix Riccati equations by use of hierarchical matrices. Computing, 70 (2), 121-165.

76. Li, J.-R., Wang, F., and White, J. (1999) An efficient Lyapunov equation-based approach for generating reduced-order models of interconnect. Proceedings Design Automation Conference, pp. 1-6.

77. Li, J.-R. and White, J. (2002) Low rank solution of Lyapunov equations. SIAM Journal on Matrix Analysis and Applications, 24 (1), 260-280.

78. Penzl, T. (1999/00) A cyclic low-rank Smith method for large sparse Lyapunov equations. SIAM Journal on Scientific Computing, 21 (4), 1401-1418.

79. Gugercin, S., Sorensen, D. C., and Antoulas, A. C. (2003) A modified low-rank Smith method for large-scale Lyapunov equations. Numerical Algorithms, 32 (1), 27-55.

80. Bada, J. M., Benner, P., Mayo, R., and Quintana-Orti, E. S. (2002) Solving large sparse Lyapunov equations on parallel computers, in Euro-Par 2002 - Parallel Processing, Number 2400 in Lecture Notes in Computer Science(eds B. Monien and R. Feldmann), Springer-Verlag, Berlin, Heidelberg, New York, pp. 687-690.

81. Bada, R. M., Benner, P., Mayo, R., Quintana-Orti, E. S., Quintana-Orti, G., and Remon, A. (2006) Balanced truncation model reduction of large and sparse generalized linear systems. Technical Report Chemnitz Scientific Computing Preprints 06 - 04. Fakultät für Mathematik, TU Chemnitz.

82. Benner, P., Quintana-Orti, E. S., and Quintana-Orti, G. (2000) Balanced truncation model reduction of large-scale dense sys-

tems on parallel computers. Mathematical and Computer Modelling of Dynamical Systems, 6 (4), 383-405.

83. Benner, P. , Quintana-Ortí, E. S. , and Quintana-Ortí, G. (2003) State-space truncation methods for parallel model reduction of large-scale systems. Parallel Computing, 29, 1701-1722.

84. Gugercin, S. and Li, J.-R. (2005) Smith-type methods for balanced truncation of large systems, Chapter 2(pages 49-82) of [117].

85. Rabiei, P. and Pedram, M. (1999) Model order reduction of large circuits using balanced truncation. Proceedings of Asia and South Pacific Design Automation Conference. pp. 237-240.

86. Van Dooren, P. (2000) Gramian based model reduction of large-scale dynamical systems. Proceedings 18th Dundee Biennial Conference on Numerical Analysis, pp. 231-247.

87. Bai, Z. , Feldmann, P. , and Freund, R. W. (1998) How to make the oretically passive reduced-order models passive in practice. In Proceedings IEEE Custom Integrated Circuits Conference, pp. 207-210.

88. Bai, Z. and Freund, R. W. (2001) A partial Pade-via-Lanczos method for reduced-order modeling. Linear Algebra and its Applications, 332, 139-164.

89. Bai, Z. and Freund, R. W. (2001) Asymmetric band Lanczos process based on coupled recurrences and some applications. SIAM Journal on Scientific Computing, 23 (2), 542-562.

90. Freund, R. W. and Feldmann, P. (1996)Reduced-order modeling of large passive linear circuits by means of the SyPVL algorithm. Proceedings IEEE/ACM International Conference on Computer-Aided Design, pp. 280-287.

91. Freund, R. W. and Feldmann, P. (1997)The SyMPVL algorithm and its applications to interconnect simulation. Proceedings International Conference on Simulation of Semiconductor Processes and Devices, pp. 113-116.

92. Freund, R. W. and Feldmann, P. (1998) Reduced-order modeling of large linear passive multi-terminal circuits using matrix-Pade approximation. Proceedings Design, Automation and Test in Europe Conference, pp. 530-537.

93. Kerns, K. J. , Wemple, I. L. , and Yang, A. T. (1995) Stable and efficient reduction of substrate model networks using congruence transforms. Proceedings IEEE/ACM International Conference on Computer-Aided Design, pp. 207-214.

94. Silveira, L. M. , Kamon, M. , Elfadel, I. , and White, J. (1996) A coordinate-transformed Arnoldi algorithm for generating guaranteed stable reduced order models of arbitrary RLC circuits. Proceedings IEEE/ACM International Conference on Computer-Aided Design, pp. 288-294.

95. Bai, Z. , Slone, R. D. , and Smith, W. T. (1999) Error bound for reduced systemmodel by Pad′e approximation via the Lanczos process. IEEE Transactions on Computer-Aided Design of Integrated Circuits and Systems, 18 (2), 133-141.

96. Gugercin, S. , Antoulas, A. C. , and Beattie, C. A. (2008) H_2 model reduction for large-scale linear dynamical systems. SIAM Journal on Matrix Analysis and Applications, 30 (2), 609-638.

97. Reis, T. and Stykel, T. (2010) PABTEC: Passivity-preserving balanced truncation for electrical circuits. IEEE Transactions on Computer-Aided Design of Integrated Circuits and Systems, 29(9), 1354-1367.

98. Phillips, J. , Daniel, L. , and Silveira, L. (2003) Guaranteed passive balancing transformations for model order reduction. IEEE Transactions on Computer-Aided Design of Integrated Circuits and Systems, 22 (8), 1027-1041.

99. Yan, B. , Tan, S. -D. , Liu, P. , and McGaughy, B. (2007) Passive interconnect macromodeling via balanced truncation of linear systems in descriptor form. Proceedings Design Automation Conference, pp. 355-360.

100. Feng, L. H. , Koziol, D. , Rudnyi, E. B. , and Korvink, J. G. (2004) Model order reduction for scanning electrochemical microscope: the treatment of nonzero initial condition. Proceedings of IEEE Sensors,

pp. 1236-1239.

101. Baur, U. and Benner, P. (2011) Interpolatory projection methods for parameterized model reduction. SIAM Journal on Scientific Computing, 33, 2489-2518.

102. Daniel, L., Siong, O. C., Chay, L. S., Lee, K. H., and White, J. (2004) A multiparameter moment-matching model-reduction approach for generating geometrically parameterized interconnect performance models. IEEE Transactions on Computer-Aided Design of Integrated Circuits and Systems, 22 (5), 678-693.

103. Feng, L., Rudnyi, E. B., and Korvink, J. G. (2005) Preserving the film coefficient as a parameter in the compact thermal model for fast electro-thermal simulation. IEEE Transactions on Computer-Aided Design of Integrated Circuits and Systems, 24 (12), 1838-1847.

104. Feng, L. and Benner, P. (2007) A robust algorithm for parametric model order reduction. Proceedings in Applied Mathematics and Mechanics (ICIAM), 7(1), 10215-01-10215-02.

105. Gunupudi, P., Khazaka, R., and Nakhla, M. (2002) Analysis of transmission line circuits using multidimensional model reduction techniques. IEEE Transactions on Advanced Packaging, 25 (2), 174-180.

106. Li, Y.-T., Bai, Z., Su, Y., and Zeng, X. (2007) Model order reduction of parameterized interconnect networks via a two-directional arnoldi process. Proceedings IEEE/ACM International Conference on Computer-Aided Design, pp. 868-873.

107. Li, X., Li, P., and Pileggi, L. T. (2005) Parameterized interconnect order reduction with explicit-and-implicit multi-parameter moment matching forinter/intra-die variations. Proceedings IEEE/ACM International Conference on Computer-Aided Design, pp. 806-812.

108. Liu, Y., Pileggi, L. T., and Strojwas, A. J. (1999) Model order reduction of RC(L) interconnect including variational analysis. Proceedings Design Automation Conference, pages 201-206.

109. Phillips, J. R. (2004) Variational interconnect analysis via PMTBR. Proceedings IEEE/ACM International Conference on Computer-Aided Design, pp. 872-879.

110. Weile, D. S., Michielssen, E., Grimme, E., and Gallivan, K. A. (1999) order models of two-parameter linear systems. Applied Mathematics Letters, 12(5), 93-102.

111. Phillips, J. (2004) Variational interconnect analysis via PMTBR. Proceedings IEEE/ACM International Conference on Computer-Aided Design, pp. 872-879.

112. Zhu, Z. and Phillips, J. (2007) Random-sampling of moment graph: a stochastic Krylov-reduction algorithm. Proceedings Design, Automation &.Test in Europe, pp. 1502-1507.

113. El-Moselhy, T. and Daniel, L. (2010) Variation-aware interconnect extractionusing statistical moment preserving model order reduction. Proceedings Design, Automation &. Test in Europe, pp. 453-458.

114. Achar, R. and Nakhla, M. S. (2001) Simulation of high-speed interconnects. Proceedings of the IEEE, 89 (5), 693-728.

115. Feng, L. H., Korvink, J. G., and Benner, P. (2012) A fully adaptive scheme for model order reduction based on moment-matching, Max-Planck Institute Preprint.

116. Villena, J. F. and Silveira, L. M. (2011) Multi-dimensional automatic sampling-schemes for multi-point modeling methodologies. IEEE Transactions on Computer-Aided Design of Integrated Circuits and Systems, 30 (8), 1141-1151.

117. Benner, P., Mehrmann, V., andSorensen, D. C. (eds) (2005) Dimension Reduction of Large-Scale Systems, Lecture Notes in Computational Science and Engineering, vol. 45, Springer-Verlag, Berlin/Heidelberg, Germany.

4 MEMS 系统级仿真方法及协同仿真

Peter Schneider，*Christoph Clauß*，*Ulrich Donath*，*Günter Elst*，*Olaf Enge-Rosenblatt*，*Thomas Uhle*

4.1 引言

作为微系统的重要部分，MEMS 具有不同功能组件和多种物理效应交互作用的特点。通常，一个换能器是结合了模拟和数字电路来实现某一特定功能，此外，也必须考虑一些寄生效应。在电气子系统中不仅有连续时间行为的组件还有离散时间或是离散事件行为的组件。根据这种粗略分类，可以推导出 MEMS 模型的一般数学结构。从数学角度来看，这样的广义模型包含了三种类型的子模型，它们分别由微分方程、代数方程和布尔方程描述。

对于物理效应的数学描述，最一般的形式是偏微分方程（PDE）。具有无限自由度（DoF）的空间分布现象可以用偏微分方程组描述，典型的实例有热传导、扩散过程、电磁场和固体的机械形变。除了对空间求导，在大量应用中甚至要考虑对时间的求导。为了进行偏微分方程的数值求解，提出空间离散化，通常这会导致非常大的常微分方程（ODE）组。考虑到计算量和需要的内存等一些特殊要求，必须要选取合适的方法来求解这些方程。

鉴于上述考虑，系统级仿真常常追求的是基于有限数量方程式的更加抽象建模方法或是对基本集总元件的组合。这种采用有限自由度和动态时间行为的系统在数学上可以用常微分方程（ODE）来描述[1,2]。具有静态时间行为的系统可以用代数方程描述。在许多实际案例中，MEMS 或微系统既包含动态行为部分也包含静态行为部分，这就导致了微分方程和代数方程的混合，被称为微分代数方程（DAE）组[3]。这些方程最常见的形式是隐式方程[4]。尽管能够将微分代数方程组划分成微分子方程组和代数子方程组，至少某些情况下是这样，但是这些代数方程通常是非线性的，不能得到一个封闭解。典型的实例是非线性动态网络[5]，其在数学上是用隐式微分代数方程描述的。关于在不同抽象层次上对 MEMS 建模的详细讨论参见 1.3 和 1.4 节。

微系统也包含数字信号处理和数字控制部分，这些组件的离散事件行为可以用布尔方程和有限状态机（FSM）在较高抽象层次上描述。有限状态机通常是用状态图(又称为状态表)进行图形化描述。状态图可以描述所有有效状态以及状态与事件之间的转换,当然,是在这些转换被触发的时候。通常,在执行操作时都伴随着状态转换。

在许多情况下,一个完整的系统模型包含多个上面提到的基本数学描述类型,这意味着仿真完整系统的方法必须同时解决不同方程组的耦合问题。用于高效的系统级仿真常见算法包括非线性网络仿真、混合仿真方法和协同仿真技术,这些方法将在下面进行详细介绍。有效的建模流程还包括模型转换和模型简化。然而,在不同抽象层次上的简化和建模可能会导致数值问题。例如,在连续时间子系统中,由于离散事件子系统导致了不连续输入信号或是结构变化,它的数值求解方法开发还是一大挑战,仍旧是现阶段研究的一个课题。

4.2 MEMS 模型的数学结构

在这一节中,我们将进一步讨论 MEMS 的不同数学表达方式。由于偏微分方程会导致较大的计算量,所以在系统级模型中一般不使用。然而,通过降阶模型方法可以将偏微分方程空间离散化,将其转化为一个较小的常微分方程组(参见第 3 章)。这就是为什么对于系统级建模而言,常微分方程和微分代数方程相关度最高的原因。对于离散事件部分,常微分方程和微分代数方程还经常与布尔方程、有限状态机结合在一起。

对于系统级建模,微系统通常被分为几个组件,这些组件可以看作连接在保守与非保守连接器上。模型之间的"数据交换"只由这些连接器完成。在接下来的讨论中,我们就用"终端"这个术语来表示保守连接器,这是电气工程中的一个基本术语。

4.2.1 微分方程和代数方程

一般来说,MEMS 模拟组件的行为级建模会导致数学表达式中含有非线性隐式微分方程和代数方程。每一个终端都和两个量有关,一个是势量,另一个是流量,它们也被称作终端变量。此外,这样的微分代数方程组也依赖于组件内部变量,这些变量需要以数学形式描述组件的行为。行为模型的数学表达可以是本构方程的形式:

$$f(x_k(t), \dot{x}_k(t), x_i(t), \dot{x}_i(t), t) = 0 \tag{4.1}$$

其中,x_k 表示所有终端变量的向量,$\dot{x}_k$ 是 x_k 的时间导数,x_i 是模型的所有内部变量的向量,$\dot{x}_i$ 是 x_i 的时间导数,t 表示瞬时时间值。这里,并没有明确提到微分代数方程组(公式(4.1))关于参数的依赖性。参数是与时间无关的量,这决定了模型的功能并假设在特定的仿真期间其是一个常量。该模型的行为定义为在某个有效区域内,对微分代数方程组(公式(4.1))的解法。终端行为这一术语就表示 x_k 的解法全集[6]。

通常,组件的模型方程数量是少于它的终端变量和内部变量之和的,一个可行的模拟器求解方法,需要的系统方程数量必须与变量的数量匹配,因此一个组件的开放终端一定会被连接到其他模型的终端,例如信号源或是负载。在电气系统中,这些可能就是电压源、电流源或是电阻,而在机械系统中,这些信号源是挠度或角度以及负载力和力矩。一些模拟器为开放终端设置了额外的约束条件来满足微分代数方程组(公式(4.1))。

行为级建模旨在设计所谓的宏模型(2.2.2 和 2.2.3 节)。通过把终端变量向量 x_k 划分为相关变量和非相关变量,在一些情况下可以得到方程组(公式(4.1))的更紧凑表达式。同样,消除代数的相关性也可以得到较小规模的方程组。现在使用的先进建模语言和模拟器都有着预处理的特点,这可以帮助减少方程数量并仍然保持清晰的行为描述。

一般来说,对于组件的行为模型以及内部变量的选择,所需的微分代数方程数量及结构是没有通用描述的,其强烈地依赖于建立方程所采用的方法。与多体力学中拉格朗日方程或哈密顿方程的形式类似,节点分析、网格分析以及一些扩展方法(如改进的节点分析)都被运用到电气工程中。在多物理场建模中,这些方法的组合可能也是适用的。因此,对于某一特定物理系统的数学表述可能很大程度取决于所使用的建模方法(例如,改进的节点分析、电路的稀疏矩阵分析),而且同一个物理系统的不同方程组之间相互转换是可能的。

在一定的条件下,方程的数量是可以预测的,例如在电气工程中,经典四极或两端口模型表示以及广义多极和多端口模型表示都假设数学描述只取决于终端变量。终端变量的个数是方程数量的两倍,并且一半的终端变量取决于另一半的终端变量。众所周知这些方程以导纳、阻抗、混合以及链表示。就相关终端变量而言,只有在 Jacobian 的平方子矩阵是满秩的情况下,某些等式才会成立。通常,只有在假设所有的终端变量都是独立的时候,才会使用隐式表达式。对于线性网络,这些隐式表达式就是众所周知的终端行为 Belevitch 表示[7]。

用于不同 MEMS 组件的常用建模方法,产生的微分代数方程组具有典型的结构,方程组的这些方法和结构将在下面进行介绍。

4.2.1.1　多体系统

推导多体系统(MBS)的运动方程有很多种方法。所谓的网络法(关于网络的介绍参见下一节)一方面可以用于牛顿-欧拉方程;另一方面,由于它使用广义的坐标,因此通常又可以用于拉格朗日方程。第一种方法中,每个体系统都被看作一个组件,这个组件的终端以力向量和速度向量作为终端变量。使用第二方法可以推导出拉格朗日运动方程。这里我们把一个完整的多体系统看作一个组件。首先要区分树形结构系统和动态循环系统。在树形结构系统中,从固定空间的基层到每一个体或它的代表节点只存在唯一一条路径。这些路径代表着每一个体系统的编号(从基层以编号 0 开始),因此也就代表着每个体前身。每一个联结点定义了体系统相对于它的前身可能发生的运动自由度。联结自由度等于该联结点使用的广义坐标数量。因此,一个树形结构多体系统 S 可以用一个 n 维(独立的)广义坐标下的向量 $\boldsymbol{q} = (q_1, \cdots, q_n)^{\mathrm{T}}$ 描述,该向量表示它在瞬时时刻 t 下的配置。因为惯性体连接于联结点,从牛顿第二运动定律可以得出结论:每一个联结点的状态变量的数量是广义坐标数量的两倍。多体系统的动态特性由广义坐标向量 $\boldsymbol{q}$ 和广义速度向量 $\dot{\boldsymbol{q}}$ 描述。综上,树形结构系统的运动方程是一个非线性二阶常微分方程:

$$\boldsymbol{M}(\boldsymbol{q}(t), t) \ddot{\boldsymbol{q}}(t) = \boldsymbol{h}(\boldsymbol{q}(t), \dot{\boldsymbol{q}}(t), t) \qquad (4.2)$$

式中,$\boldsymbol{M}$ 是广义质量矩阵,$\boldsymbol{h}$ 是包含广义力的 $\dot{\boldsymbol{q}}$ 二次型。为了更加详细地分析广义力,可以把运动方程写成如下形式:

$$\boldsymbol{M}(\boldsymbol{q}(t), t) \ddot{\boldsymbol{q}}(t) = \boldsymbol{h}_1(\boldsymbol{q}(t), \dot{\boldsymbol{q}}(t), t) + \boldsymbol{h}_2(\boldsymbol{q}(t), t) \dot{\boldsymbol{q}}(t) + \boldsymbol{h}_3(\boldsymbol{q}(t), t)$$

$$(4.3)$$

这里,$\boldsymbol{h}_1$ 是包含哥氏力以及依赖于速度的平方力(比如离心力、空气摩擦力)$\dot{\boldsymbol{q}}$ 的二次型,$\boldsymbol{h}_2$ 表示与速度成比例力的相关系数矩阵,$\boldsymbol{h}_3$ 表示只依赖于广义坐标的力向量或某一瞬时时刻的力向量。

　　一般而言,多体系统的拓扑结构不能由树形结构表示。在这种情况下,根据运动循环可以给出额外的约束条件。这样的多体系统就被称为约束型机械系统(CMS)。由于这些约束条件,约束型机械系统的控制方程只能由一个非线性的微分代数方程组描述。通常,它包含二阶常微分方程,辅以代数方程(AE)。代数方程描述了从属坐标的约束条件,通常是这样的形式:$\boldsymbol{g}(\boldsymbol{q}(t), t) = \boldsymbol{0}$。因此,完整的微分代数方程组形式就是:

$$\boldsymbol{M}(\boldsymbol{q}(t), t) \ddot{\boldsymbol{q}}(t) = \boldsymbol{h}(\boldsymbol{q}(t), \dot{\boldsymbol{q}}(t), t) + \boldsymbol{G}^{\mathrm{T}}(\boldsymbol{q}(t), t)\lambda(t), \quad \boldsymbol{g}(\boldsymbol{q}(t), t) = \boldsymbol{0}$$

$$(4.4)$$

其中,$\boldsymbol{G} = \dfrac{\partial g}{\partial q}$ 是代数方程的 Jacobian 矩阵,λ 是拉格朗日向量的乘数,代表约束力。这样就构造了一个多体系统的控制方程。通常,高阶微分代数方程可以通过引入额外的变量降阶为一阶方程。这种方程依赖于变量的选取,但是它们又和网络方程组(参见 4.4.1 节)具有相同的结构。

　　要了解更多关于多体系统的信息,可以阅读参考文献[9-13]中的实例。

4.2.1.2 流体系统

在 MEMS 中,空气压缩和空气流动(存在摩擦)有着重要的影响。这就是下面主要介绍气动系统而不是液压系统的原因。

气体的数学模型表达式为:

$$p(t)V(t) = m(t)RT(t) \tag{4.5}$$

这里,p 是绝对压强,V 是体积,m 是该体积中的气体质量,R 是气体常数,T 是绝对温度。假设体积是由某种机械子系统决定的(或者可以认为是一个常量),这个方程建立了在一定体积下的气体压力、质量和温度之间的关系。通常,还可以做进一步的简化,即假设这个过程是等温的,也就是说温度是保持不变的,那么公式(4.5)可以化简为:

$$p(t)V(\boldsymbol{x}(t)) = m(t)RT \tag{4.6}$$

式中,$\boldsymbol{x}$ 是机械坐标向量,它由广义坐标 $\boldsymbol{q}$ 决定。

计算一定体积中存在的气体质量,必须考虑气体的流入与流出。气体流入是指气体粒子从更高压力的容器进入体积 V 中;气体流出是指气体离开这个体积 V(进入其他容器中或者到大气中)。两种过程都可以对气流的阻力进行表征,阻力的大小强烈依赖于气体流过区域的几何形貌,这些几何形貌可能是长高的线型、孔型、喷嘴型、阀门型等等。表征流过这个区域的气体物理量称为质量流量比,用 $\dot{m}$ 表示,它是气体流入与流出两个阀门时,容器的状态非线性函数:入口压力是 p_1,出口压力是 p_2,入口温度是 T_1,参考温度为 T_0。当流经阀门时,质量流量比取决于气体粒子的运动速率 $\vec{v}_g$。通常有亚音速流和超音速流(或窒息流)两种类型。气体中这两种类型的边界条件都由声波速率定义。有时候在速率很低的情况下会出现层流。对于以上提到的所有现象[14],质量流量比都可以表示为:

$$\dot{m}(t) = f(p_1, p_2, T_1, T_0, \vec{v}_g(t)) \tag{4.7}$$

一定体积中的气体质量,通过把所有流入的 $\dot{m}_{in}$ 和流出的 $\dot{m}_{out}$ 加起来得到。所以质量的表达式为:

$$m(t) = m(t)\Big|_{t=0} + \int_0^t \dot{m}_{in}(\tau)\mathrm{d}\tau - \int_0^t \dot{m}_{out}(\tau)\mathrm{d}\tau \tag{4.8}$$

归纳一下恒定温度下的模型,由于气体的惯性可以忽略,因此控制方程是非线性一阶常微分方程。然而如果要将热力学的效应考虑进去,情况就会变得很复杂。在这种情况下,内部能量就需要考虑进去

$$U(t) = m(t)c_V T(t) \tag{4.9}$$

其中,c_V 是指在一定体积下的比热容。对完整的模型(涉及流入与/或流出的气

体、可变的体积、流出到环境中或从环境中流入的热量），内部能量的变化由三部分组成：由流入或流出的气体质量产生引起的能量、机械功（如果体积变化）、通过体积边界的热流。这就导致该体积中气体温度的数学模型是关于 $\dot{m}$ 和 $\dot{T}$ 的微分方程（但是 m、T、压力 p 以及体积关于时间的导数 $\dot{V}$ 可能也会出现[14]）。

综上所述，气动力学的集总参数模型控制方程组是非线性一阶常微分方程，辅以一些代数方程，因此完整的运动方程以一阶微分代数方程组表示，即它们和网络方程组具有相同的结构（见 4.4.1 节中的公式(4.15)）。

关于流体系统建模的更多信息可以参见相关参考文献[14-17]。

4.2.1.3 网络

一些物理系统，例如电气系统、机械系统、热力系统或者声系统，都可以通过网络来建模。网络是多种多极系统之间的互连，每一个多极实体都由终端的非空有限集合来描述并且本构关系描述了其终端的行为[18-20]。本构关系指的是，通过终端的流量以及跨接在一对终端上势量之间的关系。在电网络中，流量指的是电流，势量指的是一种势差，即电压。在很多情况下，就终端而言，本构关系近似描述了一个空间分布的物理系统特点和性能，由此产生的模型在空间上是集总的。这样的多极系统常被称为集总单元，这些集总单元的互连称为集总网络（关于网络建模的详细内容参见第 2 章）。

根据等价关系，多极之间的互连可以通过识别终端来指定。它的等价可用节点(node)表示[21]。虽然"节点"一词是连接了几个多极终端的另一种表示，但"节点"和"终端"往往互换使用，例如在电路中，节点代表的是电连接。出于简化描述产生网络方程的目的，下面主要介绍电网络，但它并不失一般性。

集总单元的拓扑结构用网络图来描述，该图表包括一个非空的有限支路集和一个有限的节点集。两终端的集总单元是简单的，也是最常见的，两个终端之间只有一条支路。大部分情况下，集总单元的本构关系可以由流过支路的电流 i 和跨支路的电压 v 来构造。所以在电网络中，本构关系就称作电流-电压关系，或者简称为 i-v 关系。注意，支路的 i-v 关系也依赖于其他支路上的电流、电压关系。例如，受控源和耦合电感。表示多极的数学方程揭示的是电阻、电感、电容行为，或者是它们的组合行为，也就是一种常微分和代数方程。

网络的电压和电流都是关于时间的函数，它们必须满足基尔霍夫电流定律(KCL)和基尔霍夫电压定律(KVL)。KCL 是指对于集总电网络中的任意一个节点，在任意时刻流出这个节点的所有支路电流代数和为 0。KVL 是指在任意时刻任何回路中所有支路电压的代数和为 0。各互连的终端电压必须相等，因此也可用节点电压来代表，下面用 u 表示。节点电压表示的是网络中节点与指定参考节点之间的电压差，假设参考节点电压为 0，因此有

$$v(t) - A^{\mathrm{T}}u(t) = 0 \tag{4.10}$$

式中，t 是瞬时时间值，A 是由网络图得到的约化关联矩阵。

网络的解定义为电流与电压集合，其满足基尔霍夫定律和它的 i-v 关系。有很多种方法来约化方程组，最常用的一种方法是根据改进的节点分析[6,22]规则来建立方程组，这将在下面进行详细介绍。根据 KCL 定律，我们可以得到平衡方程：

$$Ai(t) = A \begin{bmatrix} i_1(t) \\ i_2(t) \end{bmatrix} = 0 \tag{4.11}$$

式中，i_1 是具有 i-v 关系的那些支路的电流向量，以导纳形式表示，i_2 是其他所有支路的电流向量。关于 i_1、i_2，电网络的 i-v 关系通常以非线性一阶微分代数方程表示：

$$i_1(t) - g(v(t), \dot{v}(t), i_2(t), \dot{i}_2(t), t) = 0 \tag{4.12}$$
$$h(v(t), \dot{v}(t), i_2(t), \dot{i}_2(t), t) = 0$$

其中，$\dot{v} = \dfrac{\mathrm{d}v}{\mathrm{d}t}$，$\dot{i}_2 = \dfrac{\mathrm{d}i_2}{\mathrm{d}t}$。

根据式(4.10)～(4.12)，可以得到隐式微分代数方程组：

$$A \begin{bmatrix} g(A^{\mathrm{T}}u(t), A^{\mathrm{T}}\dot{u}(t), i_2(t), \dot{i}_2(t), t) \\ i_2(t) \end{bmatrix} = 0 \tag{4.13}$$
$$h(A^{\mathrm{T}}u(t), A^{\mathrm{T}}\dot{u}(t), i_2(t), \dot{i}_2(t), t) = 0$$

上式可以简化为：

$$f(x(t), \dot{x}(t), t) = 0 \tag{4.14}$$

其中，向量 $x = (u, i_2)^{\mathrm{T}}$ 包含多个系统变量。

关于这方面的更多介绍，推荐一些著名的教科书，例如参考文献[7, 23-31]。

4.2.2　布尔方程和有限状态机

对于数字控制，布尔方程和确定的有限状态机是常见的数学表达形式。状态图是有限状态机的图形化表现形式，它用来描述事件发生对象所有可能的状态以及状态与状态间的转换，状态转换由事件触发。随着状态转换、状态进入和/或状态退出，相关操作就执行。

经典的情况是，通过 6 元素 (Z, X, Y, f, g, z_0) 可以描述一个确定的有限状态机：

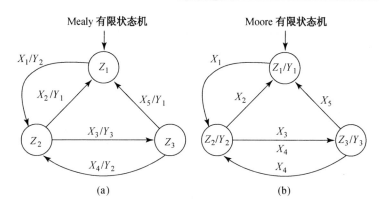

图 4.1 两种有限状态机。

- 状态集 Z：顶点的非空有限集，用圆圈表示，圆圈里用独特的指示符进行标识；
- 输入 X：输入符号的非空有限集；
- 输出 Y：输出符号的非空有限集；
- 转换函数 f：映射 $f: Z \times X \to Z$ 描述关于输入符号的状态转换（用箭头表达从当前状态指向下一个状态并用相应的输入符号表示）；
- 输出函数 g：映射 $g: Z \times X \to Y$，由状态转换决定输出符号；
- 初始状态 z_0：$z_0 \in Z$，以由一个圆点作为起始点的箭头指向初始状态，也可以没有点。

Mealy 型有限状态机和 Moore 型有限状态机是典型的有限状态机（如图 4.1 所示）。两者都是由用箭头表示的输入来触发的。对于 Mealy 型有限状态机，输出取决于输入和状态；对于 Moore 型有限状态机，输出仅取决于状态。这就意味着，Moore 型有限状态机的输出函数 g 可以简化为 $g: Z \to Y$。所以它们在标识输出的图形表示上也有区别。在 Mealy 型有限状态机中，输出标志在输入之后并用斜线"/"与输入隔开；在 Moore 型有限状态机中，输出标志在状态中并用斜线"/"与状态标识隔开。

Harel 状态图和 UML 行为状态机（简称为 UML 状态图）是典型的扩展状态图[33-35]，UML 行为状态机是基于对象的 Harel 状态图的变化版。它们具有 Merly 型和 Moore 型有限状态机的特点。这可通过转换箭头上和状态中的操作标志实现（图 4.2）。除了计算输出，操作还可以是分配变量、执行简单的算法、函数调用以及事件生成。这些操作都不抢占优先级并且不耗费时间。特别是对于数字控制，有三种状态转换的触发类型：信号触发、改变触发和时间触发。信号触发是给出信号实例或消息接受者的提示。改变触发发生在布尔值条件成立的情况下。在虚拟计时器过期后，时间触发会引起状态转换。为了对状态转换触发进行细致的控制，可以在触发器中设置安全机制。布尔表达式是一种安全措施，在相应触发被激活时将估算布尔表达式，只有安全值为真时，状态转换才可以继续，否则该触发就是无效的。在一次状态转换过程中，具体的执行过程是这样的：退出当前状态，进行状态转换，进入新的状态。

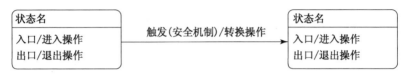

图 4.2　状态图注释。

在 Harel 状态图和 UML 状态图中，一个新的概念是分层次地嵌套状态。状态层次是由状态的组合构建的，它包括一个或多个域，每一个都有一个不同的状态集，而这个状态集就是一些简单的状态或是这些状态的组合。关于控制流的图形表现形式，状态图可能会包含一些伪状态，如分叉、连接、汇合和选择。

4.3　系统级模型描述的一般方法

正如前面一节中提到的，微分代数方程组是描述 MEMS 最常用的方法。在本节中，主要介绍描述的步骤。

从历史角度来看，电路是首先研究的，非电路网络被映射到模拟电路网络，而且电路宏模型被用于更复杂的组件设计。这种方法特指 SPICE，这将在下节详细介绍。之后，SPICE 中固定的内置模型集随着其他模型描述语言的引入而扩展，这些语言包括 MAST、VHDL-AMS、Verilog-AMS、SystemC AMS 和 Modelica 等。它们允许将一个指定域内的行为，采用模拟和数字信号集进行描述。随着特定域的模型库可以调用，设计者可以构建自己的模型。

4.3.1　SPICE 和宏模型

Berkeley SPICE(Simulation Program with Integrated Circuit Emphasis，侧重于集成电路的仿真程序)[36] 是一个带有内置模型的通用电路仿真器(基本元件有电阻、电容、电感、受控源、独立源等，半导体器件有二极管、MOS 管、BJT 等)(图4.3)。设计者可以自定义内置模型的一系列参数，而不需要重新建立模型，这组预定义的 SPICE 模型已经成为电路仿真中的准标准。

对于较复杂组件(例如放大器)的行为，通常采用内置模型或其他模型的组合来进行宏模型描述。这些宏模型在 SPICE 中被称为子电路，可以像其他 SPICE 模型一样使用。

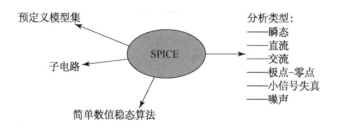

图 4.3　SPICE 的基本特征。

电路原理图或者网表中都包含模型实例以及它们的参数设置、模型之间的连接等。大量的电子和电气器件都可以用 SPICE 网表进行描述。

对于 SPICE 构造的微分代数方程可在仿真的时候进行求解。因为 SPICE 的模型方程和求解方法是紧密耦合的,所以 SPICE 的性能很好,例如相关元件的参数值可以直接被写入 Jacobian 矩阵中。

通过结合宏模型建模,以常用的类比[21,37]将非电网络(热网络、机械网络、流体网络以及磁网络)描述为电网络,可以对各种各样的 MEMS 组件进行仿真。对于宏模型建模而言,如果系统变得十分复杂并且系统转换为电路形式不再那么直观时,这种方法也就不再适合了。

4.3.2　模型描述语言

固定的预定义 SPICE 模型集有一个优点,即 SPICE 仿真器中的求解方法很高效。但对于设计者而言这也是一个缺点,即设计者不可以自己设计模型行为。好在这个缺点已经通过引入模型描述语言得到解决,模型描述语言使设计者可以自由设计模型行为。第一种这样的语言就是 MAST[38],专门用于 Saber 仿真器。与 SPICE 相比,Saber仿真器代表着电路仿真器的下一代,它的发展目标就是实现模型从仿真器内部完全分离。但是 MAST 语言还没能成为建模的语言标准,它只能用于 Saber 仿真器。

此外,其他一些模型描述语言,例如 VHDL-AMS、Verilog-AMS、SystemC AMS 和 Modelica 已经逐步发展成熟,它们支持好几种仿真器并成为标准。图 4.4简要概括了建模语言的发展,它从 19 世纪 60 年代中期开始的特定域语言,已经发展为全面的描述语言。VHDL-AMS(十分适用于 MEMS 建模)作为先进描述语言的代表,下面将对它进行详细的介绍。

VHDL-AMS(Very High speed integrated circuit hardware Description Language-Analog and Mixed-Signal extensions 的缩写)[39]是一种功能强大而稳定的用于模拟信号、数字信号以及混合信号系统描述与仿真的语言。该语言已由 IEEE 在VHDL-1076.1 标准中标准化。扩展 VHDL 被广泛应用于数字电子系统设计,模拟电气与非电气系统、控制系统和抽样数据系统也都可以用这种语言描述。

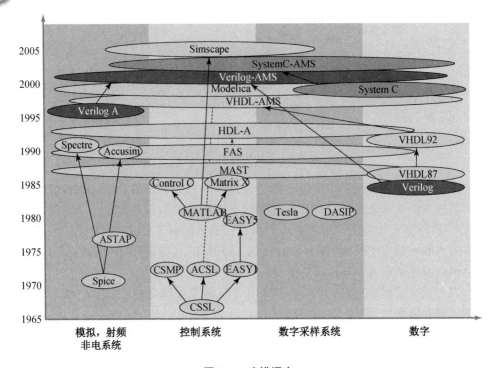

图 4.4　建模语言。

　　VHDL-AMS 是基于分离模型接口（ENTITY，实体）和模型实现（ARCHI-TECTURE，结构）这一概念上的。实体包含描述模型连接器（PORT，端口）的模型名称以及模型参数（GENERIC，通用类）。对于一个实体，可以指定放在不同结构的模型行为不同实现方案。当在网表中的一个模型实例化时，对应的结构也会被选择（CONFIGURATION，配置）。模型能够通过封装进行组合。几乎每一种方程（线性方程、非线性方程、常微分方程、微分代数方程、条件方程（使用 IF...USE 语句），都可以使用内部变量和信号值来构造。它们通过端口存取或额外定义为内部变量（QUANTITY，量）。

　　另一种广泛使用的先进模型描述语言是 Verilog-AMS[40]，它的功能和VHDL-AMS 一样强大。Verilog-AMS 基于 Verilog 标准（IEEE1364）。它适用于模拟信号、混合信号以及集成电路设计，能够提供系统和组件的行为描述和结构描述。它也支持电气与非电气系统描述。

　　SystemC AMS 是一种具有类似功能的模型描述语言，尤其侧重于系统级建模，是 SystemC 标准（IEEE1666）的扩展，将在第 15 章中介绍。

　　Modelica 是一种面向对象语言[41]，可以用于任何物理域模型的设计，对于模拟系统模型、电气与非电气模型都是最强大的描述语言。

　　上述描述语言被用作许多仿真器的输入语言。关于适用于 MEMS 仿真的仿真器综述可以参见参考文献[42,43]。

4.4 系统级仿真的数值方法

4.4.1 非线性微分代数方程组的求解

仿真 MEMS 的数学目标通常就是求解微分代数方程组。因为在大多数情况下,非线性微分代数方程不能获得解析解,所以微分代数方程通常用以下基本方法进行数值求解。刚开始是在 SPICE 中使用它,在之后的研究与实现中对其做了很多改进。微分代数方程组给出的是一个初值问题,它的初始条件是:

$$f(x(t), \dot{x}(t), t) = 0, \ x(t_0) = x_0 \tag{4.15}$$

待求解的是一个在区间 $t \in [t_0, t_N]$ 内的时变函数 x。时间 t 的区间是一个可数不相交区间 $(t_{\ell-1}, t_\ell]$ 的并集,其中 $1 \leqslant \ell \leqslant N$;$\ell, N \in \mathbb{N}$。这个区间长度 $h_\ell = t_\ell - t_{\ell-1}$ 被称作第 ℓ 个时间步的步长。导数 $\dot{x}$ 用积分公式来近似,例如后向欧拉公式 $\dot{x}(t_\ell) \approx \frac{1}{h_\ell}(x_\ell - x_{\ell-1})$ ①。通过这种方法,我们就只需在时刻 t_ℓ,$1 \leqslant \ell \leqslant N$ 求解非线性方程:

$$f\left(x_\ell, \frac{1}{h_\ell}(x_\ell - x_{\ell-1}), t_\ell\right) = 0 \tag{4.16}$$

$\| x_\ell - x(t_\ell) \|$ 称为局部截断误差。步长 h_ℓ 必须满足这样的要求:局部截断误差要小于一个给定的误差容值 ε_{lte}。求解方程(4.16),可以用牛顿-拉普森法[44]从一个初始猜值 x_ℓ^0 计算得到一系列 $\{x_\ell^k\}_k$,x_ℓ^0 通常是用外推公式得到,例如前向欧拉公式 $x_\ell^0 = x_{\ell-1} + \frac{h_\ell}{h_{\ell-1}}(x_{\ell-1} - x_{\ell-2})$。迭代该方程直到得到 x_ℓ^k 的精确值,即满足 $\| x_\ell^k - x_\ell^{k-1} \| < \varepsilon_{ite1}$ 且 $\| f(x_\ell^k, \frac{1}{h_\ell}(x_\ell^k - x_{\ell-1}), t_\ell) \| < \varepsilon_{ite2}$。如果在每个牛顿-拉普森法迭代中的线性方程组可以由高斯消元法求解,则可以使用稀疏矩阵方法,因为大多数模型的方程组的 Jacobian 矩阵都是稀疏的。

在过去的几十年里,为了提高基本方法的性能、稳定性和可扩展性,学者们做了很多研究。重要议题有如下几点:

- 误差容值的选择:数值误差必须要小于对应的误差容值 ε_{lte}、ε_{ite1}、ε_{ite2}。牛顿-拉普森法迭代的次数和可接受的步长数,一方面取决于求解的精度要求,另一方面就取决于这些误差容值。实际上,仿真都是从一个很小的误差容值开始的,因

---

① 注:由于欧拉公式的离散性,仅能计算出实解 $x(t_\ell)$ 的一个数值近似值 x_ℓ。

而计算出的近似解几乎就是真实解。可采用较大误差容值进行重复仿真,直到得到的近似解与真实解有较小的差异,该误差容值就是合适的。

• 高维方程组:尤其是在涉及电路的方程组中,微分代数方程(DAE)的数量通常很多,而且对应的Jacobian矩阵是稀疏的。这时要用稀疏矩阵技术,其中的旋转不仅基于数值误差的减小,也基于矩阵中元素数量的减小。Jacobian矩阵中的元素是在高斯消元法中用LU分解法产生的非零元素。矩阵中元素减少使方程求解容易,但解的精度降低,需要在求解效率与精度之间做权衡。另一种处理高维方程组的方法是模型降阶法(见第3章)。用这种近似方法计算,其方程组要小几个量级,符号运算[45,46]也会减少方程数量。

• 刚度和多尺度系统:虽然很难对刚度给出一个确切的定义,但通常如果微分代数方程组中的组件有不同的时间常数(例如慢热过程和快速电过程)并对相同的DAE有贡献,我们就认为这个微分代数方程组是刚性的。问题是,即使求解方法的快速变化部分已经退化,但最快的过程也会限制积分的步长。特定的隐式积分公式,例如多种步长法,被认为是绝对稳定的。对于多尺度系统存在一个类似的问题,即在时间和长度上,不同尺度的粒度是一起仿真的。

• 同伦法:由于牛顿-拉普森法只有在初始猜值十分接近求解值时才会收敛,所以对于非线性方程组的求解有时候是很难的,这个问题在没有适当的初始条件下来确定有效的初始值时更加严重。同伦法的思想是,从一个简化的方程入手,用已知的一些简单方程解作为复杂方程的起点,逐步改变它,直到其转变为所需要的方程。在大多数情况下,复杂的非线性方程都能够用这种方法求解。很多仿真器使用同伦法,例如Modelica,设计者可以用同伦算子构造恰当的方程[47]。

• 指数缩减:数学微分代数方程组(不是物理系统)基本的数学属性就是指数[3]。大体上,指数描述的是微分代数方程组与精确的常微分方程(它的变量都是微分形式)之间的"距离"。举一个简单微分代数方程组的实例:$\dot{x}_1(t) + x_2(t) = 0$,$x_1(t) = t$。这个方程组的指数是2,它的一个精确解就是:$x_1(t) = t$,$x_2(t) = -1$。两个方程的初始值不能独立选取。

在常系数线性微分代数方程的情况下,指数的定义是不同的。对于非线性微分代数方程,在一个给定时刻,线性化定义的指数是与时间有关的。还有其他指数定义,例如一个给定微分代数方程组(或者部分)的微分量,这里是指将方程转换成常微分方程组所必需的微分量。高指数的方程组(指数大于1)通常数值特性不好[48],因为有些数值解可能会落入没有定义求解轨迹的范围。因此,知道微分代数方程指数是很有必要的,应尽可能避免高指数方程组。目前,有的仿真工具是可以确定指数值的。如果微分代数方程组可以用符号运算方法,那么可以运用符号运算。除了可以计算指数值之外,把方程组降为低指数微分代数方程组也是可能的(例如,Pandelides的算法[49])。

4.4.2 混合信号仿真循环

在很多情况下,只具有模拟行为的微分代数方程不能准确地描述 MEMS 系统。通常,离散事件行为描述的部分也是需要的。在这些部分中数字信号值只在离散时间点发生改变,也称作事件。数字信号可以是开关变量(开、关),也可以是数字控制的实值信号。然而,数字信号也可以来自不等式条件,例如 $x_1(t) > x_2(t)$。当 x_1 刚刚要超过 x_2 时,信号值为真;当 x_2 刚刚要超过 x_1 时,信号值为假。在这个例子中,信号值称作布尔值,它只在离散时间点才发生改变。

如果数字信号被连接到模拟模型,则所面临的挑战是如何实现模拟与数字仿真算法的结合。很多仿真器涉及这个问题,例如 Saber、AMS 设计器、Questa ADMS(以前称为 AdvancedMS)以及 SystemC AMS。有些情况下,混合信号的仿真循环是根据模型描述语言的标准来定义的,以确保设计者能够理解模拟与数字模型组件的交互。图 4.5 详细解释了 VHDL-AMS 的混合信号仿真循环,其他的模型语言可以采用类似的定义。

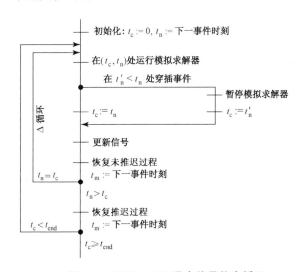

图 4.5 VHDL-AMS 混合信号仿真循环。

对于提供了离散事件仿真循环的 VHDL,通过模拟行为描述对其进行扩展,因此离散事件仿真循环被扩展为结合了模拟求解器的算法。在单纯的数字事件驱动仿真中,事件发生的离散时间点是最小求解时间(MRT,通常为 1 ps 或 1 fs)的倍数。如果已经到达当前时间点 t_c,下一次事件发生的最近时间点是 t_n。除非在当前操作过程中已有更近的事件被预定,否则下一个仿真循环中 t_n 的值被赋给 t_c。

在到达时刻 t_c 且 t_n 的值被确定之后,在混合信号仿真循环中,模拟求解器会被调用来计算 $(t_c, t_n]$ 时间区间的模拟信号值。在仿真期间,该区间内有可能发生阈值穿插，它会导致在 $t'_n < t_n$ 时发生额外的穿插事件。在这样的情况下，模拟求解器会停止在 t'_n 时刻，而数字仿真器开始工作，使 t'_n 的值变为 t_c 的值。该算法确保了模拟求解器不需要丢弃有效时间步长。

只有在 Δ 循环中，模拟求解器需要在 $(t_c, t_c]$ 时间区间内处理"零时间"积分。驱动模拟量的函数瞬时值变化会导致函数值的不连续，这是每一个仿真器都要面临的挑战（见 4.5.1 节）。

4.4.3　协同仿真

由于 MEMS 中不同物理域相互密切作用，这就要求不同域的物理模型能够耦合。一种有效的方法就是使用一个仿真器和一种通用的多域描述语言来进行系统建模。通常，特定的仿真器特别适用于其各自的物理域而且它们的具体模型对系统仿真有重大价值。如果专用仿真器已验证过的模型重复使用，那么耦合不同的仿真器是合理且耗时较少的。本节将处理仿真器的耦合问题，仿真器耦合是至少两个独立工作但在仿真时会进行同步通信并交换瞬时值的仿真器进行协同仿真。

4.4.3.1　耦合算法

与其他仿真器耦合的仿真器在自己仿真期间从其他仿真器接收数据，作为交换也对其他仿真器发送数据。仿真器可以看作函数 V，它用于接收数据 $u(t_{com,\ell})$ 并且计算被返回的数据 $y(t_{com,\ell}) = V(u(t_{com,\ell}))$。时间点 $t_{com,\ell}$ 表示第 ℓ 次通信时刻。在区间 $(t_{com,\ell}, t_{com,\ell+1})$ 内，即两次通信时刻之间，正常情况下仿真器之间几乎不发生通信。

如果两个仿真器被耦合，那么在每个通信时刻要求解下面的两个方程：

$$y_1 = V_1(y_2)$$
$$y_2 = V_2(y_1)$$

$$(4.17)$$

对于耦合问题，我们有很多解决方法可以使用。由于 V_k 通常描述的是复杂非线性方程，所以直接解析方法不太可行。可以采用迭代法，最简单的是 Gauss-Jacobi 迭代法：

$$y_1^{k+1} = V_1(y_2^k)$$
$$y_2^{k+1} = V_2(y_1^k)$$

$$(4.18)$$

与 Gauss-Seidel 迭代法：

$$y_1^{k+1} = V_1(y_2^k)$$
$$y_2^{k+1} = V_2(y_1^{k+1})$$

$$(4.19)$$

其中，$0 \leqslant k \leqslant N$；$k, N \in \mathbb{N}$，如果 y_1、y_2 都是标量，则 Gauss-Seidel 迭代法的描述如图 4.6(a) 所示。当仿真器给出的图像是收缩时，则这两种方法都会收敛于一

个定点解。如果这些简单定点的迭代不收敛或是收敛性很差,那可以采用 Newton 迭代法,但这种方法更加复杂,因为每一步 Newton 迭代都要进行线性化。同样如果 y_1、y_2 都是标量,Newton 迭代可以用图 4.6(b)描述。

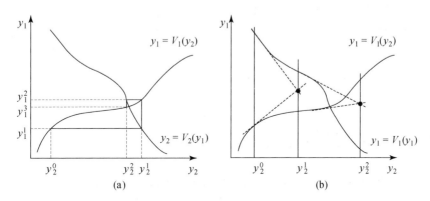

图 4.6　Gauss-Seidel 迭代和 Newton 迭代示意图。

　　由于以上提到的求解方法都是使用仿真器并工作于仿真器上层,这些算法被称作主算法,而仿真器称作为从系统,其受主算法控制。

　　协同仿真中使用的仿真器必须至少具备以下特性:

- 仿真时刻通常是在时间区间 $[t_0, t_N]$ 中增加;
- 仿真器接受时间 $t_{com, \ell} \in [t_0, t_N]$ 并且可以在 $t_{com, \ell}$ 时刻中断;
- 在中断仿真期间,仿真器不仅可以接收值 $u(t_{com, \ell})$ 并返回值 $y(t_{com, \ell})$,而且可以接收下一个时刻 $t_{com, \ell+1}$。

　　如果协同仿真中仿真器能够拒绝相同通信区间重复的中间解,那么我们就可以使用修正的主算法。一个较好的主算法,它还能够合理修改关于时间导数的瞬时值。

4.4.3.2　协同仿真接口

　　协同仿真中的仿真器分工是不同的,数据交换要经过专用接口。算法的实例化、初始化、中断以及错误报告生成都是单独处理。因此,仿真器耦合是要通过特定任务相关的独立解决方案管理。针对协同仿真中至少有两个仿真器的耦合,专为 Modelica 设计的标准化函数模型接口(FMI)可以克服上述缺点[50]。一旦仿真器为协同标准提供 FMI 支持,就可以容易地进行协同仿真。此外,主算法可实现为独立工具(仿真底板),只需要给参与的仿真器提供基本的通信接口即可[51]。

　　FMI 为协同仿真定义了一组少量的函数以及 XML 仿真器专用文件。这些函数包括:

- 协同仿真的从仿真器创建和撤销;

- 主从系统之间的数据交换；
- 控制仿真进程的函数；
- 获取从仿真器状态信息的函数。

要为协同仿真准备好仿真器，必须提供这些函数。

专用从系统 XML 文件包含一些相关信息，例如输入和输出的数量以及从仿真器的信息，在开始仿真之前都要对这些信息进行评估。性能标志详细说明从仿真器的特性、丢弃的时间步等。利用任务结构和从系统的特性，这些标志命令使主系统算法适应协同仿真任务。

4.5 新兴问题和先进仿真技术

MEMS 模型通常是通过分解系统并在不同抽象层次上对子模型进行描述来建立的。这种方法的目的在于保证仿真性能，即使是对较复杂应用场景也能完成全面而有效的系统级仿真。由于这些子模型可能属于数字域或模拟域，所以又称这些系统为混合模型或混合信号系统。

正如 4.4.2 节和 4.4.3 节所讨论的，混合信号系统仿真结合了模拟和数字仿真器，通常是通过定向信号把系统的不同部分耦合起来。可以认为这些信号中的一些是模拟部分的输入信号，另一些是输出信号。这些输入信号在离散时间点改变其值，即事件，可能引起不连续行为。这个不连续行为包括模拟部分中独立源指定量的不连续激励函数以及微分代数方程组的结构改变等。机械工程和电子工程中的一些混合系统示例有：

- 机械：离合器，质量块碰撞，库仑摩擦，"最大距离"现象（图 4.7）。

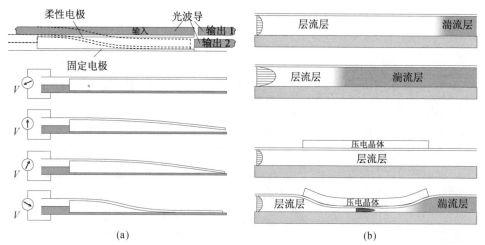

(a)   (b)

图 4.7　MEMS 模型方程中可能出现的变化示例：(a)吸合型光学开关与(b)由于流速或几何形貌改变所导致的有效模型范式改变。

• 电子：脉冲宽度调制的驱动级，直流电源，带有开关、继电器、二极管、半导体闸流管、晶体管（认为是理想开关）的普通电路。

在接下来的两个小节中，将分别介绍处理不连续激励函数和微分代数方程组结构改变的方法。

4.5.1 不连续激励函数

由于数字信号的性质，由这些信号引起的指定量波形也将是不连续的。大多数仿真器通常使用的方法是，用陡峭的有限斜坡代替步。这样，仿真生成的波形就又是连续的了。这些陡峭的斜坡对仿真方法来说具有很大的挑战。系统变量的导数可能会出现很大的值，这对仿真结果和仿真性能都有较大的影响，这主要是由于局部截断误差增加会减少积分法中的步长。

此外，正如 4.4.3 节中介绍的，迭代法在大多数数字仿真器中不适用，因为数字信号不能被重置为过去状态。因此，时间重置机制是不可行的。此外，在设计过程的概念阶段，逻辑门输出电压的上升和下降时间是未知的。在这些情况下，不连续的输入信号是不能用有限斜坡代替的，因此它对于更高抽象层次的建模而言是不可缺少的。

下面介绍的这个方法适用范围很广，这里只是通过简单的示例电路来解释它的基本思想，示例电路如图 4.8 所示。由改进的节点分析法（见 4.2.1 节）得到它的网络模型微分代数方程组如下：

$$\frac{v_{\mathrm{C}}}{R} + i_{\mathrm{C}} - I_{\mathrm{sat}}(\mathrm{e}^{\frac{v_{\mathrm{S}}-v_{\mathrm{C}}}{V_{\mathrm{T}}}} - 1) = 0 \qquad (4.20)$$

$$C\dot{v}_{\mathrm{C}} - i_{\mathrm{C}} = 0 \qquad (4.21)$$

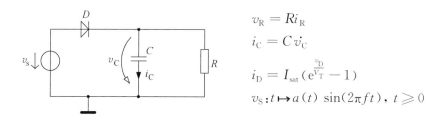

$$v_{\mathrm{R}} = Ri_{\mathrm{R}}$$
$$i_{\mathrm{C}} = C\dot{v}_{\mathrm{C}}$$
$$i_{\mathrm{D}} = I_{\mathrm{sat}}(\mathrm{e}^{\frac{v_{\mathrm{D}}}{V_{\mathrm{T}}}} - 1)$$
$$v_{\mathrm{S}} : t \mapsto a(t)\sin(2\pi ft), \ t \geqslant 0$$

图 4.8 半波整流网络与相应的本构方程。

式中，v_{c}、i_{c} 是系统变量，v_{s} 是电压源的规定电压值，正弦函数频率 $f = 50\,\mathrm{Hz}$，振幅为 a，而

$$a(t) = \begin{cases} 10\,\mathrm{V}, & t \leqslant 105\,\mathrm{ms} \\ 3\,\mathrm{V}, & t > 105\,\mathrm{ms} \end{cases} \qquad (4.22)$$

可以发现,把(4.20)和(4.21)两个方程相加可以抵消掉变量 i_C,但事实证明,保留微分方程(4.21)是非常必要的。

为了说明在 $t_S = 105$ ms 时刻跨越 a 中的不连续点时,哪些系统变量可以看作连续的,我们用一个新的独立变量 τ 代替时刻 t,这样 t 是关于 τ 的函数(见图4.9),其在区间 $[\tau_{S1}, \tau_{S2}]$ 保持为常数,即:

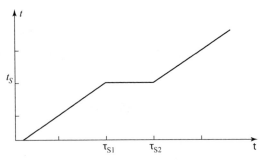

图 4.9　在 $t(\tau) = t_S$ 的邻域内,t 是关于 τ 的函数（当 $\tau \notin [\tau_{S1}, \tau_{S2}]$ 时,$\dfrac{\mathrm{d}t}{\mathrm{d}\tau} = 1$）。

$$t(\tau) = \begin{cases} \tau - \tau_{S1} + t_S, & \tau \leqslant \tau_{S1} \\ t_S, & \tau_{S1} < \tau \leqslant \tau_{S2} \\ \tau - \tau_{S2} + t_S, & \tau > \tau_{S2} \end{cases} \tag{4.23}$$

所以微分代数方程组(式(4.20)和(4.21))就变为:

$$\frac{\bar{v}_C}{R} + \bar{i}_C - I_{sat}(e^{\frac{\bar{v}_S - \bar{v}_C}{V_T}} - 1) = 0 \tag{4.24}$$

$$C\bar{v}'_C - \bar{i}_C t' = 0 \tag{4.25}$$

其中,$\bar{v}_C(\tau) = v_C(t(\tau))$,$\bar{v}'_C(\tau) = \dot{v}_C(t(\tau))t'(\tau)$,$\bar{i}_C(\tau) = i_C(t(\tau))$,$\bar{v}_S(\tau) = v_S(t(\tau))$。图4.10分别是代换前后正弦函数振幅 a(代换前)和 $\bar{a}$(代换后)的波形图。注意,$\bar{a}(\tau)$ 在 (τ_{S1}, τ_{S2}) 上不能用 $a(t(\tau))$ 定义,但是我们已经知道:

$$\bar{a}(\tau) = \begin{cases} 10\text{ V}, & \tau \leqslant \tau_{S1} \\ 10\text{ V} - \lambda(\tau)7\text{ V}, & \tau_{S1} < \tau \leqslant \tau_{S2} \\ 3\text{ V}, & \tau > \tau_{S2} \end{cases} \tag{4.26}$$

其中,$\lambda: [\tau_{S1}, \tau_{S2}] \to [0, 1]$。

必须认识到,在式(4.25)不连续点处,电荷守恒依旧是成立的,因为 $t' = 0$ 时,有 $C\bar{v}'_C = \bar{q}' = 0$①,所以在区间 (τ_{S1}, τ_{S2}) 上有 $\bar{v}'_C(\tau) = 0$。这也是 $\bar{v}_C$ 保持恒定的原因,因而在跨越 v_S 中的不连续点时 v_C 保持连续,而 i_C 可能是不连续的。注意,$\bar{i}_C$ 仅由式(4.24)决定。

---

①　在 $t' = 0$ 时刻,方程组(式4.24 和式4.25)对应于一个电阻等效网络,该网络中电容用独立电压源代替,规定电压值是 $v_C(t_S)$。

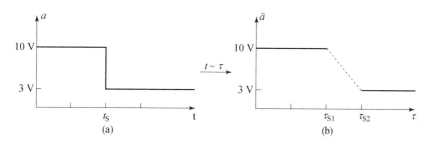

图 4.10　(a)正弦电压 v_S 振幅与 t 的函数。(b)正弦电压 v_S 振幅与 τ 的函数。

与源步进的方法类似,假设在 $t(\tau)=t_S$ 时跨越不连续点 $\lambda(\tau)=\dfrac{\tau-\tau_{S1}}{\tau_{S2}-\tau_{S1}}$。那么,$\bar{a}$ 的波形在区间 $[\tau_{S1},\tau_{S2}]$ 上就是线性的,如图 4.10 中虚线部分所示。所以,与 v_S 相比,$\bar{v}_S$ 是连续的,甚至在区间 (τ_{S1},τ_{S2}) 上曲线是平滑的。这样微分代数方程组(式(4.24)和式(4.25))在 $t'=1$ 时就可以通过在区间 $(0,\tau_{S2}]$ 上使用普通的积分法(见 4.4 节)来求解。之后,微分代数方程组(式(4.24)和式(4.25))在 $t'=0$ 时也可以用相同的方法求解:在区间 $(\tau_{S1},\tau_{S2}]$ 上使用积分法,以 $(\bar{v}_C(\tau_{S1}),\bar{i}_C(\tau_{S1}))$ 为初始值,直到 $\lambda=1$①。步长控制必须确保运用的积分法能够收敛。所以当 $\bar{v}_C(\tau_{S2})=\bar{v}_C(\tau_{S1})$ 时,我们得到 $(\bar{v}_C(\tau_{S2}),\bar{i}_C(\tau_{S2}))$,然后将其作为 $t'=1$ 时不连续点的积分初始值。对于其他不连续点,类似地重复此过程即可。

在 $t=305\text{ ms}$ 时具有额外不连续点的示例电路完整仿真结果如图 4.11 所示。如之前所描述的($t'=1$ 时点划线所示波形,$t'=0$ 时黑色实线所示波形),在完整区间 $(0,305\text{ ms}]$ 上的仿真计算过程是按照顺序进行的。这和解决其他初始值问题一样,因为系统变量的导数左极限不等于右极限,除非在下一段积分中把系统变量的瞬时值作为积分初始值。

4.5.2　模型方程中的结构变化

仿真过程中方程组的结构改变始终是一个研究课题。这种改变通常是由于系统结构的显著变化(例如机械系统中一个刚体部分的损坏)或是由于使用了专用的建模技术(例如用空间分布模型代替空间集总模型,反之亦然)。

在某些物理现象被简化时,较高抽象层次的 MEMS 模型有时可能会导致单边约束。这种单边约束最有可能出现在模拟部分,即出现在多体子系统中或电气子系统中。在极少数情况下,这种现象也会影响两个物理域[53,54]。

---

①　一般来说,λ 不是关于 τ 的线性函数,所以 λ 需要是一个系统变量且应用连续方法求解方程组[18,25]。

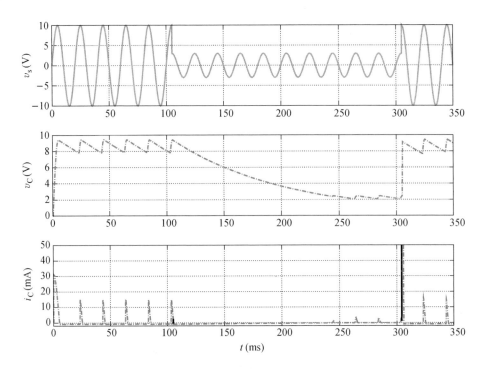

图 4.11 仿真结果：实线表示规定电压值 v_s，点划线表示 $t'=1$ 时计算得到的 v_c 和 i_c，黑色实线表示 $t'=0$ 时计算得到的 v_c 和 i_c。

不管怎样，单边约束总是可以用补充条件描述的，一个简单的示例就是力学中的一维体接触问题。在接触力 f（正常方向）以及两个物体距离 g 之间可以找到互补的条件，它们被称作互补变量。这个条件可以表示为 $0 \leqslant f \perp g \geqslant 0$ 或者 $f \geqslant 0$，$g \geqslant 0$，$fg = 0$，两者几乎是一样的。电路中一个简单的示例是理想二极管。这个示例中，互补变量是阴极和阳极之间的电势差 v 和流过二极管的电流 i。类似地，其互补条件就是 $0 \leqslant v \perp i \geqslant 0$ 或者 $v \geqslant 0$，$i \geqslant 0$，$vi = 0$。在仿真过程中，违反当前有效条件就说明可能会发生结构改变。根据所列举的示例，一个过零但现时不递减的变量可以作为指示变量。对于接触现象，不管是距离 g（如果两个物体当前是分离的）还是接触力 f（如果两个物体当前是接触的）都必须保证是非负的。对于理想二极管，情况十分相似，不管是电压 v（当前处于关断状态）还是电流 i（当前处于导通状态）都要确保是非负的。

指示函数中的过零事件表示一个单边约束的激活或失效，所以一旦系统结构失效，瞬时仿真即当前的微分代数方程组的数值积分就会停止。现在，我们可以建立一种新的有效微分代数方程组，但是这不是一项容易的任务[55]。在一些情况下，我们可以用一些推理知识[56]，而在其他一些情况下，重复地更新状态机直到所有的信号值都设定好也是一种有效的方法。另一种方法是创建并求解所谓的互补问题,对于大多数系统而言是一种线性互补问题(简称 LPC)[57-60],对于空间接触或摩擦系统而言是一种非线性互补问题(简称 NPC)[61-63]。但是这些方法只适用于事件是稀疏且偶然的情况。如果有大量的事件(例如在数字电路中),这些方法会大大降低仿真性能。

关于这一课题,还需要做大量的研究。更多相关信息可以参见参考文献[53,55,62,64,65]和非常好的教科书[60,66]。

4.6　总结

MEMS 的系统级仿真是基于数学描述的,在 MEMS 设计中微分代数方程组是一种非常有效的方法。由于 MEMS 结构的多样性,包括了传感器、模拟电路以及数字电子控制和信号处理,通常需要把微分代数方程求解器和离散事件仿真算法相结合。仿真器耦合可以减少统一建模的工作量,但由于同步和收敛性测试也可能引起其他数值问题。全面考虑物理效应以及在适当抽象层次上建模是对仿真方法的一大挑战,特别是激励函数的不连续性和模型方程的结构改变需要新的方法才能实现精确而有效的系统级仿真。

参考文献

1. Braun, M. (1975) Differential gleichungen und ihre Anwendungen, Springer, Berlin.

2. Hartman, P. (1964) Ordinary Differential Equations, John Wiley & Sons, Inc., New York.

3. Brenan, K. E., Campbell, S. L., and Petzold, L. R. (1989) Numerical Solution of Initial-Value Problems in Differential-Algebraic Equations, North-Holland, New York.

4. Roos, H.-G. and Schwetlik, H. (1999) Numerische Mathematik: Das Grundwissen für jedermann, Teubner, Stuttgart.

5. Lenk, A. (1973) Elektromechanische Systeme, vol. 3, Verlag Technik, Berlin.

6. Reibiger, A. (2008) Auxiliary Branch Method and Modified Nodal Voltage Equations. Adv. Radio Sci., 6, 157-163.

7. Belevitch, V. (1968) Classical Network Theory, Holden-Day, San Francisco, CA.

8. Maißer, P. (1991) A Differential-Geometric Approach to the Multibody System Dynamics, in ZAMM—J. Appl. Math. Mech., 71 (4), T116-T119.

9. Garcia de Jalón, J. and Bayo, E. (1993) Kinematic and Dynamic Simulation of Multibody Systems, Springer, New York.

10. Haug, E. J. (1989) Computer Aided Kinematics and Dynamics of Mechanical Systems, Allyn and Bacon, Boston, MA.

11. Nikravesh, P. E. (1988) Computer Aided Analysis of Mechanical Systems, Prentice-Hall, Englewood Cliffs, NJ.

12. Roberson, R. E. and Schwertassek, R. (1988) Dynamics of Multibody Systems, Springer, New York.

13. Shabana, A. A. (2001) Dynamics of Multibody Systems, 2nd edn, John Wiley & Sons, Inc., New York.

14. Beater, P. (2007) Pneumatic Drives, Springer, Berlin.

15. Andersen, B. W. (1967) The Analysis and Design of Pneumatic Systems, John Wiley & Sons, Inc., New York.

16. Dixon, S. L. (1978) Fluid Mechanics, Thermodynamics and Turbomachinery, 3rd edn, Pergamon Press, Oxford.

17. Çengel, A. (1997) Introduction to Thermodynamics and Heat Transfer, Irwin/McGraw-Hill, Boston, MA.

18. Haase, J. (1983) Verfahren zur Beschreibung und Berechnung des Klemmenverhaltens resistiver Netzwerke, PhD (Dr. -Ing.) thesis, Dresden University of Technology.

19. Reibiger, A. (1985) On the Terminal Behaviour of Networks, in Proceedings of European Conference on Circuit Theory and Design (ECCTD'85), Prague, pp. 224–228.

20. Reibiger, A. (2003) Terminal behavior of networks, multipoles and multiports, in Proceedings of 4th Vienna International Conference on Mathematical Modelling (MATHMOD, 2003), Vienna.

21. Reibiger, A. (2009) Foundations of network theory, in Proceedings of International Symposium on Theoretical Electrical Engineering (ISTET'09), Lübeck.

22. Ho, C. -W., Ruehli, A. E., and Brennan, P. A. (1975) The Modified Nodal Approach to Network Analysis, in IEEE Trans. Circ. Syst., 22 (6), 504–509.

23. Chua, L. O., Desoer, C. A., and Kuh, E. S. (1987) Linear and Nonlinear Circuits, McGraw-Hill, New York.

24. Desoer, C. A. and Kuh, E. S. (1969) Basic Circuit Theory, McGraw-Hill, New York.

25. Dorf, R. C. (ed.) (1997) The Electrical Engineering Handbook, 3rd edn, CRC Press, Boca Raton, FL.

26. Irwin, J. D. (2011) Basic Engineering Circuit Analysis, 10th edn, John Wiley & Sons, Inc., New York.

27. Philippow, E. (1992) Grundlagen der Elektrotechnik, 9th edn, Verlag Technik, Berlin.

28. Smith, R. J. and Dorf, R. C. (1991) Circuits, Devices and Systems — A First Course in Electrical Engineering, 5th edn, John Wiley & Sons, Inc., New Work.

29. Seshu, S. and Reed, M. B. (1961) Linear Graphs and Electrical Networks, Addison-Wesley, Reading, MA.

30. Sudhakar, A. (2006) Circuits and Networks — Analysis and Synthesis, McGraw-Hill, New York.

31. Vlach, J. and Singhal, K. (1993) Computer Methods for Circuit Analysis and Design, 2nd edn, Springer, New York.

32. Gill, A. (1962) Introduction to the Theory of Finite-State Machines, McGraw-Hill, New York.

33. Harel, D. and Politi, M. (1998) Modeling Reactive Systems with State charts, the STATEMATE Approach, McGraw-Hill, New York.

34. Samek, M. (2008) Practical UML Statecharts in C/C++, Event-Driven Programming for Embedded Systems, 2nd edn, Newnes, Burlington, MA.

35. Object Management Group (2009) OMG Unified Modeling Language (OMG UML), Superstructure Specification, version 2.2, http://www.omg.org/spec/UML/2.2/Superstructure. (release date February 2009).

36. Nagel, L. W. and Pederson, D. O. (1975) Simulation Program with Integrated Circuit Emphasis (SPICE), ERL-M520, University of California, Berkeley.

37. Reinschke, K. and Schwarz, P. (1976) Verfahren zur rechnergestützten Analyse linarer Netzwerke, Akademie-Verlag, Berlin.

38. Vlach, M. (1990) Modeling and Simulation with Saber, in Proceedings of 3rd Annual IEEE ASIC Seminar and Exhibition, Rochester, pp. T11.1–T11.9.

39. Christen, E. and Bakalar, K. (1999) VHDL-AMS— A Hardware Description Language for Analog and Mixed-Signal Applications, in IEEE Trans. Circ. Syst. -II, 46 (10), 1263–1272.

40. Kundert, K. S. and Zinke, O. (2004) The Designer's Guide to Verilog-AMS, 1st edn, Kluwer Academic Publishers, London.

41. Modelica Association (2012) Modelica — A Unified Object-Oriented Language for Physical Systems Modeling. Language Specification, version 3.2, https://www.modelica.org/documents/. (last update February

2012).

42. Schneider, P. (2010) Modellierungsmethodik für heterogene Systeme der Mikrosystemtechnik und Mechatronik, PhD (Dr.-Ing.) thesis. Dresden University of Technology, TUD press, Dresden.

43. Mosterman, P. J. (1999) An overview of hybrid simulation phenomena and their support by simulation packages, in Hybrid Systems: Computation and Control, Lectures Notes in Computer Science, vol. 1569, (eds F. W. Vaandrager and J. H. V. Schuppen), Springer, Berlin.

44. Ortega, J. M. and Rheinboldt, W. C. (1970) Iterative Solution of Nonlinear Equations in Several Variables, Academic Press, New York.

45. Sommer, R., Hennig, E., Dröge, G., and Horneber, E.-H. (1993) Equation-based Symbolic Approximation by Matrix Reduction with Quantitative Error Prediction. Alta Frequenza—Rivista di Elettronica, 6/93. 5 (6), 29–37.

46. Broz, J., Clauß, C., Halfmann, T., Lang, P., Martin, R., and Schwarz, P. (2006) Automated symbolic reduction for mechatronical systems, in Proceedings of the Conference on Computer Aided Control System Design, Munich, pp. 408–415.

47. Sielemann, M., Casella, F., Otter, M., Clauß, C., Eborn, J., Mattsson, S. E., and Olsson, H. (2011) Robust initialization of differential-algebraic equations using homotopy. Proceedings of 8th International Modelica Conference, Dresden.

48. März, R. (1991) Numerical Methods for Differential-Algebraic Equations, in Acta Numerica, 1, 141–198.

49. Pantelides, C. C. (1988) The Consistent Initialization of Differential-Algebraic Systems. in SIAM J. Sci. Stat. Comput., 9, 213–231.

50. MODELISAR Consortium (2010) Functional Mock-up Interface for Co-Simulation, version 1.0, http://www. functional-mockup-interface. org/. (last update 12 October 2012).

51. Bastian, J., Clauß, C., Wolf, S., and Schneider, P. (2011) Master for Co-simula-

tion using FMI, in Proceedings of 8th International Model Conference, Dresden.

52. Allgower, E. L. and Georg, K. (1990) Numerical Continuation Methods: An Introduction, Series in Computational Mathematics, vol. 13, Springer, Berlin.

53. Enge, O. and Maißer, P. (2005) Modelling Electromechanical Systems with Electrical Switching Components Using the Linear Complementarity Problem, in J. Multibody Syst. Dyn., 13 (4), 421–445.

54. Enge, O. (2005) Analyse und Synthese elektromechanischer Systeme, PhD (Dr.-Ing.) thesis. Chemnitz University of Technology, Shaker, Aachen.

55. Enge-Rosenblatt, O., Bastian, J., Clauß, C., and Schwarz, P. (2007) Numerical simulation of continuous systems with structural dynamics, in Proceedings of 6th EUROSIM Congress on Modelling and Simulation (EUROSIM 2007), Ljubljana.

56. Pfeiffer, F. (1991) Dynamical Systems with Time-varying or Unsteady Structure, in ZAMM—J. Appl. Math. Mech., 71 (4), T6–T22. References 121

57. Cottle, R. W., Pang, J.-S., and Stone, R. E. (1992) The Linear Complementarity Problem, Academic Press, Boston, MA.

58. Glocker, C. and Pfeiffer, F. (1993) Complementarity Problems in Multibody Systems with Planar Friction, in Arch. Appl. Mech., 63, 452–463.

59. Murty, K. G. (1988) Linear Complementarity, Linear and Nonlinear Programming, Sigma Series in Applied Mathematics, vol. 3, Heldermann, Berlin.

60. Pfeifer, F. and Glocker, C. (1996) Multibody Dynamics with Unilateral Contacts, John Wiley & Sons, Inc., New York.

61. Kwak, B. M. (1991) Complementarity Problem Formulation for Three-Dimensional Frictional Contact, in ASME J. Appl. Mech., 58, 134–140.

62. Glocker, C. (1999) Formulation of Spatial Contact Situations in Rigid Multibody Systems, in Comput. Methods Appl. Mech. Eng., 177 (3-4), 199–214.

63. Glocker, C. (2001) Spatial Friction as Stand-

ard NLCP, in ZAMM — J. Appl. Math. Mech. , 81 (S3), 665-666.

64. Lötstedt, P. (1982) Mechanical Systems of Rigid Bodies Subject to Unilateral Constraints, in SIAM J. Appl. Mech. , 42 (2), 281-296.

65. van der Schaft, A. J. and Schumacher, J. M. (1998) Complementarity Modelling of Hybrid Systems, in IEEE Trans. Automat. Control, 43 (4), 483-490.

66. Acary, V. and Brogliato, B. (2008) Numerical Methods for Nonsmooth Dynamical Systems — Applications in Mechanics and Electronics, Lecture Notes in Applied and Computational Mechanics, vol. 35, Springer, Berlin.

第二部分

MEMS 器件的集总单元建模方法

5 表面微加工梁式电热微执行器的系统级建模

Ren-Gang Li, *Qing-An Huang*

5.1 引言

微执行器通过特定结构将能量转化为力与运动,与环境相互作用,执行特定物理功能。除了常用的静电驱动机制外,热驱动机制也能以较小体积产生较大驱动力。热执行器用通电加热的方式驱动,驱动电压常比静电执行器低,更适合日常应用。它们的加工工艺也相对更简单。

热膨胀本身的数值很小,不能直接用于驱动结构变形。热执行器一般都是利用梁等弹性结构的热弹性应力和热弹性应变来产生变形。Guckel 等人[1]最早采用 LIGA 工艺制造了镍基 U 形梁执行器,它在热膨胀后会向 U 形一侧倾斜。随后对该结构的版图、工艺和原理进行了改进,增大了驱动位移[2-8],进而设计出原理相近的长短梁执行器[5]。Que 等人[9,10]发明了另一类拱曲梁热执行器结构,利用一对梁的热膨胀产生垂直于热膨胀方向上的运动。这一原理很适合用于测量应变[11]。这两种原理的结合产生了可以在更多方向上运动的执行器,[12-17],其中大多数是离面执行器。每种原理都很实用。U 形梁执行器更适于构造柔性运动的部件,如铰链、腿、镊子等等[18-22]。拱曲梁执行器在产生大驱动力直接推拉物体方面有优异的性能[23-27]。设计不同时器件的用法也会随之改变[28-33]。

这些应用的成功使人们开始寻求对器件的准确建模,在版图面积和工作温度限制内最大限度提高微执行器的驱动力和位移。但热执行器建模是一个复杂的耦合场问题,建模时要考虑机械、热和电域的各种参数和各种传热机制。在早期这些只能用有限元分析[34-37]。这无疑是非常费时的,因为每个器件模型都需要在不同能域反复建模,尤其在不能用直接耦合模拟技术的时候更是如此。反观热执行器不难发现,大部分结构都只由梁这一种单元构成。如果经典梁理论应用得当,就能找到更简单的建模方法。这种思路促使 Huang 等人[38-41]找到表面加工多晶硅热执行器的纯解析模型。Zhang 等人[42]建立了级联式拱曲梁执行器的宏模型。相关材料参数也相继测得,提高了模型的实用价值[43-45]。这些工作还启发了一种可能更有益的想法,就是把包含热执行器在内的复杂系统,甚至是封装系统看作由梁、锚区、空气间隙等基本单元构成[46]。根据这一系统级设计思路,Li 等人开发了热执行器的节点分析技术,对热执行器的可重复部件建模,封装成节点模型,再通过节点模型的组合形成所需器件。节点模型与传统 IC 电路的模拟方法兼容,只需在同一系统级模拟工具中导入节点形式的热执行器模型和 IC 模型,就能一次性完成此类混合系统的仿真。这种方法比传统有限元方法更省时、省计算量,更具结构层次。

5.2　分类和问题描述

5.2.1　面内执行器

5.2.1.1　U 形梁执行器

U 形梁面内执行器也常称为伪双金属片热执行器,或基本热执行器[1]。图5.1 给出了 U 形梁热执行器的基本结构。总体由三部分梁构成:一根热臂、一根曲臂和一根冷臂,另有两个锚区。在锚区间加电后,电流使梁发热,热臂窄,电阻大,发热量大;冷臂很宽,电阻很小,发热量很小。因此热臂比冷臂温度高,热膨胀大。由于梁的自由端被连在一起,因此加热时整个结构会沿弧形往一边倾斜。

图 5.1　U 形多晶硅热执行器的俯视图。

图 5.2 的结构中添加了一根热臂[6]。这根热臂提供一条新的电流通路,进一步降低了冷臂的发热量。通过适当设计还能实现 U 形梁的双向面内弯曲,方法是将两根热臂分别置于冷臂两侧,将电压加于冷臂与一侧热臂之间,结构将向加热臂相反方向运动。

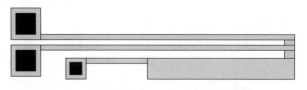

图 5.2　双热臂 U 形多晶硅热执行器的俯视图。

5.2.1.2　拱曲梁执行器

拱曲梁执行器也称为雪佛龙执行器,其工作原理与 U 形执行器有显著不同。它不依靠部件之间的热膨胀系数差来产生运动,而是将双端固支结构的热膨胀转

化为变形,如图 5.3 所示。梁先被制成
雪佛龙商标形状,两端固支。受热后梁
产生膨胀,使结构顶点产生面内位移。
这种设计使执行器可以在锚区连接线的
垂直方向上运动,改进了 U 形梁的弯曲
运动机制。

图 5.3 拱曲梁热执行器的俯视图。

多个拱曲梁执行器级联可以在相同位移下提供更大驱动力,如图 5.4 所示。
但这种结构在驱动臂夹角太小的时候容易产生离面屈曲。

图 5.4 级联拱曲梁热执行器的俯视图。

5.2.1.3 长短梁执行器

这类执行器同 U 形梁执行器一
样也采用非对称式驱动[5]。如图
5.5 所示,锚区通电后电流使长梁和
短梁发热。梁的截面积相同,材料
属性相同,因此长梁和短梁的单位
长度发热量和热膨胀相同,长梁总
膨胀量更多,所以执行器末端沿梁
的法向运动。

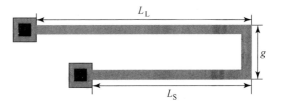

图 5.5 长短梁热执行器的俯视图。

5.2.2 离面执行器

离面执行器[16,17]由多根多晶硅梁构成[16,17],如图 5.6 所示。锚区 3 和细臂由
底层多晶硅构成。锚区 1 和 2、宽臂、曲臂、连接臂则位于顶层。执行器面内结构完

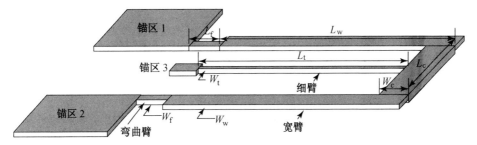

图 5.6 双层离面热执行器的结构示意图。

全对称,保证其只在离面方向发生运动。在锚区 1 和 3 之间加电压,保持锚区 1 和 2 之间等电势,电流流经曲臂、宽臂、连接臂和细臂产生焦耳热。细臂的电阻大,发热量更高,膨胀量大,使结构产生离面弯矩,发生离面运动。曲臂能减少弯曲刚度,提高结构末端的离面位移。

5.2.3　材料参数

5.2.3.1　热导率

热导率是热器件的关键材料参数。晶体材料的各向异性使其热导率常比无定形材料的高[49]。温度对晶体材料参数影响显著,对多晶硅参数也有影响,但多晶硅热导率与制备工艺关系更大。不同工艺下晶畴的尺寸变化很大,影响热导率[50]。研究表明多晶硅热导率可以取值为 29~34 W/mK[18],单晶硅热导率可以取值为 150 W/mK。

热执行器常工作在空气或流体中,它们的热导率对器件性能也有很大影响。空气热导率已在多篇文章中研究[49,51]。参考文献[49]给出从室温变化到 1 100 K 时空气热导率的精确拟合温度曲线。

5.2.3.2　热容

瞬态分析时需要用到热容。研究表明室温下多晶硅热容与单晶硅热容相近[52]。实测波动值在 5%以内[53]。常用近似值为可取为 705 J/(kg·K)。

5.2.3.3　电阻率

多晶硅电阻率与掺杂的材料和浓度有关。室温下电阻率已研究清楚,但高温下电阻率还不够明确。

电阻率 ρ 的表达式可写成由常温下电阻温度系数 ξ 表征的温度线性关系:

$$\rho(T) = \rho_0[1 + \xi(T - T_0)] \tag{5.1}$$

其中,T 是温度,T_0 是参考温度,ρ_0 是 T_0 时的电阻率。该式在电热执行器研究中应用广泛。高温下多晶硅晶畴尺寸会改变,杂质重新扩散,使电阻率变化。

5.2.3.4　热膨胀系数

热膨胀系数是热执行器热-机械耦合分析的关键参数。Okada 和 Tokumaru 给出了硅随温度变化的热膨胀系数的曲线拟合表达式如下:

$$\alpha(T) = 3.725 \times 10^{-6}[1 - e^{-5.88 \times 10^{-3}(T-125)} + 5.548 \times 10^{-4}T] \tag{5.2}$$

其中,T 的取值范围是 120~1 500 K。该式本为高纯单晶硅的公式,但也被很多研究用作多晶硅的公式[55]。室温下常取热膨胀系数为 2.7×10^{-6}/K。

以上介绍了热执行器的主要结构、工作机理和材料参数。要想精确计算执行器行为,至少需要考虑两种耦合场模型,即热电耦合和热机械耦合。传热在执行器工作中发挥决定性作用，也应加以考虑。不过大部分热执行器的结构都比较简单，可以从简单梁的建模型入手。

5.3 建模型

5.3.1 梁的电热模型

梁的传热主要由如下傅里叶方程描述：

$$\rho c \frac{\partial T(\vec{r},\, t)}{\partial t} - \nabla \left[\kappa \nabla T(\vec{r},\, t) \right] = g(\vec{r},\, t) \quad \vec{r} \in R,\, t > 0 \quad (5.3)$$

其中，$T(\vec{r},\, t)$ 和 $g(\vec{r},\, t)$ 分别是 t 时刻 $\vec{r}$ 位置的温度和单位体积发热量，ρ 是密度，c 是比热，κ 是热导率，R 是 MEMS 结构所占空间。边界条件就加在 R 的边界上。

节点分析法中的模型应该是常微分方程形式或是代数方程形式，但式(5.3)是偏微分方程形式。为了得到图 5.7 所示梁的节点模型，需要对式(5.3)进行简化，具体方法如下。

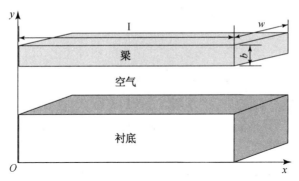

图 5.7　梁结构示意图。

首先可以忽略电热微执行器工作时的辐射热。研究表明即使在高温 (1 000℃)下梁辐射到环境中的热量只占总热量的 1% [38]。

其次可近似认为梁单元中温度沿一维方向分布，也即梁在任何截面中温度分布相同。这种近似在毕渥数 B_i 小于 0.1 时是合理的。毕渥数定义为 $B_i = (\kappa_{air}/\kappa)(w/t_{air})$，其中 w 和 κ 分别是梁的宽度和热导率，κ_{air} 是梁与硅衬底间空气层的热导率。设梁的 $\kappa_{air} = 0.026/(\mathrm{m/K})$，$\kappa = 131/(\mathrm{m/K})$，$w = 2\,\mu\mathrm{m}$，$t_{air} = 2\,\mu\mathrm{m}$，则毕渥数为 0.000 2。可见除了连接点位置外大部分区域的截面热分布梯度都很小。

衬底温度可看作与环境温度相等。衬底温度不是很高时这种近似合理。

执行器锚区可看作理想热沉。如果锚区发热在合适范围内，锚区温度变化很小可忽略。有限元分析法和实验法都表明这种近似合理，为大多数文献所采纳。

根据以上近似,梁单元可简化为图 5.7 所示坐标中的一维模型,传热方程可以简化为:

$$\rho c\, wb\, \frac{\partial T_{\mathrm{b}}(x,\,t)}{\partial t} - wb\, \frac{\partial}{\partial x}\left[\kappa\, \frac{\partial T_{\mathrm{b}}(x,\,t)}{\partial x}\right] =$$
$$-\left(hw + \frac{wS}{R_{\mathrm{T}}}\right)\left[T_{\mathrm{b}}(x,\,t) - T_{\infty}\right] + \frac{i^2(t)\rho_{\mathrm{e}}}{wb} \tag{5.4}$$

其中,$T_{\mathrm{b}}(x,\,t)$ 是梁的温度分布,T_{∞} 是衬底温度,κ 是梁的热导率,h 是对流系数,ρ_{e} 是梁材料的电阻率,$i(t)$ 是流经的电流,S 是反映梁形状对梁向衬底对流传热的尺寸参数,R_{T} 是假设梁足够宽时梁和衬底间的热阻。在 PolyMUMPS 工艺中,R_{T} 可以用式(5.5)计算。这里假设衬底是室温,且氮化硅层的热阻因为相对硅层过小可以忽略。

$$R_{\mathrm{T}} = \frac{t_{\mathrm{air}}}{\kappa_{\mathrm{air}}} \tag{5.5}$$

其中,κ_{air} 和 t_{air} 分别是空气层的热导率和厚度。S 的计算公式为[38]:

$$S = \frac{b}{w}\left(\frac{2t_{\mathrm{air}}}{b} + 1\right) + 1 \tag{5.6}$$

为了简化分析,选择一个温度参考点,关注温度的相对变化 $T(x,\,t)$:

$$T(x,\,t) = T_{\mathrm{b}}(x,\,t) - T_{\infty} \tag{5.7}$$

为了考虑材料参数与温度的关系,热导率、传热系数、电阻率都假设为温度线性式,如式(5.8)所示。热导率温度关系也被假设为线性式。这样处理可以均衡计算精确度和模型复杂度。

$$\kappa = \kappa_0 + c_{\kappa}T,\ h = h_0 + c_{\mathrm{h}}T,\ \rho_{\mathrm{e}} = \rho_{\mathrm{e}0}(1+\xi T),\ \kappa_{\mathrm{air}} = \kappa_{\mathrm{air}0} + c_{\kappa\mathrm{air}}T \tag{5.8}$$

至此传热方程可写为:

$$\rho c\, wb\, \frac{\partial T(x,\,t)}{\partial t} - wb\, \frac{\partial}{\partial x}\left(\kappa\, \frac{\partial T(x,\,t)}{\partial x}\right) =$$
$$-\left[hw + \left(2 + \frac{b+w}{t_{\mathrm{air}}}\right)\kappa_{\mathrm{air}} - i^2\frac{\rho_{\mathrm{e}0}\xi}{wb}\right]T(x,\,t) + i^2\frac{\rho_{\mathrm{e}0}}{wb} \tag{5.9}$$

方程的边界条件为:

$$\begin{cases} T\big|_{x=0} = T_1(t), & \kappa wb\, \frac{\partial T}{\partial x}\Big|_{x=0} = q_1(t) = \kappa wb\, \eta_1(t) \\ T\big|_{x=l} = T_2(t), & -\kappa wb\, \frac{\partial T}{\partial x}\Big|_{x=l} = q_2(t) = -\kappa wb\, \eta_2(t) \end{cases} \tag{5.10}$$

其中，$q_1(t)$ 和 $q_2(t)$ 是梁每端的热流量，$\eta_1(t)$ 和 $\eta_2(t)$ 是温度梯度。

求解时先取一个满足边界条件的试探解。在电热执行器中，大部分区域的温度都是平滑变化的，因为热源的分布均匀且材料热导率较高。换句话说，执行器不同区域上的温度不会突变。利用这个特点可以显著减少模型的计算量。采用二阶Hermit 多项式，根据梁两端节点的温度和温度梯度拟合梁上温度分布，另用合适阶数的傅里叶变换表示温度余量，根据计算常取到 3 阶，得到：

$$T = N\phi \tag{5.11}$$

其中

$$\begin{cases} N = \left[\dfrac{2x^3}{l^3} - \dfrac{3x^2}{l^2} + 1, \; -\dfrac{2x^3}{l^3} + \dfrac{3x^2}{l^2}, \; \dfrac{x^3}{l^2} - \dfrac{2x^2}{l} + x, \; \dfrac{x^3}{l^2} - \dfrac{x^2}{l}, \; 1 - \cos\left(\dfrac{2\pi x}{l}\right) \right] \\ \phi = \begin{bmatrix} T_1 & T_2 & \eta_1 & \eta_2 & \beta \end{bmatrix}^T \end{cases} \tag{5.12}$$

β 是关于时间的待定函数。将式(5.12)代入式(5.9)，利用加权余量法和伽辽金法，可将式(5.9)转化为一系列常微分方程，从中提取节点分析模型，如式(5.13)所示：

$$\bar{M}\phi' + P(\phi) + \bar{K}\phi - i^2 G\phi + Q(\phi) = \bar{F} \tag{5.13}$$

其中

$$\begin{cases} \bar{M} = \rho c w b \displaystyle\int_0^l N^T N \, dx & \text{(a)} \\[2mm] P(\phi) = \kappa_1 w b \displaystyle\int_0^l (N_x^T(T) N_x \phi) \, dx + h_1 w \displaystyle\int_0^l (N^T(T) N \phi) \, dx & \text{(b)} \\[2mm] \bar{K} = \kappa_0 w b \displaystyle\int_0^l (N_x^T N_x) \, dx + h_0 w \displaystyle\int_0^l N^T N \, dx & \text{(c)} \\[2mm] \bar{F} = i^2 \dfrac{\rho_{e0}}{wb} \displaystyle\int_0^l N^T \, dx - q_1 N^T \big|_{x=0} - q_2 N^T \big|_{x=l} & \text{(d)} \\[2mm] Q(\phi) = \displaystyle\int_0^l N^T \left[\left(2 + \dfrac{b+w}{t_{air}} \right) \kappa_{air} \right] N \phi \, dx & \text{(e)} \\[2mm] G = \dfrac{\rho_{e0} \xi}{wb} \displaystyle\int_0^l N^T N \, dx & \text{(f)} \end{cases} \tag{5.14}$$

因为 κ_{air} 和 t_{air} 都是坐标的函数，所以 $Q(\phi)$ 没有显性解析式。但为了建立节点模型却需要得到显性形式。因此计算中将 t_{air} 取为梁的平均值。计算表明这种处理可以保证理想的精度。式(5.13)是常微分方程组。将式(5.3)的偏微分方程转化为这种常微分方程后，就可以用非线性常微分方程求解器对节点模型进行模拟。因

为电阻率不是常数,所以式中电阻与温度有关,可表示为:

$$R = \int_0^l \frac{(1+\xi T)\rho_{e0}}{wb}\mathrm{d}x = \frac{\rho_{e0}l}{wb} + \frac{\xi\rho_{e0}l}{wb}\left[\frac{T_1+T_2}{2} + \frac{l(\eta_1-\eta_2)}{12} + \beta\right] \quad (5.15)$$

5.3.2 梁的热机械模型

梁沿轴向的热膨胀效应可以等效为在梁两端节点上加力,小挠度假设[56]下力与挠度的关系为:

$$F_{\mathrm{eqv}} = \frac{Ewb}{l}\left(\int_0^l \varepsilon_t \mathrm{d}x - \Delta l\right) \quad (5.16)$$

其中,E 是杨氏模量,ε_t 是 x 方向的热应变。该式是热膨胀系数的函数。热膨胀系数是温度的函数,在分析中取为:

$$\varepsilon_t = \alpha_\mathrm{m} T + \beta_\mathrm{m} T^2 \quad (5.17)$$

Δl 是梁弯曲时有效梁长的变化值。小挠度假设下由挠曲引起的梁长变化值很多时候可以忽略,但在热执行器中该值可能引起热应变,显著影响器件行为。

$$\Delta l = l_{\mathrm{bent}} - l_{\mathrm{original}} \approx \int_0^l \frac{1}{2}\left[\left(\frac{\mathrm{d}v}{\mathrm{d}x}\right)^2 + \left(\frac{\mathrm{d}w}{\mathrm{d}x}\right)^2\right]\mathrm{d}x \quad (5.18)$$

其中,w 和 v 分别是平行于和垂直于衬底方向上的位移。

轴向力 N_s 可表示为:

$$N_\mathrm{s} = \frac{Ewb}{l}\left(\Delta x + \Delta l - \int_0^l \varepsilon_t \mathrm{d}x\right) \quad (5.19)$$

其中,Δx 是两节点间的相对轴向位移。

前文提到的电热模型中用到的平均间距变化参数可表示为节点位移函数,由梁的形状函数积分得到:

$$\Delta g_{\mathrm{mean}} = \frac{1}{2}(w_1+w_2) - \frac{l}{12}(\varphi_{y1}+\varphi_{y2}) \quad (5.20)$$

其中,w_1 和 w_2 分别是梁两端节点垂直于衬底方向上的位移,φ_{y1} 和 φ_{y2} 分别是梁两端节点相对 y 轴的转角。参数 t_{air} 可表示为:

$$t_{\mathrm{air}} = t_{\mathrm{air,org}} - \Delta g_{\mathrm{mean}} \quad (5.21)$$

其中,$t_{\mathrm{air,org}}$ 是间隙层的初始厚度,也是多晶硅梁离衬底的距离。

离面电热执行器的离面运动是由不同层梁连接点处的梁轴力产生附加弯矩形成的。梁的连接点起到关键作用。因此忽略不同层梁在此处的交叠,如图 5.8 所示,将连接点单独提取出来进行单元建模,不考虑该单元质量。连接点处力与力矩的关系如下所示。虽然忽略了交叠面积,但该面积远小于梁长,对仿真结果影响不大。

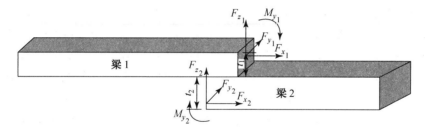

图 5.8   不同层连接点的截面示意图。

$$\begin{cases} F_{x_1} + F_{x_2} = 0 \\ F_{y_1} + F_{y_2} = 0 \\ F_{z_1} + F_{z_2} = 0 \\ M_{y_1} + M_{y_2} + F_{x_1}\left(\dfrac{t_1 + t_2}{2}\right) = 0 \end{cases} \tag{5.22}$$

从全局坐标系(芯片坐标系)到局域坐标系(梁坐标系)的坐标变换也很重要,因为它能描述不同梁的弯曲和扭曲之间的耦合作用。每个节点的位移矢量 $[u, v, w, \varphi_x, \varphi_y, \varphi_z]^T$ 包含三个平动量和三个转动量,力矢量 $[F_x, F_y, F_z, M_x, M_y, M_z]^T$ 包含三个力分量和三个力矩分量。坐标转换矩阵可写作:

$$\begin{bmatrix} \cos\varphi & \sin\varphi & 0 & 0 & 0 & 0 \\ -\sin\varphi & \cos\varphi & 0 & 0 & 0 & 0 \\ 0 & 0 & 1 & 0 & 0 & 0 \\ 0 & 0 & 0 & \cos\varphi & \sin\varphi & 0 \\ 0 & 0 & 0 & -\sin\varphi & \cos\varphi & 0 \\ 0 & 0 & 0 & 0 & 0 & 1 \end{bmatrix} \tag{5.23}$$

其中,φ 是局域坐标系相对全局坐标系的转角。

5.4 求解

本节开始求解上述节点模型。因为这些模型都是显式解析式,所以可以把它们类比为电路模型求解。电路模型也是显式解析式,可以用电路模型器作为求解器。这种方法就是著名的等效电路法,它能用电路方式分析各类非电路问题。

具体来说,每个物理能域通常都存在一对节点量,即"跨"量和"通"量。跨量一般是横跨某个单元的量,例如电域的电压,机械域的平动位移,热域的温度。通量一般是流过某个单元的量,例如电域的电流,机械域的力,热域的热流。因此,如果能把非电域的模型看作等效的电路模型,其中节点的跨量就可看作电流,通量可看作电压。从这个角度来说,就能应用电路域的基尔霍夫电流定律(KCL)和基尔霍夫电压定律(KVL),也就是,节点的通量之和为零,环路的跨量之和为零,且不同单元在连接节点的通量连续,跨量相等。对梁的热电力耦合模型而言,一个节点共有 7 对 14 个量,其中 6 对在机械域和电域,1 对在热域。通过这种方法将节点解析模型转化为有 7 对节点的电路网络,利用电路模拟器求解。实际问题中存在参数的耦合和非线性问题,求解会比现在更复杂,稍后将进一步讨论。

5.4.1 耦合电热模型的等效电路

常用的电路模拟器是 SPICE。但首先要从式(5.13)中推出梁的电热耦合模型。用线性常微分方程推出等效电路模型已经有成熟方法[57]。在本模型中,所有线性项都由电容、电阻等无源器件表示。非线性项由 SPICE 中的非线性受控源表示。

图 5.9 是梁的电热耦合模型等效电路示意图。尽管等效电路化的原理已经很清楚,但从图上还是很难看出与式(5.13)之间的联系。事实上,在将时变微分方程

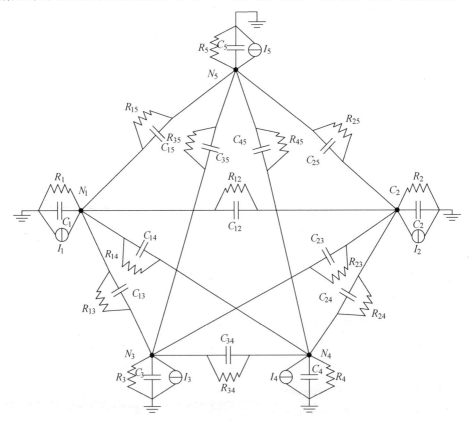

图 5.9　梁的电热耦合模型等效电路。

转化为等效电路时还需做更多的处理,可见参考文献[57]。电阻器阻值和电容器容值与式(5.14)中 K 矩阵和 M 矩阵的矩阵项有关。其他线性或非线性矩阵和函数都由非线性受控源表示。受控源的控制项是向量 $\boldsymbol{\Phi}$ 中的单元和流过梁的电流。$Q(\boldsymbol{\Phi})$ 函数还与空气间隙的厚度有关,该厚度由下文所述的热机械模型解出。

5.4.2 梁的热机械模型的等效电路

前文中提到,热膨胀的影响可以看作加在梁两端的反作用热应力。因此热机械模型可以自然分为两部分,一部分是等效力,另一部分是梁的传统三维力学模型。三维力学模型还可分解出核心部分和周边部分。核心部分描述梁的基本力学特性,周边部分描述非线性和非理想效应,以提高模型准确性。这些在等效电路中都有体现。利用参考文献[57]中的方法可以得到梁核心部分的等效电路,由无源器件构成。非理想效应的等效电路,例如梁的有效轴向长度的变化和轴应力效应,由受梁节点位移量控制的非线性受控源表示。对于离面电热执行器,热域和机械域之间还存在着交互影响。其中热膨胀效应由符合式(5.16)关系的受控源表示,梁运动时空气间隙的变化由梁节点位移量控制的受控源表示。

不同层梁连接点的等效电路也由受控源表示,可直接应用 KVL 和 KCL。该模型中有 6 个节点。除了 y 轴转矩外,其他节点对应的电阻阻值都是零,意味着单元两端的跨量和通量相等。y 轴转矩的连接关系符合式(5.22)。

5.5 实例

利用 MUMPS 工艺制作了离面电热执行器来验证电热执行器的节点模型。执行器结构如图 5.10 所示。利用前文所述方法将该结构的电热执行器转化为节点模型。模型中共有 7 根梁,3 个锚区,1 个连接点单元,6 个节点。连接点单元将连接臂分割为 2 个梁单元。模型的尺寸参数在参考文献[58]和表 5.1 给出。材料参数由参考文献[58]和 MUMPS 的工艺参数给出。为了简化建模,有些数据根据基础数据拟合得到,如表 5.2 所示。仿真时环境温度设为 320 K,与衬底温度相等。它同时是整个仿真的参考温度。锚区 1 和锚区 2 所加的电压相等。

图 5.10 离面电热执行器的节点结构图。

表 5.1　电热执行器的单元尺寸参数

尺寸	长度(μm)	宽度(μm)	厚度(μm)	高度(μm)
梁 1 和梁 7	30	3	1.5	4.75
梁 2 和梁 6	134	8	1.5	4.75
梁 3 和梁 5	24	20	3.5	4.75
梁 4	136	2	2	2

表 5.2　材料参数

材料参数	值	单位
ρ	2 330	kg $\cdot$ m^{-3}
c	700	J $\cdot$ kg^{-1} $\cdot$ K^{-1}
κ_0	48.095	W $\cdot$ m^{-1} $\cdot$ K^{-1}
κ_1	$-0.055\,54$	W $\cdot$ m^{-1} $\cdot$ K^{-2}
h_0	517.45	W $\cdot$ m^{-1} $\cdot$ K^{-1}
h_1	1.388	W $\cdot$ m^{-1} $\cdot$ K^{-2}
ρ_{e0}	2e-5	$\Omega \cdot$ m
ζ	1.25e-3	K^{-1}
κ_{air0}	0.025 1	W $\cdot$ m^{-1} $\cdot$ K^{-1}
κ_{air1}	6.8e-5	W $\cdot$ m^{-1} $\cdot$ K^{-2}
α_{m_0}	2.997 6e-6	K^{-1}
α_{m_1}	2.125e-9	K^{-2}
E	1.69e11	Pa

　　在锚区 1 和锚区 3 之间逐步施加从 1 V 到 8 V 电压,以步进距离 0.1 V 进行模拟。将执行器顶端位移,即节点 3 的 z 向位移仿真结果与参考文献[58]中的数据

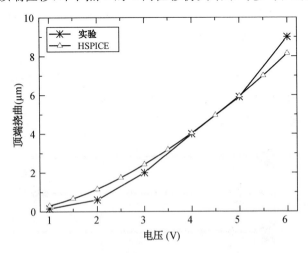

图 5.11　不同电压情况下热执行器的顶端挠曲。

比较,如图 5.11 所示。仿真结果和实验结果吻合得很好,误差小于 5%。

执行器的瞬态响应也是很重要的特性,尤其是阶跃激励的响应时间。用 5 V、0.8 ms 宽度、1.6 ms 周期的阶跃信号作为激励,得到节点 1、节点 2 和节点 3 的温度与位移仿真结果如图 5.12 所示。节点 1 和节点 2 的位移几乎相同。

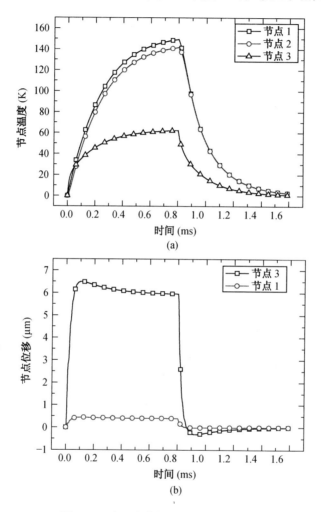

图 5.12 离面电热执行器的瞬态响应。

还考察了执行器的频率响应特性。用频率在 1 Hz 到 10 kHz 间的 3 V 交流信号叠加 2 V 直流偏置作为激励,得到如图 5.13 所示的节点温度和位移结果,呈现出低通特性。位移曲线中 1.5 kHz 处的峰由机械谐振导致。

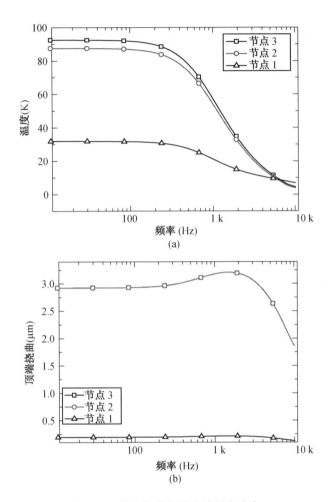

图 **5.13**　节点挠曲与温度的频率响应。

5.6　总结与展望

　　本章总结了各类电热执行器并给出了对应的节点分析模型。根据热传导方程和传统机械域的节点分析模型,建立了热-电-力耦合节点模型,考虑了非理想效应。该模型由常微分方程构成,可由常微分方程求解器求解,例如 SPICE。但因为 SPICE 是电路模拟工具,所以需将模型转化为电路形式。因此推导了节点模型的等效电路形式。利用这些建模方法仿真了典型热执行器的行为,与有限元仿真结果作对比验证。

　　验证结果表明,纯梁单元构成的任意热执行器结构都能适用于这种节点分析方法。这揭示了利用单元、节点方法构建 MEMS 器件模型的优势和特点。为了将节点法应用于更多结构的热执行器，还应继续建立更多基本单元的基本模型，如板、锚区、封装基板等等。

参考文献

1. H. Guckel，J. Klein，T. Christenson，K. Skrobis，M. Laudon, and E. G. Lovell 1992 Thermo-magnetic metal flexure actuators. Proc. IEEE Solid-State Sensor and Actuator Workshop 73-76.

2. Nguyen, N. ,Ho, S. , and Low, C. , 2004 A Polymeric Microgripper with Integrated Thermal Actuators, J. Micromech. Microeng. , 969-974.

3. Chronis, N. and Lee, L. , 2004 Polymer MEMS-based Microgripper for Single Cell Manipulation, in MEMS2004 Technical Digest, Maastricht, Netherlands, IEEE, 17-20.

4. J. H. Comtois, V. M. Bright, and M. Phipps 1995 Thermal microactuators for surface micromachining process. Proc. SPIE 2642 10-21.

5. C. S. Pan and W. Hsu 1997 An electro-thermally and laterally driven polysilicon microactuators. J. Micromech. Microeng 7 7-13.

6. D. M. Burns and V. M. Bright 1997 Design and performance of a double hot arm polysilicon thermal actuators. Proc. SPIE 3224 296-306.

7. Kolesar, E. , Odom, W. , Jayachadran, J. , Ruff, M. , Ko, S. , Howard, J. , Allen, P. , Wilken, J. , Boydston, N. , Bosch, J. , Wilks, R. , and McAllister, J. , 2004 Design and Performance of an Electrothermal MEMS Microengine Capable of Bi-directional Motion，Thin Solid Films, 447-448:481-488.

8. Kolesar, E. , Ruff, M. , Odom, W. , Jayachadran, J. , McAllister, J. , Ko, S. , Howard, J. , Allen, P. , Wilken, J. , Boydston, N. , Bosch, J. , and Wilks, R. , 2002 Single and Double-hot Arm Asymmetrical Polysilicon Surface Micromachined Electrothermal Microactuators Applied to Realize a Microengine，Thin Solid Films, 420-421:530-538.

9. L. Que, J. -S. Park, and Y. B. Gianchandani 1999 Bent-beam electro-thermal actuators for high force applications. Proc. IEEE Conf. on Micro Electro Mechanical Systems (MEMS'99) 31-34.

10. L. Que, J. -S. Park, and Y. B. Gianchandani 2001 Bent-beam electrothermal actuators-Part I: Single beam and cascaded devices. J. Microelectromech. Syst. 10 247-254.

11. Y. B. Gianchandani and K. Najafi 1996 Bent beam strain sensors. J. Microelectromech. Syst. 5 52-58.

12. Cao, A. , Kim, J. , Tsao, T. , and Lin, L. , 2004 A Bi-directional Electrothermal Electromagnetic Actuator, in MEMS2004 Technical Digest, Maastricht, Netherlands, IEEE, 450-453.

13. J. Jonsmann, O. Sigmund, and S. Bouwstra 1999 Compliant electro-thermal microactuators. IEEE Conf. on Micro Electro Mechanical Systems, Orlando (MEMS'99) 588-511.

14. Comtois, J. H. and Bright, V. M. , 1997 Applications for Surface-micromachined Polysilicon Thermal Actuators and Arrays, Sensors and Actuators A, \\58:19-25.

15. Yan, D. ,Khajepour, A. , and Mansour, R. , 2004 Design and Modeling of a MEMS Bidirectional Vertical Thermal Actuator, J. Micromech. Microeng. , 14:841-850.

16. Chen, W. , Chu, C. , Hsieh, J. , and Fang, 2003 W. , A Reliable Single-layer Out-of-plane Micromachined Thermal Actuator, Sensors and Actuators A, 103:48-58.

17. Chen, W. -C. , Hsieh, J. , and Fang, W. , 2002 A Novel Single-layer Bi-directional Out-of-plane Electrothermal Microactuator, in MEMS2002, The 15th International Conference on Micro Electro Mechanical Systems, IEEE, 693-697.

18. Comtois, J. H. and Bright, V. M. , 1997 Ap-

plications for Surface-micromachined Polysilicon Thermal Actuators and Arrays, Sensors and Actuators A, 58:19-25.

19. Reid, J., Bright, V., and Comtois, J., 1996 A Surface Micromachined Rotating Micro-mirror Normal to the Substrate, in Advanced Applications of Lasers in Materials Processing, Summer Topical Meetings, IEEE/LEOS, 39-40.

20. Lee, C., Lin, Y., Lai, Y., Tasi, M., Chen, C., and Wu, C., 2004 3-v Driven Pop-up Micromirror for Reflecting Light Toward Out-of-plane Direction for VOA Applications, IEEE Photonics Technology Letters, 1044-1046.

21. Chiou, J. and Lin, W., 2004 Variable Optical Attenuator Using a Thermal Actuator Array with Dual Shutters, Optics Communications, 237:341-350.

22. Lerch, P., Silimane, C., Romanowicz, B., and Renaud, P., 1996 Modelization and Characterization of Asymmetrical Thermal Micro-actuators, J. Micromech. Microeng., 6:134-137.

23. Park, J.-S., Chu, L. L., Oliver, A. D., and Gianchandani, Y. B., 2001 Bent-beam Electrothermal Actuators — part II: Linear and Rotary Microengines, Journal of Microelectromechanical Systems, 10(2):255-262.

24. Saini, R., Geisberger, A., Tsui, K., Nistorica, C., Ellis, M., and Skidmore, G., 2003 Assembled MEMS VOA, in International Conference of Optical MEMS, Waikoloa, HI, IEEE/LEOS, 139-140.

25. Chu, L. and Gianchandani, Y., 2003 A Micromachined 2d Positioner with Electrothermal Actuation and Subnanometer Capacitive Sensing, J. Micromech. Microeng., 13: 279-285.

26. Lu, S., Dikin, D., Zhang, S., Fisher, T., Lee, J., and Ruoff, R., 2004 Realization of Nanoscale Resolution with a Micromachined Thermally Actuated Testing Stage, Review of Scientific Instruments, 25(6):2154-2162.

27. Syms, R., Zou, H., and Stagg, J., 2004 Robust Latching MEMS Translation Stages for Micro-optical Systems, J. Micromech. Microeng., 14:667-674.

28. Oh, Y., Lee, W., and Skidmore, G. 2003 Design, Optimization, and Experiments of Compliant Microgripper, in Proceedings of International Mechanical Engineering Congress, Washington, DC, ASME.

29. Sharma, M. and Udeshi, T., 2003 Extensions of Spring Model Approach for Continuum-based Topology Optimization of Compliant Mechanisms, in Technical Proceedings of the 2003 Nanotechnology Conference and Trade Show, San Francisco, CA, 440-443.

30. Sigmund, O., 2001 A 99 Line Topology Optimization Code Written in Matlab, Struct. Multidisc. Optim., 21:120-127.

31. Harsh, K., Su, B., Zhang, W., Bright, V., and Lee, Y., 2000 The Realization and Design Considerations of a Flip-chip Integrated MEMS Tunable Capacitor, Sensors and Actuators A, 80:108-118.

32. Sinclair, M., 2002 A High Frequency Resonant Scanner Using Thermal Actuation, in MEMS2002, The 15th International Conference on Micro Electro Mechanical Systems, IEEE, 698-701.

33. Kim, C., Lee, M., and Jun, C., 2004 Electrothermally Actuated Fabry-perot Tunable Filter with a High Tuning Efficiency, IEEE Photonics Technology Letters, 16 (8): 1894-1896.

34. Mankame, N., and Ananthasuresh, G., 2000 The Effects of Thermal Boundary Conditions and Scaling on Electro-thermal-compliant Micro Devices, Technical Proceedings of the 2000 International Conference on Modeling and Simulation of Microsystems, Vol. 3, pp. 609-612.

35. Mankame, N. D. and Ananthasuresh, G. K., 2001 Comprehensive Thermal Modelling and Characterization of an Electro-thermal-compliant Microactuator, J. of Micromech. and Microeng., 11:452-462.

36. Atre, A. and Boedo, S., 2004 Effect of Thermophysical Property Variations on Surface Micromachined Polysilicon Beam Flexure Actuators, in Technical Proceedings of the 2004 Nanotechnology Conference and Trade Show, Boston, MA, NSTI, Vol. 2, pp. 263-266.

37. Huang QA, Lees NKS. 1999 Analysis and design of polysilicon thermal flexure actuator. JOURNAL OF MICROMECHANICS AND MICROENGINEERING. Vol. 9: 64-70.

38. Huang, QA; Lee, NKS. 1999 Analytical modeling and optimization for a laterally-driven polysilicon thermal actuator. MICROSYSTEM TECHNOLOGIES-MICRO-AND NANOSYSTEMS-INFORMATION STORAGE AND PROCESSING SYSTEMS. 5 (3): 133-137.

39. Huang QA, Lee NKS. 2000 A simple approach to characterizing the driving force of polysilicon laterally driven thermal microactuators. SENSORS AND ACTUATORS A-PHYSICAL. 80(3):267-272.

40. Kuang Y, Huang QA, Lee NKS. 2002 Numerical simulation of a polysilicon thermal flexure actuator. MICROSYSTEM TECHNOLOGIES. 8(1):17-21.

41. Zhang, YX; Huang, QA; Li, RG, et al. 2006 Macro-modeling for polysilicon cascaded bent beam electrothermal microactuators. SENSORS AND ACTUATORS A-PHYSICAL. 128(1): 165-175.

42. Xu, GB; Li, Y; Huang, QA, et al. 2007 In-line method for extracting the temperature coefficient of resistance of surface-micromachined polysilicon thin films. SENSORS AND ACTUATORS A-PHYSICAL. 136 (1): 249-254.

43. Xu, GB; Huang, QA. 2006 An online test microstructure for thermal conductivity of surface-micromachined polysilicon thin films. IEEE SENSORS JOURNAL. 6(2):428-433.

44. Huang, QA;Xu, GB; Qi, L, et al. 2006 A simple method for measuring the thermal diffusivity of surface-micromachined polysilicon thin films. JOURNAL OF MICROMECHANICS AND MICROENGINEERING. 16 (5):981-985.

45. Y. -J. Yang and C. -C. Yu 2004 Extraction of heat-transfer macromodels for MEMS devices. J. Micromech. Microeng. 14 587-596.

46. G. K. Fedder and Q. Jing, 1999 A hierarchical circuit-level design methodology for microelectromechanical systems, IEEE Trans. Circuits and Systems II, 46(10):1309-1315.

47. Li, RG; Huang, QA; Li, WH. 2008 A nodal analysis method for simulating the behavior of electrothermal microactuators. MICROSYSTEM TECHNOLOGIES. 14:119-129.

48. Li, RG; Huang, QA; Li, WH. 2009 A nodal analysis model for the out-of-plane beam-shape electrothermal microactuator. MICROSYSTEM TECHNOLOGIES. 15 (2): 217-225.

49. Incropera, F. P. and DeWitt, D. P. , 1996 Introduction to Heat Transfer, 3rd Ed. , John Wiley, New York.

50. Slack, G. A. , 1964 Thermal Conductivity of Pure and Impure Silicon, Silicon Carbide, and Diamond, Journal of Applied Physics, 35: 3460-3466.

51. Holman, J. P. , 1997 Heat Transfer, 8th Ed. , McGraw-Hill.

52. Manginell, R. P. , 1997 Physical Properties of Polysilicon, PhD thesis, University of New Mexico.

53. Manginell, R. P. , 1997 Polycrystalline-Silicon Microbridge Combustible Gas Sensor, Ph. D. Dissertation, University of New Mexico.

54. Okada, Y. and Tokumaru, Y. , 1984 Precise Determination of Lattice Parameter and Thermal Expansion Coefficient of Silicon between 300 and 1500K, Journal of Applied Physics, 56(2):314-320.

55. Butler, J. T. and Bright, V. M. , 1998 Electrothermal and Fabrication Modeling of Polysilicon Thermal Actuators, ASME DSC-MEMS, 66:571-576.

6 MEMS 器件封装效应的系统级建模

Jing Song ,*Qing-An Huang*

6.1 引言

在 MEMS 器件中,由于封装引起的应力而产生的 MEMS 结构变形至关重要,因为它直接影响器件性能。随着先进封装技术的发展,如系统级封装(SiP)和圆片级封装(WLP),MEMS 器件和封装的相互作用会越来越紧密。封装将会成为系统的一部分,而不只是器件的载体。因此,理解封装对 MEMS 器件性能的影响对于成功的封装-器件协同设计十分必要。

在 MEMS 器件发明后很快就发现了封装效应。在早期,封装效应可以用校准来补偿。但随着高性能和高可靠性 MEMS 器件的发展,设计者开始要求更多封装效应的基础研究,使得在设计之初就可以消除效应的主要部分并使补偿工作更简单快速。稍后会总结关于各类 MEMS 器件应用的封装效应方面的主要研究进展。

虽然有限元法(FEM)可用于仿真任何封装后的 MEMS 器件,但仿真时间和计算成本通常是个问题。随着 MEMS 元件和包含 MEMS 部件的微模块变得复杂,这一问题变得更加严重。前文介绍了利用梁单元组合的热执行器的节点化建模方法。这里进一步拓展了这种思想,把封装后的 MEMS 器件看作一个由基本单元构成的系统。除了热执行器中用到的梁单元外,还有更多的基本单元,其中之一是封装基板单元。它的变形显著影响了其上 MEMS 器件的性能。如果这种可重用单元可以搭建出封装后的器件系统,那么前文的节点分析法就能在此得到应用。这种方法的优势很明显,包括计算量少,仿真速度快,单元可重用性强,与系统级仿真工具兼容性好,设计者容易上手等等。

6.2 MEMS 器件的封装效应及其对器件性能的影响

最基本的结构有悬臂结构和桥结构,常被称为单端固支梁和双端固支梁。它们包含了 MEMS 结构的最基本特征。研究封装效应对这些基本结构的影响,能为了解其他器件的封装效应提供基础。悬臂结构没有应力,但在间隙距离较小时容易粘附。桥结构受应力影响很大。因此由外力载荷和热载荷引入的封装应力和变形对两种结构会有不同的影响。

芯片粘接是最终容易导致封装效应的封装工艺之一[1]。芯片粘接所需的热固化工艺会导致 MEMS 芯片和封装基板间的热失配,使芯片翘曲,并导致芯片表面应变分布。芯片翘曲会改变梁与衬底的间隙距离,表面应变会产生桥结构的内应力。实验表明,封装后桥结构的谐振频率[2]、吸合电压[3]和射频性能[4]会发生超过10%的偏移。表面应变会随着芯片表面位置的不同而变化,使封装效应对不同位置 MEMS 器件的影响产生差异[5]。此外封装效应也对各项性能的温度系数产生影响。除了芯片和封装基板的材料外,粘接剂的材料特性、尺寸以及锚区的类型也对封装效应有影响[3]。

对封装效应有重要影响的封装工艺还包括注模和预封装工艺。这里预封装指在前道而非后道工艺中就对 MEMS 器件盖上封盖,施加保护。MEMS 器件预封装后才能用低成本的注模工艺进行包封。为了提高产能,常用圆片级薄膜淀积和牺牲层刻蚀工艺来加工封盖。但薄膜封盖容易在注模压力下破裂[7]。

6.2.1 加速度计

作为 MEMS 产业最成熟的器件,加速度计的封装效应得到了充分的研究。封装后的加速度计会因为封装、组装工艺导致的热应力以及使用过程中的外加力载荷而产生输出信号偏移[8-12]。使用 CoventorWare™ 提取的低阶封装体模型可以在较短时间内准确预测器件性能。这种考虑封装效应的反馈设计至少能使得器件性能改进 5 倍以上[12]。除了芯片粘接工艺外,密封粘接剂对器件动态性能也有影响。杨氏模量很小的粘接剂会显著影响封装后加速度计的振动模态,导致输出信号的失真偏移[10]。

6.2.2 陀螺仪

封装导致的形变和应力会使陀螺仪的频率发生偏移。利用云纹干涉技术可以测出温度变化下陀螺仪封装体的变形[13]。分析表明这种整体变形由芯片、注模塑料和印制电路板之间的热失配造成。用改进的悬腿设计方案可以显著降低频率偏移[13]。

6.2.3 压力传感器

压力传感器既可以用体加工也可以用表面加工工艺来制造。硅压阻压力传感器是最成熟的 MEMS 器件之一。除了芯片粘接/键合和注模的影响外,此类压力传感器还受到保护芯片表面的硅胶材料的影响[20]。仿真结果表明不同保护胶的尺寸会显著影响器件灵敏度。此外,由于压力传感器通常体积较大,传感器本身的结构设计也会显著影响封装效应。

6.2.4 热执行器

封装应力会影响热执行器结构的刚度,从而改变其位移。四点弯曲法可以测得不同应力下的芯片性能偏移[21]。增加测试芯片表面张应力会改变器件初始位移,降低位移和驱动电流比率。200 MPa 张应力下结构最大位移可被减少近60%。

6.2.5 霍尔传感器

封装后的霍尔传感器的温度效应很明显。封装引入的热应力通过压阻效应会对压阻的霍尔效应有显著影响。芯片粘接工艺和注模工艺都会对温度效应产生贡献[22]。为了获得准确的仿真结果,粘接剂和注模塑料的粘弹性、粘塑性和收缩性能都需纳入考虑。仿真和实测结果表明,芯片粘接和注模工艺后,器件零偏电压最高可以改变满量程的80%,灵敏度可改变4%。

6.3 系统级建模

研究表明,器件和封装间耦合引入的应力和变形能降低器件性能,破坏可靠性。随着新型封装技术如 SiP、WLP 等技术的发展[23],封装和器件的互作用会更加密切。封装会变成系统的一个功能部件,而不只是芯片的载体。因此,在传统 MEMS 仿真技术基础上,研发新的设计工具,将封装和器件的行为纳入同一层次的设计中,可以有效提高设计效率。

FEM 是 MEMS 封装效应最常见的仿真工具。利用 MEMS 和封装体的三维建模、分网和仿真技术,可以准确地计算封装效应。该方法对多数体加工器件,如 MEMS 压力传感器、微麦克风尤其适用,因为此类器件的尺寸与封装相仿。但对于多数表面加工器件,器件与封装尺寸相差较大。如果把器件和封装纳入同一结构模型中仿真,则计算量太大。因此文献中常用将器件模型和封装模型分开建模,将封装模型的仿真结果作为器件模型的边界条件的方法。这种仿真方法已获得有效应用,并纳入 MEMS 仿真软件的封装设计模块中。为了进一步提高仿真效率,还可根据封装仿真结果提取参数式行为模型[24,25]。但很显然这种分步的仿真技术并不是最佳方案,还需要进一步研究更精简的封装器件协同设计方法。本章阐述的系统级节点方法就试图提供一种新的解决方案。

如前文所述,节点分析法基于物理分析建立起仅与单元节点量有关的行为模型。如果是电域单元,该模型自然就是电路模型。如果不是电域单元,仍可用基于基尔霍夫定律的等效电路方法,把所有跨量当作等效电压,所有通量当作等效电流来建立等效电路模型,用电路仿真器进行仿真。与有限元法对比,有限元法将三维结构划分为形状简单的一般性单元求解,而节点分析法划分出基本结构(如梁),用针对该结构的特定理论建模,使仿真快速而有效。

常规节点分析法用的是集总节点。换句话说,模型节点的节点量都是集总参数,不适于描述节点位置物理量具有分布特征的问题。如果一定要用集总节点描述分布行为,常采用继续分割单元的做法。但这么做会破坏单元的物理完整性,与实际不再对应。这些困难都使得常规集总节点方法不再适用。为此本章提出分布节点分析法(Distributed nodal method,DNM),将封装系统划分为以分布节点互连的各个功能单元,对封装后的 MEMS 器件进行系统级建模。

6.3.1 系统划分

图 6.1 是介绍分布节点分析法的示意图。它描述了一个通过粘接剂与封装基板相粘的芯片上的桥结构。粘接剂固化后,整个系统回到室温。为简化起见这里用二维模型。研究表明,对于正方形芯片而言,二维和三维模型在预测芯片表面弯曲时差距很小[26]。

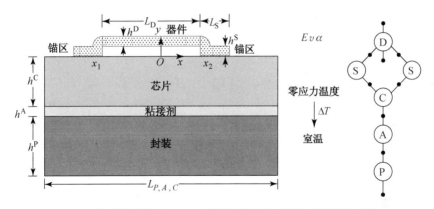

图 6.1 典型芯片粘接 MEMS 器件的截面示意图和拓扑连接结构。

整个模型划分为器件(D)单元、锚区(S)单元、芯片(C)单元、粘接剂(A)单元和封装基板(P)单元。每种不同底纹的单元对应不同的材料,有杨氏模量 E、泊松比 ν、热膨胀系数 α 等材料参数。芯片表面的 O 点设置为不同的原点,x_1 和 x_2 分别对应锚区的水平位置。每个单元的长和高分别用 L_X 和 h_X 表示,X 对应该单元的代号。例如,L_S 表示锚区单元的长度。在结构拓扑图中,每个圆代表一个单元,每个黑点代表一个节点。节点既可以是集总的,也可以是分布的。这样就简单清晰地建立起模型。

6.3.2 单元模型

每个单元的节点模型都基于其特定物理行为建立。有三种最主要的结构:梁结构、衬底结构和锚区结构。它们的建模方法不同。

6.3.2.1 梁模型

梁模型的研究已经很成熟。梁单元包含两端的两个集总节点。节点量如图6.2所示。$[F_{x_i}, F_{y_i}, M_i]$分别对应节点的x向力、y向力和弯矩。$[u_i, v_i, \theta_i]$分别对应x向位移、y向位移和转角。下标i表示节点序号。用常规节点分析法不难建立其单元模型。对于静态分析,最终模型可表示为如下刚度矩阵形式[27],其中t、L、E和I分别是梁的厚度、长度、杨氏模量和转动惯量。

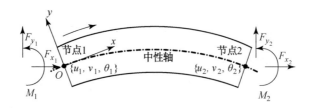

图6.2 梁单元的节点模型。

$$
\begin{bmatrix} F_{x_1} \\ F_{y_2} \\ M_1 \\ F_{x_2} \\ F_{y_2} \\ M_2 \end{bmatrix} = \frac{EI}{L^3} \begin{bmatrix} \frac{tL^2}{I} & 0 & 0 & -\frac{tL^2}{I} & 0 & 0 \\ 0 & 12 & 6L & 0 & -12 & 6L \\ 0 & 6L & 4L^2 & 0 & -6L & 2L^2 \\ -\frac{tL^2}{I} & 0 & 0 & \frac{tL^2}{I} & 0 & 0 \\ 0 & -12 & -6L & 0 & 12 & -6L \\ 0 & 6L & 2L^2 & 0 & -6L & 4L^2 \end{bmatrix} \begin{bmatrix} u_{x_1} \\ u_{y_1} \\ \theta_1 \\ u_{x_2} \\ u_{y_2} \\ \theta_2 \end{bmatrix}
$$

$$
+ N \begin{bmatrix} 0 & 0 & 0 & 0 & 0 & 0 \\ 0 & \frac{6}{5L} & \frac{1}{10} & 0 & -\frac{6}{5L} & \frac{1}{10} \\ 0 & \frac{1}{10} & \frac{2L}{15} & 0 & -\frac{1}{10} & -\frac{L}{30} \\ 0 & 0 & 0 & 0 & 0 & 0 \\ 0 & -\frac{6}{5L} & -\frac{1}{10} & 0 & \frac{6}{5L} & -\frac{1}{10} \\ 0 & \frac{1}{10} & -\frac{L}{30} & 0 & -\frac{1}{10} & \frac{2L}{15} \end{bmatrix} \begin{bmatrix} u_{x_1} \\ u_{y_1} \\ \theta_1 \\ u_{x_2} \\ u_{y_2} \\ \theta_2 \end{bmatrix} \qquad (6.1)
$$

6.3.2.2 芯片/粘接剂/封装模型

在本例中,芯片、粘接剂和封装单元都可视为有分布节点的梁单元,如图6.3所示。但这种梁单元和上一小节有区别。除了两个集总节点1和2外,它还有两个分布节点3和4,分布在单元的上表面和下表面。集总节点的用法和以前一样。分布节点有两个分布力，剪力 $\tau_i(x)$ 和张力 $q_i(x)$，分别描述沿芯片上、下表面的 x 向力和 y 向力。还有两个分布位移，$u(x)$ 和 $v(x)$，分别描述沿梁中心轴的水平和垂直位移。

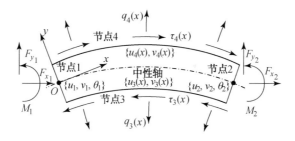

图 6.3　芯片粘接层和封装基板单元的普适节点模型。

在局部笛卡尔坐标系中可建立该模型，将梁左端中心位置设为原点，使其满足齐次边界条件。

$$u(0) = v(0) = v'(0) = 0 \tag{6.2}$$

根据节点力平衡可以得到：

$$F_{x_1} + F_{x_2} + F_{x\tau}(0) = 0$$

$$F_{y_1} + F_{y_2} + F_{yq}(0) = 0$$

$$M_1 + M_2 + M_\tau(0) + M_q(0) = 0$$

这里

$$F_{x\tau}(x) = \int_x^L [\tau_4(t) - \tau_3(t)]\mathrm{d}t, \quad F_{yq}(x) = \int_x^L [q_4(t) - q_3(t)]\mathrm{d}t, \quad M_\tau(x)$$

$$= -\frac{h}{2}\int_L^x [\tau_3(t) + \tau_4(t)]\mathrm{d}t$$

且

$$M_q(x) = \int_L^x \int_L^s [q_3(t) - q_4(t)]\mathrm{d}t\mathrm{d}s \tag{6.3}$$

其中，$F_{x\tau}(x)$、$F_{yq}(x)$、$M_\tau(x)$ 和 $M_q(x)$ 分别是分布的水平力、垂直力、水平力形成的力矩和垂直力形成的力矩。由式(6.3) 可见，由分布应力可以得到梁两端集总力关系。因此只用右端的 $[F_{x_2}, F_{y_2}, M_2]$ 就可以代表所有集总力。下文都将其简称为 $[F_x, F_y, M]$。

根据欧拉-伯努利梁理论，可以建立图如 6.3 所示的结构在节点力下的运动方程为：

$$EI \frac{\mathrm{d}^4 v(x)}{\mathrm{d}x^4} - \frac{\mathrm{d}}{\mathrm{d}x}\left\{\left[F_x + F_{x\tau}(x)\right]\frac{\mathrm{d}v(x)}{\mathrm{d}x}\right\}$$

$$= q_3(x) + q_4(x) - \frac{h}{2}\frac{\mathrm{d}\left[\tau_3(x) - \tau_4(x)\right]}{\mathrm{d}x} \tag{6.4}$$

和节点 2 处的力与力矩平衡方程：

$$F_y = -EI \left.\frac{\mathrm{d}^3 v(x)}{\mathrm{d}x^3}\right|_{x=L} + \left[F_x + F_{x\tau}(L)\right]\left.\frac{\mathrm{d}v(x)}{\mathrm{d}x}\right|_{x=L} - \frac{h}{2}\left[\tau_3(L) - \tau_4(L)\right]$$

$$\tag{6.5}$$

$$M = -EI \left.\frac{\mathrm{d}^2 v(x)}{\mathrm{d}x^2}\right|_{x=L} \tag{6.6}$$

其中，E、α、L、h 和 I 分别是杨氏模量、热膨胀系数、长度、高度和惯性矩。二维平面应变假设下，梁的有效弹性模量为 $E = E_0/(1-\nu^2)$，其中 E_0 和 ν 分别是材料的杨氏模量和泊松比。$F_{x\tau}(x)$ 是分布载荷引起的梁轴心线力，可简化为常数 $F_{x\tau} = \int_0^L F_{x\tau}/(x)\mathrm{d}xL$。将式(6.4)两边沿 L 向 x 积分并考虑边界条件，得到：

$$EI \frac{\mathrm{d}^2 v(x)}{\mathrm{d}x^2} - (F_x + F_{x\tau})v(x) = -F_y(x-L)$$

$$-\left[M + (F_x + F_{\lambda x})v(L)\right] - M_q(x) - M_\tau(x) \tag{6.7}$$

根据积分方程理论，将式(6.7)两边从 0 向 L 积分并结合式(6.2)，得到：

$$v(x) = f(x) + \lambda \int_0^x (x-t)v(t)\mathrm{d}t \tag{6.8}$$

其中

$$\lambda = \frac{(F_x + F_{x\tau})}{(EI)}$$

$$f(x) = -\frac{x^3 - 3x^2 L}{6EI}F_{y_2} - \frac{x^2}{2EI}\left[-M + (F_x + F_{x\tau})v(L)\right]$$

$$-\int_0^x\int_0^s \frac{1}{EI}M_q(t)\mathrm{d}t\mathrm{d}s - \int_0^x\int_0^s \frac{1}{EI}M_\tau(t)\mathrm{d}t\mathrm{d}s$$

方程(6.8)的解为：

$$v(x) = \begin{cases} f(x) + \sqrt{\lambda}\int_0^x \sin[\sqrt{\lambda}(x-t)]f(t)\mathrm{d}t, & \lambda \geqslant 0 \\ f(x) - \sqrt{-\lambda}\int_0^x \sin[\sqrt{-\lambda}(x-t)]f(t)\mathrm{d}t, & \lambda < 0 \end{cases} \tag{6.9}$$

将该式两边的 x 以 L 代入可得到 $v(x)$ 的显式表达式。

考虑轴向热膨胀效应和应力刚化效应,可将图 6.3 所示梁结构的中性轴的水平应变表示为:

$$\frac{\mathrm{d}u(x)}{\mathrm{d}x} = \frac{F_x + F_{x\tau}(x)}{Eh} - \frac{1}{2}\left[\frac{\mathrm{d}v(x)}{\mathrm{d}x}\right]^2 + \alpha T(x) \tag{6.10}$$

结合式(6.2),将该式两边从 0 到 x 积分,得到:

$$u(x) = \frac{1}{Eh}\int_0^x [F_x + F_{x\tau}(t)]\mathrm{d}t - \frac{1}{2}\int_0^x \left[\frac{\mathrm{d}v(t)}{\mathrm{d}t}\right]^2 \mathrm{d}t + \int_0^x \alpha T(t)\mathrm{d}t \tag{6.11}$$

利用式(6.9)、(6.10)以及描述剪力和张力作用下梁表面变形的界面柔度理论[28],可得到节点位移:

$$\begin{cases} \Delta u = u_2 - u_1 = u(L), \quad \Delta v = v_2 - v_1 - \theta_1 L = v(L), \quad \Delta\theta = \theta_2 - \theta_1 = v'(L) \\ u_3(x) = u(x) + v'(x)h/2 + k_u\tau_3(x), \quad v_3(x) = v(x) + k_v[q_1(x) - q_1(0)] \\ u_4(x) = u(x) - v'(x)h/2 + k_u\tau_4(x), \quad v_4(x) = v(x) + k_v[q_4(x) - q_4(0)] \end{cases} \tag{6.12}$$

其中 k_u、k_v 分别是水平界面柔度和垂直界面柔度。

6.3.2.3 锚区模型

锚区柔度对 MEMS 器件性能的影响很显著。用锚区端点位置的力和位移可以建立锚区的节点模型[29]。图 6.4 是一个表面加工爬坡锚区的二维模型。节点 1 代表锚区底部,节点 2 代表锚区连接点。它们都是集总节点。$\langle F_{x_i}, F_{y_i}, M_i\rangle$ 是节点力,$\{u_i, v_i, \theta_i\}$ 是节点位移。下标 i 表示节点序号,F_{x_i}、F_{y_i}、M_i、u_i、v_i、θ_i 分别是水平力、垂直力、弯矩、水平位移、垂直位移和转角。在此基础上继续定义:

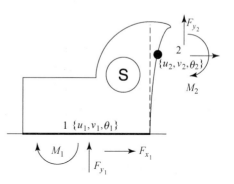

图 6.4 爬坡锚区单元的节点模型。

$$\Delta u = u_2 - u_1 - \theta_1(h^{\mathrm{S}} + h^{\mathrm{D}}/2), \quad \Delta v = v_2 - v_1, \quad \Delta\theta = \theta_2 - \theta_1 \tag{6.13}$$

$$F_x = F_{x_1} = -F_{x_2}, \quad F_y = F_{y_1} = -F_{y_2}, \quad M = M_1 = -M_2$$

其中,h^{S} 和 h^{D} 分别是锚区和器件的厚度。由此得到节点矩阵为:

$$\begin{bmatrix} \Delta u \\ \Delta v \\ \Delta\theta \end{bmatrix} = \begin{bmatrix} S_{11} & S_{12} & S_{13} \\ S_{21} & S_{22} & S_{23} \\ S_{31} & S_{32} & S_{33} \end{bmatrix} \begin{bmatrix} F_x \\ F_y \\ M \end{bmatrix} \tag{6.14}$$

其中,S_{ij} 是数字拟合或模拟建模得到的系数。

6.3.3　单元对接

根据节点量的连续条件实现单元对接。对于集总节点，连续条件指不同单元在同一连接节点处的力平衡且位移相等。对于分布节点，先将分布应力函数 $q(x)$ 和 $\tau(x)$ 展开为 N 个勒让德多项式 $P_k(x)$（$k = 1, 2, \cdots, n$）的级数，这些多项式构成了当前函数空间的正交完备集。C_1 到 C_{2N} 是 $2N$ 个待定系数。

$$q(x) = \sum_{i=1}^{N} C_i P_{k(i)}(x)$$

$$\tau(x) = \sum_{i=N+1}^{2N} C_i P_{k(i)}(x) \tag{6.15}$$

其中，下标 $k(i)$ 是 C_i 对应的勒让德多项式的序号。将式(6.12)代入节点模型，得到以 C_1 到 C_{2N} 系数表示的分布位移函数 $u(x)$ 和 $v(x)$。接着，沿分布节点选择 N 个等距点 x_1 到 x_n。将这些点上的 $u(x)$ 和 $v(x)$ 函数值组成两个 N 维向量来描述分布位移。

$$u(x) \rightarrow \left[u(x_1), u(x_2), \cdots, u(x_N) \right]^{\mathrm{T}}$$

$$v(x) \rightarrow \left[v(x_1), v(x_2), \cdots, v(x_N) \right]^{\mathrm{T}} \tag{6.16}$$

分布函数的连续条件可由有限个量表示。从 x_1 到 x_n 各处的水平位移和垂直位移应相等，因此每个多项式前的系数也应相等。结合边界条件，可以在每个节点处建立 $2N$ 个待定系数的方程，由此可解出整个模型。增大 N 可以提高精确度但是降低仿真速度，这里选 N 为 6 可实现速度和精确度的权衡。用 Matlab 软件可以迅速解出分布节点模型。因为模型可以显式解析表示，因此也能得到它的等效电路模型。从上述过程可见，分布节点法引入了分布节点，用新的集总量描述其分布节点量，再应用节点的连续条件描述分布量的连接关系。这里采用多项式展开法得到集总量，也可以用其他离散化方法。

6.3.4　FEM 和实验验证

用芯片粘接的 MEMS 桥器件可以用于实验验证上述模型，测得芯片表面弯曲和桥谐振频率的变化。

实验共用两块裸芯片（B1，B2）和三块测试芯片（T1，T2，T3），如图 6.5 所示。T1-T3 芯片中的桥结构和应变计结构均采用标准多晶硅表面加工工艺制得。应变计可测得仿真所需面内残余应变。桥和应变计分散在芯片表面各处。共有 5 组 44 个桥结构。桥长度从 450~850 μm 不等，宽度从 10~40 μm。桥长度方向都沿 x 向。应变计尺寸从 550~850 μm，宽度为 4 μm。它们都用于测量 x 向应变，但位于芯片不同位置。表面加工完成后，将芯片划分成 0.97 mm × 0.97 mm ×

540 μm的大小,再释放测试结构。接着将芯片用 CB603 胶粘接在封装基板上,于120℃固化 120 s 后回到室温 25℃。封装基板除 B2 外都采用阻燃环氧树脂材料(FR4)。B2 芯片粘在氧化铝陶瓷基板上。表 6.1 给出了这些封装和器件的几何尺寸和材料参数。

表 6.1 DNM、FEM 仿真和实验采用的材料参数和几何尺寸

	长度 $L(\mu m)$	厚度 $h(\mu m)$	杨氏模量 $E(GPa)$	泊松比 ν	CTE α $(1\times10^{-6}/℃)$
梁(D)	$450\pm0.5\sim$ 840 ± 0.5	2 ± 0.05	170 ± 5	0.28	2.6 ± 0.1
锚区(S)/ (G)	10 ± 0.5	2 ± 0.05	170 ± 5	0.28	2.6 ± 0.1
芯片(C)	$5\,000\pm50^a$ $9\,700\pm50^b$	350 ± 5^a 540 ± 5^b	170 ± 5	0.28	2.6 ± 0.1
粘接剂(A)	$7\,000\pm50^a$ $9\,700\pm50^b$	25 ± 5^a 25 ± 5^b	6 ± 4	0.3	28 ± 2
封装(P)	$7\,000\pm50^a$ $16\,600\pm50^b$	750 ± 5^a 600 ± 5^b	16 ± 2	0.28	16 ± 2

注:[a] DIC 测试;[b] LDV 测试。

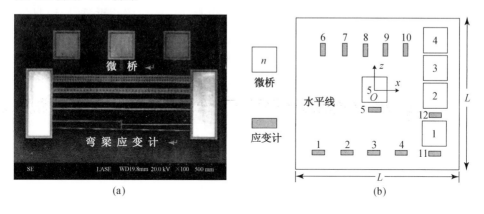

图 6.5 T1-T3 测试芯片视图。(a)测试结构,包括微桥和微应变计。(b)测试芯片上测试结构的布局示意图。

B1 和 B2 裸片用于验证芯片表面翘曲的仿真结果。用数字图像相关(DIC)方法测得这些裸片粘接后的表面形变。用基于珀耳帖效应的半导体加热器和FLUKE17B 温度计控制从 0℃到 120℃的环境温度。图 6.6(a)显示了芯片粘接后不同温度下 B1 芯片弯曲的仿真值和实测值。图 6.6(b)显示了 B1 和 B2 芯片在80℃时翘曲结果的对比。B2 芯片的翘曲程度较小,因为陶瓷基板比 FR4 基板的刚

度大 20 倍,基板与芯片的热膨胀系数差却小 3 倍。根据该结果,选择 FR4 基板作为下一个实验的基板材料,以使测试结构中产生较大的封装应力。

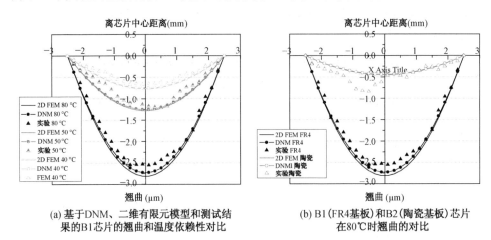

(a) 基于DNM、二维有限元模型和测试结果的B1芯片的翘曲和温度依赖性对比

(b) B1(FR4基板)和B2(陶瓷基板)芯片在80℃时翘曲的对比

图 6.6　芯片粘接后的 DIC 测试结果。

T1、T2 和 T3 芯片用于研究 MEMS 结构的封装效应。用激光多普勒测振仪(LDV)可测量桥结构的谐振频率。图 6.7(a)给出相近轴向应变下不同长度桥结构在封装前后的谐振频率结果。因为这些结构所处 x 向位置相近,所以由封装引起的应变相近。仿真结果预测了实验现象。芯片粘接使一阶谐振频率偏移12%~26%,使三阶谐振频率偏移 19%~26%。实验中,芯片粘接使芯片表面产生张应变,抵消了部分由加工工艺引入的残余压应变。图 6.7(b)给出相同长度不同芯片表面位置处的桥结构在封装前后的谐振频率结果。频率偏移沿芯片表面呈现明显的分布效应,证实器件位置对封装效应有重要的影响。根据实验结果可以推断,封装和器件耦合作用对 MEMS 器件的分布封装效应起决定性作用。分布节点模型可以预测这些效应,相对误差不超过 4%。

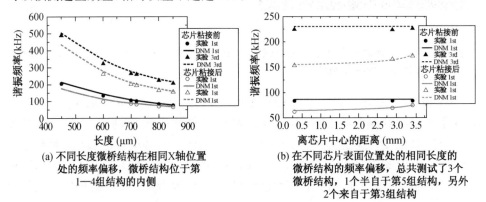

(a) 不同长度微桥结构在相同X轴位置处的频率偏移,微桥结构位于第1—4组结构的内侧

(b) 在不同芯片表面位置处的相同长度的微桥结构的频率偏移,总共测试了3个微桥结构,1个半自于第5组结构,另外2个来自于第3组结构

图 6.7　芯片粘接前后的 LDV 测试结果。

6.4　总结与展望

实验表明 MEMS 桥结构的封装后行为可能严重偏离设计预期。用系统级分布节点模型可以预测这种偏移,在常见器件尺寸范围内,误差可以控制在 10% 以内。分布节点法显著缩短了仿真时间,精简了分析层次。只要能合理分类和定义基本单元,就能通过基于拓扑连接关系拼接单元的方法,快速准确地仿真封装后的器件行为。这种单元组合理念的应用有利于降低对 MEMS 设计者的知识要求,使其能和在集成电路领域一样只专注于 MEMS 器件的设计。

下一步工作将建立更多 MEMS 器件和封装的基本单元。由于大部分 MEMS 和封装都由简单的平面工艺制成,所以大多数基本单元都是规则结构,如梁、矩形平板、立方块等。这些规则的几何尺寸能大大降低建模难度,使仿真包含 MEMS 和三维机械部件在内的复杂系统时,仍然可以选用节点分析法作为系统级设计工具。现代封装技术的发展产生了更多规则三维结构的封装部件,如通孔、焊球、热沉,可以预期节点分析法在这些结构的分析设计中同样能发挥重要的价值。

参考文献

1. T. Dickerson, M. Ward, "Low deformation and stress packaging of micromachined devices. ", In: *IEE Colloquium on Assembly and Connections in Microsystems*; 1997, pp. 7/1-7/3.

2. M. Li, Q. A. Huang, J. Song, J. Tang, F. Chen, "Theoretical and experimental study on the thermally induced packaging effect in COB structures. ", In: *International Conference on Electronic Packaging Technology*; 2006, pp. 198-201.

3. M. Lishchynska, C. O'Mahony, O. Slattery, O. Wittler, H. Walter, "Evaluation of packaging effect on MEMS performance: simulation and experimental study ", *IEEE Transactions on Advanced Packaging* 2007, 30, 629-635.

4. L. Yang, X. P. Liao, J. Song, "Effect of Bonding on the Packaged RF MEMS Switch. ", In: *International Conference on Electronic Packaging Technology*; 2008, pp. 327-330.

5. J. Song, Q. A. Huang, M. Li, J. Y. Tang, "Effect of die-bonding process on MEMS device performance: System-level modeling and experimental verification. ", *Journal of Microelectromechanical systems* 2009, 18, 274-286.

6. J. Song, Q. A. Huang, M. Li, J. Y. Tang, "Influence of environmental temperature on the dynamic properties of a die attached MEMS device. ", *Microsystem Technologies* 2009, 15, 925-932.

7. J. J. M. Zaal, W. D. van Driel, S. Bendida, Q. Li, J. T. M. van Beek, G. Q. Zhang, "Packaging influences on the reliability of MEMS resonators. ", *Microelectronics Reliability* 2008, 48, 1567-1571.

8. R. De Anna, S. Roy, "Modeling MEMS resonant devices over a broad temperature rang. ", *Ansys Solutions* 1999, 1, 22-24.

9. G. Li, A. A. Tseng, "Low stress packaging of a micromachined accelerometer. ", *IEEE Transactions on Electronics Packaging Manufacturing* 2001, 24, 18-25.

10. W. Huang, X. Cai, B. Xu, L. Luo, X. Li, Z. Cheng, "Packaging effects on the perform-

ances of MEMS for high-G accelerometer with double-cantilevers.", *Sensors and Actuators A* 2003, 102, 268-278.

11. X. R. Zhang, T. Y. Tee, J. E. Luan, "Comprehensive warpage analysis of stacked die MEMS package in accelerometer application.", In: *International Conference on Electronic Packaging Technology*; 2005, pp. 581-586.

12. X. Zhang, S. B. Park, M. W. Judy, "Accurate assessment of packaging stress effects on MEMS sensors by measurement and sensor-package interaction simulations.", *Journal of Microelectromechanical systems* 2007, 16, 639-649.

13. J. W. Joo, S. H. Choa, "Deformation behavior of MEMS gyroscope sensor package subjected to temperature change.", *IEEE Transactions on Components and Packaging Technologies* 2007, 30, 346-354.

14. J. A. Chiou, "Simulations for thermal warpage and pressure nonlinearity of monolithic CMOS pressure sensors.", *IEEE Transactions on Advanced Packaging* 2003, 26, 327-333.

15. K. Meyyappan, P. McClusky, L. Y. Chen, "Thermo-mechanical analysis of gold based SiC die attach assembly.", *IEEE Transactions on Device and Materials Reliability* 2003, 3, 152-158.

16. R. Krondorfer, Y. K. Kim, J. Kim, C.-G. Gustafson, T. C. Lommasson, "Finite element simulation of package stress in transfer molded MEMS p*ressure sensors.*", *Microsystem Reliability* 2004, 44, 1995-2002.

17. C.-T. Peng, J.-C. Lin, C.-T. Lin, K.-N, Chiang, "Performance and package effect of a novel piezoresistive pressure sensor fabricated by front-side etching technology." *Sensors and Actuators A* 2005, 119, 28-37.

18. C. C. Lee, C. T. Peng, K. N. Chiang, "Packaging effect investigation of CMOS compatible pressure sensor using flip chip and flex circuit board technologies.", *Sensors and Actuators A*, 2006 126, 48-55.

19. R. H. Krondorfer, Y. K. Kim, "Packaging effect on MEMS pressure sensor performance.", *IEEE Transactions on Components and Packaging Technologies* 2007, 285-293.

20. T.-L. Chou, C.-H. Chu, C.-T. Lin, K.-N, Chiang, "Sensitivity analysis of packaging effect of silicon-based piezoresistive pressure sensor.", *Sensors and Actuators A* 2009, 152, 29-38.

21. L. M. Phinney, M. A. Spletzer, M. S. Baker, J. R. Serrano, "Effects of mechanical stress on thermal microactuator performance.", *Journal of Micromechanics and Microengineering* 2010, 20, 095011.

22. S. Fischer, J. Wilde, "Modeling package-induced effects on molded hall sensors.", *IEEE Transactions on Advanced Packaging* 2008, 31, 594-603.

23. V. L. Rabinovich, J. van Kujik, S. Zhang, S. F. Bart, J. R. Gilbert, "Extraction of compact models for MEMS/MOEMS package-device co-design.", In: *Symposium on Design, Test, and Microfabrication of MEMS and MOEMS (SPIE 3680)*; 1999, pp. 114-119.

24. S. F. Bart, S. Zhang, V. L. Rabinovich, S. Cunningham, "Coupled package-device modeling for microelectromechanical systems.", *Microsystem Reliability* 2000, 40, 1235-1241.

25. J. Miettinen, M. Mäntysalo, K. Kajia, E. O. Ristolainen, "System design issues for 3D system-in-package.", In: *IEEE Electronic Components and Technology Conference*; 2004, pp. 610-615.

26. M. Y. Tsai, Y. C. Lin, C. Y. Huang, J. D. Wu, "Thermal deformations and stresses of flip-chip BGA packages with low-and high-Tg underfills.", *IEEE Transactions on Electronic Packaging and Manufacturing* 2005, 28, 328-337.

27. E. Suhir, "Interfacial Stresses in Bimaterial Thermostats.", *Journal of Appllied Mechanics* 1989, 56, 596-600.

28. M. J. Kobrinsky, E. R. Deutsch, S. D. Senturia, "Effect of support compliance and residual stress on the shape of doubly supported surface-micromachined beams.", *Journal of Microelectromechanical Systems* 2000, 9, 361-369.

29. J. J. M. Zaal, W. D. van Driel, S. Bendida, Q. Li, J. T. M. van Beek, G. Q. Zhang. *Microelectronics Realibility*. 2008, 48, 1567-1571.

7　微系统中分布效应的混合级建模方法

Martin Niessner，*Gabriele Schrag*

7.1　有限网络法与混合级模型的一般概念

对于包含诸如控制和读出单元(第 5、6、8 和 17 章)等电学元件的微机电器件,广义基尔霍夫网络理论(第 2 章)为其提供了一种直观且有效的基于集总单元模型的仿真构架。然而,基于物理和降阶的集总单元模型并非总是可用的或可获得的。对于存在分布效应的情况尤其如此,本质上需要用到空间离散模型,例如微结构的非均匀加热[1]或微器件中的流体阻尼[2-4]。

一般情况下,此类分布效应的建模采用有限元法(FEM)。但是对同时包含电路的微系统整体进行仿真时,直接采用基于 FEM 的模型会引入诸多难题。电路通常非常复杂,并由大量的元件组成。虽然电路通常使用基尔霍夫网络进行建模,但它并不能被简单有效地集成到 FEM 仿真软件中[1,5]。因此,FEM 仿真工具和电路仿真工具需要通过外部耦合。相应地,外部耦合不允许连续地求解模型的不同部分,而是根据所执行仿真的类型以及模型不同部分间的互相作用,可能需要高度复杂的数值耦合算法(第 4 章)。此外,为了能够快速仿真大量周期中电路的瞬态行为,电路中电气组件的建模采用了高计算效率的集总单元模型,然而复杂几何结构的 FEM 仿真需要大量的计算资源并且十分费时。这导致对微系统整体进行瞬态行为仿真的时间变得更长。

对于分布效应、电路以及其他集总单元模型的联合仿真,有一种备选方案,即有限网络(FN)法。该方法与 FEM 等价,但是属于基尔霍夫网络级别的方法。应用 FN 法时,首先将控制偏微分方程(PDE)空间离散化,如 FEM 一样。随后,基于控制 PDE 形成基尔霍夫网络元件。用这些网络元件将离散化得到的各个网格节点连接起来,则可使空间网格转变成基尔霍夫网络。这使得由通量守恒耦合在一起的大型常微分方程(ODE)组,根据通量和跨量来控制(通量和跨量的概念详见第 2 章)。该大型常微分方程组通过标准的模拟和混合信号电路仿真工具来编译并求解,例如 CADENCE Spectre、SYNOPSYS Saber 或 SPICE。如果常微分方程组是线性的,那么可以用简单的 RLC 等效电路构成的网表来代表 ODE。如果常微分方程组是非线性的,则需要使用参数化行为模型并在网表中将其实例化,其中该行为模型需要采用诸如 VHDL-AMS 或

Verilog-AMS等硬件描述语言进行编码。

使用FN对微系统中的分布效应进行建模和仿真有几大优势。首先,对于微器件及其电路,FN允许在单一的软件环境中进行联合仿真,即标准电路仿真器。由于耦合方程组可以连续求解并且可以利用电路仿真器的特殊数值特性[6],譬如其处理复杂问题的能力[7],那么相比于交叉仿真方案[1,8],强耦合与非线性问题的求解将能更快收敛。

其次,FN允许集总单元模型直观地通过节点通量或跨量进行耦合,这使得所谓的混合级模型(MLM)即同时包含离散的FN以及集总单元模型的编译成为可能。

再者,FN的自由度(DOF)相比于FEM模型能够大幅减少,尤其对于MLM而言。这是因为FEM主要针对势能的精确计算,而FN主要针对精确的通量守恒。这一点表现在FEM和FN仿真的网格划分要求上。对于势能梯度较大的位置FEM仿真需要高分辨率的网格划分;相对地,FN仿真并不需要在相应的位置进行同样高分辨率网格划分,除非对此处的通量感兴趣。此外,计算成本高的几何结构的解析,可以通过仅有几个DOF(7.4.1节)的集总单元模型描述,这样可以根据仿真的精度和时间对模型的复杂度进行简化。

本章接下来的部分,以MEMS中的压膜阻尼(SQFD)为例,解释了混合级模型的产生流程。所得到的混合级模型将与FEM仿真、实验数据以及其他建模方法进行对比。

7.2 MEMS中压膜阻尼的建模方法

阻尼决定了微机械系统的动态性能。一些器件,例如某种加速度计[9],甚至需要一定的阻尼来保证正常的工作。因此,阻尼的估算是MEMS开发中最重要的步骤之一。

在微系统中造成阻尼的耗散机制有许多种[10,11]:支撑损耗、内耗、热弹性、电子、空气粘滞阻尼等。然而,当压强高于真空压强时,空气粘滞阻尼尤其是SQFD在各种损耗中占主导地位[11]。因此近年来,SQFD的可靠预测是MEMS研究的一项重要内容[2,4,12-22]。

简单地说,SQFD这一术语代表的情况是:悬空微结构相对于流体薄层运动,流体被封闭在该微结构与固定平板之间的小空隙中(图7.1)。将

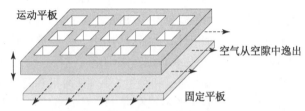

图7.1 受SQFD主导的微机械结构示意图:悬空的开孔平板在固定平板上方振动。在此运动作用下,平板之间空隙中的空气不仅如图中箭头所示通过边界出入,同时通过开孔出入。

流体(此处考虑的情况为空气)从小空隙中挤出的过程中产生的阻尼即构成了空气粘滞阻尼的主要部分。在对 SQFD 的估算中,首先需要计算出运动平板底部的压强分布曲线,其次需要对压强分布曲线进行积分以求得阻尼力。

图 7.2 给出了运动微平板底部不同类型的压强分布曲线。未开孔平板的压强分布曲线呈抛物线形,最大值位于平板的中心位置(图 7.2(a))。这是由于空气只

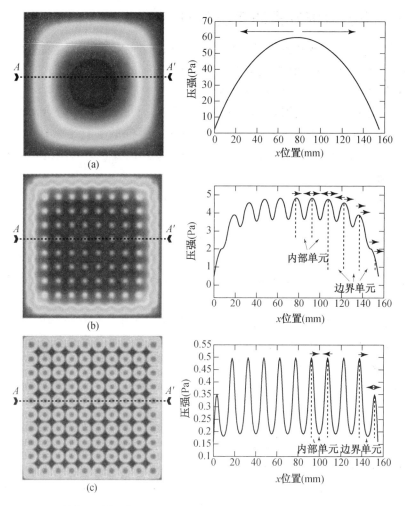

图 7.2　利用参考文献[19]中介绍的混合模式 FEM 模型计算出的运动平板底部的压强分布。(a)左:未开孔平板底部的压强分布曲线。右:沿 A-A′水平线切面。空气通过平板的边界逸出。(b)左:10%开孔率的 15 μm 厚平板底部的压强分布曲线。右:沿 A-A′水平线切面。在平板的内部,空气通过开孔逸出;沿平板边界方向,空气通过边界的逸出增加。(c)左:42%开孔率的 15 μm 厚平板底部的压强分布曲线。右:沿 A-A′水平线切面。除了平板边界处的开孔以外,空气通过平板的开孔逸出。

能通过边界逸出。当平板少量开孔时,压强分布曲线仍然呈抛物线形,但是由于空气可以从开孔进出,压强的最大值减小(图 7.2(b))。观察边界附近可知,仍有大量气流通过边界逸出。当平板大量开孔时,空气主要通过开孔进出,这使得原本呈抛物线形的压强分布曲线变成"平"的,此时除了边界处,压强分布曲线主要由开孔决定。

7.2.1   基于雷诺方程的建模策略

在计算这些运动平板底部的压强分布时,纳维叶-斯托克斯方程是最为通用的方程,但是基于纳维叶-斯托克斯方程进行计算的成本很高。出于这个原因,在 MEMS 的 SQFD 建模中通常采用雷诺方程,这是一个纳维叶-斯托克斯方程的简化形式,但是对大多数微器件都适用(关于雷诺方程的讨论详见 7.3.1 节)。然而,雷诺方程本身是基于假设两片未开孔并无限延伸的平行平板情况下推导出来的[23],但 MEMS 中的组件通常不仅有开孔,而且尺寸也是有限的,如图 7.1 所示。

因而,各种考虑了空气通过开孔流动以及边界处有限尺寸效应的研究,形成了数种基于雷诺方程的 SQFD 建模方法。这些方法可以被分为以下四类:

- 基于改进雷诺方程的解析方法:在这种方法中,把说明通过开孔的气流项引入雷诺方程中。随后,改进的雷诺方程对移动 MEMS 组件的面积进行积分。通过这种方法,开孔的影响被分布在整个积分区域上,从而可以得到阻尼力的解析表达式。Bao 等人[14]介绍的模型就是一个例子。

- 基于单元分解的解析方法:在这种方法中,开孔结构被分解成规则分布的开孔单元阵列。每一个开孔单元可以被看作一个常见的环形单元并在中心处有一个孔。运动结构上总的阻尼力可以通过首先计算出单个开孔单元的力,然后使用均匀化方法将之延伸至全部数量的单元来估算。Veijola[18]介绍的模型就是一个例子。

- 基于 FEM 的混合模式方法:在这种方法中,整个阻尼力通过 FEM 计算得到。雷诺方程的原型用于求解 MEMS 结构中未开孔部分的底部,而考虑到空气在开孔中流动的改进雷诺方程用于求解开孔部分的底部。在 MEMS 结构的边界处,设定考虑有限尺寸效应的压强边界条件。随后 FEM 仿真器不断迭代,直到压强被连续求得。对压强分布曲线积分即可得到 MEMS 结构的阻尼力。Veijola 和 Raback[19]推导的模型就是一个例子。

- 基于 GKN 理论的混合级方法:在这种方法中,整个阻尼力通过混合模型来计算[13,24](7.1 节)。在结构未开孔部分的底部,通过 FN 法来求解雷诺方程。基于物理的集总单元模型被附加在 FN 的每个节点上,以便说明通过开孔的气流以及边界上的效应。整个阻尼力则通过将每个节点处的阻尼力相加得到。相对于基于 FEM 的混合模式方法,这种方法主要针对精确的通量守恒。7.3 节详细描述了这种模型。

7.2.2 利用混合级建模的动机

7.2.1 节中描述的方法中没有一种是 MEMS 中 SQFD 仿真的标准或参考准则。通常对于 MEMS 设计者而言,基于分解方法(7.2.1 节中的第二类方法)的解析模型非常受欢迎,因为这些模型通常为 SQFD 的计算提供了封闭形式的解析表达式。然而,Veijola 等人[20] 和 De Pasquale 等人[21] 的研究表明,在常压下,由基于单元分解的解析模型[18] 计算得到的阻尼与实验数据的误差可能高达 63%。

造成如此巨大误差的原因在于这种方法作出的假设并不适用于所有类型的开孔微结构。图 7.3 展示了这种方法中开孔微平板如何被分解成单元以及为了表征空气在单元中流动作出了哪些假设:在假设所有空气仅通过单元中心的开孔逸出而无空气通过单元外边界逸出的基础上,计算得到单元的阻尼。这种假设对于有着平坦压强分布并且具有大量开孔的结构非常合理,如图 7.2 右侧所示。对于压强分布不平坦的结构,如图 7.2(b)所示的情况,这种假设就值得商榷。通过压强分布曲线的切线可以看出,压强变化显著并随着到平板边界距离的减少而减小,因此在边界附近的单元之间存在压强梯度,导致空气朝着边界处流动。如果这股空气流被忽略,那么即便使用了均匀化方法,阻尼仍然会被高估,如同在参考文献[20,21]中观察到的。

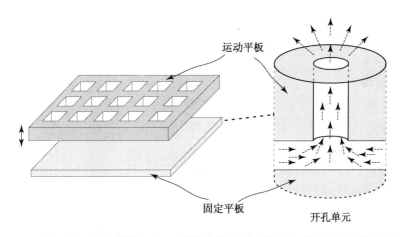

图 7.3 基于单元分解法的概念:开孔的微结构(左)被分解成具有等效单元半径和等效孔径的环形单元(右)。在单元中,假设所有空气(通过箭头表示)仅通过单元的开孔逸出,而无空气通过单元边界逸出。

基于这个原因,Mohite 等人[16,17]、Pandey 和 Pratap[2] 提出将单元阵列分为两类,即位于平板内部的内部单元以及沿平板边缘分布的不同类型的边界单元。其中边界单元允许空气通过其边界逸出。通过进一步修改,Pandey 和 Pratap[2]能够使得针对某一特定 MEMS 结构的计算结果与实验数据达到高度吻合。

由此可以推断,最初将开孔 MEMS 结构分解为单元的直观想法变得越来越复杂。这种复杂性是由于 SQFD 的分布性特征造成的。在运动的开孔微平板底部的空气总是试图沿着具有最小流体阻力的途径逸出。针对不同的几何结构,空气最终往往大多通过开孔逸出(图 7.4(b)),或者大多通过边界逸出(图 7.4(a)),抑或是两种流动模式的混合。

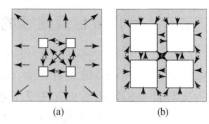

图 7.4 (a)大多数气流通过边界逸出的几何结构。(b)大多数气流通过开孔逸出的几何结构。

与此同时,Pandey 和 Pratap[2]、Veijola 等人[20]检测了基于改进雷诺方程的解析模型(7.2.1 节中的第一类方法),结果显示这些模型并不比基于分解单元的解析有更好的表现。

总之,如果 MEMS 设计者对于微流体没有深刻的理解,那么预测一个新设计出的微结构底部流动模式、选择恰当解析模型、必要时对边界单元和内部单元进行合理划分都是异常困难的。因此,选择从本质上就能反映出 SQFD 的分布性特征并能同时考虑到不同流动模式的模型是一个明智的选择,即混合模式与混合级模型(7.2.1 节中的第三与第四类方法)。事实上,混合模式[21]和混合级模型[22],尤其是后者,展现出可以为各种 MEMS 几何结构提供更精确结果的能力。

7.3 MEMS 中压膜阻尼的混合级建模方法

本节推导了一个混合级模型,以便对任意形状的 MEMS 结构进行 SQFD 计算。MLM 的主要思路是利用 FN 来评估可用的非线性雷诺方程,并采取基于物理的集总单元模型来说明通过开孔的气流以及边界效应。

7.3.1 基于有限网络法的雷诺方程评估

在最普遍且严谨的物理方法中,SQFD 应该通过非线性复杂纳维叶-斯托克斯方程来描述。然而,众所周知,简单的雷诺方程[23]在以下假设成立的条件下,可以应用用于 SQFD 的情况(图 7.1):

• 雷诺数 Re 很小($Re \ll 1$),即摩擦力在惯性效应中占主导地位,并且微器件中的流体为层流。这一假设在下述器件工作频率 f 下限制了雷诺方程的有效性:

$$f \ll \frac{\eta}{2\pi \cdot \rho \cdot g_{min}^2 \cdot \gamma_{Reynolds}} \tag{7.1}$$

其中，η、ρ、g_{min} 和 $\gamma_{Reynolds}$ 分别代表空气粘度、空气密度、结构空隙最小宽度和气体稀薄效应的修正因子(7.3.3节)。

- 两个运动平板之间空气薄膜的厚度相比于平板的侧面尺寸较小。因此，平板下方垂直方向的压强变化相比于横向的就可以忽略不计。

这些假设对于很多微器件都能够成立。为了说明两个平板都能在垂直和横向自由运动的情况，雷诺方程采用了最一般的形式。如果假设一个平板固定并且只考虑垂直方向的运动，那么雷诺方程可以表达为：

$$\nabla \left(\frac{\rho g^3}{12\eta} \nabla p \right) = \rho \frac{\partial g}{\partial t} + g \frac{\partial \rho}{\partial t} \tag{7.2}$$

其中，g 代表该处的空隙宽度。从物理角度解释，公式左侧的项是泊肃叶流(Poiseuille flow)，是造成耗散性损耗的原因。公式右侧的第一项表示了由平板移动引起的时变空隙高度导致的流体流动，公式右侧的第二项表示了空隙内空气的压缩。因为 MEMS 中的空气可以被看作恒温的，所以我们可以利用理想空气方程来获得密度和压强之间的比例公式，即：

$$\rho = \rho_0 \cdot \frac{p}{P_0} \tag{7.3}$$

其中，ρ_0 是在参考压强 P_0 下的参考密度，通常情况下即环境气压。因此，公式(7.2)可以被化简为：

$$\nabla \left(\frac{p}{P_0} \frac{g^3}{12\eta} \nabla p \right) = \frac{p}{P_0} \frac{\partial g}{\partial t} + \frac{g}{P_0} \frac{\partial p}{\partial t} \tag{7.4}$$

遵循 FN 法的思路(7.1节)，接下来的步骤就是基于基尔霍夫网络形式对公式(7.4)进行解释、选择离散化方法以及推导集总网络单元的表达式。

因为基尔霍夫网络的本质是通量守恒，因此很自然地应当从考虑连续性方程的局部表达形式开始(第2章)：

$$\nabla \vec{j}_x = -\dot{\rho}_x + \Pi_x \tag{7.5}$$

其中，$\vec{j}_x$ 表示一个热力学广延量 x(通量)的流密度，ρ_x 和 Π_x 分别表示广延量的密度和产生率。该连续性方程说明，热力学广延量的密度随时间的局部变化($\dot{\rho}_x$)是由于该量的流入/流出($\nabla \vec{j}_x$)或者产生(Π_x)造成的。根据 Onsager[25](第2章)的研究，我们可以推导出流密度 $\vec{j}_x$ 和相应的热力学强度量 ϕ(跨量)之间的关系：

$$\vec{j}_x = \lambda(-\nabla \phi) = -\lambda \nabla \phi \tag{7.6}$$

其中，λ 表示传递系数。例如，对于电能域，电荷的连续性方程可表示为：

$$\nabla \vec{j}_e = -c\dot{\varphi}_e + \Pi_e, \quad \vec{j}_e = -\sigma \nabla \varphi \tag{7.7}$$

其中，$\vec{j}_e$ 表示电流密度，σ 表示电导率，φ 表示电势，c 表示局部电容，Π_e 表示局部电源。当电容（$c = 0$）和电源（$\Pi_e = 0$）都不存在时，可以基于众所周知的基尔霍夫电流定律对公式(7.7)进行积分得到：$\sum I_i = 0$。当 $c \neq 0$ 且 $\Pi_e \neq 0$ 时，这些项在基尔霍夫网络级就需要被考虑进去。图 7.5 展示了三种基尔霍夫网络元件，分别对应了连续性方程中的三项：电阻用来对耗散流建模，电容用来对积聚建模，电源用来对产生建模。

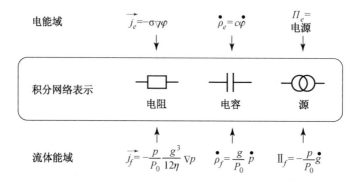

图 7.5 电能域中连续性方程中各项与各集总基尔霍夫网络元件对应关系示意图。雷诺方程(公式(7.4))也在此背景下解释。

此外，图 7.5 在基尔霍夫网络形式背景下解释了雷诺方程(公式(7.4))。至此，已经可以分辨出与电能域间的一个主要区别：电域网络元件只依赖于电学通量和跨量，而流体网络元件不仅仅依赖于流体学量，同时通过空隙宽度 g 还与机械能域存在强耦合。流体电阻与空隙宽度非线性相关，流体电容与空隙宽度线性相关，流体源与其随时间的关系相关。

公式(7.4)是一个局部方程。为了针对一个真实的微结构进行方程(7.4)的评估，需要对其几何结构进行离散化，然后在得到的网格上求解公式(7.4)。这一过程通过有限盒离散化方法[26]来进行说明。图 7.6(a)展示了应用该方法并且只允许矩形有限盒而得到的网格。在该网格中可以通过对公式(7.4)不同项的积分直接推导出网络单元(第 2 章)。

为了描述在节点 k 处运动平板的位移产生的流 $Q_{S,k0}$，产生率 $\dot{g}$ 乘以节点面积 A_k 即得：

$$Q_{S,k0} = A_k \cdot \frac{P_{k0}}{P_0} \cdot \dot{g}_k \tag{7.8}$$

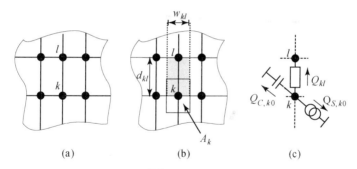

图 7.6 (a)利用有限盒方法[26]对平板进行离散化得到的矩形网格。
(b)从离散化几何结构中获取的几何参数。(c) 根据 FN 概念
得到的一个节点 k 及其与节点 l 连接的基尔霍夫网络元件。

其中，P_{k0} 代表在节点 k 处的压强与参考压强 P_0 之间的差，$\dot{g}_k$ 代表节点 k 处的局部空隙宽度。节点面积 A_k（图 7.6(b)）可以从离散化的 Voronoi 图中获得。在节点 k 处因为密度变化而产生的流 $Q_{C,k0}$（见图 7.6(c)中的电容）可以通过同样的方法得到：

$$Q_{C,k0} = A_k \cdot g_k \cdot \frac{\dot{P}_{k0}}{P_0} \tag{7.9}$$

相邻两个节点 k 和 l（见图 7.6(c)中的电阻）之间的泊肃叶流 Q_{kl} 通过将公式(7.2)中代表泊肃叶流的项乘以一个长宽比而得到，这个长宽比是节点 k 到 l 之间的二维泊肃叶流"通道"的宽度 w_{kl} 与长度即节点 k 到 l 之间的距离 d_{kl} 的比值（图 7.6(b)），如下所示：

$$Q_{kl} = \frac{w_{kl} \cdot g_{kl}^3}{12\eta \cdot d_{kl}} \cdot \frac{\tilde{P}_{kl}}{P_0} \cdot P_{kl} \cdot \gamma_{\text{Reynolds}} \tag{7.10}$$

其中，g_{kl} 代表节点之间平均空隙宽度，$\tilde{P}_{kl}$ 代表两个节点的平均压强，P_{kl} 代表两个节点间的压强差。γ_{Reynolds} 是说明气体稀薄效应的修正因子，即对于一些情况，气体分子的平均自由程非常大或者与器件尺寸是相同数量级的，此时连续介质理论的有效性就值得质疑。这在 7.3.3 节中进行了解释。

对于每一个节点重复该过程，因而可得到一个由非线性流体电阻、流体源、流体电容构成的 FN（图 7.7）。所得的基尔霍夫网络由节点间的压强差 P_{kl} 以及沿网络边缘作为跨量（和通量）流率 Q_{kl} 控制。

7.3.2　基于物理的集总单元模型

由于其自身属性，图 7.7 中展示的基于雷诺方程的 FN 模型并未说明通过开孔的流以及沿边界存在的效应。将通过附加在各网络节点的基于物理的集总单元

模型来引入这些效应。

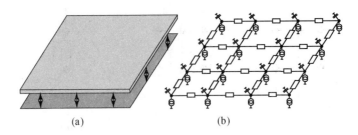

(a)   (b)

图 7.7　(a)矩形平板与固定平板相向运动示意图。(b)相应的由流
体电阻、流体源、流体电容构成的有限网络模型(b)。

7.3.2.1　边界模型

　　一股通过边界处进入和逸出空隙的气流可被认为与一股流过椭圆孔口的气流相似[27]。因此,在沿边界处的空气和环境空气之间存在压降,而公式(7.4)假设直接位于边界处的为环境压力。这一压强差通过附加在位于边界的 FN 节点(图 7.8)的流体电阻进行建模。Sattler[27]通过计算通过同等尺寸孔的流体而解析地得到了一个流体电阻在各边界的阻值 $R_{B,k}$:

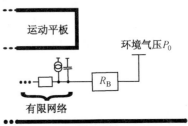

图 7.8　边界效应建模示意图。一个边界流体电阻 R_B 被附加在位于平板边界处的有限网络的各个节点上。

$$R_{B,k} = \frac{P_{k0}}{Q_{k0}} = \tau \cdot \frac{3\pi\eta}{g_k^2 \cdot b_k} \cdot \gamma_{BT}^{-1} \tag{7.11}$$

其中,$\tau = 0.84$ 是由 FE 仿真拟合得到的参数,它对于所有几何尺寸都是一个常数;b_k 是分配至第 k 个节点的平板边界长度;γ_{BT} 是空气稀薄效应的修正因子,在 7.3.3 节中将有详细解释。

7.3.2.2　开孔模型

　　同样的,通过三个串联流体电阻对开孔进行建模[27,28](图 7.9)。第一个流体电阻 $R_{T,r}$ 描述从运动平板下方空隙至第 r 个开孔的气流过渡区。因为这种情况与沿边界处的情况相似,所以表达式等价于公式(7.11)。第二个流体电阻 $R_{C,r}$ 是通过平板的"通道"的流体电阻。第三个流体电阻 $R_{O,r}$ 描述了当空气离开或进入通道时孔作用的部分。Sattler[27]针对方形孔推导出如下表达式:

$$R_{T,r} = \tau \cdot \frac{3\pi\eta}{g_r^2 \cdot b_r} \cdot \gamma_{BT}^{-1} \tag{7.12}$$

$$R_{C.r} = \frac{12\eta L_r}{0.42 s_r^4} \cdot \gamma_C^{-1} \qquad (7.13)$$

$$R_{O.r} = \frac{21\eta}{s_r^3} \cdot \gamma_O^{-1} \qquad (7.14)$$

其中,g_r 表示第 r 个孔周边的平均空隙宽度,s_r 表示孔的边长,$b_r = 4s_r$ 表示孔的周边,L_r 表示通道长度,即平板的厚度,γ_C 和 γ_O 表示稀薄空气区域的修正因子(7.3.3 节)。

在开孔周边与环境空气之间的总压降 P_{r0} 为:

$$P_{r0} = (R_{C,r} + R_{O,r} + R_{T,r}) \cdot Q_{r0,\text{rey}}$$
$$+ (R_{C,r} + R_{O,r}) \cdot Q_{r0,\text{rel}} \qquad (7.15)$$

其中,$Q_{r0,\text{rey}}$ 表示从 FN 起始的流,即源于运动平板的未开孔部分(图 7.9 中孔的左右两侧)的流。$Q_{r0,\text{rel}}$ 说明了直接位于开孔下方的空气以及随着平板的运动从开孔中挤出的空气。这个"相对"流可以由孔的面积乘以平板运动速度得到:$Q_{r0,\text{rel}} = s_r^2 \dot{g}_r$。

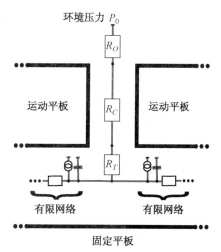

图 7.9 开孔建模以及嵌入有限网络的示意图。所有位于开孔附近的有限网络节点都被连接到流体电阻 R_T 来描述流体进入通道的过渡区域。流体电阻 R_C 为通道阻尼,流体电阻 R_O 为孔流。

7.3.3 空气稀薄效应

微机械结构中出现的小空气间隙通常需要考虑到空气稀薄效应[27],即当空气分子的平均自由程大于器件尺寸或者与器件尺寸是相同数量级时存在的效应。在这种情况下,连续介质理论将不再适用[27]。相对地,当稀薄效应已经显而易见,那么对分子动力学(Molecular Dynamics,MD)模型以及仿真的需求就显得十分迫切了。

通常情况下,为了避免涉及 MD 领域,就需要采用所谓的"修正因子"。这些修正因子是通过将不同几何结构基于纳维叶-斯托克斯方程的 FE 仿真结果拟合至相应的 MD 仿真数据而得到的。这些修正因子用于将由连续介质理论推导的流体模型拓展至连续介质理论不再适用的 MD 领域。更准确地说,这些非基于物理的因子通过降低压强以及/或者空气间隙宽度而降低了 MLM 的流阻。上述推导的流体子模式中的因子 γ_{BT}、γ_C 以及 γ_O 来自 Sattler[27],他对 Beskok[15,29]、Sharipov

和 Seleznev[30-32] 以及 Veijola[12,30-35] 发表的著作及其中的数据进行了全面系统的评论。因子 $\gamma_{\mathrm{Reynolds}}$、$\gamma_{\mathrm{BT}}$ 以及 γ_{O} 直接取自或者基于 Veijola 的著作[12,34,35],因子 γ_{C} 取自 Beskok 的著作[29]。修正因子的表达式为:

$$\gamma_{\mathrm{Reynolds}} = 1 + 9.638\,Kn^{1.159} \tag{7.16}$$

$$\gamma_{\mathrm{BT}} \approx \gamma_{\mathrm{Reynolds}} \cdot \frac{1 + 0.5D^{-0.5} \times 30^{-0.238}}{1 + 2.471D^{-0.659}} \tag{7.17}$$

$$\gamma_{\mathrm{C}} = \left(1 + 1.085Kn \cdot \arctan(8\sqrt{Kn})\right)\left(1 + \frac{6Kn}{1 + Kn}\right) \tag{7.18}$$

$$\gamma_{\mathrm{O}} = \left(1 + \frac{6.703Kn(1.577 + Kn)}{2.326 + Kn}\right) \cdot \left(\frac{1 + 0.688D^{-0.858}\Lambda_0^{-0.125}}{1 + 1.7D^{-0.858}}\right) \tag{7.19}$$

其中, $Kn = \lambda_f/d_f$ 表示克努森数;λ_f 是平均自由程,随着环境气压 P_0 而变化;d_f 表示流体的特征长度,对于不同的修正因子,特征长度是不同的(表 7.1)。此外,$D = \sqrt{\pi}/(2Kn)$ 表示稀薄参数,$\Lambda_0 = L_r/(s_r/\sqrt{\pi})$ 是通道长度 L_r 与孔边长 s_r 的比值。上述的修正因子仅对方形孔有效。这里给出的 γ_{BT} 表达式是近似的,对于所研究的结构已经足够了。更加通用的 γ_{BT} 表达式以及圆形孔的修正因子详见参考文献[27]。

　　注意,使用这些修正因子时的一个关键问题在于它们并没有经过系统的实验验证。这些因子应该对于克努森数高达 $Kn \approx 880$ 的情况都具有效性,但是这仅就使用了 MD 仿真的数据进行拟合而言。因此,在克努森数如此大的情况下应用这些修正因子就值得商榷,因为这意味着器件将完全在 MD 领域内工作。此外,修正因子仅仅由简单的基础几何结构推导出,例如一个单独的通道,而并非由诸如带有开孔的微平板之类的复杂结构推导出。

表 7.1　修正因子与特征长度对应表

修正因子	d_f
$\gamma_{\mathrm{Reynolds}}$(公式 7.16)	g_k
γ_{BT}(公式 7.17)	g_k
γ_{C}(公式 7.18)	s_r
γ_{O}(公式 7.19)	$s_r/2$

7.3.4　总阻尼力的计算

　　图 7.10 给出了计算带有开孔微结构的 SQFD 的混合级模型,它把用于求解雷

诺方程的 FN 与包括开孔、边界处压降的集总单元模型结合在一起。

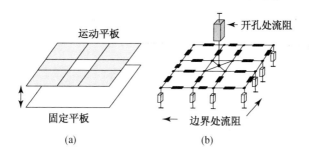

图 7.10 (a)以只有一个开孔的薄膜为例得到的完整混合级
模型示意图。(b)2D 黑色方块代表有限网络,3D
长方体代表边界处以及开孔处的集总流阻。

节点阻尼力 $F_{rey,k}$ 在 MLM 中通过节点压强 P_{k0} 与节点面积 A_k 相乘得到。平板上总阻尼力 $F_{rey,total}$ 通过将所有节点阻尼力进行求和而得到:

$$F_{rey,total} = \sum_k F_{rey,k} = \sum_k P_{k0} \cdot A_k \tag{7.20}$$

除了通过将空气从薄膜下方空隙中挤出产生的节点阻尼力 $F_{rey,k}$,同样需要考虑到沿开孔通道壁存在的剪切力 $F_{shear,r}$。通过 Sattler[27] 推导出的解析表达式,剪切力 $F_{shear,r}$ 表示为:

$$F_{shear,r} = \sum_r F_{shear,r} = \sum_r s_r^2 \cdot R_{C,r} \cdot (Q_{r0,rey} + Q_{r0,rel}) \tag{7.21}$$

7.3.5 与机械模型的耦合

流体的混合级模型与平板的机械模型是通过局部空隙宽度 $g_k(t)$ 以及公式(7.20)和(7.21)中的阻尼力双向耦合在一起的。在 MLM 中,允许不同节点之间的空隙宽度发生变化。这使得对于非统一空隙宽度的可变形结构仿真得以实现[36]。

此外,混合级别模型允许设计者根据自己的需求,从刚体运动[13,24]、扭转运动[37]、模态叠加技术[36](第 12 章)以及其他方法中进行选择,来简化带有开孔平板的机械模型。对于模态叠加,局部空隙宽度表示为:

$$g_k(\underline{q}, t) = g_{0,k} + \sum_{i=1}^{k} \Phi_{i,k} \cdot q_i(t) \tag{7.22}$$

其中 $g_{0,k}$ 代表第 k 个节点处的初始空隙宽度,$\Phi_{i,k}$ 代表流体网络中第 k 个节点处第 i 个本征模的离散本征模形状值,q_i 代表第 i 个本征模的幅值,q 代表模态振幅矢量。为了获得耦合到第 i 个本征模的模态矩,节点阻尼以及开孔的剪切力需要与离散本征模形状函数相乘(3.2节)。

$$M_{\text{Reynolds},i} = \sum_k \Phi_{i,k} \cdot F_{\text{rey},k} \tag{7.23}$$

$$M_{\text{shear},i} = \sum_r \Phi_{i,r} \cdot F_{\text{shear},r} \tag{7.24}$$

7.3.6 自动模型生成

相比于 7.3.1 节与 7.3.2 节中基于几何形状以及材料参数的模型,上述混合级模型更适用于自动模型生成。出于这个目的,科研人员开发了一个 MAT-LAB工具箱[38]。基于开孔平板的模态机械信息以及离散几何结构,这个工具箱可以进行混合级模型的自动编译。由此得到的模型可利用硬件描述语言进行编程(见图 7.11 中的流程图)。这个工具箱中的一个必要元素是一系列算法,使得它能够分析几何结构并将边界以及开孔模型自动地附加在相应的位置上。

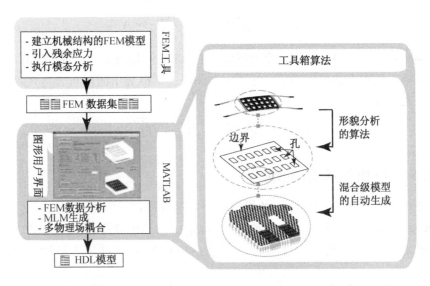

图 7.11　使用基于 MATLAB 的工具箱自动生成 MLM 的流程图。首先,利用 FEM 工具(例如 ANSYS 或 COMSOL Multiphysics)对开孔平板进行离散化并进行分析。其次,包含几何以及机械信息的 FEM 数据表被传递给工具箱。通过 GUI 以及专门开发的算法,用户可以轻松地生成用于计算 SQFD 的流体 MLM,并将该模型与其他能域耦合,例如机械能域或者静电能域。

7.4　评估

在本节中,通过与基于纳维叶-斯托克斯方程的 FEM 仿真、实验数据以及 7.2.1 节中列出的基于其他方法的模型进行比较,对混合级模型作出了评估。

7.4.1　数值评估

为了对 7.3 节中描述的混合级模型进行数值评估,由 MLM 仿真得到的阻尼力与在 COMSOL Multiphysics 中基于纳维叶-斯托克斯方程的 FEM 仿真结果进行了对比。由于遵循 7.3.1 节中做出的假设,空气的惯性效应在 FEM 模型中并未考虑。为了评估 MLM 中所使用模型的品质,忽略了稀薄效应(7.3.3 节),即在 FEM 仿真中沿壁处采用了无逸出条件并且 MLM 中所有的修正因子都被设置为 1。

一个空隙宽度为 $2 \ \mu m$,几何尺寸为 $25 \ \mu m \times 25 \ \mu m \times 5 \ \mu m$(宽度×长度×厚度)的方形平板被用于此研究。评估是分步骤进行的,首先是零压强边界条件的未开孔平板,随后是真实压强边界条件的未开孔平板,最后是真实压强边界条件的不规则开孔平板(图 7.12)。

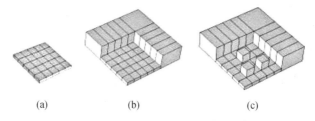

(a)　　　　(b)　　　　(c)

图 7.12　应用 COMSOL Multiphysics 模块仿真时有限元离散化的流体域视图。在模型(a)中,假设零压力边界条件只对空隙中流体进行仿真。在模型(b)中,利用连接到平板的额外体积进行了真实边界条件的仿真。为了清晰起见,在图中省略了一些边界的体积。在模型(c)中,采用真实边界条件仿真了一个具有三个开孔的平板。该图省略了一些边界体积。为了减少自由度的数目直接在沟道两端假设出口边界条件。通过相应减少 R_0,在 MLM 中考虑到了这个假设。

为了获得对于 FN 以及集总单元模型精确度的第一印象,在如图 7.13 所示的 MLM 以及 FEM 仿真中,都忽略了由空隙宽度变化造成的非线性以及可压缩性。在仿真中,一个幅值为 20 nm 的正弦垂直位移被施加在方形平板上。图 7.13(a)展示了边界条件为零压强以及边界条件为真实压强时的结果。在零压强边界条件时,FEM 和 MLM 仿真得到的阻尼力结果吻合度非常高,最大误差仅为 3.4%。这说明 FN 的表现确实能够与 FEM 模型相当。

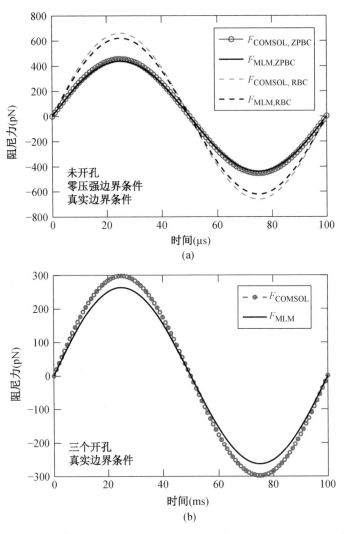

图 7.13　忽略可压缩性和非线性效应的 **FEM** 与 **MLM** 仿真的阻尼力结果比较。(a)未开
　　　　孔平板在零压强($F_{\text{COMSOL, ZPBC}}$，$F_{\text{MLM, ZPBC}}$)以及真实边界条件($F_{\text{COMSOL, RBC}}$，
　　　　$F_{\text{MLM, RBC}}$)下计算得到的阻尼力。(b)开孔平板在真实边界条件下计算得到的阻
　　　　尼力。

　　对于真实边界条件的情况，鉴于 MLM 仿真使用了 7.3.2 节中展示的集总单
元模型，FEM 仿真也计算了平板边界体积内的流。FEM 与 MLM 的仿真结果吻
合度依然很高，最大误差仅为 6.1%。这证明使用集总单元模型来引入边界效应
的方法是可行的。值得注意的是阻尼力幅值的差异：忽略真实(抑或正确)的边界
条件会导致高达 32% 的误差。

最后,图 7.13(b)比较了真实边界条件下有三个开孔的方形平板的结果。这两种模型仍然具有较好的吻合度,最大误差为 11.7%。

图 7.14 展示了当平板振幅增大并且同时考虑了空隙宽度变化以及可压缩性后的阻尼力计算结果。在这种情况下,阻尼力不再同相并且不再是正弦形。MLM 能够再现这一行为。对于零压强边界条件下的未开孔平板,最大幅值误差为 2.2%(图 7.14(a))。对于真实边界条件下有三个开孔的方形平板,最大幅值误差为 10.9%(图 7.14(b))。

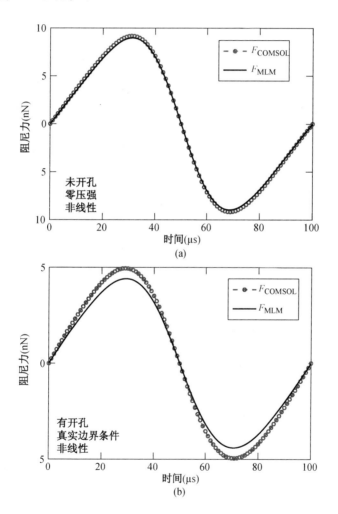

图 7.14 考虑可压缩性以及非线性效应并增大位移幅值后的 FEM 与 MLM 仿真的阻尼力结果比较。(a)未开孔平板在零压强条件下计算得到的阻尼力。(b)开孔平板在真实边界条件下计算得到的阻尼力。

总体来说,FEM 仿真的误差稍高于 10%,但是考虑到仿真时间的重要性,这确实是可以接受的。MLM 仅需要 FEM 仿真所需时间和计算资源的很小一部分(表7.2)。另一方面,与 FEM 仿真结果的吻合度固然重要,但是与实验数据的吻合度更加重要,这最终决定着一个模型是否值得使用。

表 7.2　对于如图 7.14 所示的非线性仿真,MLM 与 FEM 模型所需的计算资源

几何结构	MLM 模型			FEM 模型		
	自由度	处理器数	时间	自由度	处理器数	时间
零压强边界条件下的未开孔平板	2 604	1	10 s	$8.2 \cdot 10^5$	16	4 小时
真实边界条件下有三个开孔的平板	2 245	1	9 s	$1.8 \cdot 10^6$	24	2 小时 11 分

7.4.2　实验评估

利用三个开孔微结构的实验数据对混合级模型进行评估:采用 SOI 加工工艺制造的一大一小两个谐振器(简称为"谐振器 A"和"谐振器 B",见图 7.15)以及一个利用基于金材料的表面微加工工艺制备的 RF-MEMS 开关(简称为"RFS",见图7.15)[39]。表 7.3 总结了这三个器件的技术参数。用配备了压力控制舱[36]的激光测振仪提取不同压强级别下各器件的品质因子。通过施加低电压白噪声信号激励静电控制结构,使其进行幅值仅为～20 nm 的面外振动,从而保证了考虑到机电现象器件的线性度。通过将半功率带宽法应用于实测频谱从而计算得到器件的品质因子。

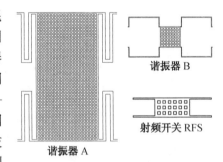

谐振器 B

射频开关 RFS

谐振器 A

图 7.15　用于研究的器件示意图。所有器件均通过静电控制。折叠梁的设计旨在支撑硅谐振器("谐振器 A"与"谐振器 B")以降低这些器件的谐振频率。RF-MEMS 开关("RFS")使用直梁悬浮支撑结构。表 7.3 为这些器件的技术参数。

表 7.3　用于研究的各器件的技术参数

	谐振器 A	谐振器 B	RFS
材料	硅	硅	金
膜宽度(μm)	425	133	140
膜长度(μm)	850	127.6	260

续表

	谐振器 A	谐振器 B	RFS
膜厚度(μm)	15.65	15.65	5.2
平均空隙宽度(μm)	2.2	2	3.1
孔边长(μm)	13.1	13.3	20
孔间距(μm)	6.3	5.7	20
边框宽度(μm)	8.45(平均)	3.5(平均)	20
孔数量	21×43	7×7	3×6
开孔程度(%)	44.2	46.9	23
谐振频率(kHz)	30	44	14
Q_{Meas}(960 mbar)	17.35	37.47	13.58
Q_{Meas}(0.1 mbar 左右)	553.43	404.5	280.8
Q_{Limit}(预测)	700	500	350

注:由于"RFS"的空隙宽度在 2 μm 至 3.7 μm 之间变化,因此给出了平均空隙宽度。

图 7.16 给出了测得三个器件的品质因子关于压强的曲线。由图可以看出,对于所有器件,品质因子随压强下降而升高,但是在低压强时会趋于饱和。器件在低压强存在品质因子的上限,这一现象可能是由于除 SQFD 以外的其他耗散机制(见7.2 节中列出的效应)或者品质因子的提取方法造成的。为了将这些效应也考虑进去,总的品质因子 Q_{Total} 由下式计算得到:

$$\frac{1}{Q_{Total}} = \frac{1}{Q_{MLM}} + \frac{1}{Q_{Limit}} \qquad (7.25)$$

其中,Q_{Limit} 表示有限阻尼机制影响下的品质因子(即在低压(表7.3)情况下对每个器件进行测量提取出来的品质因子),Q_{MLM} 表示通过 MLM 仿真得到的品质因子。基于模态叠加的机械模型用于解释开孔结构以及其悬浮支撑结构的动态形变。

如图 7.16 所示,测量以及仿真得到的品质因子非常一致。在常压下,相比于测量得到的品质因子,Q_{Total} 的最大误差为 7.2%,而不考虑 Q_{Limit} 时 Q_{MLM} 的最大误差为 3.7%(详见表7.4)。

Q_{Total} 的最大误差出现在压强水平处于过渡区间时,即在滑流区间和分子动力学区间之间。在此区间中 Q_{MLM} 比 Q_{Total} 更加精确,但是当其他机制主导阻尼特性时,会对品质因子估计过高。总体来说,对于压强大于 100 mbar 的情况,Q_{Total} 和 Q_{MLM} 的误差均不会超过 15% 的误差阈。

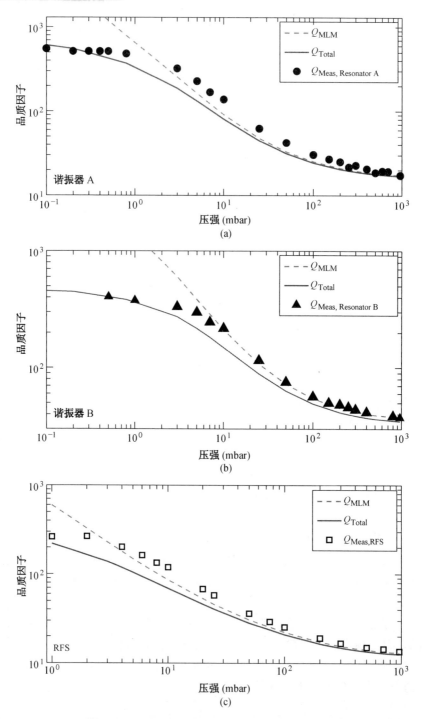

图 7.16 三个所研究器件的测量与仿真品质因子关于压强的曲线。Q_{Meas} 表示通过测量提取的品质因子，Q_{MLM} 表示通过 **MLM** 仿真获得的品质因子，Q_{Total} 表示通过公式 (7.25) 计算得到的品质因子。

在压强小于 100 mbar 的情况下,很难清楚地鉴别误差的主要来源。误差可能的来源包括有限阻尼机制(Q_{Limit})的集总建模以及尚未验证的考虑空气稀薄效应(7.3.3 节)的修正因子等,在该压强下空气稀薄效应将主导 MLM 中的流阻。只有获得更多的甚至采用其他类型微结构获得的与压强相关的实验数据,才能清楚地鉴别误差来源。

7.4.3　与其他阻尼模型的对比

为了评估 MLM,需要基于实验测量数据评估由 Bao 等人[14]提出的阻尼模型(7.2.1 节中描述的第一类方法)、Veijola 提出的模型[18](第二类方法)以及 Veijola 等人提出的混合模式模型[19](第三类方法)。由于这样做的目的在于评估不同方法的品质,而非评估空气稀薄效应对品质因子的影响,因此评估仅在常压下进行。不同模型的品质因子遵循参考文献[20,21]中的步骤进行计算。

表 7.4　常压(960 mbar)下的品质因子对比

	谐振器 A	谐振器 B	RFS
Q_{Meas}	17.35	37.34	13.58
Q_{MLM}(相对误差)	17.36(−0.1%)	37.39(0.2%)	13.08(3.7%)
Q_{Total}(相对误差)	16.94(2.3%)	34.79(7.2%)	12.61(7.2%)

注:相对误差为绝对值旁括号内的数据。正的误差值表明阻尼估计过高,负的误差值表明阻尼估计过低。

表 7.5　不同建模方法预测得到的品质因子对比

	谐振器 A	谐振器 B	RFS
Q_{Meas}	17.35	37.34	13.58
Q_{Bao}[14](相对误差)	16.18(+6.7%)	24.96(+33.4%)	6.98(+48.6%)
Q_{Bao}^{*}[14](相对误差)	15.81(+8.9%)	23.77(+36.6%)	6.84(+49.6%)
$Q_{Veijola,A}$[18](相对误差)	15.25(+12.1%)	23.36(+37.7%)	18.04(−32.8%)
$Q_{Veijola,A}^{*}$[18](相对误差)	14.92(14%)	22.32(+40.4%)	17.16(−26.3%)
$Q_{Veijola,N}$[19](相对误差)	21.43(−23.5%)	44.05(−17.6%)	19.87(−48.3%)
$Q_{Veijola,N}^{*}$[19](相对误差)	20.79(−19.8%)	40.48(−8%)	18.8(−38.5%)

注:本评估在常压(960 mbar)下进行。相对误差为绝对值旁括号内的数据。正的误差值表明阻尼估计过高,负的误差值表明阻尼估计过低。$Q_{Veijola,A}$ 表示通过 Veijola[18]提出的解析模型求得的品质因子,$Q_{Veijola,N}$ 表示通过 Veijola 与 Raback[19]提出的数值混合模式模型求得的品质因子。

表 7.5 总结了获得的品质因子,分别计算了考虑以及未考虑有限阻尼机制的情况。若使用公式(7.25)时考虑了 Q_{Limit},求得的相应品质因子标注了星号。

总体来说,所有的解析模型都趋于过高估计阻尼效应,尤其是在小型谐振器"谐振器 B"的情况下。当考虑 Q_{Limit} 的情况下,解析模型的绝对误差在 8.9% 到

49.6%之间。值得注意的是,如果同时考虑到由于悬浮支撑结构以及边框造成的流体阻尼,那么解析模型的误差则会发生改变。

Veijola 提出的数值混合模式模型的误差在 8% 到 38% 之间。参考文献[22]讨论了 RF-MEMS 开关中出现大偏差的可能原因。

综上所述,MLM 模型相比于其他模型表现优异,并且事实证明,在几何尺寸变化以及需要预测外推时,它的可靠性更好。

7.5　总结

将离散建模、集总建模集于一体的混合级方法成功地应用于 MEMS 中 SQFD 的流体-结构相互作用问题。自动生成的混合级模型展现出了与基于 FEM 的纳维叶-斯托克斯仿真以及测量数据的优秀吻合度。此外,事实证明它比其他三种 SQFD 模型可靠性更好并且总体上更精确。这不仅展示了混合级建模方法的强大功能,更展示了其良好的预测性。

这种方法固有的一个优点在于它允许"量身定做"。通过关联涉及不同能域、不同抽象级别的模型,设计者可以根据自己的需要来简化混合级模型的精度和计算时间。例如,Voigt[1]利用全耦合三维热机电 FN 来仿真 MEMS 加速度计的自测试。在参考文献[36]介绍的工作中,利用基于模态叠加的力学模型,对一个静电驱动欧姆接触型 RF-MEMS 开关的动态吸合过程进行了仿真,其本征模是通过 FEM 仿真、一个集总静电模型以及一个用于求解 SQFD 的混合级模型提取的。对于这些模型唯一的限制就是它们需要服从广义基尔霍夫网络理论。

当然,为了使得到的混合级模型尽可能地具有良好的预测性,应该尽量采用基于物理原理的模型。如果没有可用的基于物理原理的模型,或者对于特定的效应不能获得基于物理原理的模型,那么从使用数学降阶(第 3 章)的 FEM 模型中提取出的"黑盒"模型同样可以集成到这种方法中。

对于微系统设计而言,FN 以及混合级模型可以用于初期的概念设计阶段,譬如对于感兴趣的效应没有可用的解析模型时,或者应用于更具体的组件设计阶段,或当 FEM 仿真太过耗时或者很难将其集成到整个系统的仿真中时。

在一个公司或机构成功使用混合级模型以及使之常规化的关键因素,在于感兴趣问题的模型可用性(即一个相应的经过较准的模型库)以及是否具有一个简单易用的自动生成模型软件工具。显然,这需要在使用该方法获得最初结果之前就进行大量的前期投资。不过如同在 7.4 节以及许多其他工作[1,13,24,36]中展示的那样,这种投资能够得到回报。

参考文献

1. Voigt, P. (2003) Compact modeling of microsystems, Selected Topics of Electronics and Micromechatronics, vol. 7, Shaker, Aachen, Germany.

2. Pandey, A. and Pratap, R. (2008) J. Microfluid Nanofluid, 4, 205–218.

3. Del Tin, L., Iannacci, J., Gaddi, R., Gnudi, A., Rudnyi, E., Greiner, A., and Korvink, J. (2007) Non linear compact modeling of RF-MEMS switches by means of model order reduction. Technical Digest of the 14th International Conference on Solid-State Sensors, Actuators and Microsystems (Transducers'07), France, pp. 635–638.

4. Veijola, T. (1999) Finite-difference large-displacement gas-film model. Technical Digest of the 10th International Conference on Solid-State Sensors, Actuators and Microsystems (Transducers'99), Japan, pp. 1152–1155.

5. Schroth, A., Blochwitz, T., and Gerlach, G. (1996) Sens. Actuators, A, 54, 632–635.

6. Ngoya, E., Rousset, J., and Obregon, J. (1997) IEEE Trans. Comput. Aided Des. Integr. Circ. Syst., 16 (6), 638–644.

7. Kundert, K. (1995) The Designer's Guide to SPICE and SPECTRE, Kluwer, Boston, MA.

8. Schrag, G., Voigt, P., Sieber, E., Wiest, U., Hoppe, R., and Wachutka, G. (1997) Device-and system-level models for micropump simulation. Proceedings of the Conference on Micromaterials (Micro Mat 1997), Germany, pp. 941–944.

9. Khalilyulin, R., Steinhuber, T., Schrag, G., and Wachutka, G. (2010) Hardware/software co-simulation for the rapid prototyping of an acceleration sensor system with force-feedback control. Proceedings of the 40th European Solid-State Device Research Conference (ESSDERC 2010), Spain, pp. 186–189.

10. Weinberg, M., Candler, R., Chandorkar, S., Varsanik, J., Kenny, T., and Duwel, A. (2009) Energy loss in MEMS resonators and the impact on inertial and RF devices. Technical Digest of the 15th International Conference on Solid-State Sensors, Actuators and Microsystems (Transducers'09), USA, pp. 688–695.

11. Hosaka, H., Itao, K., and Kuroda, S. (1995) Sens. Actuators, A, 49, 87–95.

12. Veijola, T., Kuisma, H., and Lahdenpera, J. (1998) Sens. Actuators, A, 66, 83–92.

13. Schrag, G. and Wachutka, G. (2002) Sens. Actuators, A, 97–98, 193–200.

14. Bao, M., Yang, H., Sun, Y., and French, P. (2003) J. Micromech. Microeng., 13, 795–800.

15. Bahukudumbi, P. and Beskok, A. (2003) J. Micromech. Microeng., 13, 873–884.

16. Mohite, S., Kesari, H., Sonti, V., and Pratap, R. (2005) J. Micromech. Microeng., 15, 2083–2092.

17. Mohite, S., Sonti, V., and Pratap, R. (2006) Analytical model for squeeze film effects in perforated MEMS structures including open border effects. Proceedings of EUROSENSORS XX, Sweden, pp. 154–155.

18. Veijola, T. (2006) J. Microfluid Nanofluid, 2, 249–260.

19. Veijola, T. and Raback, P. (2007) J. Sensors, 7, 1069–1090.

20. Veijola, T., De Pasquale, G., and Soma, A. (2009) J. Microsyst. Technol., 15, 1121–1128.

21. De Pasquale, G., Veijola, T., and Soma, A. (2010) J. Micromech. Microeng., 20 (12), 015010.

22. Niessner, M., Schrag, G., Iannacci, J., and Wachutka, G. (2011) Mixed-level modeling of squeeze film damping in MEMS: simulation and pressure-dependent experimental validation. Technical Digest of the 16th International Conference on Solid-State Sensors, Actuators and Microsystems (Transducers'11), China, pp. 1693–1698.

23. Hamrock, B. (1994) Fundamentals of Fluid Film Lubrication, McGraw-Hill, Singapore.

24. Schrag, G. and Wachutka, G. (2004) Sens. Actuators, A, 111, 222-228.

25. Onsager, L. (1931) Phys. Rev., 37, 405-426.

26. Banks, R., Rose, D., and Fichtner, W. (1983) IEEE Trans. Electron. Devices, ED-30 (9), 1031-1041.

27. Sattler, R. (2007) Physikalisch basierte Mixed-Level Modellierung von gedaempften elektromechanischen Mikrosystemem, Selected Topics of Electronics and Micromechatronics, vol. 28, Shaker, Aachen, Germany.

28. Sattler, R. and Wachutka, G. (2004) Analytical compact models for squeeze-film damping. Proceedings of Design, Test, Integration and Packaging of MEMS/MOEMS Conference (DTIP 2004), Switzerland, pp. 377-382.

29. Karniadakis, G. and Beskok, A. (2002) Micro Flows: Fundamentals and Simulation, Springer, New York.

30. Sharipov, F. and Seleznev, V. (1998) J. Phys. Chem. Ref. Data, 27, 657-706.

31. Sharipov, F. (1999) J. Vac. Sci. Technol. A, 17, 3062-3066.

32. Sharipov, F. (2000) Data on the slip coefficients. Proceedings of the 3rd International Conference on Modeling and Simulation of Microsystems (MSM'00), USA, pp. 570-573.

33. Veijola, T., Kuisma, H., Lahdenpera, J., and Ryhanen, T. (1995) Sens. Actuators, A, 48, 239-248.

34. Veijola, T. (2002) End effects of rare gas flow in short channels and in squeeze film dampers. Proceedings of the 5th International Conference on Modeling and Simulation of Microsystems (MSM'02), USA, pp. 104-107.

35. Veijola, T., Pursula, A., and Raback, P. (2004) Extending the validity of existing squeezed-film damper models with elongations of surface dimensions. Proceedings of the 7th International Conference on Modeling and Simulation of Microsystems (MSM'04), USA, pp. 235-238.

36. Niessner, M., Schrag, G., Iannacci, J., and Wachutka, G. (2011) Macromodel-Based Simulation and Measurement of the Dynamic Pull-in of Viscously Damped RF-MEMS Switches. In: Sensors and Actuators: A. Physical, 172 (1), pp. 269-279.

37. Sattler, R., Plötz, F., Fattinger, G., and Wachutka, G. (2002) Sens. Actuators, A, 97-98, 337-346.

38. Niessner, M., Schrag, G., and Wachutka, G. (2008) Reduced-order modeling and coupled multi-energy domain simulation of damped highly perforated microstructures. Proceedings of the 8th Congress on Computational Mechanics and the 5th European Congress on Computational Mechanics in Applied Sciences and Engineering (WCCM8/ECCOMAS 2008), Italy.

39. Rangra, K., Giacomozzi, F., Margesin, B., Lorenzelli, L., Mulloni, V., Collini, C., Marcelli, R., and Soncini, G. (2004) Micromachined low actuation voltage RF MEMS capacitive switches, technology and characterization. Proceedings of the IEEE 2004 International Semiconductor Conference, Romania, pp. 165-168.

8 RF-MEMS 器件的宏模型建模

Jacopo Iannacci

8.1 引言

    RF-MEMS 即为射频应用的微机电系统,在文献报道已经有十几年之久了,特别是它们重要的性能和特点以及基础的无源元件,例如可变电容(即变容器)[1, 2]、电感[3, 4]和开关[5-8],还涉及复合网络,例如移相器[9]、阻抗匹配网络[10]和开关阵列[11-15]。与标准半导体工艺中的同类产品相比,RF-MEMS 工艺中的基础无源元件表现出出色的性能,例如高 Q 值、高线性度、低损耗以及高隔离度。在通讯平台的收发器和电路中,用 RF-MEMS 工艺实现的无源元件代替标准工艺的无源元件,整个系统的性能将会得到提升。此外,实现基于 RF-MEMS 元件的复合网络替代标准 RF 电路的整个子模块(例如移相器、开关阵列等),将会扩展整个器件的可重构性和可操作性,例如通讯平台、人造卫星和雷达系统。基于这些考虑,可以清晰地认识到有必要对 RF-MEMS 进行适当的建模和仿真,这就像在处理标准半导体器件和电路时的典型做法。但是,拥有多种物理属性的 MEMS 技术意味着不同的物理领域和材料的力学性质总是产生相互影响,这使得找到合适的仿真工具变得更加困难。另外,将 RF-MEMS 器件和标准 CMOS 电路集成在同一个系统,需要在一个特定的仿真环境中预测到新的混合 RF-MEMS/CMOS 模块的特性。基于上述原因,Iannacci 等人开发了一个 MEMS 宏模型库,此模型库利用 VerilogA© 编程语言实现[17],在 Cadence™ IC 开发框架中运行,使用了 Spectre© 模拟器。

    本章中,在 Cadence 中利用 MEMS 模型库建立了一个基于 MEMS 的复合网络的原理图,也就是一个多态 RF 功率衰减器,它的机电和电磁的耦合行为用 Spectre 进行仿真,并且用实验数据进行验证确认。依托于上述 MEMS 模型库,快速的仿真得以实现,尽管 RF-MEMS 网络几何结构存在着明显的复杂性。本章中进行仿真的 RF 功率衰减器的工作原理已经由 Iannacci 等人在参考文献[18]中进行了论述和讨论。简单来讲,此网络以不同阻值的电阻为特征,在硼掺杂的多晶硅层中实现电阻,并加载在 RF 传输线上。通过驱动串联的欧姆(悬臂式或者双端固支式)MEMS 开关,这些电阻可以有选择地被短路,因此改变整个 RF 传输线上的负载阻抗,进而实现不同的衰减等级。

整个网络由两部分组成,即并联和串联部分。在并联部分中,RF 传输线分裂成两个并联的分支,每个分支都加载了三个多晶硅电阻。此外,每一个 RF 分支都可以被选中或不被选中,而当两个分支都被激励时,两个相等的电阻负载并联连接,使得整个电阻变为原来的一半,又使得并联部分能实现的不同结构数量得到倍增(细节请见参考文献[18])。并联部分的开关状态是 4,能实现 16 个不同的结构,而 MEMS 开关是串联欧姆悬臂式。另一方面,串联部分为一条 RF 传输线和三个多晶硅电阻,多晶硅电阻可以被三个双端固支的 MEMS 串联欧姆开关有选择地激励。

本章安排如下:8.2 节利用贯穿整章的 RF-MEMS 网络建模案例,简单介绍了仿真方法和开发软件工具的特性;8.3 节论述了 RF 功率衰减器并联部分的机电和电磁行为的测量和仿真;8.4 节则侧重于串联部分;另外,由并联和串联部分组成的整个网络将在 8.5 节进行仿真;本章最后是结论和参考文献列表。

8.2 MEMS 宏模型建模方法简介

本章仿真基于 RF-MEMS 的复合网络所利用的 MEMS 宏模型库已经在参考文献[16]中进行过论述。在宏模型建模方法的基础上,要进行仿真的 MEMS 器件以某一特征被细分成基本的单元。例如,中心带有悬浮可移动平板和柔性悬架的典型 MEMS/RF-MEMS 开关可以看成一个机电平板换能器连接到一个弹性直梁上。VerilogA 软件库包含了刚性平板元件,以平行板换能器的数学模型和基于结构分析理论的弹性直梁模型为特点。元件的特点是限制互连点个数(即梁的两端和刚性平板的四个顶点),这些互连点使得元件间相互连接,定义要仿真的整个结构(例如 MEMS 开关)。软件库也包含了边界条件单元,例如锚区定义了结构的力学约束。参考文献[19]展示了一个利用 MEMS 软件库的例子,如图 8.1 所示。上图是用光学分析系统得到的 RF-MEMS 并联可变电容(即变容二极管)的 3D 视图。下图展示了由 VerilogA 库中基本元件组成的相同器件的 Cadence 原理图。中间刚性平板与弹性梁连接,这些弹性梁通过恰当组合形成蜿蜒曲折的悬浮物理器件。

机电耦合问题在 Spectre 中解决,根据基尔霍夫定律,每个节点上的量级描述为通量和跨量形式[17],即电能域的电流和电压以及机械能域的力和位移。所述 MEMS 宏模型库的使用使得在相同的仿真环境下,基于 RF-MEMS 工艺的整个器件和组件得以快速精确的仿真,同时电能域、机械能域、电磁物理能域的耦合影响也得到快速精确的计算。在新器件设计的初级阶段,这种工具尤其适用,因为它可以使用多个不同的几何结构特征,并在短时间内观察到在所分析结构上的机电和电磁特性的影响。VerilogA 模型库的预测精确度在参考文献[19]中进行了详细讨论,并在本章的后续内容中广泛论述。

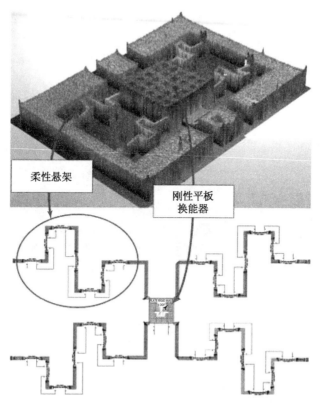

图 8.1 上图:光学分析系统得到的 **RF-MEMS** 可变电容(即变容器)的 **3D** 轮廓图。下图:
由 **VerilogA** 软件库中基本元件组成的 **RF-MEMS** 变容器的 **Cadence** 原理图。

8.3 RF-MEMS 多态衰减器的并联部分

本节主要讨论 RF 衰减器的并联部分,首先是应用在网络体系结构中的
MEMS 串联开关及其机电耦合特性的描述和仿真。

图 8.2 中上图为悬臂式串联欧姆开关的显微照片。图中左边金色的区域是梁
的锚定端,而在右边的两个插指是梁的自由端,当开关吸合(pull-in)的时候,这两
端将多晶硅电阻(图中灰色长方形)短路。中心平板是机电换能器,它悬浮在固定
的多晶硅驱动电机上方。开关的较暗区域是双层电沉积金(即更厚更坚硬的金
属)。工艺细节参见参考文献[14]。图 8.2 中下图展示了开关与 VerilogA 库中基
本 MEMS 元件组装的 Cadence 原理图。开关的柔性部分,也就是连接锚定端到换
能器和接触插指结构(梁的自由端)的悬吊部分,应用了库中的弹性直梁的模
型[20]。另一方面,由悬吊刚性平板描述机电换能器[21]。锚区使整个原理图完整,
定义了梁固定端的力学约束。偏压由 Cadence 标准元件库中的电压源提供。开关

的面内特征为：长约 250 μm，宽约 90 μm，金层厚度在 2 μm 和 5 μm 左右，这取决于是完成一次还是两次金属化。更多结构上的细节请见参考文献[18]。图 8.3 给出动态光学表面光度仪基于干涉法（WYKO 110 DMEMS，由 Veeco 提供[22]）观察到的悬臂吸合（pull-in）/回复（pull-out）特性的测量结果与图 8.2 下图中原理图的 Spectre DC 仿真结果比较。

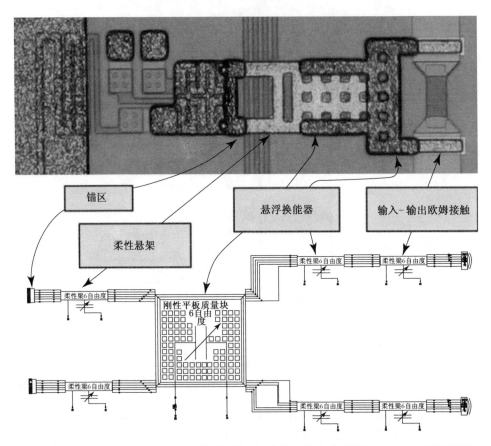

图 8.2　上图：可重构 RF 功率衰减器（并联部分）中的悬臂式串联欧姆 MEMS 开关显微照片。下图：悬臂式开关与 VerilogA 库中基本组件组合的 Cadence 原理图。在照片/原理图的左边可以看到锚定点。开关的柔性部分由弹性直梁实现，而电机械执行器由刚性悬吊平板模型描述。

随着偏置电压的逐渐增长，悬浮膜相对于下垫面的非平衡位置逐渐增大，使得测试曲线呈现双倍的吸合特性。因此，首先下陷的部位是两个接触插指部分（图 8.2 的上图），改变（即增大）静止悬架的弹性系数，使得悬浮换能器平板的吸合（第二次吸合）变得更高。这种特性被 Spectre 仿真精准地预测（释放电压在 25 V 和 30 V）。在两个转变区附近，垂直位移测量和仿真的差别源于干涉仪将大部分悬浮膜上的垂直位置进行了平均处理,而 Spectre 输出则参考了原理图的一个节点。回复电压(15 V)也由 Spectre 以合理的精度进行预测。

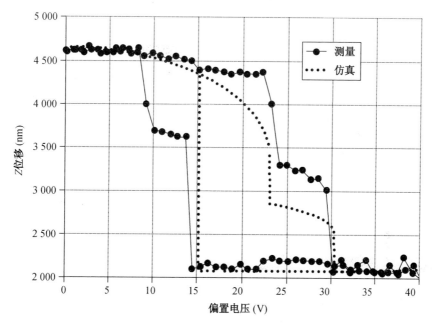

图 8.3 **图 8.2 中悬臂式 MEMS 开关的吸合/回复特性的测量(动态光学表面光度仪)和仿真(Spectre 的 DC 仿真)对比。当偏置电压分别在 24 和 30 V 时,由悬臂梁非平衡位置产生的双倍吸合由 Spectre 仿真精确地预测。此外,回复水平(15 V 左右)的测量和仿真显示出良好吻合度。**

在讨论了悬臂式开关的机电仿真后,现在开始论述并联部分的 RF 行为。图 8.4 左方图显示了整个 RF 衰减器并联部分的显微照片,高亮部分是 CPW(共面波导)输入和输出(分别是端口 1 和端口 2)。图 8.4 右上图是网络固有的 MEMS 部分,包括两条并联 RF 线、多晶硅电阻负载以及 8 个可重构网络状态的悬臂式开关。标注了状态 b,c,d 的开关是成对驱动的。这意味着三个电阻 R_1,R_2 和 R_3 (分别是 25,100,500 Ω)要么都被短路要么同时成为 RF 线的负载。或者,开关 a1 和 a2 可以独立控制,选择一条 RF 分支或者选择两条 RF 分支线(即串联或者并联)。图 8.4 下图的基于 VerilogA 宏模型的 Spectre 仿真原理图对应于左上图的并联网络。8 个开关的原理图都与图 8.2 中的下图一致。每个开关的垂直位移点都与一个 VerilogA 库中的双态电阻相连,即开关 a1 中高亮部分,并在图 8.5 中放大展示。电阻的最小值和最大值在器件参数中指定,电阻器 Rs 在悬臂被驱动时达到最小值,在非吸合状态为最大值。R_1,R_2 和 R_3 根据测量的 RF 线(多层金属)和多晶硅电阻之间的过渡接触电阻进行调整。Spectre 中 S 参数仿真的 RF 端口(端口 1 和端口 2)在原理图中高亮显示(图 8.4 的下图),而说明分布寄生效应的集总

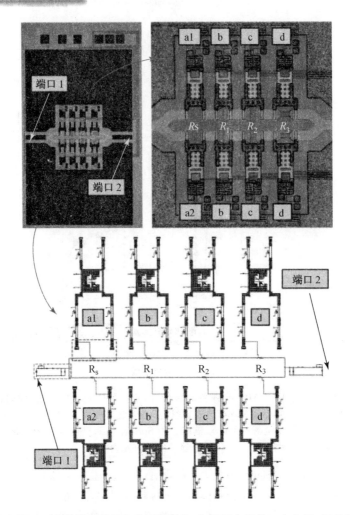

图 8.4 左上图：RF 衰减器并联部分的显微照片，包括四个开关。右上图：开关的放大图，可以看到两条 RF 线。开关 a1 和 a2 可以独立控制，当被独立驱动时，分别选中上面的和下面的 RF 传输线。而 b，c，d 开关对被驱动时，将使电阻 R_1，R_2 和 R_3 短路。下图：RF 衰减器并联部分的 Cadence 原理图。8 个开关的原理图都与图 8.2 的下图一致。在原理图中高亮显示的双态电阻（Rs）和输入集总单元网络（端口 1 旁边）的细节分别展示在图 8.5 和图 8.6 中。

单元网络在其旁边。需要特别指出的是，端口 1 附近的网络用高亮显示。它的拓扑结构细节在图 8.6 中，并且根据 Dambrine 等人[23, 24]提出的著名方法定义，此方法已被 RF-MEMS 机电模型的作者所应用[19]。

图 8.6 中的集总单元网络由两部分组成，在图中高亮显示并标注为 Via 和 CPW。第一部分从金属到多层金属过渡的非理想特性建模（工艺细节参见参考文献[18]）。多余的薄钛氧化层（由于工艺问题）在 RF 传输线上引起了较大的寄生

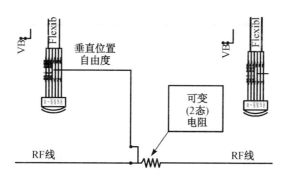

图 8.5 图 8.4 下方原理图的放大图,与 a1 部分对应,突出显示了 RF 传输
线负载的双态电阻。当开关不被驱动时,a1 的电阻达到最大(即为
开路状态),而当开关吸合时,阻值变到最小(即为短路状态)。

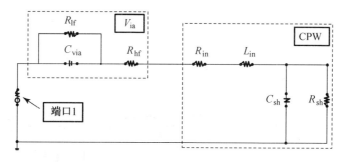

图 8.6 描述 RF 功率衰减器非理想特性的集总单元网络。标注为"Via"的部分包含了因残余氧
化层引起的串联寄生电容 C_{via} 以及两个电阻,即在低频段作用的 R_{lf} 和在全频段作用的
R_{hf}。标注为 CPW 的部分为 RF 功率衰减器的输入/输出波导部分的分布效应模型(R_{in},
L_{in},C_{sh},和 R_{sh})。此网络包含在图 8.4 下图的原理图中,且集总单元值列在表 8.1 中。

串联电容,在集总网络中以 C_{Via} 表示,而电阻损耗同时表现在低频区域中与寄生电
容并联(R_{lf})以及在整个分析频谱内与寄考电容串联(R_{rf})。这种非理想通孔建模
的网络拓扑结构已经在参考考文献[16]中报道过。集总单元的值列在表 8.1 中,
这些值来源于对同一批 RF 功率衰减器上的测试结构进行的实验测量。另一方面,
在图 8.6 中标注为"CPW"的集总单元网络说明因 CPW 的输入/输出部分带来的分布
式寄生效应,它将 RF 信号从 GSG(Ground-Signal-Ground)探针转移到本征 RF-
MEMS 网络(图 8.4 的左上图和右上图)。CPW 的拓扑结构广为人知[25, 26],而表 8.1
中的 R_{in},L_{in},C_{sh},和 R_{sh} 的值可根据参考文献[16, 19]中讨论的方法来获取。在图
8.4 的下图中 Cadence 原理图端口 1 和端口 2 的集总单元网络,可重复产生分析网络
S 参数的行为。这种网络建立的不仅仅是自己的拓扑结构,还有基于物理假设的组
件值。实际器件因电磁特性产生的寄生效应将在下文中进行讨论。

图 8.7 是 RF 功率衰减器并联部分在高达 30 GHz 的频率下,衰减水平(S21

参数)的测量与仿真对比。最小衰减水平和最大衰减水平的曲线分别对应于图8.4
中标注的开关a1-b-c-d驱动和开关a1驱动。对衰减水平逐渐增长的其他三种配
置也进行测量并绘出了曲线,分别对应于开关a1-d驱动、a1-a2驱动以及a1-c驱
动。S21特性在整个频段内十分平坦,尤其是衰减水平较低时,而在衰减水平较高
时,从DC到30 GHz呈现出最大4 dB的衰减。金到多层金属过渡的串联寄生电
容(之前讨论过并在图8.6中建模)使得低衰减水平的曲线有明显的弯曲。寄生电
容C_{via}使得并联寄生电容R_{lf}在低频(最高到4～5 GHz)占主导地位,引起更大损
耗,而当寄生电容越接近短路,损耗则降得越低。对于相同网络配置在Spectre(S
参数仿真)中仿真的S21特性叠加在了图8.7中的测量曲线上。

表8.1 表示金到多层金属过渡的非理想特性及输入/输出CPW而从网络中提取的集总单元
值,这些集总单元在图8.6描述且包含于图8.4下方原理图的输入(端口1)和输出(端
口2)

C_{via}	R_{lf}	R_{hf}	R_{in}	L_{in}	C_{sh}	R_{sh}
10 pF	15 Ω	15 Ω	1 Ω	300 pH	20 fF	1 GΩ

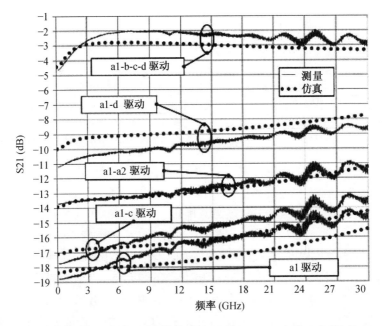

图8.7 图8.4中下图的几种网络配置的测量和仿真(Spectre中的S参数)的S21参数曲
线比较。仿真曲线与实验数据比较吻合,虽然在个别情况下其趋势与实验数据稍
有差别。原因是电阻值的设定为标称值,层间电阻可能存在的工艺扩散并未考
虑。无论如何,每种情况下的仿真数据与测量数据的差距都在1dB以下。

从对应于开关 a1-b-c-d 驱动（即最小衰减水平）的曲线开始，同时看看相邻的两个衰减水平（开关 a1-d 和开关 a1-a2 驱动），Spectre 仿真与实验特性吻合得很好。尤其是，由于金到多层金属过渡的寄生效应引起的低频曲线弯曲（高达 5 GHz 左右）也很好地定性预测，这意味着通孔寄生效应网络建模的拓扑结构（图 8.6 中 Via 部分）是正确建立于物理基础上的，而不仅仅是一个最佳匹配情况。此外，R_{lf} 和 R_{hf} 的电阻值不是随便选择的，而是通过同一制作流程的测试结构实验得出的，这些测试结构旨在测验工艺流程特性。再看其他两个的 S21 特性（开关 a1-c 和开关 a1 驱动），Spectre 对曲线行为的定性预测相较于其他衰减水平而言显得有些粗糙。忽略低频时低衰减水平上的通孔寄生影响，RF 传输线上的电阻负载越大，随着频率的升高，衰减水平降低的斜率就越大。这种趋势是由于电阻负载在高频时不仅仅表现为一个电阻，在 Spectre 原理图中，它还被视为一个理想的元件。这种原因也同样适用于相邻两开关（图 8.4 中左上图）间的 CPW 部分（带有多层金属埋层信号线），这些在图 8.4 中下方的 Spectre 原理图中没有说明。最终，Spectre 仿真中对多层金属到多晶硅过渡的非理想特性的描述，仅仅是通过添加实验测量的接触电阻（每个过渡是 7 Ω）。然而，为了更好地描述电阻的频率响应，这种过渡可以用至少带有一个电容（串联在 RF 传输线上）的集总单元网络基础上进行更精确的建模[27]。我们可以进行合理的假设，开关 a1-c 和开关 a1 驱动时的实验曲线斜率主要来源于多层金属到多晶硅电阻的电抗寄生效应，并且此斜率将随着 RF 线上电阻个数的增多而增加。因此值得注意的是，在这种网络中，当一个电阻被驱动的 MEMS 开关所短路时，两段多层金属到多晶硅的过渡（负载加载之前以及之后）也被短路了。尽管所有的效应已被描述，却没有在 Spectre 仿真中说明，但所有情况中仿真曲线和实验曲线的重合却是令人满意的。尽管仿真的定性趋势与测量特性间存在一定误差，但在数量上的差距也未超过 1 dB。这是一个十分好的成果，尤其要注意 Spectre 中电阻的标称值都是依据测试结构的测量而取的平均值，因此未将硅片上不同区域的局部扩散考虑在内。

所举讨论案例的目的是 Spectre 仿真精度的提高可以由 RF-MEMS 工程师依据个人需要进行设定。这意味着基于 VerilogA 中宏模型的本征 MEMS 网络可以在 Cadence 原理图中通过添加集总单元来扩充，以达到所需的精度。这种方法与随后的高频（微波）晶体管[23, 24]建模是相同的，其中，由于需要说明额外的寄生和二次效应，等效集总单元网络变得更加复杂。Cadence 仿真环境以及其他商业化 IC 开发软件，尤其适用于模块化以及为了寻求仿真与实验数据的最佳匹配而迭代的方法。此外，它还适用于那些要遵守一系列规范的新设计优化。这得益于商业化工具拓扑结构所拥有的两大特点。一方面，它们拥有一个简单快速的所需器件的集合，在原理图级别上整体管理符号库，同时运用层次结构的概念将器件部分与网络部分嵌套进简化的符号中以备更高层级的使用。例如，在图 8.4 下方的原理图中,就像之前讨论过的,增加更多的集总单元来说明二次效应,只需要 RF-MEMS 工程师付出非常有限的精力。另一方面,在 RF-MEMS 工程师需求的基础上,调整和调试网络拓扑结构所需要的时间足够用来运行 Cadence 的仿真。例如,对于图 8.4 下图的网络,在标准的台式计算机上每一个 Spectre 的 S 参数仿真需要 20s 来完成所有执行动作,其中,将大于吸合电压(此种情况为 40 V DC)的 DC 偏压施加在需要驱动的开关(混合了机电和电磁仿真)上来决定每个开关的状态。

8.4 RF-MEMS 多态衰减器的串联部分

本节着重于 RF 功率衰减器的串联部分。遵循前一节所提到的方法,首先要讨论的是网络中用到的开关单元机电仿真。图 8.8 上图展示的是 RF-MEMS 开关的显微照片。

与并联部分相同,尽管开关是双端固支式的,它们仍旧是串联欧姆开关。与图 8.2 中上图相似,显微照片中高亮显示的两个悬臂梁关于中间 RF 传输线镜像对称,并由上图中间的两个接触插指相连接。因此,在这种情况下,在中心线的相反两侧有两个偏置电极。图 8.8 中下图显示的是双端固支式开关的 Spectre 原理图,像锚区、柔性悬架部分、机电换能器这些物理器件与原理图相对应的部分都在图中高亮显示。本节所讨论的 RF-MEMS 双端固支式串联欧姆开关吸合特性的测量与仿真如图 8.9 所示。

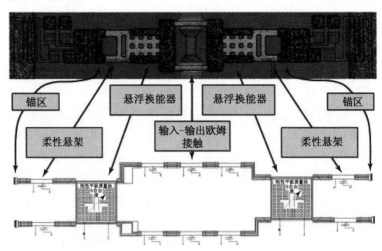

图 8.8　上图:可重构 RF 功率衰减器(串联部分)所用到的双端固支式串联欧姆 MEMS 开关的显微照片。下图:双端固支式开关的 Cadence 原理图,由 VerilogA 库中基本元件组成。

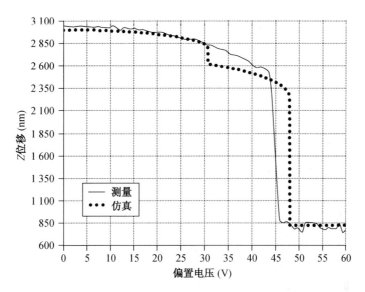

图 8.9 图 8.8 中双端固支式 MEMS 开关吸合特性的测量(动态光学表面光度
仪)与仿真(Spectre 中 DC 仿真)对比。**Spectre 中测量的驱动电压(46 V)
高了 2 V,因而不能实施回复测试。**

和 8.3 节讨论的悬臂式开关一样,尽管在这次垂直位移与施加偏压(WYKO
1100 DMEMS,由 Veeco 提供[22])的测量中无法观察到相同特性,仿真曲线(Spec-
tre DC 仿真)还是呈现出双倍吸合效果。仿真位移的测试是在 MEMS 结构中靠近
锚区的柔性悬架部分的节点,而对梁中心部分的垂直位移特性进行了平均化处理。
因此,在实验特性中无法观察到这种双倍吸合的效果。除了定性误差,相比于测量
所得的吸合电压(Spectre 是 46 V,测量是 48 V),由 Spectre 仿真预测的吸合电压
有 2 V 的误差(误差 4%)。在此种情况下,涉及 RF-MEMS 开关回复的实验数据
并不能用来验证仿真结果。在验证过 MEMS 开关的机电行为后,现在开始讨论衰
减器串联部分的 RF 行为。

RF 功率衰减器串联部分的显微照片如图 8.10 左图所示,高亮显示的是端口
1 和端口 2,以及由刚刚讨论的双端固支式开关单元(图 8.8)组成的 e-g-f 开关部
分。电阻负载的值与之前叙述的网络并联部分相同,即 e-g-f 开关部分分别为 20、
100 及 500 Ω。图 8.10 右图为由 VerilogA 库中宏模型所实现的衰减器串联部分
的 Cadence 原理图。

描述连接 CPW 部分以及通孔非理想性的集总单元网络表示在端口 1 和端口
2 附近。此网络的拓扑结构与并联部分相同,详情参考图 8.6,其组成元件的值列
在表 8.1 中。此外,每个开关与下面 RF 传输线的欧姆接触用与并联部分相同的
双态电阻建模,即图 8.5 中的高亮显示部分。图 8.11 给出了网络串联部分的最大

和最小衰减水平(S21参数)的测量与仿真对比。与并联部分不同(图8.7),S参数特性只测量到13.5 GHz,因为使用了量程小一些的VNA(矢量网络分析仪)[28]。在最大衰减水平,三个开关部分都不在偏置状态,三个电阻也都加载在RF传输线上。另一方面,为了达到最小衰减水平,在测量和Spectre的S参数仿真中,将60 V DC的偏压施加在三个开关单元上。

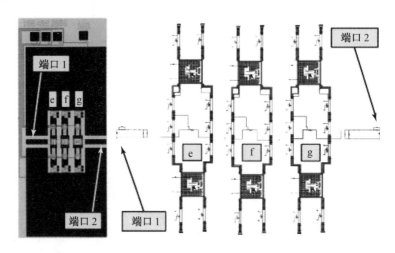

图8.10　左图:由三个开关单元组成的 **RF** 衰减器串联部分的显微照片。当开关对 e,f 与 g 被驱动时,**RF** 传输线上的电阻 *R1*, *R2* 与 *R3* 短路。右图:RF 衰减器串联部分的 Cadence 原理图。三个开关的原理图都与图 **8.8** 下图中的原理图相同。

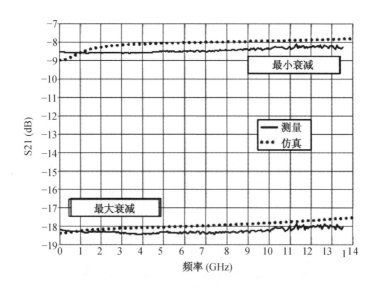

图8.11　图 **8.10** 左图中的网络在频率高达 **13.5 GHz** 的情况下,最小和最大衰减水平的测量和仿真(Spectre 中 S 参数)S21 参数对比。

　　与并联部分 2～3 dB 的水平相比,串联部分的最小衰减水平要高出很多
(8.5 dB 左右)。这是由于双端固支式开关悬吊的插指与下方输入-输出 RF 欧姆
接触部分(图 8.8 的上图)的不良物理接触导致的。当开关被驱动时,插指部分变
弯,彻底减小了接触面积,转而使得欧姆接触变得更差。在设计 RF 功率衰减网络
时忽略了这种负面效应,而在 3D 光学检测中可以观察到(用白光干涉仪),收集到
的数据不在这里赘述。为了说明通孔的寄生电阻,在三个电阻负载上又分别串联
了一个额外电阻。由于使用了悬臂式开关,此问题并没有影响到并联部分。因此,
当开关达到驱动状态,接触插指端在欧姆接触部分上方产生倾斜,充足的接触面积
保证了良好的欧姆接触(即较小的接触电阻)。另一方面,在双端固支式开关中,接
触插指端向下移动直到碰到下方的电极。在这一阶段,接触插指端绞合在接触区
域的两端,当静电力驱动侧面可移动电极继续向下移动时,接触插指端的中心部分
就会因类杠杆行为而向上拱起,使得接触电阻变大。

8.5　整体 RF-MEMS 多态衰减器网络

　　作为本章的结尾,网络的并联部分和串联部分(分别在 8.3 节与 8.4 节中论述
过)将组合在一起来分析整个 RF 功率多态网络。由于在撰写本文的时候还没有
能够进行整体网络的测量,因此只进行 Spectre 仿真的论述。然而,整个网络原理
图是建立在两个基本子网络的基础上的,而这两个基本子网络已经调整得与实验
相匹配了。图 8.12 所示为整个 RF-MEMS 可重构功率衰减器的原理图。之前在
图 8.4 的下图和图 8.10 的右图所展示过的并联与串联部分原理图也表示在图
8.12 中。输入和输出集总单元网络的拓扑结构与并联部分的相同,细节已展示在
图 8.6 中。各组成元件值列在表 8.1 中。图 8.13 所示为在高达 40 GHz 的频率下,

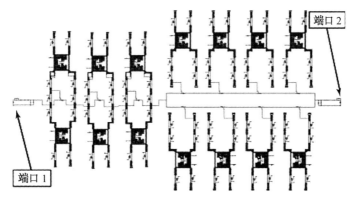

图 8.12　整个网络的 Spectre 原理图,由并联和串联部分组成。未进
　　　　　行过测试的网络可实现 $2^7 = 128$ 种不同的衰减水平,输入/
　　　　　输出集总单元网络与前述图 8.6 中的相同。

对可重构网络实现的128个衰减水平中,介于最小与最大衰减之间的几种(S21参数)进行了 Spectre 仿真(S 参数仿真)。在 Spectre 中,并联部分的开关(悬臂式)由 40 V 的 DC 偏压驱动,而串联部分的开关(双端固支式)由 60 V DC 电压控制。在整个网络的仿真中,忽略了双端固支式开关的非理想欧姆接触效应(8.4 节)。

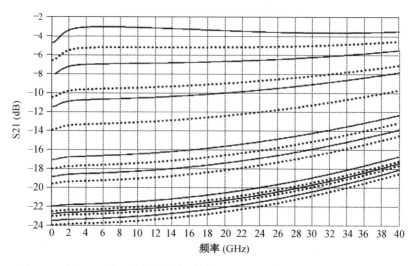

图 8.13   图 8.12 中可重构功率衰减器原理图实现的 128 种衰减水平中的几种进行的 Spectre 仿真(S 参数从 DC 到 40 GHz)。

8.6   总结

本章中,对 Cadence 仿真环境中基于 VerilogA 的 MEMS 模型库应用进行了展示和讨论。重点介绍了精确的混合能域(机电能域和电磁能域)仿真工具,用于复合 RF-MEMS 网络,即可重构多态 RF 功率衰减器。

此网络主要由并联和串联部分组成。并联部分由两段加载了电阻负载的 RF 传输线并联连接,而串联部分包含了连接电阻的特定传输线。对组成两个子网络的欧姆开关进行了机电耦合行为的分析。Cadence 中开关几何结构(原理级别)由 VerilogA 库中的基本组件连接构成,而开关的吸合/回复特性在 Spectre 中进行仿真(DC 仿真)。开关吸合与回复电压测量与仿真结果的对比表明,Spectre 能进行十分精准的预测。所有的仿真都在较少的预估时间内完成(台式 PC 上在几秒之内)。

然后对 RF 衰减器子部分的电磁行为进行了分析。两个子部分都含有数个前述的 RF-MEMS 欧姆开关。随后它们被包含在网络原理图中,又添加了其他元件以对 RF 行为及非理想特性和分布寄生效应建模。为了对附加效应建模,器件原理图中也包含了合适的集总单元网络。所有寄生效应的值都来源于对专用测试结构的测量。对于并联和串联部分来讲,测量的 S 参数与 Spectre 仿真的 S 参数都显示出了良好的一致性。这证明了建模方法的正确性和概念上的合理性。最后,包含并联与串联部分的网络整体在 Spectre 中进行了仿真,并实现了 128 种衰减水平。

总的来说,本章论述了 MEMS 模型库的实际应用,在 VerilogA 编程语言的基础上,利用 Spectre 电路仿真器在 Cadence IC 开发框架中对真实的 RF-MEMS 器件及网络进行了仿真。依据产生原因的物理考虑及特别测试结构的实验数据,说明了寄生效应。MEMS 模型库的使用以及包含了特定工艺平台上寄生效应的技术,使得 RF-MEMS 器件及复合网络的混合能域仿真(机电能域和电磁能域)得以快速、精确地进行。

参考文献

1. Mahameed, R. and Rebeiz, G. M. (2010) Electrostatic RF MEMS tunable capacitors with analog tunability and low temperature sensitivity. Microwave Symposium Digest (MTT), 2010 May IEEE MTT-S International, pp. 1254–1257.

2. McFeetors, G. and Okoniewski, M. (2006) Custom fabricated high-Q analog dual-gap RF MEMS varactors. Inter-national Conference on Microwaves, Radar Wireless Communications, 2006. MIKON 2006 May, pp. 155–158.

3. Dong-Ming, F., Quan, Y., Xiu-Han, L., Hai-Xia, Z., Yong, Z., and Xiao-Lin, Z. (2010) High performance MEMS spiral inductors. 2010 5th IEEE International Conference on Nano/Micro Engineered and Molecular Systems (NEMS), Jan, pp. 1033–1035.

4. El Gmati, I., Fulcrand, R., Calmon, P., Boukabache, A., Pons, P., Boussetta, H., Kallala, A., and Besbes, K. (2010) RF MEMS fluidic variable inductor. 2010 5th International Conference on Design and Technology of Integrated Systems in Nanoscale Era (DTIS), March, pp. 1–3.

5. Yong-Seok, L., Yun-Ho, J., Jung-Mu, K., and Yong-Kweon, K. (2010) A 50–110 GHz ohmic contact RF MEMS silicon switch with high isolation. 2010 IEEE 23rd International

Conference on Micro Electro Mechanical Systems (MEMS), Jan, pp. 759–762.

6. Reines, I., Pillans, B., and Rebeiz, G. M. (2010) J. Microelectromech. Syst., 99, 1–11.

7. Solazzi, F., Tazzoli, A., Farinelli, P., Faes, A., Mulloni, V., Meneghesso, G., and Margesin, B. (2010) Active recover-ing mechanism for high performance RF MEMS redundancy switches. Microwave Conference (EuMC), 2010 European, Sept, pp. 93–96.

8. Solazzi, F., Palego, C., Halder, S., Hwang, J. C. M., Faes, A., Mulloni, V., Margesin, B., Farinelli, P., and Sorrentino, R. (2010) Electrothermal analysis of RF MEM capacitive switches for high-power applications. Solid-State Device Research Conference (ESSDERC), 2010 Proceedings of the European, Sept, pp. 468–471.

9. Buck, T. and Kasper, E. (2010) RF MEMS phase shifters for 24 and 77GHz on high resistivity silicon. 2010 Topical Meeting on Silicon Monolithic Integrated Circuits in RF Systems (SiRF), Jan, pp. 224–227.

10. Domingue, F., Fouladi, S., and Mansour, R. R. (2010) A reconfigurable impedance matching network using dual beam MEMS switches for an extended operating frequency range. Microwave Symposium Digest

(MTT), 2010 IEEE MTT-S International, May, pp. 1552-1555.

11. Fomani, A. A. and Mansour, R. R. (2009) Miniature RF MEMS switch matrices. Microwave Symposium Digest, 2009. MTT'09. IEEE MTT-S International, June, pp. 1221-1224.

12. Fomani, A. A. and Mansour, R. R. (2009) IEEE Trans. Microw. Theory Tech., 57 (12), 3434-3441.

13. Ocera, A., Farinelli, P., Cherubini, F., Mezzanotte, P., Sorrentino, R., Margesin, B., and Giacomozzi, F. (2007) A MEMS-reconfigurable power divider on high resistivity silicon substrate. Microwave Symposium, 2007. IEEE/MTT-S International, June, pp. 501-504.

14. Iannacci, J., Giacomozzi, F., Colpo, S., Margesin, B., and Bartek, M. (2009) A general purpose reconfigurable MEMS-based attenuator for radio frequency and microwave applications. EUROCON 2009, EUROCON'09. IEEE, May, pp. 1197-1205.

15. Xiaoguang, L., Katehi, L. P. B., Chappell, W. J., and Peroulis, D. (2010)J. Microelectromech. Syst., 19(4), 774-784. References 209

16. Iannacci, J., Gaddi, R., and Gnudi, A. (2010) J. Microelectromech. Syst., 19(3), 526-537.

17. Zimmer, T., Milet-Lewis, N., Fakhfakh, A., Ardouin, B., Levi, H., Duluc, J. B., and Fouillat, P. (1999) Hierarchical analogue design and behavioural modelling. IEEE International Conference on Microelectronic Systems Education, 1999. MSE'99, pp. 59-60.

18. Iannacci, J., Faes, A., Mastri, F., Masotti, D., and Rizzoli, V. (2010) A MEMS-based wide-band multi-state power attenuator for radio frequency and microwave applications. Proceedings of TechConnect World, NSTI Nanotech 2010, Jun, vol. 2, pp. 328-331.

19. Iannacci, J. (2010) in Advanced Microwave Circuits and Systems (ed. V. Zhurbenko), Advanced Microwave Circuits and Systems, INTECH, pp. 313-338.

20. Iannacci, J. and Gaddi, R. (2010) Mixed-Domain Simulation and Wafer-Level Packaging of RF-MEMS Devices, Lambert Academic Publishing-LAP.

21. Iannacci, J., Del Tin, L., Gaddi, R., Gnudi, A., and Rangra, K. J. (2005) Compact modeling of a MEMS toggle-switch based on modified nodal analysis. Proceedings of Symposium on Design, Test, Integration and Packaging of MEMS/MOEMS (DTIP 2005), June, pp. 411-416.

22. Novak, E., Der-Shen, W., Unruh, P., and Schurig, M. (2003) MEMS metrology using a strobed interferometric system. Proceedings of the XVII IMEKO World Congress, Jun, pp. 178-182.

23. Dambrine, G., Cappy, A., Heliodore, F., and Playez, E. (1988) IEEE Trans. Microw. Theory Tech., 36(7), 1151-1159.

24. Danneville, F., Fan, S., Tamen, B., Dambrine, G., and Cappy, A. (1998) A new two-temperature noise model for FET mixers suitable for CAD. ARFTG Conference Digest, 1998. Computer-Aided Design and Test for High-Speed Electronics. 52nd, pp. 59-66.

25. Pozar, D. M. (2005)Microwave Engineering, John Wiley and Sons, Inc.

26. Bonagnide, G., Sherman, J., and Dunleavy, L. (1998) A lumped-element modeling approach for waveguide of arbitrary geometry. Southeastcon'98. Proceedings. IEEE, Apr, pp. 190-193.

27. Besser, L. and Gilmore, R. (2003) Practical RF Circuit Design for Modern Wireless Systems, Volume I: Passive Circuits and Systems, Artech House.

28. Zhao, H., Tang, A.-Y., Sobis, P., Bryllert, T., Yhland, K., Stenarson, J., and Stake, J. (2010) VNA-calibration and S-parameter characterization of sub-millimeter wave integrated membrane circuits. 2010 35th International Conference on Infrared Millimeter and Terahertz Waves (IRMMW-THz), Sept, pp. 12.

第三部分

MEMS 器件的数学模型降阶

9 非参数化和参数化电热 MEMS 模型 ——基于矩匹配的线性模型降阶

Tamara Bechtold,*Dennis Hohlfeld*,*Evgenii B. Rudnyi*,*Jan G. Korvink*

9.1 引言

本章将介绍基于矩匹配的模型降阶(MOR)在电热 MEMS 模型方面的应用。主要利用第 3 章讲述的压缩 Block-Arnoldi 算法(算法 4)[1]。得到的降阶模型可以方便地转换为硬件描述语言(HDL)形式并能够直接应用于系统级模拟,能够将瞬态模拟的速度提升几个数量级。本章将进一步采用多元矩匹配方法建立参数降阶模型。参数降阶模型应用于优化循环中以快速地确定薄膜的热学参数。使用软件工具"MOR for ANSYS"可以直接从 ANSYS 有限元模型中自动创建降阶模型。"MOR for ANSYS"软件将在第 18 章中作详细介绍。

9.2 节总结了应用 MOR 自动生成电热 MEMS 动态宏热学模型的通用方法[2]。9.3 节介绍了一种硅基微热板,在 9.4 和 9.5 节中将其作为实例研究。9.4 节论证了控制电路与控制器参数联合仿真降阶模型的应用。9.5 节介绍了以参数化的模型降阶(pMOR)法结合自动参数拟合快速确定材料参数的方法。9.6 节总结了全章并对本领域未来的发展趋势进行了展望。

9.2 模型降阶在电热 MEMS 模型中的应用:已有成果与未解决问题综述

参考文献[2]中提出了应用 MOR 自动生成热板 MEMS 器件动态宏热学模型的方法。微热板是由薄膜材料加工而成的薄膜组成,并且携带加热与传感单元的结构。微热板是气体传感器、微丝以及其他热可调微系统的基本组件。这里第一个实例是一个热可调滤光器[3],如图 9.1 所示。其中,温度用来控制垂直穿过膜片的光波长。第二个实例是一个

图 9.1 热可调滤光器。[3]

气体传感器[4]，如图 9.2 所示，其中气体敏感材料淀积在薄膜之上。为了得到高探测灵敏度及响应度，高温是必需的条件。最后一个实例详细介绍了一个气体传感器阵列[5]，如图 9.3 所示。每个传感器包含了加热电阻与提高温度均匀性的专用结构。

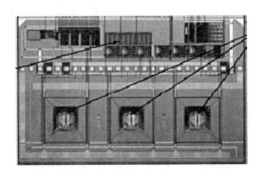

图 9.2　气体传感器[4]（图片引自 J. Wöllenstein（Frauhofer IPM, Germany））。

图 9.3　气体传感器阵列[5]（图片引自 M. Graf（ETH Zurich, Switzerland））。

上述器件正常工作均需要精确地控制膜片的温度，因此建立精确的热学模型是一个关键问题。热板中的热传导是由如下方程描述（通常应用于焦耳热现象）：

$$\nabla \cdot (\kappa \nabla T) + Q - \rho c_p \frac{\partial T}{\partial t} = 0 \tag{9.1}$$

$$Q = j^2 R$$

其中，$\kappa(r)$ 是位置 r 处的热导率，单位是 $W \cdot m^{-1} \cdot K^{-1}$；$c_p(r)$ 为比热容，单位是 $J \cdot kg^{-1} \cdot K^{-1}$；$\rho(r)$ 为质量密度，单位是 $kg \cdot m^{-3}$；$T(r, t)$ 表示温度分布；$Q(r, t)$ 表示单位体积产热率，单位为 $W \cdot m^{-3}$。方程（9.1）的初始条件为 $T_0 = 0$，边界条件为计算区域底部 $T = 0$。

假定加热器内部的产热率是均匀分布的，且认为系统矩阵与温度无关。用有限元（FEM）法对公式（9.1）进行空间离散，得到一个温度相关的复杂线性常微分方程（ODE）组：

$$C \cdot \dot{T} + K \cdot T = F \cdot \frac{U^2(t)}{R(T)} \tag{9.2}$$

$$y = E \cdot T$$

公式（9.2）的形式也称作状态空间表示，其中 $C, K \in R^{n \times n}$ 分别为总体热容与热导率矩阵，$T(t)$，$B, E \in R^n$ 分别为状态（温度）向量、负载以及输出向量，n 为系统的维数，即有限元模型中的自由度（DOF）数。这里需要注意，当定义不止一个源和输出时(见第 3 章中的多输入多输出系统(MIMO)),F 和 E 都是矩阵。进一步考虑到温度相关的电阻率会导致模型的弱非线性(见公式(9.3)),即状态向量与输入函数相关,见以下公式:

$$R(T) = R_0(1 + \alpha\Delta T) \tag{9.3}$$

其中,R_0 是 $\Delta T = 0K$ 时的阻值,α 为材料的线性温度系数。公式(9.2)是模型降阶法的起始点,利用(9.2)生成一个具有相同形式但更小维度的系统,如图 9.4 所示。

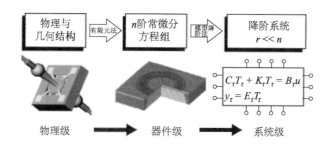

图 9.4 模型降阶是物理模型到宏模型转换过程的一部分。

如第 3 章所述,工程问题中最常用的模型降阶方法是基于 Krylov 子空间的矩匹配方法[1],该方法主要是公式(9.2)的转换函数级数展开:

$$H(s) = E(sC + K)^{-1}F \tag{9.4}$$

在拉普拉斯变量 $s = s_0$ 附近进行泰勒级数展开:

$$H(s) = \sum_{i=0}^{\infty} m_i(s_0)(s - s_0)^i \tag{9.5}$$

其中,$m_i(s_0) = E(-(K + s_0C)^{-1}C)^i \cdot (K + s_0C)^{-1}F$ 称作 s_0 处的 i 阶矩,这样便得到一个更低阶的系统(系统阶数 r 远小于线性常微分方程形式(公式(9.2))的阶数 n),其系统传输函数 $H_r(s)$ 与 $H(s)$ 具有相同的矩。基于 Krylov 子空间的矩匹配方法包括两种主要的算法:Arnoldi 和 Lanczos。Arnoldi 算法匹配 r 阶矩,Lanczos 算法匹配 $2r$ 阶矩(r 为降阶系统的阶数),详见第 3 章及其参考文献。根据第 3 章的算法 4 可知,通过创建正交投影矩阵 $V \in R^{n \times r}$ 可实现矩匹配特性,然后将系统(公式(9.2))按下式进行投影:

$$V^{\mathrm{T}}CV \times \dot{T}_r + V^{\mathrm{T}}KV \times T_r = V^{\mathrm{T}}F \times \frac{U^2(t)}{R(T)} \tag{9.6}$$

$$y_r(t) = EV \cdot T_r$$

新建立的系统具有更小的系统矩阵:$C_r = V^{\mathrm{T}}CV$,$K_r = V^{\mathrm{T}}KV$,$F_r = V^{\mathrm{T}}F$,E_r

$= EV$，可以证明公式(9.6)与公式(9.2)具有矩匹配特性，也就是说，两个系统的传输函数具有相同的第一 r 阶矩。由于 V 是通过计算 r 维 Krylov 子空间的正交基得到的，故这里特别将其命名为"基于 Krylov"，其中 $A = K^{-1}C$，$b = K^{-1}F$：

$$K(A, b) = \text{colspan}\{b, Ab, \cdots, A^{r-1}b\} \tag{9.7}$$

上述方法的主要不足之处在于，公式(9.6)中新的状态向量 T_r 是由广义的坐标组成，不再是由有限元节点的温度表示，也就是说，模型降阶法并不具有初始的物理意义。

图 9.5 给出了基于压缩 Block-Arnoldi 算法的滤光器模型降阶法的出色结果。由于传输函数的泰勒展开点选为 $s_0 = 0$，所以在频率为 0 的附近频域得到了最好近似。

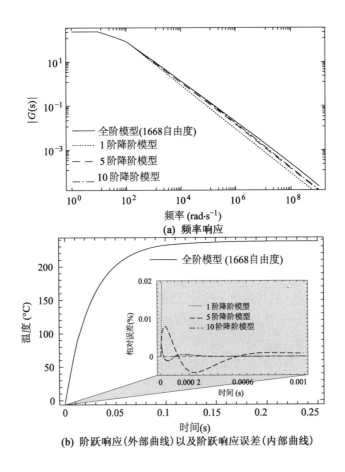

(a) 频率响应

(b) 阶跃响应(外部曲线)以及阶跃响应误差(内部曲线)

图 9.5　在单个输出节点滤光器[3]的全阶模型与降阶模型对比(恒定加热功率为 1 mW)。

图 9.5(b) 的结果表示单个输出
节点的温度增量, 该温度增量是由公
式(9.2)中行向量 C 定义的。由于只
有单个加热源(加在加热电阻上的电
压), 公式(9.2)中的 B 是一个列向
量。系统的(公式(9.2))单输入单输
出(SISO)模式可通过第 3 章中的算
法 3 进行降阶。对于更通用的情况,
可能需要几个甚至所有有限元节点
的温度响应。参考文献[2]论证了压
缩 Block-Arnoldi 算法[1]不仅可以近
似器件的单个输出响应, 还可以近似

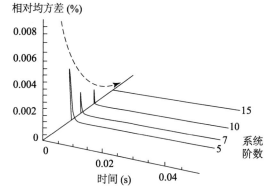

图 9.6   滤光器在加热 0.05 s 期间所有 1 668 个
有限元节点的相对均方差[2]。

器件的所有有限元节点的瞬态热响应。这主要是因为压缩 Block-Arnoldi 算法在
构造单投影子空间的基 V 时没有考虑输出向量(矩阵)C(投影子空间的解释见第 3
章)。图 9.6 给出了滤光器所有有限元节点中的平均近似误差, 该误差是降阶系统
阶数的函数。

此外, 还可以把输入函数的非线性(公式(9.3))转移到降阶系统中。其实现方
式主要是将加热器部分最高温和最低温的算术平均值看作集总的加热器温度, 也
就是定义公式(9.2)的一个额外输出(详见参考文献[2]中 5.5.1 节)。图 9.7 为在
考虑加热功率随温度变化的情况下, 参考文献[4]中气体传感器的阶跃响应以及降
阶模型(阶数 10)与全阶模型之间的阶跃响应误差。

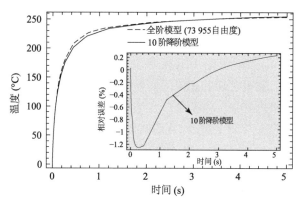

图 9.7   在单输出节点气体传感器[4]的阶跃响应(外部曲线)
和阶跃响应误差(内部曲线)(加热功率随温度变化,
对于铂加热器, 式(9.3)中 $\alpha = 1.469 \times 10^{-3}$ K^{-1})。

为了方便应用基于压缩 Block-Arnoldi 算法的模型降阶法, MEMS 设计者需

要提供器件的一个离散模型(例如有限元模型)并且指明模型所需要的更好近似频带。这是通过选择一个或多个频域扩展点完成的,详见第 3 章的解释。接下来一个重要的步骤是指定目标降阶系统合适的阶数来达到所需的精度。为了使模型降阶过程完全自动化,需要能够根据降阶模型的维度估计全阶模型和降阶模型之间的误差。如第 3 章所提到的,关于 Krylov 子空间方法的有效误差估计仍然是一个尚待深入研究的问题。参考文献[2]介绍了三种试探法用来估计基于压缩 Block-Arnoldi 算法降阶的误差。第一种方法基于两个相邻阶数的 r 和 $r+1$ 阶降阶模型之间相对误差的收敛,第二种方法基于降阶模型的 Hankel 奇异值(见第 3 章中的定义)的收敛,第三种方法基于压缩 Block-Arnoldi 算法以及基于数学上超 Grammian 方法(见第 3 章)的顺序应用。图 9.8 给出了参考文献[4]中气体传感器的第一种误差指示器。

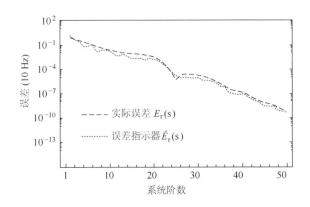

图 9.8　参考文献[4]中气体传感器的误差指示器[2] (73 955 自由度)。

由于 MEMS 通常是由多个相互连接的子系统(如阵列结构)构成,所以需要对每个子系统进行降阶,然后根据一定准则(如 Kirchoffian 网络原理,见第 2 章)耦合所有降阶子系统。这里存在的主要问题在于热流不是类似于电流沿着金属互连线流动那样的集总物理现象。由于金属与绝缘体的电导率之比高达 10^8 数量级,所以电流流动几乎完全在金属中进行。而热流并不具有类似的情况,因为微电子技术中热导率之比仅为 10^2 数量级。因此,目前仍不明确如何将热流集中在两个有限元模型的共用表面,以形成可用于耦合多个宏模型的热端口。需要注意的是,如果将所有表面节点作为端口,也就是公式(9.3)中的输入/输出,当采用压缩 Block-Arnoldi 算法时降阶模型的维度将会非常大。因此,如参考文献[2]中指出的,利用压缩 Block-Arnoldi 算法进行系统耦合只适用于阵列模型的维度适中的情况。图 9.9 对比了气体传感器[5]微热板阵列全阶模型和降阶模型的阶跃响应。

参考文献[2]详细讨论了基于 Krylov 子空间投影的降阶热模型耦合通用技

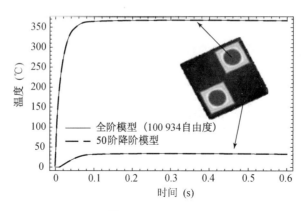

图 9.9 气体传感器[5]微热板阵列的全阶模型和降阶模型
的阶跃响应。两个 **40 mW** 热源均为开启状态,降
阶是基于压缩 **Block-Arnoldi** 算法。

术。在这方面,还应当深入研究结构保持的模型降阶技术[6]。到目前为止,作为
MEMS 阵列结构降阶模型可能的求解方法,降阶模型的耦合仍然是一个尚待进一
步解决的问题。

9.3 MEMS 实例研究——硅基微热板

接下来,本节将重点介绍如图 9.10 所示的
测试结构。

这种微结构热板包含了悬浮于硅衬底之上
的氮化硅薄膜隔膜。薄膜金属电阻制备于膜片
之上,用来加热并感应温度。为了在方隔膜中心
得到较好的圆形对称且均匀温度分布,两个电阻
需要按图 9.11 所示的方式排列。

膜片稳态和瞬态热特性的表征是在一个温度
可控的底座上执行的。测量瞬态温度变化时,使
恒定的 $100~\mu$A 电流通过敏感电阻,同时用示波器
测量内部终端的电压。为使用敏感电阻作为温度
传感器,需要知道材料电阻率的线性温度系数。
温度系数通过测量不同温度下传感器的阻值得

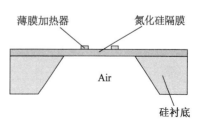

图 9.10 低频等离子体增强化学
汽相淀积加工的集成有
加热和传感单元的氮化
硅隔膜。方隔膜厚 500
nm,边长 550 μm,薄膜
加热器是由具有 50 nm
钛粘附层的 150 nm 铂
制备。

到,这里可由 Peltier 底座设定精确的温度值。在所研究的温度范围内电阻与温度是
线性相关的,可由公式(9.3)来建模。测得具有 50 nm 钛粘附层的 150 nm 铂层温
度系数为 $\alpha = 2.293 \times 10^{-4}~K^{-1}$。膜片的瞬态热响应通过函数发生器在加热电阻上

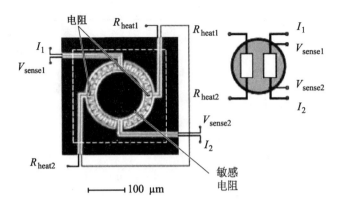

图 9.11　用于加热或感应的薄膜电阻示意图,加热电阻工
作在恒定电压下,感应电阻用来进行四点法测量

施加一个矩形电压信号来表征。信号输出可配置为一个具有固定50 Ω输出阻抗的
电压源。整个过程的热响应如图 9.12 所示。可以看到,施加电压不久后加热功率
开始下降。这是由于加热电阻也取决于温度的变化(公式(9.3)右边的非线性)。
温度增加导致加热电阻阻值增加,使得加热功率略微减小。施加加热功率后,膜片
的温度将一直增加至最大值,这个温度定义为稳态值。在功率变为零后,存储在隔
膜体积中的热量会通过传导以及自然对流扩散到周围的媒介中。这样,温度将降
回至初始值。

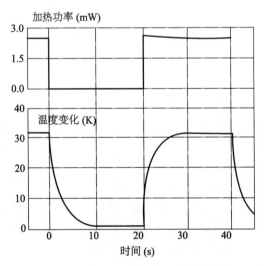

图 9.12　氮化硅隔膜的温度调制。施加在隔膜上的信号
为频率 **20 Hz** 的方波加热功率信号。

在 ANSYS 软件中实现的测试结构
三维有限元模型如图 9.13 所示。该有
限元模型包含 66 000 个自由度,相当于
公式(9.2)66 000 个常微分方程。主要
考虑固态金属和隔膜下方空气中的热传
导以及与隔膜上方空气的对流。最后一
项对流边界条件的形式:

$$q = h(T - T_{air}) \qquad (9.8)$$

其中,h 是膜片与外界空气之间的传热系
数,单位为 $W \cdot m^{-2} \cdot K^{-1}$。对于模型降
阶法,并没有考虑辐射机制,但可通过定
义一个额外的温度相关项将其包含在
内。图 9.14 所示为模型考虑的所有热
损失机制。

对于当前的研究实例,应用了基于
压缩 Block-Arnoldi 算法的模型降阶法,
是利用软件工具 MOR for ANSYS(详见
第 18 章)实现的。MOR for ANSYS 的
输出为公式(9.2)形式的降阶模型,但是
仅具有 30 个自由度(降阶模型的阶数基
于实际经验估计)。降阶模型的时间积

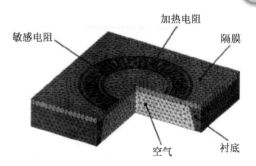

图 9.13 具有 66 000 个节点的三维模型的
有限元网格

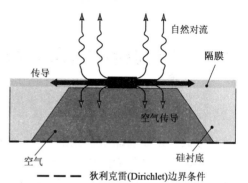

— — — 狄利克雷(Dirichlet)边界条件

图 9.14 有限元模型考虑的热损失机制。
狄利克雷边界条件为仿真区域边
缘处 $T = 0\ K$。

分利用系统级仿真器软件 SIMPLORER®实现,如图 9.15 所示。SIMPLORER 软
件可将降阶模型输出为状态空间形式或者 VHDL-AMS 代码格式。

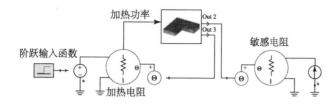

图 9.15 微结构和电子元件的系统级模型,模型中电阻均为温度相
关,阶跃输入函数施加在驱动加热电阻的受控电压源上。

图 9.16 表明全阶模型与降阶模型之间良好的一致,说明降阶模型目前可用于
系统级仿真、控制或者优化设计。下面的章节将介绍两种不同的应用。仿真结果
与测量结果的对比如图 9.23 所示。

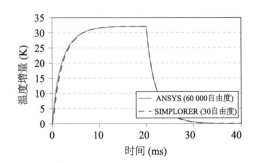

图 9. 16　图 9. 10 中氮化硅隔膜的全阶有限元模型 ANSYS 仿真结果与降
　　　　　阶模型 SIMPLORER 仿真结果(测量结果如图 9. 23 所示)。

9.4　控制器参数化降阶模型的应用

推导得到 MEMS 器件的降阶模型之后,可在系统级仿真器中将其与驱动或控制电路一起进行仿真。基于降阶模型,可以在保证器件仿真精度的同时快速确定控制参数。正如前面所提到的,基于微热板的微系统运行需要控制膜片的温度。膜片的绝对温度与周围环境温度的变化无关,只随着对流边界条件发生改变。此外,热微系统对新的温度设定点调整要尽可能迅速。

参考文献[7]研究了关于温度控制下微热板实例的两种应用场合:定值(设定点)温度控制与轨迹控制。在第一种情况中,快速热响应可使系统达到规定的温度值,希望其具有最小的过冲。第二种情况需要温度曲线图来追踪规定的时间函数。两种情况中,加热和敏感电阻的阻值都取决于它们各自的温度,见公式(9.3)。

图 9.17 给出了系统级仿真器中微热板的温度控制模式实现方案。通过设置合适的控制单元比例增益以及积分增益参数值,回路可以有效地消除周围环境温度变化的影响,并且可以使膜片温度与随时间变化的设定点温度保持一致。这里

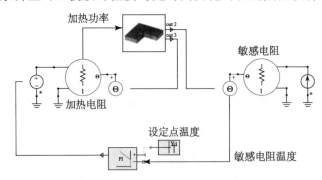

图 9. 17　微热板与控制回路的系统级模型。控制回路中应用了 PI 控制器。

交替变化温度的加热电阻相当于整个过程中的一个执行器,将控制信号转变为隔膜的产热率。敏感电阻提供了相对于外部设置值的温度值。得到的差值被传到控制器中,根据公式(9.2)中的非线性输入函数,控制器输出用来设置一个驱动温度相关加热电阻的电压源。

通常控制器的参数设置是根据设计者的专业知识以及试探方法[8, 9]手动完成的,并不能完全保证调整参数集的整体性能。然而,对于一些控制需要满足特定目标的情况,标准的流程不再适用,需要对控制参数进行更进一步的调整。在这种情况下,可以应用微结构的降阶模型,对包含微热板和控制器的整个系统进行优化。在系统仿真器 SIMPLORER® 中,可以定义合适的代价函数并且利用优化算法(比如拟牛顿算法、遗传算法等)来确定控制参数,这样可以得到优化的系统性能。例如,要得到快速热响应,可定义设定点温度与实际系统响应之间的积分偏差作为目标函数,最终优化目标在于将此函数值降低为零。如果目标在于防止过冲,合适的目标函数应该为设定点与响应之间偏差最小值,应该尽可能将这个函数值减小至零。如果两种目标都需要实现,那么需要定义上述目标函数的加权平均值。

在上述第一种应用场合中,阶跃函数是作为设定点的。优化后,上升时间比系统的热时间常数提高了 18 倍(图 9.18),表明这是一种有效的优化以及性能控制方式。比例增益与积分增益分别为 0.3 和 750。另一方面,冷却过程的时间常数是热微系统固有的,不受现有方案的影响。仅有主动式冷却或高温条件工作才能加速冷却过程。

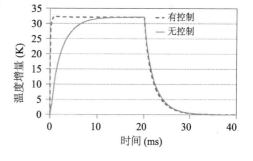

图 9.18　受控膜片达到设定点值的上升时间为 0.23 ms,而在无控制系统的上升时间为 4.1 ms。

初始阶段过加热可大幅改善加热阶段的上升时间。在最初的 10 μs,加热功率为 100 mW,然后到 1 ms 时降至 2.5 mW,而在无控制方案中,加热功率一直保持连续的 2.5 mW。

其次,控制回路中施加了一个锯齿信号,这同样会引起膜片温度的增加。优化过程得到了不同的参数集(比例增益与积分增益分别为 0.2 和 5 000)。图 9.19 体现了控制系统膜片温度的轨迹紧紧跟随线性增长的设定点值。初始阶段出现了微小的震荡,在几毫秒后逐渐衰退。作为比较,图中还列出了无控制加热装置(如图 9.15 所示,加热功率线性增加)的结果。数据分别按各自的最大值做了归一化。无控制装置的响应落后于设置点。前面已经提到,冷却过程是不受现有装置影响的。

图 9.17 所示的控制系统也可以通过运算放大器(图 9.20)应用于系统级仿真

器中,说明系统级仿真器同样可以进行热板、电子、电气元件的降阶状态空间模型的协同仿真,这些降阶状态空间模型与公式(9.2)具有相同形式,但维度更小。实际膜片温度与设定点值的差值是在运算放大器 OP1 中确定的,这里没有增益。OP2 对时间进行积分,同时附加一个增益因子。加热电阻由单位增益缓冲器驱动,可消除加热电阻负载与集成运算放大器的耦合。消耗的电功率被传递到了描述膜片动态行为的降阶模型中。敏感电阻位置处的温度

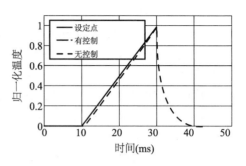

图 9.19 加热功率线性增加的无控制方案与设定点值线性增加的控制方案各自温度响应

值用来设置温度敏感电阻的阻值。恒定电流流过敏感电阻,产生一个温度相关的输出电压,用来与设定点值进行比较。

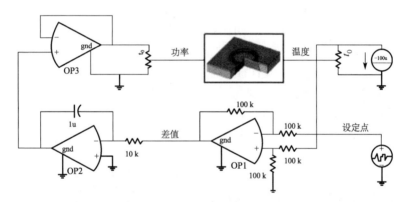

图 9.20 控制电路协同仿真的降阶模型实现,与图 9.17 所示结构的区别在于电压差、积分器以及单位增益缓冲器都是由运算放大器实现的。降阶模型实现成状态空间系统(式(9.6))。

值得注意的是,通过与其他物理领域以及更进一步的模拟与数字电路耦合,可以方便地扩展所提出的方案(MEMS 器件与控制电路的降阶模型)。在 SIMPLORER 中,还可以兼容微控制器的 VHDL 描述,来对嵌入式微系统进行全面的描述。

9.5 参数化降阶模型在薄膜热参数提取中的应用

新型 MEMS 器件的设计需要了解所使用材料的特性。对于多数体材料,其特性是众所周知的。单晶硅是 MEMS 加工中最主要的材料,已经被广泛地研究,其机械

特性、热特性以及电气特性已被大家所熟知[10]。对于仅由硅材料制成的器件,例如高频谐振器、振动镜等,可以对其精确地建模,因为熟悉材料的机械特性。然而,多数 MEMS 器件的加工都涉及薄膜淀积来完成特定的功能,例如传感、执行、钝化等等。

但是,薄膜材料特性明显依赖于 MEMS 结构的加工参数以及后续工艺步骤。为了建立精确的 MEMS 模型,需要确定薄膜的材料参数。对于电热 MEMS,薄膜材料的热特性具有非常重要的意义,因为器件的瞬态特性就是由所用材料的热导率和比热(公式(9.1)中的参数 $\kappa(r)$ 和 $c_p(r)$)确定的。这两个参数决定了加热器件时的响应,也就是温度变化的速度与程度。

传统确定未知热特性的方法是建立并表征专用的测试结构,这里的测试结构采用既定的薄膜材料作为功能组件。参考文献[11]综述了目前确定薄膜材料热特性的技术发展现状。提及的测试结构多数为简单的几何结构,因此能由解析模型来进行描述。如果测得所施加的热与温度分布,就可以通过解析模型确定所使用薄膜材料的热特性。这种方法的主要不足之处在于,模型中通常是假设热流是一维的,尽管热传导是一种分布现象。这样,对于更高的精度要求,需要更精确的但是计算量相当大的数值模型。

从前面的章节可以看到,通过应用模型降阶法可以降低线性热模型仿真的计算量。再者,如果假设材料特性不受温度影响,可以认为模型是线性的。这样可以进一步使用参数化模型降阶法[14]来构造以材料特性作为参数的降阶模型。这个参数化的小尺寸模型可用于数据拟合过程中,以有效获得材料参数。这里需要强调的是,数值模型本身可能并不包含初始物理系统的各个方面,比如忽略了薄膜的不均匀性以及热测量的不确定性。然而,目前的主要目标是加快数值模型的仿真速度以完成时间效率的优化。因此,在下文中,我们假定数值模型具有足够高的精度。

9.5.1 参数化模型降阶

在最初始的形式中,模型降阶法不允许保留系统矩阵中的参数,这里的参数在多数应用中以边界条件、材料参数或几何参数等形式存在。对于在对流边界条件(公式(9.8))下的氮化硅隔膜,假设 T_{air} 为零,公式(9.2)可写为:

$$(C_0 + \rho c_p \times C_1)\dot{T} + (K_0 + \kappa \times K_1 + h \times K_2)T = F\frac{U^2(t)}{R(T)} \qquad (9.9)$$

$$y = E \times T$$

其中,将体积热容量 $\rho \cdot c_p$、热导率 κ 以及传热系数 h 作为参数。需要重点强调的是,所有系统矩阵与这些参数是线性相关的,所以可进行因式分解。公式(9.9)的降阶模型也可以进行投影(类似公式(9.6)),如下所示:

$$(V^{\mathrm{T}}C_0V + \rho c_{\mathrm{p}} + V^{\mathrm{T}}C_1V)\dot{z} + (V^{\mathrm{T}}K_0V + \kappa \times V^{\mathrm{T}}K_1V + h \times V^{\mathrm{T}}K_2V)z =$$
$$V^{\mathrm{T}}F\frac{U^2(t)}{R(z)}$$

$$(9.10)$$

$$y_{\mathrm{r}} = EV \times z$$

现在的任务是寻找一个与参数不相关的投影矩阵 V，这样对于任意参数值，y_{r} 都是公式(9.9)中 y 的一个很好近似。在多变量矩匹配方法中，构造矩阵 V 以保证全阶和降阶系统的传输函数为矩匹配，其解释如下。

公式(9.9)中的传输函数可写为：

$$H(s, p_i) = E(s(C_0 + \rho c_{\mathrm{p}}C_1) + K_0 + \kappa K_1 + h K_2)^{-1}F \qquad (9.11)$$

其中，p_i 表示广义的参数。从数值的角度来看，公式(9.11)中每个参数 p_i 都相当于拉普拉斯变量 s。因此，这个基于泛化矩匹配的想法已被数个课题组研究[14-26]，即:构造公式(9.11)关于拉普拉斯变量 s 和参数 p_i 的多元泰勒扩展，这样所有的 p_i 可同时保留成符号形式。在早期的工作中[15]，作者研究了仅有两个参数时的问题，开发了一种算法来计算并匹配两个传输函数的所有矩。也就是说，假设全阶传输函数 $H(p_1, p_2)$ 和降阶传输函数 $H_{\mathrm{r}}(p_1, p_2)$ 在某一点比如$(0, 0)$附近的泰勒展开式可写为：

$$H(p_1, p_2) = H(0, 0) + \frac{\partial H}{\partial p_1}(0, 0) \cdot p_1 + \frac{\partial H}{\partial p_2}(0, 0) \cdot p_2$$
$$+ \frac{1}{2!}\frac{\partial^2 H}{\partial p_1^2}(0, 0) \cdot p_1^2 + \frac{\partial^2 H}{\partial p_1 \partial p_2}(0, 0) \cdot p_1 \cdot p_2$$
$$+ \frac{\partial^2 H}{\partial p_2 \partial p_1}(0, 0) \cdot p_1 \cdot p_2 + \frac{1}{2!}\frac{\partial^2 H}{\partial p_2^2}(0, 0) \cdot p_2^2 +$$
$$+ \cdots$$

$$H_{\mathrm{r}}(p_1, p_2) = H_{\mathrm{r}}(0, 0) + \frac{\partial H_{\mathrm{r}}}{\partial p_1}(0, 0) \cdot p_1 + \frac{\partial H_{\mathrm{r}}}{\partial p_2}(0, 0) \cdot p_2$$
$$+ \frac{1}{2!}\frac{\partial^2 H_{\mathrm{r}}}{\partial p_1^2}(0, 0) \cdot p_1^2 + \frac{\partial^2 H_{\mathrm{r}}}{\partial p_1 \partial p_2}(0, 0) \cdot p_1 \cdot p_2$$
$$+ \frac{\partial^2 H_{\mathrm{r}}}{2 p_2 \partial p_1}(0, 0) \cdot p_1 \cdot p_2 + \frac{1}{2!}\frac{\partial^2 H_{\mathrm{r}}}{\partial p_2^2}(0, 0) \cdot p_2^2 +$$
$$+ \cdots$$

$$(9.12)$$

所有圈出来的项是相等的。参考文献[16]提出了将参考文献[15]中的方法扩展到具有任意数目参数的系统中(称为多参数矩匹配)。但是，由于矩泰勒系数的计算是显式的,且用于 Krylov 子空间方法的标准正交化步骤(用于生成正交投影矩阵 V,见第 3 章)只能在矩计算后进行,所以所提出的计算程序具有潜在的数值不稳定性。为了提高此方法的实用性,参考文献[17-23]中提出了几种带有正交化步骤的方法。参考文献[24]中的另一种方法(称为多维度矩匹配)忽略了混合矩,也就是说,假设全阶系统的阶跃响应(在拉普拉斯变换域中)$X(p_1, p_2)$ 和降阶系统的阶跃响应 $X_r(p_1, p_2)$ 在某一点比如 $(0, 0)$ 附近的泰勒展开式可写为:

$$X(p_1, p_2) = \boxed{X(0, 0)} + \boxed{\frac{\partial X}{\partial p_1}(0, 0)} \cdot p_1 + \boxed{\frac{\partial X}{\partial p_2}(0, 0)} \cdot p_2$$

$$+ \boxed{\frac{1}{2!}\frac{\partial^2 X}{\partial p_1^2}(0, 0)} \cdot p_1^2 + \frac{\partial^2 X}{\partial p_1 \partial p_2}(0, 0) \cdot p_1 \cdot p_2$$

$$+ \frac{\partial^2 X}{\partial p_2 \partial p_1}(0, 0) \cdot p_1 \cdot p_2 + \boxed{\frac{1}{2!}\frac{\partial^2 X}{\partial p_2^2}(0, 0)} \cdot p_2^2 +$$

$$+ \cdots$$

$$X_r(p_1, p_2) = \boxed{X_r(0, 0)} + \boxed{\frac{\partial X_r}{\partial p_1}(0, 0)} \cdot p_1 + \boxed{\frac{\partial X_r}{\partial p_2}(0, 0)} \cdot p_2$$

$$+ \boxed{\frac{1}{2!}\frac{\partial^2 X_r}{\partial p_1^2}(0, 0)} \cdot p_1^2 + \frac{\partial^2 X_r}{\partial p_1 \partial p_2}(0, 0) \cdot p_1 \cdot p_2$$

$$+ \frac{\partial^2 X_r}{\partial p_2 \partial p_1}(0, 0) \cdot p_1 \cdot p_2 + \boxed{\frac{1}{2!}\frac{\partial^2 X_r}{\partial p_2^2}(0, 0)} \cdot p_2^2 +$$

$$+ \cdots \tag{9.13}$$

只有圈出来的项是相等的。这种方法不受数值不稳定性的影响,因为矩是通过互不相交的 Krylov 子空间递归计算的,其中一个参数保持恒定(在所选择的扩展点处),同时为另一个(可变的)参数生成 Krylov 子空间,反之亦然。然后连接两个子空间来构造正交投影矩阵 V。可直接进行这种方法任意参数数目 k 的泛化[25],需要计算所有 $H(p_1, p_2, \cdots, p_k)$ 在 $p_k = 0$,$k = 1, 2, \cdots, p$ 处的导数,这里假设其他参数为常量。在这种情况下,投影矩阵 V 还可以通过 H 在 Krylov 子空间每个参数处导数的正交化来构造。需要注意,为保证一定精度,只有在参数间弱相关存在的情况下,才能忽略混合矩。这是热学问题的情况,如参考文献[26]和[27]所述。到目前为止,并没有一种方法可以对每个参数说明应该选取多少导数(矩)。

图 9.21 显示了微热板模型的全阶模型和参数化降阶模型的瞬态仿真结果。所显示的温度变化为敏感电阻的最高和最低节点温度之间的算术平均值。这里采用参考文献[26]中的多维度模型降阶法,比全阶有限元模型瞬态积分的时间减少了 100 倍。4 个参数互不相交的 Krylov 子空间是由标准压缩 Block-Arnoldi 算法[1]创建的,这里选取每个参数附近的 30 个矩进行计算。

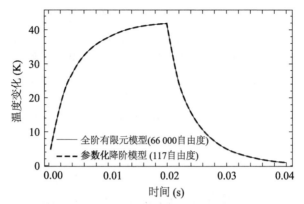

图 9.21 微热板全阶有限元模型与参数化降阶模型的比较。全阶模型以参数 k，ρ，c_p 和 h 的文献值[28]计算并且施加的加热功率为 **2.49 mW**。

9.5.2 参数提取方法

材料参数和传热系数作为降阶模型中的参数，在优化过程的每次迭代中都可能被更改。通过定义一个目标函数来表示仿真结果和测量结果之间的方差，然后根据图9.22的算法进行数据拟合。值得强调的是，由于使用参数化模型降阶法，每次迭代中不需要像参考文献[27]和[29]中那样建立并降阶新的有限元模型。

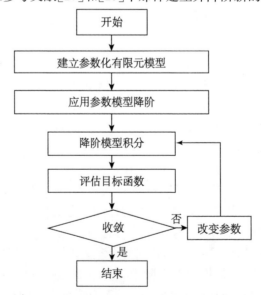

图 9.22 通过参数化模型降阶快速确定材料特性的算法流程。通过软件工具 **MOR for ANSYS**(见第 **18** 章)可从 **ANSYS®** 软件中提取系统矩阵以建立参数化有限元模型，参数化模型降阶由 **Mathematica** 完成[30]并由 **DOT®**[31]优化。

采用 DOT®（Design Optimization Tools）软件进行优化，在 55 个优化周期后，找出了所有 3 个参数的最优值（表 9.1）。图 9.23 所示为测得的温度曲线与初始有限元模型（热特性均设置为参考文献[28]中的值，如表 9.1 所示）及优化有限元模型仿真结果之间的对比。这里忽略了材料参数 c_p 和 κ 的温度特性，因为所有测量结果都是在室温附近获得的。需要注意比热和质量密度并不能单独确定，系统热容矩阵中仅给出了它们的乘积。

表 9.1　材料参数

		最初预测值[28]	优化结果（500 nm SiN$_x$）
热导率	$\kappa(W \cdot m^{-1} \cdot K^{-1})$	2.5	4.2
体积热容	$\rho c_p(10^6 \ J \cdot m^{-3} \cdot K^{-1})$	2.3	1.36
传热系数	$h(W \cdot m^{-2} \cdot K^{-1})$	10	11.4

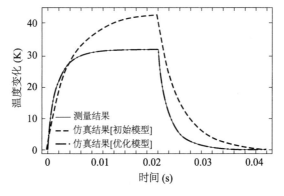

图 9.23　微热板传感器温度的瞬态特性测量曲线与模拟曲线（基于参数降阶模型）。最终的模型是 55 个优化周期后得到的。

参考文献[11]将上述流程成功应用于多层隔膜的薄膜热参数提取，其中有多达 41 层氮化硅（SiN$_x$）、氧化硅（SiO$_x$）以及非晶硅（a-Si），其厚度分别为 200 nm、267 nm 和 110 nm。如图 9.24 所示，对于 500 nm 厚的薄膜，所得到的参数值与参考文献[32]的结果相当一致，并且到 200 nm 厚的区间内保持相同的下降斜率。对于膜厚小于 1 μm 的氮化硅薄膜，其热导率将会减小。这是因为 PECVD 生长过程中薄层成分发生了变化。较低层部分的特性不同于高层部分，这样导致了厚度相关的热导率。

所提出的方法不仅限于热参数，同样可以应用于其他材料参数的提取。唯一的限制在于模型必须是线性的，在某种意义上，公式（9.2）中有限元模型的参数不可以与状态向量相关。

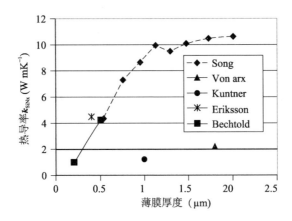

图 9.24　应用参数化模型降阶法(Bechtold[11])得到的 PECVD 淀积氮化硅热导率值与前人的工作对比(Song[32]，von Arx[33]，Kuntner[34]，Eriksson[35])。

9.6　总结与展望

本章综述了参考文献[2]基于矩匹配的模型降阶(MOR)法在电热 MEMS 模型方面的应用。所得结果证明此方法已足够成熟，可用于线性数值模型。与此同时，该方法已经应用于商业软件"MOR for ANSYS"中，详见第 18 章。目前尚待解决的问题是误差界的数学证明以及多个降阶模型的耦合。

本章进一步验证了降阶模型可应用于带有控制电路的器件高效系统级仿真中，同时能保证器件仿真的精度。降阶模型还可用于不同应用任务控制器的参数化中。

本章还论证了一种由参数化模型降阶结合自动参数拟合快速确定材料参数的方法。利用电热 MEMS 测试结构的高精度三维数值模型，可以从瞬态热特性结果中提取薄膜热参数[11]。更进一步，当宏模型中热板与周围空气之间的传热系数变化时，可以将热对流作为模型的边界条件，也就是说，参数化模型降阶可以完成独立边界条件的宏热模型。

该领域的进一步工作将包括误差界的定义、热阵列结构的缩减以及材料参数的温度效应。后者会导致公式(9.2)中系统矩阵 C 和 K 随温度变化，需要将模型降阶法，即参数化模型降阶法应用到非线性系统中。非线性模型降阶将是后面章节讨论的重点。

参考文献

1. Freund，R. W. （2000）Krylov-subspace methods for reduced order modeling in circuit simulation. J. Comput. Appl. Math.，123，395-421.

2. Bechtold，T.，Rudnyi，E. B.，and Korvink，J. G.（2006）Fast Simulation of Electro-Thermal MEMS: Efficient Dynamic Compact Models，Springer，Berlin，ISBN-10: 3540346120.

3. Hohlfeld，D. and Zappe，H.（2007）Thermal and optical characterization of silicon-based tunable optical thin film filters. J. Microelectromech. Syst.，16，500-510.

4. Wöllenstein，J.，Plaza，J. A.，Cane，C.，Min，Y.，Böttner，H.，and Tuller，H. L.（2003）A novel single chip thin film metal oxide array. Sens. Actuators，B，93(1-3)，350-355.

5. Graf，M.，Juriscka，R.，Barrettino，D.，and Hierelemann，A.（2005）3D nonlinear modeling of microhotplates in CMOS technology for use as metal-oxide based sensors. J. Micromech. Microeng.，15，190-200.

6. Freund，R. W.（2011）in Simulation and Verification of Electronic and Biological Systems（eds P. Li，L. M. Silveira，and P. Feldmann），Springer，Dordrecht/Heidelberg/London/New York，pp. 43-70.

7. Bechtold，T.，Hohlfeld，D.，and Rudnyi，E. B.（2011）System-level model of electro-thermal microsystem with temperature control circuit. Proceedings ofthe EuroSimE.

8. Ziegler，J. G. and Nichols，N. B.（1942）Optimum settings for automatic controllers. Trans. ASME，64，759-768.

9. Chien，K. L.，Hrones，J. A.，and Reswick，J. B.（1952）On the automatic control of generalized passive systems. Trans. Am. Soc. Mech. Eng.，74，175-185.

10. Hull，R.（ed.）（1999）Properties of Crystalline Silicon，Institution of Engineering and Technology.

11. Bechtold，T.，Hohlfeld，D.，and Rudnyi，E. B.（2010）Efficient extraction of thin film thermal parameters from numerical models via parametric model order reduction. J. Micromech. Microeng.，20，045030.

12. Völklein，F. and Stärz，T.（1997）Thermal conductivity of thin films-experimental methods and theoretical interpretation. Proceedings of the Thermoelectrics，pp. 711-718.

13. Roncaglia，A.，Mancarella，F.，Sanmartin，M.，Elmi，I.，Cardinali，G. C.，and Severi，M.（2006）Wafer-level measurement of thermal conductivity on thin films. Proceedings of the Sensors，pp. 1239-1242.

14. Feng，L. H.（2005）Parameter independent model order reduction. Math. Comput. Simul.，68（3），221-234.

15. Weile，D. S.，Michielssen，E.，Grimme，E.，and Gallivan，K.（1999）A method for generating rational interpolant reduced order models of two-parameter linear systems. Appl. Math. Lett.，12，93-102.

16. Daniel，L.，Siong，O. C.，Chay，L. S.，Lee，K. H.，and White，J.（2004）A multiparameter moment-matching model-reduction approach for generating geometrically parameterized interconnect performance models. IEEE Trans. Comput. -Aided Des. Integr. Circuits Syst.，23，678-693.

17. Feng，L. H.，Rudnyi，E. B.，and Korvink，J. G.（2005）Preserving the film coefficient as a parameter in the compact thermal model for fast electro-thermal simulation. IEEE Trans. Comput. -Aided Des. Integr. Circuits Syst.，24（12），1838-1847.

18. Codecasa，L.，D'Amore，D.，and Maffezzoni，P.（2004）A novel approach for generating boundary condition independent compact dynamic thermal networks of packages. Proceedings of the THERMINIC，pp. 305-310.

19. Farle，O.，Hill，V.，Ingelström，P.，and Dyczij-Edlinger，R.（2006）Multi-parameter polynomial model reduction of linear finite element equation systems. Proceedings of the MATHMOD.

20. Li，J. T.，Bai，Z.，Su，Y.，and Zeng，X.（2007）Parameterized model order reduction

via a two-directional Arnoldi process. Proceedings of the Computer-Aided Design, pp. 868-873.

21. Feng, L. and Benner, P. (2007) A robust algorithm for parametric model order reduction. Proc. Appl. Math. Mech., 7 (1), 10215.01-10215.02.

22. Li, Y.-T., Bai, Z., Su, Y., and Zeng, X. (2008) Model order reduction of parameterized interconnect networks via a two-directional Arnoldi process. IEEE Trans. Comput.-Aided Des. Integr. Circuits Syst., 27 (9), 1571-1582.

23. Li, Y.-T., Bai, Z., and Su, Y. (2009) A two-directional Arnoldi process and its application to parametric model order reduction. J. Comput. Appl. Math., 226,10-21.

24. Gunupudi, P. K. and Nakhla, M. (2000) Multi-dimensional model reduction of VLSI interconnects. Proceedings of the Custom Integrated Circuits Conference, pp. 499-502.

25. Gunupudi, P., Khazaka, R., Nakhla, M., Smy, T., and Celo, D. (2003) Passive parameterized time-domain macromodels for high-speed transmission-line networks. Microwave Theory Technol., 51 (12), 2347-2354.

26. Celo, D., Gunupudi, P. K., Khazaka, R., Walkey, D. J., Smy, T., and Nakhla, M. S. (2005) Fast simulation of steady-state temperature distributions in electronic components using multidimensional model reduction. Compon. Packag. Technol., 28 (1), 70-79.

27. Bechtold, T., Hohlfeld, D., Rudnyi, E. B., Zappe, H., and Korvink, J. G. (2005) In-verse thermal problem via model order reduction: determining material properties of a micro hotplate. Proceedings of the THERMINIC, pp. 146-150.

28. Shackelford, J. F. and Alexander, W. (2000) CRC Materials Science and Engineering Handbook, CRC Press.

29. Han, J. S., Rudnyi, E. B., and Korvink, J. G. (2005) Efficient optimization of transient dynamic problems in MEMS devices using model order reduction. J. Micromech. Microeng., 15 (4), 822-832.

30. http://modelreduction. com/ModelReduction/Parametric. html.

31. Vanderplaats R&D, Inc. DOT-Design Optimization Tools, User Manual Version 4.20, Copyright 2009, http://www. vrand. com/DOT. html.

32. Song, Q., Xia, S., Chen, S., and Cui, Z. (2004) A new structure for measuring the thermal conductivity of thin film. Proceedings of the Information Acquisition, pp. 77-79.

33. von Arx, M., Paul, O., and Baltes, H. (2000) Process-dependent thin-film thermal conductivities for thermal CMOS MEMS. J. Microelectromech. Syst., 9 (1),136-145.

34. Kuntner, J., Jachimowicz, A., Kohl, F., and Jakoby, B. (2006) Determining the thin-film thermal conductivity of low temp. PECVD Si3N4. Proceedings of the Eurosensors.

35. Eriksson, P., Andersson, J. Y., and Stemme, G. (1997) Thermal characterization of surface-micromachined silicon nitride membranes for thermal infrared detectors. J. Microelectromech. Syst., 6 (1), 55-61.

10　基于投影的非线性模型降阶

Amit Hochman，*Dmitry M. Vasilyev*，*Michał J. Rewie'nski*，*Jacob K. White*

10.1　引言

　　MEMS，顾名思义，它涉及不同能域的能量转换问题。正如在前面几章中所强调的，从 MEMS 基本原理出发，将导致复杂的多物理场模型，这些模型是以耦合偏微分方程（PDE）进行描述的。虽然这些复杂模型能够反映器件的动态行为所受到的主要影响，但采用这些模型去仿真一个完整系统是不现实的。类似于在控制理论和信号处理领域所采用的数学工具（更详细的内容见 1.3节），模型降阶（MOR）技术用原模型派生的简单模型去代替复杂的模型是一种常用方法。

　　近几十年来，线性 MOR 的理论与方法已经比较成熟（参见 1.3 节），相应地，MOR 研究正在转向非线性系统，例如 MEMS 的耦合偏微分模型问题。本章重点讨论基于状态空间投影的降阶方法。投影方法广泛地用于线性和非线性 MOR，其提供了一种从前者到后者的泛化方法。关于非线性 MOR 的主要方法包括 Hankel 最优化[1]、流形构造[2]、系统辨识[3] 和 Volterra-like[4] 等。本章将重点介绍泛化投影方法，线性系统（见式（10.21））和非线性系统的解释在1.3 节已经介绍。

　　在本章中，将在 10.2 节和 10.3 节介绍非线性模型降阶问题和投影原理，然后介绍三种基于投影的非线性降阶方法：泰勒级数方法（10.4 节）、轨迹分段线性化（TPWL）方法（10.5 节）和离散经验插值法（DEIM）（10.6 节）。

10.2　问题描述

　　对于一个微机械器件的耦合 PDE 模型，采用空间离散化方法后产生的降阶系统，其描述通常有如下的形式：

$$\dot{x}(t) = f(x(t)) + Bu(t), \quad y(t) = Cx(t) \tag{10.1}$$

该系统有 n 个状态变量，n_i 个输入和 n_o 个输出，在式(10.1)中，向量 $x(t) \in \mathbb{R}^n$，$u(t) \in \mathbb{R}^{n_i}$，$y(t) \in \mathbb{R}^{n_o}$。此外，在式(10.1)中，还有向量赋值函数 $f: \mathbb{R}^n \mapsto \mathbb{R}^n$，输入矩阵 $B \in \mathbb{R}^{n \times n_i}$ 以及输出矩阵 $C \in \mathbb{R}^{n_o \times n}$。基于式(10.1)，可以得到的降阶方法类似于典型有限差分离散化 PDE。注意到有限元 PDE 离散化采用动态自适应网格[5]和集总参数电路元件网络这两个案例，它们需要更通用的非线性描述形式：

$$\frac{\mathrm{d}q(x(t))}{\mathrm{d}t} = f(x(t)) + Bu(t) \tag{10.2}$$

上面提到的方法，从式(10.1)到式(10.2)的变换通常是直接的。下面给出的是一种与式(10.1)形式相近的降阶模型：

$$\dot{x}_r(t) = f_r(x_r(t)) + B_r u(t), \quad y_r(t) = C_r x_r(t) \tag{10.3}$$

其中，$x_r \in \mathbb{R}^q$ 是降阶状态向量，通常情况下，q 是远小于 n 的。对于降阶模型，$f_r: \mathbb{R}^q \mapsto \mathbb{R}^q$，$B_r \in \mathbb{R}^{q \times n_i}$，$C_r \in \mathbb{R}^{n_o \times q}$ 以及 $y_r(t) \in \mathbb{R}^{n_o}$ 分别是降阶函数、降阶输入矩阵、降阶输出矩阵以及降阶模型的输出。

模型降阶问题是寻找一个比全阶模型更简单的降阶模型，但又必须能够精确地重现全阶模型的输入/输出行为，以及说明降阶模型所需要的开销和精度指标（见第 3 章中关于公用误差范数的定义）。例如，模型降阶问题可以转换为极小化极大的问题：

$$\min_{C(f_r, B_r, C_r) < a} \left(\max_{u \in U} \| y - y_r \| \right) \tag{10.4}$$

其中，U 通常是一个特定的输入类，$C(f_r, B_r, C_r)$ 表示估算给定降阶模型的开销。换句话说，模型降阶问题就是找到一个开销低于 α，但又能在有效输入范围内保持输入-输出行为的降阶模型。当 $f(x)$ 是线性的并且仅有少量的几个输入和输出时，替代估算开销的好办法是降低系统的阶数 q。虽然减少模型的阶数本身可能并不会显著降低估算开销[6]，但对于非线性情况或者具有大量输入和输出的线性系统情况，MOR 这一术语可能比"模型缩减"更合适，关于这一点将在下一节解释。

10.3 投影原理和非线性系统的估算开销

通过投影降阶可以更好地解释估算开销的问题。正如在 1.3 节中解释的那样，在投影方法中，n 维状态向量被近似为 q 个长度 n 的向量加权组合，$U_x \in \mathbb{R}^{n \times q}$，$q \ll n$，因此

$$x \approx U_x x_r \qquad (10.5)$$

使用 Petriov-Galerkin 方法可以获得降阶状态向量 x_r 的动态系统(1.3 节)。当近似式(10.5)代入式(10.1)时,产生误差 $\Delta(t) \equiv U_x \dot{x}_r - f(x(t)) - Bu(t)$。让误差与测试矩阵 $V \in \mathbb{R}^{n \times q}$ 的列正交,则得到降阶模型

$$\dot{x}_r(t) = \underbrace{V^T f(U_x x_r, t)}_{f_r(x_r(t))} + \underbrace{V^T B u(t)}_{B_r u(t)}, \quad y_r(t) = \underbrace{C U_x x_r(t)}_{C_r x_r(t)} \qquad (10.6)$$

这里,假设 V 满足 $V^T U_x = I$。如果 $f(x)$ 是线性的,即 $f(x) = Ax$, $A \in \mathbb{R}^{n \times n}$,则投影的结果是 $f_r(x_r) = V^T A U_x x_r$。因为 $V^T A U_x$ 是一个 $q \times q$ 矩阵并且可以近似为一阶模型(一个 2×2 块对角矩阵),对于线性情况,模型估算开销与阶数 q 成比例。如果 $f(x)$ 是非线性的并且 $f_r(x_r)$ 由 $V^T f(U_x x_r)$ 给出,则 $f_r(x_r)$ 的估算需要计算长度等于 n 的向量 $U_x x_r$,然后估算 $f(U_x x_r)$ 的 n 个元素,最终投影成一个长度为 q 的向量 $V^T f(U_x x_r)$,如图 10.1 所示。因此,非线性情况的估算开销与完整模型阶数 n 成比例而不是与降阶的阶数 q 成比例。

有两个与基于投影的非线性模型降阶相关问题:在 V 和 U_x 中选择 $2q$ 个向量以及找到对于 $f_r(x_r) = V^T A U_x x_r$ 开销不大的近似。在 V 和 U_x 中选择向量的策略分成两个大类:第一类是利用奇异值分解(SVD),从原模型状态向量对于输入响应的时间样本中选择向量,而那些输入则是经过仔细挑选的("快照"(snapshot)或本征正交分解(POD)方法)[8, 9];第二类是使用原模型选择的线性化,然后运用线性系统方法,例如 Krylov 子空间[10] 或基于 Grammian 的方法[1, 11, 12]。找到 $f_r(x_r)$ 近似式的策略包括利用泰勒级数[7, 13-15]、TPWL、分段多项式方法[16, 17] 以及 DEIM[18, 19]。一个要考虑的重要方面是当决定这两个问题的时候,导出的模型应该保留了原模型的稳定性,但在某些情况下,有些输入会缺乏稳定性。本章所介绍的泰勒级数方法、TPWL 方法以及 DEIM 方法的稳定性问题将在 10.4.3、10.5.2、10.6.2 节分别讨论。

$$[X_r]_{q \times 1} \xrightarrow{U_x} \left[U_x x_r \right]_{n \times 1} \xrightarrow{f} \left[f(U_x x_r) \right]_{n \times 1} \xrightarrow{V^T} [f_r(x_r)]_{q \times 1}$$

图 10.1 估算 $f_r(x_r)$ 的操作顺序。虽然这里 x_r 和 $f_r(x_r)$
都是 $q \times 1$,但实际操作数取决于 n。

10.4　泰勒级数展开

早期 MEMS 采用非线性 MOR 方面的尝试之一是基于非线性函数的二次逼近[13, 14]，并且发现其对于弱非线性是有效的，即那些线性项占主导地位而非线性项只是一些小的二阶效应。自然地就想到使用高阶多项式近似来扩展这种方法包括强的非线性函数[13, 15, 20-22]。

在泰勒级数展开方法（或等效的 Volterra 方法）中，在标称状态 x_0 附近采用截断后的多维泰勒级数做式（10.1）中函数 $f(x)$ 的近似：

$$f(x) \approx A_0 + A_1 \Delta x + A_2 (\Delta x \otimes \Delta x) \tag{10.7}$$

其中，$\Delta x = x - x_0$，克罗内克积用 $\otimes$ 表示，并且

$$A_0 \equiv f(x_0) \in \mathbb{R}^n \tag{10.8}$$

$$A_1 \equiv (\nabla^T \otimes f) \mid_{x=x_0} \in \mathbb{R}^{n \times n} \tag{10.9}$$

$$A_2 \equiv \frac{1}{2} (\nabla^T \otimes \nabla^T \otimes f) \mid_{x=x_0} \in \mathbb{R}^{n \times n \times n} \tag{10.10}$$

等等。虽然 A_1 只是 f 在 x_0 处被估算的雅可比矩阵，但这里仍然使用了一个符号：

$$\nabla \equiv \left[\frac{\partial}{\partial x_1}, \frac{\partial}{\partial x_2}, \cdots, \frac{\partial}{\partial x_n} \right]^T \tag{10.11}$$

假设 $f(x)$ 在 $x = x_0$ 处任何阶都是可微分的并且各状态都是足够接近于 x_0，则截断后的泰勒级数是 $f(x)$ 的合理近似。

对于通常应用以及最低阶的非线性情况，泰勒级数展开为二阶函数

$$\hat{f}(x) = A_0 + A_1 \Delta x + A_2 (\Delta x \otimes \Delta x) \tag{10.12}$$

将式（10.12）代入到式（10.6），得到

$$\dot{x}_r = V^T A_0 + V^T A_1 U_x \Delta x_r + V^T A_2 (U_x \otimes U_x)(\Delta x_r \otimes \Delta x_r) + V^T Bu \tag{10.13}$$

利用恒等式 $(U_x \Delta X_r) \otimes (U_x \Delta x_r) = (U_x \otimes U_x)(\Delta x_r \otimes \Delta x_r)$，上式降阶为

$$\dot{x}_r = A_{0r} + A_{1r} \Delta x_r + A_{2r} (\Delta x_r \otimes \Delta x_r) + B_r u \tag{10.14}$$

这里，$\Delta x_r = x_r - x_{r0}$，在上述公式中假设了 $x_0 \in \mathrm{colsp}(U_x)$，因此 $x_0 = U_x x_{r0}$。当然，在式（10.13）中，常数、线性和二次项的系数是与降阶状态无关的，并且只在模型构造期间被计算一次。在估算期间，计算二次项的开销起支配作用，因为 A_{2r} 是一个典型稠密 $q^2 \times q^2$ 矩阵，所以计算 $A_{2r}(x_r \times x_r)$ 与 q^4 成比例。因此，仅仅是对于

非常低阶的降阶模型,计算时间和所需要的存储容量可以明显减少,例如 $q < 10$ 的情况。对于高阶泰勒展开,情况会更糟,随着泰勒展开的阶数增加,估算开销呈指数级增加。正如参考文献[20]所研究的,关于 f 的泰勒级数近似方法也可以帮助我们理解非线性系统应该怎样选择 U_x。

10.4.1 微流道实例

对于二阶非线性系统的 MOR,泰勒级数展开方法是一种顺理成章的选择。参考文献[23]通过采用参考文献[24]描述的线性系统给出了这样的实例。该实例是一个横截面为矩形的 U 型微流道,其中充满了流动的载体即缓冲剂和标记流体(图 10.2)。缓冲剂在恒定电场的动电驱动下流动,因此可以假设缓冲剂的流动是平稳的。总标记流体流量 $\vec{J}$ 是动电驱动的缓冲剂流和各向同性扩散的组合

$$\vec{J}(\vec{r}, t) = -\mu [\nabla_r \Phi(\vec{r})] C(\vec{r}, t) - D \nabla_r C(\vec{r}, t) \qquad (10.15)$$

这里,$C(\vec{r}, t)$ 表示在位置 $\vec{r}$ 处 t 时刻标记流体的浓度;D 是标记流体的扩散系数;由于各点电势 Φ 满足:在管道内 $\nabla_r^2 \Phi = 0$,在入口处 $\Phi = \Phi_0$,在出口处 $\Phi = 0$,在管壁处 $d\Phi/dn = 0$,因此在位置 $\vec{r}$ 处的静电场为 $-\nabla_r \Phi(\vec{r})$。对于浓度足够高的标记流体,因为电渗迁移率和扩散系数依赖各位置点的局部浓度 $\mu \equiv \mu(C(\vec{r}, t))$ 和 $D \equiv D(C(\vec{r}, t))$,式(10.15)变成非线性的。使式(10.15)中的标记流体守恒,则得到一个对流-扩散方程[25]

$$\frac{\partial C}{\partial t} = -\nabla_r \cdot \vec{J} = \nabla_r \Phi \cdot [C \nabla_r \mu(C) + \mu(C) \nabla_r C] + \qquad (10.16)$$
$$\nabla_r D(C) \cdot \nabla_r C + D(C) \nabla_r^2 C$$

由于在管壁处流体不能穿过,因此流量为零,$\hat{n} \cdot \vec{J} = 0$。入口处的浓度由给定的输入确定,在出口处假设 $\partial C/\partial n = 0$。

在图 10.2 所示的半环域内,对式(10.16)应用二阶三维坐标映射有限差分空间离散化,可得到一个状态-空间系统。状态是流道内部空间位置处的标记流体浓度。在流道入口处随时间变化的标记流体浓度是输入量,在出口处的浓度包含了三个量:平均浓度、流道内侧浓度和流道外侧浓度(图 10.3)。

随着标记流体浓度的脉冲在流道内传送,因扩散使脉冲不再是原来的形状并且观察到一个"跑道"效应(图 10.3),即在流道内侧附近的标记流体首先流出流道(点 1)。

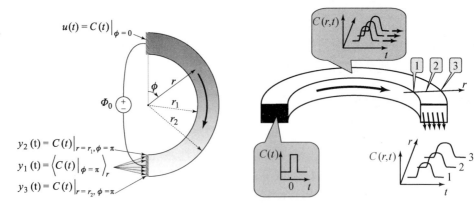

图 10.2 一个充满缓冲剂和标记流体的微流道，其中缓冲剂由动电驱动。

图 10.3 沿着微流道，以矩形脉冲形式传送标记流体的浓度。外侧脉冲需要更长的时间来到达各点。

10.4.2 二阶泰勒级数展开的模型降阶

就标记流体浓度而言，由于浓度与迁移率或扩散率的相关性，使式（10.16）出现非线性。如果它们是浓度的紧密相关函数，例如

$$\mu(C) = (28 + 5.6C) \times 10^9 \frac{m^2}{Vs}, \quad D(C) = (5.5 + 1.1C) \times 10^{-9} \ m^2 s^{-1}$$

$$(10.17)$$

则对于式（10.16）离散化会得到二阶动态系统，很适合采用基于泰勒级数的方法降阶。

正如将在 10.4.3 节中讨论的，二阶模型可能存在稳定性问题。确实，当 $U_x \neq V$ 时，模型是不稳定的，但是采用 $U_x = V$ 即 Galerkin 方法（1.3 节）得到的模型在我们测试的实例中总是稳定的。

对内半径 $r_1 = 500 \ \mu m$，外半径 $r_2 = 800 \ \mu m$，高 $d = 300 \ \mu m$ 的流道，我们建立了一个完整模型（$n = 2\,204$）和一个降阶模型（$q = 9$）。为得到投影矩阵，使用 Arnoldi 方法（详细描述见 1.3 节）对 $q = 9$ 的 Krylov 子空间产生一个标准正交基，即

$$\mathrm{colsp}(\boldsymbol{V}) = K_9(\boldsymbol{J}^{-1}, \boldsymbol{J}^{-1}\boldsymbol{B})$$

其中，$\boldsymbol{J} \equiv \boldsymbol{A}_1$ 是在 $\boldsymbol{x} = 0$ 处的雅可比矩阵。对于矩形脉冲输入，图 10.4 分别给出了完整模型、线性化的完整模型、降阶二阶模型的瞬态响应。从图中可以看到：完整模型是相当非线性的（无法与线性化模型吻合），降阶二阶模型与完整模型的结果吻合得相当精确。在降阶模型中的震荡部分是因为完整模型有时滞，这在少量降阶中是很难重现的。

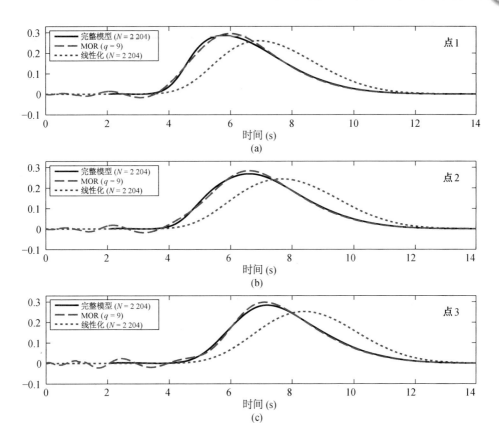

图 10.4   完整模型、$q=9$ 的降阶二阶模型、线性化完整模型的瞬态响应。
输入信号是时长 1 s 的脉冲。

10.4.3   稳定性问题

采用泰勒级数展开方法的一个明显问题是,获得的降阶模型可能是不稳定的。为说明这一点,考虑服从下述扇区条件的函数[26]

$$x^{\mathrm{T}} f(x) \leqslant 0, \quad \forall\, x \tag{10.18}$$

则动态系统 $\dot{x} = f(x)$ 是全局稳定的,通过利用李雅普诺夫(Lyapunov)函数 $L = x^{\mathrm{T}} x$ 可以很容易地证明这一点。如果 $f(x)$ 采用多项式近似,则扇区条件或许不再成立。举一个简单的实例:一个标量函数 $f(x) = \exp(-x) - 1$,它服从 $x f(x) \leqslant 0$,如果将其以二阶麦克劳林级数表示,$\hat{f}(x) = -x + x^2/2$,可以发现对于所有 $x > 1$ 的情况,$\hat{f}(x) > 0$,图 10.5 说明了这种情况。虽然在泰勒级数方法中不能保证全局稳定性,但局部稳定性还是能够得到的。要明白这一点,注意在

$x=0$ 处降阶模型的雅可比矩阵是一个投影矩阵,即 $J_r = V^T J U_x$。因此,如果完整模型是局部稳定的,则 J 是一个 Hurwitz 矩阵,并且可以导出 V 和 U_x,这样 $V^T J U_x$ 也是 Hurwitz 矩阵。实现的方法众所周知[27]:如果系统矩阵是负定矩阵,则使 $V = U_x$ 以保持稳定。如果不是这样,虽然 TBR 的计算开销是 $O(n^3)$ 并且对大型问题不适用,平衡截断实现(TBR)法保证了稳定性。关于降低稀疏矩阵系统开销的方法已有报道[28]。此外,对 TBR 基于优化的替代方法使开销仅为 $O(q^3)$[29]。

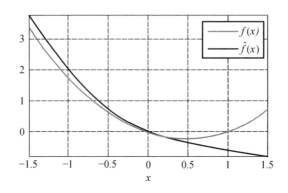

图 10.5   函数 $f(x) = \exp(-x) - 1$ 和它的二阶麦克劳林级数,$\hat{f}(x) = -x + x^2/2$。$\hat{f}(x)$ 的扇区条件不再成立。

10.4.4   泰勒级数展开小结

泰勒级数展开方法的用途限于弱非线性系统,原因是虽然原系统的雅可比矩阵和高阶导数是稀疏的,但没有办法防止投影对稀疏性的破坏,结果就导致随着泰勒展开阶数的增加,降阶模型的估算时间和存储容量呈指数级增加,处理高阶展开是不切实际的。此外,虽然通常情况下降阶模型的局部稳定性容易强制获得,但全局稳定性却无法保证。然而,实际情况中,弱非线性系统是更常见的,而且线性系统中也经常会出现二阶效应的情况。

10.5   轨迹分段线性化(TPWL)方法

TPWL 是一种另类的泰勒展开方法,参考文献[30]对其进行了报道,参考文献[12,16,17,29,31-34]对其做了进一步的发展。为获得 TPWL 模型,需要得到大量沿着轨迹的线性化结果。这些结果采用线性 MOR 降阶,然后在降阶模型中对那些位于线性段之间的状态向量进行插值。采用这个方法能够将一些线性

MOR 方法组合生成一个非线性函数的近似以减少估算开销。

为了推导出 TPWL 方法,假设已获得一组"重要的"状态向量 $\vec{x}_i$, $i=1\cdots l$, 其位于原系统轨迹附近。原非线性函数 $f(x)$ 被近似为在 $\vec{x}_i$ 处 $f(x)$ 线性化值的加权组合,即

$$f(x) \approx \hat{f}(x) = \sum_{i=1}^{l} w_i(x) \left[f(\vec{x}_i) + J(\vec{x}_i)(x - \vec{x}_i) \right] \tag{10.19}$$

其中,$\hat{f}(x)$ 表示近似结果,J 是 $f(x)$ 在状态向量 $\vec{x}_i$ 处估算得到的雅可比矩阵,状态相关的权重 $w_i(x)$ 满足

$$w_i(x) \geqslant 0 \tag{10.20}$$

$$\sum_{i=1}^{l} w_i(x) = 1, \quad \forall x \tag{10.21}$$

$$\lim_{x \to \vec{x}_i} w_i(x) = 1 \tag{10.22}$$

注意:式(10.19)中的近似结果是 $f(x)$ 线性值的凸状组合。权重公式的一个实例是

$$w_i(x) = \frac{\exp\left(\dfrac{-\beta \| x - \vec{x}_i \|_2}{\min_k \| x - x_k \|_2}\right)}{\sum\limits_{i=1}^{l} \exp\left(\dfrac{-\beta \| x - \vec{x}_i \|_2}{\min_k \| x - x_k \|_2}\right)} \tag{10.23}$$

这里,极限 $\beta \to \infty$,最近点的权重是 1,其他的为 0,当 $\beta \to 0$ 时,所有的权重都等于 $1/l$。在参考文献[16]中对权重构成模式进行了更宽泛的讨论。式(10.23)所给出的权重函数、降阶非线性函数 $f_r(x_r)$ 都可以通过对式(10.19)进行投影得到:

$$f_r(x_r) \approx \sum_{i=1}^{l} w_i^r(x_r) \left[V^T f(\vec{x}_i) - V^T J(\vec{x}_i) \vec{x}_i + V^T J(\vec{x}_i) U_x x_r \right] \tag{10.24}$$

以及

$$w_i^r(x_r) = \frac{\exp\left(\dfrac{-\beta \| x_r - V^T \vec{x}_i \|_2^2}{\min_k \| x_r - V^T x_k \|_2^2}\right)}{\sum\limits_{j=1}^{l} \exp\left(\dfrac{-\beta \| x_r - V^T \vec{x}_i \|_2^2}{\min_k \| x_r - V^T x_k \|_2^2}\right)} \tag{10.25}$$

在式(10.25)中,降阶状态和投影线性化点之间的距离决定了权重,该距离与近似全阶状态 $U_r x_r$ 和线性化点之间的投影距离相等,即 $\| x_r - V^T \vec{x}_i \| = \| V^T (U_x x_r - \vec{x}_i) \|$,条件是 $V^T U_x = I$。对于 TPWL,产生 V 和 U_x 矩阵的通常方法是以

线性 MOR 方法为起点,例如 Krylov 子空间或 TBR 方法。线性 MOR 已应用于平衡状态处的线性、部分或者全部的线性化。应用单一线性化的结果,或者连接变化的线性矩阵并且利用 SVD 舍弃对应于小奇异值的向量,可以得到一对投影矩阵 U_x 和 V。就像在 POD 中一样,作为一种选择,U_x 和 V 也可以彼此相同,并且从快照矩阵 $[x(t_1), x(t_2), \cdots, x(t_{n_S})]$ 的 SVD 导出,其中快照数 $n_S > q$ [35]。$x(t_i)$ 可以是 $\vec{x}_i$,$i = 1, 2, \cdots, l$(用于汇集线性值的重要状态向量)或者一些其他集合(来源于不同调试输入的系统响应)。

10.5.1 非线性传输线模型

图 10.6 给出了一个常用 MOR 基准,它是一个非线性传输线的集总单元模型,并包含了式(10.1)形式的动态系统。在参考文献[14,36,37]和参考文献[16]中,这个实例的差别是前者没有电感,而后者有电感。输入是电流源中通过的电流,输出是线两端的电压。本例中,$n=100$,调试输入 $u(t) = (t/T)\mathrm{sgn}[\sin(2\pi t/T)]$,$T=10s$,$t \in [0, 3T]$。请注意,调试输入是一个幅度随时间增加的矩形波(图 10.7 中左上图)。

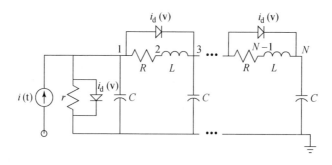

图 10.6 非线性传输线实例。集总单元值:$C=1F$,$R=1\ \Omega$,$L=10$
Hy。所有二极管的 I-V 关系是 $I = \exp(40V) - 1$。

快照 $\vec{x}_i$ 是在均匀分布的 50 个时间点上获取的。在图 10.7 中显示了三个测试输入的结果。三个测试输入分别是矩形波 $u_1(t) = I_0\mathrm{sgn}[\sin(2\pi t/T)]$,双音信号 $u_2(t) = I_0[2\sin(2\pi t/T) + \cos(4\pi t/T)]/3$,以及一个噪声信号 $u_3(t)$,该信号是通过在 $[0, 3T]$ 区间内的 60 个均匀分布时间点的样条拟合得到,时间点值则是介于 $[-I_0, I_0]$ 间的随机分布。选择输入为 $I_0 = 1.5$ A,这足以激励一个非线性响应:对于幅度为 1.5 A,周期为 T 的谐波输入,输出功率的三分之一是一些频率不同于输入的信号。在图 10.7 中可以看到这一点,即使是在非常低阶($q=4$)的降阶模型中,也可以达到百分之几的精度。

在图 10.7 中,测试输入幅度很好地控制在调试输入的幅度范围内,如果测试幅度增加,正如在图 10.8 中显示的,精度损失更大。例如,如果随机信号的幅度增加到 3.0 A，如图 10.8 所示，精度有些损失了。

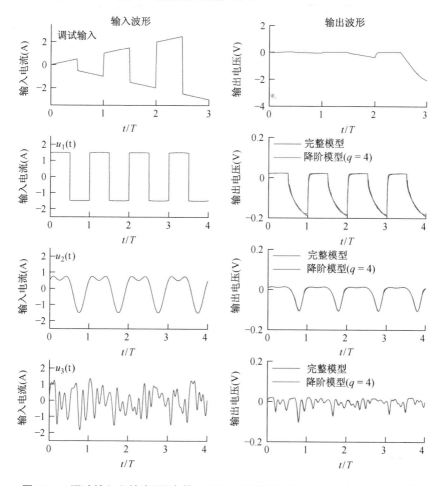

图 10.7　调试输入和输出（图中第一行），三个测试输入 $u_1(t)$，$u_2(t)$，$u_3(t)$ 以及
　　　　它们对应的输出。需要注意的是：对于所有测试输入，完整模型和 $q=$
　　　　4 的降阶模型的输出几乎完全相同。

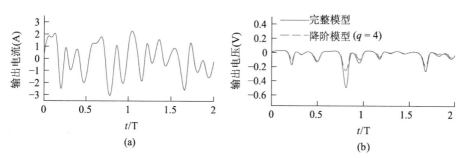

(a)

(b)

图 10.8　利用图 10.7 中的类噪声调试输入，其峰值幅度是 1.8 A，测试所使用的信号
　　　　峰值幅度是 3.0 A，完整模型和降阶模型所产生的输出有些不同。

10.5.2　稳定性问题

一个稳定的非线性系统,其 TPWL 降阶模型可能是不稳定的。首先,一个稳定的非线性系统的线性化版本不需要稳定;其次,即使所有的线性化步骤都是稳定的,基于投影的降阶也可能导致不稳定。正如在 10.4.3 节讨论的,保持线性系统稳定性的方法是众所周知的,并且可以用于生成 U_x 和 V 矩阵,使得在平衡状态上降阶雅克比矩阵是一个 Hurwitz 矩阵,并因此而使局部稳定性得以保证。在远离平衡的状态,具有相同 U_x 和 V 的投影可能产生的降阶雅克比矩阵不再是 Hurwitz 矩阵。

参考文献[12]给出了前述问题的一个实例。一个微机械开关(将在 10.7 节中描述)采用两步降阶过程降阶:首先使用 Krylov 子空间方法,然后采用 TBR 方法,结果发现阶数为奇数时降阶模型是不稳定的。在参考文献[23]第 4 章给出了一种解释,当阶数是奇数的时候,降阶平衡雅克比矩阵具有一个小的负实部特征值(见图 10.9)。远离平衡点后,降阶系统的雅克比矩阵是平衡雅克比矩阵的不稳定版,从左半平面到右半平面,小微扰都可能使特征值接近到虚轴,因此形成不稳定的线性系统。当采用 TBR 方法时,这个问题可以避免:在一个不会分离出两个 Hankel 单数值并且这两个单数值又是非常接近的阶数上,截断平衡实现[23]。当遵守这个规则的时候,降阶系统的特征值将远离虚轴,该系统也将具有更好的抗干扰能力。

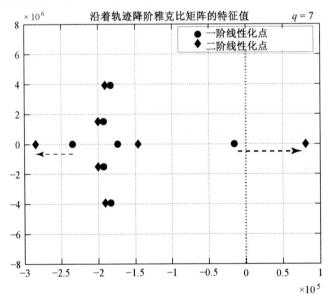

图 10.9　在两个线性点上,$q=7$ 的 TBR 模型特征值。

如果所有降阶的线性化系统都是稳定的,在很大的输入范围内,降阶系统通常也都是稳定的,但或许不具有全局稳定性。如果对所有 i, $J(\vec{x}_i)$ 是负定的并且 U_x = V,则全局稳定性是有保证的。参考文献[29]介绍了形成稳定 TPWL 模型的进一步技术。

10.5.3 TPWL 小结

相对于泰勒级数展开方法,TPWL 方法的主要优点是它对于强非线性系统的适应性,而泰勒级数展开要达到合理的精度则会需要太多的条件。当实现 TPWL 的时候需要考虑的问题如下所述:展开点 $\vec{x}_i$ 通常是系统对给定调试输入的响应的样本,如果输入范围是已知的并且能够被严格限制,这种调试输入可能有利。那么,这就使得降阶模型对应的是定制输入,并且相对于采用普通输入的降阶模型,这样的模型更紧凑。调试输入的缺点是这样的模型对不同的输入或许欠佳,也就是说,对于沿着轨迹决定线性化点或许比较困难,在每个点估算完整系统的雅克比矩阵的开销可能比较大。参考文献[38]描述了选择线性化点的可选方案:仿真降阶模型并且在误差变大的时候增加线性化点。由于采用了后验误差界限,所以限制了误差。如果线性化点的数量变多,则可以采用聚类算法来减少点数,如果需要,可以将插值限制在最靠近降阶状态的线性化点子集进行[39]。但在线性化点之间常量的变换有可能导致伪结果,类似于人工失谐。

10.6 离散经验插值法

$f(x)$ 的另一种近似方法是参考文献[19]提出的 DEIM,在该方法中,$f(x)$ 的部分估算是为了生成一个非线性降阶模型,该模型保持了 $f(x)$ 的连续性(这对于谐波分析是重要的),其估算开销与降阶模型的阶数成比例。

为简要地回顾一下参考文献[19]中所提出的 DEIM,选择 x 有望被发现的跨度空间,在 n_S 个状态的状态集 $[x_1, x_2, \cdots, x_{n_S}]$ 中对式(10.1)中的 $f(x)$ 进行估算。假设在一个 $n \times n_s$ 矩阵 $[f(x_1), f(x_2), \cdots, f(x_{n_S})]$ 中的函数求值,并且采用 SVD 提取 $m \leqslant n_s$ 控制向量,产生一个 $n \times m$ 投影矩阵来作为 $f(x)$ 的近似

$$U_f = [u_{F1}, u_{F2}, \cdots, u_{Fm}] \tag{10.26}$$

即在 U_f 的跨度内 $\hat{f}(x) \approx f(x)$,因此有

$$\hat{f}(x) = U_f a(x) \tag{10.27}$$

其中,$a(x) \in \mathbb{R}^m$。

如果利用 SVD 导出 U_f,则它将是正交的构造并且如同 $a(x) = U_f^T f(x)$ 中一样,$\hat{f}(x)$ 的最小二乘优化值能够通过投影确定。由于估算需要 $f(x)$ 的所有 n 个

元素,因此这样的近似开销太大了。相反地,在 DEIM 中,利用"不连续最小二乘法"去近似最小二乘值,仅需要 $f(x)$ 的 m 个元素即可确定系数[40]。如果由 $P_m^T f(x)$ 给出所选择的 m 列,其中,$P_m \in \mathbb{R}^{n \times m}$ 的列是 $n \times n$ 特征矩阵相应的第 m 列,该特征矩阵与所选择的 $f(x)$ 的元素相关联,则 $a(x)$ 的"不连续最小二乘"方程是

$$P_m^T f(x) = P_m^T U_f a(x) \tag{10.28}$$

假设在某个瞬间,矩阵 $P_m^T U_f$ 是非奇异的,下式将给出近似结果:

$$\hat{f}(x) = U_f (P_m^T U_f)^{-1} P_m^T f(x) \tag{10.29}$$

在 DEIM 中,通过简单而有效的贪婪算法选择得到 m 个插值元素,目的在于最大限度地减小范数 $\| (P_m^T U_f)^{-1} \|_2$。参考文献[19]推导了用贪婪算法所获得的这个范数的上限值。虽然该上限值是 $O(n^{m/2})$,但经验和参考文献[19]都一致认为该值是悲观的,实际上插值是有条件的。在参考文献[19]中也给出了近似误差服从

$$\| f - \hat{f} \|_2 \leqslant \| (P_m^T U_f)^{-1} \| 2 \| f - U_f U_f^T f \|_2 \tag{10.30}$$

这意味着 DEIM 近似的误差大于优化最小二乘近似,误差是因为 $\| (P_m^T U_f)^{-1} \|_2$。通过增加 m,优化最小二乘近似的误差能够如预期的那样减小,从而扩大 $f(x)$ 受限子空间的维度。因此,在 DEIM 中的主要近似不仅要使 x 在一个低维度子空间中而且也应使 $f(x)$ 在另一个(不同的)维度相当的子空间中。

一旦确定了 q 维投影矩阵 U_x 和 q 维测试矩阵 V,就可以给出基于 *DEIM* 的 $f_r(x_r(t))$ 近似:

$$f_r(x_r(t)) \approx V^T U_f (P_m^T U_f)^{-1} P_m^T f(U_x x_r t) \tag{10.31}$$

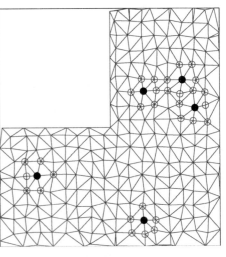

虽然并不需要 m 和 q 相关,但为了能够通过一个参数来确定仿真降阶模型的开销,这里始终设定 m=q。采取这样的选择后,$V^T U_f (P_m^T U_f)^{-1}$ 变成了一个 $q \times q$ 矩阵,也就是说,$P_m^T f(U_x x_r t)$ 的估算不再需要进行 $U_x x_r t$ 的完整估算,仅仅需要用于确定 $f(x)$ 的 q 项值。假设通常情况下 $f(x)$ 的雅克比矩阵是稀疏的,仅仅有少量的 $f(x)i$ 项需要计算。例如,如果 $f(x)i$ 依赖的 x 值不超过 8 个,则最多需要计算的 $U_x x_t t$ 的项为 8q。图 10.10 说明了这种情况。

图 10.10 在有限元离散的 L 型区域内,选择作为插值点的 $f(x)$ 元素(实心黑点)和估算所需要的 x 元素(空心黑点)。

至此,生成一个降阶模型的开销是适中的[19],并且计算完整模型的快照通常也是可控的。通过采用 Arnoldi 方法,计算少量占主导作用的奇异向量开销在 $O(n_s^2 n)$ 之内,并且搜索 m 个插值系数的开销是 $O(m^4 + nm)$,这通常微不足道。

10.6.1 热分析

DEIM 对于非线性 PDE 特别有用,这在很早就有报道。下面的实例属于这一类:一个 RF 放大器的热分析模型。参考文献[41]对该模型进行了修改,如图 10.11 所示。与参考文献[41]的模型相比,这里做了一些简化假设:衬底的底部保持为室温;通过 2 倍网格离散化减少了维度。离散化是有限差分的基本步骤,即使在降阶后也是如此,为确保收敛,完整模型的离散点是非常多的(这里 $n = 21\,600$)。非线性源于硅热导率的温度关系,在 30~230℃ 的范围内,其变化大约是 2 倍。在这个实例中的输入是 8 个分布式热源,每个热源代表一个大功率晶体管;输出是每个热源的中心温度。

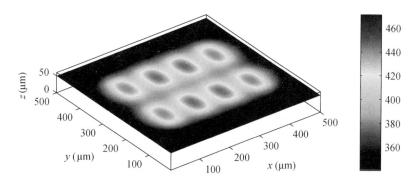

图 10.11   在平板上的温度(K),其下分布着 8 个热源,每个热源代表 RF
放大器中的一个大功率晶体管。

类似于 TPWL 示例,本例采用三个测试输入:矩形波 $u_1(t) = 0.5P_0\{1 + \text{sgn}[\sin(2\pi t/T)]\}$,双音信号 $u_2(t) = I_0[2\sin(2\pi t/T) + \cos(4\pi t/T)]/6$,以及类噪声信号 $u_3(t)$,该信号在 $[0, P_0]$ 区间内随机点集的样条拟合得到,每个持续期间 T 内有 20 个点。选择 $T = 2 \times 10^{-5}$ s,其接近于估计的热时间常数。为了使最高温度达到 170℃,设定 $P_0 = 7$ W,该温度几乎达到了安全工作的最高温度。在这些温度点上,热导率与温度的依赖性是显著的,忽略这种依赖性会导致低估温度约 50℃。采用单一的正弦信号作为调试输入,并且设置调试信号输入幅度为 1 W,其远低于测试输入的幅度。该输入的最高温度约为 45℃,调试输入的周期是 2T。图 10.12 显示了完整模型和降阶模型的调试输入、测试输入以及各自对应的输出。由图可见,即使是在非常低的阶数($q = 4$)也能达到几个百分点的精度。然而,类似于 TPWL,如果调试输入和测试输入的差异太大,DEIM 也会变得不精确,图10.13表明了这个情况,图中随机信号的幅度已经是原来的 2 倍了。

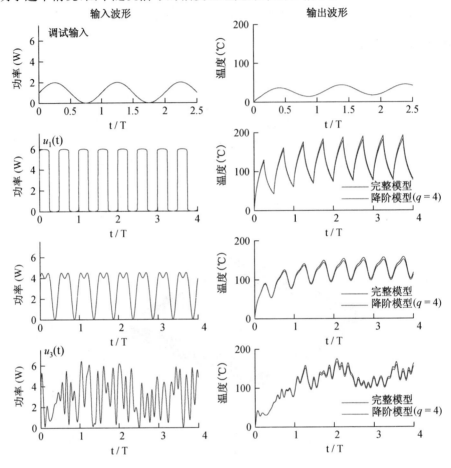

图 10.12　调试输入和输出(图中第一行),三个测试输入 $u_1(t)$,$u_2(t)$,$u_3(t)$ 以及它们对应的输出。需要注意的是:对于所有测试输入,完整模型和 $q=4$ 的降阶模型输出几乎完全相同。

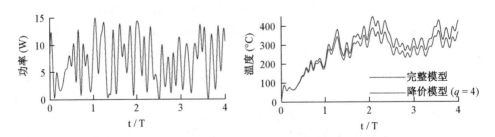

图 10.13　利用图 10.12 中的类噪声调试输入,其峰值幅度是 7 W,测试所使有的信号峰值幅度是 14 W,完整模型和降阶模型所产生的输出明显不同。

10.6.2 稳定性问题

DEIM 函数近似(式(10.29))以及随后的投影(式(10.31))都可能共同地或单独地导致损失稳定性。当先采用 DEIM 随后采用投影方法的时候,关于修复平衡点局部稳定性的办法是:为了使 x_0 成为平衡点,令 $f(x_0) = 0$,则 $f(x)$ 可以分离成

$$f(x) = f_\mathrm{p}(x) + J(x - x_0) \tag{10.32}$$

其中,J 是 $f(x)$ 在 $x = x_0$ 处的雅克比矩阵,$f_\mathrm{p}(x)$ 是一个非线性微扰项,在 $x = x_0$ 处的雅克比矩阵为 0。对 $f_\mathrm{p}(x)$ 采用 DEIM 近似但对雅克比矩阵 J 采用投影,则有

$$f_\mathrm{r}(x_\mathrm{r}) = V^\mathrm{T}JU_xx_\mathrm{r} + V^\mathrm{T}U_{f_\mathrm{p}}(P_\mathrm{m}^\mathrm{T}U_{f_\mathrm{p}})^{-1}P_\mathrm{m}^\mathrm{T}f_\mathrm{p}(U_xx_\mathrm{r}) = V^\mathrm{T}JU_xx_\mathrm{r} + f_\mathrm{pr}(x_\mathrm{r})$$

$$\tag{10.33}$$

显而易见,因为 $f_\mathrm{p}(x)$ 的雅克比矩阵以及它的近似 $f_\mathrm{pr}(x_\mathrm{r})$ 在 $x = x_0$ 处为 0,所以 DEIM 近似将保留平衡点。因此,如果线性项 $V^\mathrm{T}JU_x$ 是稳定的,则在 $x = x_0$ 处降阶模型也将是局部稳定的。例如,如果 J 是负定的,则采用 $V = U_x$ 将确保局部的稳定性;如果 J 是不确定的,则 TBR 方法或参考文献[32]的方法可以使用。但是,当使用 TBR 方法时,与 10.5.2 节所讨论的问题是相关的。在近期的参考文献[14]中报道了多点稳定化方案,通过对整个输入范围施加一些控制,使 DEIM 降阶模型稳定。

10.6.3 DEIM 小结

相较于 TPWL,DEIM 有许多优点和缺点。DEIM 的实现更简单并且要求使用者必须确定的参数很少。尤其是,在 TPWL 中实现有效的插值方案比较琐碎时,这些方案还会引入谐波失真。相比之下,DEIM 函数近似保留原函数的连续性及其导数,因此不会发生谐波失真。就像 TPWL 中一样,调试输入是用于导出降阶模型的,在远离调试输入点其可能是不精确的,必须加入一些快照。在有些系统中,即使 n 并不大,估算 $f(x)$ 也是很耗时的。例如,在模拟电路中,n 对应于电路中的节点数,估算 $f(x)$ 需要用到复杂的晶体管模型。对于这些系统,DEIM 的速度不会显著提高,而 TPWL 会提速。由于 TPWL、DEIM 近似导出的模型可能会不稳定,因此最近提出了一些更稳定的方案。

10.7 MEMS 开关案例比较

在这节中,应用三种方法来描述 MEMS 开关的多物理场模型。在参考文

[8]中,Hung 等人提出的模型如图 10.14 所示,参考文献[8,12,16,29] 开展了后续的研究工作。在这个实例中,状态空间模型由一维欧拉梁方程、二维雷诺压膜阻尼方程以及平行板电容器的电场近似获得:

$$\frac{\partial x_1}{\partial t} = \frac{x_2}{3x_1^2}$$

$$\frac{\partial x_2}{\partial t} = \frac{2x_2^2}{3x_1^3} - \frac{3\varepsilon_0 w}{2\rho} V^2(t) + \frac{3x_1^2}{\rho} \left[\int_0^w (x_3 - p_a) \mathrm{d}y + S \frac{\partial^2 x_1}{\partial x^2} - EI \frac{\partial^4 x_1}{\partial x^4} \right]$$

$$\frac{\partial x_3}{\partial t} = -\frac{x_2 x_3}{3x_1^3} + \frac{1}{12\mu x_1} \nabla \cdot \left[\left(1 + \frac{6\lambda}{x_1} \right) x_1^3 x_3 \nabla x_3 \right]$$

$$(10.34)$$

其中,状态空间变量是梁离衬底的高度 x_1, x_1^3 对时间的导数, $x_2 = \partial(x_1^3)/\partial t$,梁下压力分布 x_3。参数包括:杨氏模量 $E = 149$ GPa,惯性矩 $I = wh^3/12$,梁的宽度 w、长度 l、厚度 h 分别为 $w = 40\ \mu m$, $l = 610\ \mu m$, $h = 2.2\ \mu m$。空气的平均自由程 $\lambda = 0.064\ \mu m$,应力系数 $S/(hw) = -3.7$ MPa,密度 $\rho/(hw) = 2\,330$ kgm^{-3},环境压力 $p_a = 1.013 \times 10^5$ Pa,空气粘度 $\mu = 1.82 \times 10^{-5}$ kg(ms)$^{-1}$,真空电容率 $\varepsilon_0 = 8.854 \times 10^{-12}$ Fm^{-1}。为获得以式(10.1)的形式描述该动态系统,采用有限差分对这三个连续的状态变量进行离散,输入为所施加电压的平方,即 $u(t) = V^2(t)$,输出是梁中心位置的高度。该模型的自由度 $n=299$。该模型的进一步细节参见参考文献[8]。

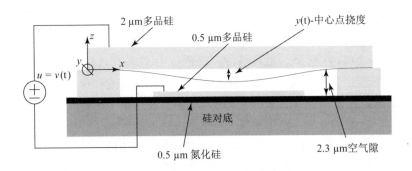

图 10.14 MEMS 开关,来自 Hung 等人[8]。

10.7.1 吸合效应

MEMS 开关的一个重要参数是吸合(pull-in)电压。随着输入电压从 0 开始增加,梁被下拉趋向下电极,静电力随着电压的增加而增加,其大小与所施加的电压平方成正比,和电极之间的距离成反比。当越过一定的临界距离后,迅速增加的静电力大于梁的弹性回复力,梁被吸合。发生该现象的最小输入电压称为吸合电压,而且其通常为直流电压。也许有人会问"什么是交流吸合电压",即导致吸合的谐波输入幅度。这个问题具有实际意义,因为具有更大幅度的非零频率信号可以用来改善测量能力[43, 44]。

图 10.15 显示了在幅度增加的谐波输入作用下,梁中心挠度的变化情况。从该图可以看到,对于 $f = 300\ \text{MHz}$ 的信号,动态吸合电压 $V_\pi \approx 9.1\ \text{V}$。从图10.15可以推断出一个重要的特性,即这里使用的完整模型并不是全局稳定的。一个有限幅度大于吸合电压的输入将导致一个无限的输出。当然,事实上梁的挠度是有限的,缺乏全局稳定性是建模方案的(共有的)假象。对于那些非常接近吸合电压的信号,当对动态系统进行仿真时,一点小的误差都可能导致输出产生巨大的差异。因此,不能企望找到对这个系统总是仅产生适中误差的降阶模型。采用各种方法去获得预测吸合电压的降阶模型是需要的。为计算吸合电压,这里采用一个基本方法:首先估计吸合电压所在的电压区间,然后在电压区间的中心值处对系统进行仿真,再根据梁是否发生吸合将电压区间更新到合适的上或下半区间。图10.16 给出了采用 DEIM、TPWL 和二次近似得到的降阶模型计算结果,图 10.16

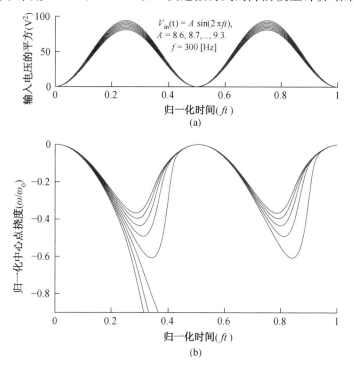

图 10.15 动态吸合效应。(a)幅度增加的谐波输入。(b) 对应输出。

(a)为 $q=4$ 的结果,图 10.16(b)为 $q=8$ 的结果。在 DEIM 和 TPWL 中快照的数量也相应增加,图 10.16(a)中 $l=50$,图 10.16(b)中 $l=150$。矩阵 U_x 是采用 POD 方法得到,施加的调试输入为 $u(t)=5\sin(2\pi f t)ft$,仿真时间 $t\in[0,3/f]$,在该时间间隔内,系统从小幅振荡直到发生吸合。V 矩阵是采用参考文献[32]中描述的优化方法得到,利用该方法产生了一个保证该降阶模型局部稳定的投影矩阵 V。在图 10.16(a)中可以观察到,由 DEIM 和 TPWL 获得的结果比二次近似更为精确。当快照数和基本向量数增加时,TPWL 和 DEIM 收敛至完整模型,而二次近似被其低阶限制(图 10.16(b))。增加二次模型到三阶是不现实的,因为 $x_r\otimes x_r\otimes x_r$ 的长度为 $8^3=512$,比完整模型的阶数还要大。

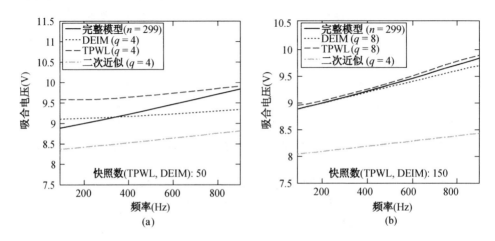

图 10.16 吸合电压与频率的关系,采用 DEIM、TPWL 和二次近似的降阶模型的预测结果。(a)与(b)相比,使用的线性化点与基本向量较少,TPWL 和 DEIM 收敛至完整模型是明显的。

10.7.2 调试输入推广

TPWL 和 DEIM 的一个重要问题是它们对于调试输入的依赖性。关于这种依赖性的信息可以从图 10.16 中得到。通过中心频率为 $f=300$ MHz 的窄带调试输入得到了图中显示的这些结果,但在 $[f/3,3f]$ 频率范围内的所有频率点上,降阶模型都相当精确。虽然是窄带,本例中使用的调试输入也有一个大的幅度范围,如果采用幅度相对较小的正弦信号 $u(t)=7\sin(2\pi f t)$,则可获得如图 10.17 所示的结果,其中 DEIM 明显优于 TPWL。通过观察就可以理解:当调试输入是小幅信号时,所有的线性化都是差不多的,在平衡点上,TPWL 近似与单一线性化没有什么不同。换句话说,在 DEIM 中,对所选择的确切 $f(x)$ 元素进行估算并且将其近似作为非线性元素。

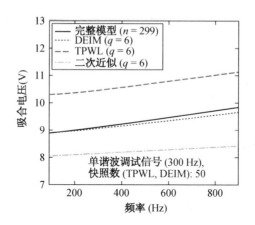

图 10.17　由小幅度调试输入获得的吸合电压。在推广到大幅度方面，DEIM 近似优于 TPWL 近似。

10.7.3　谐波失真

当考虑到谐波稳态响应误差时，DEIM 优于 TPWL 的另一个优点就变得很明显。DEIM 模型具有与原非线性函数所选元素一样多的连续导数，因此它可以匹配非线性产生的高阶谐波。相比之下，TPWL 模型在主要的线性化点之间不断切换，可能引入伪谐波失真（图 10.18）。特别是式（10.25）中存在的极小算子意味着近似式不是处处可微的。正如参考文献[34]所述，即使极小算子可以避免，如果在线性化点之间的转换不够平滑，伪谐波失真也会发生。在图 10.18 中仅使用了 15 个线性化点，如果增加到 50 个，谐波失真就会减少（图 10.19）。

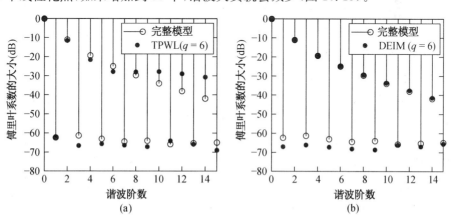

图 10.18　由 TPWL 近似和 DEIM 近似引入的谐波失真比较，显示了 DEIM 更好。所用的快照数/线性化点数都是 15。由于输入是平方项，奇数谐波小。

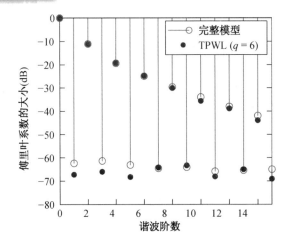

图 10.19　当快照数/线性化点数增加到 50 时，由 TPWL 近似引
入的谐波失真会减少。

10.7.4　关注 CPU 时间

通过各种降阶方法所取得的加速严重依赖于完整模型和降阶模型的实现方法。我们的实现是没有优化的，程序员也不告知我们在 Matlab 中的许多实现细节，也没有提及 CPU 时间，而这些可能产生误导。

10.8　总结与展望

在本章中，回顾并比较了三种基于投影的非线性模型降阶方法：泰勒级数展开方法、TPWL 方法和 DEIM。关键问题是，在非线性系统中通过这些方法的不同处理，单独投影不可能明显减少计算开销。因此，包括近似在内的各种方法都是为了导出非线性函数 $f(x)$ 的降阶形式 $f_r(x_r)$，以减少估算开销。由于投影运用或 $f(x)$ 被近似的时候，稳定性可能会丧失，因此另一个重要的问题是保持稳定性。保持稳定性是研究的一个热点，已有许多的参考文献。大量的实例显示三种方法的优点和局限性。对于弱非线性系统，泰勒级数展开是一个有用的方法，并且不需要像 TPWL 方法和 DEIM 所需要的调试输入。TPWL 方法和 DEIM 适用于高度非线性系统，但对于测试输入与调试输入相差较大时，存在精度损失。概括而言，在从调试输入到不同测试输入的扩展方面，DEIM 表现得更好一些，同时也避免了 TPWL 方法中可能发生的谐波失真问题。

致谢：本研究工作得到了新加坡 MIT 计算工程联盟项目、南加州大学博士后奖学金以及以色列科学技术研究所先进电路研究中心的支持。

参考文献

1. Glover, K. (1984) Int. J. Control, 39 (6), 1115-1193.
2. Gu, C. and Roychowdhury, J. (2008) ManiMOR: Model reduction via projection onto nonlinear manifolds, with applications to analog circuits and biochemical systems. Proceedings IEEE International Conference on Computer Aided Design, pp. 85-92.
3. Bond, B. N., Mahmood, Z., Li, Y., Sredojevic, R., Megretski, A., Stojanovi, V., Avniel, Y., and Daniel, L. (2010) IEEE Trans. Comput. Aided Des. Integr. Circ. Syst., 29 (8), 1149-1162.
4. Root, D. E., Verspecht, J., Sharrit, D., Wood, J., and Cognata, A. (2005) IEEE Trans. Microw. Theory Tech., 53 (11), 3656-3664.
5. Gelinas, R. J., Doss, S. K., and Miller, K. (1981) J. Comput. Phys., 40 (1), 202-249.
6. Silva, J., Villena, J., Flores, P., and Silveira, L. (2006) Sci. Comput. Electr. Eng., 11, 139-152.
7. Phillips, J. R. (2000) Projection frameworks for model reduction of weakly nonlinear systems. Proceedings of the 37th Design Automation Conference, pp. 184-189.
8. Hung, E. S., Yang, Y. J., and Senturia, S. D. (1997) Low-order models for fast dynamical simulation of MEMS microstructures. International Conference Solid State Sensors and Actuators.
9. Berkooz, G., Holmes, P. and Lumley, J. L. (1993) Annu. Rev. Fluid Mech., 25 (1), 539-575.
10. Grimme, E. J. (1997) Krylov projection methods for model reduction. PhD thesis. University of Illinois at Urbana-Champaign.
11. Moore, B. (1981) IEEE Trans. Autom. Control, 26 (1), 17-32.
12. Vasilyev, D., Rewienski, M., and White, J. (2003) A TBR-based trajectory piecewise-linear algorithm for generating accurate low-order models for nonlinear analog circuits and MEMS. Proceedings of the Design Automation Conference, pp. 490-495.
13. Chen, J. and Kang, S. M. (2000) An algorithm for automatic model-order reduction of nonlinear MEMS devices. The 2000 International Symposium Circuits Systems.
14. Chen, Y. and White, J. (2000) A quadratic method for nonlinear model order reduction. Proceedings International Conference on Modeling and Simulation of Microsystems, pp. 477-480.
15. Phillips, J. R. (2000) Automated extraction of nonlinear circuit macromodels. Proceedings of the Custom Integrated Circuits Conference, p. 451.
16. Rewienski, M. and White, J. (2003) IEEE Trans. Comput. Aided Des. Integr. Circ. Syst., 22, 155-170.
17. Dong, N. and Roychowdhury, J. (2003) Piecewise polynomial nonlinear model reduction. Proceedings Design Automation Conference, pp. 484-489.
18. Barrault, M., Maday, Y., Nguyen, N. C., and Patera, A. T. (2004) C. R. Math., 339 (9), 667-672.
19. Chaturantabut, Saifon. and Sorensen, Danny. C. (2010) SIAM J. Sci. Comput., 32 (5), 2737-2764.
20. Phillips, J. R. (2003) IEEE Trans. Comput. Aided Des. Integr. Circ. Syst., 22 (2), 171-187.
21. De Abreu-Garcia, J. A. and Mohammad, A. A. (1990) A transformation approach for model order reduction of nonlinear systems. Proceedings of the 16th Conference IEEE Industrial Electronics Society, vol. 1, pp. 380-383.
22. Innocent, M., Wambacq, P., Donnay, S., Tilmans, H. A. C., Sansen, W., and De Man, H. (2003) IEEE Trans. Comput. Aided Des. Integr. Circ. Syst., 22 (2), 124-131.
23. Vasilyev, D. M. (2008) Theoretical and practical aspects of linear and nonlinear model order reduction techniques. PhD thesis. Massachusetts Institute of Technology.
24. Tang, Z., Hong, S., Djukic, D., Modi, V., West, A. C., Yardley, J., and Osgood, R. M. (2002) J. Micromech. Microeng., 12 (6), 870-877.
25. Landau, L. D. and Lifshitz, E. M. (1977)

Fluid Mechanics, vol. 6, Butterworth-Heinemann.

26. Khalil, H. K. and Grizzle, J. W. (2002) Nonlinear Systems, vol. 3, Prentice hall, New Jersey.

27. Bond, B. N. (2010) Stability-preserving model order reduction for linear and nonlinear systems arising in analog circuit applications. PhD thesis. Thesis, Massachusetts Institute of Technology.

28. Benner, P. (2009) System-theoretic methods for model reduction of large-scale systems: simulation, control, and inverse problems. Vienna International Conference on Mathematical Modelling, Vienna-Austria.

29. Bond, B. N. and Daniel, L. (2009) IEEE Trans. Comput. Aided Des. Integr. Circ. Syst., 28 (2009), 1467–1480.

30. Rewie' nski, M. and White, J. (2001) A trajectory piecewise-linear approach to model order reduction and fast simulation of nonlinear circuits and micromachined devices. Proceedings International Conference on Computer Aided Design, pp. 252–257.

31. Rewienski, M. and White, J. (2002) Improving trajectory piecewise-linear approach to nonlinear model order reduction for micromachined devices using an aggregated projection basis. Proceedings International Conference Modeling and Simulation of Microsystems, pp. 128–131.

32. Bond, B. N. and Daniel, L. (2008) Guaranteed stable projection-based model reduction for indefinite and unstable linear systems. Proceedings 2008 International Conference on Computer Aided Design, pp. 728–735.

33. Dong, N. and Roychowdhury, J. (2008) IEEE Trans. Comput. Aided Des. Integr. Circ. Syst., 27 (2), 249–264.

34. Tiwary, S. K. and Rutenbar, R. A. (2006) Proceedings 2006 International Conference on Computer Aided Design, ACM, pp. 876–883.

35. Bechtold, T., Striebel, M., Mohaghegh, K., and ter Maten, E. J. W. (2008) PAMM, 8 (1), 10057–10060.

36. Voss, T., Verhoeven, A., Bechtold, T., and Maten, J. (2006) Model order reduction for nonlinear differential algebraic equations in circuit simulation. Program in Industrial Mathematics, pp. 518–523.

37. Gu, C. (2009) QLMOR: a new projection-based approach for nonlinear model order reduction. Proceedings 2009 International Conference on Computer Aided Design, pp. 389–396.

38. MichałRewie' nski, M. S. (2003) A trajectory piecewise-linear approach to model order reduction of nonlinear dynamical systems. PhD thesis, Massachusetts Institute of Technology.

39. Tiwary, S. K. and Rutenbar, R. A. (2005) Proceedings 42nd Design Automation Conference, ACM, pp. 403–408.

40. Astrid, P., Weiland, S., Willcox, K., and Backx, T. (2008) IEEE Trans. Autom. Control, 53 (10), 2237–2251.

41. Mouthaan, K., Tinti, R., Arno, A., de Graaff, H. C., Tauritz, J. L., and Slotboom, J. (1997) Solid-State Device Research Conference, IEEE, pp. 184–187.

42. Hochman, A., Bond, B. N., and White, J. K. (2011) A stabilized discrete empirical interpolation method for model reduction of electrical, thermal, and microelectromechanical systems. Proceedings of the 48th Design Automation Conference.

43. Nayfeh, A. H., Younis, M. I., and Abdel-Rahman, E. M. (2007) Nonlin. Dyn., 48 (1), 153–163.

44. Fargas-Marques, A., Casals-Terr'e, J., and Shkel, A. M. (2007) J. Microelectromech. Syst., 16 (5), 1044–1053.

11 MEMS 静电执行器的线性和非线性模型降阶

Jan Lienemann，Emanuele Bertarelli，Andreas Greiner，Jan G. Korvink

11.1 引言

相比宏观器件，MEMS 具有不同驱动原理和尺度效应，会以不同的方式表现出非线性[1,2]。如果长度尺度因子为 s，则面积尺度因子为 s^2，体积尺度因子为 s^3，所以微系统的属性由其表面决定而与"体"的关系比较弱。

静电力驱动是一种常用的驱动原理，在小尺度上，静电力所显示出的性能可以和电磁力相比，同时具有低功耗和快速响应的特征。由于和 CMOS(互补型金属-氧化物-半导体)工艺兼容[3,4]，静电执行器宜于与驱动电路同步制造。基于这种 MEMS 集成电路批量制造技术的特点，获得价格便宜并且可靠的器件具有很大的吸引力[5,6]。从供电、器件控制以及 MEMS 传感器、执行器到微流体器件等这样一个宽泛的器件和系统范围，采用相同的制造工艺，与电子元件的直接集成是一个关键问题。

仿真这些系统的常用方式是 3D 有限元法(FEM)模型，但它们的复杂性(可能达到数千乃至数百万个非线性耦合常微分方程)阻碍了在电路设计环境中使用该方式。解决这种困难的一个通常做法是建立等价的宏模型。

关于线性系统的模型降阶(MOR)已有大量的研究结果发表，并且这些方法具有很好的稳定性，原则上可以认为自动 MOR 是适用的(参见参考文献[7-10]和第 2～4 章)并已为行业应用所接受[11]。最新的研究给出了一种即使是大系统也适用的先验误差估计器，并可以在降阶系统中保存参数，以便在设计变化时不需要再次执行 MOR(参见参考文献[13]和 9.4 节)。

然而，一些工程问题仍然对通用 MOR 方法构成挑战，其中包括覆盖频率范围宽的应用、时变系数(参数系统异常，一些变化的参数可能很难提取)、通过大量的输入和输出耦合到外部的器件、双曲偏微分方程给出的仿真问题(例如波脉冲传播)等等。尤其是 MEMS 大的相对位移会出现强烈的非线性。因为 MEMS 通常是机械能域和静电能域间的耦合，除了几何结构和材料的非线性之外，还会因为仿真边界的变形而在原本线性的问题中产生非线性项[14]。因此，寻求通用的、自动处理的非线性 MOR 方法仍需要研究[15, 16]。

在这一章里，我们给出采用不同 MOR 方法处理非线性项 $1/x^2$ 的结果，该非线性项常常存在于微尺度机电执行器中。一种方式是应用于平行板系统的基于非线性的多项式表示，另一种是应用于平板执行器的轨迹分段线性化（TPWL）MOR方法。

首先，描述静电执行器和平行板电容器的一些物理效应，并说明在 MEMS 设计中这些效应的影响。然后，利用在后续章节中将涉及的案例来综述几种基于 Krylov 子空间的 MOR 方法。作为本章的结束，我们将展现采用这些方法所得到的结果。

为深入理解和介绍术语，有兴趣的读者可以参考 3.7 节，其中详细解释了 Krylov 子空间方法，例如 Apnoldi 方法以及近似的特性等。还有第 10 章，其中介绍了非线性 MOR 方法的相关理论，包括 TPWL 和高阶 MOR，这是多项式表示方法的基础。虽然系统中没有真实地参数化，但它们展现了与 9.4 节中相关内容的数学相似性。

下面的讨论聚焦在两个案例的细节，其中一个实例是扫描探针数据存储器，另一个实例是微泵隔膜。这两个实例都采用静电力驱动，即在器件中两个没有直接导通的部分施加电压所形成的机械力。在扫描探针案例中，该力用于往聚合物结构表面写入数据（11.4 节）。在微泵执行器（11.5 节）案例中，该力则用于移动隔膜产生一个对其下流体腔的压缩，以蠕动的方式实现流体的输运。

11.2　变间隙平板电容器

极板位置可变的平板电容器可以作为 MEMS 静电执行器的原型[14, 17, 18]。这个非常简单的模型已经表现出了本章所要探讨的非线性效应，例如吸合（pull in）效应，因此在这一节专门来分析这个模型。

给定两个理想导电平板，其间隙为 d，重叠面积为 A，间隙中介质的介电常数为 ε，在两个极板间施加的电压为 V，该电容器中存储的能量为

$$E_\mathrm{C} = \frac{1}{2}\frac{\varepsilon A V^2}{d} \tag{11.1}$$

在 MEMS 中，平板电容器常常以两种不同的变化形式出现。在平面上，通过梳齿驱动方式产生沿着给定轴方向的驱动（图 11.1(a)），形成与位移无关且几乎恒定的力，并且在大部分驱动范围内不发生吸合效应，也就是说，它总是在其运动范围内保持稳定。

这里将注意力集中在第二种变化形式，如图 11.1(b)所示的可变平板电容器，

它可用于离面运动,或者像在一些旋转器件中那样,其中一个极板能够向某个侧向运动。对离面运动间隙 d 本身是可变的,相交的面积 A 则保持恒定[19]。下面的(参考)极板是固定的,具有质量块 m 的上极板通过一个弹簧悬挂,该弹簧在距离 d 处且弹性系数为 k。这里忽略重力和边缘场的作用,并且假设电荷是均匀分布的。下极板上的垫层给出了极板间距 d 的最小值 d_{min}。当施加电压 V 的时候,两个电容器极板彼此相向接近,其所受到的力为

$$F_C = \frac{\partial E_C}{\partial d} = \frac{\partial \left(\frac{1}{2} C(d) V^2 \right)}{\partial d} = \frac{1}{2} \frac{\partial \left(\frac{\varepsilon A}{d} V^2 \right)}{\partial d} = -\frac{1}{2} \frac{\varepsilon A}{d^2} V^2 \tag{11.2}$$

该力被弹簧拉伸所产生的力平衡

$$F_S = -k(d - d_0) \tag{11.3}$$

其中,d_0 是弹簧的平衡位置。在这个方程中,间隙 d 的变化是非线性的,即本章中所提及的 $1/x^2$ 非线性项。

有限元仿真软件通过引入特殊的非线性元件,为这种基于式(11.2)的驱动建模,例如商业化 FEM 仿真软件 ANSYS 特别提出了一个所谓的双节点换能器元件[19],节点之间的距离用于计算区间大小并且合力是非线性的,即如式(11.2)所描述的那样。为了增加静电压力的精确度,大面积区域被分成一些小的子区域,每个子区域再形成一个特定的换能器元件。参考文献[20]将该方法扩展到旋转板。

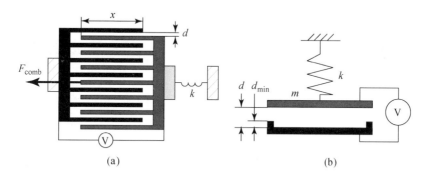

图 11.1　**MEMS 静电驱动原理。**(a)梳齿:所有的梳指被拉向左边。(b)可变间隙电容器:上部可运动的极板被拉向下极板。

在下面的两段中将更详细地阐述这种非线性对于电容器系统的静态和动态行为影响。与线性系统相比,非线性系统显示出新的特征,使其更难找到一个普适的降阶模型。可变极板电容器是这种系统的一个经典案例,系统中力的变化与运动轨迹完全相反,甚至不是近似线性的。

11.2.1 吸合

现在开始计算形成一定位移 d 所需要的电压,或者反过来说,一定的电压将产生多大的力平衡位移。在静止情况下,由力平衡关系 $F_c + F_s = 0$(图 11.2 和图 11.3)得到电压

$$V = \sqrt{\frac{2kd^2(d_0 - d)}{\varepsilon A}} \qquad (11.4)$$

在弹簧平衡位置的 2/3 处存在一个极值电压 $V_{\text{pull-in}}$

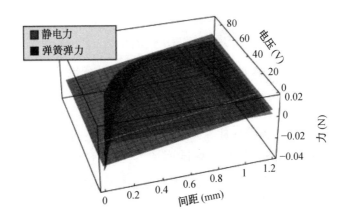

图 11.2 上极板所受到的力与电压、间距的关系图。图中,弹簧弹力指向下极板为正;静电力指向下极板为负;在表面相交处两个力相互抵消。

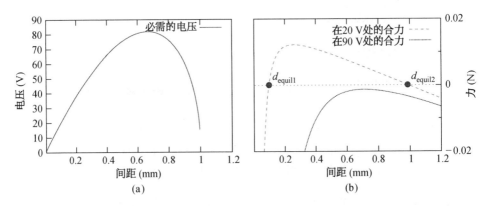

图 11.3 一定间距处的平衡电压以及某个电压下的力(指向下极板的力为负)。**90V** 电压所对应的力总是小于零,没有平衡点。计算参数如下:**$k = 20$ N/m, $d_0 = 1$ mm, $\varepsilon = 8.85$ pF/m, $A = 0.1$ m²**。(a)不同间距的平衡电压。(b)不同间距处的合力(静电力+弹簧弹力)。

$$\frac{\mathrm{d}V}{\mathrm{d}d} = \frac{dk(2d_0 - 3d)}{\sqrt{2\varepsilon Akd^2(d_0 - d)}} = 0 \quad \text{for} \quad d = 2d_0/3 \tag{11.5}$$

且由式(11.4)得到

$$V_{\text{pull-in}} = \sqrt{\frac{8}{27}\frac{kd_0^3}{\varepsilon A}} \tag{11.6}$$

当对式(11.4)做反函数以确定给定电压处的位移时,可以看到对于电压大于吸合电压($V > V_{\text{pull-in}}$)的情况,没有真正的正解也因此没有平衡。从力学角度看,在静电执行器中只有当静电力和机械恢复力相平衡时才能平衡,机电系统的刚度决定了平衡态的稳定性。当达到静态吸合电压时,即达到临界稳定条件,由于弹簧的弹性恢复力无法承受任何静电力的增加,可动极板发生坍塌,被拉向参考极板。由于要求 $V < V_{\text{pull-in}}$,因此这种电压控制执行器的操作范围应该限制在 $d_0/3$ 以内。

为了说明极板的力平衡,在图 11.2 中给出与电压相对应的力、位移以及弹簧弹力 F_S 的关系。平衡位置在两个面相交处,在图 11.3(a) 中也再次重现了此曲线。在这张图上可以清楚地看到稳定位置的最大电压。

图 11.3(b) 中用虚线画出了 $F_\mathrm{c} + F_\mathrm{S}$。在 20 V 电压时,其与 0 值线有 2 个交叉点;线上大于 0 的部分表示合力背离参考极板,线上小于 0 的部分表示合力朝向参考极板。两个平衡点 d_{equil1} 和 d_{equil2} 中,因为相对正方向 d 的小位移,产生的是一个负恢复力,因此只有距离较大点(d_{equil2})是稳定的。在点 d_{equil1},由于在正方向 d 内的位移产生正恢复力,所以点 d_{equil1} 是不稳定的,并且因此形成更大的向着正方向 d 的加速度。

另一方面,对于 90 V 电压没有平衡点,力总是指向参考极板。

在动态情况下,吸合电压小于静态情况,这是因为当可动极板向着另一个极板运动时,动能可能引起系统的位移突破力的平衡。假设系统最初是静止状态,如果电压大到足以驱动系统的动态轨迹越过不稳定点 d_{equil1}(因此位于负的有效切向弹簧常量范围),系统加速吸合。

在相空间(位置相对于动量/速度,参见图 11.4(b)),在稳定范围内非线性系统表现为变形的(由于非线性)椭圆,当其轨迹接近非稳定范围时发生吸合。当电压超过吸合电压时,无论位移和速度的初始值是什么,都不存在任何椭圆轨迹。

在一个静止系统上突然施加电压,产生足够大的位移,以至于系统运动到不稳定点 d_{equil1} 之下,这个电压就是动态吸合电压。对于初始位置为 d_0,初速度为 0 的系统,从能量守恒原理可以得到吸合电压为[21]

$$V_{\text{pull-in, dyn}} = \frac{1}{2}\sqrt{\frac{kd_0^3}{\varepsilon_0 A}} \tag{11.7}$$

11.2.2　轨迹形态

在图11.4(a)中,可以识别可能轨迹的不同形态。

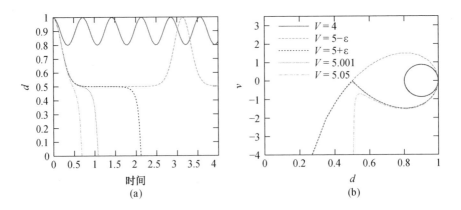

图 11.4　无阻尼系统在吸合电压附近的行为($V_{\text{pill-in, dyn}}=5$ V, $k=100$ N/m, $d_0=\varepsilon A=1$)。(a)瞬态响应。(b)相空间图,电压波动为 $5\pm\varepsilon$, ε 为小的偏差量。

实线表示小位移,接近于线性。阶跃响应表示正弦振荡,在相空间中的形状为椭圆。第一条虚线显示了电压值略低于吸合电压的轨迹,在不稳定平衡点 d_{equil1} 附近表现出强烈的变形,其合力下降到几乎为零。对于略高于吸合电压的那些电压值,可以看到最终的静电驱动力增长超过了弹簧的恢复力并发生吸合。其他的两条曲线显示了更高电压时的吸合,此时由于之前获得的动量,系统更快地通过合力为零的点。

一个有趣的事实是,稳定的瞬态轨迹可以达到大于 $d_0/3$ 的位移,可及范围可以扩展到更低的不稳定平衡点 d_{equil1},但因为它的不稳定,在实际系统中的恒定电压下要保持这种位移是不可能的。

对于 MOR 而言,这样的情况产生了问题,例如在不同形态之间切换的线性化方法将出现困难,特别是在不稳定平衡点处获得力反转时。同时,一旦位移使两个极板靠近到一起,将形成一个无穷大的吸引力。

由于大电流可能使极板融化在一起或发生其他的粘连问题,设计师通常试图避免出现可动极板向下接触,例如采用一些机械结构(如止挡块)控制最小间隙或形成隔离层。另一方面,接触以一种非常强烈的非线性方式改变了系统,降阶模型也必须能够表示这种改变。

总之,可以发现非线性项 $1/x^2$ 引起许多效应,设计者以及降阶模型必须考虑这些效应。MEMS 的设计必须避免在吸合时的粘连和电击穿,当仿真这些条件下系统行为的时候,必须对接触正确建模。线性模型无法预测这些机制下的行为,因此必须权衡这些特殊条件下降阶模型的复杂性和精度。

11.3　模型降阶方法

本节将详细解释 MOR 方法,这些方法常用于处理静电执行器的不同非线性行为($1/x^2$ 力定律、接触以及力对于电压和位移的依赖性)。在简要地介绍非线性系统的常微分方程之后,讨论怎样将投影方法应用于弱非线性系统以及如何通过符号隔离引入强但局部非线性,最后介绍 TPWL 方法。

11.3.1　非线性的表示

首先来讨论如何表示弱非线性系统。方程的一般形式如下:

$$\dot{\boldsymbol{x}}(t) = \boldsymbol{f}(\boldsymbol{x}(t), \boldsymbol{u}(t), t) \tag{11.8}$$

其中,$\boldsymbol{x}: \mathbb{R} \to \mathbb{R}^n$ 是状态变量的向量,$\boldsymbol{u}: \mathbb{R} \to \mathbb{R}^m$ 是输入向量,$t \in \mathbb{R}$ 是时间,$\boldsymbol{f}$ 给出了系统的行为。可观察量即输出 $\boldsymbol{y}: \mathbb{R} \to \mathbb{R}^p$ 由下式给出:

$$\boldsymbol{y}(t) = \boldsymbol{g}(\boldsymbol{x}(t), \boldsymbol{u}(t), t) \tag{11.9}$$

假设系统和时间无关,因此下列方程中的 $\boldsymbol{f}$ 和 $\boldsymbol{g}$ 与时间 t 无关。在工作点 $(\boldsymbol{x}_0, \boldsymbol{u}_0)$ 处线性化处理生成下列系统,在其邻域内呈现相同的小信号行为:

$$\dot{\boldsymbol{x}}(t) = \boldsymbol{A}\boldsymbol{x}(t) + \boldsymbol{B}\boldsymbol{u}(t)$$
$$\boldsymbol{y}(t) = \boldsymbol{C}\boldsymbol{x}(t) + \boldsymbol{D}\boldsymbol{u}(t) \tag{11.10}$$

其中,系统矩阵 $\boldsymbol{A} \in \mathbb{R}^n \times \mathbb{R}^n$,输入矩阵 $\boldsymbol{B} \in \mathbb{R}^n \times \mathbb{R}^m$,输出矩阵 $\boldsymbol{C} \in \mathbb{R}^p \times \mathbb{R}^n$,通量矩阵 $\boldsymbol{D} \in \mathbb{R}^p \times \mathbb{R}^m$。

基于线性近似,弱非线性系统或双线性系统通常可以利用系统状态变量的多元级数展开很好地实现近似。定义一组 p 元组 $I_m^p := \{(i_1, \cdots, i_p): 0 \leqslant i_1 \leqslant m, \cdots, 0 \leqslant i_p \leqslant m\}$,可以以非常通用的形式写出:

$$\dot{x}_i(t) = \sum_{r_x=0}^{r_{x,\max}} \sum_{r_u=0}^{r_{u,\max}} \sum_{p \in I_n^{r_x}} \sum_{q \in I_m^{r_u}} A_{ipq} \prod_{s=1}^{r_x} x_{p_s} \prod_{t=1}^{r_u} u_{q_t} \tag{11.11}$$

例如,$r_x = 3$, $r_u = 1$, $p = (1, 1, 2)$ 以及 $q = (3)$ 的对应项为

$$A_{i,1,1,2,3} x_1^2 x_2 u_3 \tag{11.12}$$

该式包含了 $\boldsymbol{x}$ 和 $\boldsymbol{u}$ 的所有不同幂,在实际应用中,$r_{x,\max}$ 和 $r_{u,\max}$ 常常小于 2,否则矩阵的规模将变得不合理($\boldsymbol{A}_{ipq} \in \mathbb{R}^{n^{r_x+1}} \times \mathbb{R}^{m^{r_u}}$)。

具有可动极板的平行板电容器是一个案例,极板之间的力包含了一个 $1/d^2$ 项,虽然在 $d=0$ 处该项无穷大,但在较大距离处,仍然能够采用多项式做近似。然而,不平滑的或者分段定义力的改变,例如接触时,由于轨迹进一步远离级数展开

点,对其建模还是困难的。

11.3.2　二阶线性系统的 MOR 方法

许多机械和电磁问题以 PDE 表示,它们是时间的二阶函数。在大多数情况下,诸如几何非线性、非线性材料、静电耦合等非线性问题仅仅出现在方程的零阶或一阶部分。在本章下面所介绍的内容中,只考虑前一种情况,阻尼效应则采用瑞利阻尼近似[22]。系统取:

$$M\ddot{x}(t) + E\dot{x}(t) + Kx(t) = Bu(t) \tag{11.13}$$
$$y(t) = Cx(t) + Du(t)$$

其中,$M \in \mathbb{R}^n \times \mathbb{R}^n$ 为质量矩阵,$E = \alpha M + \beta K \in \mathbb{R}^n \times \mathbb{R}^n$ 为(瑞利)阻尼矩阵,$K \in \mathbb{R}^n \times \mathbb{R}^n$ 是刚度矩阵,$x, \dot{x}, \ddot{x}$ 为未知向量以及其相应的一阶、二阶时间导数。

在 3.7 节,已经对基于 Krylov 子空间算法的一阶线性系统进行了讨论,这些方法可以推广到采用式(11.13)所描述的降阶系统,同时保留了二阶结构[23]。对于具有瑞利阻尼(即 $E = \alpha M + \beta K$)的系统,阻尼矩阵对子空间的计算并不提供新的信息,所以 Krylov 子空间的计算仍能采用无阻尼系统的计算方法,产生的投影也能够用于阻尼矩阵[24-27]。线性无阻尼二阶系统取

$$M\ddot{x}(t) + Kx(t) = Bu(t) \tag{11.14}$$
$$y(t) = Cx(t) + Du(t)$$

同样地,对一阶情况,投影引入了新的降阶状态变量 $x_r \in \mathbb{R}^{n_r}$,所以

$$x = Vx_r + \varepsilon \tag{11.15}$$

误差 ε 应尽可能小。

传输函数 $H(s) = \mathscr{L}(y)/\mathscr{L}(u)$ 在对式(11.14)的 $\mathscr{L}$ 做拉普拉斯变换后变为

$$H(s) = D + C[s^2 M + K]^{-1} B \tag{11.16}$$

引入新的变量 $\bar{s} := s^2$,则

$$
\begin{aligned}
H(\bar{s}) &= D + C(\bar{s}M + K)^{-1} B \\
&= D + C((\bar{s} - \bar{s}_0)M + \bar{s}_0 M + K)^{-1} B \\
&= D + C((\bar{s} - \bar{s}_0)\underbrace{[\bar{s}_0 M + K]}_{\tilde{K}}^{-1} M + I)^{-1} [\bar{s}_0 M + K]^{-1} B \\
&= D + C((\bar{s} - \bar{s}_0)\tilde{K}^{-1} M + I)^{-1} \tilde{K}^{-1} B \\
&\approx D + C \sum_{i=0}^{n_r - 1} (\bar{s} - \bar{s}_0)^i m_i
\end{aligned}
\tag{11.17}
$$

矩向量 $m_i = (-\tilde{K}^{-1} M)^i \tilde{K}^{-1} B$

其中，$\tilde{s}_0 = s_0^2$ 和 S_0 是展开点(可能比较复杂)。需要得到一个提供了 Padé 近似的投影 V，其可以为降阶系统传输函数产生相同的一次 n_r 矩。因为在一阶方法中，矩向量往往被用来张成 Krylov 子空间：

$$\mathcal{K}_{n_r}(\widetilde{K}^{-1}M, \widetilde{K}^{-1}B) = \mathrm{span}(\widetilde{K}^{-1}B, (\widetilde{K}^{-1}M)\widetilde{K}^{-1}B, \cdots, (\widetilde{K}^{-1}M)^{n_r-1}\widetilde{K}^{-1}B)$$

(11.18)

通过 Arnoldi 过程，Krylov 向量的标准正交会产生一个矩形投影矩阵 $V \in \mathbb{R}^n \times \mathbb{R}^{n_r}$，利用其降阶阻尼系统

$$V^T M V x_r(t) + V^T E V x_r(t) + V^T K V x_r(t) = V^T B u(t)$$
$$y(t) = C V x_r(t) + D u(t)$$

(11.19)

11.3.3 非线性系统的 MOR 方法

非线性能够以不同的方式表示，在下一节将讨论一些重要的特殊情况，特别是在 11.4 节中给出的第一案例就不止一个类别。

参数化系统(9.4 节)是指系统矩阵的一个或多个是参数 p 的函数

$$M(p)\ddot{x}(t) + E(p)\dot{x}(t) + K(p)x(t) = B(p)u(t)$$

(11.20)

有时，时变系统能够以这种方法建模。

在模型降阶中，处理参数的方法包括插值技术、多元矩匹配以及级数展开[13, 28]，但是当一个参数从属关系能够从一个系统中被隔离出来的时候，则可以在方程配置期间采用符号隔离：参数或非线性部分从系统中被隔离出来，然后降阶剩余部分系统，并且通过输入和输出端口连接符号部分。

此外，参数化矩阵针对参数进行线性化，然后利用参数 p 的向量得到：$M_{ij}(p) = M_{ij}^{(0)} + \sum_K M_{ijK}^{(1)} pk$。

对于具有非线性输入的系统，这些输入在系统中被进一步处理之前，对其施加的是非线性函数。

由于这种变换能够从方程中分离出来，因此可以借助输入变换与系统隔离而对系统进行降阶，并且还可以利用线性降阶方法降阶线性部分。

具有较少非线性的系统即假设该系统仅仅涉及有限的矩阵项。解决方案是通过将这些非线性项移动到向量 f 中进行隔离，由此系统取

$$M\ddot{x}(t) + E\dot{x}(t) + Kx(t) = Bu(t) + Ff(x, t)$$
$$y(t) = Cx(t) + Du + Gg(x, t)$$

(11.21)

接着，$f(x, t)$ 和 $g(x, t)$ 的组件被定义为系统新的输入；通过投影 $v = Vx_r$ 恢复 f 和 g 的参数；然后，在不考虑 f 和 g 的情况下降阶系统，f 和 g 稍后通过输入向量重

新引入系统

$$M_r\ddot{x}_r(t) + E_r\dot{x}_r(t) + K_r x_r(t) = \widetilde{B}_r \bar{u}(Vx_r,\ t) \tag{11.22}$$
$$y(t) = C_r x_r(t) + \hat{D}\hat{u}(Vx_r,\ t)$$

其中

$$\widetilde{B}_r = V^{\mathrm{T}}[B\ F] \quad \hat{D} = [D\ G] \quad \bar{u} = \begin{pmatrix} u \\ f \end{pmatrix} \quad \hat{u} = \begin{pmatrix} u \\ g \end{pmatrix} \tag{11.23}$$

由于函数 $f(Vx_r,\ t)$ 和 $g(Vx_r,\ t)$ 不使用完整向量,所以 V 能够被浓缩为几行,这对于快速估算至关重要。

　　具有许多非线性项的系统,例如非线性项的项数与模型的自由度为同一个数量级的情况。因为有许多非线性项,所以将它们都作为输入对待是不可行的。下列方法之一有可能是有效的:(1)利用基于轨迹的方法对系统进行快照(适当的正交分解法[29, 30]、平衡和优化[31]、系统识别[32]以及 *TPWL*[16]);(2)高阶级数展开(弱非线性多项式近似)或双线性分解法[15, 33, 34];(3)其他方法[35-40]。

11.3.3.1　多项式投影

　　这种方法适用于状态向量以多项式表示的系统[15, 33, 34, 41]。为简单起见,假设仅仅刚度矩阵是非线性的,二阶模型为

$$\sum_j M_{ij}^{(1)}\ddot{x}_j + \sum_j E_{ij}^{(1)}\dot{x}_j + \sum_j K_{ij}^{(1)}x_j + \sum_{j,\,k} K_{ijk}^{(2)}x_j x_k +$$
$$\sum_{j,\,k,\,l} K_{ijkl}^{(3)}x_j x_k x_l + \cdots = \sum_j B_{ij}^{(1)}u_j \tag{11.24}$$
$$y_i = \sum_j C_{ij}^{(1)}x_j + \sum_j D_{ij}^{(1)}u_j$$

至此,得到投影矩阵 V。对于矩阵 $M^{(1)}$、$E^{(1)}$、$K^{(1)}$、$B^{(1)}$ 和 $C^{(1)}$,就像在线性 *MOR* 方法中那样处理投影,而对于矩阵 $K_{ijk\cdots}^{(p)}$ 则可以写为

$$\sum_{j,\,k,\,l,\,\cdots} V_{ji}K_{jkl\cdots}^{(p)}x_k x_l\cdots \approx \sum_{jkl\cdots} V_{ji}K_{jkl}^{(p)}\Big(\sum_m V_{km}x_{r,\,\mathrm{m}}\Big)\Big(\sum_n V_{\ln}x_{r,\,\mathrm{n}}\Big)\cdots$$
$$= \sum_{j,\,k,\,l,\,\cdots,\,m,\,n,\,\cdots}(K_{jkl\cdots}^{(p)}V_{ji}V_{km}V_{\ln}\cdots)x_{r,\,m}x_{r,\,n}\cdots \tag{11.25}$$
$$= \sum_{m,\,n,\,\cdots} K_{r,\,imm\cdots}^{(p)}x_{r,\,m}x_{r,\,n}\cdots$$

投影系统取为

$$\sum_j M_{r,\,ij}^{(1)}\ddot{x}_{r,\,j} + \sum_j E_{r,\,ij}^{(1)}\dot{x}_{r,\,j} + \sum_j K_{r,\,ij}^{(1)}x_{r,\,j} + \sum_{j,\,k} K_{r,\,ijk}^{(2)}x_{r,\,j}x_{r,\,k} +$$
$$\sum_{j,\,k,\,l} K_{r,\,ijkl}^{(3)}x_{r,\,j}x_{r,\,k}x_{r,\,l} + \cdots = \sum_j B_{r,\,ij}^{(1)}u_j \tag{11.26}$$
$$y_i = \sum_j C_{r,\,ij}^{(1)}x_{r,\,j} + \sum_j D_{ij}^{(1)}u_j$$

在本章给出的实例中,系统的主要信息包含在矩阵 $\boldsymbol{K}^{(1)}$ 中,所以降阶的结果几乎都位于子空间中,在式(11.14)中该子空间由线性系统传输函数的矩向量张成[34, 42]。这意味着,为获得非线性系统的降阶模型,选择投影矩阵 $\boldsymbol{V}$ 的列以形成式(11.14)中线性系统的传输函数矩向量所张成子空间的基。使用该方法的一个问题是矩阵可能变得相当大($\boldsymbol{K}^{(p)} \in (\mathbb{R}^{n_r})^{p+1}$)并且密集,这使得计算时限制了降阶状态变量数 n_r。这里提出的想法是截断更高自由度的矩阵,或删除一些小的矩阵元素,这些元素表示的是耦合较少和贡献较小的降阶状态。因此,仅仅保留超过一定阈值的那些量是可能的,并且因此提高了矩阵的稀疏性。

在 11.4.2 节中,通过对 11.4 中的微机电系统应用这些方法来进一步阐述。

11.3.3.2 轨迹分段线性化(TPWL)方法

轨迹分段线性化方法(10.5 节)是利用几个线性模型的加权组合来表述降阶的非线性系统,这些线性化模型在状态空间的不同线性化点生成[16],为特定的调试输入选定典型的(调试)系统轨迹。在 TPWL 方法的框架中,可应用 Arnoldi 方法[43]去找到降阶子空间并进行系统投影。

在下面的讨论中,再一次给出重要的假设即利用瑞利阻尼描述系统,阻尼矩阵对子空间并没有影响[43]。通过匹配初始态的矩,产生投影矩阵 $\boldsymbol{V}$,即仅仅考虑在零点附近的一阶线性化,同时增加其他位于系统轨迹上线性化点的 Krylov 子空间也丰富了降阶系统描述。已经证明这样策略生成的模型通常更精确,并且相对于在初始化点附近的简单线性化具有更低的阶数[16]。详细的实现过程及其在微泵(11.5 节)上的应用将在 11.5.2 节给出。

11.4 案例 1:IBM 扫描探针数据存储器件

IBM 基于 MEMS 的并行扫描探针数据存储[22]是一种新型的数据存储方法,存储密度可以超过现有硬盘记录的超顺磁极限[44]。受原子力显微镜的启发,通过采用局部探针技术可以获得这样的高密度,能够在非常薄的聚合物薄膜上写入、读出和擦除数据。

基于热机械扫描探针的数据存储概念结合了超高密度和高数据率,之所以取得这样的结果是因为采用了包含有成千上万的微米/纳米悬臂梁的两维阵列,实现并行操作(参见图 11.5)。这些悬臂梁的特点是,自由端有一个微小的探针尖,一个具有最佳静电力的容性平台,并且在支撑点附近有减薄的部分,它作为一个转轴,其弹性系数约为 0.05 Nm^{-1};轻掺杂部分作为电阻,用于加热探针尖。一个集成微磁 X/Y 扫描装置[45, 46]移动针尖下的环氧基聚合物薄膜(参见图 11.5 和 11.6)。

静电执行系统使悬臂梁下弯,直到其上的加热针尖接触到聚合物介质,驱动

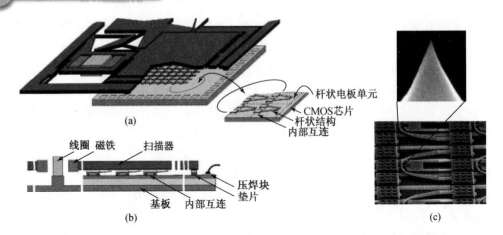

图 11.5   悬臂梁阵列结构。(a)完整的系统结构。(b)系统的剖面图。(c)悬臂梁和读/写针尖的显微图[47]。

电压小于 20 V 并且足以产生 1 微牛的力,下压的加热针尖在聚合物上形成一个表示存储数据的微小缺口。利用扫描装置移动聚合物得到了数据的图像。已成功地得到了每平方英寸 641 Gbit 的数据密度,并且每行内的比特错误率优于 10^{-4}[46]。

正常的操作模式类似于吸合行为,但是只有针尖上的很小部分与衬底接触,换句话说,当施加的电压过高时,静电执行平台也可能产生吸合,器件和电路系统必须避免出现这种情况。

对器件设计以及集成模拟前端电路的协同设计而言,在电路仿真器中进行动态仿真时需要精确的宏模型。静电驱动力中所包含的 $1/x^2$ 关系项以及针尖接触模型都将在方程中引入非线性。

11.4.1   悬臂梁模型

利用商业化有限元仿真软件 ANSYS,位于 Rüschlikon 的 IBM 苏黎世研究室建立了扫描探针数据存储器件的模型。悬臂梁部分的建模采用壳单元,针尖部分则采用单锥体单元,模型共有 9 441 个机械自由度。在整个底表面,利用一维换能器单元实现机械与静电能域的耦合;在悬臂梁上,每个机械网格被分配有自己的换能器(图 11.6)。

机械材料属性选择为硅参数并且假设是线性的。在完整模型中考虑了几何非线性,而在降阶模型中这种效应可以忽略不计。

节点被手工划分为作用力组,每组被视为一个独立的电压输入 V_j,原因是底层复杂电阻模型是采用独立的子模型进行计算并且通过输入端子进行连接(符号隔离方法)。

最后,四个监测点(即输出)定义为系统输出:其中之一位于针尖,两个位于支撑部位,一个位于容性平台(图 11.6(b))。

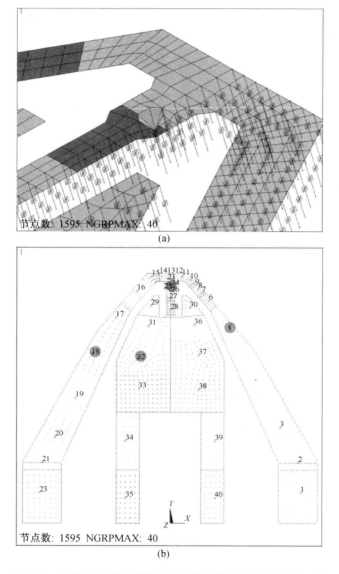

节点数: 1595 NGRPMAX: 40

(a)

节点数: 1595 NGRPMAX: 40

(b)

图 11.6 (a)静电驱动悬臂梁底部的换能器单元(底视图)。(b)
作用力组和四个监测点(以圆圈表示)[8]。

11.4.2 采用多项式投影的模型降阶

操作步骤如下:(1)基于非线性 FEM 模型得到多项式近似;(2)利用多项式投

影得到降阶矩阵；（3）对矩阵进行后处理以降低复杂性。运用 Mathematica（Wolfram Research，在 IMTEK Mathematica Supplement 上可下载）实现 MOR。

11.4.2.1 非线性系统提取

线性机械部分和非线性换能器模型的参数可以从 ANSYS 10 模型的二进制文件中提取。

这个过程产生的系统具有下列形式：

$$M\ddot{x} + E\dot{x} + Kx = Bu + f(x, u) \tag{11.27}$$
$$y = Cx$$

其中，$u \in \mathbb{R}^m$ 是输入向量（不同作用力组的电压平方以及针尖上的力），$f: \mathbb{R}^n \times \mathbb{R}^m \to \mathbb{R}^n$ 表示非线性换能器单元。这里采用瑞利阻尼，因此 $E = \alpha M + \beta K$，参数 α，$\beta \in \mathbb{R}$，取 $\alpha = 0$，$\beta = 10^{-7}$ s，悬臂梁一阶谐振频率 86 kHz 处的品质因子 $Q = 20$。由于悬臂梁工作在远离向下接触区的位置，压膜阻尼影响较小。通过额外的机械输入与输出以及附加的非线性 1 DOF 模型，针尖单元被连接到单独的接触模型。方程为

$$F_{\text{contact}} = -\max(0, k_c(-0.8 \ \mu\text{m} - x_{\text{tip}})) \tag{11.28}$$

其中，$k_c = 100 \ \text{Nm}^{-1}$。

11.4.2.2 多项式近似

在间隙距离为 1.25 μm 的工作点处，将非线性部分 $f(x, u)$ 展开为泰勒级数。将所有项移到方程的左边，重写系统的一阶方程为

$$\sum_j M_{ij}\ddot{x}_j + \sum_j E_{ij}\dot{x}_j + \sum_j K_{ij}x_j + \sum_{j,K} Q^{(1)}_{ijK}x_j u_K + \tag{11.29}$$
$$\sum_{j,K,L} Q^{(2)}_{ijKL}x_j x_K u_L - \sum_j B_{ij}u_j = 0$$

其中，$Q^{(i)} \in (\mathbb{R}^n)^{i+1} \times \mathbb{R}^m$。矩阵系数可从间隙尺寸相关电容的级数展开式得到：

$$C(x) = \frac{C_0}{x} \approx \frac{C_0}{x_0} - \frac{C_0}{x_0^2}(x - x_0) + \frac{C_0}{x_0^3}(x - x_0)^2 - \frac{C_0}{x_0^4}(x - x_0)^3 + O((x - x_0)^4)$$

节点 i 处因所施加电压 V_j 产生的力由下式近似（省略其余项）

$$F_i(x_i) = -\frac{1}{2}\frac{C_0}{x_i^2}V_j^2 \approx -\frac{C_{0,i}}{x_{0,i}^2}V_j^2 + 2\frac{C_{0,i}}{x_{0,i}^3}(x_i - x_{0,i})V_j^2 - 3\frac{C_{0,i}}{x_{0,i}^4}(x_i - x_{0,i})^2 V_j^2$$

$$= \underbrace{-6\frac{C_{0,i}}{x_{0,i}^2}V_j^2}_{B_{ij}} + \underbrace{8\frac{C_{0,i}}{x_{0,i}^3}x_i V_j^2}_{Q^{(1)}_{jii}} - \underbrace{3\frac{C_{0,i}}{x_{0,i}^4}x_i^2 V_j^2}_{Q^{(2)}_{jiii}}$$

$$\tag{11.30}$$

　　因为 V_j 总是以平方形式出现,这里使用 V_j^2 代替 V_j 作为输入。由此,可以得到两个矩阵 $Q^{(1)}$ 和 $Q^{(2)}$,将其作为非线性项引入模型。针尖接触模型在离面方向上的力作为另一个输入。

11.4.2.3　多项式系统的模型降阶

　　利用 11.3.3 节所给出的分类可以确定系统的下列部分:

- 针尖接触点不作为 MOR 的一个部分而仍然保留在单独的子模型中,通过针尖的离面自由度(符号隔离)与机电模型的其余部分连接。
- 在降阶模型外部,电压 V_j 以平方形式作为线性输入。
- 剩下的纯机械模型可以被视为具有少量输入的弱非线性模型,在模型中通过作用力组的引入来减少输入的数量。

　　使用 Arnoldi 过程,得到了所有线性部分的降阶模型。这种方法的问题是,$Q_r^{(2)}$ 矩阵的大小是 $n_r^3 m$,其中,n_r 是降阶系统的大小,m 是输入端的个数,在本案例中其为作用力组的个数。因此,如果为每个输入分配 n_v 个 Arnoldi 向量,则最终矩阵的大小将是 $n_v^3 m^4$。在现有模型中有 14 个作用力组和 1 个针尖,矩阵最小也为 $n_v^3 \cdot 15^4 = 50\,625 n_v^3$,实在是太稠密了。

　　数值实验表明,因为在模型不同部分有大量输入,每个输入被赋予一个 Arnoldi 向量就足够了。而对于在针尖输入的力,由于其模式与静电力输入的不同,对这个输入采用了 5 个向量,因此 $n_r = 19$。

　　在稠密矩阵 $Q_r^{(2)}$ 中忽略低于阈值的小项以降阶方程,最终建立了用于混合信号电路仿真的行为级 Spectre-Verilog 模型(结果报道在其他文献中[22])。

11.4.3　结果

　　在下列结果图像中,曲线(从上向下)分别描述了支撑边缘、容性平台以及针尖等监测点处的离面距离。

　　图 11.7(a) 和 (b) 给出了电压输入步长为 $(7.45\ \text{V})^2$ 时,完整、未降阶系统(9441 DoF,实线)和多项式系统(也是 9441 DoFs,虚线)的瞬态仿真结果。采用 Mathematica,200 个时间步长,原系统所需的仿真时间为 5 128 s,多项式系统所需的仿真时间是 5 220 s。在瞬态曲线中,这种不同系统的结果差异很小,可以归因于级数展开式中 $1/x^2$ 项的误差。

　　图 11.7(c) 和 (d) 给出了模型降阶后的瞬态响应。事实证明,这一步的误差非常小。降阶系统仿真所花费的时间为 290 s,其加速因子已大于 17。

　　图 11.8(a) 显示了在 $Q_r^{(2)}$ 中删除绝对值小于 3×10^{-9} 的所有矩阵元素后效果(图 11.9)。降阶模型误差与多项式近似所引入的误差在同一个量级。仿真时间减少到 68.8 s,总的仿真时间减少约为原系统的 75 倍,相关误差约为 6%。

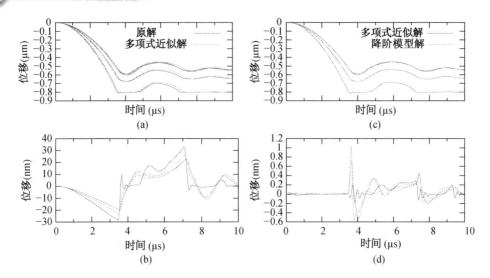

图 11.7　(a)和(b)原始非线性模型和多项式近似的比较。(c)和(d)多项式近似和降阶模型的比较。

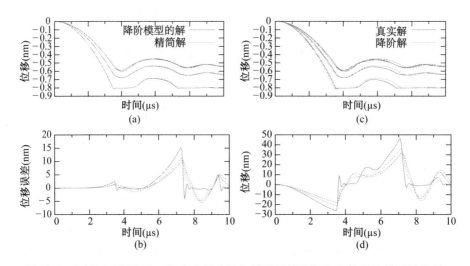

图 11.8　(a)和(c)删除了一些小单元的降阶模型("精简")和完整降阶模型的比较。(b)和(d)精简降阶模型相较于原系统的误差。

图 11.8(c)和(d)给出了最终的降阶模型和原系统之间的比较结果。

11.4.4　讨论

虽然计算结果是相当好的,然而这种方法也有一定的局限性。除了采用换能器单元导致的近似误差(并因此忽略了边缘场以及平板电容器总是平行的假设)外,多项式近似是主要的误差来源。正在研究的方法是将一个作用力组的换能器单元合并为一个单独的换能器单元,并且在降阶系统中隔离该换能器单元。

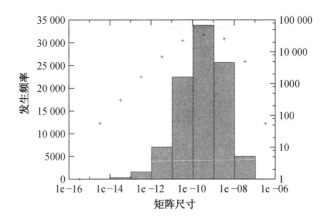

图 11.9 $Q_r^{(2)}$ 中矩阵元素的分布。符号"＋":对数尺
度;条形:线性尺度。

11.5 案例 2:静电微泵隔膜

近来,微泵正成为许多应用领域的关键研究内容[49]。生物流控操作和药物输送需求无疑是研究泵送机制的动机[50, 51]。此外,也正在考虑将微泵应用于电子元器件的热管理[52]。第一个成功利用静电驱动的隔膜微泵已由 Zengerle 等人实现[53]。

一般而言,这类器件的设计应基于多物理场仿真,能够耦合静电、结构、流体动力学现象等。然而,作为器件的核心,执行器自身应得到特别关注。静电执行器更是如此,其目标是取得冲程容积(正比于间距)和驱动力(反比于间距)的优化平衡。因此,特别需要注意在动态范围内的吸合现象,目的是控制这一特性以及利用它的有利之处。事实上,结构坍塌可以表示诸如微泵这种器件的一种稳定工作机制的限制[55],但从原理上讲由它可以决定最大冲程容积。

用 MOR 技术可以方便地获得宏数值模型,以描述处于静电驱动下隔膜的机电耦合响应。这里重点描述在阶跃负载作用下,稳定区间以及静电坍塌时动态响应。

11.5.1 平板模型公式

让我们考虑如图 11.10 所示的问题。图中上部的柔性圆形电极(即隔膜)的半径为 R,厚度为 t,采用弹性、均匀、各向同性的材料制造,隔膜边界是固支的。图中下部电极具有和上部电极相同的半径 R,完全刚性。柔性电极之外的其他区域为

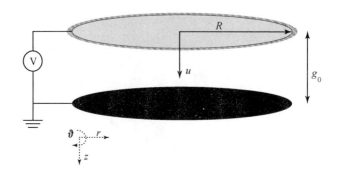

图 11.10 静电驱动下微板结构的原理图

相同的间隙 g_0，它比特征平面尺寸 R 要小得多。假设极板材料是完美的导体，两个极板间充满了均匀的、介电常数为 ε 的电介质。

假设非均匀压力 p 施加到极板表面，如果隔膜的厚度 t 薄到可以采用薄板建模，即满足 $2R/t > 20$，并且承受小变形，则在准静态条件下位移场 $u(r)$ 可以通过 Germaine-Lagrange 方程获得[56, 57]

$$D\Delta^2 u(r) = p(r) \tag{11.31}$$

及合适的边界条件[58]。式中，$D = Eh^3/12(1-\nu^2)$ 是平板的刚度，E 是杨氏模量，ν 是材料的泊松比，$\Delta^2(\cdot)$ 是极坐标空间的双拉普拉斯算子。根据参考文献[59]，假设圆形电极的挠度是轴对称的。

假设边缘效应忽略不计并且电场是均匀的，当在电极间施加电压时，图 11.10 所描述的问题可以写成下列表达式：[60]

$$p_e(r) = \frac{\varepsilon V^2}{2g_0^2}\left(1 - \frac{u(r)}{g_0}\right)^{-2} \tag{11.32}$$

考虑到惯性和阻尼作用，结构的动态行为可以用下面的运动方程进行描述：[61, 62]

$$D\Delta^2 u(r) + \frac{2\pi f_0}{Q}\rho h\frac{\partial u(r,t)}{\partial t} + \rho h\frac{\partial^2 u(r,t)}{\partial t^2} = \frac{\varepsilon V^2}{2g_0^2}\left(1 - \frac{u(r,t)}{g_0}\right)^{-2} \tag{11.33}$$

式中，ρ 是材料的密度（常数），Q 是品质因子，f_0 是结构的谐振频率。在该案例中，采用瑞利阻尼[63]，即只考虑质量阻尼而忽略刚度阻尼效应[56]。品质因子 Q 和临界阻尼 xi_D 之间的关系是

$$Q = \frac{1}{2\xi_D} \tag{11.34}$$

通常的瑞利阻尼方程为

$$\xi_D = \frac{1}{2}\frac{\alpha R}{\omega_0} + \frac{1}{2}\omega_0\beta_R \tag{11.35}$$

式中,固有角频率 $\omega = 2\pi f_0$。因为假设刚度阻尼系数 $\beta_R = 0$,所以最终的质量阻尼系数 α_R 为

$$\alpha_R = \frac{2\pi f_0}{Q} \tag{11.36}$$

为了得到更通用和更明确的问题解决方案,这里采用无量纲的方法。定义一组新的变量如下:

$$\hat{u} = \frac{u}{g_0}, \quad \hat{r} = \frac{r}{R}, \quad \hat{t} = tf_0 \tag{11.37}$$

以无量纲形式重写式(11.33)为

$$\Delta^2\hat{u}(\hat{r},\ \hat{t}) + \frac{2\pi m}{Q}\frac{\partial\hat{u}(\hat{r},\ \hat{t})}{\partial\hat{t}} + m\frac{\partial^2\hat{u}(\hat{r},\ \hat{t})}{\partial\hat{t}^2} = \lambda(1-\hat{u}(\hat{r},\ \hat{t}))^{-2} \tag{11.38}$$

式中,质量系数 m 和负载参数 λ 分别定义为:

$$m \equiv \frac{f_0^2 h_\rho R^4}{D}, \quad \lambda \equiv \frac{\varepsilon V^2 R^4}{2Dg_0^3} \tag{11.39}$$

通过式(11.38),采用最少的参数描述了器件的行为,其中,品质因子表示了阻尼;质量系数 m 包含了几何参数和材料参数;负载参数 λ 体现了静电驱动参数。

借助于适当的离散,式(11.38)被降阶为代数方程形式:

$$M\ddot{x} + E\dot{x} + Kx = \lambda b \tag{11.40}$$

这里,b 是(目前为非线性)输入向量。

特别是,为了对系统进行空间离散化以及为了生成一个刚度矩阵 K,采用了中心点的有限差分原理。对于 m 个单元,为变量 $\hat{r}$ 定义 $m+1$ 个等距网格点。矩阵 $K \in \mathbb{R}^{m+1} \times \mathbb{R}^{m+1}$,向量 $x \in \mathbb{R}^{m+1}$、$b \in \mathbb{R}^{m+1}$。应用适当的边界条件,即轴向对称和边缘固支,最终,生成对角矩阵 $M \in \mathbb{R}^{m+1} \times \mathbb{R}^{m+1}$ 和 $E \in \mathbb{R}^{m+1} \times \mathbb{R}^{m+1}$:

$$M = mI, \quad E = \frac{2\pi m}{Q}I \tag{11.41}$$

式中,mI 是单位矩阵。在 IMTEK Mathematica Supplement[48]的 Mathematic7.0 (Wolfram Research)中实现该模型。

11.5.2 采用 TPWL 和 Arnoldi 方法的模型降阶

利用投影,在 TPWL 方法框架中,问题的降阶形式为

$$\boldsymbol{V}^{\mathrm{T}}\boldsymbol{M}\boldsymbol{V}\dot{\boldsymbol{x}}_r d + \boldsymbol{V}^{\mathrm{T}}\boldsymbol{E}\boldsymbol{V}\dot{\boldsymbol{x}}_r + \boldsymbol{V}^{\mathrm{T}}\boldsymbol{K}\boldsymbol{V}\boldsymbol{x}_r = \lambda \sum_{i=0}^{s-1} w_i \boldsymbol{V}^{\mathrm{T}}\boldsymbol{b}_i \tag{11.42a}$$

$$\boldsymbol{y} = \boldsymbol{C}\boldsymbol{V}\boldsymbol{x}_r \tag{11.42b}$$

式中,$\boldsymbol{b}_i$ 是第 i 个线性化点的负载向量,w_i 是与相应状态相关的权重。输出矩阵 $\boldsymbol{C} \in \mathbb{R}^p \times \mathbb{R}^{m+1}$ 只选择中间点坐标($p=1$),即模型的输出 $\gamma = \hat{u}$ 是一个标量。对于本问题,式(11.42a)和式(11.42b)的紧凑形式为

$$\boldsymbol{M}_r \dot{\boldsymbol{x}}_r d + \boldsymbol{E}_r \dot{\boldsymbol{x}}_r + \boldsymbol{K}_r \boldsymbol{x}_r = \lambda \sum_{i=0}^{s-1} w_i \boldsymbol{b}_i^r \tag{11.43a}$$

$$\hat{u} = \boldsymbol{C}_r \boldsymbol{x}_r \tag{11.43b}$$

这里介绍一个新的想法:首先对特征负载条件下的系统(静态吸合电压)执行 TPWL 调试,然后利用生成的 TPWL 模型去研究通用负载条件。在实践中,首先是在静态吸合负载 λ_{Spi} 下对完整非线性系统进行调试,然后计算结构的非线性动态响应,对于通用负载 $\lambda = \eta \cdot \lambda_{\mathrm{Spi}}$,则求解下面的方程:

$$\boldsymbol{M}_r \dot{\boldsymbol{x}}_r d + \boldsymbol{E}_r \dot{\boldsymbol{x}}_r + \boldsymbol{K}_r \boldsymbol{x}_r = \eta \cdot \left(\lambda_{\mathrm{Spi}} \sum_{i=0}^{s-1} w_i \boldsymbol{b}_i^r \right) = \eta \cdot \boldsymbol{b}_{\mathrm{Spi}}^r(\boldsymbol{x}_r) \tag{11.44}$$

这里,$\boldsymbol{b}_{\mathrm{Spi}}^r(\boldsymbol{x}_r)$ 表示在调试的吸合事件状态空间中,不同线性化点产生的线性模型的权重组合。在每个仿真步长,该负载向量都将被刷新。

对施加的阶跃负载 λ_{Spi},首先求解完整系统($n=500$ 个自由度)。参考文献[56]报告了与有限元仿真的比较结果:与非线性动态吸合事件的描述非常一致。利用 FE 模型,需设置相应的质量参数 m 和品质因子 Q。必须指出的是,求解器所取的时间步长可能影响求解精度(这里 $\Delta \hat{t} = 5 \times 10^{-4}$)。

这时对吸合事件进行系统调试,采用线性化点数 $n_p = 120$,时间等间隔,并且在每一步生成一个阶数 $n_r = 10$ 的 $\boldsymbol{V}_{n_p}$ 投影矩阵来构造 TPWL 近似。通过聚集 $\boldsymbol{V}_{n_p}$ 矩阵并且执行具有冗余度 $\epsilon_D = 10^{-3}$ 的 SVD 曲面正交化,获得了浓缩的投影矩阵 $\boldsymbol{V}$,所获得的投影矩阵阶数 $n_r = 14$。

11.6 结果与讨论

图 11.11 中清楚地显示了 TPWL 降阶模型可以有效地跟踪吸合事件。与全

阶 FDM 解决方案以及 FEM 参考解决方案相比，在吸合时间上存在一点小差异，归根到底，这是由于采用的线性化点数和求解的时间步长所引起的。可以考虑开展优化 s 参数和时间步长的研究。正如预料的那样，线性降阶系统无法描述器件的非线性动态特性。

对于 $\lambda = 0.2 \cdot \lambda_{Spi}$ 的情况（图 11.11(b)），TPWL 和线性降阶模型都能成功地表示器件的动态特性，显而易见，这是因为在该实验的平板位移中，非线性并非起重要作用。相反地，当使 $\lambda = 0.8 \cdot \lambda_{Spi}$ 时（图 11.12(a)），线性降阶模型不能再现微板响应，而通过 TPWL 方法可以得到好的结果。关于这个实例，仿真加速到约为完整模型的 $35\% \sim 40\%$。然而，需要指出的是，仿真速度慢下来是因为选择了大量的线性化点，需要时间去构建负载向量。一种选择线性化点数的改进策略是从减少线性化模型的数量考虑，从而进一步减少仿真时间。

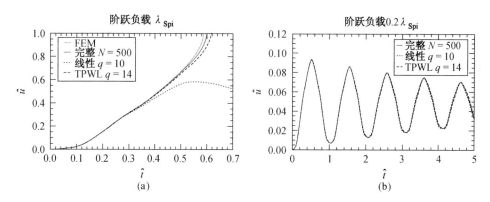

图 11.11 （a）施加阶跃负载 $\lambda = \lambda_{Spi}$ 的动态吸合事件。完整非线性模型、降阶 TPWL 模型（对于 λ_{Spi} 的调试）、降阶线性模型的比较。FE 仿真结果来源于 Bertarelli 等人的工作[56]。（b）施加阶跃负载 $\lambda = 0.2 \cdot \lambda_{Spi}$ 的结构响应。

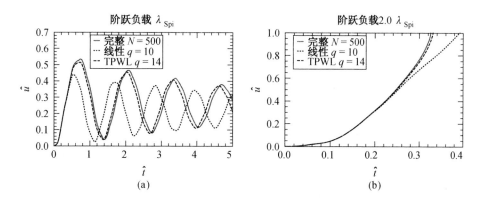

图 11.12 施加阶跃负载 $\lambda = 0.8 \cdot \lambda_{Spi}$（a）和 $\lambda = 2.0 \cdot \lambda_{Spi}$（b）的结构响应。完整非线性模型、降阶 TPWL 模型（对于 λ_{Spi} 的调试）、降阶线性模型的比较（对于 λ_{Spi} 的调试）。

在图 11.12(b)中,给出了由施加负载 $\lambda = 2.0 \cdot \lambda_{Spi}$ 所触发的吸合事件仿真结果。类似于前面的实例,TPWL 模型再现了动态吸合事件,而线性降阶系统的结果是欠佳的。值得注意的是,通过对吸合事件所进行的调试,生成了一个分段线性化系统,该系统可以适应各种输入。从物理角度看,我们得到了在线性化模型覆盖状态空间范围内的系统轨迹。

最后要指出,对于 $\lambda = 0.8 \cdot \lambda_{Spi}$ 的情况,在吸合点之下生成一个 TPWL 模型,该模型可以很好地表示精确加载条件(图11.13(a)),即使这样,仍不能描述 $\lambda = \lambda_{Spi}$ 下的吸合事件(图 11.13(b))。

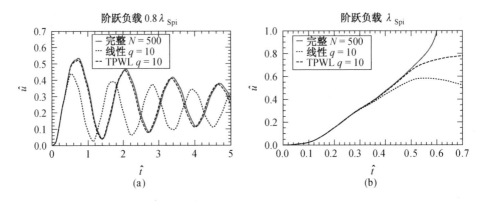

图 11.13   对于 $\lambda = 0.8 \cdot \lambda_{Spi}$ 的降阶 TPWL 模型调试。施加阶跃负载 $\lambda = 0.8 \cdot \lambda_{Spi}$ (a)和 $\lambda = \lambda_{Spi}$ (b)的结构响应。

11.7   总结

在将复杂系统用更小和更快求解的系统近似方面,非线性 MOR 技术具有较大的优势,即使是在静电驱动情况中也是一样。

模型降阶表明,由于假设在任何情况下都可以进行降阶,所以由此得到的一组轨迹就有一些限制。例如,悬臂梁的换能器模型不允许表示侧向运动,电容器极板不允许倾斜运动;多项式展开的有效性在接近吸合时失效;多项式方法受到所产生的稠密多维矩阵规模快速增长的限制;TPWL 降阶模型的有效性在偏离调试轨迹后失效等等。然而,由于粘连效应,许多 MEMS 器件在设计时都有一个吸合点处的最小间隙,并且器件沿着非常有限的路径工作,所以尽管这些模型有其局限性,但仍能使设计者缩短设计周期或创建基于模型的控制器,这使设计者能够借助器件的快速求解行为模型观察器件的位移,从而丰富他们的知识。对鲁棒自动 MOR 系统,误差估算更受关注。基于控制理论的新成果将有望提供这种重要的模块。

致谢:非常感谢 DFG 和欧盟在过去十多年对研究工作的支持,特别感谢

"MST-Compact"（KO-1883/6）和"Paramkompakt"（KO-1883/8）课题以及合作研究中心 499（SFB499）所属的"金属和陶瓷材料微组件成型的开发、生产和质量保证"部门。我们同时还要感谢多年来行业与大学校园合作伙伴富有成效的合作，特别是和 IBM 苏黎世研究室的 Christoph Hagleitner 博士的愉快合作。最后，非常感谢审阅本章的编辑们所提供的帮助。

参考文献

1. Wautelet，M.（2001）Eur. J. Phys.，22，601-611.

2. Wautelet，M.（2007）Eur. J. Phys.，28，953-959.

3. Ko，W.（2007）Sens. Actuators，A：Phys.，136，62-67.

4. Woias，P.（2005）Sens. Actuat，B：Chem.，105，28-38.

5. Korvink，J. G. and Paul，O.（eds）（2006）MEMS：A Practical Guide to Design，Analysis，and Applications，William Andrew Publishing，Springer.

6. Wang，W. and Soper，S. A.（2007）Bio-MEMS：Technologies and Applications，CRC Press.

7. Rudnyi，E. B. and Korvink，J. G.（2002）Sensors Update，11（1），3-33.

8. Lienemann，J.，Korvink，J. G.，Hagleitner，C.，and Rothuizen，H.（2007）Nonlinear model order reduction of electrostatically actuated mems cantilever. Proceedings of the 3rd International Conference on Structural Engineering，Mechanics and Computation，SEMC，pp. 449-454.

9. Antoulas，A. C.（2005）Approximation of Large-Scale Dynamical Systems，No. 6 in Advances in Design and Control，SIAM.

10. Lienemann，J.，Rudnyi，E. B.，and Korvink，J. G.（2006）Linear Algebra Appl.，415（2-3），469-498.

11. Proceedings ANSYS Conference & 27th CADFEM Users' Meeting，Leipzig，Germany（2009）.

12. Benner，P. and Saak，J.（2011）Math. Comput. Modell. Dyn. Syst.，17（2），123-143.

13. Baur，U.，Benner，P.，Greiner，A.，Korvink，J. G.，Lienemann，J.，and Moosmann，C.（2011）Math. Comput. Modell. Dyn. Syst.，17（4），297-317.

14. Rochus，V.（2006）Finite element modeling of strong electro-mechanical coupling in MEMS. PhD thesis. Universite de Liège.

15. Phillips，J. R.（2003）IEEE Trans. Comput. Aided Design，22，171-187.

16. Rewienski，M. and White，J.（2003）IEEE Trans. Comput. Aided Design，22，155-170.

17. Gad-el-Hak，M.（1999）J. Fluid Eng.，121（5），5-33.

18. Sagi，H.，Zhao，Y.，and Wereley，S. T.（2004）J. Vac. Sci. Technol.，22（5），1992-1999. doi: 10.1116/1.1776181.

19. Gyimesi，M. and Ostergaard，D.（1999）Electro-mechanical capacitor element for MEMS analysis in ANSYS. Proceedings MSM，Puerto Rico，pp. 270-273.

20. Avdeev，I.（2003）New formulation for finite element modeling electrostatically driven microelectromechanical systems. PhD thesis. University of Pittsburg，USA.

21. Rochus，V.，Kerschen，G.，and Golinval，J. C.（2005）Dynamic analysis of the nonlinear behavior of capacitive MEMS using the finite element formulation. Proceedings ASME IDETC.

22. Hagleitner，C.，Bonaccio，T.，Rothuizen，H.，Wiesmann，D.，Lienemann，J.，Korvink，J. G.，Cherubini，G.，and Eleftheriou，E.（2006）Modeling，design，and verification for the analog front-end of a MEMS-based parallel scanning-probe storage device，in Proceedings IEEE CICC，IEEE，San Jose，CA.

23. Bai，Z. J. and Su，Y.（2005）SIAM J. Matrix Anal. A，26（3），640-659.

24. Beattie，C. A. and Gugercin，S.（2005）Krylov-based model reduction of second-order systems with proportional damping. Proceedings 44th CDC/ECC，p. 2278-2283. Seville，Spain.

25. Rudnyi, E. B. , Lienemann, J. , Greiner, A. , and Korvink, J. G. （2004）mor4ansys: generating compact models directly from ANSYS models. Proceedings Nanotech, vol. 2, pp. 279–282. Bosten, MA.

26. Su, T. J. , Craig, J. , and Roy, R. （1991）J. Guidance, 14 (2), 260–267.

27. Häggblad, B. and Eriksson, L. （1993）Comput. Struct. , 47, 4/5.

28. Shi, G. , Hu, B. , and Shi, C. J. R. （2006）IEEE Trans. Comput. Aided Design, 25 (7), 1257–1272.

29. Moore, B. C. （1981）IEEE Trans. Automat. Contr. , AC-26 (1), 17–32.

30. Willcox, K. E. and Peraire, J. （2002）AIAA J. , 40 (11), 2323.

31. Yousefi, A. and Lohmann, B. （2004）Balancing & optimization for order reduction of nonlinear systems. Proceedings American Control Conference, vol. 1, Boston, MA, pp. 108–112.

32. Kerschen, G. , Golinval, J. C. , and Worden, K. （2001）J. Sound Vibrat. , 244 (4), 597–613.

33. Phillips, J. R. （2000）Projection frameworks for model reduction of weakly nonlinear systems. Proceedings IEEE/ACM DAC, 2, pp. 184–189.

34. Chen, J. , Kang, S. M. S. , Zou, J. , Liu, C. , and Schutt-Ain'e, J. E. （2004）J. Microelectromech. Syst. , 13 (3), 441–451.

35. Li, P. and Pileggi, L. T. （2003）NORM: compact model order reduction of weakly nonlinear systems. Proceedings IEEE/ACM DAC, San Diego, CA, pp. 472–477.

36. Troch, I. , Müller, P. C. , and Fasol, K. H. （1992）Modellreduktion für Simulation und Reglerentwurf. at – Automatisierungstechnik 40(2/3/4), 45–53/93–99/132–141.

37. Gunupudi, P. K. and Nakhla, M. S. （2001）IEEE Trans. Adv. Pack. , 24 (3), 317–325.

38. Liang, Y. C. , Lin, W. Z. , Lee, H. P. , Lim, S. P. , Lee, K. H. , and Feng, D. P. （2001）J. Micromech. Microeng. , 11 (3), 226–233.

39. Tay, F. E. H. , Ongkodjojo, A. , and Liang, Y. C. （2001）Microsyst. Technol. , 7 (3), 120–136.

40. Gabbay, L. D. , Mehner, J. E. , and Senturia, S. D. （2000）J. Microelectromech. Syst. , 9 (2), 262–269.

41. Chen, Y. and White, J. （2000）A quadratic method for nonlinear model order reduction.

42. Bai, Z. J. （2002）Appl. Numer. Math. , 43, 9–44.

43. Antoulas, A. C. and Sorensen, D. C. （2001）Approximation of large-scale dynamical systems: An overview, Technical report, Rice University.

44. Kryder, M. H. （2005）Magnetic recording beyond the superparamagnetic limit. Proceedings INTERMAG, p. 575. doi: 10. 1109/INTMAG. 2000. 872350.

45. Vettiger, P. , Despont, M. , Drechsler, U. , Dürig, U. , Häberle, W. , Lutwyche, M. I. , Rothuizen, H. E. , Stutz, R. , Widmer, R. , and Binnig, G. K. （2000）IBM J. Res. Dev. , 44 (3), 323–340.

46. Pozidis, H. , Häberle, W. , Wiesmann, D. , Drechsler, U. , Despont, M. , Albrecht, T. R. , and Eleftheriou, E. （2004）IEEE Trans. Magn. , 40 (4), 2531–2536. doi: 10. 1109/TMAG. 2004. 830470.

47. Hagleitner, C. , Bonaccio, T. , Rothuizen, H. , Lienemann, J. , Wiesmann, D. , Cherubini, G. , Korvink, J. , and Eleftheriou, E. （2007）IEEE J. Solid-State Circ. , 42 (8), 1779–1789.

48. Rübenkönig, O. and Korvink, J. G. IMTEK Mathematica Supplement （IMS）, http://portal. uni-freiburg. de/ imteksimulation/ downloads/ims.

49. Iverson, B. and Garimella, S. （2008）Microfluid. Nanofluid. , 5, 145–174.

50. Zhang, C. , Xing, D. , and Li, Y. （2007）Biotechnol. Adv. , 25, 483–514.

51. Nisar, A. , Afzulpurkar, N. , Mahaisavariya, B. , and Tuantranont, A. （2008）Sens. Actuators, B, 5, 145–174.

52. Garimella, S. , Singhal, V. , and Liu, D. （2006）On-chip thermal management with microchannel heat sinks and integrated micropumps. Proceedings of the IEEE, vol. 94, pp. 1534–1548.

53. Zengerle, R. , Richter, A. , and Sandmaier, H. （1992）A micro membrane pump with electrostatic actuation. Proceedings of the IEEE Micro Electro Mechanical Systems （MEMS）92, Travemünde, Germany, pp. 19–24.

54. Bertarelli, E. , Ardito, R. , and Corigliano, A. （2011）Electrostatic diaphragm micropump electro-fluid-mechanical simulation. Proceedings MSM, San Diego, CA, pp. 477–480.

11 MEMS 静电执行器的线性和非线性模型降阶

251

Coupled Problems 2011, Rhodes, Greece.

55. Bertarelli, E., Ardito, R., Greiner, A., Korvink, J., and Corigliano, A. (2011) Design issues in electrostatic microplate actuators: device stability and post pull-in behaviour. Proceedings EuroSimE 2011. Lienz.

56. Bertarelli, E., Ardito, A., Corigliano, G., and Contro, R. (2011) Int. J. Appl. Mech., 3, 1-19.

57. Bertarelli, E., Corigliano, A., Greiner, A., and Korvink, J. (2011) Microsyst. Technol., 17, 165-173.

58. Timoshenko, S. and Woinowsky-Krieger, S. (1959) Theory of Plates and Shells, 2nd edn, McGraw-Hill International Editions.

59. Pelesko, J. A. and Chen, X. Y. (2003) J.

Electrostat., 57, 1-12.

60. Batra, R. C., Spinello, D., and Porfiri, M. (2007) Advances in Multiphysics Simulation and Experimental Testing of MEMS, chap. Pull-in instability in electrostatically actuated MEMS due to Coulomb and Casimir forces, Imperial College Press.

61. Leissa, A. W. (1959) Vibration of Plates, National Aeronautics and Space Administration (NASA), Washington, DC.

62. Chakraverty, S. (2009) Vibration of Plates, CRC Press, Taylor and Francis Group, London.

63. De Silva, C. (2007) Vibration Damping, Control, and Design, CRC Press, Taylor and Francis Group, London.

12 基于模态叠加的 MEMS 陀螺仪非线性模型降阶

Jan Mehner

12.1 引言

传感器设计的目标是为了得到适当形状的元件以及 MEMS 的结构尺寸,它们在给定的工作与环境条件下满足所有的要求。一般而言,设计过程从概念设计阶段开始,对几种布局进行评估和优化。概念设计通常基于集总单元模型,而这些来源于工程学科所涉及的基本物理背景。因为集总单元模型直接采用数学函数表示,因此设计优化能够在最短的时间内完成并具有合理的精度。所得到的结果源于初步结构尺寸所形成的优选布局和相关的物理参数。

在其后的元件设计阶段再详细研究优选布局。元件设计通常是基于有限元或边界元方法(FEM/BEM),这些方法能够捕捉具有更高精度的物理行为。它们有两个主要的优点:基于 FEM/BEM 的元件模型不限于刚体近似(它们能捕捉质量块和锚区固有的弹性弯曲),并且它们允许结构细节没有适合的解析解存在(梳齿结构中梳齿的静电边缘场,穿孔平板的粘滞阻尼)。在实践中,利用 FEM/BEM 的新特性,优选布局的模型精度得到很大程度改善和增强。除了基本的传感行为,设计者可以在制造设计原型前,评估传感器的重要性能参数,如分辨率、线性、带宽、交叉干扰以及可靠性问题等。不幸的是,FEM/BEM 仿真通常非常耗时。

模型降阶过程主要关注于减少元件模型的计算时间。事实上,为了评估公差、工艺变化、相关材料特性分布、传感器工作环境条件的变化以及制造成品率等因素的影响,在 MEMS 产品发布之前必须进行数千次的蒙特卡罗仿真。在瞬态分析中,为了评估传感器及其与电子电路或控制器单元交互时间,仿真运行经常需要成百上千的时间步长。可以接受的仿真成本是毫秒级的时间步长,这对于普通 FEM/BEM 模型是很困难的。除了效率之外,MOR 技术还允许设计者将控制方程转化为几种设计语言,例如 Matlab/Simulink、VHDL、Verilog-A 等,这些都必须与传感器单元和电路或控制器单元连接在一起。

MEMS MOR 的最终目标是提供一种快速提取传感器动态模型的自动化过

程,这些模型能够直接插入到系统设计环境并且具有一定的速度和精度,该速度可以从集总单元模型获知,而精度则可以从 FEM/BEM 表示获知[1]。一般而言,降阶传感器模型能够通过电压-电流端口与电路模型衔接,通过力-位移端口(例如,防粘附效应止挡块)与机械能域子模型衔接,与封装模型衔接以获取温度、应力、应力梯度等对性能的影响。对于惯性传感器,典型的输入负载数据是加速度向量和角速度。有利于系统调试的辅助输出数据是电容值或状态变量(图 12.1)。

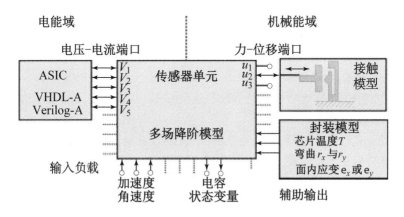

图 12.1　系统仿真环境中降阶模型的示意图。

12.2　采用模态叠加的模型降阶

计算力学中 MOR 的常见方法是模态叠加(MSUP)。MSUP 的核心思想是:在任何负载情况下,与无阻尼系统的最小特征值相对应,通过叠加特征向量或模态振型来表示机械变形状态。大型 FEM/BEM 矩阵在动态仿真中可达到数以千计的自由度(DOF),MSUP 表示相同的模型且达到几乎相同的精度,MSUP 仅利用了几十个模态 DOF,这些模态 DOF 也被称为特征向量的模态坐标或权重因子。MSUP 技术是线性力学技术发展的最新水平并且已经延伸到耦合物理能域以及一些非线性效应类型[2]。

12.3　MEMS 案例:振动陀螺仪

图 11.2 所示的振动陀螺仪演示了 MSUP 技术在 MEMS 建模和仿真中的优势。左右两个敏感单元均是由两个可动框架组成,沿 x 方向两个框架以反相振动模式驱动(驱动模式)。角速度轴是垂直于面的 z 方向。因此,垂直作用的科里奥利力沿 y 轴方向(敏感方向),利用内部框架的电容变化进行检测。基于这样的设

计概念,可指定陀螺仪的基本物理参数,右侧敏感单元的力学行为可以由下式定义:

$$
\begin{bmatrix} M_x & 0 \\ 0 & M_y \end{bmatrix} \begin{bmatrix} \ddot{x} \\ \ddot{y} \end{bmatrix} + \begin{bmatrix} D_x & 0 \\ 0 & D_y \end{bmatrix} \begin{bmatrix} \dot{x} \\ \dot{y} \end{bmatrix} + \begin{bmatrix} K_x & 0 \\ 0 & K_y \end{bmatrix} \begin{bmatrix} x \\ y \end{bmatrix}
$$
$$
= \begin{bmatrix} F_x \\ 0 \end{bmatrix} + \begin{bmatrix} +2M_y\Omega_z\dot{y} \\ -2M_x\Omega_z\dot{x} \end{bmatrix} \tag{12.1}
$$

式中,M_x 和 M_y 是 x 方向(内部和外部框架)和 y 方向(仅内部框架)的有效质量,D_x 和 D_y 是相关方向的阻尼,K_x 和 K_y 是刚度系数,F_x 是产生驱动的静电力,Ω_z 是待测角速度。状态向量分量 (x,y) 表示特定坐标系的机械位移。式(12.1)描述了理想情况(元件形状精确对称没有任何偏差)并且允许设计者评估陀螺仪的基本特性,如信号输出或带宽等。

实际上,诸如尺寸公差、静电边缘场、射流耦合、机械应力等问题都会引起各运动 DOF 间的相互干扰。最重要的是驱动所产生的运动与敏感运动之间的相互作用,可能导致式(12.1)中矩阵的非零非对角线项。此外,弹簧的非对称刻蚀剖面以及作用于梳齿单元的静电悬浮力将引起离面运动,并且倾斜度同样影响陀螺仪的性能。作为详细研究,需量化各结构单元之间的交叉干扰,对所有运动体都应该基于 6 个 DOF(刚体假设)进行建模。

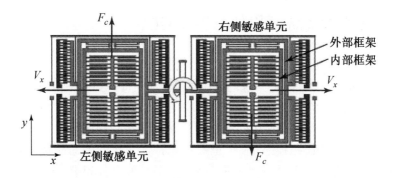

图 12.2 用于检测 z 轴速率的振动音叉陀螺仪的简化模型。

质量块和锚区的柔性弯曲引起的变形状态以及质量块或弹簧的高阶扭曲模式是传感器的可能工作区域,能够反映所有结构单元真实柔性性质的只有全 3D FEM/BEM 仿真。幸运的是,基于 MSUP 的 MOR 方法保持了大部分 FEM/BEM 模型的精度。在最简单情况下,可以建立两模式模型,分别表示驱动和敏感模式。相对于刚体表示,驱动和敏感模式不在同一方向运动,如果结构缺陷已在原始的 FEM/BEM 模型中定义,则振型本质上是反映了 x 方向和 y

方向运动以及离面和倾斜运动的机械耦合。缺陷被映射到特征向量并且出现在控制方程右边的负载项中。当然,进一步的模式通常都会被添加到降阶模型以改善精度,但是由于陀螺仪工作在近似谐振状态(高 Q 系统),所以它们的贡献很小。即使对于非谐振惯性传感器(如三轴角速度计),很少的振型也足以正确地反映静态和动态响应。

12.4　非线性模型降阶流程图

降阶模型直接来源于 FEM/BEM 表示,具有用户定义的 FEM/BEM 模型中所指定的性能、潜在的局限性以及精度。

通常,降阶模型建模过程包括三个主要的阶段,即生成、使用、扩展。

1) 对于 MOR,生成阶段是一个自动过程。第一步,利用 APDL 脚本(ANSYS 参数化设计语言)从 FEM 数据库提取基本的物理数据。第二步,利用 C++脚本将降阶模型所必需的方程转换为不同的描述语言,例如 Matlab/Simuling,VHDL 或 Verilog-A。

2) 使用阶段覆盖了将降阶模型作为系统设计工具所需要的所有仿真。通过电压-电流端口,将传感器模型和电子元件或控制单元衔接起来。能够施加诸如角速度、加速度负载或热应力等外部负载,并可叠加这些负载以评估陀螺仪的性能。在系统设计环境中,在指定的兴趣点(称为主节点)能够观察到机械位移。

3) 在扩展阶段,将使用阶段所获得的模态坐标反变换为有限元(FE)模型的全阶状态向量。为了产生连续 3D 动画或者执行可靠性研究所需要的临界负载情况下 FEM 应力计算,都需要监控整个微结构的结构响应,而全阶状态向量是必需的。

降阶模型表示给定 FE 数据库的物理行为。近来,MOR 方法已经扩展到用于获取一组直接影响 FE 模型的全局设计参数,这被称为参数化模型降阶(PMOR)。对于系统矩阵线性地依赖参数的情况,在第 9 章中已经解释并引用了 PMOR 的思想。对于系统矩阵不是线性地依赖参数的情况,可变全局设计参数的几个降阶模型在生成阶段提取。在使用阶段,在系统仿真开始前,全局设计参数的几个特定值必需设置。根据指定的参数,通过对生成阶段得到的所有系统矩阵系数进行插值,生成了一个特定的降阶模型。因为随后的插值过程很快并且导出降阶模型的开销与非参数化情况相同,对计算效率的影响较小。全局设计参数通常是尺寸公差(例如刻蚀或厚度偏差)或者是封装影响,例如曲率半径或者相关锚区的变化。

FE 模型加载到 ANSYS 数据库后,为了计算适合于投影矩阵的一组特征向量,必须执行预应力模态分析。特殊算法帮助设计者选择特征向量的一个子集,其通常最好地映射了负载情况[3]。下一步是对于主节点上的节点力以及体负载计算模态负载向量,体负载可以是加速度、角速度或其他用户定义的负载。遵循对于物理特性的数据采样,在全阶 FE 模型中这些物理特性随着结构位移而发生变化。基本特性是静电能域的电容、流体能域的阻尼系数或者是机械应力刚化效应的应变能值等。

例如,为了定义多元电容-行程函数,电容必须在特征向量的几个线性组合处确定,这里行程应理解为模态坐标。获得的电容-行程函数是定义导体的电压-电流关系以及作用于模式的静电力所必需的。最后,降阶模型以采用的系统设计语言输出(图 12.3)。

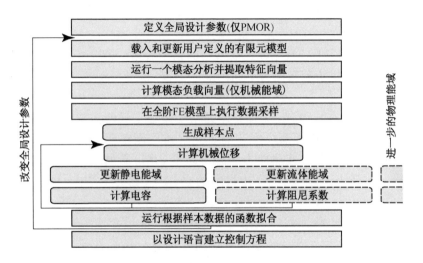

图 12.3 降阶模型生成过程的流程图。

12.5   模态叠加技术的理论背景

12.5.1   线性力学系统

采用 MSUP 技术分析线性力学系统有着悠久的历史。MSUP 利用 m 个最低的特征向量作为形状函数以表示在谐波或瞬态分析中的形变状态。全阶 FE 矩阵表示被转换为一组较小的非耦合方程,它表示了在给定负载情况下的模态坐标[4]。在时域中,控制方程变为

$$\begin{bmatrix} 1 & 0 & \cdots & 0 \\ 0 & 1 & \cdots & 0 \\ \vdots & \vdots & \ddots & \vdots \\ 0 & 0 & \cdots & 1 \end{bmatrix} \begin{bmatrix} \ddot{q}_1 \\ \ddot{q}_2 \\ \vdots \\ \ddot{q}_m \end{bmatrix} + \begin{bmatrix} 2\xi_1\omega_1 & 0 & \cdots & 0 \\ 0 & 2\xi_2\omega_2 & \cdots & 0 \\ \vdots & \vdots & \ddots & \vdots \\ 0 & 0 & \cdots & 2\xi_m\omega_m \end{bmatrix} \begin{bmatrix} \dot{q}_1 \\ \dot{q}_2 \\ \vdots \\ \dot{q}_m \end{bmatrix} +$$

$$\begin{bmatrix} \omega_1^2 & 0 & \cdots & 0 \\ 0 & \omega_2^2 & \cdots & 0 \\ \vdots & \vdots & \ddots & \vdots \\ 0 & 0 & \cdots & \omega_m^2 \end{bmatrix} \begin{bmatrix} q_1 \\ q_1 \\ \vdots \\ q_m \end{bmatrix} = \begin{bmatrix} f_1 \\ f_2 \\ \vdots \\ f_m \end{bmatrix} \tag{12.2}$$

$$f_k = \phi_k^{\mathrm{T}} F \tag{12.3}$$

式中，ω_k 是圆周特征频率，ξ_k 是模态阻尼比，f_k 是模态力，q_k 是降阶模型中模式 k 的模态坐标。作用于模式 k 的模态力是特征向量 ϕ_k 和 FE 节点力向量 F 的标量乘积，其取决于外部负载（式（12.3））。

$$u = \sum_{k=1}^{m} \phi_k q_k \tag{12.4}$$

在解决模态子空间问题之后，获得的模态坐标必须将模态坐标 q_k 的和（叠加）乘以降阶模型的相应特征向量（式（12.4））转换为真正的 FE 位移向量 u。

定义基于 MSUP 的 MOR 控制方程所需的所有信息，可以通过 FE 模态分析的结果得到。基本数据只是最低的特征频率和相应的特征向量。特别是，节点力和结构位移只是在使用阶段去评估所谓的主节点，这限制了特征向量系数的数量。实际上，这些系数本来必须传递到 MOR 数据库。在 FEM 模型任何其他位置处的位移只在一些特殊设计任务中才需要（例如应力分析），这些位移可以在更耗时的扩展阶段中计算。

应该指出的是，式（12.2）的阻尼矩阵并不是直接与机械能域相关。在 MEMS 中，阻尼主要是由周围流体（例如空气或氮气）中的能量耗散所造成，这可以通过压膜阻尼和滑膜阻尼理论推导出[5]。参考文献[6]已报道了可以从 FE 流体流动仿真中提取阻尼系数并将 FEM 结果转换为 MOR 的模态阻尼。本质上，模态分解提供了一种数值算法，允许设计者为每个模式单独分配阻尼比，这对设计优化非常重要。相比之下，全阶 FE 模型的阻尼矩阵通常基于瑞利阻尼（α-β 阻尼）方式，其只能在两个特征频率处指定阻尼。

从理论观点看，特征向量仅仅是质量和刚度矩阵的正交。一般而言，在转换到模态子空间后，任意的阻尼矩阵转变为非对角线项。同样的效应也发生于一些与模态速度相关的负载情况，例如陀螺仪中和角速度相关的科里奥利力。科里奥利力将能量从驱动模式转移到敏感模式,显然在模态表示中模式变成了耦合的模式。然而机电系统的非线性交互也同样创建了模式耦合。由于求解的方程数量较少,耦合项对计算效率的影响无关紧要。

12.5.2 电容传感器的非线性机电交互和体负载

电容式 MEMS 的机电交互本质上是非线性的,因为静电力是电压的抛物线函数并且强烈依赖于位移。线性化的模型不能捕获重要的效应,例如吸合、板状电容器的滞后释放或者静电软化等,而这些效应广泛应用于振动传感器、微镜、振动陀螺仪的频率调谐[7]。

基于 MSUP 的 MOR 优点是明显的,因为能够对机械能域的每一个相关模式以单一的方程表示,并且对静电能域的每一个导体也是如此。总体而言,差分方程的数量能够降到只有几十个,但会出现耦合项,这是因为在式(12.5)右边的挠度/速度与负载有关。机械能域采用下式定义

$$\ddot{q}_k + 2\xi_k\omega_k\dot{q}_k + \omega_k^2 q_k = \sum_r \frac{\partial C_{ij}(q)}{2\partial q_k}(V_i - V_j)^2 + \sum_s \phi_{k,s}F_s + \sum_t E^b(q, \dot{q})S_t$$

$$(12.5)$$

式中,右边的第一项定义了作用于模式的静电力,第二项定义了作用于主节点的节点力,第三项定义了作用于整个结构的体负载,如加速度和角速度。在静电域的每一个导体上的电压-电流关系定义为

$$I_i = \sum_r \left(\left(\sum_{k=1}^m \frac{\partial C_{ij}(q)}{\partial q_k}\dot{q}_k \right)(V_i - V_j) + C_{ij}(q)\left(\frac{\partial V_i}{\partial t} - \frac{\partial V_j}{\partial t} \right) \right) \quad (12.6)$$

式中,C_{ij} 是电容函数,其来源于数据样本和函数拟合;V_i 和 V_j 是相应导体上的电压;I_i 是导体的电流。主节点上的力 F_s 被简单地乘以 FE 节点 s 处模式 k 的特征向量系数 $\phi_{k,s}$。参数 E^b 也称为体负载贡献向量,其定义了一个单位体负载(例如,加速度、角速度)激励了多少单项模式。在使用阶段,与时间相关的体负载被乘以比例因子 S_t,它把示例文件的电流负载情况映射到降阶模型的方程。体负载贡献向量或矩阵可能取决于模态位移或模态速度,后者是发生于陀螺仪的角速度。

12.5.3 封装交互作用的参数化降阶模型

对于结构尺寸变化、锚区非零位移约束以及电容的固定导体位置变化等,需采用参数化降阶模型。通常,在结构公差的灵敏度分析以及为了评估衬底翘曲对传感器性能影响的封装交互作用仿真中,必须使用参数化 MOR。

图 12.4 显示了一个振动陀螺仪放大的形变状态。固定梳齿连接体和锚区按照衬底表面的弯曲线形变。在这种方式中,固定梳齿单元的外部是向下弯曲的。

可动质量块在 x 方向和 y 方向的行为是不同的。在 x 方向,锚区被大大地分开了,质量块则向相反方向倾斜。在 y 方向,锚区靠向中心,质量块则静止在水平位置。

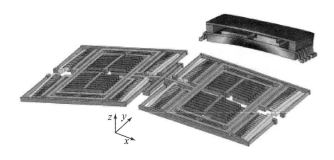

图 12.4　封装翘曲的陀螺仪形变状态简化放大图。

锚区的位移约束引起悬挂弹簧中产生应力,其直接影响特征频率和特征向量。由于特征向量变化,必须对算法做三个重要的修改:第一,在图 12.3 中显示的 MOR 生成阶段,每个外循环中必须执行预应力模态分析;第二,固定导体的位置变化必须纳入电容数据采样;第三,由锚区移位引起的静态形变状态 u_{eq} 应叠加到从 MSUP 得到的位移中。因此,静态形变状态必须添加到式(12.4),以便计算主节点位移和扩展阶段的全阶 FEM。

12.6　降阶模型生成阶段的特定算法

12.6.1　用于模态叠加的体负载贡献向量提取

对于 MEMS 设计,典型的体负载是角速度、加速度以及用户定义的负载情况,如环境压力或热应力。体负载出现在式(12.5)的右边,和其他负载情况一致,其中包括了体负载贡献向量(或矩阵)以及在使用阶段中映射电流负载情况的比例因子。随后,在初始位置提取体负载贡献向量,这适合于 MEMS 应用。作为范例,降阶模型的模态体负载可以表示为

$$\begin{bmatrix} f_1^b \\ f_2^b \\ \vdots \\ f_m^b \end{bmatrix} = \begin{bmatrix} E_1^{ax} \\ E_2^{ax} \\ \vdots \\ E_m^{ax} \end{bmatrix} S_{ax} + \cdots + \begin{bmatrix} E_{1,1}^{cz} & E_{1,2}^{cz} & \cdots & E_{1,m}^{cz} \\ E_{2,1}^{cz} & E_{2,2}^{cz} & \cdots & E_{2,m}^{cz} \\ \vdots & \vdots & \ddots & \vdots \\ E_{m,1}^{cz} & E_{m,2}^{cz} & \cdots & E_{m,m}^{cz} \end{bmatrix} \begin{bmatrix} \dot{q}_1 \\ \dot{q}_2 \\ \vdots \\ \dot{q}_m \end{bmatrix} S_{cz} + \begin{bmatrix} E_1^u \\ E_2^u \\ \vdots \\ E_m^u \end{bmatrix} S_u + \cdots$$

$$(12.7)$$

表达式右边的第一项是沿 x 方向的加速度负载,第二项是绕 z 轴的因角速度而产生的科里奥利力,最后一项是任意用户定义的负载。

通常,模态力 f_k 是特征向量 $\boldsymbol{\phi}_k$ 和相关 FE 力向量 $\boldsymbol{F}$(式(12.3))的点积。特征向量和 FEM 力向量都能在 FE 节点评估或直接由 FE 评估。后者被称为惯性力,因为质量项主要是与单元相关而不是节点相关。

对于沿 x 方向的加速度,单元力向量等于单元质量乘以单位加速度负载(如 1 或 $9.81~\mathrm{ms}^{-2}$)。因此,体负载贡献因子可以按下式通过对单元数据求和来进行评估:

$$E_k^{\mathrm{a}x} = \sum_{i=1}^{\mathrm{elem}} \boldsymbol{\phi}_{k,\,i}^x M_i a_x \tag{12.8}$$

这里,$\boldsymbol{\phi}_{k,\,i}^x$ 是在 FE i 处特征向量 $\boldsymbol{\phi}_k$ 的 x 分量,M_i 是单元质量,a_x 是沿 x 方向的参照加速度负载。

绕 z 轴角速度形成的科里奥利力引入的 FE 力向量,沿 x 方向和 y 方向分别为

$$\boldsymbol{F}_x^{\mathrm{c}z} = +\,2\boldsymbol{M}\dot{\boldsymbol{y}}\Omega_z \tag{12.9}$$

$$\boldsymbol{F}_y^{\mathrm{c}z} = -\,2\boldsymbol{M}\dot{\boldsymbol{x}}\Omega_z \tag{12.10}$$

它们是质量向量 $\boldsymbol{M}$、单元速度向量、单位角速度 Ω_z(如 1 rad $\cdot$ s^{-1})的乘积。单元速度向量必须以所有 m 个特征向量的模态速度以及 x 方向和 y 方向的分量表示:

$$\dot{\boldsymbol{x}} = \sum_{j=1}^{m} \boldsymbol{\phi}_j^x \dot{q}_j \tag{12.11}$$

$$\dot{\boldsymbol{y}} = \sum_{j=1}^{m} \boldsymbol{\phi}_j^y \dot{q}_j \tag{12.12}$$

z 轴加速度的模态力变成两个标量之和,相应地,沿 x 方向(式(12.9))和沿 y 方向(式(12.10))的单元力向量是特征向量的 x 分量和 y 分量的乘积。由此,体负载贡献因子定义为

$$\boldsymbol{E}_{k,\,j}^{\mathrm{c}z} = \sum_{i=1}^{\mathrm{elem}} 2M_i (\phi_{k,\,i}^x \phi_{j,\,i}^y - \phi_{k,\,i}^y \phi_{j,\,i}^x) \tag{12.13}$$

这形成了具有零主对角线项($E_{k,\,k}^x$)的反对称矩阵 $\boldsymbol{E}^{\mathrm{c}z}$($E_{k,\,j}^{\mathrm{c}z} = -\,E_{j,\,k}^{\mathrm{c}z}$),$\boldsymbol{E}^{\mathrm{c}z}$ 被称为科里奥利矩阵或陀螺矩阵。

因为科里奥利矩阵与模态速度向量相乘,因此它们常常添加到式(12.2)左边的模态阻尼矩阵。类似的算法可以应用于任意的用户定义体负载(式(12.7)的最后一项)。

从 FEM 数据库中,可以直接得到所有提取体负载贡献因子所必需的数据,即

使对于陀螺仪的大型 FE 模型,在 PC 上的数据提取过程也仅需要数秒时间,这得益于由商业化 FE 软件工具所提供的强大向量运算(如在 ANSYS/Multiphysics^{TM} 中的*VGET,*VOPER)。必须传递到 MOR 数据库的参数总量对每种负载情况是 m 阶或 m^2 阶,其中 m 是采用的特征向量数。

12.6.2 梳齿单元连接体和板状电容器的电容提取

电容和模态坐标之间的关系完整地描述了电容传感器和执行器的机电相互作用。关于模态坐标的多元电容函数可以从数据采样和函数拟合过程得到,因此电容数据必须以特征向量的不同线性组合来确定,通过模态坐标进行定义。

需要指出的是,对 MEMS 设计,不同形状的梳齿单元电容器以及开孔和不开孔的板状电容器是必须的。导体之间的准均匀场能够通过基本数学术语所描述,一个优秀的边缘场近似是相当复杂的,但对于 MEMS 的精确行为模型又是至关重要的。

MOR 的电容提取能够按下列方法完成:

1) 解析方法:MEMS 的整体电容能够由几种基元叠加,如梳齿或板状电容的块。由于基元结构简单,分析电容-行程函数就可以利用基于静电场理论的刚体运动得到。为了计算 MEMS 整体电容,梳齿以及板状电容的柔性弯曲就必须考虑。所以,对给定的模态坐标处,每一个基元的局部位移状态需要解析地进行评估并且计算总电容。不幸的是,基元的解析模型往往并不足够精确。

2) 数值方法:整体结构的电容数据直接通过 FEM/BEM 仿真确定。第一步,通过位移约束,机械能域单元能够移动到需要的位置。第二步,从一系列准静态场的仿真可以提取互电容。FEM/BEM 仿真是高度精确的,但很耗时。

3) 混合方法:最有前景的电容数据提取方法是将数值和解析方法结合在一起。基元的电容-行程函数通过数据采样和函数拟合进行数值提取,整体电容则从单元的解析结果进行评估。混合方法为 MEMS 设计者所普遍接受。

图 12.5 说明了梳齿单元电容的数据采样过程。在 x 方向和 y 方向,解析模型

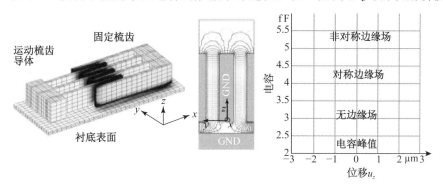

图 12.5 由数据采样与拟合得到的梳齿单元电容-行程函数。

与预期结果吻合得很好。困难主要发生在 z 方向的电容关系上,忽略边缘场的简单解析模型产生一个双线性电容-行程函数,其具有不连续的一阶偏导数,因此静电力在初值附近正负跳变并且瞬态仿真不收敛。相比之下,数值和混合模型可以精确地反映运动梳齿顶部和底部的对称和非对称边缘场。非对称边缘场使电容峰值向右移动并且引起与电压相关的 z 轴方向的力,该力使梳齿单元产生离面运动(悬浮效应)。悬浮力的量化对评估振动陀螺仪和其他传感器产品的分辨率是必不可少的。

12.6.3　多元电容的数据采样和函数拟合步骤

由于要得到令人满意的精度所需的数据样本数目过大,因此多元电容方程的数据采样和函数拟合具有挑战性。例如,采用 n 阶拉格朗日多项式表示一个具有 m 个模式的电容函数时需要 $(n+1)^m$ 个样本,这在实际应用中是无法接受的。

当然,在计算数学领域对于大规模系统的数据回归已有一些新的算法,但每个人都应该记住,大多数的电子设计工具既不支持复杂的数学函数也不支持向量或矩阵运算。

幸运的是,有一些物理和工程技术来改善数据采样和函数拟合效率。MEMS的设计评估表明,在运算期间仅少数几个模式振幅比较明显,其他一些对形变状态有贡献模式的模态坐标很小。因此,第一组模式称为主导模式,第二组称为相关模式[10]。多项式系数的统计评估表明,相关模式行为具有较好的线性特征,相关模式间的相互作用可以忽略(零耦合项)。相比之下,主导模式的电容-行程关系必须通过高阶的多项式来描述,因为它们具有非线性特质。在主导模式间以及主导模式和相关模式间表现出明显的相互作用(非零耦合项)。

考虑到上述方面,必须定义样本点的数量和位置,通常在主导模式的工作区间采样 5 到 9 个点。一般而言,为了正确地计算关于模态坐标的电容一阶和二阶偏导数,相关模式需要精确地采集三个样本。对于惯性传感器,例如像振动陀螺仪,通常有两个主导模式(驱动和敏感模式),5~10 个相关模式对高精度的 MOR 结果有贡献。总的样本数 S 可以采用下式计算:

$$S = (1 + 2M_R)N_D^{M_D} \tag{12.14}$$

式中,M_D 是主导模式的数量,M_R 是相关模式的数量,N_D 是主导模式的样本数。方程(12.14)反映了这样一个事实,即在每个主导模式样本处,所有相关模式变化 $\pm \Delta q_i$。通常,对于大多数应用,50~500 个样本就足够了,使用混合方法在 PC 上只要几分钟就能完成提取。

电容式传感器的工作原理基于运动相关的电容变化,这既可以通过改变电容极板间距实现，也可以通过极板的重叠面积变化实现。因此，电容-行程函数成为分子和分母项，通常为有理函数[11]。与拉格朗日多项式相比，有理多项式（有理系数的多项式）本身能够映射极点。然而，实际使用有理多项式是复杂的，因为对于多元函数，分数项的阶数很难确定。如果分母项的阶数大于需要，则在传感器的工作范围内出现不切实际的极点（图 12.6(a)）。因为在样本处 FE 网格的改变，电容样本数据的散射导致了这种负面影响。因此，更稳定的拉格朗日多项式被用于基于最小二乘法的数据回归。在使用阶段多项式的阶数很容易被改变，相对于降阶模型的精度，应注意数据采集的速度。例如，高阶多项式描述大位移（大信号情况）下的非线性电容变化，从闭环传感器应用（小信号情况）可知，对于在工作点处的小位移，低阶多项式就足够了。

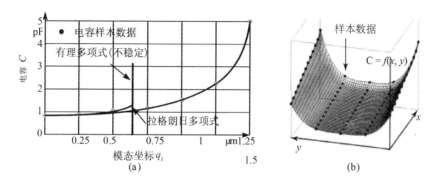

图 12.6 (a) 板状电容器的拟合函数（具有不稳定性）；(b) 梳齿电容器的拟合函数。

12.7 基于模态叠加的 MEMS 系统仿真

12.7.1 采用 Matlab/Simulink 进行振动陀螺仪的行为分析

Matlab/Simulink 的降阶模型是基于信号流图的。由基尔霍夫网络可知双向的电压-电流关系必须分离为单一的输入和输出信号，电压通常被认为是输入，而电流则为输出。诸如电阻这样的电子器件不能直接连接到电压端口，而是利用反馈环路对电压降正确地建模。因此，信号流图对于电子设计并不适合，反之，在控制器设计和系统仿真中信号流图是首选的设计描述。

图 12.7 显示了一个陀螺仪的降阶仿真例子，中心处的降阶模型主要基于式(12.5)和(12.6)，模型连接的输入数据端位于左边，输出数据端则在右边。降阶模型的控制方程既可以采用基于"s-functions"的计算机语言（Matlab，C＋＋，Fortran）编写，也可以采用标准的 Simulink 库单元表示，这两种宏模型的优缺点取

决于应用要求。总而言之,有两个显著的特点:

1) Matlab/Simulink 模型可以从 MOR 数据库自动生成。

2) MOR 模型有效而精确。在 PC 上的瞬态仿真中,对于每个时间步长,典型的仿真开销不到几个毫秒。

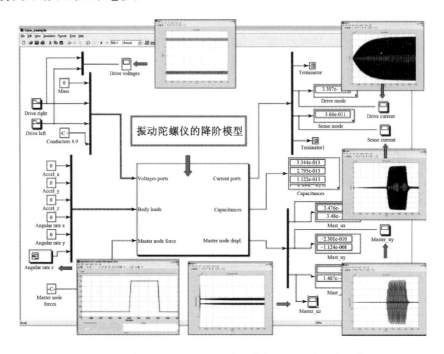

图 12.7　在 Matlab/Simulink 中陀螺仪 MOR 的系统仿真

系统仿真的目的是研究和优化换能器在不同负载情况下的性能。图 12.7 中的电压端口主要用于施加驱动和敏感电压。结合控制器单元,施加额外的电压信号可进行频率调谐、闭环陀螺仪的力反馈以及正交补偿。

陀螺仪的角速度必须加在体负载端口。除了准静态负载情况外,为了评估带宽或为了测量传感器的稳定时间,设计师可以设定啁啾信号。此外,加速度负载可以和角速度叠加,以量化被称为加速度灵敏度的漂移效应。

在主节点上,主要输出信号是所有空间方向的位移。因此,为了监控驱动和敏感运动元件,几个主节点通常都设置在内部和外部框架上。应该注意的是,MOR 模型不仅表示了理想情况下的功能行为,还能反映由于缺陷产生的小扰动影响,这些缺陷主要是悬挂弹簧(刻蚀剖面)的不对称、静电边缘场的不对称以及封装应力所产生的锚区翘曲不对称等。

实际上,陀螺仪的分辨率由敏感运动信号比上有/无角速度来计算。在角速度为零时,没有缺陷的简化解析模型不能显示敏感方向的任何运动,相比之下,降阶模型准确地显示了在零速度下的机械位移,其来源于原始 3D FEM 数据库建模所反映的缺陷,这是非常重要的。

机械位移可以通过光学检查进行评估,但控制器单元需要电信号对工作期间的驱动和敏感运动进行量化,因此额外的输出量是电容以及运动引起的电流端口。

MOR 仿真为量化漂移和交叉干扰提供了必要的数据,但物理的相互作用往往是复杂的,需要有经验的设计者从瞬态仿真结果确定设计缺陷。换句话说,降阶模型提供了强大的功能支持设计评估,因为单个基函数或特殊效应(如静电软化)能够关闭或打开以比较结果和跟踪误差。

12.7.2　采用基于基尔霍夫网络的降阶模型进行仿真

与广泛用于控制器设计的信号流图相比,降阶模型同样能够采用广义的基尔霍夫网络描述电子设计。典型的设计语言是 VHDL-A 或 Verilog-A,在基尔霍夫网络中,接口端口以跨量和通量双向工作。跨量是电压和位移,在电能域和机械能域内,通量分别是电流和力。除了双向的跨-通接口,无方向的信号端口也是需要的,它们用于定义体负载以及监控输出数据,例如电容或模态坐标。图 12.1 显示了一个典型的基于广义基尔霍夫网络的陀螺仪降阶模型[12]。

式(12.5)和(12.6)主要用于定义电能域和机械能域中跨量和通量之间的关系。电容多项式由一组代数方程组成,在每个时间步长中计算。与 Matlab/Simulink 相反,电子设计工具不仅仅支持瞬态仿真,还可以进行谐波响应分析(AC 扫描)和准静态仿真(DC 扫描)。

基尔霍夫网络最主要的优势是电子器件可以直接连接到端口。以同样的方法,机械能域的单元也能连接到主节点端口,其提供了力-位移关系。主节点端口通常是用于限制位移范围的止挡器建模。先进的止挡器接触模型考虑了跳动效应、摩擦、粘附力等,这在 MSUP 表示中很难完成。接触单元的高度非线性端口是在 MOR 单元的外部建模并通过接口端口进行连接。主节点端口同样可以把几个降阶模型连接在一起。例如,第一个 MOR 单元描述了左边的传感器单元,其他的 MOR 单元描述了音叉陀螺仪模型右边的部分,这已证明是一种有效评估不对称和尺寸误差的方法。

12.7.3　系统仿真结果对全阶 FEM 模型的扩展

对于创建 3D 动画或可视化临界负载情况下的机械应力,扩展阶段是至关重要的,因此,在 MOR 使用阶段中计算的模态坐标必须存储在磁盘上,获得的结果文件提供了所有的信息,这些信息对于全阶 FEM 扩展是必需的。在扩展阶段,转移的模态坐标乘以特征向量,其后按照式(12.4)叠加到时间步长处的位移状态。在 FEM 工具(如 ANSYS/Multiphysics™ 中的 *LCDEF,*LCOPER)的后处理器中,扩展阶段仅进行简单的向量运算,对于线性力学,没有进行耗时的 FE 分析必要。

在 ANSYS 中实现的扩展阶段特殊功能是:

1) 支持在瞬变时间步长内的插值,以得到更多或更少帧数的优化动画序列。

2) 支持 FE 子模型建模技术(FEM 网格的局部细化),以研究固支拐角处的应力集中。

由线性力学可知,对于特殊类型的力学非线性,例如众所周知的应力刚化效应,特征向量形成了合适的基函数。可以利用挠度相关的应变能函数对模态坐标的二阶导数,以合理精度近似模态刚度矩阵。不幸的是,如果特征向量通过模态坐标进行简单的缩放和叠加,则无法计算应力。

应力刚化效应主要发生在具有轴向力或应力的弯曲梁,轴向力是由于封装应力或双端固支梁的大位移非人为地产生的。对某些应用,有意识地产生轴向力是为了调节刚度或工作频率。在扩展阶段,对于应力刚化情况,为了计算应力情况下的位移约束,非线性静态 FE 仿真是必要的。同样的,可以由特征向量叠加定义位移约束,但数据必须仅仅是应用于梁和平板中性面的节点。此外,位移约束只能施加在正常(如面外)方向。其他方向(轴或面内)的节点 DOF 可以自由移动[10]。

12.8　总结与展望

本章提出的降阶建模方法和工具专门用于 MEMS 的开发与测试。MOR 步骤适合于耦合域系统,其非线性效应可以通过与物理参数相关的位移进行描述,对于机电相互作用、阻尼,这些参数是电容;对于狭窄间隙内流体-结构的相互作用,这些参数是压缩刚度数据;对于机械应力刚化效应,这些参数是应变能项。与挠度相关的参数可以通过采样和函数拟合提取,并且结果可以转换为依赖模态坐标的多元方程。

相比之下,与材料非线性相关的负载或时间,例如力学中的塑性或粘弹性、磁性材料的饱和度以及计算流体动力学(CFD)中的非牛顿或湍流流体等都还没有研究。

降阶模型的应用目标主要是在频域或时域内对传感器和执行器的动态仿真。因为大量的仿真步骤能够在最短的时间内处理,因此 MOR 数据提取所需的额外工作可以快速补偿。生成的 MOR 模型能够用于一系列不同的负载情况以及 MEMS 设计所需的分析。

降阶模型已导出到各种设计语言,因此 MEMS 制造商能够以不同抽象级别向客户提供传感器模型。在降阶模型中关于结构尺寸的机密信息是不可见的,但它描述了产品的物理行为。

在降阶建模领域,现今的研究工作主要聚焦在考虑全局设计参数的有效方法方面[13, 14]。事实上,少数表示尺寸误差、材料偏差或变化的封装作用的设计参数,已经被传递到降阶模型。参数化降阶模型数据库包含了大量的数据,然而因为在单个使用阶段开始之前全局设计参数就被设置,适合的 MOR 单元能够通过插值过程生成并且导出到系统设计语言,所以,与非参数化同类单元一样,MOR 单元需要相同的计算资源与仿真时间。

参考文献

1. Senturia, S. D. (1998) Proceedings of the IEEE, 86 (8), 1611–1626.
2. Mehner, J., Gabbay, L. D., and Senturia, S. D. (2000) Journal of Microelectromechanical Systems, 9, 270–278.
3. ANSYS Documentation (2008) Theory Reference, Chapter 15. 10, Reduced Order Modeling For Coupled Domains, Canonsburg, PA.
4. Varghese, M. (2002) Reduced-order modeling of MEMS using modal basis functions, PhD Dissertation, Massachusetts Institute of Technology, Cambridge, MA.
5. Veijola, T. (2007) Simple but accurate models for squeeze-film dampers. Proceedings of IEEE Sensors Conference, Atlanta, Georgia, October 28–31, pp. 83–86.
6. Mehner, J., Doetzel, W., Schauwecker, B., and Ostergaard, D. (2003) Reduced order modeling of fluid structural interactions in MEMS based on modal projection techniques. Proceedings of the International Conference on Solid State Sensors, Actuators and Microsystems, Transducers'03, Boston, MA, June 8–12, pp. 465–470.
7. Acar, C. and Shkel, A. (2009) MEMS Vibratory Gyroscopes, Structural Approaches to Improve Robustness, Series: MEMS Reference Shelf, Springer Science & Business Media.
8. Mehner, J., Schaporin, A., Kolchuzin, V., Doetzel, W., and Gessner, T. (2005) Parametric model extraction for MEMS based on variational finite element techniques.

Proceedings of the International Conference on Solid State Sensors, Actuators and Microsystems, Transducers' 05, Seoul, South Korea, June 5–9, 2005, pp. 776–780.
9. Mehner, J., Kolchuzhin, V., Schmadlak, I., Hauck, T., Li, G., Lin, D., and Miller, T. F. (2009) The influence of packaging technologies on the performance of inertial MEMS sensors. Proceedings of the International Conference on Solid State Sensors, Actuators and Microsystems, Transducers'09, Denver, Colorado, June 21–25, pp. 1885–1888.
10. Bennini, F., Mehner, J., and Doetzel, W. (2003) International Journal of Computational Engineering Science, 2 (2), 385–388.
11. Lancaster, P. and Salkauskas, K. (1990) Curve and Surface Fitting, Academic Press, London.
12. Schlegel, M., Bennini, F., Mehner, J., Herrmann, G., Mueller, D., and Doetzel, W. (2005) IEEE Sensors Journal, 5 (5), 1019–1027.
13. Kolchuzhin, V., Doetzel, W., and Mehner, J. (2008) Sensor Letters, 6 (1), 97–105.
14. Kolchuzhin, V., Mehner, J., Gessner, T., and Doetzel, W. (2007) Application of higher order derivatives, method to parametric simulation of MEMS. Proceedings of International Conference on Thermal, Mechanical and Multiphysics Simulation and Experiments in Micro/Nanoelectronics and Systems EuroSimE, London, April 16–18, 2007, pp. 588–593.

第四部分

完整微系统建模

13 能量收集模块的系统级仿真

Dennis Hohlfeld，*Tamara Bechtold*，*Evgenii B. Rudnyi*，*Bert Op het Veld*，
Rob van Schaijk

13.1 引言

在本章中，将提出一个完整微系统的系统级仿真建模框架。这里选择了一个涉及微结构和模拟电路的应用实例，即通过压电材料，微结构能够将机械能转变为电能。由于机械能来源于环境振动，其收集了其他没用的能量形式，因此这样的微结构诞生了术语——能量收集器（energy harvester）。

能量收集是一种把没用的环境能量转换为可用电能的过程，例如车辆振动、轮胎加速、工业设备中的电机振动等没用的环境能量。收集诸如机械振动或温度梯度的环境能量对无线自治传感器网络来说是非常有吸引力的。此外，对于不可更换电池的系统或者不能进行有线功率耦合的系统也是非常重要的，例如胎压传感器。再有，为了能够应用于自治无线换能器系统，器件必须相当小，因而现正在研究功率密度达到 $100~\mu Wcm^{-2}$ 的能量收集器件[1]。能量收集可以通过多种方式实现，例如利用压电、静电、电磁原理[2, 3]或利用热电特性[4, 5]。本章将振动收集器的概念与最大功率点（MPP）原理以及能量存储系统（ESS）结合在一起介绍。

由于多物理场属性，在设计过程中微结构的数值模型是必需的。模拟电路的固有需求是将数值模型与电路模型连接起来进行协同仿真，因此模型降阶对于高效仿真是必不可少的。我们将最近提出的微结构模型降阶技术和经典的电路行为集总单元建模结合在一起。正如参考文献[6]所指出的，模型降阶（MOR）是求解复杂微机电系统（MEMS）模型的关键，它提供了优异的精度并大幅度减少了计算工作量。我们的工作第一次证明了 MOR 可以应用于诸如设计、优化和参数识别等领域[7]。这个贡献在于，在仿真环境（ANSYS Simplorer®）中使用了基于 Krylov 子空间方法[8]的简化模型。一个基于能量收集模块的 MEMS 实例显示了这种方法的优势。该能量收集模块由一个转换机械能为电能的压电 MEMS 组件、一个整流电路以及一个能量存储装置组成。

随着这些能量收集器件尺寸缩小同时仍能够提供足够的能量，它们将成为无线自治传感网络节点的关键使能者。这些传感器系统含有大量的传感器节点，它

们都能相互进行无线通信,从而形成网络拓扑。这些节点的能量供应至关重要。出于这样的目的,人们研究振动的能量收集,其标志是在 $1cm^2$ 面积内达到 $100\ \mu W$ 的平均能量收集水平。此外,在上述的工作中,还研究了压电振动能量收集器(能量转换单元)和 ESS 间的相互作用。包括机械能域和电能域系统级方法的目标是获得在这两个能域间的最佳能量转换。

本章的重点是由微电源模块组成的收集器以及 MPP 工作原理。振动能量收集器的基本原理及实验结果在 13.3 节给出,13.4 节描述其建模,随后在 13.5 节给出 MPP 原理。

13.1.1   无线自治传感器节点

对于自治无线传感器节点(也称为无线自治换能器解决方案(WATS)),低功耗是一个关键需求。这种需求促使工业和研究机构从事各种先进的能源系统开发以便能够有效地为应用需求提供电源。图 13.1 显示了一个 WATS 系统的结构框图,系统核心在于微电源模块的功率分配,该微电源模块处理由能量收集器产生电压信号的电平自适应和整流。

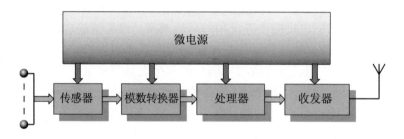

图 13.1   无线自治换能器系统的结构框图。微电源模块(更多细节见图 13.2)为各功能块调节和分配收集的功率,这些功能块包括传感器、模数转换器、处理器以及收发器等。

13.1.2   微电源模块

图 13.1 中的微电源模块如图 13.2 所示,在该模块中,振动收集器所获得的不规则能量通过 AC/DC 转换器被存储在 ESS 中,其后再用若干 DC/DC 转换器为功能负载(模数转换器、处理器、收发器)供电。电源管理电路的基本任务如下:

- 为所有功能负载提供电压控制;
- 设置振动收集器达到 MPP;
- ESS 的适当充电和保护;
- 如果需要,确定 ESS 的荷电状态(SoC)。

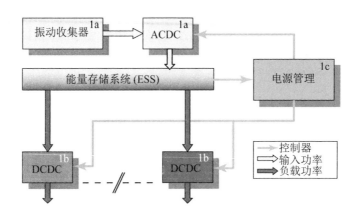

图 13.2 在图 13.1 中包含的微电源模块。输入功率流(1a)包括了振动
收集器和 AC/DC 转换器,DC/DC 转换器用于输出功率流
(1b),所有转换器都由电源管理电路控制(1c)。

从原理上讲,MPP 实现从能量收集器提取最大可能功率,例如与电压电平相关的功率输出。

功能负载包括:用于输入信号的放大和滤波的传感器、将模拟传感器信号转换为数字信号的 ADC、处理数字信号进行以提取相关数据的处理器以及最终用于无线通信的收发器。

在 WATS 模块中,ESS 的基本任务是存储由收集器所获得的不规则能量并且处理因收发器周期性工作所引起的负载电流的高峰值平均电流比。在数据发送/接收期间,收发器消耗了大量的功率,因此采用周期性工作以减少能耗到可以接受的水平,并导致大的负载电流波峰因子。在某些情况中,可以在电池上并联超级电容器来提供具有高波峰因子的负载电流。

13.1.3 振动收集器

目前,能量收集器已成为 WATS 有价值的组成部分[1]。许多工业和汽车环境提供的振动频率在几十到几千赫兹之间。通常情况下,这种能量未被利用或者因机械阻尼而消耗掉,振动能量收集器可用来收集这些能量。环境振动用来激励由悬挂弹簧的振动质量块所组成的机械谐振器,处于谐振激励下的质量块振幅用来驱动能量转换机构。最常用的转换原理是压电、静电和电磁原理。压电原理获得了最多的关注,这是因为它直接将应变转换成具有可用电压水平的电能。材料中的压电效应是基于因机械应力形成的电介质极化(电场)。静电转换原理是通过可变电容器中抗拒电场所做的功来汲取能量,这种方式最适合利用硅微机械加工技术制造。电磁能量收集器利用强永磁体和线圈装置,磁铁和线圈之间的相对运动在线圈中产生电动势,当负载电阻连接到线圈的时候,即可从收集器中获得功率。尽管可以证明该能量转换原理,但这种方法将面临相当大的小型化挑战。

压电能量收集器大多采用由结构材料(例如钢或硅)制作的悬臂梁和由两个电极以及电极之间的压电材料组成的压电叠层(图 13.3)。当梁的一端被固支的时候,质量块可以被附加到自由端[9, 10]。在质量块位移期间梁的弯曲在压电片中引起机械应变,从而导致电极化,相应地在顶部和底部的电极上形成电荷,并通过相连接的负载电阻泻放。这种方法利用了垂直于施加应变而生成的静电场。在图 13.3 中显示的梁截面是一个三角形,这是为了沿着梁长度方向得到均匀应变分布。

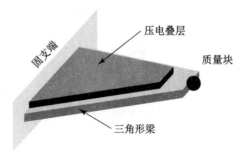

图 13.3 利用离面偶极子生成的压电能量收集器原理图。

13.2 压电发生器的设计与制造

压电器件的设计如图 13.4 所示。压电发生器位于梁的顶部,压电层和上下两个电极层形成三明治结构。体硅的厚度为 675 μm,梁的设计厚度是 25 μm。

器件配备了许多不同尺寸(3 × 3 mm² 到 7×7 mm²)的质量块,通过改变梁和质量块的尺寸,设计的谐振频率范围为 300~1 000 Hz。

基于微机械谐振器的能量转换 MEMS 组件如图 13.5 所示,它由自由端连接了一个质量段的悬臂梁组成。悬臂梁和质量段是由硅衬底微结构制造。这种谐振器把悬臂梁固支边处一定频率的小振动放大为质量段的有用位移。

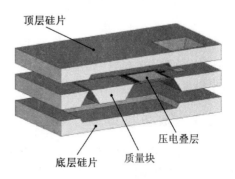

图 13.4 制造的器件原理图。两个衬底之间含有质量块和悬臂梁。

利用薄膜沉积技术在悬臂梁的顶部制作了一个平板电容器结构。电容器中,在两层金属电极之间的介电层采用的是压电材料氮化铝(AlN)。谐振运动使悬臂梁发生明显的变形,在电容器中也随之产生应变并且导致介电材料的电极化,可以观察到电容器极板间的电压或者表面形成的电荷。该电压通过连接在电容器上的电阻形成电流,从而耗散电功率。

为了存储电能,利用桥式整流器将一个存储电容器连接到压电电容器。在参考文献[11]中给出了这个装置的综合实验特性。

图 13.5　真空封装的压电能量收集器。在谐振频率处最大
功率达到 **140 μW**(加速度为 **1.8g**)。

13.3　实验结果

在振动分析系统中对样品进行测试,在各种负载条件下测量了压电结构弯曲的输出功率。被测样品的压电材料厚度和硅梁的厚度分别为 1 000 nm 和 45 μm,

AIN 层和硅梁的尺寸分别为 1 mm 和 5 mm,连接在尖部的质量块为 35 mg,压电电容器的固支端电容约为 500 pF。

在机械谐振频率处,对不同加速度水平的输入振动进行了负载电阻耗散的平均功率测试。最大的功率输出几乎达到 140 μW,如图 13.6 所示。值得注意的是,这个输出功率毫不逊色于其他微机械振动收集器。

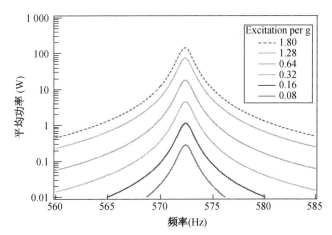

图 13.6　不同加速度水平下平均输出功率与频率的关系[12]。
压电材料是 **AIN**。

13.4 建模和仿真

在这一节中将研究压电振动能量收集器、电源变换器、ESS 之间的相互作用。包含涉及了机械能域和电能域的系统级方法是为了研究能量收集器在电能域中的物理设计问题。

13.4.1 集总单元建模

如果机械结构的行为可以简化为一维振荡器(只有 1DOF),则可以建立一个等效电路的集总单元模型(参见本书的第 2 章),如图 13.7 所示。

虽然上述模型对于耦合域行为的评估是有用的,但它的机械参数和变压比很难从器件的几何和物理结构提取。有效质量和等效刚度的计算是基于简单的假设,并不能适用于各种器件尺寸,因此模型并不是完全基于集总单元。鉴于此,这里使用基于实际器件几何尺寸和物理材料属性的数值建模。

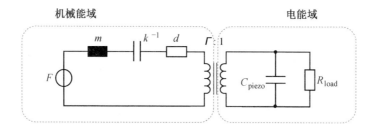

图 13.7 压电能量收集器的等效电路。利用串联 RLC 电路表示
机械谐振器。利用给定耦合比的变压器对机械能域和
电能域间的能量转换建模。

13.4.2 有限元建模

利用 ANSYS 可以建立器件的几何结构,这里已考虑了硅和压电材料的各向异性,由图 13.8 所示的模型可见,利用器件的对称性,只需进行四分之一的结构描述。

压电片上的金属电极建模是通过约束压电片底边上所有节点的电势为 0。把所有顶边节点的电势耦合到浮动的值。通过引入电路元件电阻,可扩展有限元 (FEM) 模型,其中,电阻的两个电气节点与压电片的两个电极相连。

在频域内,模型仅在其谐振频率处进行分析。在器件的锚区施加 $1 \mu m$ 幅度的位移,全局阻尼因子应用于硅材料来反映结构阻尼。可以解得电阻上的功耗、自由端质量段的振荡幅度以及谐振频率。负载电阻值影响这些解的值。

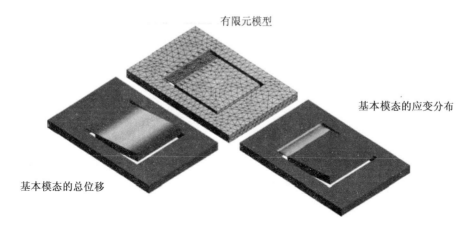

有限元模型

基本模态的应变分布

基本模态的总位移

图 13.8　具有 2 133 个节点的 FE 模型和基本模态形状。比色刻度尺指示了总位移
（左）和机械应变（右）。

当改变负载电阻值时，在图 13.9 中可以观察到与能量收集器匹配的负载情
况。当负载值为 450 kΩ 时，电阻上的功耗达到最大。

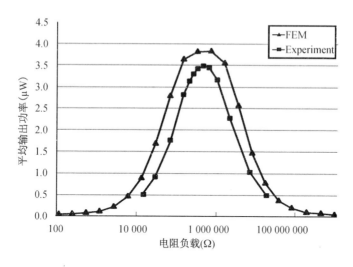

图 13.9　压电能量收集器的负载优化。在
450 kΩ 处获得最大负载值。

如图 13.10 所示，负载匹配的影响也反映在质量块的振荡幅度上。只要负载
电阻不同于它的最优值，质量块的运动不受电能形成过程中能量提取的影响。可
以认为小电阻是"短路"而大电阻是"开路"。谐振器品质因子的变化也可以表示振
荡幅度的变化，在短路或开路情况下的自然振荡完全由机械品质因子决定。把一
个具有正确电阻值的电阻连接到能量收集电容，引入了一个与品质因子关联的阻

尼机制。两种效应叠加并导致振荡幅度的下降,这表明能量收集器可以从谐振器有效地提取机械能并供给电能域。

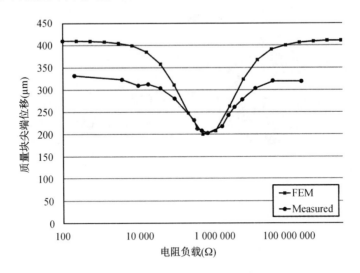

图 13.10 不同负载电阻值的振荡幅度。在负载电阻为 **450 kΩ** 处,电能达到最优。在该处,从机械谐振器提取出最大能量。结果是减小了振荡幅度。

短路条件有效地去除了压电片的电容,因此谐振频率是纯机械谐振;在开路条件下,压电片的电容与机械电容串联,产生一个新的机电电容,因此这种结构的谐振频率略高。如图 13.11 所示,在优化电阻值附近发生这些状态的转换。

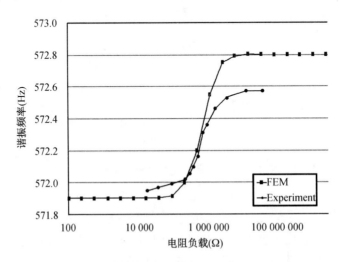

图 13.11 不同负载电阻值的谐振频率。通过压电元件实现的机械耦合导致谐振频率随负载电阻变化而改变。

13.4.3　模型降阶

为了说明该方法,这里利用数学降阶方法(参见本书的第 3 章)将 2 133 阶的有限元(FE)模型降阶为一个 28 阶的简化模型。FE 模型包含硅结构以及悬臂梁上的压电材料。电极建模是通过将压电材料顶边和底边上的所有节点进行耦合完成。

现在考虑系统响应,质量块相对其静止位置大约位移 750 μm,然后它被释放进行自由运动。由于谐振特性以及小的结构阻尼,该激励产生了一个衰减振荡(图 13.12),原始 FE 模型和降阶模型的解相当一致,振荡频率和系统的谐振频率相吻合。

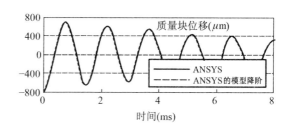

图 13.12　完整 FEM 模型和降阶模型的瞬态仿真结果比较。

13.4.4　瞬态 MEMS 电路协同仿真

为了证明该方法能够运用于 FE 模型和电路的瞬态特性协同仿真,这里选择脉冲激励的方式。以往的工作[13,14]考虑采用谐波激励计算预期的输出功率,而实际的应用场合需要考虑任意的激励信号。可以预计这里提出的方法对于设计任务是有利的,这些任务涉及了精确的数值模型和非线性电路的协同仿真。

如图 13.13 所示,系统包括了压电能量收集器的降阶模型,一个脉冲函数作为激励信号,该激励信号被提供给机械输入端口。降阶模型的电气输入端口提供了两个电气引脚,作为电容器电极电势的接入点。这些与一个半波整流电路相连接,整流器的输出再连接到一个并联了电阻的电容器,其中电容器充当了储能元件,电阻器则代表了耗电单元(例如传感器、无线收发器等)。

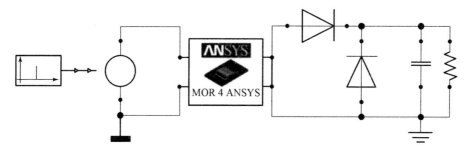

图 13.13　包括了脉冲输入函数、降阶模型以及一个半波整流器的系统级模型。电阻和电容器的并联表示了负载情况。系统级模型与 FE 模型和电路形成双向耦合。

协同仿真开始时,存储电容器上没有电荷。在机械输入端口处的脉冲激励(力)激发收集器的振动质量块的衰减振荡并且输出电压(图13.14),该电压通过整流器的正向偏置二极管给存储电容器充电。每个机械振荡周期中这个过程都重复进行,随着存储的电荷增加,电压也随之增加。一定比例的存储电荷持续消耗在并联电阻上并因此使电容器的电压下降。

由图13.14可见,能量收集器的电压有几次超过了两个二极管的压降,从收集器输送电流到存储电容器只限于此期间(图13.15),仅仅在这些情况发生的时间内能量从收集器传输到存储电容器。随后放电过程由并联的存储电容器和负载电阻的时间常数所控制确定。重复的脉冲激励将使电压增大到最大的收集器电压值。

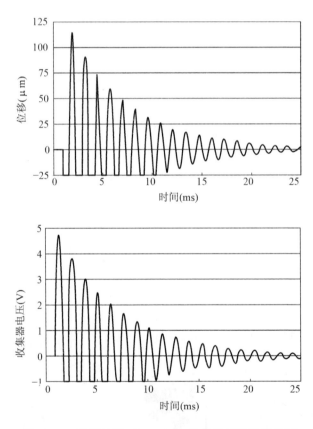

图13.14　仿真结果:在 $t=1$ ms 处的脉冲激励触发了
　　　　 衰减振荡,这可以从振荡幅度以及压电片上
　　　　 的电压观察到。

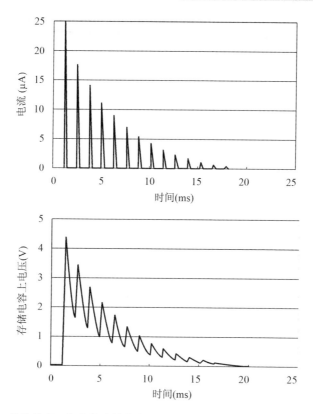

图 13.15 仿真结果:脉冲激励触发也受到能量输送到存储电容器的时间限制。放电过程由并联的存储电容器和负载电阻的时间常数确定。

13.4.5 MEMS 电路的谐响应协同仿真

为了阐述降阶模型中机械能域和电能域的双向耦合,对前述瞬态仿真补充一个系统级模型的谐响应分析,该系统级模型包括了一个作为线性电路元件的电阻器(图 13.16)。

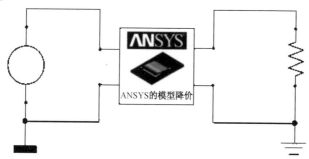

图 13.16 包括简谐力激励、降阶模型、作为线性电路元件的电阻的系统级模型。系统级模型实现 FE 模型和电路的双向耦合。

负载电阻的阻值从 1 kΩ 变化到 1 MΩ,在电阻为 1 kΩ 时,输出电容近似为短路,可以从图 13.7 的等效集总单元模型将其移除。这种短路配置导致谐振发生在机械谐振频率处。当负载电阻取高阻抗值时,称为开路条件,电容器与等效电路的机械容抗串联,从而使有效电容减小并且导致谐振频率升高。这种情况称为反谐振。

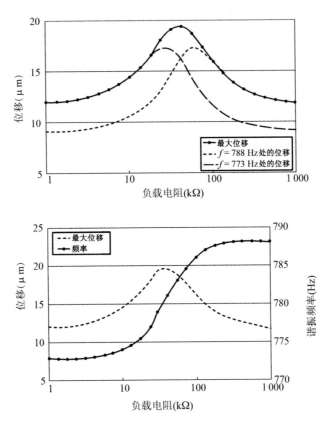

图 13.17   仿真结果:(a)不同负载电阻下的位移;(b)因负载电阻增加谐振频率发生偏移。

谐响应分析涵盖了一定的频率范围并包含对于系统反谐振的分析,谐振和反谐振频率分别为 773 和 788 Hz。图 13.17(a)显示了在最大位移附近负载电阻的影响,也能观察到在谐振态和反谐振态的位移。图 13.17(b)证实了随着负载电阻增加谐振态过渡到了反谐振态。

输出电压主要依赖于压电材料的应变,而应变是由于梁的形变或质量块部分的位移而产生。图 13.18 显示了电压幅度和负载电阻的依赖关系。当趋向于开路条件时,电压达到了最大值,这里没有给出收集器电流行为。同样,趋向于短路条件时,电压从开路条件时的最大值下降到接近于零。结合这两个特征可知,在一定负载电阻值处,从收集器输送到负载电阻的功率最大。在此情况下,该电阻值为 50 kΩ。

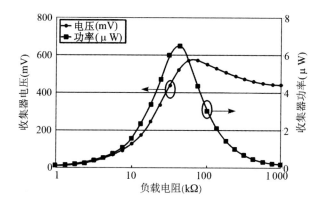

图 13.18　仿真结果:不同负载电阻值的收集器电压特性。随着趋向开路配置,电压增加。收集器电流随着负载增大而减小,在优化的负载电阻值处达到最大功率。

13.5　压电能量收集器的最大功率点

下面介绍两种从压电能量收集器获得最大功率的方法。在第一种方法(复匹配)中使用电抗和电阻负载元件,在第二种方法(实匹配)中则仅使用电阻负载元件。

13.5.1　复匹配

图 13.19 展示了压电式能量收集器和 ESS 通过一个阻抗匹配网络(Z_{MPP})和 AC/DC 转换器进行连接,这里 AC/DC 转换器由整流器和 DC/DC 转换器组成。匹配网络(Z_{MPP})的阻抗和 AC/DC 转换器的输入阻抗(R_0)形成压电能量收集器的负载,工作于 MPP 处的收集器也应该这样设计。

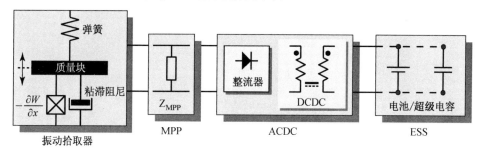

图 13.19　压电能量收集器、MPP、AC/DC 转换器和 ESS 间的交互作用。

压电能量收集器的线性化等效电路如图 13.20 所示,其中,框架上外力的径向频率为 ω。电压 V_S、电感 L_M、电容 C_M、电阻 R_M 分别表示了以下机械量:外力 F_{EXT}、质量 m、梁的柔度 K^{-1}、粘滞阻尼 d。压电材料的固有电容用 C_E 表示。电学等效量和机械量的关系由下式表示:

$$V_S = \frac{F_{EXT}}{\Gamma}, \quad L_M = \frac{m}{\Gamma^2}, \quad C_M = \frac{\Gamma^2}{k}, \quad R_M = \frac{d}{\Gamma^2} \tag{13.1}$$

式中,Γ 是压电系数和压电耦合的函数,其取决于压电梁的几何结构和机械性能。

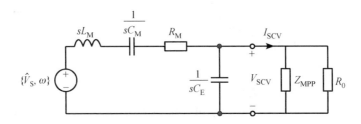

图 13.20   压电能量收集器、匹配元件和负载的等效电路框图。

由电路分析可知,从电源到负载输送的最大功率发生在电源阻抗(Z_S)等于复负载阻抗共轭值(Z_L)处,即 $Z_S = \overline{Z_L}$。在图 13.20 所示的电路中,L_M、C_M、R_M 形成电源阻抗,而 C_E、Z_{MPP}、R_0 形成负载阻抗。在这种特殊情况下,匹配阻抗(Z_{MPP})纯粹反映了电感或电容可以用于匹配。即使是采用现在最先进的技术也不能在硅上集成制造一个品质好的电感,因此电容是获得 MPP 的最适合的选择,这意味着 $Z_{MPP} = \frac{1}{j\omega C_{MPP}}$。现在的负载由 $R_0 \parallel (1/j\omega C_0)$ 表示,其中,$C_0 = C_E + C_{MPP}$。在电容匹配的情况下,电源阻抗和负载阻抗分别由式(13.2)和(13.3)给出:

$$Z_S = j\omega L_M + \frac{1}{j\omega C_M} + R_M \tag{13.2}$$

$$Z_L = \frac{R_0}{1 + j\omega R_0 C_0}, \text{其中 } C_0 = C_E + C_{MPP} \tag{13.3}$$

在 $Z_S = \overline{Z_L}$ 中代入 Z_S 和 Z_L,解得 R_0 和 C_0:

$$R_0 = \frac{R_M^2 + \left(\omega L_M - \frac{1}{\omega C_M}\right)^2}{R_M} \tag{13.4}$$

$$C_0 = \frac{1}{\omega} \times \frac{\omega L_M - \frac{1}{\omega C_M}}{R_M^2 + \left(\omega L_M - \frac{1}{\omega C_M}\right)^2} \tag{13.5}$$

因为电阻 R_0 对应一个正值,所以它总是可以匹配的,然而 C_0 的匹配取决于和机械品质因子(Q_M)以及电容比 k_C 相关的下列条件:

$$Q_M^2 \geqslant \frac{1}{2+k_C-2\sqrt{1+k_C}}, \text{其中} k_C = \frac{C_M}{C_0} \text{且} Q_M^2 = \frac{L_M}{R_M^2 C_M} \qquad (13.6)$$

在实际应用时,$k_C \ll 1$,因此简化后的上述匹配条件为

$$Q_M^2 \geqslant \frac{1}{4k_C^2} \qquad (13.7)$$

将式(13.6)中的 Q_M 和 k_C 代入式(13.7)中得到

$$\frac{L_M}{R_M^2 C_M} \geqslant \frac{C_0^2}{4C_M^2} \Rightarrow R_M \leqslant 2\frac{\sqrt{L_M C_M}}{C_0} \qquad (13.8)$$

将所有原始机械的和电学的收集器量(式(13.1))回代,最终得到

$$\frac{d}{\Gamma^2} \leqslant \frac{2}{\omega_M C_0}, \text{其中} \omega_M = \sqrt{\frac{k}{m}} \text{且} C_M \ll C_0 \qquad (13.9)$$

式中,ω_M 是机械部分的径向固有频率,其决定于质量(m)和梁的刚度(k^{-1})。能量收集器的尺寸和材料特性如介电常数、压电常数以及整体的机械耦合则决定了 m、d、k、Γ 以及 C_E(C_0 的组成部分)。这意味着,为了在电容匹配元件情况下达到 MPP,收集器的几何结构和材料特性至关重要。使用复匹配,能够获得的最大功率 P_{MPP} 由下式给出:

$$P_{MPP} = \frac{\left(\frac{1}{2}V_S\right)^2}{R_M} = \frac{\left(\frac{1}{2\sqrt{(2)}}\hat{V}_S\right)}{R_M} = \frac{\hat{V}_S^2}{8R_M} = \frac{\hat{F}_{EXT}^2}{8d} \qquad (13.10)$$

13.5.2 实匹配

如果应用阻抗匹配网络(Z_{MPP}),就能从收集器获得最大功率(P_{MPP})。在没有这种可能时,负载电阻仍必须设置为某个特定值以获得最大但不是最优的功率输出。假设在由质量(m)和梁的刚度(k^{-1})(图13.20)决定的机械部分的固有径向频率 ω_M 处系统被激励,这意味着以 R_M 表示的机械阻抗是唯一量,如图13.21所示(在 ω_M 处,电感和电容元件相互补偿)。

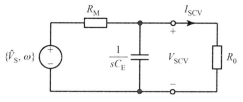

图13.21 忽略匹配元件的压电能量收集器和负载的等效电路框图。

在负载电阻(R_0)中功率(P_0)由下式给出：

$$P_0 = V_{\text{S}}^2 \frac{R_0}{R_{\text{M}}^2 + 2R_{\text{M}}R_0 + R_0^2(1 + (\omega_{\text{M}}R_{\text{M}}C_{\text{E}})^2)} \tag{13.11}$$

为了得到最大的次优功率，P_0 对 R_0 的导数应为 0。在次优条件下对 R_0 的求解形成的负载电阻表达式 $R_{0,\text{sub}}$ 为

$$R_{0,\text{sub}} = \frac{R_{\text{M}}}{\sqrt{1 + (\omega_{\text{M}}R_{\text{M}}C_{\text{E}})^2}} \tag{13.12}$$

在忽略匹配元件并且工作在系统机械部分固有径向频率 ω_{M} 的情况下，用 $R_{0,\text{sub}}$ 替换式(13.11)中的 R_0 得到次优功率 $P_{0,\text{sub}}$ 为

$$P_{0,\text{sub}} = \frac{V_{\text{S}}^2}{R_{\text{M}}} \frac{1}{2(1 + \sqrt{1 + (\omega_{\text{M}}R_{\text{M}}C_{\text{E}})^2})} = \frac{\hat{V}_{\text{S}}^2}{8R_{\text{M}}} \frac{2}{1 + \sqrt{1 + (\omega_{\text{M}}R_{\text{M}}C_{\text{E}})^2}} \tag{13.13}$$

13.5.3 匹配结果

在前两部分已经显示了采用电容元件匹配(P_{MPP})以及电阻匹配($P_{0,\text{sub}}$)，压电发生器能够达到的功率水平。为了比较两者，将 $P_{0,\text{sub}}$ 表示为最大可获得功率水平 P_{MPP} 的函数

$$\frac{P_{0,\text{sub}}}{P_{\text{MPP}}} = \frac{2}{1 + \sqrt{1 + (\omega_{\text{M}}R_{\text{M}}C_{\text{E}})^2}} \tag{13.14}$$

按式(13.6)中定义，将 Q_{M} 和 k_{C} 代入，且有 $C_0 = C_{\text{E}}$，得

$$\frac{P_{0,\text{sub}}}{P_{\text{MPP}}} = \frac{2}{1 + \sqrt{1 + \frac{1}{(k_{\text{C}}Q_{\text{M}})^2}}}，\text{其中 } k_{\text{C}} = \frac{C_{\text{M}}}{C_{\text{E}}} \text{ 且 } Q_{\text{M}}^2 = \frac{L_{\text{M}}}{R_{\text{M}}^2 C_{\text{M}}} \tag{13.15}$$

图 13.22 显示了在不同 Q_{M} 参数值时 $P_{0,\text{sub}}/P_{\text{MPP}}$ 和 $C_{\text{M}}/C_{\text{E}}$ 的关系。采用锆钛酸铅(PZT)和氮化铝(AlN)作为压电材料的压电发生器机械设计参数以及电学等效参数如表 13.1 所示。器件的环境压力是 1 bar。当应用于所需的阻抗与电容匹配条件(式(13.6))时，PZT 和 AlN 的相对较低的 k_{C} 值表明，设计是不能达到最大功率水平 P_{MPP} 的。图 13.22 表明对于 PZT 和 AlN 材料，仅分别收集到 33% 和 54% 的 P_{MPP}($Q_{\text{M}} = 200$)。在真空条件下，阻尼因子 d 减小且因此 Q_{M} 增加 2 倍，结果能够达到 54% 和 77% 的 P_{MPP}，同时，因为功率反比于 d(式(13.10))，故绝对 P_{MPP} 水平增加 2 倍。表 13.2 给出了加速度水平为 1g 时，压电材料 PZT 和 AlN 在 1 bar 压力和真空条件下，两种匹配方法的功率水平。

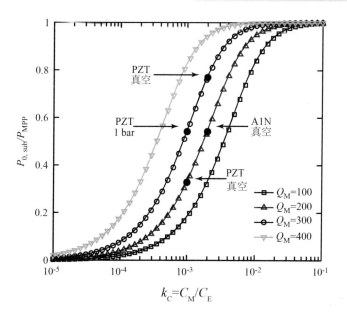

图 13. 22　对于不同 Q_M 值,功率比 $P_{0,\text{sub}}/P_{MPP}$ 和 C_M/C_E 的关系。

表 13. 1　　　　　1 bar 压力时机械设计参数和导出的电学等效参数

	m (kg)	k (N m^{-1})	D (Ns m^{-1})	Γ (N V^{-1})	C_E (F)	L_M (H)	C_M (F)	R_M (Ω)	Q_M (—)	k_C (—)
PZT	203×10^{-6}	2 619	3.6×10^{-3}	1.62×10^{-3}	10^{-6}	77	10^{-9}	1.39×10^{3}	200	10^{-3}
AlN	203×10^{-6}	2 619	3.6×10^{-3}	5.6×10^{-5}	6×10^{-10}	65×10^{3}	1.2×10^{-12}	1.16×10^{6}	200	2×10^{-3}

表 13. 2　　　在 1 g 加速度时匹配和次优匹配情况下可以达到的功率水平

		$P_{MPP}(\mu W)$	$P_{0,\text{sub}}(\mu W)$
1 bar	PZT	136	45
1 bar	AlN	136	74
真空	PZT	272	148
真空	AlN	272	209

13.6　总结与展望

本章描述了用于无线传感器节点的带有电源管理的能量收集器。介绍了目前最新的压电能量收集器的数值模型以及在变负载电阻情况下的结果,提出了一种新的完整机电系统的系统级建模方法,该系统甚至包含非线性电路。在第一种情况中,我们证明了多物理场建模能够正确地描述机电耦合效应。通过模型降阶和耦合把数值建模扩展到电路带来了高效的瞬态协同仿真工具。

不需要电感匹配元件,收集器的尺寸和材料特性,例如介电常数、压电常数以及整体机械耦合等,决定了压电收集器是否能够获得 MPP。本章推导出一个通用条件,涉及了压电收集器的所有基本集总单元(质量、梁的刚度、粘滞阻尼、压电材料的固有电容以及机电耦合)。

未来的工作包括先进能量提取方案(例如动态整流)以及同步开关方法(例如高度非线性电路拓扑)。高阶电池模型的集成将会完善系统级模型。只有将降阶的多物理场模型与最先进的电路仿真技术结合在一起的时候,自洽的系统设计才成为可能。

参考文献

1. Vullers, R. J. M., Leonov, V., Sterken, T., and Schmitz, A. (2006) On Board Technology, June 34-37.

2. Beeby, S. P., Tudor, M. J., and White, N. M. (2006) Measurement Science and Technology Journal, 17, 175-195.

3. Beeby, S. P., Torah, R. N., Tudor, M. J., Glynne-Jones, P., Donnell, T. O., Saha, C. R., and Roy, S. (2007) Journal of Micromechanics and Microengineering, 17, 1257-1265.

4. Leonov, V., Torfs, T., Fiorini, P., and Van Hoof, C. (2007) IEEE Sensors Journal, 7, 650-657.

5. Torfs, T. et al. (2007) Sensors and Transducers Journal, 80, 1230-1238.

6. Rudnyi, E. B. and Korvink, J. G. (2002) Review: Automatic Model Reduction for Transient Simulation of MEMS-based Devices, Sensors Update v. 11, pp. 3-33.

7. Bechtold, T., Hohlfeld, D., and Rudnyi, E. B. (2010) Journal of Micromechanics and Microengineering, 20, 045030.

8. Rudnyi, Evgenii B., Model Order Reduction, http://modelreduction. com/, (accessed March 2011).

9. Glynne-Jones, P., Beeby, S. P., and White, N. M. (2001) IEEE Proceedings-Science

Measurement and Technology, 148, 68-72.

10. Goldschmidtböing, F., Müller, B., and Woias, P. (2007) Optimization of resonant mechanical harvesters in piezopolymer-composite technology. Proceedings of the PowerMEMS 2007, pp. 49-52.

11. Kamel, T. M., Elfrink, R., Renaud, M., Hohlfeld, D., Goedbloed, M., de Nooijer, C., Jambunathan, M., and van Schaijk, R. (2010) Journal of Micromechanics and Microengineering, 105023.

12. Elfrink, R., Goedbloed, M., Matova, S., Kamel, T. M., Hohlfeld, D., and van Schaijk, R. (2008) Vibration energy harvesting with AlN piezoelectric devices. Proceedings of the PowerMEMS 2008, pp. 249-252.

13. Zhu, M., Worthington, E., and Njuguna, J. (2009) IEEE Transactions on Ultrasonics, Ferroelectrics and Frequency Control, 56, 1309-1317.

14. Schmitz, A., Sterken, T., Renaud, M., Fiorini, P., Puers, R., and Hoof, C. V. (2005) Piezoelectric scavengers in MEMS technology: fabrication and simulation. Proceedings of the Power MEMS 2005, pp. 61-64.

14 降阶模型在射频 MEMS 器件的电路级设计中的应用

Laura Del Tin，Evgenii B. Rudnyi，Jan G. Korvink

在射频(RF)系统中采用 MEMS 元件是 MEMS 器件目前最有前景的应用领域之一。用来表征机械结构动态行为的谐振模式和双稳态可用于处理宽频率范围内的谐波信号。机械共振为频率的产生、滤波和混频操作提供了工具。双稳态结构可用于实现开关元件,这大大提升了此项技术在信号路由以及可重构方面的能力。就设计灵活性和低功耗而言,微尺度下众多驱动与传感原理中,器件机械特性与静电耦合展现出良好前景。机电信号处理的性能在高频选择性和稳定性方面是值得期待的。

微加工技术为 MEMS 器件带来的典型优点在 RF 应用领域内变得非常有用。与当前的表面或体声波器件等片外器件相比,尺寸小、能够与 CMOS 电路单片集成、材料选择广泛、批量加工以及设计特性的高度一致等特性使得人们能够更经济地在单位面积内集成更多功能元件。这些因素使得 RF MEMS 在开发下一代无线收发前端架构的模块方面非常具有吸引力。

图 14.1(a)给出了目前使用的一个两级收发器实现方法的示例[1]。灰色区域标出了由片外器件执行的频率选取、产生和开关操作。使用 MEMS 器件不仅可以用一个集成元件来替代这些功能块,并且通过使用更小的面积、更低的功耗带来了全新的架构,实现增强的功能与可重构性。图 14.1(b)给出了其中一个可行的方案,其中灰色区域用于标识 RF MEMS 元件[2]。

RF MEMS 所涉及的多个物理域以及与之相集成的复杂电路使其设计变得并不容易。需要平衡众多的参数以获得所需的器件性能。因此,开发精确的建模和仿真工具对这些器件进行表征和设计优化是必不可少的。创建器件模型的关键问题之一是准确地描述所涉及的能域以及各能域之间的耦合。另外,为了实现器件级和电路级的快速仿真,需要将这些模型集成到计算机辅助设计(CAD)流程当中[3]。为了评估器件真实的整体性能,需要进行 MEMS 器件与数字及模拟电路的混合仿真。这要求模型能够重现 MEMS 器件在电气端口的行为并能与最新水平的集成电路(IC)仿真框架正确地连接,这就是系统级模型。

当使用数学建模时,MEMS 行为中的复杂性就转换成了大型常微分方程(ODE)组。分析复杂性导致了计算时间的增加。开关需要其表征拥有很高品质因子的瞬态仿真器件,换句话说,尖锐的共振峰值需要良好的扫描谐波仿真。在这些条件下,大型复杂系统的迭代设计优化和仿真对模型的最大维度有了限制:即使拥有丰富的计算资源,低阶的模型对于网络分析也变得必不可少,例如分析图14.1(b)那样一个包含了若干微谐振器、开关、变容器以及连接了 RF CMOS 电路的网络。

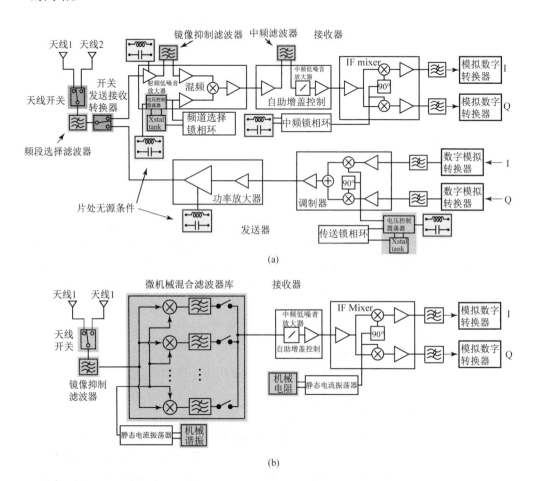

(a)

(b)

图 14.1　无线收发器架构框图。(a) 典型的二分频外差振荡收发器前端,灰色区域表示当前实现中采用的片外元件[1]。(b) 采用 RF MEMS 器件的新方案,灰色区域表示采用微机械器件实现的模块。[2]

　　在接下来的几个小节,我们将介绍矩匹配模型降阶(MOR)技术(第 3 章)在提取 RF MEMS 的系统级模型和进行电路协同仿真方面的应用。我们集中关注 RF MEMS 的动态器件,即微谐振器和开关。在提取和应用各自的降阶模型时考虑这两类器件的各自特性。首先简要介绍了 RF MEMS 数学建模的过程,然后介绍模型降阶的步骤,最后将宏模型提取应用于电路级仿真。特别考虑了微谐振器、微滤波器和开关三种器件。

14.1　RF MEMS 器件的模型方程

用空间离散化的偏微分方程描述一般微结构的机械行为,使用有限元方法,可以导出如下形式的常微分方程:

$$M\ddot{u} + E\dot{u} + K_m u = F \qquad (14.1)$$

其中, M, E, $K_m \in \mathbb{R}^{n \times n}$ 分别是质量、阻尼和机械刚度矩阵, $u \in \mathbb{R}^n$ 是位移自由度(DOF)的向量, F 是施加节点力的向量。对于复杂 3D 结构来说,系统的维数 n 可以很容易达到数十万个自由度。系统的质量矩阵 M 是恒定的并且与材料的密度成正比。

一般来说,机械刚度矩阵 K_m 是结构形变的方程,并且公式(14.1)表示的系统是非线性的。对于研究的器件来说,最重要的力学非线性类型是由于结构有大的应变/旋转或者初始的应力/负载产生的几何非线性。总的来说,大的旋转一般不影响 RF MEMS 的性能。振动微结构通常只会发生很小的变形,因此忽略大的应变和旋转带来的影响并不会使模型产生严重的误差[4]。这种假设一般对于开关也是有效的。然而不能因此得到一般化的结论,因为这与器件的几何尺寸有关,器件工作过程中发生的变形可能会产生大变形效应。因此,在采用小位移/应变近似之前,需要具体分析器件的尺寸和最大位移。

加工过程相关的问题一般都会导致在微器件的本构层产生初始机械应力。结构中的应力会导致结构刚度的增加。这种所谓的应力刚化现象对于一些典型 MEMS 器件中的薄膜结构十分重要,因为通常它们的抗弯刚度与轴向刚度相比都很小,并伴随着发生面内和横向位移。应力刚化效应对于表征谐振器和开关的参数会产生重要的影响,例如共振频率和吸合电压。因此,它不能被忽略不计。应力刚化的影响可以包含在数学模型内,如公式(14.1)所示,可以通过计算一个应力刚化矩阵 K_σ 并将其增加到 K_m 里面来解决[5]。由于器件中的初始应力通常都要比器件使用过程中受到的应力大很多,因而可以假设用于计算初始应力状态的应力刚度矩阵在之后的分析过程中保持不变。这样我们就可以分析一个恒定的刚度矩阵 K_m。

阻尼矩阵应该要描述 RF 微机械器件中所有重要能量耗散现象的影响。在 MEMS 开关中,压膜阻尼(衰减)是主要的阻尼机制。在微谐振器中,有多种原因可以导致能量耗散,例如粘滞阻尼、热弹性阻尼、声辐射和支撑块损耗等,在不同设计空间中这些因素所起的作用也不同。因此,难以建立一个能够同时对于各种设计参数保持准确性和有效性的阻尼现象数学模型。在后续内容中,将采用瑞利模式保留阻尼来描述耗散,该方法已被土木和机械工程师广泛采用。瑞利阻尼假设阻尼矩阵是质量和刚度矩阵的线性组合:

$$\boldsymbol{E} = \alpha \boldsymbol{M} + \beta \boldsymbol{K} \tag{14.2}$$

其中,α 和 β 是常量系数[6]。这样一种假设使得在不同的阻尼源作用下都有相对统一的计算形式,大大简化了问题。同时,如果阻尼系数选择合适,这种假设也能导致相对精确的阻尼描述。在这种假设的情况下,接下来可以有不同的处理方法。如果已经有器件动态行为的实验数据,那么可以通过拟合这些实验数据提取所需要的参数。还有另一个可供选择的方案,如果可以通过基本的解析模型估计某个器件的动态参数(例如,品质因子),那么这个值可以用来提取阻尼参数。由于目前已有阻尼行为的动态测量和简化解析模型,因此这两种方法都可以用于微谐振器。对于微开关来说,阻尼参数需要以器件物理行为的精确仿真为基础来提取。需要指出的是,由于非线性阻尼矩阵会使模型降阶变得复杂,因此采用避免非线性阻尼矩阵的瑞利阻尼很有意义。从另一方面来说,如果瑞利阻尼并不能满足阻尼现象所需要的建模精度,那么设计者就需要考虑利用参考文献[7,8]中提出的基于物理效应的阻尼宏模型(直接可用于电路级仿真的模型)。本书2.3节给出了此类模型的一个示例。

在 RF MEMS 中,公式(14.1)中加载的节点力 $\boldsymbol{F}$ 并不是机械负载,而是具有不同电势的导体间静电作用力。其严格的计算需要求解导体周围电介质的泊松方程。这种求解方法需要电能域和机械能域的耦合:求解电气问题和机械问题时,需要将其中一个问题的解当作另一个问题的已知条件,这样反复求解直到获得两个问题的一致解。降阶宏模型的提取要求两个能域之间满足强耦合关系,这样电气和机械问题能够同时求解。因此可将交叠导体之间的静电作用力作为电容器两个极板间的作用力来计算。由于 RF MEMS 的典型几何结构和行为,在计算这个作用力时可以进行一些使问题简单化的假设。在多数情况下,导体表面相互之间保持平行,并且在器件工作过程中不会发生大的变形。因此可以用平行板电容器来近似,当器件产生形变时交叠面积保持不变,电容的变化量是导体沿某一方向产生相对位移的函数。同时,我们还假设导体表面有着统一的电荷分布。在以上这些条件下,一对导体 k 和 j 之间的静电力方向与两个导体垂直,并且其幅值由如下公式计算:

$$F_k^{\text{el}} = -F_j^{\text{el}} = \frac{1}{2} \frac{\partial C_{ki}}{\partial u_k} (V_k - V_j)^2 \tag{14.3}$$

其中,u_k 表示导体 k 在力的方向上瞬时位移,C_{kj} 是两个导体间的电容,V_k 和 V_j 是两个导体各自的电势。C_{kj} 值与两个导体之间的距离 $u_k - u_j$ 成反比,而这也导致了电能域与机械能域之间的非线性耦合。

可以通过不同的方法利用公式(14.3)计算静电力以及将其应用到力学模型中。一个单一电容器可以用来描述一对导体之间的相互作用。另一种可以选择的方法是,将导体的外表面分成若干区域,而且两个面对面的表面区域之间的相互作用力可以计算出来。最终这样的一对区域就可以定义为力学模型中一对面对面的耦合节点。这样,对于每一个导体或区域的力学模型来说,这些作用力可以当作加载在某个节点上的集总作用力,或者是施加在导体表面/区域所有节点上的压力。考虑的区域越多,静电力的表示也就越精确。推导公式(14.3)时引入的假设实际上只在局部可以满足更高的精度。为了更精确地描述静电力,需要包含边缘电容和表面挠度变形带来的影响。这可以通过由一系列全静电仿真提取出来的电容-位移曲线来完成。

公式(14.1)中另外一种对微开关中负载向量有贡献的作用力是开关驱动时的接触力。这种力与器件位移自由度存在着非线性关系,通常可以通过将接触面当作一个很硬的弹簧来描述。如果 d 是器件两个部分可能发生接触的瞬时间距,d_{gap} 是在非工作状态时两个部分的距离,那么接触力可以表示为

$$F^{cont} = K_n(d_{gap} - d), \, d < d_{gap} \qquad (14.4)$$
$$= 0, \, d > d_{gap}$$

其中,K_n 是接触面的刚度。可以通过监测每个移动表面的一个或者多个节点的位移得到一个或者多个接触力。这样静电力就可以被当作压力负载或者集总节点力来加载。

完整地描述 RF 器件的电学行为需要知道器件中每个电气终端的电流。每个电容 C_{kj} 中的电流可以通过对存储的电荷关于时间求导数计算得出:

$$i_{kj} = \frac{d}{dt} \big[C_{kj}(V_k - V_j) \big] \qquad (14.5)$$

通过器件终端的总电流是所有与其相连电容中的电流代数和。需要注意的是,器件终端的电势是通过与器件相连的外电路建立起来的。出于建模的考虑,可以将电压作为一个固定输入量来处理。这可以实现器件电路模型的电压控制,而不会进一步限制模型的其他功能。由公式(14.5)推导出来的终端电流向量表达式如下:

$$\boldsymbol{i} = \boldsymbol{D}_u \dot{\boldsymbol{u}} + \boldsymbol{D}_v \dot{\boldsymbol{v}} \qquad (14.6)$$

其中,$\boldsymbol{D}_u$ 和 $\boldsymbol{D}_v$ 是常数矩阵。如果电压是输入量,那么上式中右边第二项是一个已知量。在求解了公式(14.1)中的系统后,电流的计算就变得非常直接了。尽管如此,这对于提取用来进行电路仿真的宏模型来说是一个必不可少的步骤。

14.2　降阶模型的提取

在第 3 章中介绍了从一阶线性常微分方程组中提取降阶模型的数学方法。其中主要讨论了基于 Krylov 子空间的矩匹配模型降阶(MOR),其结果对大型常微分方程(ODE)组非常有效(当前的 MEMS 模型通常含有几十万个自由度)。在下面一小节,我们将讨论如何将这些方法应用于具有非线性输入函数(公式(14.1))的二阶阻尼线性常微分方程组。在基于 Krylov 子空间的方法中,我们选择采用 Arnoldi 算法[9]以精确地求解所考虑的问题,该算法实现简单并且数值稳定性好。下面给出的计算过程也可以采用第 3 章中定义的对应投影子空间,并与 Lanczos 算法同时运用。

14.2.1　二阶常微分方程组

二阶常微分方程组可以转化为一阶系统来降阶,然后采用针对此类问题的方法来求解[10]。然而,使用这种方法将会丢失原始系统的结构。如果公式(14.1)中的系统是无阻尼的,也就是说 $E = 0$,关于某一展开点的转换方程形式上可以写为一阶系统的转换函数,这样第 3 章中描述的降阶方法就可以用来导出二阶系统的投影子空间[11]。然后就可以通过各个系统矩阵在这个子空间上的正交投影导出该降阶系统。系统的结构和所选算法的匹配性都得以保留。

如果系统是有阻尼的,结构保留的模型降阶就会更复杂一些。如公式(14.2)所示的阻尼矩阵形式是个例外。在瑞利阻尼情况下,阻尼矩阵并不参与降阶过程,而且降阶后的阻尼矩阵可以简单地由降阶刚度矩阵和质量矩阵计算得到:

$$E_r = \alpha M_r + \beta K_r \tag{14.7}$$

其中,下标 r 表示降阶的矩阵,系数 α 和 β 与公式(14.2)中表示的含义相同[12]。

14.2.2　输入函数的非线性处理

受前面章节启发,我们假设线性系统矩阵中阻尼矩阵由公式(14.2)给出。待降阶的常微分方程组有如下形式:

$$M\ddot{u} + K_m u = F(u, V(t)) \tag{14.8}$$

其中,阻尼矩阵忽略不计,因为其不参与降阶过程。负载向量 $F(u, V(t))$ 代表了静电力,对于开关来说,则是接触力,它是关于节点位移 u 和施加电压负载 V 的非线性函数。电压是输入量且不是系统的非线性源。相关函数 $F(u)$ 引入了系统的非线性。考虑到频率选择器件和开关的不同行为,采用了两种不同的方法来处理这种非线性。

用于频率产生和选择的器件,通过在激励电极和其可动部件之间施加一个人的偏置电压 V_0 并叠加一个小振幅的谐波电压 δV 来产生振动。在这样的工作条件下,我们可以假设向量 u 围绕一个确定的偏置点 u_0 进行小幅度的振动:

$$u = u_0 + \delta u(t), \quad \delta u \ll u_0$$

然后负载向量可以在工作点 (u_0, V_0) 附近被线性化,如下所示:

$$F = F_0 + K^{uu}\delta u + K^{uv}\delta V \tag{14.9}$$

其中,K^{uu} 和 K^{uv} 是稀疏矩阵,其中的非零项定义为

$$K_{kj}^{uu} = \frac{\partial F_k}{\partial u_j}\bigg|u_0, v_0, \quad K_{kj}^{uv} = \frac{\partial F_k}{\partial v_j}\bigg|u_0, v_0$$

将公式(14.9)代入公式(14.8)并整理各项,我们得到如下系统:

$$M\ddot{u} + K_{tot}\delta u = K^{uv}\delta V \tag{14.10}$$

其中,$K_{tot} = K_m - K^{uu}$。由于电压已经给出,$K^{uv}\delta V$ 表示系统的一个已知输入向量。这样的一个系统可以通过线性模型降阶方法进行降阶。需要注意的是 K^{uu},即电刚度,降低了 K_m,从而降低了结构的刚度。这就是 MEMS 器件中静电弹簧软化效应的基础,公式(14.10)可以自动地获取这个效应。

当微谐振器用于固有非线性工作的情况下(例如信号混频),线性化不能用于对其进行建模。同样线性化也不适用于微开关建模,因为微开关始终工作于大信号条件下。可以采用由这种线性化方法扩展而来的轨迹分段线性方法。该方法将不同工作点附近的线性化模型进行加权线性组合得到降阶模型[13]。然而,在此我们选择一个更为直接的方法。

通过将非线性当作输入来处理,能够提取出公式(14.8)中系统的降阶模型以用于大信号分析。公式(14.8)中的非线性负载向量可以表示为

$$F = Bf(u, t) \tag{14.11}$$

其中,非线性被转移到了新的输入函数 $f \in \mathbb{R}^m$,在此 m 表示非线性输入的数目,而 $B \in \mathbb{R}^{n \times m}$ 则表示将负载分配给合适自由度的散射矩阵。利用线性模型降阶方法可以非常容易地将系统矩阵 K_m、M 和 B 进行降阶。通过在子空间 V 上的背投影方法,函数 f 的参数必须由降阶状态向量 u_r 恢复,即 $u = Vu_r$。降阶系统将有如下形式:

$$M_r\ddot{u}_r + K_ru_r = B_rf(Vu_r, t) \tag{14.12}$$

只有函数 $f(Vu_r, t)$ 的求值很快,则公式(14.12)中系统的求解相对于公式(14.8)

的求解才会有很大计算优势。这表明系统的非线性方程数目应该较少或者尽可能减少到一个较少的数目。这个要求对于模型的有效提取也很重要,因为模型提取所需的时间与系统输入的数目有着线性关系。这给静电力的建模提出了一些限制。为了减少非线性输入的数目,需要利用有限数目的集中负载来代替分布式静电力。回顾之前章节介绍过的关于此种力的计算方法,如果我们将导体表面分割为大面积电容,那么我们最终就可以得到有限的输入数目。这样,静电能域描述的精度将会下降,但是这将大大加快提取降阶模型以及后续仿真的速度。相同的考虑也适用于接触力:在决定引入模型非线性力的数目 m 时,需要考虑如何权衡仿真的精度和效率。

14.2.3 提取步骤

图 14.2 给出了基于前面提到的理论背景提取 RF MEMS 宏模型所需步骤的示意图。首先利用具有提取有限元矩阵功能的软件,创建器件机械部件的有限元模型。在这里我们使用的软件是 ANSYS®。通过命令行工具 MOR for ANSYS 从 ANSYS 中提取系统矩阵并将其降阶[15]。在第一步应该包括刚度和质量矩阵的组装,同时,在必要的情况下还应包括为计算器件的偏置点和/或应力刚化矩阵 **K** 进行的初始非线性静态分析。其他后续步骤根据所研究器件类型的不同而有所不同。

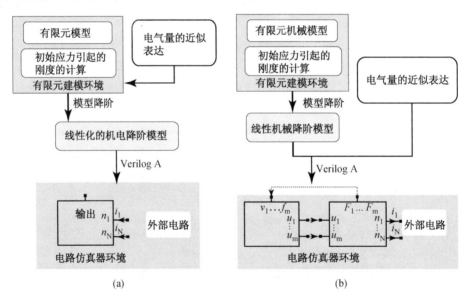

图 14.2 宏模型提取步骤的框图:(a) 微谐振器;(b) 微开关。

对于工作在小信号范围内的器件来说,需要计算出线性化作用力表达式中的矩阵(公式(14.9))以获得偏置点,并且需要形成如公式(14.10)所表示的系统。根据公式(14.3),在 ANSYS 中可以使用特殊的换能元件来描述静电作用力并且组合矩阵 $\boldsymbol{K}^{uu}$ 和 $\boldsymbol{K}^{uv}$。其他的有限元软件包则可能需要额外的外部编程。一旦采用 Arnoldi 算法计算得到了合适的投影子空间,那么公式(14.10)所表示的系统就可以投影到这个子空间。这样就导出了降阶系统,同时用公式(14.6)表示电流,共同给出了器件端口的完整电学描述,这样该系统就可以转化为硬件描述语言并能够输入到标准的电路仿真器中。我们选择了 Verilog-A 语言。这样该宏模型可以用作任意电路版图中的设计元件。

在模型中增加机械输出端以监测在某些位置的器件形变。

如果需要观测大信号的瞬态或者谐波行为,那么就需要提取机械系统矩阵,对其进行降阶并转化成 HDL 的形式,在这个过程中并不考虑电能域的影响。电学和机械模型只通过它们的输入/输出变量来交互。一个正确的耦合要求对公式(14.12)中的散射矩阵 $\boldsymbol{B}$ 和最终的系统输出进行合适的定义,系统输出包括计算静电作用力所需的所有位移①。然后通过器件端口电流的描述,就可以根据期望的近似程度在电路级直接实现这些作用力的模型。通过连接机械模型和电学模型,可得到非线性的宏机电模型。输出位移也可以用来监测接触情况。如果发生接触,那么就可以利用公式(14.4)来计算接触力并可将其加到静电力中去。

采用不同方法独立处理不同能域使得提取步骤变得简单,并且在建模的功能、精度和复杂性方面拥有较大的灵活性。当确定以下两个参数后,模型降阶的步骤能够以自动的方式执行:第一个参数是降阶后模型的阶数。参考文献[16]介绍了根据不同的精度期望来确定这个参数值的方法。第二个参数是对于原始系统(第3章)的传输函数展开点或者多个展开点的选择,该选择与动态范围以及模型用于哪种分析强烈相关。

微谐振器的降阶模型通常用于器件在特定频率附近的谐波分析,与前面类似,特别是在微结构的某个谐振频率附近。在这种情况下,固定在这个频率附近的展开点可以在较宽的带宽范围内都能比较准确地描述原始系统。然而,精确的量化这个带宽是较为困难的。如果需要考虑多个频率范围,最终分离完成混频操作的器件时,那么在每个频率范围内都需要一个展开点。

微开关的表征通常涉及对其可动膜和激励电极之间施加方波信号的静电吸合分析或瞬态响应分析。在这种情况下,可以将展开点指定为零。开关的谐振频率实际上比较低(在 $5\sim50$ kHz 的范围内),而且所施加的信号频率选择得更低,以限制发生吸合后器件的振荡。当施加高频信号时,例如互调分析中,展开点的选取应采用与微谐振器相同的标准。

---

① Arnoldi 降阶算法与输出无关。因此在原理上可以恢复常微分方程的完整向量。

14.3   应用示例

在这一节,通过两种类型的 RF MEMS 器件来演示模型降阶的应用:微谐振器和微机械开关。将得到的结果与完整模型的有限元分析结果进行对比。

14.3.1   振动器件

作为谐振器件的一个示例,我们将考虑微谐振器用于频率选择和频率产生操作。已推导出碳化硅方形板谐振器的宏模型,其设计和材料参数从参考文献[17]得到。谐振器由四个短梁锚定在对应角的悬空方形板构成。悬空板的每一个侧面都横向面对一个电极,这样可以激励或感应悬空板的面内振动。通过梁使板产生偏置。电极与方形板之间的间距为 0.1 μm 以增强静电耦合。尽管其结构十分简单,器件仍可以应用在多种电路结构中,并且电路结构会对其响应和性能产生极大的影响。在这种情况下,降阶建模是电路设计优化的一个有力工具。

通过在器件端口施加合适的信号,可以激发方形板的 Lamé 模态或外延模态。图14.3(a) 给出了 Lamé 振型:方形板沿着一个方向扩展并在与之垂直的方向收缩,但总体积守恒。外延模态则由方形板在所有方向上的交替扩展与收缩来表征,如图 14.3(b) 所示。对于选择的尺寸和材料属性,Lamé 模态和纵向模态的谐振频率分别为 171 MHz 和 177 MHz。

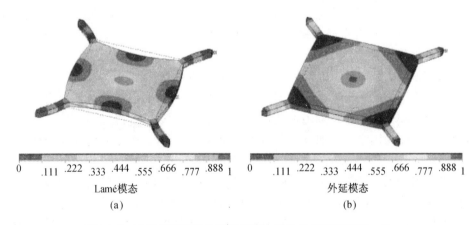

| 0 | .111 | .222 | .333 | .444 | .555 | .666 | .777 | .888 | 1 | | 0 | .111 | .222 | .333 | .444 | .555 | .666 | .777 | .888 | 1 |

Lamé模态   外延模态

(a)   (b)

图 14.3   方形板谐振器的振型幅度。器件的总形变被归一化。

一个机械器件的完整 3D 模型总共具有 3 000 个自由度。假设在电极和可动结构之间施加了 5 V 的偏置电压,并选择 175 MHz(即在两种模态的谐振频率之间)作为降阶处理的展开点,利用模型降阶提取出了线性化的降阶模型。在这个示例中,完整模型单谐波信号仿真的数值复杂度是在可接受范围内的。通过比较不同维度低阶模型与完整模型的仿真结果，可以得出满足建模精度需求的降阶模型阶数。将如图 14.4(a)所示电路结构中的感应端(i_{out})接地，得到完整模型与 15 个自由度模型的仿真结果，如图 14.5 所示。图 14.5(a)给出了在不同频率下，器件的激励端与感应端电流数量级的变化，而图 14.5(b)则给出了方形板两个相邻侧面中心点的位移幅度。由图可以看出，采用自由度为 15 的模型时，在以谐振频率为中心，50 MHz范围内的机械量和电气量的计算相对误差小于 1%。使用降阶模型的谐波仿真来调整阻尼系数，以使器件在无负载情况下的固有品质因子达到 9 300。

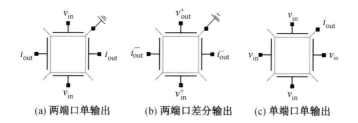

(a) 两端口单输出   (b) 两端口差分输出   (c) 单端口单输出

图 14.4　用于方形板谐振器的 **Lamé** 模态((a)和(b))与外延模态((c))的电路结构。

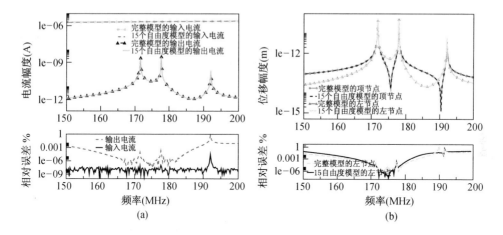

图 14.5　单端结构器件的电流幅度和总位移的谐波仿真。采用降阶模型得到的仿真结果与采用完整模型得到的仿真结果进行了比较。

表 14.1　方形板谐振器计算时间的比较

计算类型	时间(s)
谐波预应力分析(完整模型)	212
偏置点计算和矩阵计算	3.3
降阶模型提取	3.6
谐波分析(降价模型)	1

表14.1总结了降价模型和完整模型的所有模型提取步骤所需的计算时间以及采用200频率步长时谐波仿真所需的计算时间。降阶模型显著加快了仿真速度。此外,在计算偏置点和矩阵组装之后,提取速度非常快。

具有15个自由度的模型被转化为 Verilog A 行为模型并导入到 Canedce Spectre 仿真器。得到的电路元件含有每个器件激励电极的一个电气输入/输出端口,谐振器自身的电气输入/输出端口,外加两个用于监测器件两个相邻侧面中心点位移的机械输出端口。此外,还有两个参考电极,其中一个用于电气量,另一个用于机械量。为了避免电路中出现浮地端口,机械输出端口总是通过一个很大的电阻与地相连。

在如图14.3所示的谐振模态以及不同电极配置情况下,采用电路级仿真来研究悬浮谐振器结构的串联电阻对器件性能的影响。如图14.4(a)和14.4(b)所示,Lamé 模态使用单输出或者差分两端口电极来激励,相邻的两个电极使用相位差为180°的信号驱动。图14.6所示的电路原理图可以用于此目的。图14.6(a)给出了单输出的实现方法,每对电极都与一个内部阻抗为 $50\ \Omega$ 的端口相连。图14.6(b)给出了完整的差分双输出的实现方法,使用了两个理想的平衡-不平衡转换器(balun),其中的平衡输出端连接到谐振器的相邻电极上。在上述两种情况下,谐

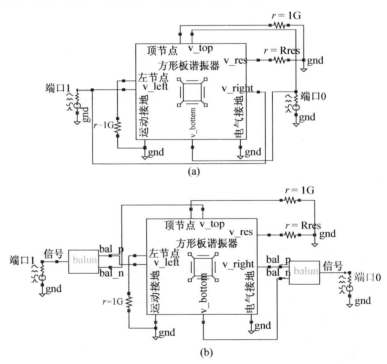

图 14.6　用于方形板谐振器仿真的电路原理图:(a) 双端口单输出电极配置;(b) 双端口差分输出电极配置。

振器端口都通过电阻 R_{res} 接地,代表了振动板和梁的阻抗。虽然碳化硅提供了很高的声波传导速度,但它的导电率却很低,因此估计这个电阻的阻值大约为200 kΩ左右[17]。针对 R_{res} 在 0 到 100 kΩ 范围内变化,利用模型进行了仿真,并且采用了良好的频率离散来观测谐振峰值。通过器件的机械输出(左节点和右节点)以及计算电气散射参数来观测器件行为。

图 14.7 中的曲线给出了在单输出配置情况下器件的传输参数 S_{21} 的调和行为,以 dB 为单位。由图可以看出,对于较低的 R_{res},谐振峰值为 171.3 MHz,而随着 R_{res} 的增大,谐振峰值变得越来越难观测并最终消失。这可以通过分别观测输出电流的位移部分和动态部分来解释,如图 14.8 所示。在电阻比较小时,动态电流是输出电流的主要组成部分。然而,随着 R_{res} 增大到 100 Ω 以上,激励与感应端之间的电容通路变得越来越重要并最终使位移电流成为主要组成部分。在200 kΩ的情况下,器件实际上已经不能发挥频率选择的功能。

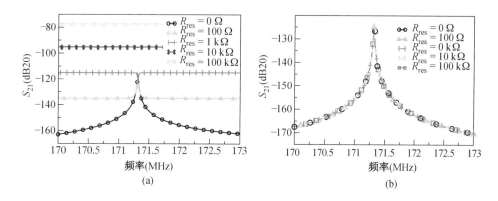

图 14.7 Lame 模态中方形板谐振器的电路级仿真:(a) 单输出电极配置;(b) 差分输出电极配置。

通过使用完整的差分输出电极配置,传输参数 S_{21} 的行为变得对 R_{res} 的变化不敏感,如图14.7(b)所示。在这种设置下,谐振器实际上是接地的,没有电流通过悬浮结构。在平衡-不平衡转换器中,不平衡输入端的位移电流很小,而且由于共模抑制,在输出端可完全将其忽略,使得只有谐振器的动态电流被显示出来。因此,器件工作状态正常,并且由于材料的高电阻

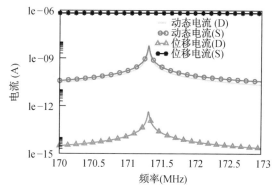

图 14.8 v_top 端的动态电流和位移电流组成,(S)表示单输出电极配置,(D)表示差分输出电极配置。

率,Q 因子不发生改变。

得到的仿真结果与实验结果[17] 比较吻合。传输参数的极小值是由于器件与输入和输出端的 50 Ω 标准阻抗没有进行负载匹配以及缺少放大电路引起的,通常测量设置中都会采用放大电路来检测很小的动态电流。

器件在高频情况下的外延模态也可以采用图 14.4(c)所示电路结构来分析。四个同量级的电压信号施加在输入电极上,而输出信号从板的端口读取。在这种设置下得到的仿真结果如图 14.9 所示。在典型的单端口测量设置中,会在激励端与感应端之间形成一个与串联电阻 R_{res} 无关的大电容通路,这导致很难检测到谐振。相对于全差分电极配置来说,输出电流中的位移电流改变了更高的传输参数。随着 R_{res} 的增大,器件的 Q 因子急剧上升。在这种情况下,器件的性能变得很差。总的来说,我们可以得出结论,即在 Lamé 模态中使用全差分电极配置,器件可以发挥出最佳性能。

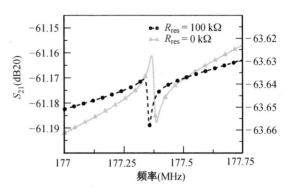

图 14.9   方形谐振器在外延模态中传输参数的仿真。

14.3.2   微开关

根据参考文献[18]中器件的几何形状,我们创建了电容开关的微开关模型。开关的矩形薄膜悬浮在下电极的上方,两者之间距离为 1.4 μm,下电极处于矩形薄膜中心位置下方。薄膜由四根梁锚定,梁与薄膜的长边成 30° 夹角,如图 14.10 所示。我们假设矩形薄膜是由厚度为 3 μm 的铝膜形成的。由于器件有两个对称轴,因此只需要对结构的四分之一进行有限元分析。为了使薄膜在加工过程中能够顺利释放,在薄膜上开了释放孔。对于这样一个几何结构,计算静电力时边缘场效应变得很重要。因此,薄膜的外部节点被分为 15 个区域,并在

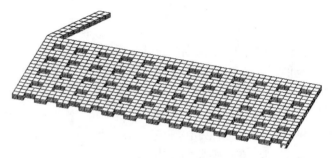

图 14.10   开关的有限元分析模型。只考虑了
整个结构的四分之一。

进行静电力分析时计算了每个区域与下电极之间的电容,其中薄膜有限的厚度和电极产生的边缘场效应都考虑进去了。由于在激励期间,器件变形主要是由低刚度的固支梁引起的,因此只计算了薄膜未变形时的电容。在静电场求解的基础上,推导出了施加在每个区域中心的集总静电力。

使用了一个自由度为 15 的降阶模型来提取此开关的机械能域宏模型,15 个输入/输出自由度用来计算和应用静电力。瑞利阻尼系数也将作为模型的一个参数。为了获取器件的吸合特性,在 VerilogA 模型中也包含了接触力。在 Cadence 中对于静电力作了补充。需要确认降阶模型中每一个输出节点的接触条件。如果节点位移的绝对值大于器件的间距,那么就将静电力与接触力都施加在节点上,否则只考虑静电力。表 14.2 总结了模型提取过程中每一步所需要的计算时间。相对于谐振器和滤波器模型来说,由于原始模型有更多的维度以及增加的输入量,因此每一步都需要更多的时间。尽管如此,鉴于降阶模型带来的仿真速度提升,总的提取时间仍然在完全可接受的范围内。

表 14.2　开关宏模型的提取与仿真计算时间

计算类型	时间(s)
单元矩阵组装	200
降阶模型提取	900
静电力计算(使用有限元建模)	200
机电耦合仿真(完整模型)	10 100
静态和瞬态的降阶模型仿真	<1

对器件的静态吸合行为进行了电路级仿真,并将该仿真结果与在 ANSYS 软件中完整模型耦合机电仿真的结果进行了对比。观察薄膜上施加作用力的两个节点垂直位移,它们对应于电极上方薄膜的最大和最小位移。图 14.11 给出了仿真的结果:连续曲线表示电路仿真结果,离散点则表示由连续求解器得到的结果。后者并没有完全描述吸合曲线,因为当薄膜的垂直位移大于300 nm时会出现收敛问题。对于小位移情况,曲线与仿真点几乎重合。在大位移情况下,两种仿真结果之间出现了一定的偏差,这是由于降阶模型低估了器件的位移。这种偏差是由于薄膜形变导致的水平力分量被忽略而导致的。然而,得到的器件吸合电压的误差在 5% 到 10%,这与材料特性及几何缺陷的不确定性导致的误差比起来还是比较低的。而且,即使考虑到提取宏模型所需要的时间,仿真速度也更快:使用连续求解器计算电压为 12 V 时机电平衡需要的时间大约为10 100 s,而在 Cadence 软件中利用降阶模型仿真所需时间不到 1 s。

宏模型对于表征 MEMS 开关的瞬态行为十分有用。完整的机电模型由于复杂度和计算时间的限制实际上是不能进行瞬态分析的。对器件的动态吸合电压在

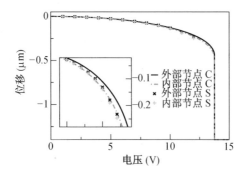

图 14.11　开关的静态吸合行为。比较了由完整模型连续耦合
结果与自由度为 15 的降阶模型的结果。

电路级进行了参数化研究。对于不同的瑞利阻尼系数值,研究了器件对递增的步进电压响应。在阻尼非常低的条件下,器件表现出的行为如图 14.12(a)所示。当施加的电压低于 12.75 V 时,器件的振荡频率随着电压的减小而降低。这是由于弹簧软化效应引起的。当施加的电压达到 12.75 V 时,开关进入其不稳定区域,并会直接塌陷在驱动电极上面。这个对应于开关动态吸合的电压值与期望的解析值比较吻合。对于静态吸合电压为 13.75 V 的情况,预测的吸合电压实际上为 12.78 V[19]。此外,还观测到了施加电压时预期吸合时间缩短的现象。如果阻尼参数增加到开关典型品质因子的值,就不能区分静态和动态吸合电压了。此时开关的吸合特性如图 14.12(b)所示。瞬态分析也可以用于评估器件的吸合和关断(pull-out)时间。图 14.13(a)和图 14.13(b)分别给出了采用峰值为 20 V,频率为 5 kHz 的方波驱动电压的情况下,预期的吸合和关断动态特性。吸合时间定义为开关从 0 上升到最大值的 80% 所需要的时间,这个时间值很容易测出,大约为 7.5 μs。

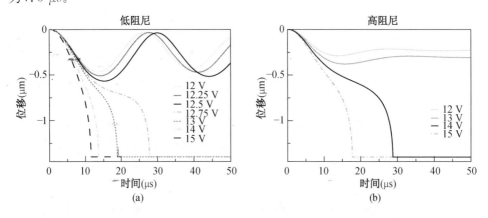

图 14.12　开关在低与高阻尼条件下随着施加电压增加表现出的动态吸合特性。

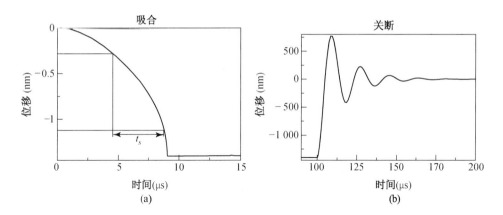

图 14.13 施加峰值为 **20 V** 的方波电压时开关的动态吸合((a))与释放((b))行为。

14.4　总结与展望

本章以振动器件和微开关为例，给出了由线性化有限元模型提取有源 RF MEMS 器件宏模型的步骤。提取过程以设计者提供的最少输入信息进行，并且相对于原始模型更加快速。另外，本方法可以适应复杂几何结构的器件，可以获取电预应力与机械预应力效应，并且在处理电能域与机械能域之间的交互作用方面有很好的灵活性。这些特点使得该方法可以处理大多数的机电器件。

降阶模型已用来进行简单网络中的电路仿真，通过与完整模型或者实验数据进行对比证实了其精度。降阶模型的低复杂度使得后续仿真可以加快速度，这特别有助于完成瞬态仿真。使用这些模型的真正意义是，利用快速准确的电路仿真对更加复杂的体系架构进行设计优化。

提取的模型没有按照器件的几何尺寸参数化。正如 3.1 节所述的热学 MEMS 模型那样，只有形成有限元矩阵的线性参数才能够保留在宏模型中。参数化模型降阶技术的进步可以为设计 RF MEMS 带来巨大的帮助。由于降阶矩阵的提取过程非常快，当几何结构优化非常必要时，仍然可以使用模型降阶来加快求解过程[20]。

参考文献

1. Nguyen, C. T. C., Katehi, L. P., and Rebeiz, G. M. (1998) Proceedings of IEEE, 86 (86), 1756-1768.
2. Nguyen, C. T. C. (2001) Transceiver front-end architectures using vibrating micromechanical signal processors, Digest of Papers. Silicon Monolithic Integrated Circuits in RF Systems, pp. 23-32.

3. White, J., Senturia, S. D., and Aluru, N. (1997) IEEE Computational Science &-Engineering, 4 (1), 30–43.

4. Kaajakari, V., Mattila, T., Kiihamäki, J., Oja, A., Kattelus, H., and Seppa, H. (2003) Nonlinearities in single-crystal silicon micromechanical resonators. Digest of Technical Papers, The Inter-national IEEE Conference on Solid-State Sensors Actuators and Microsystem (Transducers'03), pp. 1574–1577.

5. Zienkiewicz, C. (1977) The Finite Element Method, 3rd ed, McGraw-Hill.

6. de Silva, C. W. (2000) Vibration: fundamentals and practice, Chap. Modal Analysis.

7. Veijola, T. (2004) Compact models for squeezed-film dampers with inertial effects. Proceedings of DTIP, pp. 365–369.

8. Schrag, G. and Wachutka, G. (2002) Sensors and Actuators A, 97–98 , 193–200.

9. Freund, R. W. (2000) Journal of Computational and Applied Mathematics, 123 (1–2),395–421.

10. Antoulas, A. C. (2005) Approximation of Large-Scale Dynamical Systems, Society for Industrial and Applied Mathematic.

11. Su, T. J., Craig, J., and Roy, R. (1990) Journal of Guidance, 14 (2), 260–267.

12. Eid, R., Salimbahrami, B., Lohmann, B., Rudnyi, E. B., and Korvink, J. G. (2007) Parametric order reduction of proportionally damped second-order systems. Sensors and Materials, 19 (3), 149–164.

13. Rewienski, M. and White, J. (2003) A trajectory piecewise-linear approach to model order reduction and fast simulation of nonlinear circuits and micromachined devices. IEEE Transactions on Computer-Aided Design of Integrated Circuits and Systems, 22 , 155–170.

14. Lienemann, J. (2006) Complexity reduction techniques for advances MEMS actuators simulation. Ph. D. thesis. Albert-Ludwigs Universität Freiburg im Breisgau.

15. Rudnyi, E. B. and Korvink, J. G. (2006) Lecture Notes in Computer Science, 3732, 349–356.

16. Bechtold, T., Rudnyi, E. B., and Korvink, J. G. (2005) Journal of Micromechanics and Microengineering, 15 (3), 430–440.

17. Bhave, S. A., Gao, D., Maboudian, R., and Howe, R. T. (2005) Fully-differential poly-SiC lame mode resonator and checker board filter. Proceedings of 18th IEEE Micro Electro Mechanical Systems Conference (MEMS) '05, pp. 223–226.

18. Cusmai, G., Mazzini, M., Rossi, P., and Combi, C. (2005) Sensors and Actuators A, A123–A124 , 515–521.

19. Rochus, V. (2007) Finite element modeling of strong electromechanical coupling in MEMS, Ph. D. thesis. University of Liege.

20. Han, J. S., Rudnyi, E. B., and Korvink, J. G. (2005) Journal of Micromechanics and Microengineering, 15 (4), 822–832.

15 SystemC AMS 和协同仿真

Francois Pêcheux , *Marie-Minerve Louërat* , *Karsten Einwich*

15.1 引言

毫无疑问,未来十年最大的挑战是嵌入式硬件/软件(HW/SW)系统与其模拟物理环境之间紧密交互的多学科系统协同设计。随着市场化周期的变短,复杂系统的建模与仿真变得越来越重要,这些数字 WH/SW 在功能上与模拟和混合信号(AMS,或者 Analog,硬件描述语言和系统描述语言环境中的混合信号)模块(即射频接口、功率电子器件、传感器和执行器)交织在一起。在设计周期中,如果整个系统和体系结构层次模型能够尽早实现,体系结构的构建问题和设计错误都会大幅减少。

本章基于 SystemC 及其 AMS 扩展介绍了系统级设计方法,并给出了一个复杂异构系统建模和仿真的应用实例。本章采用自底向上的方法,包括两部分,第一部分,介绍最新 SystemC AMS 扩展标准,并简要介绍了当前所支持的建模形式体系(MF):定时数据流(TDF)、线性信号流(LSF)和电路线性网络(ELN)。MEMS加速度计机械部分(简化为易于处理的弹簧质量块阻尼器问题)的 SystemC AMS描述,说明了 TDF 和 ELN 计算模型(MoC)。第二部分,将已描述的加速度计作为复杂应用实例 SystemC AMS 虚拟原型的构建模块,该实例是用于确定平面上地震震中位置二维坐标的无线传感器网络(WSN)。

15.2 利用 SystemC AMS 异构建模

把数字硬件和软件与 MEMS 集成能够设计出一个嵌入式应用,在制造之前,仿真这个如此复杂的 AMS 系统行为需要一个好的方法。一方面,在采用有限元模型时,MEMS 仿真比较费时;另一方面,嵌入在异构系统中的软件验证需要研究它与 MEMS 的交互作用。为了减少在这种使用情况中的计算成本,在 MEMS 方面,可以应用数学模型降阶方法[1, 2]或者基于集总单元宏模型[3, 4](见第 2 和第 3章);在数字电路方面,可以应用真位精确周期模型[5]。

C++类的新 SystemC AMS 库很适合于对异构设计和超越摩尔系统建

模[6-8]。该库是 SystemC 的兼容扩展，能够为 AMS 很好地管理几个 MF 和 MoC。当前，异构系统的 AMS 部分能够利用 TDF、LSF 和 ELN MoC 在 SystemC AMS 中建模。已实现这三个 MoC 之间彼此交互或者通过专门的同步层与其他 MoC 交互（即 SystemC 离散事件）。运用分层结构，复杂异构系统的相互连接部分能够以它们的优化和求解方法建模和仿真。从系统工程师的角度看，这种方法提供了较高的建模效率和快了几个量级的快速仿真。

15.2.1　SystermC AMS 定时数据流（TDF）

TDF 可用于在功能级对复杂的非守恒系统（信号流）行为高效地建模。TDF 计算模型是由不定时的同步数据流 MoC 衍生而来[9]。此外，TDF MoC 给样本值分配特定的时间戳。TDF 中的基本实体是：TDF 模块、TDF 端口和 TDF 信号。

一组被连接的 TDF 模块形成了有向图，称为 TDF 集群。TDF 模块位于图的顶端，TDF 信号对应边缘。TDF 信号将不同模块的端口连接在一起。在 TDF 集群中的每个 TDF 模块包含了一个特殊的 C++成员方法，即 processing()，用于计算涉及端口输入值和模块内部状态的数学函数。然后由 TDF 集群计算得到的完整功能行为，以适当的阶数定义为有关 TDF 模块功能的数学组分。时间步长定义为两个样本之间的时间间隔，它能够直接由设计者设置。关注与端口有关的速率和延时也是重要的，其提供了多速率能力和反馈回路。TDF 模块可能有几个输入和输出端口，只有在输入端口有足够的数据样本时，给定的 TDF 模块才能计算（或激发同步数据流形式体系），这取决于相关的端口速率。在这种情况下，由 TDF 模块计算的样本值会被传输给合适的输出端口。时间戳与每个样本数据相关联，当被激发时，TDF 模块能产生多个数据样本。

假如端口上的关联或 TDF 有向图的模块是兼容的，TDF 集群中样本（采样速率）的顺序和数量对于每次计算都是已知的。因此，这个顺序在仿真开始之前可确定并对应于 TDF 集群的静态调度。在仿真器求解过程中产生静态调度一次，其速度超越了基于时序事件队列的传统仿真器。因此，更正式的说法是，TDF 集群可以被定义为一组被连接的 TDF 模块，其属于相同静态调度。

15.2.2　加速度计的定时数据流模型

图 15.1 是一个简单的带有基于电容换能器的 AMS 加速度计系统示例。加速度计的机械部件（虚线部分）是传统的质量块-弹簧-阻尼器系统，在 SystemC AMS TDF 中它能够用状态空间表达式轻而易举地建模。

根据自由体动力学，振动质量块的加速度由下列方程定义：

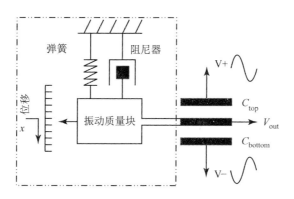

图 15.1 MEMS 加速度计。

$$\ddot{x} = -\frac{k}{m}x - \frac{b}{m}\dot{x} - \frac{1}{m}f(t) \tag{15.1}$$

其中,k 是弹簧常数,b 是阻尼(粘性)系数,m 是质量,$f(t)$ 是作用于振动质量块的并与时间相关的力,x 是振动质量块的位移,$f(t)$ 简化为高斯脉冲。该二阶微分方程可重写为一对振动质量块位移和速度函数的一阶微分方程:

$$v = \dot{x} \tag{15.2}$$

和

$$\dot{v} = -\frac{k}{m}x - \frac{b}{m}v - \frac{1}{m}f(t) \tag{15.3}$$

这些方程能够用矩阵形式重写为:

$$\begin{pmatrix} \dot{x} \\ \dot{v} \end{pmatrix} = \begin{pmatrix} 0 & 1 \\ -\dfrac{k}{m} & -\dfrac{b}{m} \end{pmatrix} \begin{pmatrix} x \\ v \end{pmatrix} + \begin{pmatrix} 0 \\ -\dfrac{1}{m} \end{pmatrix} f(t) \tag{15.4}$$

其中,x 和 v 是系统表达式的状态空间变量。如果初始时刻的 x 和 v 为已知的,之后的输入值也是已知的,则任何时刻的系统都可以完全被确定。下面四个矩阵是系统的空间状态表达式:

$$A = \begin{pmatrix} 0 & 1 \\ -\dfrac{k}{m} & -\dfrac{b}{m} \end{pmatrix} \tag{15.5}$$

$$B = \begin{pmatrix} 0 \\ -\dfrac{1}{m} \end{pmatrix} \tag{15.6}$$

$$C = \begin{pmatrix} 1 & 0 \\ 0 & 1 \end{pmatrix} \qquad\qquad (15.7)$$

$$D = \begin{pmatrix} 0 \\ 0 \end{pmatrix} \qquad\qquad (15.8)$$

设计用于加速度计建模的 TDF 集群如图 15.2 所示。

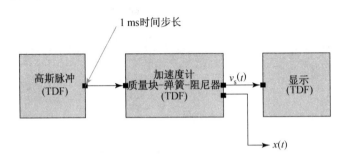

图 15.2 MEMS 加速度计 TDF 集群。

由 TDF 模块产生的脉冲称为高斯脉冲,它被传播给下游的 TDF 模块加速度计。显示是可选模块,与加速器的输出端口相连接,在整个时间内,其作为一个信宿接受输入的位移值 x。通过 TDF 信号,高斯脉冲的输出端口被连接到加速度计的输入端口,该 TDF 信号携带了采样的振动脉冲值。在高斯脉冲模块的输出端执行 1 ms 时间步长,即这个模块每毫秒产生一个新的振动脉冲样本。在仿真器求解期间(即以下列静态确定顺序,每个模块每毫秒都将被激发:高斯脉冲→加速度计→显示),这个时间步长会自动地传递到集群模块的其余部分。这个模块的 processing() 函数如本章附录中程序列表 1 所示。

每当高斯脉冲模块被激发时(每毫秒),C++双值 t 中保存仿真时间的当前值并被用于计算高斯函数的下一个值,这个值被写到 TDF 输出端口输出。

利用式(15.4)~式(15.8)所编写加速度计 TDF 模块的完整代码可参见本章附录中程序列表 2,这里仅简要介绍。

第 1 行定义了加速度计 TDF 模块的名字。第 3 至 5 行说明加速度计有一个输入端口 inp(表示进来的地震扰动)以及两个输出端口 outx(表示振动质量块的位移 x)和 outv(表示速度 v)。初始化函数 initialize() 从第 7 行开始,在仿真开始之前对于每个相关 TDF 模块它都要被调用一次。允许为 TDF 模块设置成员变量、数值和数据结构。通过函数的初始化,方程的三个系数 k、b 和 m 以及四个状态空间矩阵都有了合适的数值(第 12 至 17 行)。在第 31 行,这四个矩阵被说明为 C++矩阵对象。相应地,第 18 至 19 行给出系统的初始状态,第 32 行说明 C++矢量。由于为处理状态空间表达式预先设置了(相当好)运算符,第 21 行的 processing()

函数仍然保留了相当的可读性。模块每次被激发时,processing()函数以读取输入力矢量 f 值的(第23行)开始,并将它作为状态空间运算符 sca_ss 函数的最后自变量,也就是实例中的 ss1()(第24行)。函数产生了一个矢量 γ,其携带了输出值($\gamma(0)$携带当前的位移 x,矢量 $\gamma(1)$携带当前的速度 v)。

假如在标准网表 main.cpp 文件中的三个 TDF 模块是具体的和交互作用的,可以获得如图15.3上半部分所呈现出的仿真结果图。正如预期那样,振动质量块对高斯脉冲有反应并且服从阻尼振荡。

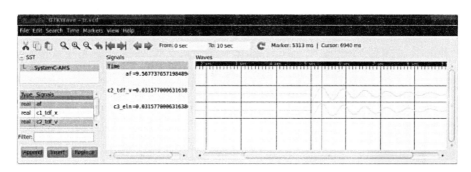

图 15.3 包含 RLC 表示法的加速度计集群。

15.2.3 MEMS 加速度计的电路线性网络模型

根据物理能域之间的能量等效理论,以质量块、弹簧和阻尼器表征的加速度计机械部分能够转换为对应的电路等效电阻、电感和电容(RLC)[3]。可以采用电容器的电荷确定机械位移,用并联 RLC 电路的电压确定速度。确切等效值的细节参见表15.1。

表 15.1 机械能域和电能域的类比

机械能域	电能域
公共值是速度 v	公共值是电压 v_s
位移,速度的积分	电荷
质量 m	电容 C
弹簧系数 $1/k$	电感 L
阻尼因子 b	电阻 $1/R$
力 f	电流 i_s

图 15.4 显示了如何用 RLC 表示加速度计,在 SystemC AMS ELN 中建模,可以直接连接到同一个 TDF 高斯脉冲源。

ELN 表示法是基于四个 ELN 基元的应用:基于施加外力 $f(t)$ 的值控制电流

源产生的电流 i_s、电阻 R、电容 C 和电感 L。v_s 是对应的电压。这些基元并联：

$$i_s(t) + i_C + i_R + i_L = 0 \tag{15.9}$$

积分后该方程可重写成：

$$\dot{v}_s(t) = -\frac{1}{LC}\int_0^t v_s(u)\,\mathrm{d}u - \frac{1}{RC}v_s(t) - \frac{1}{C}i_s(t) \tag{15.10}$$

该 RLC 表示法的 SystemC AMS 模型参见本章附录中程序列表 3。

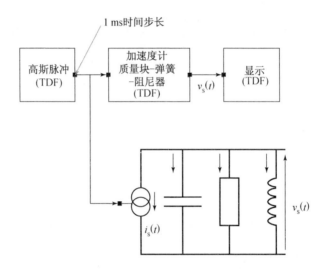

图 15.4　TDF 表示法与 ELN 表示法之间的确切等效值图

15.3　案例研究：采用加速度计探测地震扰动

　　上文描述的加速度计可以整合在 WSN 应用实例中，从中可以看出使用 SystemC AMS 在高抽象级别对复杂异构系统进行建模和仿真的所有优势。这个系统可以在 SystemC 和 SystemC AMS 中实现，大概由 100 个 C++.cpp 和.h 文件组成。部分设计结果已经发表在参考文献[10]。作为一个关注点，本节描述了如何用 SystemC AMS 为动力电池模型和地震波波动方程编码，也阐明了用于平滑连接数字和 AMS 部分的 SystemC AMS 结构。

　　图 15.5 中的 WSN 由四个独立的节点 $N_0 \sim N_3$ 组成，这些节点位于表示监控地表的网格矩阵上的公认位置，利用前述 MEMS 加速度计不断地监视地震活动。如图 15.6 所示，整个系统可以被描述为一组分属五个学科的互连模块：物理学（由 SystemC AMS TDF 建模的地震扰动发生器和振动传感器）、模拟电子技术（以 SystemC AMS TDF 和 SystemC 建模的振动 ADC）、数字技术（用 SystemC 建模的

微处理器、RAM、RF 数据串行器/并行器、中断等)、模拟射频(以 SystemC AMS
TDF 建模的节点之间的 2.4 GHz 通信)和化学(以 SystemC AMS TDF 建模的作为电
源的动力电池)。TDF 打开了快速仿真的大门,也是复杂系统所必需的。

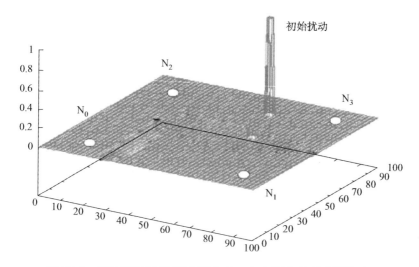

图 15.5　100×100 网格、四个节点 $N_0 \sim N_3$ 以及初始伪高斯扰动。

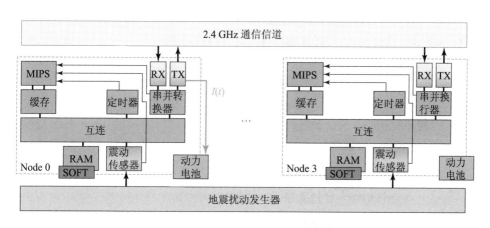

图 15.6　完整的 WSN,包括四个通信节点 $N_0 \sim N_3$。

图 15.5 所示的地震扰动被建模为具有网格初始振幅的伪高斯脉冲,采用的是
之前详细描述的建模原理(本章附录中的程序列表 1)。它以恒定径向速率的波动
方程在时间和空间上传播。一旦节点 N_i 的加速度传感器检测到地震扰动的出现,
节点 N_i 就会将它的节点标识符和内部时间戳传播给其他节点,这得通过正交相移
键控(QPSK)调制的 2.4 GHz RF 转换器和一个噪声通信信道来实现。因此每个
节点接收到连续不断的地震扰动时间戳上的信息。由于采用三角剖分算法,当节点

收集到足够信息时,每个节点能够利用嵌入式微处理器求解非线性方程组,从而计算出震中。从硬件和软件方面来看每个节点都是一样的,都有一个以相同初始时间戳0初始化的内部实时时钟。用来避免与 RF 信息冲突的协议是时分多址(TDMA)。

15.3.1　SystermC AMS TDF 的振动激励和振动传感器

地震扰动描述为伪高斯脉冲,初始振幅是 f,并通过下面的波动方程传播给地表的所有点:

$$\frac{d^2 f}{dt^2} = c^2 \left(\frac{d^2 f}{dx^2} + \frac{d^2 f}{dy^2} \right) \tag{15.11}$$

振动激励发生器是一个 SystemC AMS TDF 模块,其通过 SystemC AMS 端口与每个节点的振动传感器相连接。用三维矩阵来表示环境(其中两维代表空间,一维代表时间)。在给定点,地震波的振幅采用式(15.11)的离散化版本来计算:

$$f_{x, y, t+1} = c^2 \cdot ((f_{x+1, y, t} + f_{x-1, y, t} + f_{x, y+1, t} + f_{x, y-1, t})(-4 \cdot f_{x, y, t})) - f_{x, y, t-1} + 2 \cdot f_{x, y, t}$$

$$\tag{15.12}$$

这个方程说明可以根据时刻 t_i 时矩阵点相邻点的幅值和时刻 t_{i-1} 时前一矩阵点的幅值计算出时刻 t_{i+1} 时矩阵点的幅值。一旦 TDF 模块被 SystemC AMS 调度程序所激活,附录中程序列表 4 中的 processing()函数将被执行。首先,网格上的所有坐标点 (x, y) 将被更新(第 7 至 14 行),wave$[x][y][1]$ 和 wave$[x][y][0]$ 表示点(x, y)振幅的前一次迭代值。在这个更新步骤之后,对应传感器位置的值将被重写至每个连接的节点(第 16 至 19 行)。接着,当前值变为下一次的前值(第 20 至 24 行)。

通过归零反馈的二阶 $\Sigma\Delta 1$ 位调制器以及一个利用三阶有限脉冲响应滤波器(Fir2)的抽取器[12],将读取的来自地震扰动发生器产生的振幅直接转换成等量的数字量[11],这能够被参数化以产生一个 n 位的数字信号[13]。

15.3.2　SystermC 的数字控制器

每个 WSN 节点的数字部分以数字模型的专用库设计。库中的所有模型都是BCA(Bit-Cycle Accurate,位周期精确)兼容的,遵守 SystemC 描述规则[5],并且彼此之间相互协作,即其遵循标准开放式核心协议(OCP),允许库中的任何数字 IP通过采用片上网络(NoC)与其他部分相连接。为了实现这个功能,所有的模型必须被写为有限状态机(FSM)(参见 4.2.2 节)形式描述。一个给定的元件可以包含几个摩尔 FSM,正因为如此,可以表示为两个组合函数(转换函数和摩尔输出生成函数)和一个包含组件当前状态的寄存器。在仿真器求解期间,整个数字系统的仿真仅仅是建立起一个同步有限状态机(CSFSM)通信的网络。在时钟的上升沿,数字设计中所有模型的全部转换函数被调用;在时钟下降沿,所有的摩尔输出生成函数被调用。这样仿真的仿真周期是非常有规则的,由 SystemC 仿真内核执行的离散事件算法开销是非常低的,这是因为事件列表被减少到只有时钟的上升和下降事件。处理器被实现为指令集仿真器(ISS),这样能够与分级存储器体系(缓存L1、缓存 L2 和主要存储器)互连。处理器模型包括 MIPS32,PowerPC405,ARM7,SparcV8 和 Nios。此外,库随时可以调用。

在该案例研究中,数字部分主要包括一个 32 位 MIPS32 处理器以及与它关联的指令和数据 L1 缓存,一个包含嵌入式应用代码和数据的 RAM,一个用来产生 TDMA 中断的计时器,振动传感器的数字部分,以及负责 RF 数据的串行化/并行化(串并转换器)的元件。MIPS32 可以接收三个中断,分别来自定时器(判断节点是否在其 TDMA 时间槽里)、串并转换器(当 RF 数据被接收时)和振动传感器(当达到给出的振幅阈值时,说明扰动出现在传感器位置)。RAM 模型足够智能,能够用嵌入式 Linux 文件(ELF)的内容初始化代码和数据的内存段,ELF 是采用 GCC(GNU Compiler Collection)工具链一起为 MIPS 处理器进行交叉编译而编译成的兼容二进制文件。

15.3.3　2.4 GHz RF 收发器

RF 收发器负责将串并转换器发出的数字比特流转换为 RF 信息(RF 发射器),反之亦然(RF 接收器)。正如参考文献[14]所描述的那样,RF 模型采用一个连续的 QPSK 传输模式,如图 15.7 和 15.8 所示,载波频率为 $f_c = 2.4$ GHz,数据频率为 $f_b = 2.4$ MHz。在 RF 通信信道建模中加入高斯白噪声(AWGN)就可以考虑信道噪声,并且这在计算关于信噪比(SNR)的基本 RF 特征比特误码率(BER)时是必要的。在这个近理想的建模中,功率放大器(PA)和低噪声放大器(LNA)模块都是非常明确的,同样的,通信信道被视为理想的具有 AWGM 的增益模块。

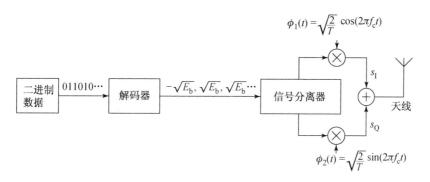

图 15.7　QPSK RF 发射器。

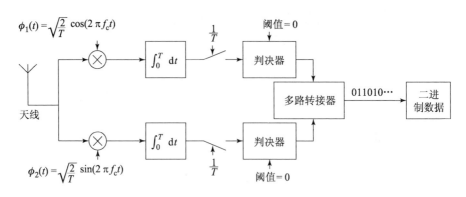

图 15.8   QPSK RF 接收器。

为了防止仿真时间变得过长,因此要验证和最优化 WSN 的部分,通常的方法[15]就是定义一个介于初始值 2.4 GHz RF 信号和其基带表示之间的等效值以移除 RF 信号表达式中的载波:

$$x(t) = DC + I_1\cos(\omega t) + I_2\cos(2\omega t) + I_3\cos(3\omega t) + \qquad (15.13)$$
$$Q_1\sin(\omega t) + Q_2\sin(2\omega t) + Q_3\sin(3\omega t)$$

在基带等价传输模式中,唯一通过 RF 信道传输的数据是式(15.13)中的 7 个系数,它们表示了信号谐波及其相关联的二阶和三阶失真,传输速率比直接/简单仿真中的小10 000倍。

因为 SystemC AMS 用它自己的仿真时间表示法,因此不推荐直接连接 SystemC 模块与 SystemC AMS TDF 模块,因为有可能产生同步问题。这就是为什么 SystemC AMS 提供专用转换器端口($sca\_tdf::sca\_de::sca\_out$ 或者 $sca\_tdf::sca\_de::sca\_in$),因为这样能够确保在正确的时间正确地读或者写值。本章附录中程序列表 5 中的示例展示了 RF 收发器部分的功率放大器 pa 的 TDF 模块。采用基带等效来为 RF 传输链建模,在该模块中通过模板参数(第 4 和第 5 行)来表现。输入端口 en(第 3 行)与 SystemC 模块的控制端口相连,这样能够激活(停用) RF 发射器。第 7 至 14 行展示了模块处理函数如何用这个启用标志传送一个评估的 BB 样本(与节点被实际发射的情况一致)或空的 BB 样本(当 RF 发射器停用时)。所有需要的同步都由 $sca\_tdf::sca\_de::sca\_in$ 端口完成,从设计者角度来看,数字部分的应用是透明的。

15.3.4   电池建模

出于生态和能量的原因,WSN 的建模应该尽早考虑功率估算问题。所描述的应用实例依赖于 Manwell 和 McGowan 的动力电池模型(KiBaM)[16]来处理这些问题。这个模型之所以被称为动力的，是因为它应用了化学动力学微分方程。如图 15.9 所示，电池电荷分布在两个井：可用电荷井和束缚电荷井。

可用电荷井直接为负载以及 WSN 节点提供电子，而束缚电荷井仅为可用电荷井提供电子。电荷井之间的电荷流动速率取决于两个井之间的高度差和参数 k。参数 c 给定了电池中可用电荷井部分的电荷占总电荷量的分数。两个井中电荷量的变化由下列微分方程组给出：

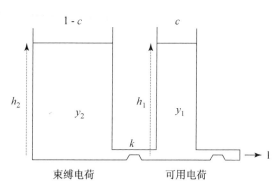

图 15.9　来自 Manwell 和 McGowan 的电池模型[17]，它以电荷井和束缚电荷井构造。

$$\frac{\mathrm{d}y_1}{\mathrm{d}t} = -I(t) + k \cdot (h_2 - h_1)$$

$$\frac{\mathrm{d}y_2}{\mathrm{d}t} = -k \cdot (h_2 - h_1)$$

(15.14)

其初始条件为 $y_1(0) = c \cdot C$ 和 $y_2(0) = (1-c) \cdot C$，其中，C 是总的电池容量。对于 h_1 和 h_2，有 $h_1 = y_1/c$ 和 $h_2 = y_2/(1-c)$。当负载 $I(t)$ 被施加到电池时，可用电荷会减少并且两个井的高度差会增加。当去掉负载时，电荷从束缚电荷井流向可用电荷井直到 h_1 和 h_2 再次相等。因此，在闲置期间，更多的电荷会变成可用的并且电池会比连续施加负载时持续更长时间。从 SystemC AMS 角度看，用 TDF 模块描述动力电池，能够采用以前所介绍的相同状态空间建模技术完成。

15.3.5　嵌入式软件，用于 MIPS 交叉编译的 GNU GCC 应用程序

嵌入式应用程序负责初始化外围设备和管理中断，它与 GCC 一起为 MIPS32 处理器进行交叉编译。程序员通过专用指令集直接存取数字组件（如 SERDES）的寄存器并得到 periph_io_set() 和 periph_io_get() 函数。该应用程序中，在 SW 中采用简单 TDMA 协议实现四个节点的通信并由内部定时器保持同步。本章附录中程序列表 6 给出了主函数代码。每个节点分配有一个关联的临时槽，可用于广播一条消息到其他节点。设置定时器跳出一个中断，表明一个新的 TDMA 槽已经开始（第 7 行）。如果这个槽与另一个节点关联（第 10 行），待处理的 RF 消息能够被传送（第 11 至 21 行）。如果它不是当前 TDMA 时间槽，就会把这个节点设置在接收模式并等待从其他节点传来消息（第 22 至 24 行）。这个消息是一个 32 位的

字,其中 4 位用来识别节点发送消息,其他的用来存储数据(第 14 和 15 行)。在这种情况下的数据是振动传感器探测到幅值超过给定阈值的时间。当节点的振动传感器产生一个中断(第 11 行)或者接收到其他节点的消息时,相应的信息会通过调用 fill_table()函数来存储在传感器表中。一旦所有传感器都已传送了各自的信息时(第 9 行),节点就会计算出震中(第 26 至 29 行)。

15.3.6　仿真结果

对于一个 100 MHz 的仿真微控制器时钟,在频率 2.5 GHz、1GB RAM 的 AMD X2 PC 上运行 Linux 系统,仿真四个节点的 WSN 耗时约 2 分钟。有三个 TDF 集群,一个用于 RF,一个用于地震扰动,还有一个是用来管理功率。由于应用 MoCs,在任何时间想获得任何组件(AMS 或者数字部分)的功能模式都不是特别困难。知道了每个组件的功能模式和相应的电子瞬时电流,就可以计算出整个的瞬时电流,反过来它也可以用作电池模型中减去的输入。图 15.10 展示了电池充电过程。由于现在的电流模型非常简化(只考虑了 RF TX 组件的功能模式),两个井电池模型的恢复效应是不能够直接指明的。图形的斜率对应两种情况,既 RF 发射器禁用(斜率平缓)和启用(斜率陡直)。

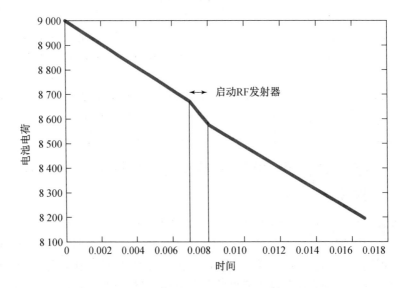

图 15.10　四个节点的一个电池充电过程。

在 RF 部分,分析了 SNR 变化与 BER 的关系。理论的 BER 已经由 AWGN 特征计算出来并已成功地与仿真结果相比较。参考文献[13]的工作已扩展到对收发器减损进行分析。

15.4   总结

　　本章说明利用开源工具对包含几个能域的完整 WSN 进行系统仿真是切实可行的,与传统商业工具相比,它具有更高精度。通过应用 C++、SystemC 和 SystemC AMS,模型获得了可交互操作性和工作性能,而仿真时间(当使用最先进的射频建模技术时)也非常令人鼓舞。这项工作最有趣的一点是,系统设计者可以根据自己的需要来调整系统并实际书写内部仿真循环。这个随时可用的 HW-aware 和 WSN 模拟器的当前版本能够很容易地作为增加实时通信协议、处理节点间的同步问题和开发实时功率评估方法的起点。

附录

程序列表 1:高斯脉冲 TDF 模块的过程函数

```
void processing( )
{
double t = out.get_time( ).to_seconds( );
out.write(exp( − 0.5 ∗ (((t − mu)/sig) ∗ ((t − mu)/sig))/(sig ∗ sqrt(M
PI))));
}
```

程序列表 2:加速度计 TDF 模块的完整源代码

```
 1   SCA_TDF_MODULE(accelerometer)
 2   {
 3   sca_tdf::sca in<double> inp;
 4   sca_tdf::sca out<double> outx;
 5   sca_tdf::sca out<double> outv;
 6   accelerometer(sc_core::sc_module name nm){ }
 7   void initialize( )
 8   {
 9   double coefb  =  10.0e − 2 ; // viscous friction
10   double coefk  =  10.0 ; // spring constant
11   double m = 0.1 ; // seismic mass
12   a(0,0) = 0.0 ; a(0,1) = 1.0 ;
13   a(1,0) = − coefk/m ; a(1,1) = − coefb/m ;
14   b(0,0) = 0.0 ; b(1,0) = − 1.0/m ;
```

```
15  c(0,0) = 1.0 ; c(0,1) = 0.0 ;
16  c(1,0) = 0.0 ; c(1,1) = 1.0 ;
17  d(0,0) = 0.0 ; d(1,0) = 0.0 ;
18  state(0) = 0.0 ;
19  state(1) = 0.0 ;
20  }
21  void processing()
22  {
23  f(0) = inp.read() ;
24  sca_util::sca_vector<double> y = ss1(a,b,c,d,state ,f);
25  outx.write(y(0));
26  outv.write(y(1));
27  }
28  private:
29  sca_tdf::sca ss_ss1; // state-space equation
31  sca_util::sca_matrix<double> a, b, c, d; //matrices
32  sca_util::sca_vector<double> state; //state vector
33  sca_util::sca_vector<double> f; //input
34  };
```

程序列表 3：对于加速度计的 ELN 表示的 SystermC AMS 网表

```
1   int sc main(int argc, char * argv[])
2   {
3   sca_tdf::sca_signal<double> disp_tdf_x,disp_tdf_v,f;
4
5   ...
6   sca_eln::sca tdf isource * iin_src;
7   sca_eln::sca_r * i_r;
8   sca_eln::sca_c * i_c;
9   sca_eln::sca_l * i_l;
10  sca_eln::sca_node_ref_gnd;
11  sca_eln::sca node_disp_eln;
12  //m = C
13  // k = 1/L
14  // b = 1/R
```

```
15  double m = 0.1 ;
16  double coefk = 10.0 ;
17  double coefb = 10.0e-2 ;
18  iin_src = new sca_eln::sca_tdf_isource("iin src", -1.0);
19  iin_src→n(disp_eln);
20  iin_src→p(gnd);
21  iin_src→inp(f);//incoming from TDF Gaussian pulse
22
23  i_r = new sca_eln::sca_r("i_r");
24  i_r→n(disp_eln);
25  i_r→p(gnd);
26  i_r→value=1.0/coefb;
27
28  i_c = new sca_eln::sca_c("i_c");
29  i_c→n(disp_eln);
30  i_c→p(gnd);
31  i_c→value=m;
32
33  i_l = new sca_eln::sca_l("i_l");
34  i_l→n(disp_eln);
35  i_l→p(gnd);
36  i_l→value = 1.0/coefk;
37
38  ...
39  }
```

程序列表 4:SystermC AMS 中的振动激励发生器

```
1  SCA_TDF_MODULE (wavegen)
2  {
3      sca_tdf::sca_out < double > out_sensor[4];
4  ...
5  void processing () {
6  int x,y,c;
7  for (x = 1;x<WAVE_SIZE-1;x++) {
8    for (y = 1;y<WAVE_SIZE-1;y++){
```

```
9    wave[x][y][2] = 2.0 * wave[x][y][1] −
10       wave[x][y][0] +
11   cd * cd * (wave[x+1][y][1] + wave[x−1][y][1] +
12           wave[x][y+1][1] + wave[x][y−1][1] −
13           4.0 * wave[x][y][1]);
14   } }
15   ...
16   for (c = 0 ; c < NB_SENSORS; c++)
17     out_sensor[c].write(
18         wave[pos_x_sensor[c]][pos_y_sensor[c]][2]
19                             );

20   for (x = 0; x < WAVE_SIZE; x++) {
21     for (y = 0; y < WAVE_SIZE; y++) {
22       wave[x][y][0] = wave[x][y][1];
23       wave[x][y][1] = wave[x][y][2];
24     } }
25   }
26   ...
27   };
```

程序列表 5：pa 的 TDF 模块

```
1    SCA_TDF_MODULE (pa)
2    {
3    sca_tdf::sca_de::sca in < bool > en;
4      sca_tdf::sca_in < BB > in;
5      sca_tdf::sca_out < BB > out;
6    ...
7    void processing () {
8    ...
9    BB input = in.read();
10   if (en.read() == true)
11     out.write (GAIN(input));
12   else
13     out.write (Nullbb);
```

```
14  }
15  ...};
```

程序列表 6:嵌入式软件的主函数

```
1   int main(int argc, char * * argv)
2   {
3   uint32_t data;
4   init();
5   printf("Sensor %d is monitoring...\\n", id);
6   while (1) {
7   if (tdma_trigger == 1) {
8   tdma_trigger = 0;
9   if(! flag_calcul){
10     if (tdma_slot == id) {
11       if(has_value) {
12         periph_io_set(
13           base(SERDES), SERDES_CTRL, TX_MODE_ONLY);
14         data = (id << 28) |
15           (sensor_cpt & 0x0fffffff);
16         printf("sending data %x\\n$",data);
17         periph_io_set(
18           base(SERDES), SERDES_DATA, data);
19         fill_table(id,sensor_cpt);
20         has_value = 0;
21       } }
22     else
23       periph_io_set(
24           base(PERIPH),PERIPH_CTRL,RX_MODEONLY);
25     }
26   else {
27     irq_disable();
28     compute_epicentre();
29   }}}
30   return 0;
31  }
```

参考文献

1. Bond, B. and Daniel, L. (2005) Parameterize model order reduction of nonlinear dynamical systems. IEEE ACM International Conference on Computer-Aided Design (ICCAD), San Jose, pp. 487-494.

2. Rudnyi, E. and Korvink, J. (2006) Model order reduction for large scale finite element engineering models. European Conference on Computational Fluid Dynamics (ECCOMAS CFD), Egmond aan Zee, Netherlands.

3. Galayko, D. and Kaiser, A. (2002) Analog Integrated Circuits and Signal Processing, 32 (1), 17-28.

4. Caluwaerts, K. and Galayko, D. (2008) SystemC AMS modeling of an electromechanical harvester of vibration energy. IEEE Forum on Specification, Verification and Design Languages (FDL), Stuttgart, pp. 99-104.

5. Accellera Systems Initiative: SystemC Language Reference Manual. IEEE Standard 1666-2005 (2006). http://www.accellera.org/downloads/standards/systemc/.

6. Accellera Systems Initiative AMS Working Group: Standard SystemC AMS Extensions Language Reference Manual. (2010), http://www.accellera.org/downloads/standards/systemc/ams/.

7. Vachoux, A., Grimm, C., and Einwich, K. (2004) Towards analog and mixed-signal SOC design with SystemC AMS. IEEE International Workshop on Electronic Design, Test and Applications (DELTA).

8. Vachoux, A., Grimm, C., and Einwich, K. (2003) Analog and mixed signal modelling with SystemC AMS. IEEE International Symposium on Circuits and Systems (ISCAS), Bangkok.

9. Buck, J., Ha, S., Lee, E. A., and Messerschmitt, D. G. (1992), Ptolemy: References 375 A Framework for Simulating and Prototyping Heterogeneous Systems. Int. J. Comput Simula., 4, PP. 155-182, (special issue on "Simulation Software Development" April, 1994).

10. Vasilevski, M., Pêcheux, F., Beilleau, N., Aboushady, H., and Einwich, K. (2008) Modeling an refining heterogeneous systems with SystemC AMS: application to WSN. The Design, Automation, and Test in Europe Conference (DATE), Munich.

11. Aboushady, H., Montaudon, F., Paillardet, F., and Louërat, M. M. (2002) A 5mW, 100 kHz bandwidth, current-mode continuous-time sigma-delta modulator with 84 dB dynamic range. IEEE European Solid-State Circuits Conference (ESSCIRC), Florence.

12. Aboushady, H., Dumonteix, Y., Louërat, M., and Mehrez, H. (2001) Efficient poly phase decomposition of Comb decimation filters in sigma-delta analog-to-digital converters. IEEE Transactions on Circuits and Systems-II (TCASII).

13. Vasilevski, M., Pêcheux, F., Aboushady, H., and de Lamarre, L. (2007) Modeling heterogeneous systems using SystemC AMS, Case Study: A Wireless Sensor Network Node. IEEE International Behavioral Modeling and Simulation Conference (BMAS), San Jose.

14. Haykin, S. (1994) Communication Systems, 3rd edn, Wiley.

15. Yee, D. G. W. (2001) A design methodology for highly-integrated low-power receivers for wireless communications. Ph. D. thesis. University of California, Berkeley.

16. Manwell, J. and McGowan, J. (1993) Solar Energy, 50, 399-405.

17. Jongerden, M. and Haverkort, B. (2008), Battery modeling, http://doc.utwente.nl/64556/. (accessed 2008)

16 用于 MEMS 惯性传感器的机电$\Sigma\Delta$调制器的系统级建模

Michael Kraft

16.1 引言

本章将探讨在闭环力反馈控制系统中,采用 Matlab/Simulink 对 MEMS 传感器进行系统级建模的问题。此方法已被广泛并成功地用于采用电容敏感元件传感的 MEMS 加速度计和陀螺仪,因此本章也专门用它们作为示例。MEMS 加速度计和陀螺仪是所谓的惯性传感器,有着广泛的应用。汽车工业驱使着它们不断发展,在当代汽车工业,各类安全与舒适体验的应用中均可发现这些传感器的身影:当事故突发时,MEMS 加速度计可触发安全气囊并缩紧安全带,在汽车电子稳定系统中,它们测量受力情况进而控制系统调节车轮的动力分配,它们还可用于测量主动阻尼控制系统的噪声与振动并在 GPS 信号中断时进行短期备份;陀螺仪也用于电子稳定控制系统、GPS 备份以及防侧翻保护系统。近来 MEMS 惯性传感器的应用进一步扩大,特别是在消费市场中,如任天堂 Wii 的游戏控制器、摄像机与照相机的平台稳定以及智能手机等。这些应用都是极其有价值的,但因为成本增加,使得由于力反馈控制系统所增加的复杂性不被人们接受。这也是因为对于大多数的应用而言,通常并不需要达到最高性能。因此本章讨论的 MEMS 惯性传感器适用于有需求的应用,如果更佳性能可以实现,更高价格也是合乎情理的。此类应用包括:国防与航空工业中的导弹和飞机的惯性导航、航空仪器和车辆结构安全监测;机器人领域中的运动控制与平台稳定;在地震学、天然气和石油勘探中代替地震检波仪;高速列车系统中的运行稳定等。一旦高性能 MEMS 惯性传感器变得更加普及时(由于成本的降低),其他应用也会在不久的将来出现,特别是车辆结构安全监测系统、机械以及建筑物的振动监测等都将大幅增长,因此需要进一步提升MEMS 惯性传感器的性能。将以上因素综合到一个力反馈回路,如图 16.1 所示,可实现性能提升,尤其是在线性、带宽和动态范围等方面。使用这样的闭环方法的最重要原因就是,传感器系统整体对于微机械敏感元件的参数灵敏度降低,从而减少由微制造公差引起的问题。硅 MEMS 敏感元件的加工往往会导致关键设计参数的波动,如弹簧常数,10%至 20%的波动并不罕见,这反过来就会影响谐振频率以及传感器的带宽。闭环方法大大降低了制造公差对传感器指标的影响。

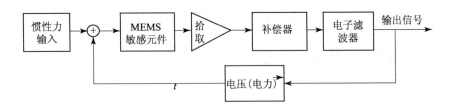

图 16.1 包含在闭环力反馈环路中的 MEMS 传感器。输出信号用来生成反馈电压,产生静电反馈力以抵消被测惯性力。

参照图 16.1,闭环 MEMS 惯性传感器的基本原理是生成可以抵消惯性力的反馈力(惯性力是由于 MEMS 加速度计的加速度和陀螺仪的科氏力而产生的)。通过接口电路检测质量块的移动被电容式传感,再被传递到电子信号处理模块,该模块用于生成输出信号与反馈电压。反馈电压施加于敏感元件以生成静电力,理想情况下抵消输入惯性力。然而实际情况中总是存在残余输入力,其作用在敏感元件的检测质量块上,在控制工程项中实际上成为误差信号。(因为本章侧重于仿真,因此假设读者已熟知 MEMS 电容式惯性传感器的基本工作原理,如若不是,请参阅参考文献[1, 2]。)

反馈控制系统类型有两种基本选择:模拟力反馈和基于 Sigma-Delta 调制器($\sum\Delta M$)的准数字系统。这里只讨论第二种选择,因为它没有静电闩锁从而在稳定性方面具有优势,并且产生脉冲调制比特流形式的直接数字输出,可以直接接入到 DSP(数字信号处理器)做进一步信号处理。读者可参阅参考文献[3, 4],文献深入探讨了这两种电容式 MEMS 惯性传感器方法的利与弊。根据本书目标,选择基于 $\sum\Delta M$ 的闭环惯性传感器的实际原因在于:这些设计都强烈地依赖于系统级仿真,关于其性能只能推导出近似解析解,其闭环稳定性也只能通过分析大致推测。后者尤其适用于高阶 $\sum\Delta M$。尽管有很多软件包可用,但对于这类系统级仿真最通用的仿真软件就是 Matlab 和 Simulink。Matlab 或 Simulink 的优点就在于有大量关于使用这些软件进行 $\sum\Delta M$ 仿真的文献,包括一些非常实用的工具箱,可从 Matlab 文件交换服务器上下载获取[5]。

$\sum\Delta M$ 最初被开发为模数转换器(ADC),自从 20 世纪 70 年代末至 20 世纪 80 年代初被人们所接受以来获得了极其广泛的关注。它已发展成为需要高分辨率但相对低带宽的 ADC 的事实标准。一个 $\sum\Delta M$ ADC 是带有一个或几个用于对模拟输入信号滤波的积分电路(积分电路的数目通常为 $\sum\Delta M$ 的阶数)反馈系统,滤波后的信号被传递给采样的单一或多比特 ADC。输出通过反馈通路中的数模转换器(DAC)反馈给输入。该方法产生量化噪声整形,量化噪声在信号带内被减小,在信号带外的频率则表现得更为明显,可使用数字低通滤波器(通常被称为抽样滤波器)滤除这些外部频率。这意味着正向通道中量化器的采样频率比数字化输入信号的奈奎斯特频率高。因此 $\sum\Delta M$ 常被称作过采样 ADC。已有文献描述了大量不同体系结构和拓扑结构,一些教科书[6,7]也给出了关于此主题很好的介绍。

嵌入 $\sum\Delta M$ 的 MEMS 敏感元件形成了机电 $\sum\Delta M$(以下称为 EM$\sum\Delta M$),如图 16.2 所示。

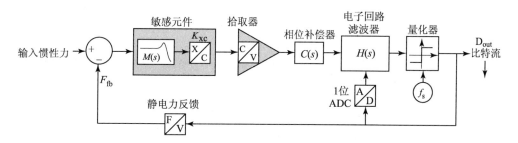

图 16.2 机电 $\sum\Delta M$ 的基本框图。微机械电容敏感元件(可用于加速度计或陀螺仪)由检出接口电路、补偿器、电子回路滤波器以及 1 位量化器级联而成。

EM$\sum\Delta M$ 由以下几个模块构成:(1)微机械敏感元件;(2)电容式测量检测质量块在惯性力下的位移再将其转换为电压的拾取电路;(3)相位补偿器(如果敏感元件过阻尼则不需要);(4)电子回路滤波器,包含几个积分电路和小型反馈或前馈环;(5)定时的 1 位量化器;(6)反馈模块,用于将反馈电压转换为静电力,该静电力作用在检测质量块上并平衡惯性力。

现在的任务是开发一个足够精确的传感系统(如图 16.2 所示)的系统级模型,该模型允许参数优化、探索不同的体系结构以及预测传感器的性能和稳定性。

16.2 用于 MEMS 加速度计的二阶机电 $\sum\Delta M$

16.2.1 基本模型

尽管本章标题指的是高阶机电(EM)$\sum\Delta M$,此处依然会更细致地对 MEMS 加速度计的二阶 EM$\sum\Delta M$ 的系统级建模展开讨论,这是因为许多建模与仿真问题可以用这个更简单的控制系统来说明。这样的方法已被研究人员于 20 世纪 90 年代[3, 8-12]成功应用于 MEMS 加速度计。在二阶 EM$\sum\Delta M$ 中,敏感元件为控制回路提供唯一的动态行为,因而可将图 16.2 中的 $H(s)$ 简化为单位量,且不存在小反馈回路"1 位 ADC"。所以在图 16.3 中呈现的就是这样一个 EM$\sum\Delta M$ 的最基本 Simulink 模型。

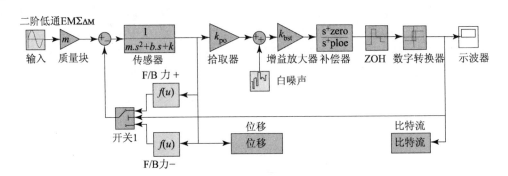

图 16.3　嵌入二阶$\sum\Delta M$的 MEMS 加速度计敏感元件的 Simulink 模型。回路的唯一动态部件由敏感元件提供，因此这是一个二阶机电$\sum\Delta M$。

表 16.1 定义了所有系统参数，下面详细介绍图 16.3 中的模型。输入源模块提供振幅为 G（$1G = 9.81\ ms^{-2}$）的正弦加速度信号，再乘以敏感元件的质量，进而将加速度转化为（惯性）力。由求和节点计算（静电）反馈力与惯性力之间的差，将其用于敏感元件的传输函数。将敏感元件建模为二阶传输函数 $M(s) = (ms^2 + bs + k)^{-1}$，则传感器的输出即为检测质量块的位移，单位为米。增益为 k_{po} 的拾取模块将此位移转换为电压（这显然是极其简化的硬件模型，后面会更多地对此进行阐述）。白噪声模块添加噪声污染至信号，为由电容式拾取电路的第一个放大器引入的热噪声建模。增益放大器模块表示放大增益为 k_{bst}。超前滞后滤波器（滤波器模块）用于提供低频端相位超前补偿，这是补偿由敏感元件引入的相位滞后所必需的。接着进行信号采样（零阶保持模块（ZOH））并经过 1 位量化器（只是一个比较器）将信号数字化，提供 ± 1 输出信号。反馈包含了计算静电反馈力的模块，这相当于电路$\sum\Delta M$里的 1 位 DAC，因此可被视为 1 位数字静电力转换器。静电反馈力的一般方程为：

表 16.1　加速度计敏感元件的参数

参数	值	注释
质量块，m(kg)	1e-6	体微机械加速度计的典型值
阻尼系数，b(N ms^{-1})	4e-4	典型值
弹簧常数，k(Nm^{-1})	5	低机械弹簧常数
标称敏感电容，C_{nom}(pF)	5.5	高值，体微机械器件的典型值
标称电极间距，d_0(μm)	5	保守值，易于加工
带宽(BW)(kHz)	1	取决于应用
最大加速度，a_{max}(G)	$\pm 2G$	取决于应用
反馈电压，V_{fb}(V)	10 V	用来平衡 2G 惯性力
采样频率(kHz)	131 kHz	低值，可用于 PCB

$$F_{el} = \text{sgn}(u_1) \frac{1}{2} \frac{\varepsilon_0 A_{fb} V_{fb}^2}{(d_0 + \text{sgn}(u_1) \times u_2)^2} \tag{16.1}$$

除了表 16.1 中定义的符号,这里 sgn 为符号函数,u_1 表示量化器模块的输出,u_2 表示检测质量块的位移(和 Simulink 函数模块的标准一样,u_1 和 u_2 被用作为参数标识符)。对 EM$\sum\Delta$M 行为进行建模的反馈路径为:根据量化器的状态,沿着加速度计的敏感轴生成正的或负的静电反馈力。与开环情形相比,静电反馈力相反于输入惯性力,这会降低传感器检测质量块的挠度。

如图 16.3 所示,为方便起见,式(16.1)可分为三部分:F/B$x+$,F/B$x-$和开关 1。如果比较器的输出 $u_1 = +1$,F/B$x+$计算敏感元件的检测质量上的反馈力;如果为 $u_2 = -1$,则由 F/B$x-$来计算。开关 1 模块也被 u_1 控制,根据 u_1 值为正或负,开关值分别达到信号线顶部或底部。因此检测质量块上的静电力可为正向或负向。

此处敏感元件皆假设(也适用于本章其余示例,除非特别说明)为使用 SOI(绝缘体上的硅)圆片进行体加工,因此敏感轴位于圆片平面。由此可知,检测质量块相对较大(所以重),弹簧常数较小,较高的标称电容,谐振频率为 356Hz 时欠阻尼(品质因子为 5.6)。敏感元件的参数由表 16.1 给出。敏感元件的动态特性如图 16.4(a)的波特图所示,实际硅结构如图 16.4(b)所示。这和 Dong 等人在参考文献[13]中所述相似。敏感元件的设计和制造在这里并不十分重要,因此细节部分不再赘述,具体可参阅参考文献[14]。

反馈电压的选择很重要,因为它对传感器的动态范围起决定作用。这就是 MEMS 加速度计闭环控制的明显优势:对开环传感器而言,动态范围主要由弹簧常数和敏感元件的质量决定。对此处的敏感元件,采用表 16.1 中的参数,稳态力平衡方程 $ma = kx$,检测质量块的最大挠度为标称电极间隙的 10%①,容易计算得到开环时最大加速度仅有 0.25 G。使用闭环控制可以扩展动态范围。例如,如果传感器最大加速度为 2 G,与惯性力 F_a 相等的静电力 F_e 就为:

$$F_{el} = F_a \Rightarrow \frac{1}{2} \frac{\varepsilon_0 a A E V_{fb}^2}{d_0^2} = ma_{max} \Rightarrow V_{fb} = \sqrt{\frac{2d_0^2 ma_{max}}{\varepsilon_0 A_{fb}}} \tag{16.2}$$

由这里的假设值可知,2G 的动态范围就需要有 8.6V 的反馈电压。当输入信号比反馈信号高约 85% 时,由于二阶 $\sum\Delta$M 过载,EM$\sum\Delta$M 的反馈电压需要选择为高出 15%[15,16],因此这里选择的 V_{fb} 值约为 10V。

---

① 10% 是一个任意选择的值,其取决于传感器的线性化指标,这是因为较大检测质量块的挠度会增加差分电容变化和挠度之间关系引入的非线性[15]。10% 是一个较好的折中值。

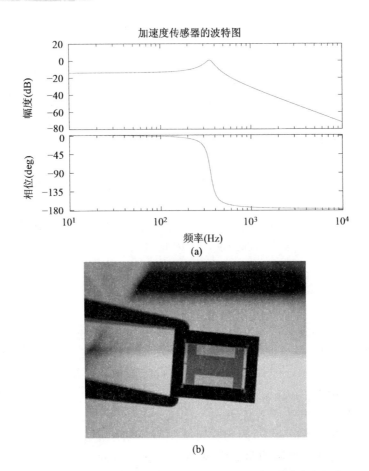

图 16.4　(a)示例中加速度计敏感元件的波特图,表现出欠阻尼。
　　　　　(b)采用 SOI 体微机械加工技术制造的实际敏感元件。

　　还需要选择一些其他的重要参数。选择拾取增益 k_{po} 为 330 000,放大增益 k_{bst} 为 20,这些值对于系统级性能都是无关紧要的,皆取自参考文献[17]。补偿器即简单的超前-滞后滤波器,它在低于采样频率的频率进行相位超前补偿。为实现这样的系统,需要引入更高频率(比采样频率高)的极点。经验表明,零点频率取采样频率的 1/5,而极点频率取其 5 倍[18]。然而研究发现,通过对这两个参数的比对,若零点频率取为采样频率的 1/10,而极点频率为其 4 倍时,示例中的传感系统得到优化(就信噪比(SNR)最大化而言)。SNR 的变化并不十分大,最多不过 4dB。对设计者而言,扫描一个或多个参数并优化性能的方法是非常有效的工具,且对于系统级建模与仿真而言也有着独特优势。

　　接着可以实行时域仿真,评估 EM$\Sigma\Delta$M 性能。输出比特流的信噪比就是一个好的系统性能指标。该仿真中的信噪比是运用 Delta Sigma 工具箱中的可用函数计算得来,该工具箱由 Schreier 开发,可免费下载[19]。信噪比为正表明系统正常工作,为负则表明系统不稳定。∑ΔM 不稳定是由 1 位量化器输出在较长一段时间内没有变化来表征,并不像线性控制系统中由有界输入和有界输出来判定。本例中的噪声由两方面构成:电子噪声,来源于被建模为白噪声源的拾取器噪声;量化噪声,由量化过程引入(由于检测质量块相对较大,忽略机械噪声和布朗噪声)。图 16.5 显示了输入加速度(第一根曲线)、量化器的脉冲密度调制输出信号(第二根曲线)、检测质量块的残余挠度(第三根曲线)以及低通滤波比特流(第四根曲线)。由数字低通抽样滤波器完成滤波处理,更多细节可参阅参考文献[20]。假设输入加速度为正弦型,振幅为 2 G,频率为 128 Hz。调制器的采样频率设为 131 kHz,则过采样率为 64①。基于参考文献[17]中的相关研究,可对采样频率再次取值。可以看到当输入加速度取最大值(最小值),量化器输出可以在其高(低)值停留更长时间。无论高值还是低值期间,结果始终是采样时间的整数倍。检测质量块的挠度非常小,最大只有 60 nm。而对于 2 G 的加速度,开环时挠度则达到

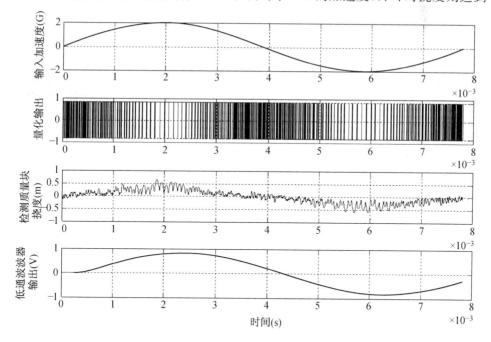

图 16.5 二阶 EM∑ΔM 仿真的时域信号。第一根曲线:大小为 2 G 的正弦输入加速度,频率为 **128 Hz;第二根曲线:量化器的脉冲密度调制输出,脉冲密度调整十分明显;第三根曲 线:检测质量块挠度;第四根曲线:第二根曲线中比特流的低通滤波形式。**

---

① 采样频率的精确值是 131 072 Hz = 2^{17} Hz。输入频率和带宽也选为 2 次方幂。因此,过采样率也是 2 次方幂。仿真文件里所有的频率都表示成 2 次方幂,这样可确保在 Matlab 里正确使用快速傅里叶变换函数。

3.9 μm（由式（16.2）求得），这显然是不切实际的，因为它要求的电极间距只有5 μm。这彰显了闭环控制方法的另一个优势：和电容电极间距相比，检测质量块的小挠度可以确保更大检测质量块挠度引起的非线性效应最小化以致完全可以忽略不计。这些效应包括压模阻尼[21]，检测质量块挠度转换为差分电容（反过来可转换为成比例的电压）；弹簧刚度效应，该效应会在弹簧力方程中引入三次项[22]。低通过滤的波形很好地表示输入加速度，这表明编码正确。编码的确切质量最好在频域评估，通常通过计算比特流的功率谱密度（PSD）来完成，如图 16.6 所示，最大峰值处为信号。信噪比通过 Schreier 工具箱中的 Matlab 函数求得，如带宽为1 024 Hz，信噪比为 67.4 dB。这个结果同样可以用参考文献[18]的方法和方程理论推导，该方程计算量化噪声回路传输函数（QNTF）成形的带内噪声，并且假定在线性$\Sigma\Delta$M 分析中 1 位量化器可由白量化噪声和量化器增益 k_Q 代替[6]。量化器增益很难解析获取，因此最好是从仿真中推导出来，只要对正量化器输出（单位量）与量化器输入的商取均方根就可轻松实现。本例中 $k_Q = 3.56\mathrm{e}-3$，求得信噪比为72.53 dB，这与仿真结果吻合。

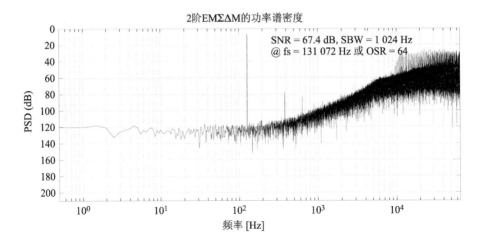

图 16.6　输出比特流的功率谱密度（PSD）。信号尖峰十分明显。其余尖峰源于空闲音，这在低阶$\Sigma\Delta$M 中很常见。

由于信号带上的高峰值是输入信号频率的 3 到 5 倍，因此仿真得到的信噪比只比理论计算值小约 5 dB。对这些所谓的空闲音，理论上依旧知之甚少[7]，却能通过仿真正确地预测出来。下面会发现，如果选用更高阶的$\Sigma\Delta$M，空闲音将大大降低。

另一值得考虑的是确定主要的噪声源。如上所述，图 16.3 显示的模型包含两种噪声源：来自 1 位量化器的量化噪声和来自被建模为白噪声源（也可相对简单地变化为包含闪烁噪声，在 Matlab 文件交换中就有这样的构建块）的第一个放大器电子噪声。如果关闭电子噪声(仿真中容易实现,实际中则不可能!),信号与量化噪声比(SQNR)可由仿真决定。在本书示例中忽略电子噪声①则会得到与信噪比几乎相同的信号与量化噪声比。这表明传感系统的性能(至少对于最小可检测信号)由量化噪声决定——在精心设计的 EM$\sum\Delta$M 中,情况就应是反过来的。实际上由二阶 EM$\sum\Delta$M 可以看出量化噪声总是处于主导地位[23],而实验研究表明,与开环传感器相比,这种接口可将噪声降低约 20 dB[24]。再次说明高阶 EM$\sum\Delta$M 可以解决此问题。

16.2.2　先进模型

如前所述,图 16.3 中的 EM$\sum\Delta$M 只是 EM$\sum\Delta$M 的一个极简模型。主要作了以下两个简化假设:

• 敏感元件的特点是二阶集总参数模型。实际上任何微机械敏感元件都不只有基本模态。例如敏感梳齿就可能有低于 $\sum\Delta$M 采样频率的谐振频率模态,这对环路的性能以及稳定性都有着重要的影响[25]。

• 检测质量块位移到电压的转换是非常复杂的电路。事实上,它是 EM$\sum\Delta$M的硬件实现中最重要的构建块。设计应该遵循这种方式:电子本底噪声最小化并且电子噪声主要确定 EM$\sum\Delta$M 的信噪比,因此量化噪声应足够低,从而保证传感器性能不降低。

结合这些因素,可以获得更先进的系统级模型。但复杂度增加会导致仿真时间也增加,而如果要实施基于参数波动的优化研究,仿真时间是非常重要的。好的建模与仿真实践需要开发更精致的模型,这其中包括二阶效应以及和简化模型结果进行比对。如果性能没有明显差异,则可忽略次生效应建模,至少在系统级是这样。当以硬件实现传感系统时,在晶体管级或许有所不同。

作为案例研究,敏感元件自身需要考虑选用更先进的模型。通常的建模与设计方法是从有限元(FEM)建模仿真中提取降阶模型,再在系统级合并。这样的模型将合并其他模态而不尽是基本模态。特别的是,与基本模态沿着相同轴的任何模态都很重要。降阶模型的提取可由 Coventor[26] 出色完成,它支持从 FEM[27] 中自动提取集总参数模型,且与 Matlab 直接接口。

此处不再赘述上面的方法,这将超出本章范围。依旧考虑可以解析处理的情形,假设电容敏感检测质量块上的梳齿额外引入了 12 kHz 的谐振频率,这样假设的原因是电容式梳齿并非是理想刚体且还有振型。如果只考虑敏感梳齿的一阶模

---

① 在仿真中假设白电压噪声均方根值为 15nV $/\sqrt{}$ Hz。对电路设计者来说这个数值有点大,因为好的低噪声放大器的噪声均方根值约低一个数量级或更低。然而需要注意的是,在 Simulink 模型里的白噪声源与输入噪声相关,代表着整个电路,而不仅仅是前端放大器。

态,敏感元件的集总参数模型就由两个质量块组成,这两个质量块由机械弹簧与阻尼器耦合而成。图 16.7 及示例中假设的参数值对这些概念进行了解释。由于假设的数值严重依赖敏感元件的设计,因此取值略随意,假设 80% 的质量分布在主检测质量块上,而 20% 分布于梳齿,敏感元件的传输函数变为:

$$M(s) = \frac{1}{m_1 + m_2}$$

$$\frac{m_1 m_2 s^2 + (b_1 m_2 + b_2 m_1 + b_2 m_2)s + m_1 k_2 + m_2(k_1 + k_2)}{m_1 m_2 s^4 + (b_1 m_2 + b_2 m_1 + b_2 m_2)s^3 + (k_1 m_2 + b_1 b_2 + k_2 m_1 + k_2 m_2)s^2 + (k_1 b_2 + k_2 b_1)s + k_1 k_2} \tag{16.3}$$

其中,s 表示拉普拉斯算子,其他符号定义见图 16.7。

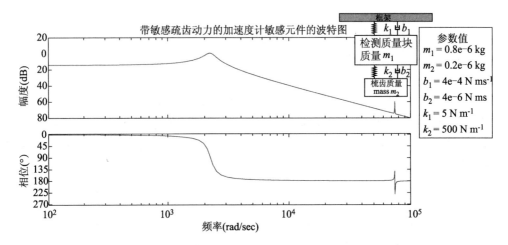

图 16.7 考虑来自敏感梳齿一阶模态的附加谐振频率时,敏感元件的波特图。上图显示敏感元件的改进集总参数模型,包含两个由弹簧与阻尼器耦合的质量块。

于是得到敏感元件传输函数的波特图,如图 16.7 所示。二阶谐振是非常明显的,否则传输函数就与图 16.4 中的相同。传输函数公式(16.3)可以纳入 Simulink 模型中的传感器模块,如图 16.3 所示。对于本例选取的数值,二阶 EM$\sum$ΔM 的信噪比并无明显变化,但以后会看到,对于更高阶的 EM$\sum$ΔM,影响则非常大。同样的方法可用来引入更高阶的模态,例如,静态敏感梳齿并非理想刚体,这种效应就可用类似的方法来建模。

接下来,考虑容性挠度接口测量的先进模型。第一个能够做的改进是,对检测质量块位移转变为电容变化的正确建模。这可表示为如下方程:

$$\Delta C = \frac{\varepsilon_0 A_S}{(d_0 - x)} - \frac{\varepsilon_0 A_S}{(d_0 - x)} = \frac{-2\varepsilon_0 A_S x}{(d_0^2 - x^2)} \tag{16.4}$$

其中, A_S 是感应电容的面积。在 Simulink 中运用函数模块可以轻松实现式(16.4)。如果 $x \ll d_0$,差分电容变化和检测质量块挠度 x 成正比,比例常数为 $-2\varepsilon_0 A_\mathrm{S}/d_0^2$,这为简单模型中利用一个简单的增益模块来描述拾取电路提供了理由。在稳态 EM$\sum\Delta$M 中,位移总比标称电容间距小得多。但如果加速度计暂时处于超范围的情形,此时检测质量块的偏离也更多,那么就需要仿真回路行为,接着需要研究控制系统能否从这样的冲击中还原位置。因此在 Simulink 中实现式(16.4)或许是有用的,同时也需要辅助以限制器模块来完成,以避免不符合实际物理条件的情况,即检测质量块的偏离大于标称电容间距的情况。然而有一个严重的问题:差分电容变化 ΔC 非常小,小到只有 aF 量级,这将带来数值问题,进而导致 Simulink 中不希望的行为。因此要特别注意的是,本例中随后的构建块必须增大单位信号值。

在实际系统中,下一个构建块用于将差分电容变化转换为电压。细节部分依赖于设计者选择的电路实现,但原理很通用,包括:利用作为载波的 AC 信号给敏感元件交叉梳齿构成的半桥电容提供激励;应采用比 $\sum\Delta$M 的采样频率高得多(至少一个数量级)的频率。电容变化已由载波信号调制(有效增强)。通常使用电荷放大器来放大电压,生成调幅输出信号,然后再同步解调。从系统级观点看,这可以用 AC 载波增强信号实现,产生一个低频组件(理想信号)以及二倍载波信号频率的组件,后者随后由低通滤波器移除。此外,在 Simulink 中构建表述上述过程的系统级模型相对比较直接,如图 16.8 所示,原则上可以直接替代图 16.3 中基本模型的增益模块 k_po。检测质量块位移作为包含式(16.4)函数模块 $x\ to\ diffC$(x 转换为差分电容)的输入;然后差分电容变化乘以载波信号并由增益模块 $ChargeAmp$(电荷放大器,增益为百万级)放大。这样做乘法在数值上是有很大问题的,因为 10^{-18} 量级的数值乘以一个振幅只有 1 V 至 10 V 的正弦波,即使通过适当比例调节(或非常谨慎地设置 Simulink 的仿真参数)数值问题可以解决,但还有一个明显缺点:由于仿真时间依赖模型的最大频率,仿真时间也会大大增加。载波信号比 $\sum\Delta$M 的采样频率高一个数量级,那么仿真时间也至少增加了这么多。

综上所述可以得出结论,需要谨慎评估哪些二阶效应是系统级模型需要包含的,哪些是不需要的。就系统级而言,唯一需要包含的电容位置测量接口构建块,就是低通滤波器,它可以滤除高频分量。无论在数值复杂度还是仿真时间上都没有因增加滤波器而带来重大损失,同时由于相位滞后,包含它,对回路稳定性至关重要。在二阶 EM$\sum\Delta$M 的例子中,低通滤波器对回路稳定性不起作用,只能降低非常少的信噪比(可观测到降低 1.4 dB)。

系统级模型也能考虑其他二阶效应,但出于篇幅限制,本章不再对它们深入讨论。例如,在完整的时钟周期内反馈力不能作用于敏感元件,因为一个时钟周期可被划分为敏感与反馈阶段来避免电交叉耦合[28],这将引入另一个回路延迟并影响稳定性。

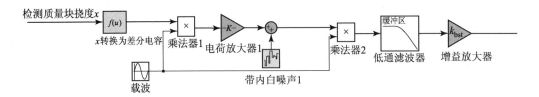

图 16.8　表示更真实拾取电路的 **Simulink** 模型,原则上说它可以替代图 16.3 基本模型中的增益
模块 k_{po}。关于此运算的更多细节请参考正文。但如果仿真参数没有仔细设置,鉴于数
值动态范围跨越近 20 个数量级,该模型将会产生不可预测的结果,因此这是个失败的
模型实践。此外,由于 AC 载波信号频率必须比 EM$\sum\Delta$M 采样频率至少高 1 个数量级,
这样做的结果会很慢。

16.3　用于 MEMS 加速度计的高阶机电$\sum\Delta$M

16.3.1　高阶 EM$\sum\Delta$M 的设计方法

二阶 EM$\sum\Delta$M 有着同样的缺点,即完全电路等效,如音调行为、极限环和相对
较差的噪声整形等。由于取代了电子回路中两个(近似)理想的积分电路,微机械
敏感元件也降低了$\sum\Delta$M 的性能。敏感元件的表现远不如理想的积分电路,积分
电路还具有无限的 DC 增益,而事实上敏感元件的低频增益非常小,仅为机械弹簧
常数的倒数,这里的例子中为 $1/(5\ \mathrm{Nm^{-1}}) = 0.2\ \mathrm{mN^{-1}}$,显然远非无限值。鉴于这
些问题,一些研究小组已经着手开发高阶的 EM$\sum\Delta$M。这有个额外的优势,即好
的量化噪声整形可通过更低的采样频率获得,这样也降低了电路实现需求并能导
致较低的功耗。通常的做法是,级联敏感元件和带有一个或多个电子积分电路的
关联位置测量接口。这样设计 EM$\sum\Delta$M 的难处在于找到稳定的体系结构和近似
最佳解。特别地,由于敏感元件是内部无法访问的二阶传输函数,因此稳定性十分
重要。这就使得无法使用高阶电子$\sum\Delta$M 设计的经典方法,即用小反馈(或前反
馈)回路访问每一个后续积分电路中的所有节点。高阶 EM$\sum\Delta$M 的设计 与其电
子$\sum\Delta$M 还是有很多相似处,已有关于类似体系结构的研究。

通用设计方法基于参考文献[6]中所述步骤的改进,需要针对 EM$\sum\Delta$M 的特
定要求进行改进。主要步骤如下:(1)选择一个高阶(阶数 $N > 2$)纯电子拓扑步骤。
选取拓扑结构时不应包含直接来自或送至输出的反馈或前馈路径。遵循参考文献
[6]中"规定的"步骤,通过将噪声传输函数映射到模拟滤波器实现函数(采用比较
常见的滤波结构如巴特沃斯或切比雪夫滤波器)可以得到所有增益系数,进而得到
一个稳定的高阶$\sum\Delta$M。(2)如 16.2.1 节所述,设计一个 MEMS 敏感元件的二阶
EM$\sum\Delta$M。(3)将一阶电子积分电路替换成微机械敏感元件的传输函数、拾取器

增益和补偿器。由于敏感元件是二阶的,系统阶数就增加一级,EM$\Sigma\Delta$M 的阶数变为 $N+1$。此外,将电子$\Sigma\Delta$M 的 1 位 DAC 反馈替换为将反馈电压转换为静电力的构建块。(4)通过参数扫描与包含如前所述的二阶效应来优化并验证设计。图 16.9 描述了此方法,这里选择四阶、离散时间以及前馈拓扑结构的电子$\Sigma\Delta$M 作为起点。五阶 EM$\Sigma\Delta$M 就由上述方法获得。

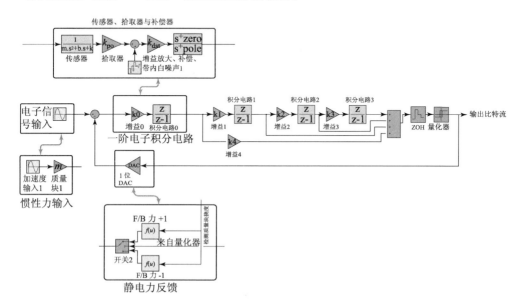

图 16.9 高阶 EM$\Sigma\Delta$M 的设计方法,选择四阶、时间离散、前馈$\Sigma\Delta$M 作为设计起点。$\Sigma\Delta$M 的一阶积分电路替换为微机械敏感元件、拾取器增益以及补偿器。类似地,反馈路径中的 1 位 DAC 替换为电压-静电力转换器。最终结果为五阶 EM$\Sigma\Delta$M。

因为最初的电子$\Sigma\Delta$M 是时间离散的,那么高阶 EM$\Sigma\Delta$M 也是如此。同样的方法对于时间连续型$\Sigma\Delta$M 也适用。这两种方法在系统级的性能类似,但在硬件实现中却有着重大差异。作为一般性准则,可以认为连续时间型调制器更适用于印刷电路板(PCB)实现,而离散时间型调制器则用于 ASIC(专用集成电路)的开关电容电路实现中。更多关于连续型和离散型$\Sigma\Delta$M 的探讨已经超出本章范围,利弊主要取决于电路实现和噪声性能(更深入讨论见参考文献[24])。参考文献[17]已将上述方法范围扩展到高达六阶的时间离散型调制器中。

16.3.2 设计实例

这里选五阶前馈离散时间结构为例。据作者所知,目前为止如此结构的 EM$\Sigma\Delta$M 加速度计还没有在任何文献中出现过。先从四阶$\Sigma\Delta$M 开始,依据上述设计方法可得出如图 16.10 所示的 Simulink 模型,所有相关仿真参数都已列出。对二阶回路,选取同样的敏感元件、采样频率、过采样率(ORS)以及输入信号(2 G,32 Hz),通过嵌套参数扫描仿真确定零点、极点频率和放大增益值(k_{bst})。由于高阶$\sum\Delta$M在较低输入振幅下会过载,反馈电压也由 10 V 增加到 13 V,五阶回路大约是反馈信号振幅的 60%。输出比特流的频谱如图 16.11 所示。与二阶 EM$\sum\Delta$M 相比,本底噪声显著下降,约为 -160 dB。1 kHz 的带宽中量化信噪比[①]为 96.1 dB,检测质量块平均挠度约为 2 nm。信号带中也几乎没有空闲音,这和二阶 EM$\sum\Delta$M情形相同。带外噪声频谱的斜率约为每个量级 100 dB,这明显表明存在五阶噪声整形。

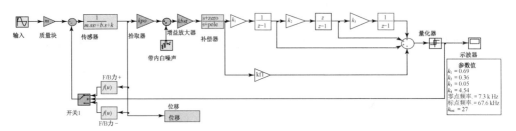

图 16.10　具有时间离散前馈结构的五阶 EM$\sum\Delta$M 的 Simulink 模型。相关参数值在图中方框内给出。其余参数与二阶 EM$\sum\Delta$M 的相同。

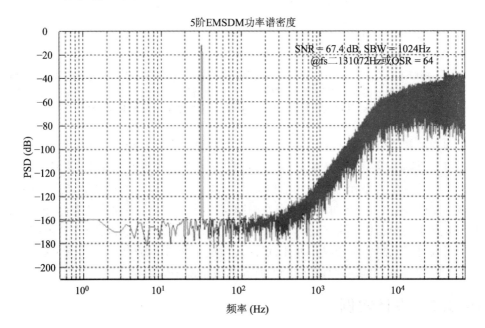

图 16.11　输出比特流的功率谱密度(PSD)。信号尖峰非常明显。带外量化噪声的斜率为每个量级 **100 dB**,表明存在五阶噪声整形。

---

① 这里引用信噪比意在表明 Simulink 模型中的白噪声源是处于关闭状态的。

一旦建立这样的设计,使用大量系统级仿真来验证此设计就显得非常重要。$\sum\Delta M$ 在相当长时间后会变得不稳定,所以应该执行长时间(实际大于 1 s)仿真。在这样的仿真中该模型中所有的节点都需监控,从而确保信号电平在合理范围内,特别是表示电压的节点值必须位于能从电子硬件实现中获得的数值之内。另一个重要考虑因素是 EM$\sum\Delta M$ 的鲁棒性。由于制造公差,微机械传感器常常面临参数的不确定性,例如与设计值相比,弹簧常数很容易就有 $\pm10\%\sim20\%$ 的变化。参考文献[17]使用 Monte Carlo 仿真,检测质量块的质量变化 $\pm3\%$,弹簧常数将变化 $\pm20\%$,阻尼系数变化 $\pm10\%$,所有的电学增益常数变化都在 $\pm2\%$。对每次仿真结果都需要绘制信噪比图。一个优秀的设计即使在最坏波动情形下也应保持稳定,且信噪比相对变化要小。碍于篇幅限制,这里不对此处设计的参数灵敏度分析进行演示,有兴趣的读者可以自己尝试一下。

16.3.3 反馈线性化

另一个重要的考虑因素是反馈电压与静电力之间的转换。理想情况下,一个时钟周期内静电力大小应恒定不变。但由于检测质量块的残余运动(和电极间距相比很小,但不为零),静电力在小幅变化(公式(16.1))。反馈路径中非线性的引入影响了 EM$\sum\Delta M$ 的性能。参考文献[29]建议应用简单而有效的线性反馈方案,通过引入参数 k_{fbl},改变基于检测质量挠度的反馈电压常数值来补偿这种影响。公式(16.1)修正为:

$$F_{el} = \mathrm{sgn}(u_1)\ \frac{1}{2}\ \frac{\varepsilon_0 A_{fb}(V_{fb} + \mathrm{sgn}(u_1) \times k_{po} \times k_{fbl} \times u_2)^2}{(d_0^2 + \mathrm{sgn}(u_1) \times u_2)^2} \qquad (16.5)$$

所有参数符号都与公式(16.1)中相同。$k_{po} \times k_{fbl} \times u_2$ 项实际上并没有抵消反馈力在周期内的波动,但很大程度上使之得到缓解。可通过参数扫描再次找到参数 k_{fbl} 的最优值。本例中,最优值为 $k_{fbl}=16.7$。比特流的功率谱密度依旧与图 16.11 中相似(因此此处不再陈述),但本底噪声低了接近 20 dB,量化信噪比为 109.5 dB,将近提高了 14 dB!正如参考文献[29]所述,硬件实现方案相对也比较简单,只需要一个放大器与一个求和电路。因此在构建高阶 EM$\sum\Delta M$ 时,建议使用这种线性化方案。

以这样低的量化噪声水平,五阶 EM$\sum\Delta M$ 设计的性能对仿真中是否存在热噪声变得敏感。如果仿真中含有谱密度平方根为 15 nV/$\sqrt{}$ Hz 的白噪声源,信噪比下降约 5 dB,表明当前环路中热噪声占主导。需要注意的是,这种效果的取得来源于十分巧妙的采样频率取值 131 kHz 以及相对较宽的信号带宽 1 kHz。

16.3.4 先进模型

为进一步验证设计,需要考虑从 FEM 仿真中提取敏感元件的高阶模型,如

16.2.2节所述。在Simulink中直接用公式(16.3)中的四阶传输函数替代微机械敏感元件的简单二阶传输函数,其中公式(16.3)包含了来自非理想刚性敏感梳齿的一个二阶谐振峰。运行没有反馈线性化的仿真,得到量化信噪比为95.5 dB,其仅略低于使用敏感元件的简单二阶传输函数结果。但当使用如上包含线性反馈的相同参数时,系统会变得不稳定,如图16.12所示。输出比特流最初的快速转换表明系统的稳定,但大约从0.25 s开始就变得不稳定。这个例子说明高阶EM$\Sigma\Delta$M的稳定性常常不可预测,且常常忽略包含二阶效应的重要性。大致有两种方法来解决此问题:第一种,重新设计敏感元件,使得高阶模态频率仅发生在高频时(二阶谐振频率刚好小于$\Sigma\Delta$M的采样频率,这造成了此处的不稳定性,一般情况下应该避免这种情形的发

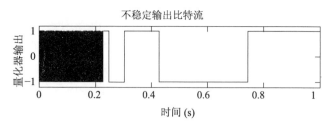

图 16.12　因为系统使用了反馈线性化方案和包含了高阶谐振的敏感元件传输函数,输出比特流在0.25 s以后表现出了不稳定。

生);第二种,如果不能重新设计敏感元件,就需要使用噪声传输函数的不同过滤映射函数来不断重复设计过程。这里特意将上述例子中的稳定性问题留下,请读者尝试重新设计。

16.4　用于MEMS陀螺仪的高阶机电$\Sigma\Delta$M

EM$\Sigma\Delta$M也可用在MEMS陀螺仪中,这是新近的研究领域并仍在不断进行中。这节简要评述使用$\Sigma\Delta$M的闭环力反馈陀螺仪的开发。MEMS陀螺仪通常依赖于一个具有两个自由度的系统,可通过悬挂硅检测质量块来实现,以便于其沿两个正交轴移动。第一个自由度通常为驱动模态,因此检测质量块被激励,以固定振幅与频率沿着其中一个轴(一般指x轴)振荡。对于垂直于驱动与敏感轴的扭转,因科里奥利力的作用,检测质量块沿着敏感轴(y轴)振荡。振荡振幅可用来衡量扭转。基于这个基本原理有许多种变化形式,更多细节请见参考文献[30]。因为陀螺仪可以视为采用科里奥利力作为输入的加速度计,因此MEMS陀螺仪的敏感模态也适用于力反馈控制回路。一个重要区别是这种输入力的频率已知,即驱动模态的振荡频率已知(一般为系统的固有谐振频率)。此外,驱动与敏感模态的品质因子(Q)应尽可能地高,因为科里奥利力很小,所以有必要通过Q有效地放大敏感模态的振荡振幅(Q值大小主要取决于MEMS陀螺仪是在大气环境还是真空环境中工作。对前者,Q值一般可达到100,而对后者,曾有报道称可高达10 000)。

因此与加速度计的第二个重要区别是,敏感元件的传输函数具有很高的谐振峰,而输入信号频率位于或非常接近于该谐振峰频率。

首个成功将 MEMS 陀螺仪的敏感模态合并进 $\sum\Delta$M 的应用于 2000 年报导[31]。从系统级角度看,这里所述系统与 16.2 节所述的加速度计 EM$\sum\Delta$M 很相似。只有敏感元件的动态提供噪声整形,得到二阶 EM $\sum$ ΔM。Petkov 和 Boser[32, 33]在 2004 年提出了 MEMS 陀螺仪的四阶 EM$\sum\Delta$M 接口电路。陀螺仪敏感元件由两个电子积分电路级联而成,并采用离散时间前馈结构,但用一个额外的局部反馈路径来调整电子滤波器的传输函数(即量化噪声传输函数),因此在陀螺仪敏感元件谐振频率附近引入零点,从而降低陀螺仪关键频段的量化噪声。该系统实验验证的采样频率为 850 kHz。类似的方法以及更加详细的设计描述参考 Raman 等人在参考文献[34, 35]中的叙述。

MEMS 陀螺仪的经典带宽为 50~100 Hz,过采样比为 fs/(2×BW)约为 8 500(使用上述数值),与加速度计的高阶 EM$\sum\Delta$M 数值相比非常大。因此 Dong 等人在参考文献[36]中建议使用带通 $\sum\Delta$M 作为 MEMS 陀螺仪的接口。该方法用电子谐振器取代积分电路并与机械敏感元件级联起来,如图 16.13 所示。由于敏感元件本身为机械谐振器,很大程度上来说,选择谐振器变得更加直观。将电子谐振器与敏感元件的谐振频率设为一致,可使需要的采样频率急剧减少,因此过采样比介于 32 和 128 之间的 $\sum\Delta$M 可充分实现陀螺仪信号带中的量化噪声衰减。设计方法依赖于高阶低通(即运用积分电路的设计)EM$\sum\Delta$M 到带通系统的转换,形式上这可以通过 $z \to z^2$ 得到[36]。由于每个积分电路为一阶,每个谐振器为二阶,系统阶数增加,例如,由三个电子谐振器级联而成的陀螺仪敏感元件导致系统阶数

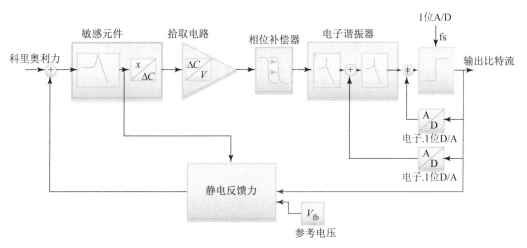

图 16. 13 **MEMS 陀螺仪的带通 EM$\sum\Delta$M 接口原理图。敏感元件由多个电子谐振器级联构成,而不是积分电路。这就可以采用低采样频率,和 MEMS 加速度计的 EM$\sum\Delta$M 情形类似。**

为 8。参考文献[36]中提出了三种不同体系结构,并给出系统级仿真结果。作为示例,图 16.14 展示了带有多反馈和局部谐振器(MFLR)体系结构的系统级模型,采样频率仅为 63 kHz,在 256 Hz(过采样比 OSR 为 128)的信号带中可获得 93 dB 的信噪比。系统级仿真得到的频谱如图 16.15 所示。敏感元件的谐振加上电子谐振器作用,频谱中呈现深凹槽。

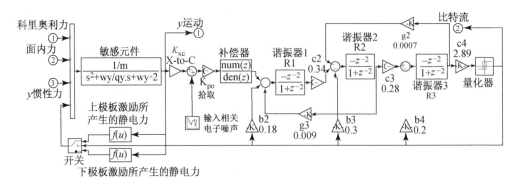

图 16.14　MEMS 陀螺仪的带通 EM$\sum\Delta$M 接口电路系统级模型。采用多反馈和局部谐振器(MFLR)体系结构。采样频率仅为 63 kHz(数据源自参考文献[21])。

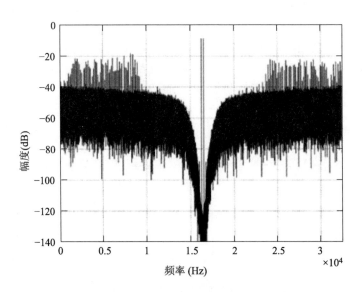

图 16.15　图 16.13 所显示模型仿真的输出比特流功率谱密度。敏感元件与电子谐振器产生了深频率凹槽。可以证明输入的科里奥利信号为双边带频率分量(数据源自参考文献[36])。

如 Dong 等人在参考文献[37]中所述,带通 EM$\sum\Delta$M 方法第一次成功实现并被应用到 SensoNor 制造的陀螺仪中。在这个工作中,在 PCB 上用现成元器件实现的接口电路用于描述六阶体系结构(由两个电子谐振器级联而成的敏感元件)。由于使用 PCB,EMΣΔM 为连续时间系统,但缺点是谐振器的电子反馈路径更加复杂,须将半归零 DAC 与归零 DAC 并联,只有这样才能得到与离散时间带通ΣΔM 一样的频率响应[38]。实验结果与仿真结果十分吻合,尽管没有动态输入的测量数据,却能证明低达−100 dB /√ Hz 的本底噪声。

MEMS 陀螺仪的 EMΣΔM 设计仍然是非常活跃的研究课题。Northemann 等人最近发表的研究成果[19, 40]也适用于前述带通方法,但延伸到了陀螺仪的驱动模态。此外,数字电路的广泛应用使得大部分接口电路实现为现场可编程门阵列(FPGA)。毫无疑问,在未来几年内,在这个令人振奋的研究领域里将有更多的工作将会展开。

16.5 总结

由于本书是讲系统级仿真的,故本章几乎没有使用任何解析方法来确定高阶 EMΣΔM 的稳定性与性能。可以找到非常有效的方法来预测稳定性(至少在某种程度上)和本底噪声,主要是通过使用标准线性化方法,用量化器代替白噪声源与增益。关于ΣΔM,这些方法在文献中已大量涉及,可直接应用到 EMΣΔM 中。例如,参考文献[36]导出了噪声与信号传输函数的解析表达式,再用根轨迹法预测稳定性,结果与系统级仿真吻合。根轨迹分析可以确定量化器增益的临界最小值,使极点落在单位圆内。然而这种分析依赖于ΣΔM 的线性化模型,这不可避免地需要简化假设,因而总是带有很大的不确定性,只能通过系统级仿真实现,即如上所述的主要技巧与方法。很多问题并没有在本章提及或只简要评述,读者可阅参考文献。本章中,尤其是 EMΣΔM 加速度计那节,试图传达一种"自己动手"的方法,请读者尝试文中所提出的模型并对其进一步探究。最后需要注意的是,除了最后一篇,其余参考文献主要来源于学术研究。但在编写本章时,该领域的商业价值正在增长。Colibrys 正积极钻研该方法,重点在高性能加速度计[41],而 SensoNor 的重点则在陀螺仪[42]。

参考文献

1. Yazdi, N., Ayazi, F., and Najafi, K. (1998) Proceedings of the IEEE, 86 (8), 1640-1659.

2. Beeby, S., Ensell, G., Kraft, M., and White, N. (2004) MEMS Physical Sensors, Artech House, ISBN 1-58053-536-4.

3. Kraft, M., Lewis, C. P., and Hesketh, T.

G. (1998) IEEE Proceedings Circuits, Devices and Systems, 145 (5), 325-331.

4. Aaltonen, L. (2010) Integrated interface electronics for capacitive MEMS inertial sensors. Doctoral Dissertation, Aalto University, School of Science and Technology,

Finland.

5. http://www. mathworks. com/matlabcentral/ fileexchange(accessed 4 February 2011).

6. Norsworth, S., Schreier, R., and Temes, C. (1997) Delta-Sigma Data Converters: Theory, Design, and Simulation, IEEE Press.

7. Reiss, J. D. (2008) Journal of Audio Engineering Society, 56 (1/2), 49-64.

8. Henrion, W. et al. (1990) Wide Dynamic Range Direct Digital Accelerometer Solid-State Sensor and Actuator Workshop, Hilton Head Island, SC, pp. 153-157.

9. Yun, W., Howe, R. T., and Gray, P. (1992) Surface micromachined, digitally force-balanced accelerometer with integrated CMOS detection circuitry. IEEE Solid-State Sensor and Actuator Workshop, Hilton Head Island, pp. 126-131.

10. Smith, T., Nys, O., Chevroulet, M., de Coulon, Y., and Degrauwe, M. (1994) Electro-mechanical sigma-delta converter for acceleration measurements. IEEE International Solid-State Circuits Conference, San Francisco, pp. 160-161.

11. Lu, C., Lemkin, M., and Boser, B. E. (1995) IEEE Journal of Solid-State Circuits, 30 (12), 1367-1373.

12. Lemkin, M. and Boser, B. E. (1999) IEEE Journal of Solid-State Circuits, 34 (4), 456-468.

13. Dong, Y., Kraft, M., and Gollasch, C. O. (2005) Journal of Micromechanics and Microengineering, 15, S22-S29.

14. Sari, I., Zeimpekis, I., and Kraft, M. (2010) A full wafer dicing free dry release process for MEMS devices, Proceedings of Eurosensors XXIV Conference, Linz, Austria, September 2010.

15. Rex, T. S. F. and Baird, T. (1993) IEEE International Symposium on Circuits and Systems, 2, 1361-1364.

16. Thurston, A. and Hawksford, M. (1994) Dynamic overload recover mechanism for sigma delta modulators. 2nd International Conference on Advanced A-D and D-A, Conversion Techniques and their Applications, 1994, pp. 124-129.

17. Dong, Y., Kraft, M., and Redman-White, W. (2007) IEEE Transactions on Instrumentation and Measurement, 56 (5), 1666-1674.

18. Kraft, M. (2006) Digital feedback control for microsensors, Smart MEMS and Sensor Systems, Imperial College Press, ISBN 1-86094-493-0.

19. http://www. mathworks. com/matlabcentral/ fileexchange/19 (accessed 4 January 2011)

20. Xie, P. Y., Whiteley, S. R., and Van Duzer, T. (1999) IEEE Transactions on Applied Superconductivity, 9 (2), 3632-3635.

21. Houlihan, R. and Kraft, M. (2005) Journal of Micromechanics and Microengineering, 15 (5), 803-902.

22. Lishchynska, M., O'Mahony, C., Slattery, O., and Behan, R. (2006) Journal of Micromechanics and Microengineering, 16, S61-S67.

23. Jiang, X. (2003) Capacitive position-sensing interface for micromachined inertial sensors. PhD dissertation. Department of Electrical Engineering and Computer Science, University of California, Berkeley, CA.

24. Külah, H., Chae, J., Yazdi, N., and Najafi, K. (2006) IEEE Journal of Solid-State Circuits, 41 (2), 352-361.

25. Seeger, J. I., Jiang, X., Kraft, M., and Boser, B. E. (2000) Sense finger dynamics in force feedback gyroscope. Technical Digest of Solid State Sensor and Actuator Workshop, Hilton Head Island, June 2000, pp. 296-299.

26. www. coventor. com (accessed 25 January 2011).

27. Breit, S. R., Welham, C. J., Rouvillois, S., Kraft, M., and McNie, M. (2008) Simulation environment for accurate noise and robustness analysis of MEMS under mixed-signal control. Proceedings of ASME International Mechanical Engineering Congress, Boston, November 2008.

28. Lemkin, M. A. (1997) Micro accelerometer design with digital feedback control. PhD dissertation. University of California, Berkeley, CA.

29. Dong, Y., Kraft, M., and Redman-White, W. (2006) Journal of Micromechanics and Microengineering, 16, S54-S60.

30. Acar, C. and Shkel, A. (2009) MEMS Vibratory Gyroscopes, Springer, ISBN: 978-0-387-09535-6.

31. Jiang, X., Seeger, J., Kraft, M., and Boser, B. (2000) A monolithic surface micromachined Z-axis gyroscope with digital output. Proceedings Symposium VLSI Circuits, June 2000, pp. 16-19.

32. Petkov, V. P. and Boser, B. E. (2004) A fourth-order interface for micromachined inertial sensors. ISSCC IEEE International Solid-State Circuits Conference, pp 320-329.

33. Petkov, V. P. and Boser, B. E. (2005) IEEE Journal of Solid-State Circuits, 40 (8), 1602-1609.

34. Raman, J., Cretu, E., Rombouts, P., and Weyten, L. (2006) A digitally controlled MEMS gyroscope with unconstrained sigma-delta force-feedback architecture. IEEE MEMS'06, Istanbul Turkey, pp. 710-713.

35. Raman, J., Cretu, E., Rombouts, P., and Weyten, L. (2009) IEEE Sensors Journal, 9 (3), 297-305.

36. Dong, Y., Kraft, M., and Redman-White, W. (2007) IEEE Sensors Journal, 7 (1), 59-69.

37. Dong, Y., Kraft, M., Hedenstierna, N., and Redman-White, W. (2008) Sensors and Actuator, A, 145, 299-305.

38. Maurino, R. and Mole, P. A. (2000) IEEE Journal of Solid State Circuits, 35, 959-967.

39. Northemann, T., Maurer, M., Rombach, S., Buhmann, A., and Manoli, Y. (2010) Sensors and Actuators A. Physical, 162 (2), 388-393.

40. Northemann, T., Maurer, M., Buhmann, A. He, L., and Manoli, Y. (2009) Excess loop delay compensated electro-mechanical bandpass sigma-delta modulator for gyroscopes. Proceedings of the Eurosensors XXIII Conference, vol. 1 (1), pp. 1183-1186.

41. Pastre, M., Kayal, M., Schmid, H., Huber, A., Zwahlen, P., Nguyen, A. M., and Dong, Y. (2009) A 300 Hz19b DR capacitive accelerometer based on a versatile front end in a 5th-order delta-sigma loop. ESSCIRC, Athens, Greece, September 14 - 18, 2009.

42. Lapadatu, D., Blixhavn, B., Holm, R., and Kvisteroy, T. (2010) A high-precision high-stability butterfly gyroscope with north seeking capability. Proceedings of the IEEE/ION Position Location and Navigation Symposium (PLANS), pp. 6-13.

第五部分

软 件 实 现

17 基于 3D 参数库的 MEMS/IC 设计

Gunar Lorenz , Gerold Schröpfer

17.1 关于原理图驱动的 MEMS 建模

MEMS 工程师和集成电路(IC)设计者经常需要在一个通用的仿真环境中对 MEMS 和 IC 设计进行协同仿真。验证集成电路设计并预测成品率对制造偏差的敏感度需要协同仿真。最明显的方法是在 IC 设计者使用的环境里进行协同仿真,这要求 MEMS 设计者用硬件描述语言(HDL)表述 MEMS 器件的行为模型。目前,MEMS 工程师在提供这种形式的行为模型上能力有限。在实际应用过程中,采用的方法通常是人工创建一个查找表形式的模型,利用有限元分析(FEA)来生成一个降阶模型,或使用现有库里预定义的 MEMS 元件模型。本章描述了 MEMS 系统设计方法,它能够让 MEMS 和 IC 工程师在相同的环境中进行设计和仿真。

对于电路仿真器的 MEMS 元件库的开发始于 20 世纪 90 年代[1]。由不同的团队开发出了通用的方法[2-5],由此产生了第一个商用工具,Coventor 有限公司的 ARCHITECT®。紧随其后的是来自 SoftMEMS 的 MEMS Pro® 和来自 Intellisense 的 SYNPLE®。

在过去十年里进行的开发工作大大提高了 MEMS 元件库的多样性和底层行为模型的复杂度,使得对于大部分 MEMS 器件类型都可以实现系统级仿真[8-15]。在某些情况下,库元件与工艺密切相关,可以获得材料特性和几何参数,如薄膜层厚度。最近,三维可视化复杂模型和仿真结果已经被添加进库[7, 15]。

在早期,MEMS 集总单元库类比电子集总单元库。与 IC 设计者类似,MEMS 设计者需要在原理图驱动的环境下,使用符号来表示独立的参数化构建块或元件。将这些符号在原理图中连接起来表示三维 MEMS 器件,如图 17.1 所示。

与经典有限元分析相比,原理图符号和它们所代表的数学模型在确保准确性的情况下使参数设计空间的探索时间精确地在几秒或几分钟之内[8, 9, 11, 14, 15]。原理图驱动的 MEMS 设计环境虽然具有速度极快、参数化且能够合并非线性模型的特性,但是要广泛应用仍然面临以下困难:

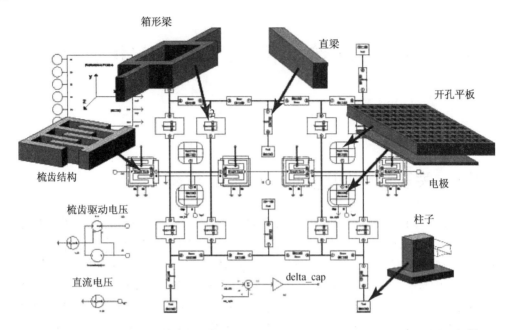

图 17.1 由 MEMS 元件组装的陀螺仪原理图(来自 Coventor 的 **ARCHITECT** 行为模型库)[7]。

- 首先,使用符号和线条创建三维几何结构通常被认为是费力又不直观的。负责器件模型创建的 MEMS 设计者通常更喜欢使用 2D 版图或 3D 机械 CAD 工具实现设计输入。因此,使用原理图驱动设计输入需要从根本上改变他们喜欢的工作方式。

- 其次,作为 MEMS 行为模型的主要客户,IC 设计者和系统架构工程师依赖于诸如 MATLAB Simulink 这样的信号流仿真器或利用 Cadence®、MentorGraphics® 或 Synopsys® 自定义的 IC 设计和仿真环境。没有标准的电子设计自动化(EDA)环境为 MEMS 设计提供一个特别有吸引力的环境。更重要的是,没有在信号流和电路仿真器之间实现行为模型转换方法的标准。

理想情况下,MEMS 设计者能够在符合自己需求的 3D 物理设计环境中创建和修改 MEMS 设计,然后自动生成所需的对应于信号流或电路仿真器的仿真模型和版图视图。仿真模型应该被参数化并能准确地捕捉 MEMS 器件的复杂行为,同时能够充分高效地进行计算,以便在合理的 CPU 时间范围内完成 MEMS 和 IC 的协同仿真。

17.2   MEMS 设计的 3D 参数化库——MEMS+®

为了应对给定的 MEMS+IC 设计、仿真和产品开发带来的挑战,Coventor 公

司开发了一个被称为 MEMS+®的新设计平台。Coventor 的 MEMS+®方法允许
MEMS 设计者在符合自身需求的 3D 环境中工作,而且能够非常容易地提供兼容
集成电路设计和系统仿真环境的参数化行为模型。同时,对于集成电路或系统设
计者来说,MEMS 器件将和任何其他模拟或数字元件没有什么区别。MEMS 行为
模型中的参数可能包括制造偏差,如材料特性和尺寸变化以及设计的几何特性。
已经证明这些模型的复杂性和准确性能使系统以及 MEMS+IC 协同设计达到性
能和成品率的最优化。

17.2.1 MEMS 的 3D 设计输入

MEMS+设计方法的第一步是创建 MEMS 设计,即通过从参数化 3D MEMS
元件库中选择 MEMS 构建块并组装成一个 MEMS 器件设计。作为这个过程的一
部分,MEMS 设计者可以指定哪些参数将会暴露在集成电路或系统设计环境中。
图 17.2 给出了对应于图 17.1 所示陀螺仪实例的 MEMS+ 3D 图形用户界面
(GUI)。

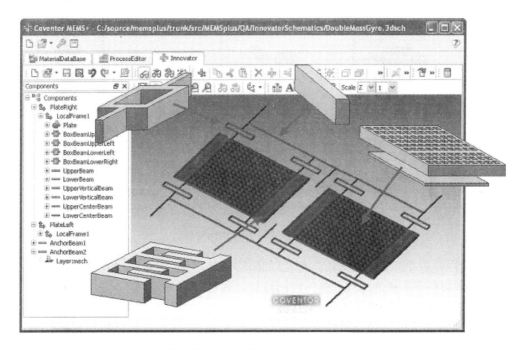

图 17.2　允许直接在 3D 视图中进行创建的 MEMS 设计环境。

MEMS+的创新点之一是 MEMS 设计者可以在 3D 视图中构造行为模型。
用户从库中选择一个元件而不是创建一个抽象原理图,然后输入参数值,一个相应
的 3D 视图立即呈现在画布上。这种直接在 3D 视图中创建 MEMS 器件的方法已

被证明对 MEMS 工程师来说更加自然,而且与基于原理图的方法相比能节省时间。此外,该设计环境提供了一个与实际仿真环境分离的图形设计输入界面,使得能够采用一些可替代的设计创建方法,包括辅助 3D 几何体或 2D 版图导入,甚至是徒手绘图能力,这些方法可同时用于一个纯库驱动的设计过程。

应该注意,不同于传统的三维 CAD 建模工具,此处生成的 3D 视图有一个与MEMS 构建块相关联的底层行为模型。

17.2.2 MEMS 模型库

MEMS+元件库是多年努力的产物,可以认为在 MEMS 领域中它相当于 IC设计领域的 BSIM 库[16]。MEMS+元件库具有严格的层次结构,并且构建在三种不同机械模型体系的基础之上:刚性板、柔性梁和板、悬浮结构(图 17.3)。

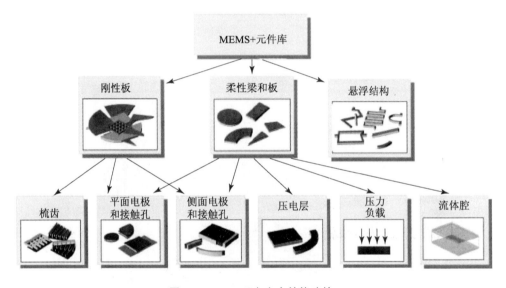

图 17.3 MEMS+库中的构建块。

刚性板通过组装参数化几何基元(如矩形部分、三角形部分、直和弧形的梳齿等)来创建任意形状的结构。最终的刚性板是各独立部分进行几何布尔运算的结果。刚性板的行为均基于牛顿定律和欧拉方程。

机械元件的第二组是柔性梁和板,包括直条、圆形、弧形和四边形等基本形状,可以用来创建复杂灵活的结构,如图 17.4 所示。

MEMS+中所有柔性结构的力学行为采用变阶的独立有限元进行建模。MEMS+模型库包含先进的有限梁、壳和块元件,由给定库元件的边界参数来隐式选择。例如,如果用户选择"1"为垂直边缘参数,则矩形板元件由壳表示。更高的数字代表相对应的块元件。

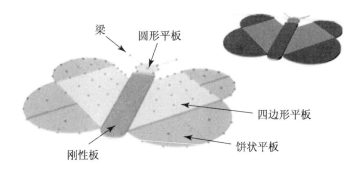

梁
圆形平板
四边形平板
饼状平板
刚性板

图 17.4 利用 MEMS＋库的标准机械元件库创建的蝴蝶形结构。

当涉及机械建模时，MEMS＋方法与 FEM 编码（如 ANSYS 或 COMSOL）的主要区别与其说是在有限元的使用上，不如说是在于模型创建本身。虽然 FEM 工具依赖自动网格化，以用低阶有限元来填充一个任意的几何体，MEMS＋用户使用参数化库元件组装几何体，每个元件都与对应的特定高阶有限元（图 17.4）或刚性板相关联。

第三组机械元件是悬浮体，包括蛇形、梁路、U 形和许多其他形状的参数化基元。所有悬空模型是由有限元与降阶技术相互协调内在地组装而成。

用于 MEMS＋机械建模的有限元包含了 MEMS 特定的和工艺相关的效应，如高深宽比结构、开孔、侧壁角度、预应力和多层材料，以及非线性行为如应力刚化和屈曲等。

机械模型体系的多数成员可以用复杂的 3D 静电梳齿和电极以及压电、接触点或声腔模型来"装饰"（图 17.3）。此外，设计者可以用附加的阻尼模型来增强电极和梳齿模型（图中没有显示）。

相应的行为模型是基于各种建模技术的，包括解析公式、数值积分、保角映射和有限元。关于通用建模理论的细节，请读者参考之前的章节。MEMS＋底层模型的详细描述可以在 MEMS＋的综合性参考文献中找到[17]。

17.2.3 与系统仿真器的集成

所有用 MEMS＋用户界面创建的 MEMS 设计可以在不同 MEMS 设计团队成员之间共享。MEMS＋对于有限元分析和版图工具，支持简单几何体导出过滤，对于 MATLAB 和 Simulink，支持复杂仿真界面，并且支持集成电路设计环境如 Cadence®、Virtuoso®（图 17.5）。

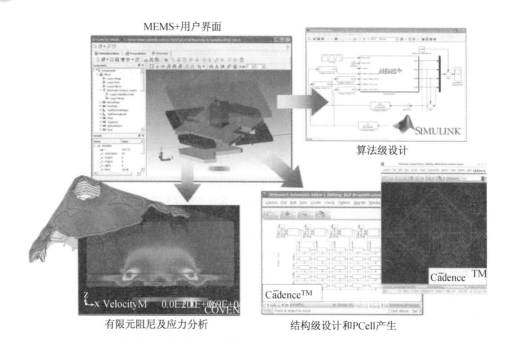

图 17.5   MEMS+的 3D 设计输入和界面选项。

17.2.4   与 MATLAB 和 Simulink 的集成

MathWorks[18]推出的 MATLAB 和 Simulink 是众所周知的、支持所有工程学科工程创新的强有力工具。这些工具允许工程师定义特定领域的系统模型，然后仿真它们的行为。利用 MEMS+，设计者可以直接将在 MEMS+设计平台上创建的参数化模型导入到 MATLAB 或 Simulink 中。MEMS+既不需要由用户对器件物理（如力学方程或电容提取）编程也不需要有限元分析，只需要在MEMS+中使用直观 3D 图形界面创建 3D 设计。

MEMS+ MATLAB 界面不仅支持 MATLAB 脚本编程界面而且支持器件模型导入 Simulink 原理图编辑器，如图 17.6 所示。

MEMS+能够自动生成符号，用户可将其导入 Simulink 的模型编辑器窗口。符号端口和参数的数量自动从最初的 MEMS+设计中获得。代表MEMS+模型的符号可以插入到一个更大的系统当中并且可利用 MATLAB 求解器进行仿真。在仿真过程中，仿真器将通过 Simulink 的 S 函数界面连接 MEMS+元件库来估算每个时间步长的 MEMS 行为模型。除了标准的瞬态仿真，MEMS+提供了额外的分析如直流、直流传输、模态和交流分析。完成仿真后，仿真结果可以加载到 MEMS+用户界面并通过 2D 图形和全等高线的三维动画实现可视化。

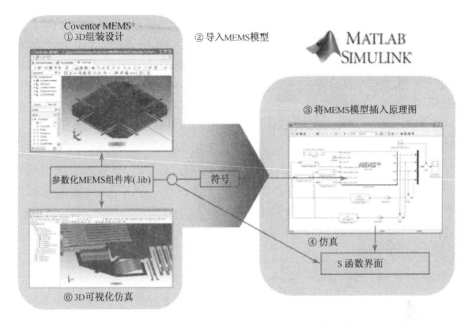

图 17.6　MEMS＋与 MATLAB Simulink 的集成。

17.2.5　和 EDA 工具的集成

　　IC 工程师通常使用如 Cadence Virtuoso 等工具来设计含有 MEMS 器件的模拟/混合信号电路[19]。为了成功,IC 工程师需要在 Cadence 模型库中使用快速且精确的 MEMS 器件模型。为了促进所需的模型更新,MEMS＋提供了一种简单的方法将 MEMS＋ 模型导入 Cadence 模型库 (图 17.7)。MEMS＋创建的每个器件以网表和示意图符号的形式导入到集成电路设计环境中。类似于 MEMS＋MATLAB Simulink 软件界面,示意图符号上引脚的数量和名称由 MEMS 工程师决定,这些引脚代表与 MEMS 器件的电气连接。MEMS 符号可以被放到集成电路原理图编辑器中并被完整的集成电路设计包围。

　　仿真可以运行在任何兼容 Virtuoso 的 Cadence 电路仿真器中,包括 Spectre,Spectre RF, Spectre APS, UltraSim。仿真器连接 MEMS 元件库来估算每个仿真节点(即时间步长或频率)的 MEMS 行为模型。需要强调的是,所有MEMS＋ 支持的外部求解器(包括 MATLAB)在实际仿真时都使用相同的元件库(图 17.3)。因此,所有 MEMS＋支持的仿真器都期望有相当的精度。

　　在完成仿真后,设计者可以在 MEMS＋3D 浏览器中查看结果,得到 MEMS 器件运动的动画。在任何时候,特别是当 MEMS 和 IC 设计者对 MEMS 设计满意时,他们可以导出参数化的版图单元(PCell),该单元能够生成 MEMS 器件的版图。

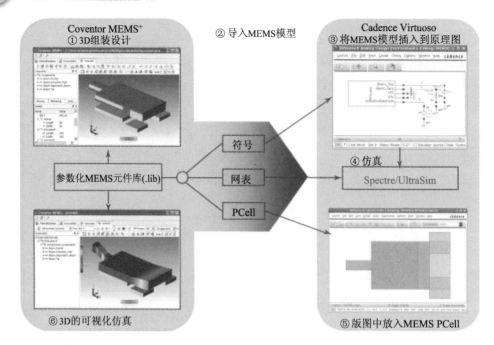

图 17.7   MEMS＋和标准 EDA 工具的集成。

17.3   MEMS 可制造性设计

有两类参数与 MEMS 设计相关。第一类包括由 MEMS 工程师决定的 MEMS 构建块的尺寸参数(如长度、宽度、梳齿个数等)。第二类包括取决于所选制造工艺的材料特性和几何参数。

17.3.1   工艺和材料特性的参数化

虽然 MEMS 和集成电路设计在制造方面存在一些相关的方面,但是制造对它们的设计流程影响不同。特别是集成电路器件的微加工工艺是标准化的。集成电路元件在制造流程中是固定的,而 MEMS 元件不是。例如,晶体管(IC 元件)是基于硅衬底通过特定的离子注入和薄膜淀积制造工艺得到的,而且 IC 设计者通常不能改变这些薄膜层。但作为 MEMS 设计一部分的机械梁元件可能是放在任何"机械"层上的,而且这个"机械"层是个设计选项。另外,机械层的厚度可能在一定范围内是可变的。传统的 IC 设计工具不能灵活地改变制造工艺中创建于不同层中元件的位置。因此,制造工艺对集成电路设计的影响从一开始就是固定的,从一个设计过渡到另一个也不会改变。相比之下,MEMS 器件的制造工艺往往不是标准化的。

　　此外,有时需要为特殊 MEMS 器件定制制造工艺以达到器件的设计目标。因此,加工工艺在 MEMS 设计中是一个重要的自由参数,随着研究进展经常需要细化。在传统的集成电路设计环境中缺少改变制造工艺描述的灵活性。此外,IC 元件行为模型不能根据工艺参数来参数化。在 MEMS 设计中,工艺描述的参数可变化也是设计的一部分,因此必须将模型关于工艺参数进行参数化。

　　Coventor 的 MEMS＋环境提供两个用于指定所有相关制造工艺特定数据的内置编辑器来满足 MEMS 设计者的特定需求。图 17.8 所示的材料特性编辑器是用来在 MEMS＋环境中创建一个包含所有相关物理以及可视化特性的材料数据库。

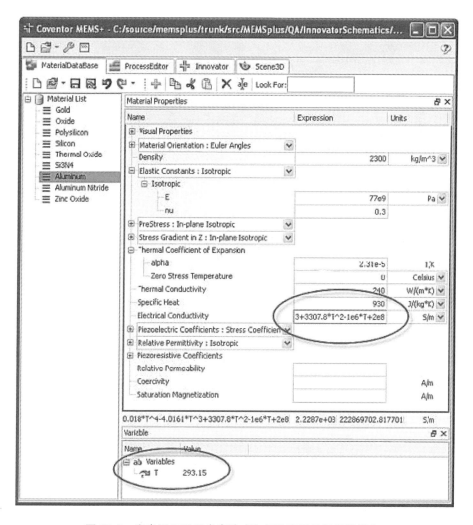

图 17.8　突出显示了正常表达式和相关变量的材料数据库。

所有材料特性都可以被定义为绝对值、变量或代数方程。变量和代数方程的组合允许材料特性依赖其他特性、环境变量(如温度和湿度)甚至完全抽象的变量，如给定制造工艺的器件设置参数。MEMS 工程师可以选择哪些变量可显示在 MEMS＋图形用户界面以及相应的 MEMS 示意图符号和版图中。例如，在图 17.8 中，铝的电导率由一个取决于温度 T 的代数表达式给出。图 17.8 的底部，T 变量旁边的图标表明用户将它显示在 MEMS＋用户界面和 IC 设计环境中。

第二个内置编辑器是工艺编辑器，它用于定义 MEMS 制造步骤的顺序，如图 17.9 所示。底层工艺数据包括薄膜层堆栈的相关信息，如层顺序、材料类型、厚度和侧壁轮廓。工艺数据是依赖于材料数据库的：每层的工艺数据指定一个材料类型，这个材料类型必须存在于相应的材料数据库中。

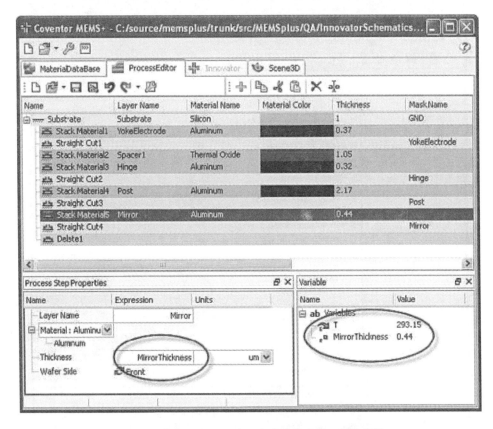

图 17.9 描述 MEMS 制造工艺步骤顺序的工艺编辑器，突出显示了正常表达式和相关变量。

MEMS＋库元件和制造数据之间的联系由一个共同的层特性建立(图 17.3)，这个特性允许用户将元件分配给一个或多个层名(图 17.10)。

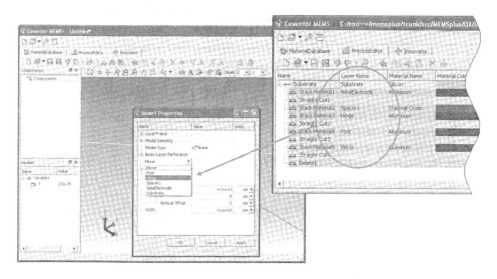

图 17.10 参数"Layer"将给定元件与源自工艺编辑器的一个或多个层关联起来。

MEMS 设计和仿真环境中材料和工艺数据的分离允许模型含有工艺相关的参数,该参数的规范不是固定的,而是需要参照制造工艺过程的数据。

17.3.2 工艺设计包

在实际应用过程中,可重用工艺库或工艺设计包(PDK)包含了详细的材料和工艺特性信息,这些信息之前已经与测试结构和其他测试器件的仿真模型建立了关联。这组信息不仅应该包括工艺几何尺寸和材料的标称值,而且应该包括制造公差和工艺相关设计规则。可以在前面描述的编辑器和生成的 3D 模型中获得这些约束。至少,MEMS PDK 应该包括代工厂和工艺专用的工艺描述文件、材料数据库和版图模板。高级版本的 PDK 可能还包含完整的特定工艺 MEMS 元件库或代表相关制造工艺的完整器件。专用设计工具包的可用性在 MEMS 开发的不同阶段都是至关重要的。

随着独立 MEMS 代工厂的发展和相应的无晶圆产品公司出现[20],可以预计,需要进一步地促进制造者和设计者之间的信息交换,并且 MEMS 专用的 PDK 将在这个交换过程中扮演越来越重要的角色[21]。MEMS+具有的实现 MEMS 元件不同视图功能,为 MEMS 开发中不同参与者之间转移 MEMS 元件的知识产权(IP)提供了可定制的环境。采用该方法,MEMS 设计者可以提供详细精确的模型给制造者以及系统集成商,即 MEMS 客户,如图 17.11 所示。

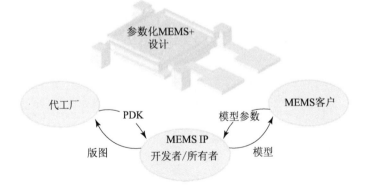

图 17.11   MEMS＋参数化设计形式为促进 MEMS 合作伙伴之间的交流提供了一个新标准。

17.4   微镜阵列设计实例

本节将着重介绍 MEMS＋方法如何用于一个著名的实际 MEMS 产品,即微镜阵列。德州仪器的数字光处理(DLP)投影系统是一项基于数字微镜器件(DMD)的著名显示技术。DMD 是包含一个二维 MEMS 微镜阵列的芯片[22、23]。每个微镜制造在静态随机存取存储器(SRAM)单元之上并由相应单元决定每个微镜的状态。因此,与微镜阵列有关联的是层 SRAM 单元阵列,这些单元可以通过字线和位线单独访问,跟 SRAM 内存芯片上的位访问方式相同。微镜是机电器件,其响应时间比较慢,比 SRAM 单元有着更复杂的行为。例如,微镜在从一个状态转到另一个状态时,稳定在另一个状态前可能反弹。SRAM 单元的寄生电容以及互连线寄生电容(随阵列中位置的不同而不同)会影响微镜如何响应控制信号。另外,微镜垂直方向的尺寸可能随 DMD 芯片在晶圆上所处位置的不同而不同,这属于制造工艺影响。微镜和控制电路一起构成一个复杂的系统,所以在加工之前,仿真完整的 DMD 子系统对于节约时间和成本有很大的帮助。

在这个实例中,我们将演示如何使用 MEMS＋和 Cadence Virtuoso 来仿真 DMD 微镜阵列及其控制电路。MEMS 和 IC 设计团队可以使用这种仿真来确定潜在的问题,优化设计,验证完整系统的功能以及制造偏差的鲁棒性。值得注意的是,对于其他涉及 MEMS 阵列的显示技术,这种类型的仿真也是有用的。因此,本实例只是利用 MEMS＋与 CadenceVirtuoso 提供有用的设计和验证功能的众多方法之一。

设计输入的第一步涉及创建单个 DMD 像素的行为模型,如图 17.12 的左边所示。

利用结构化的 MEMS＋方法,MEMS 设计者在 3D 用户界面中构造单个微

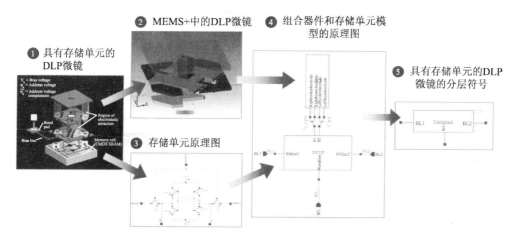

图 17. 12   **MEMS＋中创建的 MEMS 微镜模型与 Cadence Virtuoso 原理图中的一个 SRAM 单元
结合,然后两者共同抽象成一个分层符号来代表阵列中的一个像素。**

镜的行为模型(图 17. 12②)。MEMS 设计者从参数化 MEMS 元件库中选择构
建块且组装它们来创建单个 DMD 微镜的模型。MEMS＋库元件和制造工艺之
间的联系通过将每个元件的层特性分配给工艺编辑器中指定的一个或多个层名
来建立。

在 MEMS＋中完成微镜设计后,可将其导入 Cadence Virtuoso 环境。MEMS
＋能自动生成可以放在 Virtuoso 示意图中的 MEMS 符号(图 17. 12④)。这不仅
仅是一个只显示输入和输出的"黑盒",MEMS 设计者还可以选择公开 IC 设计者
可能感兴趣的参数。此外,MEMS＋自动生成一个网表,其中包含对 MEMS 行为
模型的引用。这个网表使得没有任何专业的 MEMS 或机械 CAD 知识的 IC 设计
者在 Virtuoso 环境中仿真 MEMS 器件及其周围的模拟电路成为可能。

同时,IC 设计者在 Cadence 设计环境中使用现成 PDK 中熟悉的元件创建一
个在每个微镜下面的 SRAM 存储单元的原理图(图 17. 12③)。CMOS SRAM 单
元可以依次连接到微镜来组装完整的像素单元(图 17. 12⑤)。然后通过复制这个
像素单元,形成一个阵列并被连接到驱动电路,如图 17. 13⑥所示。

目前仿真完整微镜阵列可以用 Virtuoso 仿真器中的任一个:Spectre,
UltraSim 或者 Spectre APS。通过 Cadence 模型编译界面(CMI)仿真器连接到
MEMS＋元件库,并且估算每次仿真迭代期间 MEMS 器件的行为模型。

Cadence Virtuoso 的绘图能力可以用来分析 MEMS 器件和电路之间的耦合,
甚至是探测机械运动和测量响应时间(图 17. 13⑦)。仿真完成之后,如果需要,在
MEMS＋可视化插件中用户可以查看 Cadence 仿真结果的 3D 动画(图 17. 13⑧)。

此外,由于 MEMS 设计人员仍然需要在物理实现层次验证器件,MEMS＋会

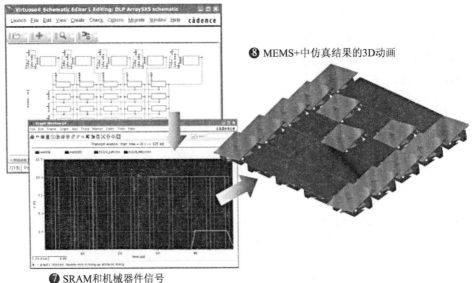

图 17.13   25 个微镜、CMOS SRAM 和控制电路的完整原理图(⑥)、样本输入和输出信号(⑦)以及 3D 动画(⑧)。

自动生成三维实体模型,该模型可以作为有限元分析的输入。MEMS+还可以自动生成一个具有和原理图符号相同的、公开参数的参数化 PCell。

17.5   总结

　　本章描述了一种能够让 MEMS 工程师和 IC 工程师在相同的环境中设计和仿真的 MEMS 系统设计方法。该方法由来自 Coventor 有限公司的商业设计平台 MEMS+实现。相比于传统方法,MEMS+拥有将人工模型或降阶行为模型从 MEMS 工程师手中转移给 IC 工程师的优势。第一,能充分表示 MEMS 器件性能的行为模型相当复杂,例如获取机械自由度之间的交叉耦合。这些行为模型的精度通过其他建模技术和测量方法进行验证。第二,3D 几何和行为模型以及关联的版图单元都实现了关于制造相关偏差和设计几何特性的完全参数化,这使得设计者能够在 EDA 环境中进行设计和成品率优化研究。第三,MEMS 和 IC 设计环境之间的自动转换消除了任何手动转换过程中不可避免的人为错误。

　　本章提供了一个实例,把新方法用于 SRAM 单元底层电路的数字光处理 MEMS 微镜阵列,已经证明底层 MEMS 元件库适用于许多类型的 MEMS。例如,仿真一个由 ΣΔ 调制器控制的加速度计,如前面章节以及参考文献[8,9]中所述。

参考文献

1. Teegarden，D.，Lorenz，G.，and Neul，R. （1998）IEEE Spectrum，35，66-75.

2. Romanowicz，B.，Ansel，Y.，Laudon，M.，Amacker，Ch.，Renaud，P.，Vachoux，A.，and Schröpfer，G. （1997）VHDL-1076. 1 modeling examples for microsystem simulation，in Analog and Mixed-Signal Hardware Description Languages（ed. A. Vachoux），Kluwer Academic Publishers.

3. Zhou，N.，Clark，J. V.，and Pister，K. S. J. （1998）Nodal analysis for MEMS design using SUGAR v0. 5. Proceedings of the International Conference on Modeling and Simulation of Microsystems，Semiconductors，Sensors and Actuators（MSM），Santa Clara，CA，pp. 308-313.

4. Vandemeer，J. E.，Kranz，M. S.，and Fedder，G. K. （1998） Hierarchical representation and simulation of micromachined inertial sensors. Proceedings of the International Conference on Modeling and Simulation of Microsystems，Semiconductors，Sensors and Actuators（MSM），Santa Clara，CA，pp. 540-545.

5. Lorenz，G. and Neul，R. （1998）Network-type modeling of micromachined sensor systems. Proceedings of the International Conference on Modeling and Simulation of Microsystems，Semiconductors，Sensors and Actuators，MSM98，Santa Clara，April 1998，pp. 233-238.

6. Lorenz，G. and Repke，J. Sensors in Automotive Technology，（2006）Jossey-Bass Publishers（A Wiley Company），vol. 4，pp. 58-72. ISBN：978-3-527-60507-1.

7. Lorenz，G. and Kamon，M. （2007） A system-model-based design environment for 3D simulation and animationof micro-electro-mechanical systems（MEMS）. Proceedings of APCOM'07 in conjunction with EPMESC XI，Kyoto，December 3-6，2007.

8. Breit，S.，Welham，C.，Rouvillois，S.，Kraft，M.，and McNie，M. （2008） Simulation environment for accurate noise and robustness analysis of MEMS under mixed-signal control. Proceedings of the ASME International Mechanical Engineering

Congress，Boston，MA，November 2008.

9. Welham，C.，Rouvillois，S.，King，M. D.，Combes，D.，and McNie，M. （2008） Modeling and simulation of multi-degree-of-freedom of micro-machined accelerometer with sigma-delta modulator. Proceedings of ESNUG Conference 2008，Munich，Germany，October 2008.

10. Ma，W.，Chan，H.-Y.，Wong，C. C.，Chan，Y. C.，Tsai，C.-J.，and Lee，F. C. S. （2010），Design optimization of MEMS 2D scanning mirrors with high resonant frequencies. Proceedings of the 23rd International IEEE Conference on MEMS，Hong，January 24-28，2010，pp. 823-826.

11. Casset，F.，Welham，C.，Durand，C.，Ollier，E.，Carpentier，J.-F.，Ancey，P.，and Aïd，M. （2008）In-plane RF MEMS resonator simulation. Proceedings of the MEMSWAVE 2008，Heraklion，Greece，30 June - 3 July 2008.

12. Judy，M. （2002） Computer-Aided Design （CAD） for Integrated，Microelectromechanical （MEMS） Devices. Final Technical Report AFRL-IF-RS-TR - 2002 - 176，DARPA，approved for public release，August 2002.

13. Schröpfer，G.，King，D.，Kennedy，C.，and McNie，M. （2005） Advanced process emulation and circuit simulation for co-design of MEMS and CMOS devices. Proceedings of the DTIP 2005，Montreux，Switzerland，June 1-3.

14. Matova，S.，Hohlfeld，D.，van Schaijk，R.，Welham，C. J.，and Rouvillois，S. （2009） Experimental validation of aluminum nitride energy harvester model with power transfer circuit. Proceedings of the Eurosensors XXIII Conference，Lausanne，Switzerland，September 6-9，2009，pp. 1443-1446.

15. Schröpfer，G.，Lorenz，G.，and Breit，S. （2010） Journal of Micromechanics and Microengineering，20，064003.

16. Home page of BSIM（Berkeley Shortchannel IGFET Model） Group，located in the Department of Electrical Engineering and Computer Sciences（EECS）at the University of California，Berkeley. http://www-device.

eecs. berkeley. edu/bsim/(accessed 13 August 2012).

17. Company Homepage of Coventor Inc. http://www. coventor. com (accessed 13 August 2012).

18. Company Homepage of The Mathworks Inc. http://www. mathworks. com (accessed 13 August 2012).

19. Company Homepage of Cadence Inc. http://www. cadence. com (accessed 13 August 2012).

20. Eloy, J. C. (2007) Sensors and Transducers Journal, 86 (12), 1771-1777.

21. Schröpfer, G. , Lorenz, G. , Donnay, S. , Rottenberg, X. , Jansen, R. , and Bienstman, J. (2011) SiGe MEMS process design kit for MEMS IC platform. Proceedings CDN Live! EMEA 2011 Conference, Munich, Germany, May 3-5 2011.

22. Hornbeck, L. J. (1998) Current status and future applications for DMD-based projection displays. Proceedings of the 5th Int Disp Workshops 1998, Japan, pp. 713-716.

23. Wilson, T. , and Johnson, R. How DLP does work? http://electronics. howstuffworks. com/dlp1. htm (accessed 13 August 2012).

18 用于 ANSYS 的模型降阶

Evgenii B. Rudnyi

18.1 引言

本章将介绍基于 Krylov 子空间的模型降阶的软件 MOR for ANSYS。该软件以 ANSYS Mechanical 中的有限元模型作为起点。它读取原系统的系统矩阵并以 Matrix Market 格式或者可被直接导入系统仿真器 ANSYS Simplorer 的形式写出降阶矩阵。

MOR for ANSYS（曾用名 mor4ansys）是 Freiburg 大学微系统工程系（IMTEK）在执行欧盟项目 MicroPyros 期间产生的一个副产品。最初是解决开发一个用于系统级电热仿真的宏热模型工程问题。线路将功率传输到宏热模型里，同时接收微型推进器不同位置处的温度耦合。不管怎样，有限元模型开始被用于开发可靠的热学模型。

上述问题体现了仿真实践中的一个共性问题。一方面，已经开发了精确的有限元模型；另一方面，仍须投入时间和精力去开发系统级仿真的行为模型。因此，我们的目标是找到通用解决方案，适用于一大类仿真问题而不是仅仅适用于解决当前项目中碰到的特殊问题。

跨学科的综述[3]表明，数学家已经开发了用于近似大规模动态系统的新方法（参见图 18.1 及第 3 章），但是有限元的使用群体并没意识到这样的发展。在 Mathematica 软件中实现的快速原型设计已向我们展示了这类方法极其有效，与此同时，这也使得我们可以选择最佳的实践方式（参见图 18.1 中的实线）。

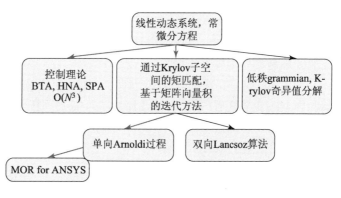

图 18.1　大规模动态系统的近似方法[4]。

最终，我们决定开发一个可扩展的独立软件，以用于实现 ANSYS 有限元模型的分块 Arnoldi 算法。该软件的最初名称为 mor4ansys，但是随后改为 MOR for ANSYS。该软件帮助我们继续开展研究，并且为与其他学术界和工业界的学术团体开展合作创造了新的机会，反过来这也带回了实际需求的信息。这些信息又反过来促进了软件的进一步发展。

面向实践的开发需要坚实的理论基础，但鉴于可用资源总是有限的，我们同时也需要找到诸如学习、编程、开展研究等不同任务间的合理折中。本章我们回顾一下在开发 MOR for ANSYS 过程中如何达到这种协调的。本章将在下一节开始介绍 MOR for ANSYS 的有关研究，之后考虑编程问题，最后介绍一些来自实践的开放性问题。

18.2　开发 MOR for ANSYS 过程中的实践研究

如前所述，与 MOR for ANSYS 软件相关的研究是面向实践的。这就意味着我们的主要目标是解决特定的工程问题，这需要由有限元模型得到的宏模型。因而，需要将工程问题转变成模型降阶的语言（例如，见参考文献[4]），利用模型降阶算法，然后将降阶矩阵转移到常用于该类工程任务的仿真环境。

首先，已有结果表明 Arnoldi 算法对许多工程问题十分有效。例如，我们是工程领域研究队伍中率先阐明模型降阶是一种自动生成宏热模型的完美工具[5]。从基础科学的角度来看，这听起来似乎很天真，但是直到现在仍有研究人员发表基本上是人工推导宏热模型的论文。压电与流体-结构相互作用在超声近似上的应用中也面临着相似的问题，MOR for ANSYS 首次证实了模型降阶对于此类应用也是一个完美工具。

需要记住的重要一点是模型降阶对于有限元来说不是新鲜事物。机械工程师对诸如模态叠加、Guyan 降阶或者模态综合（CMS）等方法已熟知多年。然而，这些方法只应用于结构力学中的有限元模型，并且利用这些方法（或类似方法）解决上述问题的一些尝试都没有取得成功。付出了相当大的努力才使工程师们相信模态叠加并不是唯一的模型降阶方法。在 18.4 节，我们将重新回到这个问题。

利用 Arnoldi 算法可以将模型降阶视作一个快速求解器[6]。当有限元模型里某些因素改变了之后（通常多是几何形状），需要重新生成一个降阶模型。然而，生成一个降阶模型的过程远比运行一个完整的瞬态或谐振响应仿真要快得多。这意味着即便在优化过程中只使用一次降阶模型，采用模型降阶对于加快整个最优化过程也是很有意义的（图 18.2）。这种解决方法看起来可能不如参数化的模型降阶简练，但在另一方面，它为实现各种情况下的工程目标提供了一个简单而强大的方法。

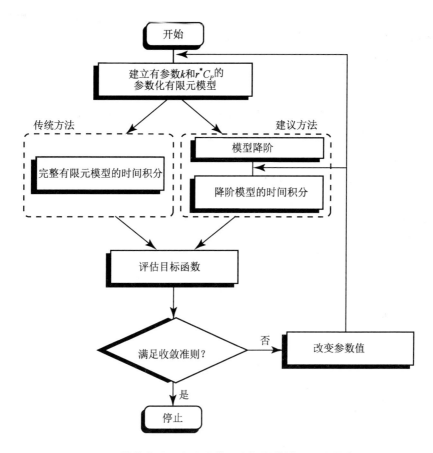

图 18.2　最优化过程中作为快速求解器的模型降阶的应用

　　上述关于模型降阶效果很好的表达,指的是一个相对低维度的降阶模型已经达到了良好的精确度。然而,降阶模型维度的选择是一个开放性问题。在研究初期,我们开始时为降阶模型使用 30 个维度,这对很多模型都很适用。然而在一般情况下这还是个开放性问题,因为矩匹配算法不能进行全局误差估计。多次尝试后,我们发现了一个误差指示器[7],它给最优维度选择带来了一些智能。它并没有消除继续开发某些技巧的需求,但是能够让我们简化选择。这个发现只属于一种经验性质的,我并不知道是否有数学证明可以支持这种方法。然而,在工作过程中我们在不同的工程系统中不断对其进行尝试,发现实际局部误差与估计误差的一致性总是很好。

　　数学家们为一阶系统开发了模型降阶方法,而实际上大多数系统是二阶的。在这种情况下,通过将状态向量的维度扩大一倍能够将动态系统转变为一阶系统(图 18.3)。这种方法的缺点是,虽然能够以一阶系统的形式得到降阶系统,但是由于状态向量维度的增加计算量会增大。二阶 Krylov 子空间的使用（例如，在 MOR for ANSYS 中实现的二阶 ARnoldi 算法（SOAR）[8]）消除了上面提到的缺点。然而，在许多重要应用中，还会采用比例阻尼方法：

$$E = \alpha M + \beta K \tag{18.1}$$

在构成投影基的过程中阻尼矩阵可被简单地忽略时会发生这样的情况。在此情况下，只需同时采用质量矩阵、刚度矩阵以及输入矩阵来生成所需的 Krylov 子空间。阻尼矩阵被投影之后，根据等式（18.1），它能够由降阶的质量与刚度矩阵计算出来。这个方法最初是通过试错而发现的，灵感来源于结构力学中使用的模型叠加。非常有意思的是，最近证明了在等式（18.1）的一般情况下该结果仍然是正确的。参考文献[9]表明，在任意 α、β 值的比例阻尼情况下，矩匹配性能通常都将被保留。

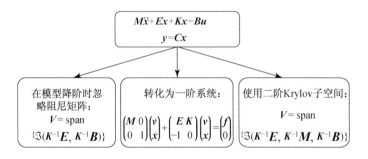

图 18.3　二阶系统的模型降阶。

　　在实际应用中，输入的数量可能十分巨大，例如 100 个甚至更多。这带来了一个额外的问题，因为在许多应用中每个输入需要的自由度数目大致上是个常数。换句话说，在分块 Arnoldi 算法中能够实现的降阶不能在有多个输入的实际应用中发挥作用。因此，在这种情况下降阶模型的维度是每个输入的自由度数目（DOF）与输入数量的乘积，可能超过 1 000 甚至更多。一个降阶模型的系统矩阵已经很密集了，因此仿真降阶模型的计算成本以维度的立方 N^3 增长。

　　上面提到的实际问题激发了如何能够使降阶系统矩阵不那么密集的想法。依照这种想法，提出了叠加的 Arnoldi 算法，并先后对其进行了实验测试和数学论证[10]。降阶矩阵具有分块对角形式。让我们考虑一个有 100 个输入的示例系统，该系统中每个输入需要的自由度数目在降阶模型中等于 10。降阶模型的维度就等于 100 * 10＝1 000。在分块 Arnoldi 算法中，系统矩阵是一个维度为 1 000 * 1 000（矩阵中非零值的数量等于 1 百万）的密集矩阵。叠加 Arnoldi 算法生成了有着相同维度 1 000 * 1 000 的分块对角系统矩阵。然而，在这种情况下，矩阵是分块对角形式，有 100 个 10 维度的矩阵块（矩阵中非零项的数目是

$100 * 10 * 10 = 10\ 000$)。矩阵中非零值的数目减少了 100 倍,这加快了采用降阶模型的系统仿真过程。

前面已经都提到过,很多情况下实际目标就是优化。一流的解决方案应当在模型降阶中将一些参数作为符号保留在降阶模型中,然后在降阶模型的基础上利用这些参数进行优化。这个方面的研究已经开展[11, 12](也可参见第 9 章)。

18.3　编程问题

一种数学算法应该在某些环境中实现才能发挥作用。为此,在像 Mathematica、MATLAB 这样的集成环境中进行快速原型设计对于研究而言确实足够了。然而这也会带来一些限制。如果你想发布开发完成的程序代码,这将意味着用户必须拥有相同的运行环境,这可能会限制潜在客户的数量。另一个问题是,在那样的集成环境中对高维度矩阵进行操作可能不是最佳的(18.3.2 节)。

用如 C++、C 或者 Fortran 这样的编译语言编程可以拥有更多的灵活性,但是另一方面,这需要投入更多的时间。总的来说,对于类似的编程项目,编程语言必须能够较方便地使用已经用 Fortran 和 C 语言写好的科学计算程序库。

MOR for ANSYS 是采用 C++语言编写完成的,图 18.4 给出了其系统框图。它是一个相对简单的应用,需要读、写一些相关文件。因此,考虑到用户通过命令行参数控制该应用,决定写出一个独立命令行应用。这个决定极大简化了开发过程,与此同时,这也使得更容易将该工具集成到一个特定的环境中(例如,在 ANSYS Workbench 中集成模型降阶)。

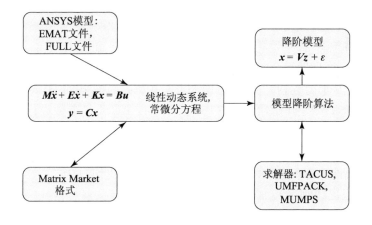

图 18.4　MOR for ANSYS 软件的系统框图。

18.3.1　从 ANSYS 获得系统矩阵

模型降阶始于用系统矩阵定义最初的动态系统。我们决定设计与 ANSYS Multiphysics 的软件接口，这碰巧是个好的选择，因为这样正好打开了通向各种工程有限元模型的大门。MOR for ANSYS 能够以 Matrix Market 格式读取将被降阶的动态系统。

ANSYS 将单元矩阵保存在 EMAT 文件中，并将组合矩阵保存在 FULL 文件中。这两种文件格式都已文档化[13]，我们可以利用 ANSYS 提供的文档库读取这两种二进制文件。当我们着手用 ANSYS 5.7 开发时，FULL 文件并没有负载向量也没有其他必要的补充信息去解释它，因此我们一直用 EMAT 文件开展工作。ANSYS 有一个特殊的指令，称为"部分解"（PSOLVE），利用它我们可以估计给定状态向量下的单元矩阵，而不用经过真正的求解过程。这让我们可以有效地为一个给定模型生成一个 EMAT 文件。然而，这必须解决下述问题：

· EMAT 文件既不包含 Dirichlet 边界条件，也不包含方程约束的相关信息。它们需要被分别提取出来。

· EMAT 文件只对来自单元矩阵的负载向量有贡献。如果将节点力或者加速度作为负载，这个信息也应当单独提取。

· 由单元矩阵组合全局矩阵是必要的。

之后，我们发现了另外一个问题。当建模期间用到了不同的坐标系，单元矩阵在组合时需要做相应的坐标变换。然而，在这种情况下，FULL 文件拥有所有必要信息，因此我们转而使用 FULL 文件而不是 EMAT 文件。从 ANSYS 6.0 开始，FULL 文件中包含了原始矩阵、负载向量、Dirichlet 和方程约束等全部内容。ANSYS 8.0 允许只做组合，而且能够利用 WRFULL 写 FULL 文件而不用进行实际求解阶段。从那时起，我们也可以用 Harwell-Boeing 格式的 HBMAT 提取系统矩阵。从 ANSYS 13 开始，有了可以通过 APDL（ANSYS 参数设计语言）命令直接使用系统矩阵的 ANSYS APDL Math。理论上意味着后者可以直接用 APDL 完成模型降阶。

FULL 文件也有一些问题。在 EMAT 文件中，我们总能直接找到三个单位矩阵（质量、阻尼和刚度）。在 FULL 文件里，只有在模态分析后以及在结构模型不能用于任意多物理场的情况下才会如此。对于其他的分析，FULL 文件包含了系统矩阵的线性组合，换而言之，是一个用于特定分析（静态、瞬态或谐振响应）的线性系统。在几次尝试之后，MOR for ANSYS 选定了下面的方法。

让我们考虑一个谐振响应分析中的待解决线性系统方程：

$$(-\omega^2 M + i\omega E + K)x = f \qquad (18.2)$$

在这种情况下,FULL 文件包含了一个复矩阵,公式(18.2)以组合的形式给出了该矩阵(括号内容)。阻尼矩阵是其虚部,质量和刚度矩阵则组成了其实部。如果在两种不同频率下,对从 FULL 文件中提取出来的矩阵进行了评估,那么只需要经过简单地变换,我们就能恢复这三个系统矩阵了。这个过程与原始系统的物理特性无关,而且从 FULL 文件提取矩阵时选择两种频率是为了减少变换过程中带来的取整误差。

18.3.2 求解器

迭代 Krylov 子空间算法的每一步都要求计算一个矩阵-向量积。例如,用于一阶系统的:

$$A^{-1}Eh \qquad (18.3)$$

式中,h 是一些向量。系统矩阵是高维度且稀疏的,我们不能够明确算出逆矩阵 A^{-1}。唯一可行的解法是每一步解决出一个线性系统方程,而这个过程造成了主要的计算开销。

这有两类线性求解器:直接的和迭代的。在模型降阶的情况下,直接求解器有以下优点。许多向量需要重复多次如公式(18.3)的计算,而且我们需要用相同矩阵求解含有多个右端的线性方程组。在这种情况下采用直接求解器的话,首先要对矩阵进行因式分解,然后在快速回代步骤中使用一个因子来求解含有多个右端线性方程组的系统。通过矩阵重新排列,因子的规模和因式分解的时间将大大缩小,METIS[14]中已经采用了这个方法。

我们最初使用 TAUCS 求解器[15]。然而,它只对正定矩阵适用,之后我们为非对称矩阵加入了 UMFPACK 求解器[16]。最后,我们改用 MUMPS[17],它适用于对称正定、对称非正定和非对称矩阵。现在 MUMPS 是 MOR for ANSYS 的默认求解器。更多关于求解器的实际应用信息能够在 http://MatrixProgramming. com. 上找到。

18.4 开放性问题

MOR for ANSYS 已被用于解决各种工程应用问题,其中一些将在本书中讨论。一个完整的 MOR for ANSYS 出版物目录可以在 http://ModelReduction. com 上找到。但是,本节的重点内容不是介绍 MOR for ANSYS 在实践应用中的成功案例(为此目的读者请参阅参考文献[2,5-7,18-23]以及网站上最新的出版物),而是分享来自实际应用中的开放性问题。这有助于更进一步发展模型降阶方法。

当工程师们使用基于数值方法的软件时,他们通常会形成某些技巧甚至某种直觉,以利用软件获得可靠的结果。例如,在有限元分析过程中,网格和设置的质量关系到非线性问题的收敛。模型降阶也不例外,其主要问题是降阶模型的阶数。此外,选定一些展开点也是必要的,而且在这种情况下,还需要选择有多少展开点以及 Laplace 变量为何值,并且要确定为每一个展开点匹配多少矩(第3章)。

从经验来看,可以说在 MOR for ANSYS 的实际应用中不会导致大的问题。因此基本上意味着,在开始阶段工程师应该做一组测试,通过试错选择最佳维度以及在必要情况下选择展开点。如此一来,这样的设置对该特点类型的问题一般都会有效。然而,将更多智能融入模型降阶软件方向的研究依然很受欢迎。在这个方向里最有前景的方法是低秩 Grammian 方法(参考文献[4]中的 SVD-Krylov),因为从理论上讲它们可以使用全局误差估计。有许多数学家在这个方向上发表新论文,但是缺乏如何将其用于实际应用方面的经验。另一方面,用实验方法更好地从理论上理解参考文献[7]中的误差指示器也有助于解决这个问题,至少是部分解决该问题。

大多数有限元分析的应用都与结构力学有关。如前面所述,在这方面已有在商业软件中实现的模型降阶方法:模态叠加、Guyan 降阶、CMS。从这个角度来看,对比参考文献[4]中的数学模型降阶和参考文献[24]中的工程模型降阶是十分有指导意义的。数学家使其抽象为基本问题并且证明了一些理论,这些理论能让我们理解模型降阶算法能够带来什么。工程师提出自己的方法而不是说明书,在他们看来,最底层的模式包含了所有必要的动态信息,因此没有必要从数学的观点来讨论这个问题。

然而,这并不意味着数学模型降阶在实际应用中自然就属于较好的方法。我们的经验表明基于 Krylov 的模型降阶多少更快一些而且更精确。让我们考虑参考文献[25]中的硬盘驱动执行器/悬挂系统(图见 18.5(a))。图 18.5(b)给出了采用 Arnoldi 算法和模态叠加进行模型降阶时的相对误差。由该图可以看出,利用 Arnoldi 算法几乎达到了数值精度,而模态叠加的精度范围为 0.1%。然而,工程模型降阶并不依赖于输入矩阵,因为其节点能够保留,所以降阶模型能够简单地相互耦合在一起。此外,工程师们还有大量关于如何将其方法高效地用于实际应用的技巧。这些经验在结构力学的 Krylov 的模型降阶中是没有的。至于精度,从工程师的观点来看,图 18.5 基本上没有表现出基于 Krylov 的模型降阶的优点,因为 1% 的精度对于工程应用来说已经够好了。

目前,参考文献[4]和[24]中介绍的两个不同群体依然保持独立。除了参考文

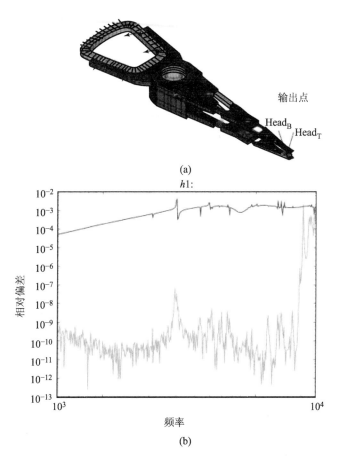

(a)

(b)

图 18.5 (a)硬盘驱动执行器/悬挂系统[25]。(b)原始系统与降阶系统之间
的相对误差(深灰色线——模态叠加,浅灰色线——Arnoldi 算法)。

献[26],几乎没有论文比较用于结构力学的数学与工程模型降阶。这让人感到遗憾,因为这种比较有助于找到特别适用于该领域的更好方法。理解工程模型降阶适用于结构力学情况的原因是十分有趣的,因为工程模型降阶方法只能适用于这样的应用。这意味着,有别于其他有限元模型,结构模型有一些特殊的数学特性。清晰地写出这些特性非常有用,因为这有助于开发一个用于结构力学的特定模型降阶方法。

最后,让我们用一个示例考虑耦合问题,如图 18.6 所示的一个水下电声(tonpilz)换能器[27]。模型涉及结构、压电和声学三个领域,三者之间相互耦合。其系统矩阵如公式(18.4)所示,有一个相当有趣的结构。

$$
\begin{bmatrix} M_s & 0 & 0 \\ 0 & 0 & 0 \\ M_{sa} & 0 & M_a \end{bmatrix} \begin{Bmatrix} \ddot{u} \\ \ddot{V} \\ \ddot{p} \end{Bmatrix} + \begin{bmatrix} E_s & 0 & 0 \\ 0 & 0 & 0 \\ 0 & 0 & E_a \end{bmatrix} \begin{Bmatrix} \dot{u} \\ \dot{V} \\ \dot{p} \end{Bmatrix} + \begin{bmatrix} K_s & K_{se} & K_{sa} \\ K_{se} & K_e & 0 \\ 0 & 0 & K_a \end{bmatrix} \begin{Bmatrix} u \\ V \\ p \end{Bmatrix} = \begin{Bmatrix} f_s \\ f_e \\ f_a \end{Bmatrix}
$$

$$(18.4)$$

让我们首先考虑压电问题而忽略声学问题（去掉公式（18.4）中与 p 有关的矩阵）。当不能用模态叠加时，多个工程小组已成功地将 MOR for ANSYS 用于降阶压电器件的有限元模型，以用于系统级仿真[18-20]。一个耦合的压电问题具有非常有趣的数学特性，因为刚度矩阵是对称非正定矩阵，而质量矩阵是奇异矩阵。例如，这需要特殊处理，将一个降阶模型转化为状态空间的形式，因为 M 矩阵的逆并不存在。

一些完全耦合的结构声学模型（请忽略公式（18.4）中与电压有关的部分）也已经用 MOR for ANSYS 成功地降阶[21, 22]。然而，我们也有一个应用模型降阶不是那么成功的例子，如图 18.7 所示。在一个扬声器的耦合的结构声学模型中[23]，我们观察到在一个展开点的情况下，Arnoldi 算法的收

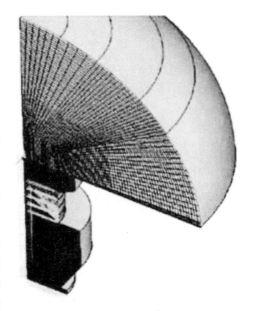

图 18.6　tonpilz 换能器模型[27]。

敛非常缓慢。直到降阶模型的阶数到了 200，生成的降阶模型才能与原始模型的响应相匹配。在此之后相对误差才开始减少，但此时需要生成 1 000 个 Arnoldi 向量以获得合理的精度。

在这种情况下，结构声学耦合导致了不对称的系统矩阵以及不成比例的阻尼，增加了计算需求，同时也增加了令人讨厌的动态系统数值特性问题。站在数学的角度可更好理解扬声器模型和结构声学模型[21, 22]的差异。

公式（18.4）带来的另一个问题是，由于它的结构，Arnoldi 算法在降阶模型中不能自动保持稳定性。这需要发展工程级技巧，不只是选择降阶模型的维度，而且要保持它的稳定性。总的来说，Arnoldi 算法和二阶 Arnoldi 算法并没有考虑公式（18.4）的结构。这意味着降阶矩阵是完全稠密的而且公式（18.4）的结构特性丢失了。检查结构保持的模型降阶是否能有助于解决至今遇到的问题，将是一个很有趣的研究方向。

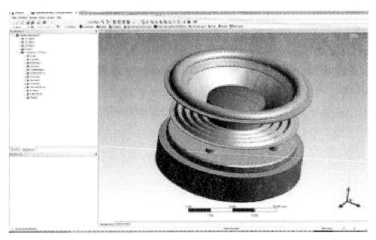

(a)

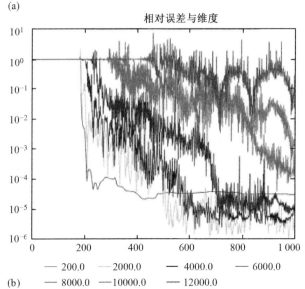

相对误差与维度

(b)

   — 200.0   — 2000.0   — 4000.0   — 6000.0
   — 8000.0   — 10000.0   — 12000.0

图 18.7 (a)扬声器。(b)不同频率下降阶模型的相对误差随模型维度的变化。

18.5 总结

本章介绍了有意愿将新想法用于实践时，软件开发是如何开展的。毫无疑问最重要的一点是，找到工程师的特定理论想法。了解最新的数学与实践发展是必需的。在这个层面上，基于 Mathematica、MATLAB 或类似环境进行快速原型设计是最好的解决方法，因为这能让我们快速地尝试不同的方法并对它们进行比较。

然而,当这种方法更加明晰,那么跳出快速原型设计环境并以此方式实现独立发布的软件就变得非常有意义了。在这个层面上,利用现有的数值求解程序库来减少开发时间非常重要。总的来说,关键是找到研究、编程和数值处理之间的平衡,因为时间、资源和资金往往是有限的。也许一个很好的哲理是"较差的反而更好"[28],建议我们不要竭尽全力地想将每件事情都做完美。毫无疑问,我们必须聪明地使用它。最后,有关此问题的更多非正式观点可以在参考文献[29]中找到。

参考文献

1. Rudnyi, E. B. and Korvink, J. G. (2006) Lecture Notes in Computer Science, 3732, 349-356.

2. Rudnyi, E. B., Bechtold, T., Korvink, J. G., and Rossi, C. (2002) Solid Propellant Microthruster: Theory of Operation and Modelling Strategy, Nanotech 2002 - At the Edge of Revolution, AIAA Paper 2002-5755, September 9-12, Houston, TX.

3. Rudnyi, E. B. and Korvink, J. G. (2002) Sensors Update, 11, 3-33.

4. Antoulas, A. C. (2005) Approximation of Large-Scale Dynamical Systems, Society for Industrial and Applied Mathematics, ISBN: 0898715296.

5. Bechtold, T., Rudnyi, E. B., and Korvink, J. G. (2006) Fast Simulation of Electro-Thermal MEMS: Efficient Dynamic Compact Models, Microtechnology and MEMS, Springer, ISBN: 3540346120.

6. Han, J. S., Rudnyi, E. B., and Korvink, J. G. (2005) Journal of Micromechanics and Microengineering, 15 (4), 822-832.

7. Bechtold, T., Rudnyi, E. B., and Korvink, J. G. (2005) Journal of Micromechanics and Microengineering, 15 (3), 430-440.

8. Bai, Z. and Su, Y. (2005) SIAM Journal on Scientific Computing, 26 (5), 1692-1709.

9. Eid, R., Salimbahrami, B., Lohmann, B., Rudnyi, E. B., and Korvink, J. G. (2007) Sensors and Materials, 19 (3), 149-164.

10. Benner, P., Feng, L., and Rudnyi, E. B. (2008) Using the superposition property for model reduction of linear systems with a large number of inputs. MTNS2008, Proceedings of the 18th International Symposium on Mathematical Theory of Networks and Systems (MTNS2008), Virginia Tech, Blacksburg, VA, July 28-August 1, 2008, p. 12.

11. Feng, L. H., Rudnyi, E. B., and Korvink, J. G. (2005) IEEE Transactions on Computer-Aided Design of Integrated Circuits and Systems, 24 (12), 1838-1847.

12. Rudnyi, E. B., Moosmann, C., Greiner, A., Bechtold, T., and Korvink, J. G. (2006) 5th MATHMOD, Proceedings, Vol. 1: Abstract Volume, p. 147, Vol. 2: Full Papers CD, p. 8, February 8 - 10, Vienna University of Technology, Vienna. ISBN: 3-901608-30-3.

13. ANSYS Inc. (2010) Guide to Interfacing with ANSYS in Programmer's Manual.

14. Karypis, G. and Kumar, V. (1999) SIAM Journal on Scientific Computing, 20 (1), 359-392.

15. Rotkin, V. and Toledo, S. (2004) ACM Transactions on Mathematical Software, 30, 19-46.

16. Davis, T. A. (2004) ACM Transactions on Mathematical Software, 30 (2), 196-199.

17. Amestoy, P. R., Duff, I. S., and L'Excellent, J.-Y. (2000) Computer Methods in Applied Mechanics and Engineering, 184, 501-520.

18. Han, J. S. (2008) Krylov subspace-based model order reduction for piezoelectric structures. 2008 KSME CAE and Applied Mechanics Division's Spring Conference, KSME 08CA007, pp. 13-14.

19. Han, S.-O., Wolf, K., Hanselka, H., and Bein, T. (2009) Design and analysis of an adaptive vibration isolation system considering large scale parameter variations. SPIE Conference on Active and Passive Smart Structures and Integrated Systems, Proceedings of SPIE Vol. 7288, p. 728829.

20. Kurch, M., Klein, C., and Mayer, D. (2009) A framework for numerical modeling and simulation of shunt damping technology. The Sixteenth International Congress on Sound and Vibration, Krakow, July 5-9, p. 8.

21. Lippold, F. and Hübner, B. (2009) Application of MOR for ANSYS to hydro turbine runner dynamics. ANSYS Conference & 27. CADFEM Users Meeting, Congress Center Leipzig, November, 18-20.

22. Puri, R. S., Morrey, D., Bell, A. J., Durodola, J. F., Rudnyi, E. B., and Korvink, J. G. (2009) Applied Mathematical Modelling, 33 (11), 4097-4119.

23. Rudnyi, E. B., Moosrainer, M., and Landes, H. (2009) Efficient simulation of acoustic fluid-structure interaction models by means of model reduction. ICTCA 2009, 9th International Conference on Theoretical and Computational Acoustics, Dresden, September 7-11, 2009.

24. Qu, Z.-Q. (2004) Model Order Reduction Techniques: with Applications in Finite Element Analysis, Springer, ISBN: 1852338075.

25. Hatch, M. R. (2002) Vibration Simulation Using MATLAB and ANSY.

26. Koutsovasilis, P. (2009) Model order reduction in structural mechanics-coupling the rigid and elastic multi body dynamics. Dissertation. Technische Universit at Dresden.

27. Clayton, L. (2010) ANSYS Advantage, IV (1), 17-19. http://www.ansys.com/About+ANSYS/ANSYS+Advantage+Magazine (accessed 2012).

28. Gabriel, R. P. (1991) Lisp: Good News, Bad News, How to Win Big, AI EXPERT.

29. Rudnyi, E. B. (2009) Engineering Computing: Mixing Knowledge Transfer, Programming, and Numerics, Case Study: Model Reduction, http://evgenii.rudnyi.ru/doc/misc/Engineering Computing.html (accessed 2012).

19 SUGAR：用于 MEMS 的 SPICE

Jason V. Clark

19.1 引言

　　SUGAR 是最先采用宏机电模型仿真 MEMS 的工具之一[1-5]，它是一个 MEMS 建模、设计和仿真的工具。利用一些 SPICE 获得成功的优良属性[6-8]，SUGAR 拓展了网表的实用性并修改了节点分析程序以适应机电模型，扩展了图形功能以同时显示电路和 3D 弯曲变形结构，并通过使用公用 MATLAB 环境扩展了多功能性以便于用户修改，并允许自由地利用大量的 MATLAB 函数和工具箱。

　　最近 SUGAR 的功能扩展包括 SugarCube[9]、PSugar[10]、iSugar[11]、SugarX[12,13]、SugarAid[14]。SugarCube 为 SUGAR 增加了一个方便新手的友好界面，使非专业人士能参数化地探索和布局现有 MEMS 的设计/性能空间，以前这些都是由专家在 SUGAR 中创建的。PSugar 扩展了 SUGAR 的建模功能，以包含有代数约束的复杂工程系统。iSugar 将 SUGAR 与 SPICE、COMSOL 和 SIMULINK 集成在一起，因为 SPICE 具有广泛的模拟宏电路模型，COMSOL 具有有限元建模能力，SIMULINK 具有系统级建模能力。通过从实际器件中提取出几何和材料参数并将这些参数导入相应的 SUGAR 模型，SugarX 在实验与仿真之间架起了桥梁。为了科学、工程、技术和数学等方面的学生需要，SugarAid 将 PSugar 拓展到了计算机辅助学习领域。由于篇幅限制，在此我们仅限于讨论 SUGAR、SugarCube、PSugar 和 iSugar。

19.2 SUGAR

　　在 SUGAR 中，参数化宏模型用来设计和仿真 MEMS。新的模型可以通过 SUGAR 的模型函数 m-files 来添加。材料和环境参数由工艺文件 m-file 指定，几何和连通性由网表文件指定。工艺文件中包含一些参量，如杨氏模量、泊松比、热膨胀系数、残余应力及应变梯度、温度和粘度。求解器类型包括静态、稳态、模态和瞬态分析。SUGAR 命令行在 MATLAB 工作区中输入，图形化结果由 MATLAB 的图形窗口显示。例如，下面的 MATLAB 命令加载一个 SUGAR 网表，执行静态直流(DC)分析，并三维(3D)显示偏转的结构：

```
net = cho_ load('comb_drive.net'); %Load netlist
q = cho_dc(net); %Solution vector
cho_display(net, q); %Display deflection
```

其中，cho 代表着 sugar(糖)中的碳、氢和氧元素。

SUGAR 的网表包含了子网表、循环和简单的算术运算。元件的坐标不是必需的，因为位置是相对的。机械元件和电气元件通过从一个节点到另一个节点分开的方式进行配置。网表的语法遵循模型、节点和参数这种顺序。例如：

```
uses process_file_polymumps.m
anchor p1 [node2] [length = * , width = * , thickness = * ]
beam3d p1 [node2 node3] [length = * , width = * , thickness = * , ...]
combdrive p1 [node3] [num_fingers = * , gap = * , finger_width = * , ...]
```

作为一个具体的实例，我们给出了在 SUGAR 中如何对一个先进的微镜完成建模和仿真。选择这个实例是因为在典型的个人 PC 上使用有限元方法(FEM)很难对该器件完成仿真。真实的微镜及其 SUGAR 仿真如图 19.1 所示。微镜由一个圆形的凹槽镜板、1 000 个梳齿、余弦形状的弯曲梁和穿孔的弯曲梁组成。梳状

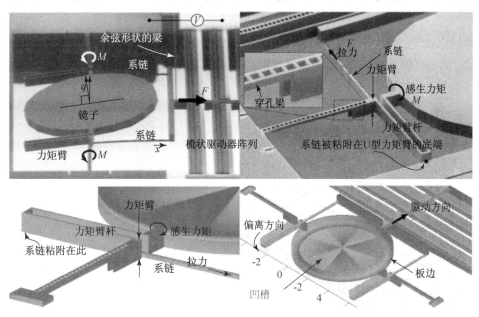

图 19.1 微镜的扫描电子显微镜图像和 SUGAR 显示。(来源：M. Last and V. Melanovic, 个人通信)[5]

驱动器阵列将电势转换为拉动一对系链的机械力。力矩臂将这个平移力转化为使圆形镜子旋转的力矩[5]（图 19.2）。

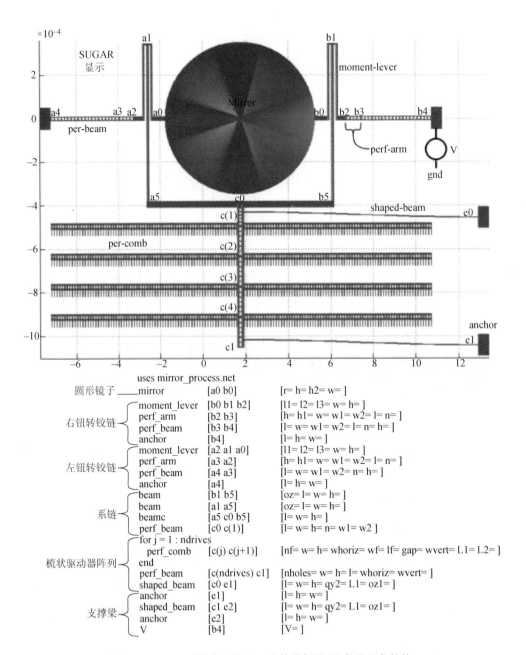

			uses mirror_process.net	
圆形镜子	mirror	[a0 b0]	[r= h= h2= w=]	
右钮转铰链	moment_lever	[b0 b1 b2]	[l1= l2= l3= w= h=]	
	perf_arm	[b2 b3]	[h= h1= w= w1= w2= l= n=]	
	perf_beam	[b3 b4]	[l= w= w1= w2= l= n= h=]	
	anchor	[b4]	[l= h= w=]	
左钮转铰链	moment_lever	[a2 a1 a0]	[l1= l2= l3= w= h=]	
	perf_arm	[a3 a2]	[h= h1= w= w1= w2= l= n=]	
	perf_beam	[a4 a3]	[l= w= w1= w2= n= h=]	
	anchor	[a4]	[l= h= w=]	
系链	beam	[b1 b5]	[oz= l= w= h=]	
	beamc	[a1 a5]	[oz= l= w= h=]	
	beamc	[a5 c0 b5]	[l= w= h=]	
	perf_beam	[c0 c(1)]	[l= w= h= n= w1= w2]	
梳状驱动器阵列	for j = 1 : ndrives			
	perf_comb	[c(j) c(j+1)]	[nf= w= h= whoriz= wf= lf= gap= wvert= L1= L2=]	
	end			
	perf_beam	[c(ndrives) c1]	[nholes= w= h= l= whoriz= wvert=]	
	shaped_beam	[c0 e1]	[l= w= h= qy2= L1= oz1=]	
支撑梁	anchor	[e1]	[l= h= w=]	
	shaped_beam	[c1 e2]	[l= w= h= qy2= L1= oz1=]	
	anchor	[e2]	[l= h= w=]	
	V	[b4]	[V=]	

图 19.2　SUGAR 网表和显示。为简单起见，没有显示参数值。

与 FEM 工具在使用时才创建结构单元不同,SUGAR 等工具依赖于参数化宏模型的复用[1-5]。如果宏模型不存在,那么可以通过利用子网表、矩阵缩减[5]或其他降阶建模方法来创建宏模型。因此,当创建网表元件时,使它们适合其他设计者的一般应用情况是很有利的。表 19.1 给出了微镜建模时所需元件参数的实际选择。

表 19.1 设计微镜时宏模型建模采用的构建块(图 19.1 和 19.2)

构建块/元件	模态名称[节点列表]	被选参数
1	mirror (有边的圆板)	r(半径) w(边宽) h(板的厚度) $h2$(边的厚度)
2	moment_lever (力臂杆)[acb]	$l1$(臂长) $l2$(臂长) w(宽度) h(厚度)
3	perf_beam (穿孔梁)[ab]	l(长度) w(宽度) h(厚度) n(穿孔个数) $w1$(轨道宽) $w2$(横梁宽)
4	perf_arm (穿孔臂)[ab]	l(长度) w(宽度) h,$h2$(厚度) n(穿孔个数) w(主宽度) $w1$(镜宽)
5	beam(梁)[ab]和 beam(梁)C (有中心结点)[acb]	l(长度) w(宽度) h(厚度)
6	V(电压源)[a,b]	V(电压) l,w(几何长度,宽度)
7	perf_comb (穿孔梳状驱动器)[ab]	n(齿数) l(齿长) l(齿宽) h(齿厚) g(缝) w_p(孔宽)

续表 19.1

构建块/元件	模态名称[节点列表]	被选参数
8	shaped_beam[ab]	l(长度) w(宽度) u(厚度) r_{x_1}，r_{y_1}，r_{z_1}(节点 1 转动) x_2，y_2，z_2(节点 2 转变) r_{x_2}，r_{y_2}，r_{z_2}(节点 2 转动)

在 SUGAR 里,运动方程有这样的形式:

$$M\ddot{q} + D\dot{q} + Kq = \sum F_{ext} \tag{19.1}$$

式中,$\dot{q}$ 和 q 是流和位移状态向量,M、D 和 K 分别是机电元件的质量、阻尼和刚度矩阵[5]。各种各样的现象可以在公式(19.1)右边增加相关力项来完成其建模,最常见的是静电力 F_{Elec} 施加在梳状驱动器梳齿的顶端。例如式(19.2)～式(19.6)。添加下式可包括结构元件的非线性变形

$$F_{stiffness} = K_1 q + K_2 q^3 \tag{19.2}$$

其中,K_1 和 K_2 为位移的分段连续矩阵函数,q^3 是立体位移的一个向量。添加下式可包括器件热膨胀

$$F_{thermal} = AE\alpha(T - T_0) \tag{19.3}$$

其中,T 是由于电流流过焦耳热梁的平均温度,T_0 是环境的温度,A 是横截面积,E 是杨氏模量,α 是热膨胀系数。添加下式可包括平面的残余应力和应变梯度

$$F_{stress} = A \sigma_{residual} \tag{19.4}$$

其中,$\sigma_{residual}$ 是材料的张(正)或压(负)残余应力,且

$$F_{strain} = E I_y \Gamma \tag{19.5}$$

其中,Γ 是材料的上凹(正)或下凹(负)应变梯度,I_y 是截面惯性矩,F_{strain} 是作用力矩向量。在加速参考系中进行微镜操作而产生的非惯性效应可通过下式计算

$$F_{noninertial} = M\ddot{R} - M\omega \times (\omega \times r) - 2M\omega \times \dot{r} - M\dot{\omega} \times r \tag{19.6}$$

其中,等式右边分别是平移力、离心力、科里奥利力和横向力。向量 R 是衬底的位置,ω 是 R 处的衬底角频率向量,r 是所有惯性节点的位置向量。

19.3　基于 SUGAR 的应用

　　SugarCube 为 SUGAR 提供了一个新手友好的图形用户界面(GUI)，用户能够加载以前用 SUGAR 编程的参数化微系统。用户可以通过滑块来修改受实际限制约束的关键参数。可以单键操作完成静态、模态和瞬态分析，而且可以同时显示发生形变的器件与用于参数化扫描的 2D 曲线或 3D 流形。此外，与参数化扫描时相同的配置能够以 GDSII 版图格式导出，用于后续的流片加工。通过点击一个按钮，SugarCube 中的版图特征能自动生成参数化器件阵列，这些器件中含有自动腐蚀孔、示踪线和多层压焊块等。例如，一个新手用户能够登录 SugarCube，从众多 MEMS 器件库中选择一个加载，然后快速探索其设计空间，并可将其版图以 GDSII 格式输出，用于后续流片加工(图 19.3)。这样的任务可以在几分钟内完成。

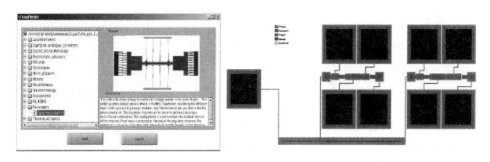

图 19.3　SugarCube 库窗口和 GDSII 版图

19.3.1　库

　　SugarCube 有一个现成 MEMS 库。库中每个 MEMS 文件都是可参数化的 SUGAR 网表。在库窗口，可通过分层目录搜索 MEMS，如加速度计、陀螺仪、微夹持器、RF-MEMS 和热执行器。选中库中一个文件时会立即显示出相应的器件图像并给出以下说明内容：它是什么，可用来做什么，在 SugarCube 中可以进行什么类型的分析，通常情况下还有关于该器件的更多参考信息。由 SUGAR 专家创建的新器件能够导入 SugarCube。

19.3.2　设计/仿真

　　通过从库中选择 MEMS 进行探索，用户能够参数化地研究设计和仿真，如图 19.4 所示。仿真过程中出现的参数在网表中指定，因此不同文件中的参数值可能互不相同。每个参数值可以通过滑块进行调整。根据实际或通常的应用情况限定初始值的范围。但是,用户可以通过直接输入数值的方法突破任何的限制。窗口右下角部分是用于仿真选择的。用户可以选择分析哪些节点和自由度。可用的求解器包括进行静态、正弦、稳态和瞬态分析的求解器。

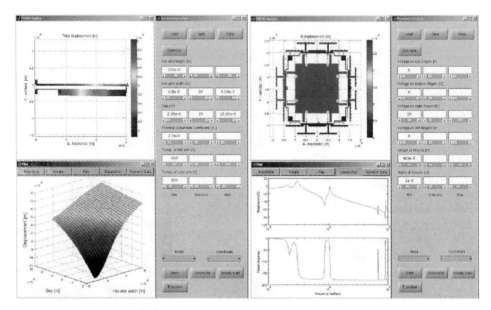

图 19.4 热执行器的静态分析和陀螺仪的频率响应。

19.3.3 版图生成

在 SugarCube 中,用于参数化仿真的扫描参数将为版图产生相同的设计配置,也就是说,在 SugarCube 的 3D 流形中的每个数据点对应一个可生成版图的器件,由此,从实验数据得到的类似 3D 流形可以随后被创建出来。只需要按一个按钮就可以创建版图阵列。为了处理通常与 MEMS 相关的单调乏味任务,SugarCube 能够自动生成版图,例如自动的共地示踪、腐蚀孔的生成、自动化的锚区和焊点的连接。

19.3.4 共地示踪器

SugarCube 能够自动地配置共地示踪器,使得阵列中的每个器件共享压焊块,这可用于实现众多器件具有共同接地极。这样的共地示踪器通过减少每个器件对大型接地压焊块的需要来减少芯片面积。这样的共地示踪器也有助于减少探测器件阵列所需的时间,因为通过共地示踪器只要求重新定位一个而不是两个探针的位置。共地示踪器有助于减少不期望电压回路出现的可能性,这有利于执行器的并排比较。我们在图 19.5 中给出了一个自动生成共地示踪器与器件的共地极连接的示例。共地压焊块配置在每行的左边。图 19.5 还表明 SugarCube 具有节省芯片面积的能力，也就是说行和列可以是不等间距的。当然，SugarCube 中也可以出现等间距的阵列。在图 19.5 中，SugarCube 中的 GDSII 文件已导入到一个免费的 CleWin 版图查看器中[15]。

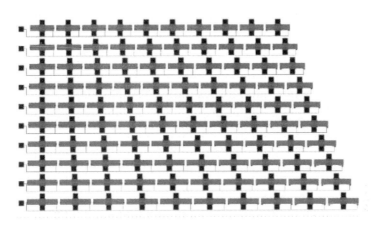

图 19.5　单击按钮得到的参数化 GDSII 版图阵列。

19.3.5　腐蚀孔

SugarCube 会在一个给定的版图中自动生成腐蚀孔。有效地释放器件层下面的氧化层需要这些腐蚀孔。通常，在版图中画腐蚀孔是一个很耗时的过程。腐蚀孔布局失误可能会导致器件没有被成功释放。SugarCube 中的腐蚀孔自动生成器可以解决这些问题。要做到这一点，用户只要指定需要释放的结构。SugarCube 能识别这些元件，并判断是否需要为其添加腐蚀孔。特别是对于 SOIMUMPS 工艺[16]，如果一个需要释放结构的尺寸小于特定公差，那么就不需要为其添加腐蚀孔。当暴露在腐蚀剂时它们能够被成功释放。SugarCube 的工艺文件中规定了这类信息。

19.3.6　多层压焊块

SugarCube 自动生成多层压焊块（或锚区）以及共地压焊块，这些结构常用于多层薄膜制造工艺，如 PolyMUMP[16]。这样的多层压焊块在工艺中能够连接到任何其他结构层。它们上面覆盖着用于引线键合或者探测的金属层。SUGAR 工艺文件中规定了用于压焊块层尺寸规格的设计规则。

19.3.7　参数化阵列

在 SugarCube 中很容易创建 MEMS 的参数化版图阵列。设计者通常布局一组尺寸略有不同的器件阵列。这经常用于探索性能参数对特定设计参数的依赖性或者确定线性度的极限,加工工艺的极限等。利用传统的 CAD 工具,改变复杂器件的几何尺寸是很困难的。通常需要设计者重建大部分的设计配置,这可能单调乏味而且容易出错。如果需要配置一个大型的、不同尺寸的器件阵列,可能需要几个小时甚至几天的时间来完成设计、调试和重新设计等方面的工作,然后才能提交该阵列的版图。使用 SugarCube,用户可以将这个过程所需时间减少到几秒钟或者几分钟。此外,SugarCube 能够仿真整个阵列并画出各种性能分布图,或者优化设计来达到特定的性能指标如谐振频率。

19.3.8　优化

我们在 SugarCube 中实现了一个模式搜索算法来解决优化问题。这个函数在默认情况下是由 MATLAB 的优化工具箱提供的。存在约束和边界的目标函数被注入模式搜索函数,以迭代地搜索最优的几何结构。搜索的起点为 SugarCube 中的默认参数。这个过程一直重复直到目标函数达到最小可能值或满足任何其他的停止条件,如图 19.6 所示[9, 12]。

19.3.9　NEMS

目前已经实现了包括 z 字形和扶手椅形的碳纳米管(CNT)的宏模型。我们利用了 Li 和 Chou[17] 的工作,他们证明了由碳—碳键组成的、具有六边形晶格结构的网络 CNT 模型可以利用每个碳—碳键的结构弯曲来建模。然而,参考文献[17]中的模型需要大量的碳—碳键,因而需要大量的计算时间。利用降阶建模,我们创建了具有 12 个自由度的两节点碳纳米管线性宏模型。自由度跟碳—碳键的数量不相关。我们还为降阶模型创建了一个有效的显示程序,生成一个平面 2 D 图像,并将其映射到一个所需半径和长度的变形 3 D 圆柱形状。

这种碳纳米管宏模型有利于设计纳米机械性能测试结构,如参考文献[18, 19]中所述。这个器件是针对碳纳米管和纳米线的微尺度应力-应变测试结构。它在样品上施加负载来测量其轴向模量。由热执行器产生位移,微弯曲结构产生负载,可能会测量到位移或者通过叉指电极施加的额外力。器件刚度的选择取决于所研究纳米级样品的特性。另一个示例是用来制造纳米马达的多壁碳纳米管,见参考文献[20]中的介绍。纳米马达由围绕着中心碳纳米管支撑的外部套筒组成。图 19.7 给出了一个参数化的碳纳米管、一个纳米机械测试机构和一个纳米马达。目前,我们的两节点 CNT 宏模型只能适用于小变形和旋转的情况。

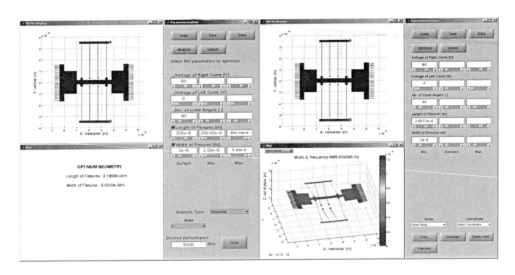

图 19.6 特定谐振频率的几何结构优化。

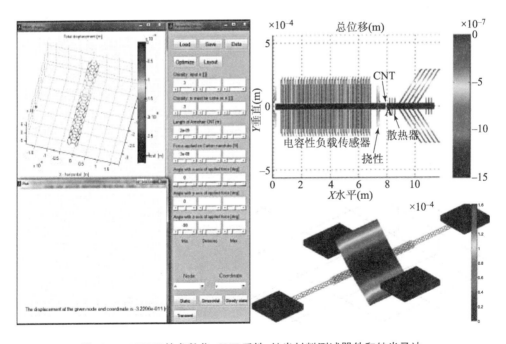

图 19.7 NEMS 的参数化：CNT 手性、纳米材料测试器件和纳米马达。

19.3.10 PSugar

Psugar 的开发使得在具有以下不等式约束的复杂微系统设计和建模方面取

得了进步。在设计方面,我们开发了新的 GUI,允许用户使用电脑鼠标或笔光标,以更快的超过使用铅笔和纸的速度配置 3D 复杂系统。为了增强设计的灵活性我们给 GUI 结合了新且强大的网表语言。在建模方面,我们将分析系统动力学和微分代数方程(DAE)的最新进展应用于可能含有静态或动态约束的框架之中,这个框架能使多学科系统的系统建模变得容易。例如,PSugar 似乎是第一个能够有效地对 Sandia 国家实验室(SNL)制造出来的最复杂的微系统进行动态仿真的 MEMS 工具。这类复杂的 MEMS 包括齿轮、铰链、滑块等以及电子元件、梳状驱动器和机电弯曲结构。

19.3.11 GUI 配置

一般来说,大多数 GUI 是复杂的,需要大量的按钮点击,超过了在三维空间中配置绘制平面或对象时所期望的时间总量。在设计阶段,这样繁琐的任务经常会打断正常的思维过程。为了解决这个问题,我们正在探索一种以最少的按钮点击数量更简单地实现器件单元绘制平面在三维空间中配置的新方法。用最少三个坐标点来定义唯一的三维空间绘制平面。这三个坐标点用鼠标或笔光标点击三个对象来定义,比如一个轴平面或已经被定位在屏幕上的器件单元。因为电脑鼠标或笔光标的位置由二维坐标定义,因此我们将光标投影到三维空间中的对象上。例如,图 19.8(a)给出了用于定义绘制平面的三个坐标中第一个坐标的定位。第一个按钮点击将光标投影到 xz 平面。图 19.8(b)给出了绘制平面的第二个坐标的定位,图 19.8(c)给出了唯一定义绘制平面的最后一个坐标的定位。图19.8(a)~(c)所示的三个按钮的点击时间花了不到一秒。图 19.8(d)给出了绘制平面上一个元件的定位。这个双节点电阻元件需要两次按钮点击。任何其他源于该初始元件可被配置为端到端的电阻,只需要增加一次额外的按钮点击。沿着与另一平面的交界处拖动平面节点,平面可能会重新定位,比如 xz 平面。元件的节点可被类似地重新定位。为了协助徒手定位,已经实现了网格对齐和节点对齐功能。我们这种方法的显著优点是与在纸上画相比,它能够更快地进行系统配置。

虽然有工具能够将网表转化为图形图像,但缺少工具进行反方向转化,也就是将图形图像转化成网表。在 PSugar 中,图形窗口(GW)和网表窗口(NW)会进行如下的耦合。在 GW 中配置的任何元件立即出现在 NW 中并作为文本的附加行,任何输入到 NW 的元件立即出现在 GW 中。这个功能的好处是允许在适当的时候使用两种方法中最好的一种。例如,GW 可能最适合快速配置一个滤波器。然而,如果要创建器件的参数化阵列组成的版图,而且该器件沿 x 方向和沿 y 方向具有不同特性,那么最好是利用网表内的一个嵌套 for 循环来完成。

GW 通过单元菜单窗口(EMW)来选择单元。单元可能是基本的结构,如分子、电阻、运算放大器或弯曲结构;或者,单元可能由几个基本元件组合而成,比如

CNT、带通滤波器或微陀螺仪。在特定的 EMW 中被选择单元的清单可能由用户定义。图 19.8 表现了 EMW、GW 和 NW 三者的主要区别。

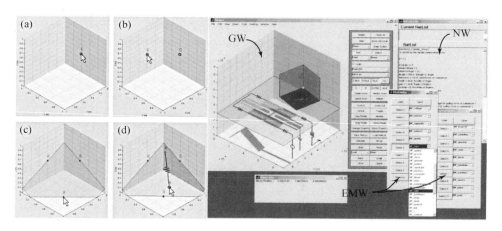

图 19.8 GUI 设计:(a)~(c)定义绘制平面,三次点击;(d)配置单元,两次点击。

19.3.12 DAEs

当 DAE 的系统质量矩阵 M 可能是奇异矩阵或者零矩阵时[21],通常不用 ODE 求解器去求解 DAE 系统。有很多与 DAE 相兼容的复杂微系统,例如非惯性的组成单元,具有位移、流、动态变量或效率约束的单元或具有不等式约束的单元。表示一个系统的 DAE 可以用多种形式表达,可能产生不同的微分指数。我们使用的 DAE 形式来源于热力学第一定律,它最多在三个中产生一个微分指数。这个特定 DAE 形式的严格推导细节在参考文献[22]中可以找到。DAE 有下面这样的形式:

$$F = \begin{pmatrix} \dot{q} - f \\ M\dot{f} + \Phi_q^T \kappa + \Psi_q^T \mu - \gamma \\ \Phi \\ \psi \\ \Gamma \\ \dot{s} - \Lambda \end{pmatrix} = 0 \tag{19.7}$$

其中,κ 和 μ 是未知拉格朗日乘数;$\Phi(q, t) = 0$ 和 $\Psi(f, q, t) = 0$ 是位移和流约束;$\Gamma(e^\gamma, s, \dot{q}, q, t) = 0$ 是隐式效率约束的向量代数;s 是动态变量,是为了说明那些必须说明的现象,比如流的导数 $\dot{s} = \mathrm{d}\!\int\!/\mathrm{d}t$ 或者位移积分 $s = \int q\,\mathrm{d}t$;$M(f, q, t) = \nabla_f^2 T^*$ 是质量;$\gamma = Q - (\nabla_f T^*)_q f - (\nabla_f T^*)_t + \nabla_q T^* - \nabla_q V - \nabla_f D$。

在 PSugar 中系统建模过程如下所述。每个元件都有一个代表性的参数化模型函数,其中包含它的能量函数、约束和作用力。例如,一个机电模型函数 j 为其势能返回符号标量 $V_j = \frac{1}{2} q_j^T K_j q_j$,为其动能返回符号标量 $T_j = \frac{1}{2} f_j^T M_j f_j$,为其功耗返回符号标量 $D_j = \frac{1}{2} f_j^T R_j f_j$,其中 K、M 和 R 是多域矩阵。编译程序从 N 元件、$V = \sum_{j=1}^{N} V_j$、$T = \sum_{j=1}^{N} T_j$ 和 $D = \sum_{j=1}^{N} D_j$ 中收集能量函数。Q 为外部施加的作用力向量,Φ 和 Ψ 分别为代数位移和流约束向量。然后,为了符号的微分,编译程序将这些函数替换代入到方程(19.7)。为了提高计算效率,获得的运动方程自动从符号形式转换为文本 m 文件形式。求解器迭代的正是这个 m 文件。因此,在 PSugar 中,建模者所要花费的精力显著降低,只需要提供能量函数、约束和作用力。因此,使用 PSugar 时不再需要严格地将模型转化为一种特定形式的传统做法(如最初的 SUGAR 和 SPICE 软件那样)。

19.3.13 仿真

在 PSugar 中,方程(19.7)中的 DAE 被转换为非线性代数形式,且代数约束的留数(residues)被用于精度控制。为简便起见,在这里我们用线性有限差值代替其微分来描述方程(19.7)的低阶近似,比如 $\dot{q}_{n+1} \approx (q_{n+1} - q_n) / h_{n+1}$。这时,方程(19.7)有如下形式:

$$\begin{pmatrix} \dfrac{q_{n+1} - q_n}{h_{n+1}} - f_{n+1} \\ M_{n+1} \dfrac{f_{n+1} - f_n}{h_{n+1}} + \Phi_q^T |_{n+1} \kappa_{n+1} + \Psi_q^T |_{n+1} \mu_{n+1} - \gamma_{n+1} \\ \Phi_{n+1} \\ \Psi_{n+1} \\ \Gamma_{n+1} \\ \dfrac{s_{n+1} - s_n}{h_{n+1}} - \Lambda_{n+1} \end{pmatrix} = 0 \qquad (19.8)$$

式中,h_{n+1} 是 $(n+1)^{th}$ 的步长;方程(19.8)中雅克布矩阵的 j^{th} 纵行被近似为 $[F(\hat{y}, t_n) - F(\hat{y}, t_n)]/2\varepsilon$,其中 $\hat{y}_j = [f_j, q_j, e_j, s_j, \mu_j, \kappa_j]^T + \varepsilon$,$\widetilde{y}_j = [f_j, q_j, e_j, s_j, \mu_j, \kappa_j]^T - \varepsilon$,$\varepsilon = 10^{-d}$ 是微扰参数,d 大约等于有效数字数目的一半[21]。

有几种公共域的求解器可用于 DAE[21]。求解器的选择通常取决于 DAE 的微分指数。也就是说,为了在次数上有差异化,部分或全部方程需要的最少微分次数决定其底层常微分方程(ODE)。然而,使用 ODE 求解器来求解由此产生的底层 ODE 并不是最佳选择,因为求解轨迹经常远离在初始 DAE 中用显式约束定义的解流形。如 BDF(Backward Differentiation Formula,向后差分公式)和 IRK(Implicit Runge-Kuttta,隐式龙格-库塔)这样的方法通过给 $\dot{q}_{n+1}$, $\dot{f}_{n+1}$ 和 $\dot{s}_{n+1}$ 采用高阶近似和变步长等手段改进了欧拉方法。因为 MATLAB 的 ode15s 和 ode23t 求解器只对 index-1 DAE 系统有效,我们不使用它们来求解方程(19.7),因为它的指数高达三个。现在,我们采用一个公共域的高指数 DAE 求解器。

图 19.9 给出了由 SNL 制造的复杂工程化 MEMS[23]及其 PSugar 对应物。实际和仿真的图像都显示出了齿轮、铰链、滑块、齿条和小齿轮、梳状驱动器和挠曲结构。为了清晰起见,PSugar 元件被标上标签。我们也给出了齿轮旋转与时间关系的仿真结果。一对施加在两组正交梳状驱动器之中的电压激励让最小的齿轮旋转四分之一转。在 0.01 秒结束激励,之后系统回到其未激励状态。针对一组不同的折叠弯曲梁宽度,曲线族显示了齿轮旋转随时间变化的参数化响应,其中频率的变

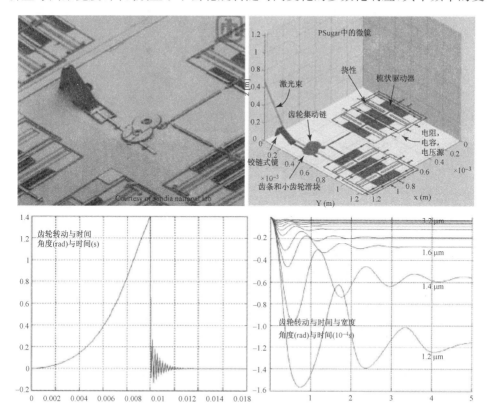

图 19.9　用 PSugar 仿真 Sandia 国家实验室的复杂工程化 MEMS。

化显然是明显的。在此,未获得 SNL 数据。

19.4　SUGAR＋COMSOL＋SPICE＋SIMULINK 的集成

　　我们对 iSugar 的目标是开发一个集成的系统设计框架,这个框架在灵活的 MATLAB 环境中集成了宏模型、有限元模型和系统级分析。对于宏模型建模,因为 SUGAR 便于器件配置、参数化和布局功能的优点而采用它;对于 FEM,因为 COMSOL 的透明界面且易于与 MATLAB 集成而采用它;对于系统级分析,因为 SIMULINK 的简单图形构建块的建模风格且易于与 MATLAB 集成而采用它。我们也将 SPICE 电路分析语法整合到 iSugar 中,在 iSugar 中 SPICE 语法在 SUGAR 网表内可识别出来。

　　在有些系统的建模中可能需要利用不同的数值方法,以便在没有牺牲模型精度的前提下优化计算效率。虽然有几个商业工具有与 MATLAB 集成的能力并由 SIMULINK 控制,但是 iSugar 具有从内部控制集成的各个方面能力。这就是说可以从 iSugar 内部全面访问和控制 SIMULINK,SPICE 和 COMSOL 等工具,用户并不需要直接启动另一个工具。这种在 iSugar 内部的控制功能发展了一个更全面、更加有效的设计和分析途径。此外,用户不必知道如何使用那些被集成到 iSugar 中,只是被 iSugar 利用其建模能力的其他工具。尽管 iSugar 是现成的且是开源的,但是与其集成的工具(即 MATLAB,SIMULINK 和 COMSOL)需要通过商业购买获得。图 19.10给出了 iSugar 框架及其与 SIMULINK 的集成。

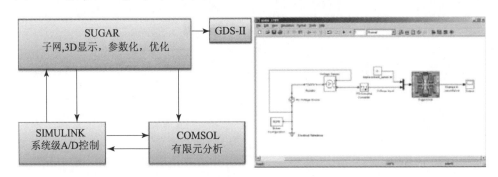

图 19.10　iSugar 框架和 SUGAR 与 SIMULINK 集成的一个示例。

　　SIMULINK 是一个基于 MATLAB 的系统级仿真工具。它使用图形化构建块来配置系统。SIMULINK 有一个很大的跨越多种模块的构建块库,包括控制理论、数字信号处理、COMSOL 和 SUGAR。例如,SIMULINK 可以用来传递反馈和控制信号,或者环境干扰如非惯性力、温度波动或噪音。与 COMSOL 相似,SIMULINK 的操作也可以在已经与 iSugar 集成的 MATLAB 工作空间中进行。

与 SIMULINK 无缝集成的 iSugar 可以实现 MEMS 元件的参数化优化,因为它的性能在一个更完整的系统里被评估和优化。

19.4.1 集成

MEMS 设计者的一个目标是,在现实的交互式条件下预测所设计器件的性能。为这种系统建立比以往更完善的模型,需要包括接口电路、封装、温度变化、外部振动、电磁辐射和非惯性力。系统级仿真工具可以用来有效地控制这样的干扰,因为这类干扰源不需要作为 MEMS 结构进行详细的建模。在 iSugar 中,我们通过 SIMULINK SUGAR 构建块实现了 SUGAR 与 SIMULINK 集成。这些构建块可以用来执行不同的 SUGAR 操作,如模拟 MEMS 的静态、模态和瞬态性能并显示 MEMS 的形变状态。

在使用过程中,用户可以相互连接一个或多个 MEMS 的 SUGAR 构建块,一个或多个 COMSOL 构建块和许多其他 SIMULINK 构建块,来模拟一个更完整的系统。图 19.10 给出了一个示例:在 SIMULINK 中将控制电路与 MEMS SUGAR 构建块连接起来的系统级配置。SUGAR 构建块的输出是由用户定义的。例如,输出可能是节点的机械偏转、共振振幅和梳状驱动器的电容。

COMSOL 是基于 FEM 的计算机辅助工程(CAE)工具。它在多能域建模和仿真方面具有广泛的功能,这对 MEMS 等领域尤为重要。对于复杂模型的计算,COMSOL 能够达到的精度通常比 SUGAR 高。我们利用的一个 COMSOL 功能是基于 MATLAB 的 COMSOL 脚本。也就是说,在 COMSOL 中的每个操作可以从 MATLAB 的工作区执行。这允许用户有效地从 iSugar 内部控制 COMSOL 的所有功能。这种集成还使得在 COMSOL 里很难配置的参数化设计能够在 iSugar 中很容易地进行配置,然后被导入 COMSOL 中完成详细分析。子域和边界条件也一并被导入。

19.4.2 验证

建立宏模型时,采用另一种已经被接受了的建模方式对其进行验证是很重要的,例如解析建模或 FEM。与 FEM 相比,尽管宏模型建模有更高的计算效率,但这通常以牺牲详尽信息为代价。例如,FEM 通常提供结构上的温度、电荷和应力分布等信息,然而宏模型的分析往往只能够得到集总在节点处的有效等价信息。此外,宏模型通常是通过最大限度地减少问题涉及的各种物理特性而创建的,所以通常非常有必要确定宏模型的精度和极限。同理,由于可能的邻近效应,确定宏模型系统的精度和极限往往也是必要的。

这种验证用 iSugar 可以很容易完成。从 SUGAR 导入几何形貌、材料特性和边界条件到 COMSOL 的过程是自动的。这个设计是自动分网和进行仿真的。我们在图 19.11 中给出了一个 iSugar 自动验证的示例。在 SUGAR 中创建一个蛇形挠曲结构后（需要 9 行网表文本），它可以被导出到 COMSOL 中并通过一条 MATLAB 命令开始仿真。

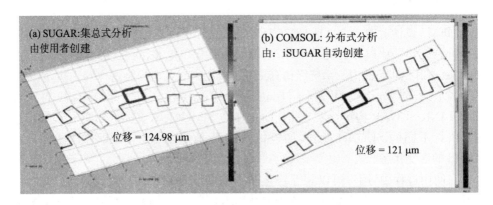

图 19.11   使用 FEM 的宏模型系统的自动验证。

19.5   总结

本章我们讨论了 SUGAR 的几个应用领域及其扩展。SUGAR 是一个基于网表的、利用宏模型进行 MEMS 设计和模拟的仿真工具。SUGAR 已经被精确、有效地用于建立一些很难利用传统 FEM 工具进行参数化设计或仿真的先进 MEMS 的模型。为了更容易地研究分析现有 MEMS 的设计空间，SUGAR 具有新手友好的界面 SugarCube。相对于传统的工具来说，SugarCube 可以更快地生成大型阵列和晶片级版图，而且 SugarCube 已经用于向学生们介绍 MEMS。PSugar 包含具有代数约束的宏模型扩展了 SUGAR 的能力。PSugar 已经用于创建 Sandia 国家实验室复杂 MEMS 的第一次动态仿真。iSugar 将 SIMULINK 的系统级功能与 SUGAR 的 MEMS 宏模型、SPICE 的模拟电路宏模型和 COMSOL 的有限元分析方法进行了集成。

参考文献

1. Clark, J. V. , Zhou, N. , and Pister, K. S. J. (1998) MEMS simulation using SUGAR v0. 5. Proceedings Transducer's Solid-State Sensor and Actuator Workshop, Hilton Head Island SC, June 8-11, 1998, pp. 191-196.

2. Zhou, N. ,Clark, J. V. , and Pister, K. S. J. (1998) Nodal analysis for MEMS design using SUGAR v0. 5. Technical Proceedings of the Fourth International Conference on Modeling and Simulation of Microsystems, Santa Clara CA, April 6-8, 1998, pp. 308-313.

3. Fedder, G. K. and Jing, Q. (1999) IEEE Transaction on Circuits and Systems II, Analog and Digital Signal Processing, 46(10),

1309-1315.

4. Lorenz, G. and Neul, R. (1998) Network-type modeling of micromachined sensor systems. Proceedings of International Conference on MSM, Santa Clara CA, April 1998, pp. 233-238.

5. Clark, J. V. and Pister, K. S. J. (2007) Journal of Microelectro-mechanical Systems, 16(6), 1524-1536.

6. Nagel, L. W. and Pederson, D. O. (1973) SPICE (Simulation Program with Integrated Circuit Emphasis), Memorandum No. ERL-M382. University of California, Berkeley, April 1973.

7. Nagel, L. W. (1975) SPICE2: A Computer Program to Simulate Semiconductor Circuits, Memorandum No. ERL-M520. University of California, Berkeley, May 1975.

8. Quarles, T. L. (1989) Analysis of Performance and Convergence Issues for Circuit Simulation, Memorandum No. UCB/ERL M89/42. University of California, Berkeley, April 1989.

9. Marepalli, P. and Clark, J. V. Journal of Microelectromechanical Systems, 408-410.

10. Zeng, Y. and Clark, J. V. (2010) Complex engineered MEMS simulation using PSugar v0. 5. 18th Biennial IEEE UGIM (University Government Industry Micro/Nano) Symposium, June 28-July 1, 2010.

11. Marepalli, P. and Clark, J. V. (2011) Integration of Sugar, Comsol, Spice, and Simulink. Nanotech 2011, International Nanotechnology Conference and Exhibition, Boston MA, June 13-16, 2011.

12. Marepalli, P. (2012) Advances in CAD for MEMS. MS thesis. Purdue University.

13. Marepalli, P., Magana, A., Taleyarkhan,

M. R., Sambamurthy, N., and Clark, J. V. (2011). Journal of Online Engineering Education, 2 (1), 1-9.

14. Marepalli, P., Li, F., and Clark, J. V. (2012) SugarX: real-time online experimental control of MEMS. Nanotech 2011, International Nanotechnology Conference and Exhibition, Boston MA, June 13-16, 2011.

15. CleWin, WieWeb Software. (2012) Achterhoekse, Molenweg 76, 7556 GN Hengelo, The Netherlands, http://www.wieweb. com/nojava/layoutframe. html.

16. Allen, C., Greg, H., DeMaul, M., Steve, W., and Busbee, H. PolyMUMPS Design Handbook, a MUMPS Process (2005), and SOIMUMPs Design Handbook, a MUMPS Process (2009). MEMSCAP Inc.

17. Li, C. and Chou, T. -W. (2003) Applied Physics Letters, 84 (1), 121-123.

18. Espinosa, H. D., Yong, Z., and Moldovan, N. (2007) Journal of Microelectromechanical Systems, 16 (5),1219-1231.

19. Bansal, R. and Clark, J. V. (2011) Sensors and Transducers Journal, 13 (Special Issue), 408-410.

20. Fennimore, A. M., Yuzvinsky, T. D., Han, W. -Q., Fuhrer, M. S., Cumings, J., and Zettl, A. (2003) Nature, 424. 408-410.

21. Brenan, K. E., Cambell, S. L., and Petold, L. R. (2012) Numerical Solution of Initial-Value Problems in Differential-Algebraic Equations, SIAM.

22. Layton, R. A. (2012) Analytical system dynamics. PhD thesis. University of Washington, Seattle.

23. Sandia National Laboratories (2012) http://mems. sandia. gov.

20 商用 MEMS 设计环境中模型降阶的实现

Sandeep Akkaraju

20.1 引言

随着 NEMS/MEMS 行业的成熟,其设计面临的挑战由微结构设计转变为微系统设计。随着工艺技术的成熟和计算能力的提高,目前设计者们正在寻找从系统的角度优化 MEMS 的方法。传统的 NEMS/MEMS 计算机辅助设计(CAD)工具提供了进行微结构级设计的功能。

目前,从事不同制造方法的 MEMS 工程师会进行不同粒度水平的 MEMS 建模和仿真。从头算(Ab initio)模型基于原子、量子力学或分子动力学。这种模型通常用于工艺过程建模以预测材料行为(如物理特性或腐蚀行为)。元件级模型可包括元件(如板或梳状驱动器)的集总模型和有限元表示。器件模型表示所研究微米结构或纳米结构的工作状态。算法模型用于在系统中获取某个逻辑或控制单元的行为。最后,系统级模型用来为整个微系统建模。

20.1.1 Ab initio(第一性原理)仿真

第一性原理仿真通常是基于原子或量子力学以及分子动力学原理。然而,这是一个正在发展的研究领域,目前在 MEMS 设计工程师的日常工作中,只有很少的工具可以采用。IntelliSense 公司推出的利用原子级原理仿真硅腐蚀的 IntelliEtch 就是一个这样的工具(图 20.1)。

20.1.2 工艺级计算机辅助设计(TCAD)

在这个水平上,微结构进行工艺级的仿真。IntelliSense 公司推出的 AnisE™和 RECIPE™仿真器以及如 CrossLight 和 Synopsys 公司推出的基于 SUPREM™的仿真器,基于工艺设置和工艺物理仿真来仿真实际的工艺流程,如扩散、生长或者腐蚀。通常是工艺工程师建立和运行基于 TCAD 的模型。

图 20.1　采用原子级计算来预测硅湿法腐蚀过程中小丘的形成和表面形貌。从头算技术使得用户可以获得微掩膜效应，它阻止了光滑腐蚀，从而导致了小丘形成。

这些仿真有助于理解工艺对器件最终物理几何形貌的影响。因为这些仿真都是基于实际物理模型的，因此它们通常非常耗时。例如，IntelliSense 公司的 RIE/ICP 仿真工具 RECIPE 是基于等离子体刻蚀工艺和聚合物淀积工艺的实际仿真。这些工具是用来确定工艺和掩膜设置对器件最终几何形貌的影响(图 20.2)。

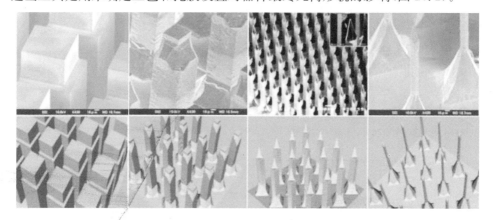

图 20.2　采用 TCAD 工具来准确地预测 MEMS 器件的物理刻蚀和加工过程。应用软件仿真形成微针的一个复杂工艺过程。

20.1.3　基于原理图或元件的设计(自顶向下设计)

分层方法的主要优点之一是用基本的构建块或元件来完成入门设计。这使用户可以通过版图和制造工艺数据输入参数化的器件模型。由于以参数化抽象模型的形式完成数据输入，用户可以在不同的粒度水平分析器件。这个元件模型可以采用集总模型、分布式模型、基于瑞利-里兹的有限元法(FEM)或者边界元法

(BEM)模型来表示。这样用户可以很容易地折中仿真精度和时间。

　　原理图设计的一个缺点是用户仅仅能够使用设计库中的元件。任意几何形貌和新的物理或材料模型是很难纳入设计中的。由于大多数原理图模型在一定程度上是基于集总模型的,它们不能准确地获取非理想因素。例如,静电、流体或者任意几何形貌中的接触和原位接触物理特性需要完整的3D建模。类似地,集总单元模型或者宏模型中难以获取封装级的影响,如粘弹性封装外壳、芯片凸点压焊和贴片的影响(图20.3)。

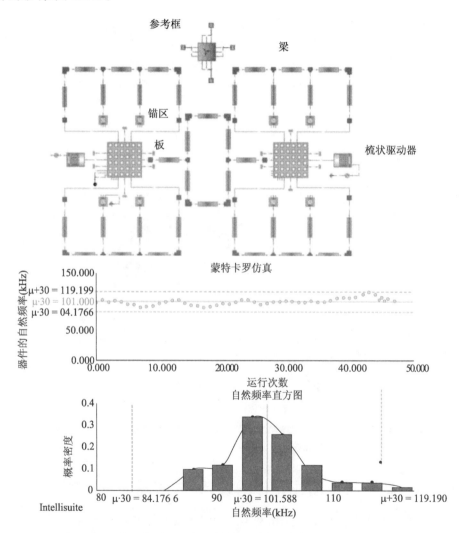

图20.3　在 **SYNPLE** 中的带通滤波器原理图。**SYNPLE** 允许用户快速地建立 **MEMS** 器件的
　　　　参数化模型。图中给出了一个自然频率变化的蒙特卡罗仿真结果。宏模型的应用使
　　　　得用户可以开发鲁棒的、本质上可制造的设计。

20.1.4   基于版图的设计(自底向上设计)

作为机械设计者的入门模式,三维设计仍然是 MEMS 设计最流行的方法。在 20 世纪 90 年代早期由 IntelliSense 最先提出的这种方法,目前仍然是 MEMS 设计最常用的方法。

基于版图的设计将二维掩膜版图与工艺流程相结合来创建 MEMS 器件的三维(3D)实体模型。利用三维有限元法/边界元法分析这些实体模型。基于版图的设计已经在微结构设计方面取得了极大的成功,因为它紧密地结合了设计意图和制造工艺。

原理图综合工具,如纳入 SYNPLE 的综合工具,可以将基于元件的原理图转换成直接可用的掩膜版图,或可进一步用于微系统的三维分析的六面体网格。此外,自底向上设计能够充分获取 MEMS 器件固有的复杂多物理场的影响(图 20.4)。

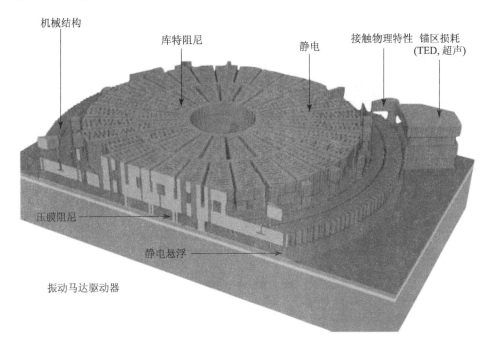

图 20.4   MEMS 设计本质是多能域的。本图描述了需要被纳入一个振动驱动器的建模中的不同类型的模型。FEM/BEM 工具通常获取 MEMS 器件中多物理场的影响。

20.1.5   系统模型提取(SME)

因为需要把基于版图的离散化 3D 模型转换成系统级模型,典型的 MEMS 3D

模型可以包含 100 000 到 1 000 000 个自由度,然而系统级仿真器并不是设计出来处理这么复杂问题的。

许多设计者使用集总模型近似来表示系统级仿真中的微结构。虽然这些可以满足概念验证分析,但是它们简化了一些实际效应,如刻蚀效应、梁和悬浮结构中的应力以及由于电荷反射导致的悬浮效应。例如,由于刻蚀产生的不规则侧壁倾角会导致惯性器件较大的正交误差,梳状驱动器中的悬浮效应会降低器件的灵敏度。

最近几年,一类基于模态叠加和 Krylov/Arnoldi 子空间降阶技术发展起来的新数值算法已用于将有限元模型转换成任意自由度(NDOF)的模型。这些算法用来捕获系统的总能量和能量耗散。在此基础上,FEM/BEM 模型可以简化为可以纳入系统仿真器的高效系统级宏模型。

利用降阶模型的优点在于它们能准确地跨多个能域(机械、热、电、流体、阻尼等)获取器件的行为。降阶模型通常可以导出适用各种硬件描述语言(HDL)编码的模型,以用于电学或系统仿真器(图 20.5)。

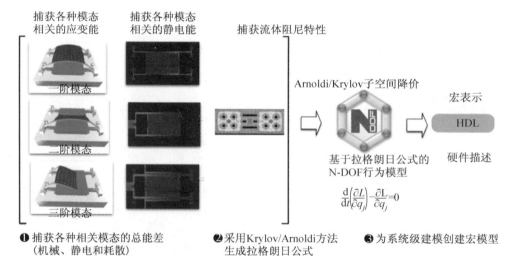

图 20.5 宏模型的高效提取方法。通过获取每个物理能域(即静电、机械、流体等)中的能量,**Intellisuite** 创建了基于查表的拉格朗日降阶模型。

20.1.6 验证

在 MEMS 领域中的验证与在集成电路(IC)领域中的验证是完全不同的。IC 领域通常使用版图与原理图(LVS)的对比以及设计规则检查(DRC)技术。DRC 可以用于 MEMS 领域,支持曲线、贝塞尔曲线和所有角度的几何形貌的检查。但是 LVS 几乎不能为 MEMS 设计者提供什么有益的帮助,因为 MEMS 设计固有的三维性质。

需要原理图与三维实体的对比(SV3D)以确保原理图获取已被准确地转化为3D设计。在 MEMS 设计中,从原理图模型(自顶向下方法)获得的结果与从基于三维的设计方法(自底向上方法)获得的结果相比较。这通常涉及对原理图、三维有限元和降阶模型的结果进行基准测试。

20.1.7   系统级仿真

可以利用前面章节介绍的降阶模型完成精确的系统级仿真。然而,降阶模型不容易参数化。虽然创建大量降阶模型的过程可以实现自动化,但是还是会消耗不少时间。另一个替代方案是使用集总单元模型。然而,需要花费相当大的精力去建立可以考虑工艺相关效应的实际集总模型,如不均匀的刻蚀和侧壁形貌以及如静电电荷反射与悬浮等复杂物理效应。

这给设计者带来了一个难题,到底该选择降阶模型还是集总模型。降阶模型可以捕获复杂的物理特性,但是不易实现工艺非理想特性的参数化。集总模型容易参数化,但需要花费大量的精力去包含非理想特性。

20.2   IntelliSense 的设计方法

IntelliSense 的软件构架基于一种独特的组合,它同时包括了自底向上由工艺驱动的设计以及自顶向下综合分析的优点。自顶向下方法允许用户快速探索大量的设计选项,而自底向上设计保证了硅生产工艺一次成功的准确性(图 20.6)。

20.2.1   自顶向下

目前最先进的原理图获取和仿真工具允许用户通过层次化方法来实现设计空间。SYNPLE 为用户提供了一个巨大的包括了电学、机械学、热力学、数字与控制以及 MEMS 的多域库。这些元件可以通过拖放操作轻松地进行组合,然后再通过连线来构成多尺度、多域系统的原理图。因此,设计分析师可以在开始详细的分析和验证流程之前快速地审视大规模的设计空间。

自顶向下方法允许用户将现成的元件块与网表进行合并。由于元件模型的简化特性,使得用户可以运用实验设计(DoE)、鲁棒设计或者其他技术进行器件级优化。用户可以从基于元件的原理图获取出发,通过各种优化技术来探索庞大的设计空间。进而,可以使用内置的布局及布线算法将原理图转化成掩膜版图,或是适用于全 3D 分析的优化网格模型(图 20.7)。

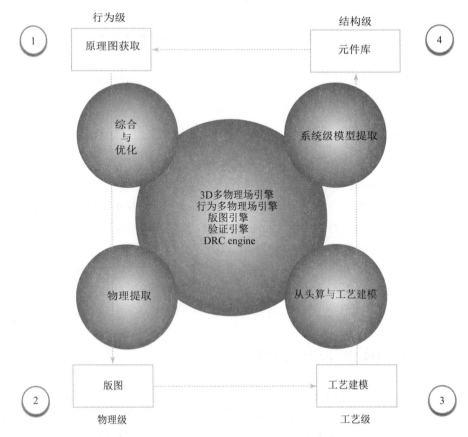

图 20.6   **IntelliSuite** 设计流程。核心计算引擎和数据库连同综合、优化、工艺建模、物理以及系统级模型提取,提供了无阻力的高效工作流程。

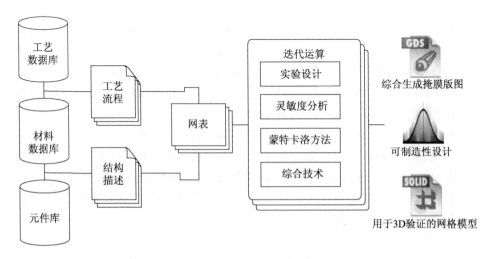

图 20.7   自顶向下建模速度快,但是保真度较低。它可用于快速地探索设计空间以及对性能和可制造性进行优化。

20.2.2　自底向上:分步进行

IntelliSuite 的自底向上构架基于工艺要素——如光刻、薄膜淀积以及选择性刻蚀等非常熟悉的工艺步骤,形成理解最终器件几何结构的基础。这些工艺步骤结合掩膜几何结构,可以用于建立最后的虚拟器件(高级用户也可以通过常用的 CAD 程序来导入 3D 几何结构)。此外,分析模块(完全集成的热电机械分析、高频电磁分析以及微流体分析)可以用于分析 MEMS 模型的性能。

IntelliSuite 具有详尽的材料及工艺数据库,令分析者可将诸如电导率、薄膜应力、机械强度等材料特性理解为工艺参数的函数。因此,使得分析者可以构建更加真实的模型(图 20.8)。

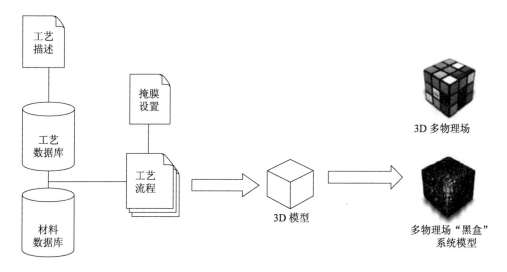

图 20.8　自底向上建模更加精确,但是相对较慢。利用自底向上建模可以精确地获取器件行为并将之封装在黑盒系统模型中。

20.2.3　形成闭环分析

IntelliSuite 为分析者提供了一系列工具,用于将自顶向下和自底向上建模形成闭环。诸如 MEMS-Synth 和 Hexpresso 之类的综合及布局工具可以自动将原理图转换为现成的版图或者用于 FEM/BEM 分析的网格结构。此外,图形工具允许分析者将原理图级分析的结果进行 3D 显示,使之符合 MEMS 设计的自然情景。

类似地,基于多物理域中能量存储和耗散的系统模型提取(SME)工具可以准确地获取 MEMS 器件的动态特性。来自 SME 的降阶模型可以获取所有的器件及封装效应。推导出的 ROM 可以直接与电子器件的原理图级协同仿真,或者导出为常用的 HDL 形式，以用于诸如 PSPICE、HSPICE、Cadence Virtuoso、Mathworks Simulink 以及 MentorGraphics SystemVision 等仿真器中。

为同步自顶向下和自底向上方法与工具集提供统一框架，并容易地在方法间进行切换，IntelliSuite 实现了从整个设计团队获取信息。

20.3 IntelliSuite 中系统级模型提取的实现

20.3.1 高级概述

拉格朗日力学为 MEMS 中全部物理域的总能量提供了一种结构化方法，并且自动地推导出了包含全部耦合效应的运动方程（关于拉格朗日计算的背景知识读者请参阅本书第 12 章）。计算拉格朗日方程的一般步骤如下：

（1）选择系统 q_j 的广义坐标系。对于离散化（网格）MEMS 器件而言，很容易计算出器件的本征振型（Φ_j）、本征频率（ω_j）和广义质量（m_j）。振型被选为基函数或者系统的广义坐标系。

（2）分析者可以清楚地识别出系统相关/主要模态。这是通过执行标准的机电弛豫分析并求解出初始形变形状（由残余应力推导得到，无外部载荷）和最终形变状态（有机械载荷和外加电压），进而求解出"模态贡献因子"实现的。随后，运用 QR 分解算法确定出各模态对结构最终形变状态的贡献。在大多数情况下，95% 的能量往往包含在系统的两至三个主要模态中。

（3）计算系统中各能量场的动能（T）和势能（V）。拉格朗日方程定义为：$L=T-V$。对于静电执行的 MEMS，通过系统中各种实体间电容快速推导得到静电势能。静电势能可用边界元方程由系统电容矩阵（C_{ks}）求得，IntelliSense 已报道过这种方法[1]。互电容能量随模态幅度变化，将其计算出来并存储到一个查表（LUT）。此外，还要使用下一节介绍的方法将每个模态的阻尼系数（ξ_j）计算出来。

（4）基于系统中非保守力做功（∂W）引起系统中的位移，确定系统中的广义力。对于 MEMS 或者是纯机械器件，这可以通过虚功原理推导出来。系统的应变能函数（∂W_{st}）可以通过用户自定义的器件最大位移来确定。沿着最大位移的路径生成一系列点并计算出这些点处各个模态的应变能函数。位移路径中每个生成点处每个模态的应变能函数存储在第二个 LUT 中，即应变能–模态幅度 LUT。

（5）推导出来的运动方程如下所示：

$$m_j\ddot{q}_j + 2\xi_j\omega_j\dot{q}_j + \frac{\partial W_{st}}{\partial q_j} = \frac{1}{2}\sum_r \frac{\partial C_{ks}}{\partial q_j} \times (V_k - V_s)^2 + \sum_{i=1}^{n}\Phi_j^i \times F_i \quad (20.1)$$

当这些分析结束之后，信息存储在一个可以用于系统级仿真器的最终 LUT

中。在 LUT 内进行外推和内插算法即可确定出器件对应于特定激励的能量状态。在系统级仿真器中,不同载荷条件可施加到系统模型上以便分析其响应,进而可以对器件以及其控制结构进行优化。

在 IntelliSuite 的 TEM 分析模块中实现了提取基函数的算法以及如前所述的拉格朗日方法。基于拉格朗日方法的运动方程自动被转变为 SPICE/HDL 模型,这一过程由 IntelliSense 的 STNPLE 软件实现。

20.3.2 获取残余应力和压膜阻尼效应

一般来说,机械系统的形变状态和动态特性可以通过振型函数的线性组合来精确描述。描述这一转化的公式如下:

$$\Phi_{\text{ext}}(x,\ y,\ z,\ t) = \Phi_{\text{initial}}(x,\ y,\ z) + \sum q_i(t) \times \Phi_i(x,\ y,\ z) \quad (20.2)$$

其中,Φ_{ext} 代表结构的形变状态,Φ_{initial} 代表初始平衡状态(在无外部载荷条件下由残余应力推导得到),$\Phi_i(x,\ y,\ z)$ 代表第 i 阶模态的位移向量,q_i 为第 i 阶模态的系数,即第 i 阶模态的比例因子。

由周围介质的粘滞效应造成的薄膜阻尼对 MEMS 的动态特性起着重要作用。读者可以参考本书 2.3 节中关于薄膜阻尼的详细讨论。薄膜阻尼力可被建模为运动的隐函数:

$$F_{\text{FD}} = F(\Phi_{\text{ext}}) = F\left(\Phi_{\text{initial}},\ q_1,\ q_2,\ \cdots,\ \Phi_1,\ \Phi_2,\ \cdots,\ \frac{\partial q_1}{\partial t},\ \frac{\partial q_2}{\partial t} \cdots\right)$$

$$(20.3)$$

其中,F_{FD} 为薄膜阻尼力。

如果各个模态之间的串扰可以忽略不计,那么可以忽略模态串扰,从而将合力简化为各模态分力之和:

$$F_{\text{FD}} = \sum F_i\left(q_i,\ \Phi_i,\ \frac{\partial q_i}{\partial t},\ \Phi_{\text{initial}}\right) = \sum G_i\left(q_i,\ \frac{\partial q_i}{\partial t},\ \Phi_{\text{initial}}\right)\Phi_i \quad (20.4)$$

阻尼力由两部分组成:一部分是流体流动的粘滞效应,称为粘滞力;另一部分反映了流体介质的可压缩性,称为弹簧弹力。这里假设粘滞力与模态速度成正比,弹簧弹力与模态位移成正比:

$$\langle \boldsymbol{F}_i,\ \boldsymbol{\Phi}_i \rangle = C_i\frac{\partial q_i}{\partial t} + K_i q_i \quad (20.5)$$

其中 $\langle \boldsymbol{F}_i,\ \boldsymbol{\Phi}_i \rangle$ 为向量 $\boldsymbol{F}_i$ 和 $\boldsymbol{\Phi}_i$ 的点积,C_i 和 K_i 分别为第 i 阶模态的阻尼系数和刚度系数。

通常情况下,C_i 和 K_i 都是非线性的并且跟频率相关:

$$C_i = C_i(q_i, \omega), \quad K_i = K_i + (q_i, w) \tag{20.6}$$

对于小幅度运动，可以使用线性化模型，C_i 和 K_i 分别取初始状态 $\Phi_{initial}$ 附近的值，这样它们仅跟频率相关：

$$C_i = C_i(q_i = 0, \omega) = C_i(\omega), \quad K_i = K_i(q_i = 0, \omega) = K_i(\omega) \tag{20.7}$$

显然，阻尼系数和刚度系数仍然跟频率相关，所以它们不能直接用宏模型仿真来进行瞬态分析。通过一些方法，可将频率相关的参数转化为频率无关的参数。关于IntelliSuite 中使用的转换方法，读者可参阅本书第 12 章以及参考文献[2, 4]中 J Mehner 等人的工作。

20.3.3　实现

模态叠加是一种非常有效的计算方法，因为对于一个模态而言仅需要一个公式就可以描述整个耦合系统。下面概述了通过模态叠加方法实现流体阻尼宏模型提取的过程。这种方法的许多方面都是自动且同步进行的，并不需要用户干预。

(1) 创建 FEM/BEM 模型。IntelliSuite 允许创建混合 FEM/BEM 模型以获取机械/流体以及静电能域。

(2) 仿真各模态贡献。进行频率分析从而确定出系统的自然频率以及振型。随后执行非线性静态 FEM 仿真，或者全非线性耦合静态 FEM/BEM 弛豫仿真。求解出在无外部载荷条件下由残余应力造成的初始形变形状，以及有机械载荷和外加电压之后的最终形变形状。将仿真得到的形变投影到通过执行公式(20.5)中的点积运算得到振型的空间上。求解确定每个模态对于形变的贡献系数。根据形变幅度选择出主要模态并在系统各能域的计算中将它们包含在内。

(3) 计算应变能。系统的应变能函数由用户定义的器件最大位移来确定。沿着最大位移的路径生成一系列点并计算出在这些点各个模态的应变能函数。系统每个节点的坐标由步骤(2)中的表达式推导得到，该表达式将系统的形变状态描述为各振型的线性组合。在每个生成的点处执行单一的机械能域 FEM 分析即可求得每个生成点处的应变能。随后，将每个相关模态的应变能存储到一个 LUT。

(4) 计算电容(静电能)。与步骤(3)相似，计算在每个生成点处的系统电容矩阵即可求出静电电能。在每个生成点处进行单一的静电能域 BEM 分析即可求得每个生成点处的互电容。随后，将每个相关模态的互电容存储到一个 LUT。

(5) 计算薄膜阻尼。在选定的振型上施加正弦位移载荷并执行频率分析。计算出压力分布并将其投影到计算得到的振型的空间上。然后计算频率相关的阻尼系数和刚度系数，将这些系数拟合成曲线并将它们转化为频率无关的系数。

根据步骤(3)~(5)得到的计算结果，用户可以写出系统的拉格朗日方程。这些基于拉格朗日方法的运动方程可自动地转换为 SPICE/VHDL/Verilog-A/Simulink

MEX 模型并在 IntelliSuite 的 SYNPLE 软件中实现。IntelliSuite 目前支持与 Cadence (Spectre，PSPICE)，Mentor Graphics (ADMS，System Vision)，Synopsys (HSPICE，VSS)，Mathworks (Simulink)以及 Tanner 等工具集的无缝集成。

20.4 基准测试

20.4.1 加速度计

图 20.9(a)给出了一个地震相关应用的 mg 量级传感、基于 SOI 衬底的电容式加速度计的有限元 3D 模型(IntelliSuite)。它用于加速度的测量，通过测量电极之间电容的变化来实现对加速度的响应。中间部分的两个深灰色长方体为电极，根据惯性质量块和电极之间的电容变化便可测量加速度值。使用 IntelliSuite 的 SME 模块可提取其宏模型并在 SYNPLE 软件中对系统模型进行仿真。

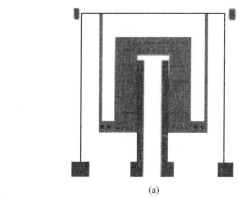

(a)

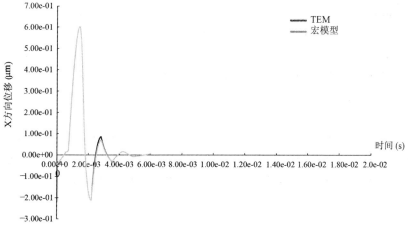

图 20.9 **(a) mg 量级加速度计的 3D FEM 模型(俯视图)。(b) 对于 1 ms，1 g 的载荷，FEM 和 SME 计算得到的加速度计动态响应之间的比较。**

图 20.9(b)给了加速度计对于 1 ms、1g 加速度脉冲的动态响应。FEM 模型和拉格朗日 SME 模型之间的误差小于 2%。FEM 仿真耗时约 20 分钟,而 SME 模型(图 20.10)仅耗时 10 秒。

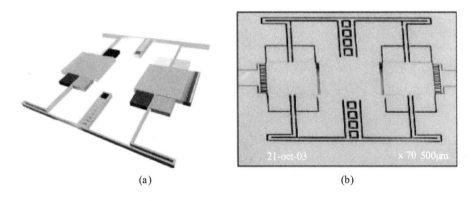

(a)   (b)

图 20.10　惯性级陀螺仪 FEM 模型以及制造出来的器件。(图片由佐治亚理工大学的 Zaman 等人提供。)

20.4.2　惯性陀螺仪

陀螺仪的启动响应如图 20.11(a)和(b)所示。绘出了随时间变化的 x 轴位移(驱动运动)和 y 轴位移(科里奥利力产生的敏感运动)。陀螺仪对于正弦转动输入的响应如图 20.3(c)所示。

FEM/BEM 多物理场模型耗时近 24 小时来计算陀螺仪响应的最初 5 个周期。计算启动响应的最初 50 个周期耗时将近 10 天。拉格朗日模型耗时 4 小时来提取模型。一旦模型提取完成,拉格朗日法与耦合 FEM/BEM 的结果在位移上的误差小于 1%,而且拉格朗日法在当前台式 PC 上进行的计算仅耗时约 30 秒。对于正弦输入响应的计算也仅仅需要不到 1 分钟的时间。

这种方法的主要优点在于器件模型与电路仿真的无缝高效集成。这样,分析者可以对 MEMS 器件和相关的专用集成电路(ASIC)进行协同仿真。

20.4.3　流体阻尼

流体阻尼宏模型的提取经过了多个实例的验证。下面对移动平板和固定平板之间阻尼的提取及其与公式(20.8)中闭合解的对比,展示了简单的基准测试实例。读者可以参阅参考文献[3]来获取公式(20.8)的详细推导过程。

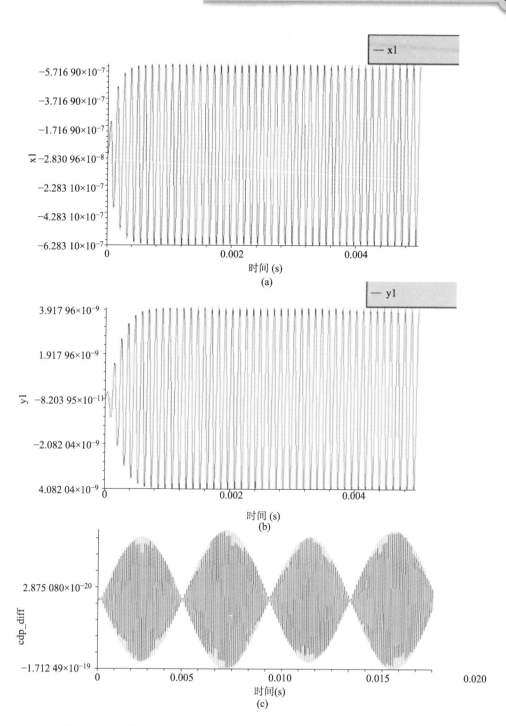

图 20.11 (a)和(b)陀螺仪的启动响应。(c)陀螺仪对正弦转动输入的响应。

$$C(\Omega) = \frac{64\sigma p_0 A}{\pi^6 d\Omega} \sum_{m=\text{odd}} \sum_{m=\text{odd}} \frac{m^2 + n^2 c^2}{(mn)^2 \left[(m^2 + n^2 c^2)^2 + \frac{\sigma^2}{\pi^4} \right]}$$

$$K(\Omega) = \frac{64\sigma^2 p_0 A}{\pi^8 d} \sum_{m=\text{odd}} \sum_{m=\text{odd}} \frac{1}{(mn)^2 \left[(m^2 + n^2 c^2)^2 + \frac{\sigma^2}{\pi^4} \right]} \qquad (20.8)$$

其中，$C(\Omega)$ 是频率相关的阻尼系数，$K(\Omega)$ 为挤压刚度系数，p_0 为环境压强，d 为薄膜厚度，Ω 为响应频率，A 为平板面积，$c = L/w$ 为平板的长宽比，σ 为系统的挤压数，L 和 w 分别为平板的长度和宽度，η 为动态粘度。使用矩形平板的横向位移规格化后的粘滞力和弹簧弹力分别为：$F_{\text{vis}} = C\Omega$ 以及 $F_{\text{spr}} = K$。

图 20.12 给出了通过 IntelliSuite 宏模型建模技术提取出来的粘滞力和弹簧弹力与闭合解的对比。

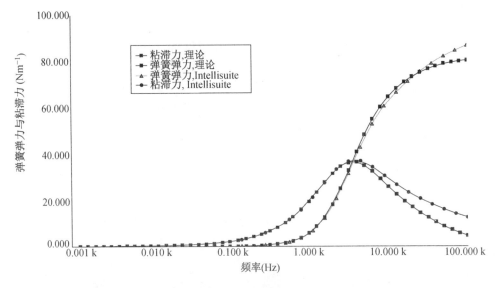

图 20.12   利用 IntelliSuite 提取出来的粘滞力和弹簧弹力与理论解的对比。模型中使用的参数如下：$L = 2$ mm，$w = 1$ mm，$d = 20$ μm，$\eta = 2$ μPa·s，$p_0 = 1\,000$ Pa。

20.4.4   耦合封装器件建模

周围的环境，例如温度，影响着封装后的 MEMS 器件性能。因此理解封装效应对于设计 MEMS 是至关重要的。封装器件的宏模型提取通常根据以下四个步骤实现：

（1）执行静态分析，以便获得整个封装器件的热应力以及形变。

（2）提取出核心 MEMS 器件并对其网格进行优化。

（3）将步骤(1)中得到的应力和形变信息加载到核心器件上。

（4）对核心结构执行初始条件下的分析,如同步骤(2)。

作为一个基准模型,考虑前面描述的惯性陀螺仪的热机械性能。这个实例中考虑的封装是一种堆叠在 ASIC 上的晶圆级芯片尺寸 MEMS 封装(WLCSP)。图 20.13 给出了封装陀螺仪的模型。

第12层:硅帽

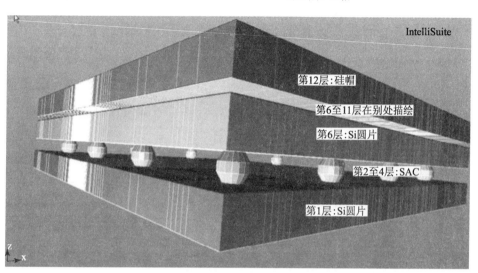

图 20.13　堆叠在 ASIC 上的 MEMS 陀螺仪晶片。

封装建模的结果如图 20.14 和图 20.15 所示。图 20.14(a)给出了敏感电极的电容与封装温度的关系,图 20.14(b)给出了驱动模态的弹簧软化效应与温度和电压的关系。

SME 提供了一个充分获取热、静电和机械效应的简单方法。图 20.15 表明,利用宏模型解决方案在几秒钟内可计算得到封装器件的瞬态启动响应。宏模型响应与基于有限元方法的响应误差在 3% 以内,而在瞬态仿真方面,前者的计算性能提升了 1 000 倍。

20.5　总结

IntelliSuite 提供了系列工具,使得用户可以在设计周期的任何阶段对他们的器件进行仿真。

SYNPLE 是一个用于初始设计探索的工具。参数化分析及优化特性使得设计者能够很快地探索巨大的设计空间。一旦建立起原理图,就很容易地自动提取出掩膜版图或者网格模型以便进一步的分析。

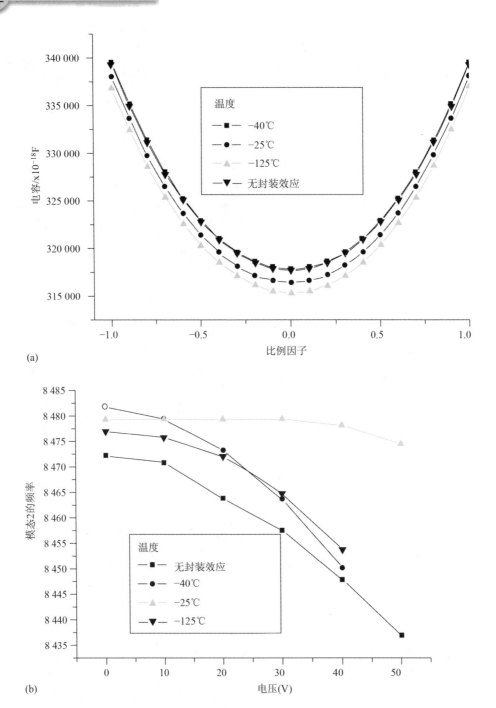

(a)

(b)

图 20.14 (a)电容。(b)静电弹簧软化效应(频率)与外加电压和温度的关系。

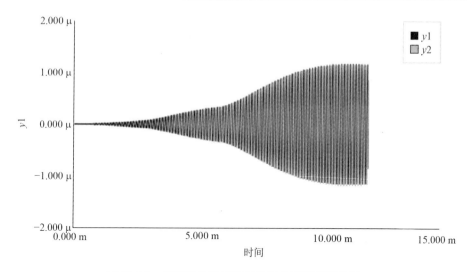

图 20.15　封装器件科里奥利响应的原理图级建模。

TEM 分析模块使用"外露面网格划分方法"对器件的机械和静电网格进行解耦。这使得用户可以对高应力梯度区域进行机械网格的细化,在高电荷密度的区域进行静电网格的细化。在不牺牲任何精度的同时极大地简化了器件对网格的需求。TEM 针对混合能域分析进行了优化,模型不但可以被导出到系统级求解器以进行快速瞬态分析,还可以与 CMOS 集成来完成协同仿真。

如果将执行全动态有限元分析所需的时间与执行 SME 和用 SYNPLE 进行动态分析所需的时间进行比较,我们发现 SME 和 SYNPLE 方案快了若干个数量级。用 SME 和 SYNPLE 运行优化分析可能花费数个小时,而用有限元求解器运行数个优化分析可能花费数天、数周甚至数个月(视优化的程度而定)。

总体来说,IntelliSuite 有着鲁棒的、自动化的系统模型提取方案,它允许用户创建获取多物理场(包括静电、机械、热行为和流体阻尼)的耦合宏模型。未来对该工具的拓展将使得用户能够获取热弹性阻尼和结构噪声损耗等。

参考文献

1. Mehner, J., Gabbay, L., and Senturia, S. D. (2000) Journal of Microelectromechanical Systems, 9, 262–278.

2. He, Y., Marchetti, J., and Maseeh, F. (1997) An improved meshing technique and its application in the analysis of large and complex MEMS systems. Symposium on Micromachining and Microfabrication, Micromachined Devices and Components, 1997, Dallas, TX.

3. Blech, J. J. (1983) Journal of Lubrication Technology, 105, 615–620.

4. Mehner, J. E., Doetzel, W., Schauwecker, B., and Ostergaard, D. (2003) Reduced order modeling of fluid structural interactions in MEMS based on modal projection techniques. Transducers'03, vol. 2, pp. 1840–1843.

21 MEMS 和 IC 系统的降阶建模——实用方法

Sebastien Cases, *Mary-Ann Maher*

21.1 引言

随着一系列 MEMS 器件应用的发展,如加速度计和陀螺仪等器件在游戏行业的应用,以及压力传感器在汽车行业的轮胎压力监测系统(TPMS)中的真正成功应用,MEMS 已是半导体产业中不可或缺的应用领域。

含有 MEMS 器件的系统集成度和复杂度在不断增长,这类系统通常包括多个 MEMS 传感器/执行器、模拟和数字电路、微控制器和定制封装。很多基于 MEMS 系统的市场化进程延迟,原因在于整合 MEMS 与系统的其余部分时出现误差,从而导致重新设计的昂贵代价。产品的协同设计能够让设计人员及早发现组合误差,从而能够优化整个系统,综合权衡 MEMS、电路和封装之间的需求。这样,可以获得更高的产品性能,更低的制造成本,并缩短产品上市的时间。

SoftMEMS 开发了一套创建行为建模的软件,称为宏模型生成器。该软件允许用户创建与电路进行协同仿真的传感器或执行器模型,进行基于 MEMS 系统的协同设计。

本章将介绍宏模型生成器,实现基于有限元模型(FEM)或边界元模型(BEM)以及基于电路和系统仿真器的多能域 3D 设计和分析环境之间的有效链接。我们将描述这些设计环境并介绍宏模型生成器,讨论用于创建适用于这些环境的模型。

宏模型生成器利用动态系统的降阶建模技术(第 3 章)来建立行为模型,这是一项已经在集成电路(IC)产业仿真器中采用的技术。模型降阶的目标是找到大规模动态系统的低维但精确的近似。通过这种方式,可以大大减少瞬态和谐波仿真所需的时间,也可找到适合系统级仿真的紧凑表示[1]。

不限于 MEMS 设计,降阶建模是一个通用的概念,用于因数据量非常大而导致仿真需要几天才能完成的情况。IC 产业也正在利用降阶模型算法的优势。寄生效应的逆向注释使得网表变得越来越长,例如,降阶允许提取更小的网表,而网表需要更短的仿真时间。

通过集中考虑一组有限的负载和自由度,并运用诸如 Guyan 压缩和模态叠加(非线性动态问题)的子结构化方法(第 3 章),最初的问题可以简化为较小规模的矩阵(称为约化矩阵)。利用宏模型生成器,该矩阵可容易地重构成适合电路仿真的形式。

宏模型生成器的另一个重要用途是保护知识产权(IP)单元,IP 可以被第三方在系统设计时使用。在这种情况下,设计人员不希望揭示其传感器或执行器的详细物理模型,而宏模型会有助于其客户评估 IP 单元是否会满足他们的需求。

宏模型生成器作为 SoftMEMS 开发的流行 MEMS 设计软件 MEMS Pro 和 MEMS Xplorer 的模块进行销售。虽然宏模型生成器的主要应用领域是开发 MEMS 器件,但是它也可以用来分析半导体、生物技术和太阳能产业的多能域问题并对这些问题进行建模。

尽管该工具非常灵活并且能够帮助用户解决具有不同耦合程度的多物理能域问题(从基本的静电结构到包括流体-结构交互的复杂热压电结构耦合),但是所产生模型的精度还是取决于用户的知识,特别是取决于原始有限元模型及其边界条件的有效性。

本章描述了宏模型生成器中所采用的降阶建模技术。定义了基于多能域系统的商业产品开发所面临的建模问题。解释了建模系统的要求,并描述了建模系统本身的情况。展望了该领域的后续发展,并站在工业界的角度探讨了相关开放性问题。

21.2 MEMS 开发环境

为了使基于传感器的产品及时、经济地进入市场,需要一个拥有各类专业技术的多元化群体。这样的系统设计团队通常包括材料科学家、工艺工程师、建模专家、MEMS 专家、电路设计人员和封装专家。大型垂直一体化公司可能内部会拥有掌握这些专业知识的各种人才,而对于新企业来说,可能会缺乏掌握某些领域知识的人才。这些新企业必须寻找合作伙伴或聘用顾问以获得必要的专业知识。

在设计过程中建模通常起着非常重要的作用。需要对多种尺度上发生的现象进行建模,从射频(RF)开关表面的纳米级工程、粘附建模或者气泡形成到多个芯片的封装。设计人员还必须对不同时间尺度的现象进行建模,因为电路的工作速度通常在纳秒数量级,而 MEMS 器件的工作速度通常在微秒到毫秒数量级。随着长度的减小由耦合场导致的非线性问题,模型必须是可组合的并可实现更精确的描述。

目前,MEMS的产品还没有统一的设计流程,没有像半导体产业那样形成了自顶向下的主流设计方法。由于工程师们拥有的专业技术不一样,而他们又必须完成各种不同的工作,因此他们会使用各种 CAD 软件。例如,机械工程师通常使用有限元或边界元求解器来分析 3D 的 MEMS 或传感器;电子工程师可能使用电路仿真程序如 SPICE [2]。此前,设计人员之间不会共享模型。每个设计人员会为自己正在负责的设计部分创建自己的模型。机械设计人员会创建有限元模型,而电子设计人员将会从他们的角度出发重建模型。在许多公司,不同建模团队之间的沟通协作效率较低。

因此,创建降阶模型是建模分层结构的一部分,这些模型可用于电气工程师的电路级模型,同时能够确保两种模型之间的一致性。然而,因为降阶模型是沟通 3D 和准 1D 之间的桥梁,关于两者的建模技术以及降阶过程本身的知识都是非常重要的,这方面的知识高度专业化。机械设计人员对热-力学方面的知识有比较深入地了解,并懂得如何运行有限元程序。电路设计人员通常有电气科学方面和电路级建模方面的知识,但缺乏力学方面的直觉。如果一家公司有一个建模部门,聘请专业工程师来创建模型,但是通常情况下设计人员又必须进行自己的分析。图21.1 给出了一个理想的流程。我们希望通过使用降阶建模,可以创建一致性建模层次结构,这样高层次的行为模型会变得更精细和准确,因为它们是在 FEM/BEM 环境里完成仿真的。

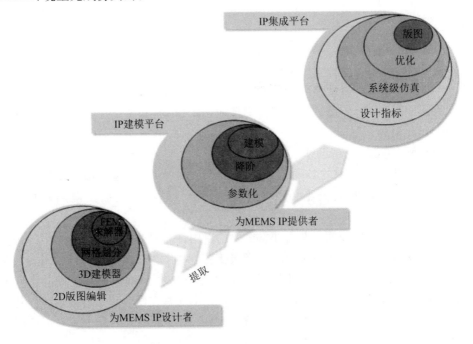

图 21.1   建模抽象层次示意图。

21.3 SoftMEMS 仿真环境中的建模要求与实现

考虑到前面所描述的限制,为了使模型具有应用价值,降阶模型必须满足若干要求。该工具应支持电路设计人员和传感器/MEMS 设计人员所使用的设计环境。这些设计环境包括一系列基于 IC 技术的版图、原理图和仿真工具,例如由 Cadence Design Systems(San Jose, CA)、Mentor Graphics(Wilsonville, OR)、Tanner EDA(Monrovia, CA)、Agilent Technologies(Santa Clara, CA)、Dolphin Integration(Meylan, France)等公司推出的设计工具,以及不同的有限元/边界元求解器,如 ANSYS 公司开发的 ANSYS Multiphysics 或 HFSS(Canonsburg, PA)、COMSOL 公司开发的 COMSOL Multiphysics(Stockholm, Sweden)或 Open Engineering 公司开发的 Oofelie(Angleur, Belgium)。

由于设计者所处地域不同并且使用的计算机系统也不一样,因此软件工具是否支持多个操作平台也很重要。另一个制约因素是该工具是否易于使用。如前所述,运用降阶建模程序的设计者通常不是建模专家,因此为工具添加尽可能多的专业知识非常重要。

降阶模型近似于有限元模型。设计者需要知道何时该模型是精确的或是不精确的。我们在业内发现一个非常重要的问题是,降阶模型由一个团队提取然后让另一个团队使用,而在这个过程中没有解释或理解模型能给出精确结果的条件。这是一个非常严重的问题,因为用户设定的输入可能超出模型的提取范围,或者使模型工作在不精确的非线性区。采用近似时,需要关注以下几个重要问题:

(1)空间分辨率:在被选为降阶的主自由度点上的信号,通常用降阶模型拟合得很好。确保用户选择适当数量的自由度,同时它们在模型中的位置也很重要,可以采取自动选择的办法,但必须小心使用这个选项,例如对于弯曲和屈曲来说,所选择位置之间发生丢失现象可能是个问题。

(2)时间分辨率:模型是否可以用于瞬态分析?该模型的时间尺度是否适合含有电路的仿真?

(3)模型的有效性范围:模型通常只在一定范围内的输入激励和特定激励条件下有效,但用户可以尝试在模型工作精度范围之外使用该模型。此外,非线性也是需要考虑的问题。

(4)模型可以捕获的物理效应也很重要。有些误差来源于通过有限元程序建模的效应,有些误差来源于模型降阶过程。对锚区或阻尼这样的能量耗散机理的不恰当建模,就是由有限元模型产生误差的典型实例。有限元模型的不完备几何建模也会导致不正确的降阶模型。在模型文档中详细说明包含的物理效应是非常重要的。

　　用来阐明这些要求的一个典型实例是光开关中微镜的瞬态仿真。设计者希望能够仿真微镜的开关过程以评估控制电路。这个仿真需要对微镜及其执行器进行时域仿真，包括阻尼和热效应。根据执行器类型，这需要静电-力耦合模型或其他耦合场模型降阶。

21.3.1　模型和输入

　　降阶建模是从有限元程序创建行为模型的一种方法（图 21.2）。降阶模型通常放置在原理图或网表中作为大型仿真的一部分。

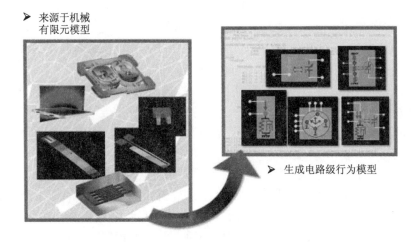

图 21.2　由 FEM 到电路级行为模型。

　　这就需要降阶模型具有连接点（图 21.3）来表示在仿真中使用的通量和跨量。根据公式，位置或速度可以用于表示机械跨量，而所施加的力表示通量（第 2 章）。

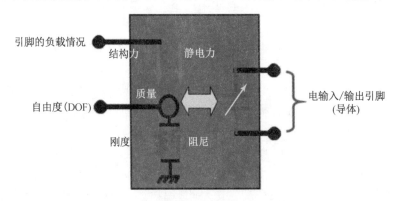

图 21.3　降阶模型上的输入和输出引脚。

其他保守或耗散能域[3]也可以用跨量和通量来描述,如静电能域(分别用电势和电流)或静磁能域(用磁动势或磁势和磁通量)。

然而,根据要创建的模型,降阶建模可能不是正确的方法,而应该采用其他技术。第2章和第二部分概述了一些可能的方法。SoftMEMS中的宏模型生成器允许用户从各种输入创建模型。

(1)FEM/BEM数据——模型降阶。

(2)用户定义的解析方程。

(3)实验数据。

(4)上述模型的组合。

知道什么时候使用哪种类型的建模过程是很重要的。如果几何形貌非常接近于创建库中基元的几何形貌,那么可能就没有必要建立降阶模型了。例如,用户可以从 SoftMEMS 库里选择模型,SoftMEMS 库是通过工艺和几何形貌来实现参数化的(图 21.4)。梁、间隙和梳状驱动器的解析模型可以为深反应离子刻蚀(DRIE,是一种高度各向异性的刻蚀工艺,用于在硅片上加工深且陡峭的通孔和沟槽)加工得到的结构获得理想的分析结果。降阶模型通常最适合几何形貌复杂的模型,在这种情况下,基于简单几何形貌的解析近似是没有效果的。然而,利用实验数据可以进行校准的解析模型,通常会比降阶模型更加精确。这是由于 FEM 模型不可能捕获所有需要的物理效应。这个结果类似于 IC 产业,对新模型进行 FEM/BEM 仿真,而基于测量数据采用 SPICE 模型来表征晶体管模型。

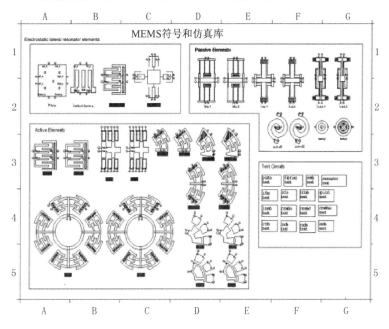

图 21.4　模型库。

建模也可能需要技术的组合。例如，一个耦合的机械-静电降阶模型需要辅以专有的阻尼方程来完成。SoftMEMS 可以灵活地结合不同的建模技术。虽然理想情况下，降阶模型可以创建许多物理场耦合的降阶模型，但是这往往是不切实际的。一些其他的补充降阶建模技术往往能够建立更好的模型。

出于这个目的，宏模型生成器也支持组合模型以形成更大的模型（图 21.5）。通常，MEMS 器件可以通过子部件组装得到，而这些子部件都各自有其对应的降阶模型。该生成器允许用户在此基础上正确地构建较大的模型。

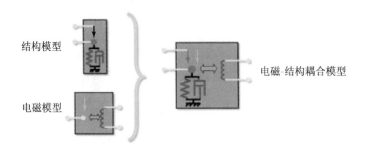

图 21.5   模型组合。

SoftMEMS 宏模型生成器可以创建适合系统仿真器的模型。程序会格式化该模型，使得这些模型可以直接在仿真器中使用。例如，对于 Tanner 的 C 代码建模，产生的代码可以直接链接到仿真器。对于 Cadence 与 Agilent，生成 Verilog-A[4] 语言的模型，而对于 Mentor 和 Dolphin，会生成 VHDL-AMS[5] 语言的模型。有必要理解所谓硬件描述语言（HDL）（第 4 章）的各种实现方式，因为各个公司创造了自己的方式。当然，众所周知，SPICE 软件支持多种实现方式。SoftMEMS 的宏模型生成器支持 VHDL-AMS 语言的几个不同版本，例如，一个适用于 Mentor Graphics 公司的 ADVANCE-MS 而另一个版本适用于 Dolphin 公司的 SMASH。

21.3.2   建模过程

本节介绍 SoftMEMS 的降阶建模技术和软件。如前所述，用户可能并不是建模专家，可以根据向导设置软件所需输入信息，引导用户完成各个操作步骤。

（1）首先，用户描述需创建模型的类型。最初，有限元和边界元（FE / BE）模型可以包括不同类型求解器之间的耦合。所以，对于一组给定的耦合场，用户可以选择需要将哪些类型的效应映射到降阶模型里面。

（2）选择有限元模型中定义的一组自由度来指定模型的输入和输出（图 21.6）。这是一个重要的步骤，因为每一个被选择的自由度将表示成行为模型中的输入/输出引脚。错误选择自由度会导致模型的数据丢失，在不同物理场之间存在强耦合的情况下，这可能会产生严重的问题。

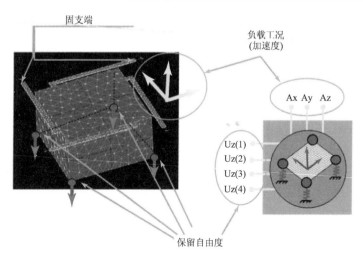

固支端

负载工况
(加速度)

Ax Ay Az

Uz(1)
Uz(2)
Uz(3)
Uz(4)

保留自由度

图 21.6　指定模型的输入和输出。

（3）当用户想要对他们的仿真增加环境因素时，可使用如加速度或环境温度等感兴趣的负载工况。在这种情况下，负载工况将仅仅被定义为一个输入引脚。

（4）运用降阶算法。

（5）一旦算法完成，该软件将比较有限元模型和新生成的降阶模型的结果，并报告生成模型过程中的所有精度问题。在有限元模型结构简化后，可以提取出约化质量和谐振频率的精度，用来测量该模型相对于有限元方法模型的有效性（图21.7）。静电模型降阶后也可以采用类似的验证过程，算法将与 FEM/BEM 求解器中提取的约化电容值进行比较（图 21.8）。

Expected eigen frequency＝860.5332519165376

Approximated eigen frequency＝860.5359254900691（3.106879978861649E-4% shift）

Reduced mass＝1.151938403721327E-6

Corrected mass＝1.151945561601173E-6（6.213769610471114E-4% shift）

图 21.7　质量和特征频率精度报告。

Capa[1，1] accuracy estimation：

Point	Reference	Approximation	Difference
1	1.9490860e-15	1.9490860e-15	0.0000000e+00
2	1.7708000e-15	1.7708000e-15	7.8886091e-31
3	1.6326938e-15	1.6326938e-15	0.0000000e+00

Mean absolute value＝1.78419338e-15

Maximum absolute difference＝7.8886091e-31（0.0000%）

图 21.8　电容精度报告。

21.3.3   模型输出

如同 21.3 节开始部分介绍的情况，不同团队采用的设计环境（采用的仿真器、操作系统等）可能不同。在这种情况下，前面提取出来的降阶模型必须以一个独立表示的方式保存。SoftMEMS 的宏模型生成器以 BML 格式保存其数据（见图 21.9）。以这种格式存储的模型允许用户从不同的操作系统调用该模型而不会丢失数据，并且可以非常容易地用不同的行为模型语言对其重新格式化。

图 21.9   输出语言选择。

该工具生成的模型，在其他仿真工具中能表现出类似行为。为了实现这一目标，SoftMEMS 支持各种 EDA 仿真器和建模语言，例如 Verilog-A 或 VHDL-AMS，这两者之间的注释非常简单明了。但有些用户更倾向于将该模型转换为 SPICE 等效电路，那么将数据映射到 SPICE 单元是必要的（图 21.10）。有些人使用有应用程序编程接口（API）的仿真器，同时模型可以用 C 代码写出来。

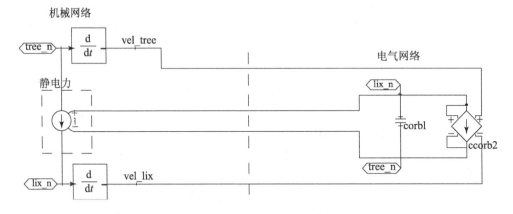

图 21.10   采用 SPICE 单元的模型。

对于一些仿真器，如 Mathwork 开发的 Simulink，其输出可以采用 Simulink 构建块框图的形式（图 21.11）。降阶模型方程中的各项被转化为 Simulink 的构建块。

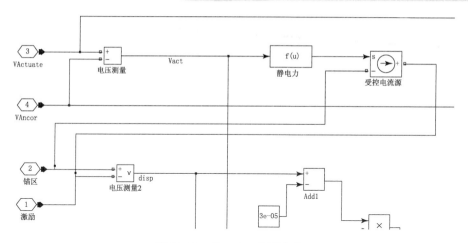

图 21.11   Simulink 框图表示。

21.3.4   参数化

宏模型生成器可以处理多种几何形貌和支持不同耦合场。生成的静态模型可以用于仿真器件的全局行为,可访问的参数化模型能够拓展新的研究领域,但这些领域由于描述该模型所用单元的限制(单元仅仅对于小位移有效)或者仅仅是由于仿真不同问题所需的时间,是有限元求解器很难实现的领域。

在这种情况下,围绕模型生成过程,可以加一个外循环以生成统计和/或参数化模型。在结合符号分析与降阶建模技术创建模型参数化方面,我们也拥有一些成功经验。

用来说明这个功能的最简单实例是梳状驱动器。它可以用于提取参数化降阶模型,其中的梳齿数目可被视为仿真的一个参数。

图 21.12 给出了两个梳状驱动器的有限元模型,一个模型中

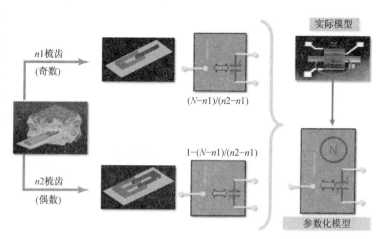

图 21.12   参数化降阶模型:模型分解。

梳齿数目为奇数,另一个模型中梳齿数目为偶数。

　　SoftMEMS 的宏模型生成器可以很容易地简化这两个有限元模型表现出来的小问题。利用模型组合的方法,两个降阶模型可以结合在一起生成参数化模型(图 21.13)。

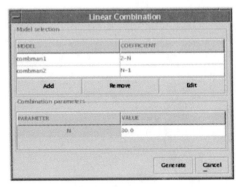
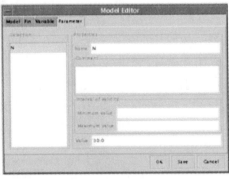

两个模型的线性组合　　　　　　　　　　　　　　参数化模型

图 21.13　线性组合和参数化降阶模型。

21.4　应用

　　降阶建模技术经常用于传感器/ MEMS 及其接口电路建模。其基本思想是基于器件的精确表示,实现协同仿真以改进电路设计;该电路将物理量(加速度、压力、磁场等)转换成模拟或数字信号,或者对于执行器,该信号必须在给定的指标范围内施加到器件上(开关、喷墨头等)。

　　最初,用户想提取惯性传感器的模型(图 21.14),在这类传感器中,主要的物理效应是静电-结构的耦合。

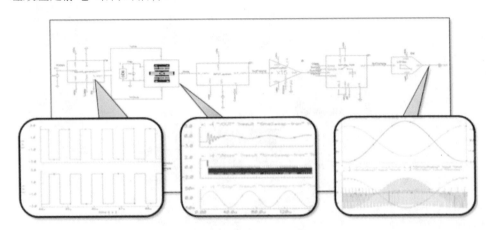

图 21.14　电路原理图中使用的降阶模型。

　　器件的复杂性导致很难写出一个行为模型,它可以捕获所有从 FEM 仿真中提取出来的效应。宏模型生成器中的结构化降阶建模算法,允许模型考虑结构位移随负载的变化。此外,静电-结构算法也用于提取梳状驱动器的电容行为。最后,组合算法用于产生器件的最终静电-结构模型。

　　流体-结构交互算法[6]已经用于获取映射器件的谐波响应,并提供更精确的阻尼模型,这是设计该器件的主动控制模块要求(图 21.15)。

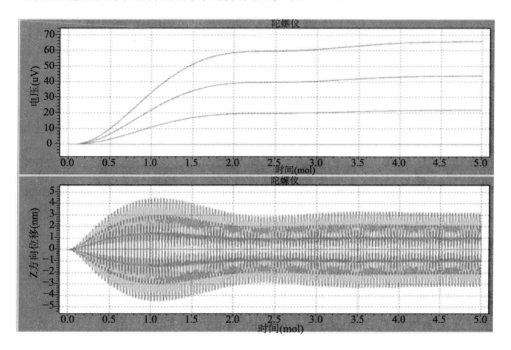

图 21.15　由原理图绘制的机械和电信号。

　　降阶建模也可用于描述半导体器件,该器件热效应很重要。因此,用户也利用宏模型生成器创建封装的热-力学模型[7],并将其与电路模型及其传感器模型进行协同仿真(图 21.16)。

　　例如,在压力传感器的封装结构中,环境温度变化可以传输到封装外壳,用于粘附芯片的材料,因为其不同的热膨胀系数会以不同的速率产生膨胀,这种膨胀可引起应力并会将这个应力传输到传感器管芯。与传感器管芯封装在一起的任意 IC 产生的热量也会引起应力变化。

　　在我们的仿真中,采用不同的方法创建了多种模型以捕获不同的物理效应。热 FEM 分析已经用于研究封装结构不同材料时的温度再分布,以及用于提取传感器管芯上温度分布的集总 RC 模型。然后,实现了随温度变化的压阻传感器元件附近应力重新分布的解析模型。此中间模型允许我们使用宏模型生成器创建压阻

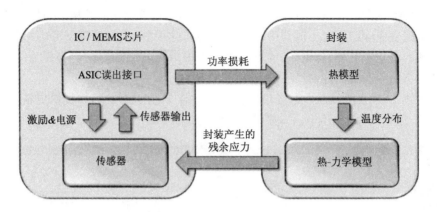

图 21.16　热-力学问题的概要。

传感器元件的降阶模型,然后将压力传感器膜上产生的热应力直接施加到这些降阶模型上。

　　封装、电路和传感器管芯的仿真(图 21.17)有助于设计者理解不同元件之间的相互作用并确定误差。为了实现系统的协同仿真,必须建立传感器、封装和电路模型并将它们连接在一起进行仿真。

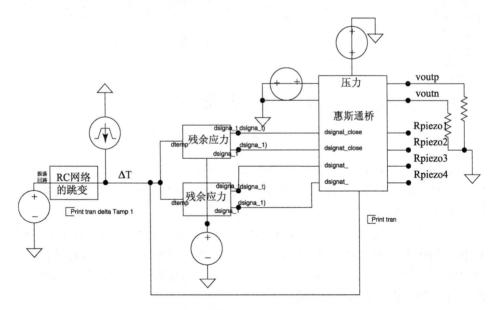

图 21.17　包含热效应的封装和传感器的原理图。

　　因此,工程师们可以在封装上设置温度信号,仿真封装、传感器和电路,在检查传感器器件行为时查看电路的输出。

除了系统级协同仿真外,降阶模型还有其他的应用领域,如 MEMS 器件的测试。因此,该模型可用于定义实际器件测试的测试程序。需要测试的参数和条件可以在制造步骤中进行探索。在测试时,可以将异常的测试结果与仿真结果作比较,以尽力理解什么是测试假象,什么是真正的问题。

当前的目标还不是替换昂贵和艰难的测试环境,而是通过在设计早期确定问题以优化这些设备的使用,如此可以减少测试负担。

21.5 总结与展望

在本章中,我们讨论了同时开发机械器件和电子电路时 MEMS 设计所面临的一些问题。介绍了宏模型生成器的一些功能,说明了如何用它沟通机械(和 3D 多能域)领域和电气领域并来解决这些问题。

受产品上市时间的推动,工业界的用户现在需要快速创建电气工程师使用的系统级模型,以实现电路和传感器的协同设计。降阶建模是创建这些模型的重要工具之一。这也是为什么宏模型生成器一直遵循需求发展,从简单的力学模型开始到支持复杂器件,其中包括各种耦合场,如静磁-结构交互作用。不是仅增加新的功能就会让一种工具变得比另一种工具更好,而是增加像人机工程、关键数据的可访问性等这类因素,才能为终端用户提供更有用的工具。

参考文献

1. Rudnyi, E. B. and Korvink, J. G. (2006) Lecture Notes in Computer Science, 3732, 349-356.

2. Nagel, L. W. and Pederson, D. O. (1973) SPICE (Simulation Program with Integrated Circuit Emphasis), Memorandum No. ERL-M382, University of California, Berkeley, April 1973.

3. Senturia, S. D. CAD for microelectromechanical systems. International Conference on Solid-State Sensors and Actuators (Transducers'95), Stockholm, June 26-29.

4. Open Verilog International (1996) Verilog-A Language Reference Manual, Version 1.0, August 1, 1996.

5. IEEE Standard 1076-1993.

6. Mehner, J. E., Dötzel, W., Schauwecker, B., and Ostergaard, D. Reduced order modeling of fluid structural interactions in MEMS based on modal projection techniques. International Conference on Solid-State Sensors and Actuators, (Transducers'03), Boston, MA, June 8-12.

7. Rencz, M., Székely, V., Kohári, Zs., and Courtois, B. A method for thermal model generation of MEMS packages. International Conference on Modeling and Simulation of Microsystems (MSM'00), San Diego, March 27-29.

22 MEMS 建模和设计的网络社区

Peter J. Gilgunn，*Jason V. Clark*，*Narayan Aluru*，*Tamal Mukherjee*，*Gary K. Fedder*

22.1 引言

本书的主题范围以及来源于不同国家作者的各章内容，证明了当今 MEMS 器件和微系统的建模和设计群体的多样性。该群体的活动依赖的数学基础包括：按广义基尔霍夫网络排列的集总单元的分层仿真、利用模型降阶（MOR）方法的系统级 MEMS 建模、行为建模、详细的算法和混合方法生成工具。本书通过相关的系统级实例，描述了从惯性到电热、从射频（RF）到微流体等线性和非线性微系统建模的特殊需求，并介绍了用于实现和执行这些模型仿真的软件。在本章中，我们将介绍 Serendi-CDI，它是一个 MEMS 建模和设计的网络社区[1]。Serendi-CDI 是一个纽带，可从世界各地访问这些工具以及有效利用这些工具所需的文档和内容。网络社区 Serendi-CDI 的目标是促进结构化设计方法和工具的广泛应用，以降低进入该领域的成本，同时能让有才能的设计者脱颖而出。通过使用基本行为模型或者简单的原始模型和层次化系统仿真来说明这个方法。

22.2 MEMS 建模与设计格局

微系统建模和设计是一项具有挑战性的工作。它跨越了很多物理学领域，且系统在微尺度下表现出来的物理行为跟我们在日常生活中碰到的情形完全不一样。为了获得专业知识需要坚实的数学和物理基础，这样可以高效、低成本地开发出功能良好的微系统。在设计和仿真过程中用到的各种软件工具的相关知识，以及识别和克服障碍以实现仿真收敛的技巧，是必须要学习的第一手资料。这种专业知识很难获得，需要花费数年时间通过学术研究和工业实践等途径来培养。可以为有抱负的微系统设计者提供指导的行业导师都集中在少数学术机构和高科技公司，这类机构和公司较集中地分布在世界发达地区。

这个格局的形势不利于将人类的智能设计和建模资源转移到新兴的微系

统产业中去。随着传统的半导体制造商意识到将电路知识产权(IP)集成到微系统中能有效增强功能性[2-4],对能够胜任微系统设计和建模的人才需求正在不断增加,同时微系统研发的方式也出现了革命性的变化。

互联网带来了微系统设计领域的革命性变化,使技术专家与该领域工作的新人能隔空及时交流。

22.3　利用网络社区

在 2012 年,电路设计者想要集成一个陀螺仪到自身设计的系统里面,他可以与身处世界另一端的惯性 MEMS 专家讨论科里奥利力的大小范围。该 MEMS 专家可以将他介绍给一个在第三国的器件特性分析专家,然后这个器件特性分析专家又会帮他联系上一个身在第四国的微制造专家,而该微制造专家知道一个身在第五国的适合完成耦合场分析的最佳人选。这种网络社区已经给人类社会带来了惊人的变化,并将给技术发展带来更多的革命性改变。

互联网使得个人更加容易获得各类数据,同时提高了个人找到志同道合者与他们分享自己想法和知识的能力。专业的在线社区覆盖了广泛的领域,甚至包括以前的边缘学科。这些社区为他们的成员提供信息,使成员有机会与其他成员互动,讨论并解决该社区关注的问题,同时也为各成员提供了回馈该社区的机会。对于感兴趣的新手来说,网络社区使他们与专家交流通畅。

已经建立的几个网络社区将重点放在技术实现方面。例如,设计者指南社区(Designer's Guide Community)充当着仿真、建模,以及模拟、混合信号、RF 电路设计的纽带[5],而纳米中心(Nanohub)是一个用于纳米技术方面的研究、教育和合作的 Web 资源[6]。Serendi-CDI 是另一个技术在线社区,侧重于微系统和纳米系统的系统层次化设计。这些社区提供源内容以帮助其成员理解模型和工具是如何工作的,使个人可以独立开发并将改进的内容回馈社区。与这种方式截然不同的是:公司提供的设计和仿真材料通常会保留源内容并阻止强大的社区参与和协作。

尽管在线社区可以促进某些领域的进步,但是必须意识到这只是建立和维持成功技术社区的一个方面。社区及其管理员必须考虑开放源代码的纯在线协作模型的局限性和缺点。社区成员之间面对面的非正式互动机会,如技术会议,仍然是很有必要的。社交网络和在线社区的研究表明,在线-离线混合互动能提高在线社区的社交能力,提升其成员之间的知识共享水平[7,8]。虽然现在提供 Serendi-CDI 社区的发展数据还太早,但是社区的成长及其活动水平的提高将为社区成员确定正确的互动方式提供有用的数据。

22.3.1　基于 Web 设计的概念

图 22.1 给出了 Serendi-CDI 社区概念。图的中心部分表示该社区的工具和知识,具体包括:

(1) 协作生成的维基百科式(Wiki-style)内容;

(2) 仿真工具如 SUGAR Cube[6];

(3) 可下载模型的源代码、原理图和仿真模板;

(4) 会员提问和讨论社区资源的论坛。

MEMS 建模和设计社区成员包括所有从事相关工作的个人,从 MEMS 设计和仿真方面的初学者到已经具有丰富知识和经验的 MEMS 专家。如图中箭头方向所示,该社区的发展目标是,通过从社区里学习相关材料并逐渐增加成员之间的互惠过程,将新手培养成为专家。社区成员人数的最初增长得益于口头推介,然后通过成员的互动以及确定他们感兴趣的领域,社区获得进一步的发展壮大。在理想的情况下,社区成员如达到某个临界量,会实现自我维持和自我导向。图 22.2 给出了 Nanohub 网络社区的成长示例。初始阶段发展非常缓慢,然后会员数量高度非线性增长,表明了互联网社区和网络时代社区发展的爆发性特征。

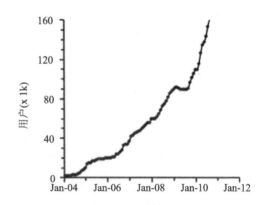

图 22.1　MEMS 建模和设计网络社区概念。

图 22.2　技术型网络社区的成长。(来源:数据从 Nanohub 提取。)

22.3.2　设计社区准则

网络社区门户网站旨在促进成员访问其所关注的内容和功能,随着社区的发展,可扩展新的工具和功能。社区的主要功能和特点包括:

(1) 开源理念:如文章、模型和代码等内容可在遵循"3 -条款"伯克利软件传播许可证(新 BSD 或 BSD-3)[9]的条件下提供给社区成员。这种许可方式的目的是使成员免费使用网站上的内容,以促进其设计和建模研究及发展,并且能够看出来哪些内容的代码是来源于网络社区的。我们鼓励社区成员通过门户网站上传他们修改的内容,与社区其他成员分享他们的改进成果。社区成员上传授权给社区的内容也遵循 BSD-3 的许可条款,以确保表彰了他们的贡献。

(2)维基百科式协作编辑:门户网站上的文档是通过社区成员协作编撰的。解释模型的物理意义和建模过程的模型用户指南、教程以及详细的建模信息都是以维基百科文章的格式编撰的。任何成员都可以创建和编辑文章,而且保持编辑历史记录以备必要的审查和追溯。它提供了具体文章的讨论功能,以便远程的编辑可以验证内容变化并提供反馈信息给其他编辑。内容生成和维护的众包方式确保了社区感兴趣的话题保持新鲜度和相关性。详细的访问统计可以反映内容浏览的情况,以确定社区的热点主题。

(3)在线仿真工具:门户网站允许成员访问 SUGARCube 等软件工具,允许用户从一组 MEMS 结构中选择所需结构并在某个参数变化范围内仿真该结构。理想情况下,这些软件工具都是独立的,通过 Web 服务器提供后处理功能。这使得那些缺乏计算和软件基础设施的成员也具有了完成 MEMS 仿真的条件。

(4)论坛:论坛用于让社区成员就社区评论与社区发展提出自己的问题和建议。论坛提供了提出和解决社区问题的动态环境。受到广泛关注的主题将被分流到维基,还可以进一步发展为协作撰写文章。

22.4　在线式 MEMS 建模和设计

设计是一种过程,通过这个过程,识别一组元件的材料、几何结构、取向和互连以创建满足客户定义的一组指标的系统(图 22.3)[8,10]。在 20 世纪 80 年代初,数字集成电路(IC)产业展示了如何以结构化方式来执行设计过程,以最少数目的原型制作实现功能器件[11],从而缩短上市时间,减少非经常性工程成本,提升批量生产的成品率。模拟 IC 产业采用这种方法也获得了成功。自 1995 年以来,MEMS 设计师也试图效仿[12]。然而,由于涉及的学科门类广泛以及许多 MEMS 元件具有离散性和非线性的特点,使这种方法的实施非常困难。利用基于电路的设计方法和系统的原理图表示方法(见图 22.3 中的虚线框),网络设计社区可以解决设计流程中分析方面的问题。

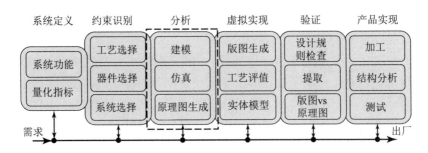

图 22.3　从客户需求到成品过程中,具有密集反馈的迭代 MEMS 设计流程。虚线描绘了 MEMS 设计的网络社区作用阶段。

22.4.1　MEMS 的系统级建模

在层次化系统级模型中,对 MEMS 器件完成基于电路的仿真,需要将 MEMS 器件的行为编码成仿真器可读取、可执行的形式,并能够与电子元件结合进行协同仿真。这样做的首选方法是通过 Verilog-AMS [13] 或 SystemC[14] 等模拟硬件描述语言(AHDL)来写出行为模型。通过宏模型,集总元件的可组合原始模型能够构建 MEMS 模型。利用有限元分析(FEA)或半解析降阶模型(ROM)[15] 可以获得所需的宏模型。如第 1 章所述,由于基于有限元分析的宏模型和降阶模型的特殊性,模型复用性很差,而且模型的互操作性也存在着很多问题。基于有限元分析的模型和降阶模型与层次化建模和参数化有所冲突。层次化建模是电子电路设计的一个中心原则,而参数化是确定设计空间所必需的。所以,为了实现网络设计社区,回避了以上这些方法,而采用参数化的原始模型。

层次化设计允许系统被分解成越来越小的单元,直到达到原始级(层次结构的最低一级)。在原始级,只存在着少数的多次实例化的单元。原始模型仍可以是非常复杂的,但它容易处理并且比更高级别元件的行为模型更具有物理意义。这些行为模型的推导本质上是忽略了更多物理效应和特性的粗略近似。

本章中所提到的原始模型来源于 NODAS(NOdal Design of Actuators and Sensors),它是美国卡内基梅隆大学利用 Verilog-AMS 开发的参数化模型库[15]。NODAS 模型覆盖了多个物理域并形成可互操作、可组合的保守系统。这样,对于如第 2 章中所述的基尔霍夫网络中任意互连情况,都能够获得精确的系统仿真结果。NODAS 含有锚、梁、静电间隙、板等结构的行为模型以及每种特性的来源。

同时,对 2D 和 3D 形式的线性、非线性元件完成了建模,对阻尼[16]和接触物理[17]等现象以及多层效应[18]也完成了建模。有限元分析以及许多系统中获得的实验数据已经验证了这些模型[16, 17]。SUGAR[19]、MEMS+[20]和 MEMS Pro/MEMS Xplorer[21]等软件也可以提供可组合的模型。

22.4.2　网络社区的相关约定

上传到网络设计社区的模型必须遵循术语和符号约定,以确保模型的可互操作性以及使用和复用过程的容易性。本小节对此做个简要介绍。在 Verilog-AMS 中,信号类型被称为"类型"(nature),与用来定义它们物理特性的类型有关,根据"学科"(discipline)对其分组。每个学科都有一个流变量类型,用来表示通变量(电气学科中的电流),以及一个势变量类型,用来表示跨变量(电气学科中的电压)。通过访问函数来读出一个模块(即一个行为模型实例)端口(或终端)的类型值。它需使用标准 Verilog-AMS 的保守系统、类型以及访问函数(DNA)[22],但除此之外,还需要用到 MEMS 专用的扩展网表(表 22.1)。在 2010 年,对 Verilog-AMS 的行为建模器在不同机构作了调查,以便为网络社区的 MEMS 特定 DNA 建立一个基础。将模型从一种术语约定转换到另一种约定,只需要进行文字替换。本书第 1 章中详细说明了动力学的势变量类型选择。

表 22.1　网络设计社区的 Verilog-AMS 行为模型 DNA

学科	势变量类型(访问)	流变量类型(访问)
mems_kinematic_translational	MEMS_Displacement(d)	MEMS_Force(f)
mems_velocity	MEMS_Velocity(vel)	MEMS_Force(f)
mems_acceleration	MEMS_Acceleration(acc)	MEMS_Force(f)
mems_kinematic_rotational	MEMS_Angular_Displacement(phi)	MEMS_Moment(m)
mems_angular_velocity	MEMS_Angular_Velocity(omega)	MEMS_Moment(m)
mems_angular_acceleration	MEMS_Angular_Acceleration(aacc)	MEMS_Moment(m)

在行为模型中,位移和角位移在模块端口用作势变量类型,如同 Fedder 和 Jing 解释的那样[15]。速度和加速度类型在模型内部使用。速度类型的使用允许加速度以速度导数的形式来计算。这样可以改进运算规模,降低系统矩阵的条件数目以及方程个数,如同 Iyer 等人所论述的那样,加快收敛并提高其可行性[23]。惯性系统仿真需要加速度类型的运动平移端口与角速度类型的运动旋转端口。对于这些类型的保守系统定义而不是信号流定义,参照 Iannacci 等人的工作[24]。随着网络设计社区的成长,这部分内容通过协商一致后将进一步扩展。其他可能的学科包括流体[25]、化学[26]和光学[27]等。

对于 MEMS 模块参考方向的定义尽管简单但它是互操作性的关键。不同于电气学科模块具有关联参考方向[28]，MEMS 模块具有跨不同学科和能域的多个端口，能量可以在内部转换（例如，在梁的一端施加的力可在梁的另一端产生力矩）。不能将正流变量关联到定义为正的输入端口，并且不能将负流变量关联到定义为负的输出端口。对于网络社区的行为模型，约定流入端口的正流变量会产生一个相对于局部参考坐标（旋转服从右手法则）为正的势变量。本书第 1 章给出了关于该约定的更多细节。图 22.4 中给出的力和力矩作用于梁的示例，可以用来说明本章后面的内容。

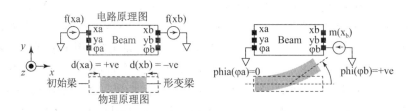

图 22.4　模块端口流变量和势变量符号约定的简单示例。流入端口的
正流变量会产生一个相对于局部参考坐标为正的势变量。

在空间和参考坐标系中，结构取向的定义也必须在行为模型之间保持一致以便于用户布局。在其上布局器件的芯片，作为这里描述的行为模型的坐标系。结构取向为，使梁的纵轴沿着 x 轴对齐，梁的左边缘为"a"端口。静电间隙取向为，从下级板指向上级板为正 y 方向，该间隙的左边缘为"a"端口。设计者应在使用模型前检查模型文档中的结构取向相关内容。描述结构取向时，2D 模型具有一个取向角而 3D 模型有三个取向角（欧拉角）。

22.5　MEMS 行为模型的编码

本节的目的是说明 Serendi-CDI 如何将原始模型提供给其成员以及如何将原始模型组成具有自然行为的复杂结构，并通过仿真可以展现其行为。Serendi-CDI 的开源理念使得成员可以查看编码在模型黑盒中的物理效应内容，如果必要的话，还可以对黑盒进行修改或添加。在此，介绍非线性弹性梁原始模型实例的一些细节，并介绍利用该模型与其他原始模型（板、梳状驱动器、锚）一起建立耦合微谐振器的过程。简要讨论了通过模型扩展包含其他物理行为的潜力。

行为模型在模块的一个端口施加激励映射到在另一个端口产生的响应。一个端口的类型可以是激励的也可以是响应的，它由建模者根据系统特征决定哪个端口属于激励端或是响应端。形成本构关系并将其转变为贡献表，它对映射关系进行编码：

$$\text{response} <+ \text{g(stimulus)} \tag{22.1}$$

有关 Verilog-AMS 建模语法的详细信息可以参考 Kundert 和 Zinke 的工作[22]以及 Fitzpatrick 和 Miller 的工作[29]。MEMS 结构化建模过程的详细内容可以参考 Jing 的工作[16]和 Wong 的工作[18]。二维非线性梁是用来说明建模过程的。

22.5.1 黑盒的内容——非线性梁

从设计者的角度来看,一个模块是一个黑盒,并且在使用过程中只需知道如何连接端口以及各参数的意义。另一方面,建模者必须对模型的内部结构成竹在胸。因此,我们以一个局部原理图开始,以明确需要进行编码的所有物理效应。更多的物理效应通常能获得更精确的仿真结果,但可能会导致收敛和仿真时间问题,所以建模者必须自觉权衡这些问题。

图 22.5 给出了 2D、均质、非线性机械梁的“a”侧沿 x 方向端口的局部原理图,梁的横截面为矩形。在模型推导过程中,激励项是端口的平移位移和旋转位移(分别是 d 和 phi),这导致力和力矩(分别为 f 和 m)作为响应流入端口。该模型包含了多种激励产生的响应,如惯性(f_M 和 m_M)、流体相对运动产生的库爱特阻尼(f_B 和 m_B)、弹性(f_K 和 m_K)和由于梁弯曲产生的轴向应力(f_N),它们产生了可变弯曲刚度,导致了梁的非线性。下标“p”表示由其他端口的位移耦合过来的响应。在“f→v 类比方法”中[30],质量表示为电感而弹簧表示为电容。运动平移端口编码如同公共汽车编码一样,$x[0]$ 表示 x 方向而 $x[1]$ 表示 y 方向。由于模型是 2D 模型,仅包括围绕 z 轴的旋转并且仅需要 1 对运动旋转端口(phia 和 phib)。所有外部和内部的力和力矩,在建模时被视为流入端口的流量。

在 $xa[0]$ 端口(即梁的“a”侧沿 x 方向的运动平移端口),有

$$\sum f = f(xa[0]) + f_{nxa} + f_{Kxa} + f_{Bxa} + f_{Mxa} + f_{Bxap} + f_{Mxap} = 0 \tag{22.2}$$

利用 Verilog-AMS 将该行为响应编码为

$$f(xa[0]) <- f_{nxa} - f_{Kxa} - f_{Bxa} - f_{Mxa} - f_{Bxap} - f_{Mxap} \tag{22.3}$$

类似地,可以导出其他端口行为响应的表达式。各种内部的力和力矩表达式取决于梁一端产生位移时获得的响应,可将矩阵结构分析应用到没有分布式负载情况下的欧拉-伯努利梁方程:

$$EI_z \frac{\partial^4 u_\gamma}{\partial x^4} - \frac{f_{axial}}{wt} \frac{\partial^2 u_\gamma}{\partial x^2} = 0 \tag{22.4}$$

其中,

$$u_y(x) = s_1(x)d(xa[1]) + s_2(x)d(xb[1]) + s_3(x)phi(phia) + s_4(x)phi(phib) \tag{22.5}$$

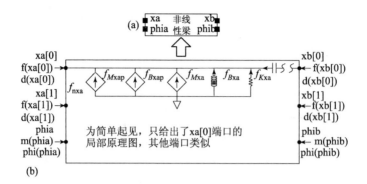

图 22.5　(a)NODAS 电路符号。(b)对于梁的 *a* 侧沿 *x* 方向端口,2D 非线性梁
　　　　行为模型代码中包含物理元件的局部原理图。采用"$f \to v$ 类比方
　　　　法",这样就可以用熟悉的电气符号代表质量、阻尼和弹簧项。注意,
　　　　还有类似的项,如 f_{nxa}、f_{Mxap} 等,连接到梁的 *b* 侧沿 *x* 方向端口,但由
　　　　于篇幅限制在这里没有标出它们。

是梁中性轴线根据一组给定的形函数 s_i 并在距离梁参考边缘为 x 的平衡位置处发
生的横向位移。w 为梁的宽度,t 为梁的厚度,E 为杨氏模量,$I_z = w^3 t/12$ 是绕 z
轴的惯性矩,$f_{axial} = f_{Kxa} + f_{nxa}$ 是轴向应力。如何利用一组形函数 s_i 推导出相关的
表达式超出了本书的内容,但是相关的细节内容可以参考 Przemieniecki[31]、
Senturia[30] 和 Jin[16] 等人的工作。这里只给出非线性梁激励-响应映射的一个子
集来说明:

$$f_{Kxa} \leqslant \frac{Ewt}{l}(d(xb[0]) - d(xa[0])) \tag{22.6}$$

$$f_{Bxa} \leqslant -\frac{\eta l(w+b)}{3g_z}\text{vel}(xa[0]) \tag{22.7a}$$

$$f_{Bxap} \leqslant -\frac{\eta l(w+b)}{6g_z}\text{vel}(xb[0]) \tag{22.7b}$$

$$f_{Mxa} \leqslant -\frac{\rho wtl}{3}\text{acc}(xa[0]) \tag{22.8a}$$

$$f_{Mxap} \leqslant -\frac{\rho wtl}{6}\text{acc}(xb[0]) \tag{22.8b}$$

$$f_{nxa} \leqslant \frac{Ewt}{2l}\int_{d(xa[0])}^{1+d(xb[0])}\left(\frac{\partial u_y}{\partial x}\right)^2 \partial x = \frac{Ewt}{2l}\Delta \tag{22.9}$$

以上公式中 l 是长度,b 是膨胀或者是由于阻尼边缘效应增加的有效宽度,ρ 是梁

的密度，η 是空气的粘滞系数。

梁的非线性响应是由于弯曲刚度跟轴向应力相关而产生的。先在梁的局部坐标系中计算响应，然后利用欧几里德旋转变换将其转换为芯片坐标系中的响应。例如，在梁侧面沿 y 方向的端口，局部坐标系中的力响应为

$$f_{\mathrm{Kya}} \leqslant - \left(\frac{12EI_z}{l^3} + \frac{f_{\mathrm{axial}}}{5l} \right)(\mathrm{d}(xb\,[1]) - \mathrm{d}(xa\,[1])) +$$

$$\left(\frac{6EI_z}{l^2} + \frac{f_{\mathrm{axial}}}{10} \right)(\mathrm{phi}(\mathrm{phib}) - \mathrm{phi}(\mathrm{phia})). \qquad (22.10)$$

22.5.2   行为模型的性能——非线性梁

图 22.6(a)给出了采用前面介绍的两个非线性梁单元建模的双端固支梁 NODAS 直流(DC)仿真结果以及一个直流力源。图 22.6(b)给出了仿真误差的百分比趋势，即(NODAS-FEA)/FEA，以及对应于不同单元数目的仿真时间。这和有限元分析中网格数目与仿真精度的趋势关系相同，NODAS 的仿真误差随单元数目 N 的增大而减小，但是每个仿真步长的仿真时间增加。设计者应重视这种权衡，并必须了解什么水平的仿真精度决定了设计指标的满足程度。

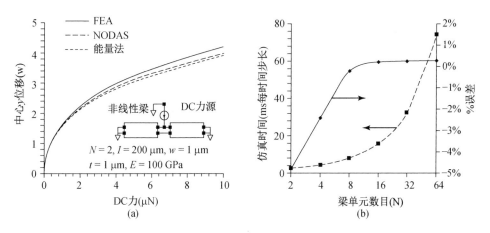

图 22.6   (a)二维均质非线性双端固支梁的仿真结果与理论预测的比较。
(b)随着梁单元数目 N 变化的误差趋势。

22.5.3   行为模型扩展

鼓励社区成员通过门户网站修改或添加扩展至已有的模型，以促进社区的发展，保持其相关性。新的物理特性和现象(例如，卡西米尔、电热或化学吸附效应等)提出了扩展模型的需求。此外，适应新的工艺或材料系统(例如，非均质多层

梁或压电材料)也需要扩展模型。对模型物理特性的扩展可以通过两种方式来完成:一种是添加新的端口到模块并在局部模型内部添加新分支,如图 22.7(a)所示;另一种是创建新的模型并将其通过相应的端口并行地连接到主模型,如图 22.7(b)所示。作为一个示例,在此介绍将电热机械(ETM)多层梁扩展到 2D 非线性梁模型的过程。

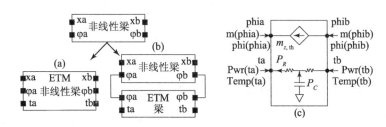

图 22.7　电热机械(ETM)多层梁模型扩展选择。(a)新组合的模块和(b)并行连接到非线性梁的新 ETM 模块。(c)ETM 局部模型。

由于通常由器件其他单元中的焦耳热产生温度梯度 $\mathrm{Temp}(tb)\text{-}\mathrm{Temp}(ta)$,流过非均质横截面梁的热功率 p 会在梁内部引起绕 z 轴的弯矩 $m_{z,\,\mathrm{th}}$ 。图 22.7(c)中的局部模型描述了这种情况。弯矩最初是 Timoshenko 用来描述双压电晶片元件的[32],然后 Iyer 将其扩展到了 MEMS 多层梁单元[33],最后 Wong 编写了行为模型代码[18]。热产生的弯矩为

$$m_{z,\,\mathrm{th}} = \beta\Big(\frac{\mathrm{Temp}(ta) + \mathrm{Temp}(tb)}{2} - T_{\mathrm{gnd}}\Big) \tag{22.11}$$

式中, T_{gnd} 为环境温度, β 是与材料性质、几何参数以及该材料在梁中的相对位置相关的增益参数[34]。

采用图 22.7 所示的路径(a)还是路径(b)取决于扩展的基本相关性。图 22.7(a)给出了二维谐振质量结构的示意图,由于梁具有恒定的横截面,即有 $\beta=0$,因此 $m_{z,\,\mathrm{th}}=0$ 。如果所有的梁单元都具有热端口,那么互连的复杂性将增加,而这并不会提高仿真精度,所以非线性梁模型的整体改变并不可取,创建 ETM 模块是更明智的选择。

22.5.4　行为模型的可组合性

本节将以带通滤波器中的面内折叠梁微谐振器为例,介绍行为模型可组合性所具有的强大能力。图 22.8(a)给出了单个微谐振器的平面示意图,图中虚线标出了各个板单元。该微谐振器由一对梳状驱动器进行电容式驱动。每一个梳状驱动器包括两组被称为梳齿的横向偏移平行梁。梳齿在正交的方向上分离。通常情况下,梳状驱动器的一组梳齿与锚区相连形成定子,而另一组梳齿则成为转子或可动

单元的一部分。

　　转子由一组板和梁组成,通过一些连接到锚区的折叠梁支撑而悬浮在衬底上。电压通过锚区连接施加到微谐振器上。微谐振器使用两组对称折叠梁的结构设计,可实现在 y 方向上最大面内运动。这种复杂结构可以看作是由梁、板、梳状驱动器和锚组成的。梳状驱动器可视为原始模型,但也可以进一步分解为梁和静电间隙。

　　有许多种方式可以用来构成微谐振器的电路原理图。一种方法是利用原始模型来组成梳状驱动器和折叠梁,并生成这些组合模型的符号视图。然后,梳状驱动器模型和折叠梁模型以刚性板原始模型完成实体化,形成检测质量块,如图22.8(b) 所示。也可以利用刚性板原始模型得到检测质量块的组合模型。设计者根据该组合模型的可复用性选择采用哪种方式更加合适。设计者可以生成一个该微谐振器的参数化符号视图,快速地利用弹性梁将三个微谐振器耦合起来,以仿真带通滤波器结构,如图22.8(c)所示。

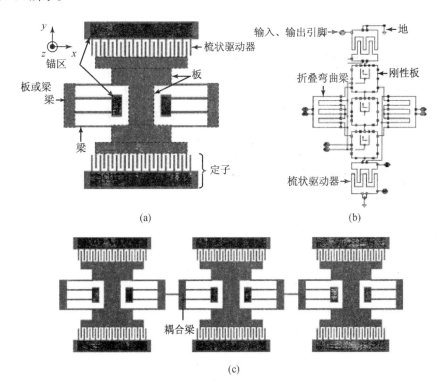

图 22.8　(a)微谐振器的平面示意图,谐振器被细分为四个独特的原始模型,采用 Verilog-AMS 编写其力学行为的程序代码。(b)微谐振器的 NODAS 原理图,包含梳状驱动器、折叠弯曲梁模型和刚性板原始模型。(c)由三个微谐振器组合而成的微机械滤波器的平面示意图,三个微谐振器之间利用弹性梁来实现相互耦合。

　　图22.9(a)给出了带通滤波器的电路原理图。由于选择微谐振器组合模型的符号视图,因此电路原理图可以让人联想起实际结构,提供了助记符功能。Wang 和 Nguyen首先报道了该滤波器及其行为[35]。Fedder 和 Jing 利用行为建模方法对其进行了仿真[15]。利用形成折叠梁的 2D 非线性梁单元、梳齿和耦合梁来完成该微谐振器的建模。原始模型的运动和行为没有任何限制。组合模型非常容易参数化,从而能够实现设计空间的扫描或估计工艺偏差对器件性能的影响。图22.9(b)给出了仿真得到的滤波器带通行为和每个微谐振腔的谐振峰。该微谐振器采用 Wang 和 Nguyen[35]给出的尺寸值,但输出只是为了显示效果,因此简单地选择电压通过1 MΩ 电阻的情况进行仿真。图中给出了两种情况下的响应:由 Wang 给出的耦合梁长度 $l_c = 75.2\ \mu m$ 以及 $l_c = 59.7\ \mu m$,后者代表该耦合弹簧的弹簧常数为 Wang 所使用耦合弹簧的 2 倍。第二种情况表明带通更对称。可组合性能通过简单元件的任意互连形成各种复杂器件。如同耦合谐振器示例中的谐振峰分离一样,这些器件的自然行为在仿真之前可能很难预测。

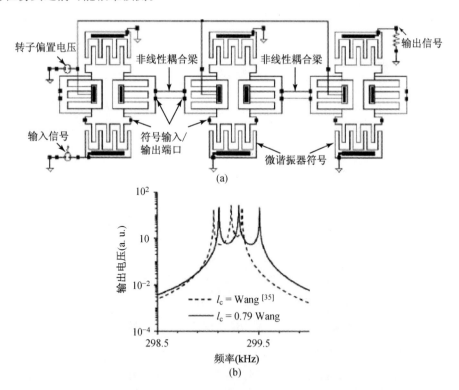

图 22.9　(a)由谐振器模型和 2D 非线性梁原始模型组成的带通滤波器电路原理图。(b)NODAS 仿真得到的带通滤波器频率响应,耦合梁长度分别为 Wang 和 Nguyen[35]给出的 l_c 值及其 0.79 倍的长度值。

22.6 总结与展望

采用梁、静电间隙、板和锚的可组合、可互操作原始行为模型的 MEMS 层次化设计,可以通过网络设计社区有效地传递给全世界具有不同专业水平的设计同行。开源协作环境可以通过降低入门门槛、提供资源将新手培养成为专业的设计者,从而改变一个领域。现实世界中成员之间的个人交流是网络社区的一个重要方面。本章详细介绍了 Serendi-CDI 网络社区的结构以及提供给社区成员的设计和建模资源。由于应用于 MEMS 设计的学科范围和用于描述 MEMS 的物理特性范围的限制,本章仅能提供 MEMS 建模和设计过程的概述。但是,本章内容勾画出了该过程的大致情形,并介绍了建立 MEMS 设计行为模型时需要考虑的一些关键问题,这将鼓舞本书读者充满信心地踏入这个令人激动的领域。

参考文献

1. Serendi-CDI www. serendi-cdi. org (accessed 25 May 2011).
2. Johnson, R. C. (2010) IBM, WiSpry teamed on tunable RF MEMS, EE Times, June 28 ed.
3. Ramanathan, R. N. and Willoner, R. (2006) Silicon Innovation: Leaping from 90nm to 65 nm, White Paper, Intel Corporation, 7 pp.
4. International Technology Roadmap for Semiconductors (2009) Annual Report International Technology Roadmap for Semiconductors, Executive Summary.
5. The Designer's Guide, www. designers-guide. org/index. html (accessed 31 January 2011).
6. Nanohub www. nanohub. org (accessed 31 January 2011).
7. Matzat, U. (2010) American Behavioral Scientist, 53 (8), 1170–1193.
8. Haythornthwaite, C. and Kendall, L. (2010) American Behavioral Scientist, 53 (8), 1083–1094.
9. Open Source Initiative —the BSD License www. opensource. org/licenses/bsd-license. php (accessed 31 January 2011).
10. Mukherjee, T., Fedder, G. K., Ramaswamy, D., and White, J. (2000) IEEE Transactions on Computer-Aided Design of Integrated Circuits and Systems, 19 (12), 1572–1589.
11. Mead, C. and Conway, L. (1980) Introduction to VLSI Systems, Addison-Wesley Publishing Company, Reading.
12. Fedder, G. K. (2006) in System-Level Simulation of Microsystems, in MEMS: A Practical Guide to Design, Analysis and Applications (eds J. Korvink and O. Paul), William Andrew, Inc., Norwich, pp. 187-228.
13. Accellera Verilog Analog Mixed-Signal Group www. vhdl. org/verilog-ams (accessed 31 January 2011).
14. Open SystemC Initiative www. systemc. org (accessed 31 January 2011).
15. Fedder, G. K. and Jing, Q. (1999) IEEE Transactions on Circuits and Systems II: Analog and Digital Signal Processing, 46 (10), 1309–1315.
16. Jing, Q. (2003) Modeling and simulation for design of suspended MEMS, Carnegie Mellon University Dissertation.
17. Wong, G. C., Tse, G. K., Jing, Q., Mukherjee, T., and Fedder, G. K. (2003) Accuracy and composability in NODAS. Proceedings of the 2003 International Workshop on Behavioral Modeling and Simulation San Jose, CA, pp. 82-87.
18. Wong, G. (2004) Behavioral modeling and simulation of MEMS electrostatic and thermomechanical effects, Carnegie Mellon

University Masters Report.

19. Clark, J. V. and Pister, K. S. J. (2007) Journal of Microelectromechanical Systems, 16 (6), 1524-1536.

20. Coventor www. coventor. com/mems-ic/mems-product-design-platform. html (accessed 31 January 2011).

21. softMEMS www. softmems. com/products. html (accessed 23 January 2012).

22. Kundert, K. and Zinke, O. (2004) The Designer's Guide to Verilog-AMS, Kluwer Academic Publishers, Boston, MA.

23. Iyer, S., Jing, Q., Fedder, G. K., and Mukherjee T. (2001) Convergence and speed issues in analog HDL model formulation for MEMS Technical Proceedings of the 2001 International Conference on Modeling and Simulation of Microsystems, Hilton Head, SC, pp. 590-593.

24. Iannacci, J. (2007) Mixed-domain simulation and hybrid wafer-level packaging of RF-MEMS devices for wireless applications. Universit à degli Studi di Bologna Dissertation.

25. Wang, Y., Lin, Q., and Mukherjee, T. (2006) IEEE Transactions on Computer-Aided Design of Integrated Circuits and Systems, 25 (2), 258-273.

26. Cenni, F., Mir, S., and Rufer, L. (2009) Behavioral modeling and simulation of a chemical sensor with its microelectronics front-end interface. IWASI 2009. 3rd International Workshop on Advances in Sensors and Interfaces, Bari, Italy, pp. 92-97.

27. Briere, M., Carrel, L., Michalke, T., Mieyeville, F., O'Connor, I., and Gaffiot, F. (2004) Design and behavioral modeling tools for optical network-on-chip. Design, Automation and Test in Europe Conference and Exhibition, Paris, France, pp. 738-739.

28. Desoer, C. A. (1969) Basic Circuit Theory, McGraw-Hill, New York.

29. Fitzpatrick, D. and Miller, I. (1997) Analog Behavioral Modeling with the Verilog-A Language, Kluwer, Boston, MA.

30. Senturia, S. (2000) Microsystem Design, Kluwer, Boston, MA.

31. Przemieniecki, J. S. (1985) Theory of Matrix Structural Analysis, Dover Publications, Mineola.

32. Timoshenko, S. P. (1925) Journal of the Optical Society of America, 11 (3), 233-255.

33. Iyer, S. (2003) Modeling and simulation of non-idealities in a z-axis CMOS-MEMS gyroscope, Carnegie Mellon University Dissertation.

34. Gilgunn, P. J. (2010) SOI-CMOS-MEMS electrothermal micromirror arrays, Carnegie Mellon University Dissertation.

35. Wang, K. and Nguyen, C. T. -C. (1997) High-order micromechanical electronic filters. Proceedings of the IEEE MEMS Workshop, Nagoya, Japan, pp. 25-30.